Heller

Modelleisenbahn-Elektronik
von Anfang an

Bruno Heller

Modelleisenbahn-Elektronik von Anfang an

Eine leicht verständliche Einführung in die Modellbahnelektronik bis zum perfekten Zugbetrieb

Mit 410 Abbildungen und 16 Farbtafeln
2. neu bearbeitete Auflage

Franzis'

CIP-Kurztitelaufnahme der Deutschen Bibliothek

Heller, Bruno:
Modelleisenbahn-Elektronik von Anfang an: e. leicht verständl. Einf. in d. Modellbahnelektronik bis zum perfekten Zugbetrieb / Bruno Heller. – 2., neu bearb. Aufl. – München: Franzis, 1987.
ISBN 3-7723-7132-9

Bildquellen
Werkbild Fleischmann: Seite 10, 20, 74, 191, 362, 386, 399 und Farbtafeln 2, 4, 6, 10, 11 und 14
Werkbild Märklin: Seite 92
Deutsche Bundesbahn: Farbtafeln 7 und 15
Umschlagbild: Werkbild Fleischmann

Satz: SatzStudio Pfeifer, Germering
Druck: Wiener Verlag, A-2325 Himberg
Printed in Austria · Imprimé en Autriche

ISBN 3-7723-7132-9

Vorwort

Es gibt verschiedene Sorten von Modellbahnern. Die einen sind glücklich und zufrieden mit dem, was die Spielwarenindustrie ihnen liefert, und bauen damit ihre Anlagen auf. Die anderen sind die Tüftler und Bastler, die immer nach etwas Neuem suchen und denen ausgetretene Wege ein Greuel sind. Natürlich gibt es Übergänge zwischen den Gruppen –: wir wollen das nicht zu eng sehen. Aber wer nun einmal zu den Tüftlern gehört, wird früher oder später auf die Elektronik stoßen, und da beginnt das Reich der unbegrenzten Möglichkeiten. Doch zugleich beginnt für die meisten auch ein Dilemma. Elektronik schön und gut –: aber wie, bitte, funktioniert sie? Profis wissen mit ihr Bescheid, aber die Mehrzahl der Modellbahner wird ins Schleudern kommen: Wer hat schon Elektronik auf der Schule gehabt, und zwar einigermaßen gründlich? Hier soll dieses Buch einführen und Hilfestellungen geben. Vorkenntnisse setzt es nur im bescheidenen Rahmen dessen voraus, was ohnehin jeder, der sich für Modellbahnen interessiert, mitbringen wird: daß man für Stromkreise Spannungsquellen und Leitungen braucht, daß es in der Elektrizität Plus und Minus gibt, daß man Gleich- und Wechselstrom unterscheidet und ein paar dergleichen Binsenweisheiten mehr. Ansonsten hat sich der Verfasser zum Ziel gesetzt, die Grundlagen der Elektronik behutsam und schrittweise zu entwickeln und doch kein reines Elektronikbuch zu schreiben. Denn davon gibt es viele, und manche sind sogar sehr gut. Hier kam es darauf an, einen Grundkurs in Elektronik so aufzubauen, daß er zugleich die wichtigsten Bereiche der Modellbahn-Anwendungen berüht, und das ist – wenn die Sache einem „roten Faden" folgen soll – nicht immer ganz einfach. Nach den allgemeinen Grundlagen geht es zunächst um Fragen der Anlagenplanung, der Weichen-, Fahrstraßen- und Signalschaltungen, der Blockstreckensicherung usw.; erst ab Kap. 6 werden die Fahrbewegungen untersucht, die Möglichkeiten, Triebfahrzeuge zu steuern, von der einzelnen Lok bis hin zu Mehrzugsystemen. Schließlich soll dann noch etwas von dem zur Sprache kommen, was schon auf Computer-Elektronik hinweist, aber es ist nicht Absicht des Buches, diese höchsten Höhen tatsächlich zu erklimmen. Nur ein paar Ausblicke mögen erlaubt sein.

Mit dem Einsatz elektronischer Mittel kann das ohnehin schon so vielseitige Hobby, eine Modelleisenbahn zu betreiben, noch vielseitiger, noch faszinierender werden. Hoffentlich gelingt es diesem Buch, dem Leser auf Elektronik Appetit zu machen!

Wyk a. Föhr — Bruno Heller

Wichtiger Hinweis

Die in diesem Buch wiedergegebenen Schaltungen und Verfahren werden ohne Rücksicht auf die Patentlage mitgeteilt. Sie sind ausschließlich für Amateur- und Lehrzwecke bestimmt und dürfen nicht gewerblich genutzt werden*).
Alle Schaltungen und technischen Angaben in diesem Buch wurden vom Autor mit größter Sorgfalt erarbeitet bzw. zusammengestellt und unter Einschaltung wirksamer Kontrollmaßnahmen reproduziert. Trotzdem sind Fehler nicht ganz auszuschließen. Der Verlag und der Autor sehen sich deshalb gezwungen, darauf hinzuweisen, daß sie weder eine Garantie noch die juristische Verantwortung oder irgendeine Haftung für Folgen, die auf fehlerhafte Angaben zurückgehen, übernehmen können. Für die Mitteilung eventueller Fehler sind Autor und Verlag jederzeit dankbar.

---

* Bei gewerblicher Nutzung ist vorher die Genehmigung des möglichen Lizenzinhabers einzuholen.

Inhalt

3 Logischer Schaltungsaufbau 136

4 Integrierte Bausteine in digitalen Logikschaltungen 154

5 Ausbau von Gleisanlagen 200

6 Automatik-Schaltungen 252

1

Grundwissen und allgemeine Einführung

1.1 Was ist Elektronik?

Irgendwann hat wohl jeder Junge einmal davon geträumt: solch eine Eisenbahnanlage zu besitzen, wie er sie etwa zu Weihnachten im Schaufenster eines Spielwarengeschäftes gesehen hat, oder bei seinem Freund, der schon stolz auf einem Gleisoval Güter- und Eilzüge hat kreisen lassen, oder gar in einer Ausstellung, wo die Schauanlage zum Magneten für große und kleine Besucher wurde. Und eines Tages erfüllen sich solche Wünsche, ein paar Wagen und Lokomotiven machen den Anfang, eine Strecke, auf der es *rund* geht, ein Bahnhof mit Empfangsgebäude und Bahnsteigen, und dann wächst die Sache von Jahr zu Jahr weiter, bis aus dem kleinen Hobby eine ansehnliche Nebenbeschäftigung geworden ist.

Immer fängt man klein an, doch mit dem zunehmenden Ausbau einer Modellbahnanlage – von *Spielzeug* wollen wir lieber nicht reden – kommen auch die Probleme. Denn Modelleisenbahnen fahren heute durchweg mit elektrischem Antrieb, und wenn man sich nicht mit den simpelsten Entwürfen zufriedengeben will, muß man sich an *Schaltungen* wagen, die mehr Wissen über Elektrizität verlangen, als einem meist zur Verfügung steht. Gut, wer in der Schule aufgepaßt hat, vielleicht gibt es da ein paar Vorkenntnisse, auf die sich zurückgreifen läßt, aber irgendwann führt auch das nicht mehr weiter, und so hilft alles nichts: man muß anfangen, neu zu lernen und sich in die Elektrik stürzen, vielleicht sogar in die Elektronik – womit wir beim Thema wären!

Wie ein Stromkreis aussieht, wie Gleise an ein Fahrpult angeschlossen werden, wie sich Weichen bedienen lassen: das alles ist auch für den Anfänger kein großes Problem, und außerdem gibt es hinreichend Anleitungen, in denen erklärt wird, was man nun einmal wissen muß. Aber irgendwo taucht dann das Stichwort *Elektronik* auf, und mit ihm verbinden sich vage Vorstellungen von Schaltungen, die wie von selbst reagieren, die geradezu *denken* können, die – wie von Zauberhand geleitet – ein eigenes Leben in die Modellanlage bringen und alles viel raffinierter machen, als wenn nur

Zauberhand in der Modellanlage

herkömmliche Elektrik den Fahrbetrieb regiert. An diesem Punkt kann ein neues Abenteuer beginnen. Doch sich in solche Regionen aufzuschwingen, ist nicht jedermanns Sache; es gibt da eine gewisse Schwellenangst vor dem Unbekannten, die viele beim Altbewährten bleiben läßt. Diese Schwellenangst abzubauen, zu zeigen, daß Elektronik kein Buch mit sieben Siegeln sein muß, daß sie auch dem *normalen* Modelleisenbahner durchaus zugänglich werden kann, ist die Absicht dieses Buches.

Versuchen wir erst einmal zu sagen, was Elektronik eigentlich ist. In Meyers großem Taschenlexikon liest es sich so: *Elektronik (griech.), Teilgebiet der Elektrotechnik, das sich mit der durch elektr. oder magnet. Felder, elektr. Ströme, Licht u.a. gesteuerten Bewegung von Elektronen (Elektrizitätsleitung) befaßt.* Das klingt recht kompliziert und beinahe abschreckend, aber so schlimm ist es gar nicht. Elektronik, das wollen wir festhalten, hat es mit Elektrizitätsleitung zu tun, und dazu braucht man Leiter. Daß Kupferdraht den elektrischen Strom leitet, weiß heute jedes Kind. Es gibt noch andere Leiter, die Metalle gehören dazu, auch Kohle, einige Flüssigkeiten (manchmal leitet schon ein feuchter Bindfaden); aber dann gibt es auch die Nichtleiter, die sog. Isolatoren (z.B. Gummi, Glas, Porzellan, Plastikmaterial), die sich dem Durchgang von elektrischem Strom strikt widersetzen. Das ist eine brauchbare Einteilung der Stoffe nach ihrem elektrischen Verhalten. Doch außerdem existieren noch gewisse *Halbleiter,* und ihrem Namen nach sollte man meinen, daß ihr Verhalten gerade zwischen dem der Leiter und der Isolatoren liegt, daß sie also nur *ein bißchen* leiten. Allein: so stimmt es nicht. Die Halbleiter leiten nicht ein bißchen, sondern nur unter gewissen Umständen. Fehlen diese Umstände, so leiten sie nicht. Und genau dieses Verhalten macht sie zu Grundstoffen der Elektronik: Elektronik, so könnte man sagen, ist Halbleitertechnik.

Bewegung von Elektronen

Leuchtet eine Kerze?

Um es noch etwas anschaulicher zu machen: Leuchtet eine Kerze? Nun – das kommt darauf an, ob sie angezündet wird. Erst wenn ihr Wachs durch ein brennendes Streichholz genügend heiß gemacht wurde, kann ihr Docht aufflammen, und wenn man sie auspustet, hört sie auf zu leuchten. So ähnlich ist es mit der Leitung bei Halbleitern. Man muß sie *zünden,* wenn sie Strom durchlassen sollen, nur daß so etwas mit einem Streichholz im allgemeinen nicht zu erreichen ist (es gibt Ausnahmen: die sog. *Heißleiter*).

Daß nun Halbleiter unter gewissen Umständen leitfähig werden, macht sie *steuerbar,* und darin liegt ihre große Bedeutung. Halbleitertechnik ist immer auch Steuerungstechnik, und was wollen wir mit einer Modelleisenbahn anderes, als sie steuern? So kommt es also, daß die Halbleitertechnik auch bei Modellbahnanlagen Eingang gefunden hat und daß es heute so etwas wie *Modellbahnelektronik* gibt.

Auf einen Unterschied wollen wir gleich hinweisen. Es gibt nicht nur eine Elektronik, sondern genau genommen zwei: die sog. *Digitalelektronik* und die *Analogelektronik*. Was es damit auf sich hat, läßt sich an einer Beleuchtungsanlage verdeutlichen. Nehmen wir an, in einem Zimmer hängt ein Kronleuchter mit vielen Glühbirnen, die in Gruppen angeordnet sind. An der Wand sind mehrere Schalter: Schalter I ist für die erste Gruppe zuständig, Schalter II für die zweite usw. Der Kronleuchter läßt sich also stufenweise bedienen, und das ist auch das Prinzip der Digitalelektronik. Ihre Bauteile funktionieren sprunghaft nach dem Grundsatz *ein – aus*, wobei sich Stufen kombinieren lassen. Im Lateinischen ist ein *digitus* ein Fingerglied, ein kleiner Abschnitt; daher das Wort *digital*.

Digitalelektronik und Analogelektronik

Anders ist es bei der Zimmerbeleuchtung, die sich stufenlos über einen sog. *Dimmer* regulieren läßt. Dafür braucht man statt des Schalters einen Drehknopf, und je weiter man ihn aufdreht, desto heller werden die Lampen. Ihre Lichtstärke entspricht also dem Drehwinkel des Knopfes, und weil griech. analogos = entsprechend heißt, kann man sagen, das Verhalten von Drehknopf und Lichtstärke sei *analog*. Bei Modelleisenbahnen kommt beides vor. Dort gibt es Schalter, eventuell in mehreren Stufen (erst wird eine Weiche gestellt, dann ein Signal), und es gibt Drehknöpfe, z.B. am Fahrpult. Also liegt es nahe, auch im Modellbahnbetrieb digitale und analoge Halbleitertechniken einzusetzen. Von beiden wird im folgenden viel die Rede sein.

1.2 Modellbahnsysteme und Zubehör

Auch auf die Gefahr hin, längst Bekanntes aufzutischen, wollen wir zunächst zusammenstellen, was es bei Modelleisenbahnen alles an Betriebssystemen und Betriebsmöglichkeiten gibt.

Fangen wir mit den Formen des Fahrbetriebes an. Im allgemeinen erhalten elektrische Modellbahnfahrzeuge ihren Strom über die Gleise. Im einfachsten Falle steht die eine Schiene mit dem positiven, die andere mit dem negativen Pol des Fahrpultes in Verbindung; der Strom fließt dann über den Lokmotor von Schiene zu Schiene und läßt die Lokomotive fahren. Polt man am Fahrpult die Spannung um, so ändert die Lok ihre Fahrtrichtung. Das jedenfalls ist das Grundprinzip aller Gleichstromsysteme, und es hat sich international durchgesetzt.

Grundprinzip der Gleichstromsysteme

Die große Ausnahme bildet das Märklin-System bei der Spurweite HO. Dort läuft alles mit Wechselstrom; Märklin-Triebfahrzeuge haben entspre-

Märklin Wechselstromsystem

chende Motoren, die mit Wechselstrom betrieben werden, und dabei erfolgt die Stromzuführung nicht einfach über die beiden Schienen, sondern benötigt noch eine zusätzliche Reihe von Punktkontakten (Pukos) zwischen den Gleisen. Die beiden Schienen sind unter den Schwellen leitend miteinander verbunden (das gilt für das alte M-Blechgleis genauso wie für das modernere K-Gleis) und bilden den einen Pol der Stromzuführung. Der andere liegt bei den Punktkontakten in der Mitte des Gleiskörpers, und von dort nimmt ein Schleifer unterhalb des Triebfahrzeuges die Fahrspannung ab.

Stromzuführung über Pukos

Die Konstanz, mit der Märklin bei seinem Wechselstromsystem geblieben ist, hat gute Gründe. Um nur einen zu nennen: die Sache mit den Kehrschleifen. Wenn eine Streckenführung in sich zurückläuft, so passiert es bei dem oben geschilderten Gleichstrombetrieb unweigerlich, daß am Ende der Kehrschleife Gleise mit gegensätzlicher Polarität aufeinandertreffen, und das würde einen wundervollen Kurzschluß ergeben, wenn man nicht Trennstellen einfügt und für sinnreiche Kunstschaltungen sorgt, mit denen man das Problem lösen kann. Bei Märklin taucht es gar nicht erst auf. Dort bleibt immer der eine Spannungspol in der Mitte, und die Außenschienen hängen sowieso miteinander zusammen, so daß sie ruhig ihre Lage wechseln können.

Einfache Kehrschleifen

Man kann natürlich auch beim Gleichstromsystem dieses Prinzip eines Mittelleiters verwenden. Dann legt man z.B. die Schienen an den negativen Pol der Fahrspannung, die Punktkontakte an den positiven, aber bei den meisten Gleichstromlokomotiven gibt es keinen Schleifer, der nun den Strom vom Mittelleiter zum Motor leiten könnte. Sie lassen sich auf Märklingleisen nicht einsetzen. Doch andererseits: eine Märklinlok fährt auf ihrem Punktkontakt-Gleissystem auch mit Gleichstrom! Sie besitzt nämlich einen sog. Allstrom-Motor, dem es gleichgültig ist, mit was für einer Stromart er gespeist wird. Aber die Sache hat einen Haken. Während eine Gleichstromlok ihre Fahrtrichtung ändert, wenn man ihre Betriebsspan-

Allstrom-Motor

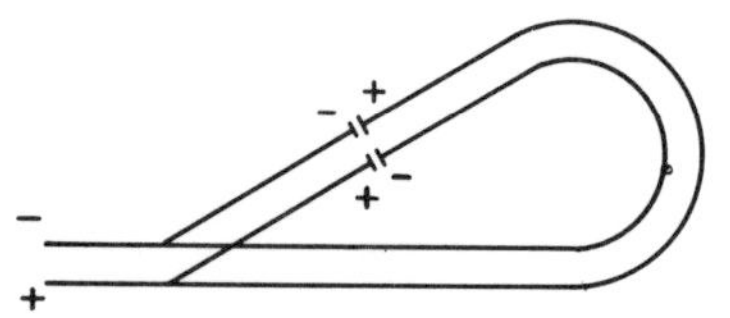

Abb. 1.2/1 Kehrschleife im Gleichstrombetrieb

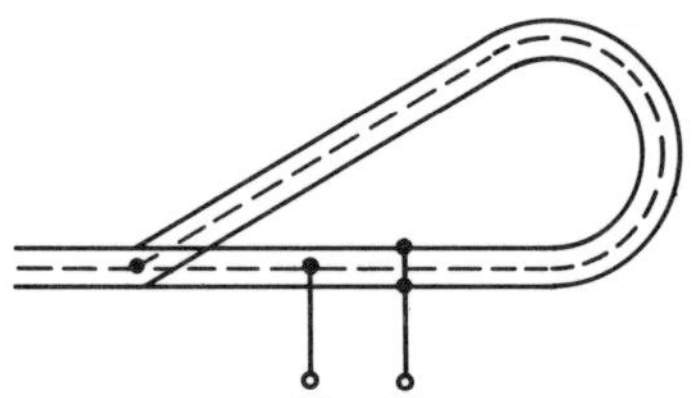

Abb. 1.2/2 Kehrschleife im Wechselstrombetrieb

nung umpolt, reagiert ein Märklinfahrzeug auf solche Umpolungen überhaupt nicht. Bei ihm wird der Richtungswechsel durch ein besonderes Umschaltrelais im Inneren des Fahrzeugs hervorgerufen, und dieses sog. Telex-Relais spricht nur auf Überspannungsimpulse (24 V) an, die vom Fahrpult kommen. Es ist also nicht ohne weiteres möglich, Gleichstrom- und Wechselstromfahrzeuge beliebig gegeneinander auszutauschen. Auf einen Punkt sei dabei besonders hingewiesen: Alle Märklinlokomotiven und auch die Waggons haben Radsätze mit Metallachsen, die rechte und linke Räder leitend miteinander verbinden, während bei Gleichstromsystemen grundsätzlich rechte und linke Räder gegeneinander isoliert sind. Daher darf man niemals ein Märklin-Fahrzeug einfach bei einer Gleichstrombahn einsetzen; man muß wenigstens erst einmal die Radsätze wechseln, und während das bei Waggons ziemlich leicht geht, ist es bei Lokomotiven eine Arbeit für Feinmechaniker, an die sich kein Laie herantrauen dürfte!

Erweiterung der Betriebsmöglichkeiten durch Oberleitung

Nun sind aber mit dem einfachen Unterschied von Gleich- und Wechselstromsystemen die Modellbahnmöglichkeiten noch längst nicht erschöpft. Da wäre zunächst die Oberleitung zu nennen, die eine wesentliche Erweiterung der Betriebsmöglichkeiten gestattet. Bei Märklin kann sie die Rolle der Punktkontakte übernehmen, so daß auf einer Anlage zwei Lokomotiven unabhängig voneinander laufen können: die eine bezieht ihren Fahrstrom von den Schienen und dem Mittelleiter, die andere von den Schienen und der Oberleitung. Natürlich sind dabei zwei Fahrpulte erforderlich (beim Zusammenschalten Betriebsanleitungen beachten!). Bei Gleichstrombahnen läßt sich ähnlich verfahren (vgl. *Abb. 1.2/3)*; dabei muß man an der E-Lok einen Hebel umstellen, je nachdem, ob sie ihren Fahrstrom von der einen Schiene oder von der Oberleitung erhalten soll: die andere Schiene liegt jeweils an dem gemeinsamen Masse-Anschluß der beiden Fahrpulte.

Dreizugbetrieb

Mit Oberleitungen ist ein Zwei-Zug-Fahrbetrieb möglich, d.h. es lassen sich zwei Lokomotiven unabhängig voneinander steuern. Das Trix-System geht noch einen Schritt weiter. Es funktioniert zwar auch mit Gleichstrom, hat aber bei seinen (elektrisch voneinander getrennten) Schienen noch einen Mittelleiter zur Verfügung, dem ein besonderer Stromabnehmer an der Unterseite der Trix-Lokomotive entspricht. Dadurch wird es möglich, drei Züge unabhängig voneinander zu steuern (vgl. *Abb. 1.2/4*). Der erste bezieht seinen Fahrstrom z.B. von der linken Schiene, der zweite vom Mittelleiter, der dritte von der Oberleitung, und für alle gemeinsam ist die rechte Schiene der Nulleiter (Masse). Entsprechend müssen drei Fahrpulte angeschlossen werden, ebenfalls mit einer gemeinsamen Masse-Verbindung.

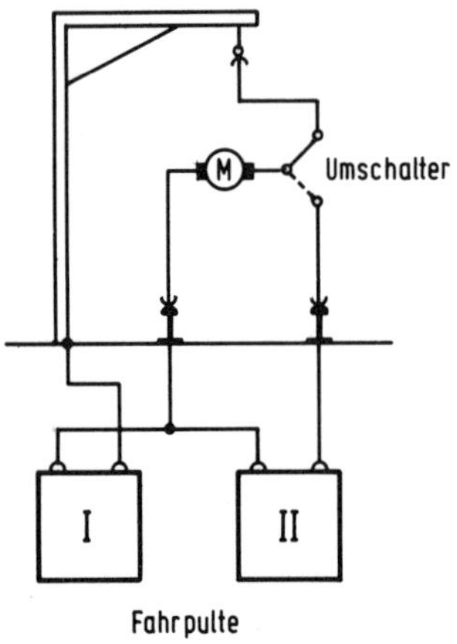

Abb. 1.2/3 Wahlweise Stromzuführung bei Gleisstrom- oder Oberleitungsbetrieb

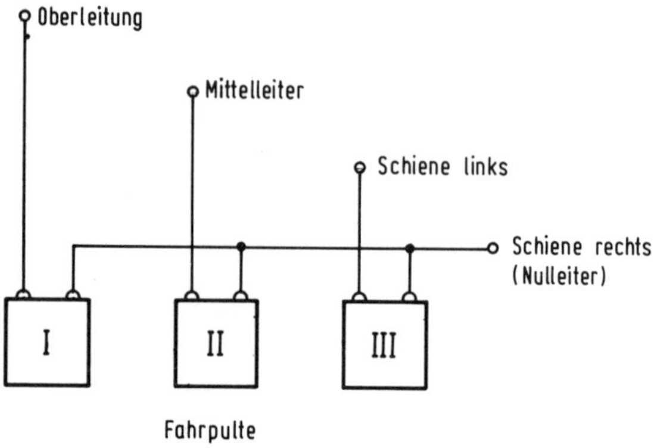

Abb. 1.2/4 Fahrstromversorgung beim Trix-System

Für welches System man sich bei seiner eigenen Modellbahnanlage entscheidet, ist Geschmackssache. Da unsere Betrachtungen auf die Anwendung von Elektronik zielen, müßte man fragen, welches System am *elektronikfreundlichsten* ist; die Antwort darauf ist schwierig. Grundsätzlich spricht das meiste für Gleichstromsysteme, denn die Grundbauteile der Elektronik arbeiten nun einmal mit Gleichstrom, aber das soll nicht heißen, daß nun der *Märklinist* auf alle Elektronik verzichten müßte. Es gibt auch für ihn zahlreiche Anwendungsmöglichkeiten elektronischer Schaltungen, obwohl sie manchmal etwas komplizierter als bei reinen Gleichstromsystemen werden. Für viele Fälle ist es sogar ratsam, eine Märklin-Anlage auf Gleichstrombetrieb umzurüsten; einiges dazu wird noch gesagt (vgl. 2.1.1). Und schließlich gibt es etliche Schaltungsprobleme, bei denen es ganz gleichgültig ist, welche Fahrstromart benutzt wird. Es soll jedenfalls niemand zu kurz kommen, auch wenn man sich gelegentlich überlegen muß, wie eine hier beschriebene Schaltung bei der eigenen Modellbahnanlage am besten eingesetzt werden kann. Das gilt vor allem für Trix-Bahnen mit Mittelleiter; sie werden im folgenden nicht eigens behandelt, weil für jeden ihrer Stromkreise die gleichen Verhältnisse bestehen wie für ein System mit zwei Schienen, an denen Gleichspannung liegt. Ein solches System soll seiner Übersichtlichkeit wegen unser *Standard-Modell* sein.

Diese Bemerkungen zu den verschiedenen Betriebssystemen mögen zunächst genügen. Wer aber Elektronik auf seiner Modellbahnanlage einsetzen möchte, wird dabei nicht nur an die Steuerung von Lokomotiven und anderen Triebfahrzeugen denken, sondern auch an Weichenschaltungen, Signale und alles Zubehör, das außerdem *rund um den Modellbahnbetrieb* anfällt.

Weichenschaltungen

Für Weichen gibt es bei den verschiedenen Fabrikaten kaum nennenswerte Schaltungsunterschiede. Immer erfolgt der Antrieb über Doppelspulen-Elektromagnete *(Abb. 1.2/5)*. Ein Weicheisenschieber wird je nach Betätigung entweder in die eine oder in die andere Spule hineingezogen und bewegt dabei die Weichenzungen. Normalerweise erfolgt die Einstellung über zwei Drucktaster, nur bei Dreiwegweichen sieht die Sache etwas komplizierter aus. Sie haben drei Einstellungen (geradeaus – Abzweig rechts – Abzweig links), und obwohl sie eigentlich aus zwei kombinierten Weichen bestehen, möchte man sie im allgemeinen über nur drei Taster bedienen. Einen Schaltungsvorschlag zeigt *Abb. 1.2/6*, und er ist sinngemäß auch für Elektronikschaltungen gültig. Man braucht dabei neben einem einpoligen zwei Drucktaster mit je drei Kontakten: T1 stellt die Weiche auf *gerade;* T2 auf *Abzweig links* und T3 auf *Abzweig rechts.*

Herstellung von Fahrstraßen

Ein Hauptproblem bei umfangreichen Bahnhofsanlagen ist die Herstellung von *Fahrstraßen.* Dabei möchte man nicht jede Weiche einzeln stellen, sondern sich auf zwei Drucktaster beschränken, von denen einer am An-

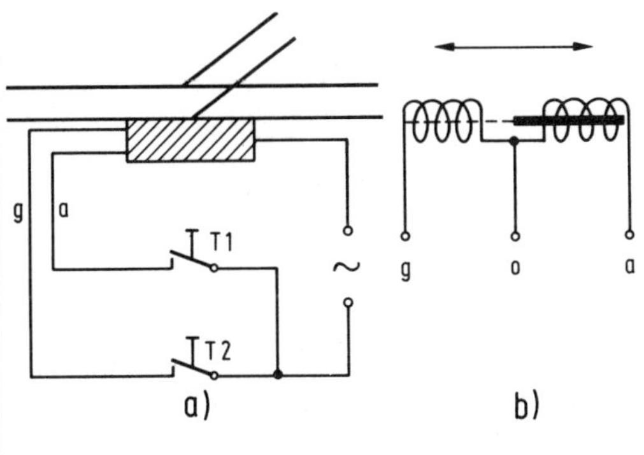

Abb. 1.2/5 Weichenschaltung mit Doppelspulenantrieb
a) Stellung „abzweigend“
b) Stellung „geradeaus“

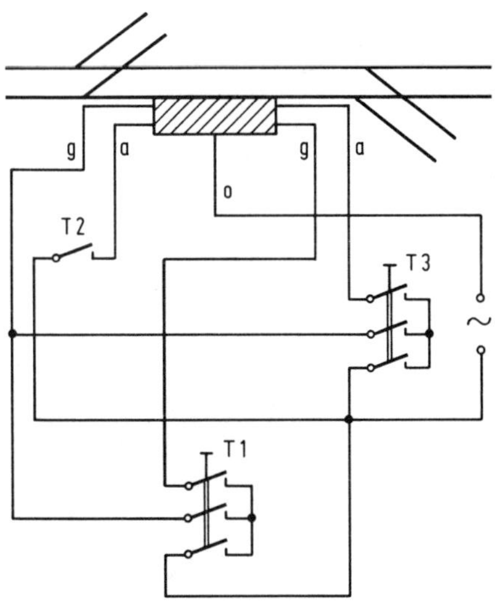

Abb. 1.2/6 Dreiwegweiche: Bedienung mit drei Drucktastern

fang, der andere am Ende der Fahrstraße liegt (sinngemäß natürlich auf dem Stellpult der Anlage!). Das verlangt bei der Verdrahtung etliche *Kopfarbeit,* ist aber andererseits ein Tummelplatz für Leute, die sich in Schaltalgebra und angewandte Elektronik vertiefen wollen; wir widmen daher diesem Punkt ein besonderes Kapitel. Übrigens spielt dabei der Unterschied zwischen Gleich- und Wechselstromsystemen keine wesentliche Rolle.

Form- und Lichtsignale

Signale gehören zu jeder vernünftigen Modellbahnanlage, und zwar nicht nur zur Zierde, sondern so, daß sie dem Betriebsablauf tatsächlich entsprechen. Es gibt zwei Grundtypen: die Form- und die Lichtsignale, die beim großen Vorbild auch heute noch nebeneinander eingesetzt werden. Formsignale mit ihren eindrucksvollen Flügeln und Scheiben arbeiten mit Elektromagneten und werden ähnlich bedient wie Weichen. Bei Lichtsignalen hat man es etwas einfacher, weil ihre Anzeigen nur farbige Glühbirnen erfordern, und für Elektronik-Schaltungen sind sie besonders geeignet. Wir werden daher vor allem von ihnen reden (übrigens sind sie wesentlich billiger als Formsignale).

Was es sonst noch auf einer Modellbahnanlage an elektrischem Zubehör geben kann, soll hier nicht im einzelnen aufgezählt werden. Aber nicht nur im Zugverkehr läßt sich viel „Elektronisches" unterbringen, sondern auch in der Landschaft, im Bild einer Stadt, im Betrieb von Hafenanlagen usw.; da können farbige Reklameleuchtschriften wandern, Verkehrsampeln umspringen, Leuchtfeuer aufblitzen –: Der Phantasie sind eigentlich keine Grenzen gesetzt. Etliche Anregungen enthält das Büchlein von F. Schiersching: *Lichterpracht in der Modellbahnstadt* (Telekosmos-Verlag); es ist auch für den Anfänger einigermaßen verständlich und sei hier ausdrücklich empfohlen.

Elektronik steuert Vorgänge

Fragen wir nun, was die Elektronik im Modellbahnbetrieb leisten könne, so gibt es zwei grundsätzliche Antworten. Erstens läßt sie sich überall dort einsetzen, wo etwas ein- oder ausgeschaltet werden soll, wo es um die Betätigung von Weichen, Signalen, Entkupplungsgleisen usw. geht, natürlich auch um das Anfahren und Bremsen von Zügen. Allgemein kann man sagen, die Elektronik diene dazu, Vorgänge zu *steuern,* wobei dieser Begriff einen ganz bestimmten Sinn hat. Wir wollen ihn nicht in der Weise verstehen, wie man vom Steuern eines Autos spricht, sondern es geht darum, daß in elektronischen Systemen gewisse Eingangsinformationen verarbeitet und in Reaktionen umgesetzt werden. Betätigt man z.B. zwei Drucktaster auf dem Stellpult, so möge das für die nachgeschaltete Elektronik ein Signal sein, bestimmte Weichenanschlüsse anzusteuern, so daß diese Weichen gestellt werden und eventuell eine ganze Fahrstraße entsteht. Vielleicht laufen die Schaltvorgänge sogar noch weiter: Die Signale, die zu der gewählten Fahrstraße gehören, stellen sich auf *Freie Fahrt,* und ein wartender Zug setzt sich

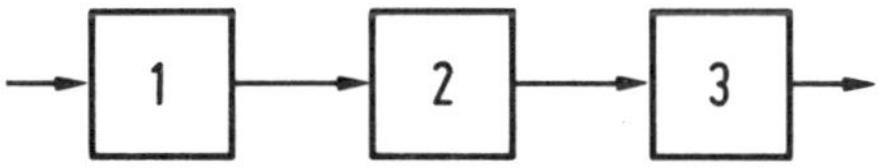

Abb. 1.2/7 Lineare Steuerkette

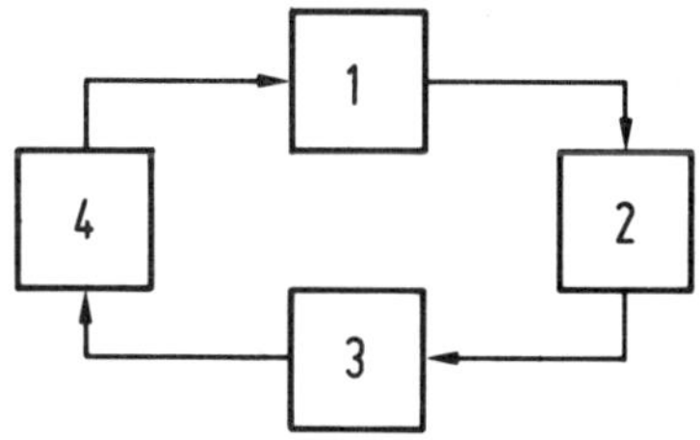

Abb. 1.2/8 Regelkreis

in Bewegung. Dann folgt ein Steuerungsschritt auf den anderen, und es bildet sich eine ganze (vorher festgelegte) *Steuerkette*. Das wäre fast schon so etwas wie ein *Programm*, und man kann dabei an ähnliche Vorgangsfolgen denken, wie sie etwa bei einer Waschmaschine auftreten, wenn nämlich die Hausfrau (oder der Hausmann!) zunächst ein Waschprogramm wählt und dieses dann automatisch abläuft. Eine solche Steuerkette wollen wir durch eine Folge einander ablösender Schritte im *Blockdiagramm* darstellen *(Abb. 1.2/7)*. Die Pfeile zwischen den einzelnen Blöcken (Vorgängen) sollen andeuten, wie hier Informationen von einem Schritt zum nächsten führen,z.B. irgendwelche auslösenden Signale.

Steuerkette

Es gibt aber noch einen anderen Typ von Blockdiagrammen als den, der eine *lineare* Steuerkette darstellt. In *Abb. 1.2/8* führt nämlich der Informationsfluß vom letzten Schritt zurück an den Anfang und schließt so die Kette zum Kreis. Was das bedeuten soll, machen wir uns am besten an einem Beispiel klar.

Lineare Steuerkette

Auf einer Modellbahnstrecke soll ein Zug immer mit der gleichen Geschwindigkeit fahren, auch wenn vielleicht bei der einen Fahrt viele, bei der anderen wenige Wagen an der Lok hängen oder verschiedene Lokomotiven mit unterschiedlich arbeitenden Motoren eingesetzt werden. Dann muß eine Vorrichtung dafür sorgen, daß erstens das tatsächliche Tempo gemessen und zweitens mit der vorgeschriebenen Geschwindigkeit verglichen wird. Auftretende Differenzen müssen drittens so verarbeitet werden, daß sie zu einer Erhöhung oder Senkung der Fahrspannung führen. Das ist dann keine einfache Steuerung mehr, denn nun geht es – wenn wir bei der Darstellung im Blockdiagramm bleiben – von der Geschwindigkeitsmessung (1) über die Verrechnung mit dem vorgeschriebenen Wert (2) – die Techniker reden vom *Soll-Wert* –, über das Verändern der Fahrspannung (3) zurück zur Geschwindigkeit selbst (4); sie wird wieder gemessen usw., bis ihr tatsächlicher Betrag (Ist-Wert) mit dem vorgeschriebenen Wert übereinstimmt.

Steuern und Regeln

Solche Prozesse bezeichnet man heute als *Regelungen* und unterscheidet klar zwischen *steuern* und *regeln;* im täglichen Sprachgebrauch wird dieser Unterschied meistens verwischt. Mit elektronischen Mitteln kann man beides tun: steuern und regeln, und das wollen wir in den späteren Abschnitten dieses Buches ebenfalls. Wenn wir bei seiner letzten Seite angelangt sind, wird sich vielleicht gezeigt haben, daß die Modellbahnelektronik mehr ist als ein bloßes Spielzeug: daß sie ein wunderbares Mittel ist, in das Verständnis elektronischer Steuerungs- und Regeltechniken überhaupt einzuführen. Modellbahnelektroniker werden jedenfalls nicht zu jenen gehören, die in allem, was mit Elektronik zu tun hat, den Teufel wittern. Sie werden die Elektronik mit wachen Augen verfolgen, und das dürfte ihrem Hobby eine Rechtfertigung geben, die nicht zu unterschätzen ist.

1.3 Was kann man selber bauen?

Es ist schon einige Zeit her, da gab es für den Modelleisenbahner eigentlich nur eine zentrale Steuereinheit bei seinem Modellbahnbetrieb: das Fahrpult. Zwar konnte es ergänzt werden, etwa durch besondere Transformatoren für den Schaltstrom von Weichen und Entkupplungsgleisen oder durch solche für Lichtstromnetze (Signallampen, Haus- und Straßenbeleuchtungen usw.), aber damit war eigentlich der Vorrat an Versorgungseinheiten bereits erschöpft. Was ferner zum Aufbau von Schaltungen dienen konnte, waren neben Schaltern und Tastern vor allem Relais, und mit ihnen ließ sich recht trickreich arbeiten; es gab da imponierende Anlagen mit ganzen Relaisschränken, fast wie bei der Post, und dabei konnte es anläßlich mancher Schaltvorgänge recht munter klappern.

Aber das gehört inzwischen fast schon zur Vergangenheit. Seit die Elektronik Einzug in den Modellbahnbetrieb gehalten hat, ist es still geworden hinter den Gleisen, verrichten lautlose, schnelle Diener die Schaltarbeiten, die da steuern und regeln: wenigstens kann das so sein. Und hier hat sich ein neues Betätigungsfeld für Modellbahner aufgetan: der Eigenbau elektronischer Schaltungen. Ihm soll dieses Buch gewidmet sein.

Eigenbau elektronischer Schaltungen

Ein Fahrpult der althergebrachten Art konnte man kaum selber bauen; der Aufwand wäre zu groß gewesen. Dasselbe gilt für Relais. Es hätte sich nicht gelohnt, eigenhändig Spulen zu wickeln, Kontaktsätze zusammenzubiegen und zu löten, und vor allem wäre es schwierig geworden, alle beweglichen Teile richtig zu lagern und funktionstüchtig zu gestalten; nicht jeder ist zum Feinmechaniker geboren. Aber wo es um Elektronik geht, entfallen solche Probleme. Da wird höchstens gelötet; die Hauptarbeit liegt im Planen und Entwerfen, und es gibt kaum ein Hobby, das so bald und so reichhaltig Erfolgserlebnisse bescheren kann wie die Umsetzung von Elektronik-Ideen in fertige Schaltungen. Man kann es wohl ohne Übertreibung sagen: Die Elektronik hat den Modellbahnbetrieb reizvoller gemacht.

Reizvoller Modellbahnbetrieb

Das gilt schon dann, wenn man nicht an den Eigenbau von Schaltungen herangehen will, sondern sich auf fertige Industrieprodukte beschränkt. In den letzten Jahren hat es geradezu eine Invasion von elektronischen Artikeln auf dem Modellbahnmarkt gegeben; die Berichte von den Nürnberger Spielwarenmessen zeugen davon. Es soll hier nicht in aller Ausführlichkeit von dem geredet werden, *was es so gibt,* aber ein paar Hinweise können wohl recht nützlich sein.

Beginnen wir mit den Fahrpulten. Natürlich ist die klassische Art, pro Fahrpult ein Triebfahrzeug im Handbetrieb zu steuern, nicht ausgestorben; oft wird dabei noch ein besonderer *Rangiergang* für extrem langsames Fah-

Multisensible Feinsteuerung

ren vorgesehen (z.B. Fleischmann mit seiner *multisensiblen Feinsteuerung* = MSF). Es handelt sich dabei um die Möglichkeit, kontinuierlich von Halb- über Mischwellen zur Vollwellengleichrichtung zu kommen (was das ist, wird später erklärt; vgl. Kap. 2.1), so daß man die Geschwindigkeit von Triebfahrzeugen sehr feinfühlig steuern kann, vor allem in niederen Bereichen.

Ein Fahrpult, das sogar eine echte Geschwindigkeitsregelung aufweist, gibt es bei Lauer (Nürtingen). Dabei wird ein elektrischer Ist- mit einem vorgegebenen Sollwert verglichen und ihm völlig automatisch angenähert (es handelt sich jeweils um Spannungswerte). Fährt z.B. ein Zug bergauf und wird dadurch langsamer, als es der ursprünglich eingestellten Geschwindigkeit entspricht, so sorgt eine interne Elektronik-Schaltung dafür, daß die Lok mehr Fahrspannung erhält, bis die Geschwindigkeitsdifferenz ausgeglichen ist; bei Talfahrt findet dieser Regelungsprozeß in umgekehrtem Sinne statt, so daß die Lok nicht zu schnell wird.

Außerdem kann das Lauer-Fahrpult PCC 100-32 dafür sorgen, daß eine Lok nicht ruckartig anfährt oder hält. Man braucht nur noch einzustellen, wie behutsam das Anfahren oder Bremsen vor sich gehen soll; den Rest besorgt das Fahrpult von sich aus. Einzelne Anfahr- und Bremsmodule liefern inzwischen etliche Firmen, z.B. S+M, ARWE, Berg+Broman oder Uhlenbrock; solche Bausteine sind besonders geeignet, einen vorbildgerechten Zwischenhalt an Signalen, Blockstellen usw. zu steuern.

Bis zur Perfektion gediehen sind Schaltungen für Gleisbildstellpulte, Fahrstraßeneinstellungen und Schattenbahnhöfe. Längst braucht man nicht mehr jeden Weichen-Drucktaster einzeln zu bedienen; auf der Anzeigetafel des Gleisbildes erscheinen die jeweils gewählten Fahrwege, und die Elektronik kann sogar ausrechnen, wo z.B. in einem unterirdischen Abstellbahnhof noch ein Gleis für den gerade ankommenden Zug frei ist; die Weichen werden dann automatisch richtig gestellt. Solche Systeme gibt es u.a. bei Hötzsch, P+P, Lauer, Arwe und S+M. Und wer auf seiner Anlage einen bestimmten Zug aus dem Auge verloren hat, möge sich des Identifizierungsverfahrens bedienen, das von dem SeS-Ingenieurbüro (Berlin) entwickelt wurde. Da wird den Triebfahrzeugen ein Code-Streifen untergeklebt, den die Elektronik automatisch lesen kann; sie signalisiert dann auf dem Gleisbildstellpult, wo sich das Fahrzeug gerade befindet. Diese Methode entspricht der Praxis, nach der sich in Supermärkten die verschiedenen Lebensmittelpackungen identifizieren lassen.

Natürlich braucht man sich bei einer elektronisch gesteuerten Modellbahnanlage nicht auf einen einzigen Zug zu beschränken, der irgendwo einsam seine Runden dreht. Es gibt heute zahlreiche Mehrzugsteuerungen

(z.B. von Zimo, Fleischmann, Trix, Märklin), die ihre Befehle gezielt aussenden, so daß verschiedenen Fahrpulten verschiedene Loks zugeordnet sind. Das System von ZIMO-Electronik (Wien) schlägt dabei alle Rekorde. Mit ihm könnten theoretisch bis zu 250 Fahrzeuge unabhängig voneinander gesteuert werden, was einen Normal-Modellbahner nur zu ungläubigem Kopfschütteln veranlassen dürfte: So viele Fahrzeuge wird kaum jemand gleichzeitig bedienen können (oder wollen).

Einen Nachteil haben allerdings die Mehrzug-Systeme. Sie arbeiten nach dem aus der Fernsteuertechnik bekannten Prinzip von Sender und Empfänger: Im Sender (Fahrpult) werden Signale erzeugt, die mit einer besonderen Codierung versehen sind; nur derjenige Empfänger reagiert, der auf ein spezielles Code-Zeichen abgestimmt ist. Dazu müssen in die verschiedenen Triebfahrzeuge entsprechende Module eingebaut werden, d.h. eine nicht präparierte Lok reagiert überhaupt nicht. Den Modul-Einbau kann im allgemeinen nur ein Fachmann vornehmen, und zweitens ist in manchen Lokomotiven so wenig Platz, daß der zusätzliche Empfangsbaustein nicht hineinpaßt. Da gibt es also Probleme, die den Einsatz von Mehrzugsteuerungen beeinträchtigen können.

Die Steuersignale werden im allgemeinen über die Schienen vom Sender zum Empfangsbaustein geleitet (dabei entfallen solche lästigen Dinge wie Trennstellen). Es gibt aber auch die Möglichkeit, Lokomotiven völlig drahtlos wie im echten Funkbetrieb anzusteuern; ein solches System hat die Firma Salota (Nürnberg) entwickelt. Da kann man also mit seinem Sender neben der Anlage spazierengehen und von jedem beliebigen Punkt aus steuern. Ähnlich arbeitete bereits das System Trix-2000, das infrarotes (unsichtbares) Licht als Signalträger benutzte.

Modelleisenbahnen wären nicht auf der Höhe der Zeit, wenn sie nicht auch die Computer für ihre Zwecke dienstbar gemacht hätten. Das beginnt mit programmierbaren Steuerungen von Schattenbahnhöfen bzw. Fahrstraßenschaltungen (Firma P+P Electronik), bei denen der „Computer" in einem speziellen Schaltkasten steckt; man kann aber auch den eigenen Haus-Computer auf die Steuerung einer Modellbahnanlage dressieren, z.B. einen Commodore C 64. Dazu muß der Computer mit einem besonderen „Interface" versehen werden, d.h. mit einer Zwischenschaltung, die seinen Ausgang mit den zahlreichen Eingängen der Modellbahnanlage verbindet. Entsprechende Systeme gibt es bei Trix (Selectrix), bei Prager-Electronik, Berg+Broman, Busch u.a.; auch das digitale Steuerungssystem von Märklin wäre zu nennen. Auf Einzelheiten können wir hier nicht eingehen, aber wer sich an solche Super-Techniken gewöhnen möchte, findet in dem Experimentier-Baukasten „Modellbahn-Technik" von Busch eine erste Anleitung.

Doch nun zurück zu unserer zentralen Frage: Was kann man selber bauen? Im ersten Überschwang wäre mancher Profi vielleicht geneigt zu antworten: Alles! Aber wir wollen bescheiden sein und an den Anfänger denken. Für ihn bietet sich an, zunächst mit überschaubaren Einheiten zu beginnen, d.h. mit dem, was wir *Bausteine* genannt haben und was gern als *Modul* bezeichnet wird. Das kann sehr simpel beginnen, z.B. mit einem Blinklichtgeber für einen Bahnübergang oder mit einem Aufenthaltsschalter (zunächst ohne Brems- bzw. Anfahrverzögerung). Allmählich läßt sich dann zu anspruchsvolleren Themen übergehen, zu Gleisbesetzt-Anzeigen oder gar zu Bausteinen für Blockstreckenbetrieb. Mit den ersten Erfolgen wird das Selbstvertrauen wachsen, so daß nach oben hin tatäschlich kaum Grenzen gesetzt sind.

Allerdings wird man sich etwas grundsätzlich überlegen müssen. Die Baustein-Methode ist sicherlich gut und übersichtlich, aber sie ist nicht immer wirtschaftlich. Für Industrieprodukte bietet sie sich deshalb an, weil die Großhersteller an all ihre Kunden denken müssen und nicht unbedingt Rücksicht auf individuelle Planungen nehmen können. Wer es dagegen nur mit einer einzigen Anlage zu tun hat, mit seinem persönlichen Entwurf, braucht oft gar nicht die flexible Gestaltung, die Prinzip der Baustein-Methode ist. Eine stationäre Anlage, die nicht immer wieder neu auf- und umgebaut werden soll, unterliegt anderen Gesichtspunkten; sie wird als Ganzes geplant.

Elektronische Steuerung aus einem Guß

Dann sollte auch ihre elektronische Steuerung *aus einem Guß* sein und kann überflüssige Modul-Wiederholungen vermeiden. Das gilt z.B. für Fahrstraßenschaltungen, wo nicht an allen Stellen die gleichen Situationen auftreten. Da sind etwa Signale einmal nötig und einmal nicht, da sieht nicht jede Verzweigung aus wie die andere. Insofern ist die Modul-Bauweise kein allein seligmachendes Rezept, so vielfältig sie sich ansonsten bewähren mag.

Aber grundsätzlich gilt schon: fast alles, was von der Modellbahnindustrie an Modulen angeboten wird, läßt sich auch im Eigenbau herstellen, vielleicht nicht immer so vollkommen, aber doch durchaus funktionstüchtig. Bei Fahrpulten und ähnlichen zentralen Steuerungseinheiten sieht es schon schwieriger aus. Dennoch können sie von einem fortgeschrittenen Modellbahnelek-

94 109-5

troniker durchaus bewältigt werden. Er muß nur besondere Vorsicht walten lassen, wenn er die Anschlüsse an das Leitungsnetz mit seinen 220 V einrichtet. Was allerdings kaum noch im Eigenbau zu erreichen ist, sind computergesteuerte Anlagen; das ist eine Sache für Profis und wird in diesem Buch nur kurz angesprochen. Ähnliches gilt für Mehrzugsysteme, bei denen die Steuerung über einzelne Sender und Empfänger läuft. Denn wenn auch deren Elektronik gar nicht so *fürchterlich* ist, so setzt doch die praktische Verwirklichung voraus, daß man Empfängerbausteine herstellen kann, die in die kleinen Triebfahrzeuge hineinpassen und sich dort (richtig!) einlöten lassen. Dazu bedarf es etlicher feinmechanischer Fähigkeiten, und der Eingriff in das Innenleben einer Lok ist nicht jedermanns Sache. Hier sollte man gründlich prüfen, was im Bereich der eigenen Möglichkeiten liegt und wovon man besser die Finger läßt.

Im ganzen gesehen geht aber viel mehr, als es auf den ersten Blick hin scheinen mag, und wer erst einmal *elektronisches Blut* geleckt hat, wird alsbald immer neue Anlässe zu segensreicher Tätigkeit finden. Natürlich braucht er dazu Anleitung. Wir wollen ihm in diesem Buch Grundkenntnisse vermitteln, aber es sei ausdrücklich darauf hingewiesen, daß es auch andere Anleitungsbücher gibt, die sich gut bewährt haben (vgl. das Literaturverzeichnis). Besonders empfohlen seien die drei Bände von W. Knobloch (Modelleisenbahnen elektronisch gesteuert; 7. Auflage München 1979); sie richten sich ebenfalls an den Anfänger und stellen Schaltungen vor, in denen alles aus den einfachsten Bauteilen zusammengesetzt wird. Darin liegen Vorteil und Nachteil zugleich. Vorteilhaft ist die gute Verständlichkeit der Darstellung; einen Nachteil kann man darin sehen, daß keine Rücksicht auf *integrierte Schaltbausteine* genommen wird (sog. IC's). Gerade sie eröffnen viele Möglichkeiten und können manche Schaltung ganz wesentlich vereinfachen; davon sollte auch der Anfänger profitieren. In dem ebenfalls empfehlenswerten *Großen Bastelbuch – Elektronik für den Modellbahner* von F. Schiersching (Stuttgart 1980) werden sie schon eher berücksichtigt, obwohl es dort keine systematische Einführung in ihre Verwendung gibt. Und wo sie recht zahlreich auftreten (etwa in Büchern von H. Jungmann, G.J. Platerink u.a.), werden meist so viele Vorkenntnisse verlangt, daß der Anfänger sich kaum zurechtfinden dürfte.

Kein Buch mit sieben Siegeln

Immerhin: die Modellbahnelektronik ist kein *Buch mit sieben Siegeln,* und wir wollen uns schrittweise in sie hineinarbeiten, wobei die Vermittlung von Grundkenntnissen mit der Anleitung zum Eigenbau stets Hand in Hand gehen soll, wenigstens von Kap. 2 an. Doch zunächst müssen einige Voraussetzungen zu erfolgreichem Arbeiten geschaffen werden, und ihnen wollen wir uns nun zuwenden.

1.4 Praktische Ratschläge zum Eigenbau

Modelleisenbahner sind im allgemeinen findige Leute mit etlichen Bastelerfahrungen. Irgendwo haben sie ihre Werkstatt und wenn es eine Ecke am Küchentisch ist –, wo sie sägen und hämmern, leimen und malen können. Vielleicht sind die folgenden Ratschläge sogar überflüssig, aber es könnte doch sein, daß jemand ganz von vorne beginnen will, und wenn die Elektronik für ihn Neuland ist, so wird er auch seine Bastelpraktiken neu orientieren müssen. Dafür sind die folgenden Tips gedacht, als erste Hilfe und kleine Anregung, wie man zu einer brauchbaren Werkstatt für Modellbahnelektronik kommt.

Labor für Hobby-Modellbahnelektroniker

Die Ecke am Küchentisch wird da normalerweise nicht mehr ausreichen. Um es gleich vorweg zu sagen: ohne ein kleines, sinnvoll eingerichtetes *Labor* wird der Hobby-Modellbahnelektroniker nicht weit kommen. Eine solide Arbeitsplatte muß da sein und – sehr wichtig! – eine gute Beleuchtung. In der Elektronik hat man es viel mit kleinen Bauelementen zu tun, deren Beschriftung oft mikroskopisch ist; da muß man genau hinsehen können und braucht helles Licht, eventuell sogar eine Lupe. Als sehr zweckmäßig haben sich Tischlampen erwiesen, in deren Schirm eine große Lupe eingelassen ist; man kann darunter genauestens arbeiten und hat stets den richtigen *Durchblick*.

Ferner benötigt der Modellbahnelektroniker Stromquellen, um seine Geräte anschließen zu können. Eine einzige Steckdose reicht eigentlich nie, und Mehrfachsteckdosen rutschen oft hinderlich auf dem Tisch herum. Am besten ist eine über der Arbeitsplatte fest an der Wand montierte Steckdosenleiste, die man reichlicher bemessen sollte, als einem auf den ersten Blick nötig zu sein scheint. Es ist erstaunlich, wieviele Bedürfnisse nach *Anschlüssen* sich im Laufe der Arbeit entwickeln können! Aber die 220 V Wechselspannung kann man in der Elektronik meist gar nicht direkt verwenden; sie muß in „Netzgeräten" auf die erforderlichen Niedrigspannungen heruntertransformiert, eventuell gleichgerichtet und stabilisiert werden. Über diese Netzgeräte (ob Labortypen oder Fahrpulte) werden wir später reden (vgl. Kap. 6.4). Auch wenn man sie hat: ein paar schlichte Batterien bzw. Akkus sind auch nicht zu verachten und leisten oft gute Dienste, z.B. zwei Batterien mit 4,5 und eine mit 9 V.

Wer viel Platz hat, darf sich glücklich schätzen: Er kann sich in seiner Arbeitsecke vielleicht noch eine kleine Versuchsstrecke aufbauen (nebst zugehörigem Fahrpult), wie sie auch in den meisten Modellbahn-Fachgeschäften zu sehen ist. Hat er z.B. eine schöne Schaltung für verzögertes Anfahren und Bremsen entwickelt (vgl. Kap. 6.1), so möchte er sie auch ausprobieren, und das ist auf der Hauptanlage nicht immer ohne große Umbauten möglich. Die Versuchsstrecke ist hier *Mädchen für alles* und kann für immer neue Experimente ausgenutzt werden.

Werkzeug für den Hobby-Modellbahner

Doch nun ein paar Worte zum Werkzeug. Natürlich braucht man eine gewisse Grundausrüstung, wobei als Regel gilt: je kleiner, desto feiner. Damit ist nicht gemeint, mit zwei, drei Geräten sei es genug. Das Wörtchen *klein* bezieht sich auf die Ausführung. Elektronik ist ein Gebiet, in dem viel Feinarbeit zu leisten ist; da kann man z.B. mit einem normalen Heimwerker-Set wenig anfangen. Wichtig ist z.B. eine Pinzette (eventuell zwei, davon eine in Kreuzform mit breiten Greifbacken); viele Bauteile lassen sich nur so in Schaltungen einsetzen. Ferner braucht man Zangen, ebenfalls klein und griffig. Dabei sollte man verschiedene Typen zur Verfügung haben. Erstens eine Flachzange zum Greifen und Festhalten von Bauteilen, zweitens eine Rundzange, mit der man Anschlußdrähte biegen kann, ohne daß sie abbrechen. Dazu kommt ein Seitenschneider, der dazu da ist, Anschlußdrähte dort abzukneifen, wo sie zu lang sind. Die Schneiden sollten auf einer Seite plan (d.h. eben) sein, denn dadurch wird ein Druck auf die abzuschneidenden Drähte vermieden, der Lötstellen beschädigen könnte (vgl. *Abb. 1.4/1*). Schließlich kann man sich auch eine Abisolierzange anschaffen, um Schaltdrähte bzw. Litzen von der Isolierschicht zu befreien. Allerdings sind die üblichen Typen mit Einstellschraube wenig hilfreich: entweder schneiden sie die Isolierung nicht genügend weit auf, oder sie nehmen gleich den Draht in Mitleidenschaft. Am besten ist es immer noch, Lötenden von Schaltdrähten bzw. Litzen mit einem Taschenmesser von ihrer Isolierung zu befreien; man kann auf diese Weise wesentlich feinfühliger arbeiten als mit besagten Zangen.

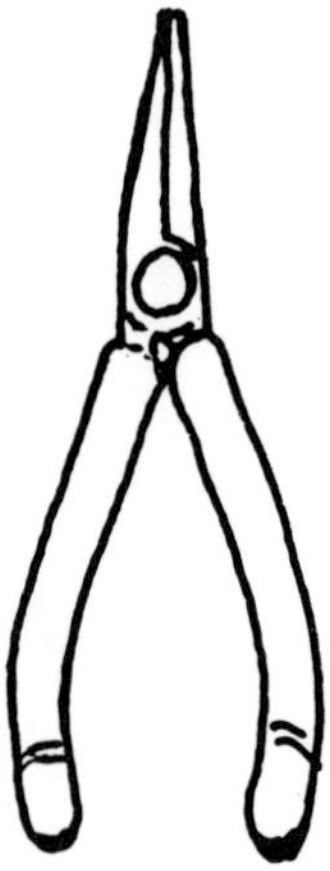

Eine der Hauptarbeiten für den Modellbahnelektroniker ist die Bestückung von Platinen. Was es damit auf sich hat, wird noch erklärt, aber einen Hinweis können wir schon jetzt geben. Platinen sind verhältnismäßig dünne Platten, die man bei Lötarbeiten festhalten muß. Außerdem hat man den Lötkolben in der Hand, und wenn dann noch irgendwelche Bauteile eingesetzt werden sollen, fehlt die dritte Hand! Unsere Anatomie ist für Elektronik-Basteleien offenbar ungenügend ausgestattet. Abhilfe schafft jedoch eine künstliche dritte Hand, d.h. ein Gestell, in das man die Platinen einsetzen kann, so daß sie festgehalten werden. Es gibt so etwas zu kaufen, aber ein versierter Bastler kann sich einen brauchbaren Platinenhalter selbst herstellen. Sehr einfach wird die Sache, wenn man einen Spannfuß mit Kugelgelenk auftreiben kann, wie er auf Fotostativen sitzt. Dann ist nur noch ein verstellbarer Rahmen erforderlich, der auf das Stativ gesetzt wird und die Lötplatten aufnehmen kann. Ist kein Fotostativ vorhanden,

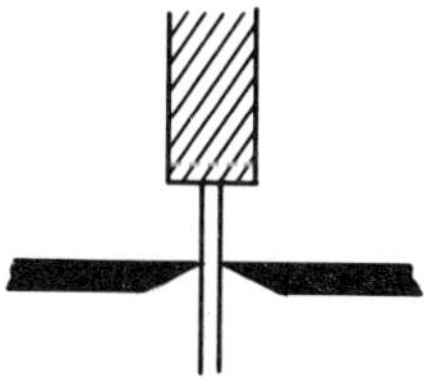

Abb. 1.4/1 Richtiges Ansetzen eines Seitenschneiders

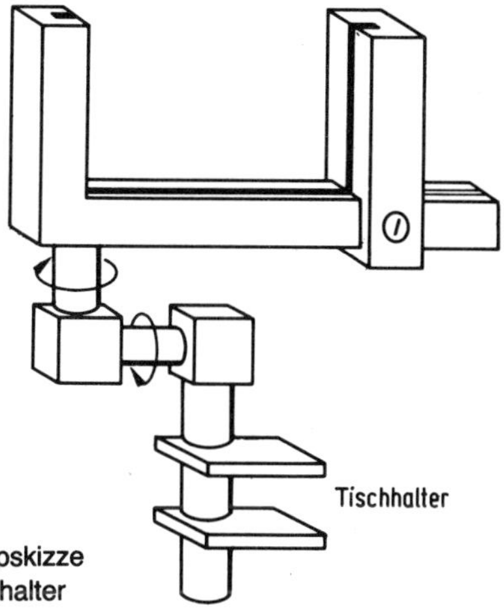

Abb. 1.4/2 Prinzipskizze für einen Platinenhalter

so muß man sich etwas Vergleichbares selber bauen, und da Modellbahner erfinderisch sind, ist es wohl überflüssig, hier nähere Ratschläge zu geben. Eventuell lassen sich sogar Bauelemente aus einem Stabilbausystem verwenden (Fischer-Technik o.ä.).

Schließlich ist immer mal etwas zu sägen oder zu bohren, vor allem beim Arbeiten mit den besagten Platinen. Zum Sägen genügt im allgemeinen eine Laubsäge. Für Bohrarbeiten ist eine dicke Heimwerkermaschine nur bedingt geeignet; viel günstiger sind die kleinen Bohrgeräte von Minicraft bzw. anderen Firmen, die zwar in der Anschaffung nicht gerade billig, aber mit ihrem zahlreichen Zubehör für Modellbahner wie geschaffen sind. Auf das zugehörige Stativ sollte man auf keinen Fall verzichten; es ist dringend erforderlich, wenn man saubere Bohrlöcher herstellen will.

Den sonstigen Werkstattkleinkram – wie Feilen, Schraubenzieher, Messer usw. – brauchen wir hier nicht im einzelnen vorzustellen; da wird jeder Modellbahner ohnehin etliches zur Hand haben. Desgleichen Schmirgelpapier (feinkörnig), Klebstoffe (Zweikomponenten-Kleber) usw. –: Kommen wir also gleich zum Wichtigsten, zum Löten.

Darüber ist schon viel geschrieben worden, und wir laufen Gefahr, Selbstverständliches zu wiederholen, aber sei's drum! Ohne die Beachtung entscheidender Grundregeln bleiben alle Lötarbeiten unzuverlässiges Provisorium.

1.4.1 Vom Löten

Zunächst braucht man einen vernünftigen Lötkolben. Seine Heizleistung sollte ca. 15 Watt betragen; mehr ist für Elektronik-Arbeiten nicht ratsam. Die empfindlichen Bauteile vertragen keine große Hitze, und deshalb sind *dickere* Geräte auf keinen Fall am Platze. Es gibt teuere Lötkolben mit regelbaren Temperaturen; sie haben den Vorteil, daß sie die Temperatur, die man eingestellt hat, exakt behalten, auch wenn durch Berührung mit Bauteilen Wärme abfließt, aber so etwas ist bereits Luxus und muß nicht sein. Eher schon sollte man darauf achten, daß der Lötkolben geerdet ist, aber solche Exemplare sind schwer zu bekommen. Begnügen wir uns also mit einem normalen 15-Watt-Lötkolben, wie er in jedem Elektronik-Laden zu erhalten ist.

Es gibt für ihn verschiedene Lötspitzen, die man je nach Verwendungszweck aufstecken kann. Für den Elektroniker kommen eigentlich nur Spitzen in Bleistiftform in Frage; sie dürfen also nicht rund oder abgeflacht sein. Es gibt sie aus verschiedenen Materialien, und hier sollte man nur solche Spitzen nehmen, die zunderfrei und für Dauerbetrieb gedacht sind (z.B. ERSADUR). Sie halten erstaunlich lange, und man braucht keine Angst zu haben, sie zu schnell abzunutzen, wenn man den Lötkolben zwischen zwei Arbeitsgängen nicht gleich abschaltet. Im Gegenteil: dem Lötkolben und seiner Spitze bekommt es besser, wenn er gleichmäßig warm bleibt, als daß er immerzu abgekühlt und wieder aufgeheizt wird. In Elektronikwerkstätten bleiben Lötkolben oft stundenlang in Betrieb, ohne Schaden zu nehmen. Setzt sich mit der Zeit doch Schmutz an der Spitze ab, so reinigt man sie vorsichtig mit einem Leinenlappen; auf keinen Fall mit Schmirgelpapier oder gar mit der Feile! Und dann möglichst gleich wieder etwas Lötzinn auf die Spitze geben, so daß sie immer gleichmäßig silbrig glänzt.

Wird der Kolben nicht benutzt, so gehört er in einen Halter. Es gibt sehr vornehm aussehende Gestelle zu kaufen, aber man kann sie auch mit wenig Mitteln selber bauen. Die heiße Spitze darf nichts berühren (Brandgefahr!); schon gar zu oft hat ein achtlos herumliegender Lötkolben böse Löcher in Tischplatten oder Ärmel gebrannt!

Als Lötzinn kommt nur spezielles Elektronik-Lot in Frage, etwa 1 mm dicker Draht auf einer Rolle. Es gibt auch kleinere Mengen – meist um eine Papptafel gewickelt –, doch das lohnt sich nicht. Das Elektronik-Lot ist mit einem Flußmittel versehen (Kolophonium); es befindet sich im Drahtinneren und wird deshalb sinnigerweise als *Seele* bezeichnet. All die Hilfsmittel wie Salmiak-Stein oder Lötwasser können wir vergessen; sie sind überflüssig. Höchstens beim Lötfett ist eine Ausnahme zu machen, aber nur für besondere Zwecke.

Sehr oft hat man irgendwelche Schaltdrähte oder Litzen zu verlöten. Schaltdraht ist verhältnismäßig steif und bricht, wenn man ihn öfter biegt. Litze besteht dagegen aus vielen dünnen Einzeldrähtchen, die miteinander verdrillt sind; dadurch bleibt sie sehr flexibel. Beides braucht man, und es ist ratsam, sich einen genügenden Vorrat in verschiedenen Farben anzulegen. In Elektronikläden gibt es oft Restposten, von denen man gut und gern Gebrauch machen sollte. Will man nun Draht oder Litze verlöten, so muß erst einmal die Isolierschicht herunter, etwa 5 mm weit, bis das blanke Kupfer freiliegt. Es nimmt allerdings Lötzinn oft nur ungern an, und da hilft ausnahmsweise einmal das eben genannte Lötfett. Eine winzige Menge reicht, und schon läßt sich das Drahtende gut verzinnen, aber ansonsten sollte man die Finger vom Lötfett lassen. Es enthält nämlich Säure, und wenn die beim Lötvorgang nicht vollständig verbraten wird, kann sie später anfangen, sich in Metallteile einer Schaltung hineinzufressen und sie zu zersetzen. Das muß auf jeden Fall vermieden werden, sonst ist bald die schönste Schaltung hin.

Lötvorgänge müssen schnell und zügig ablaufen. Im allgemeinen reichen ein bis fünf Sekunden für eine Lötstelle. Dabei sind fünf Sekunden schon sehr viel – zu viel für manche hitzeempfindlichen Bauteile wie Dioden und Transistoren. Es hilft, wenn man die Bauteile mit einer spitzen Zange oder Pinzette so anfaßt, daß sie überschüssige Wärme von den kleinen Anschlußbeinchen der Bauteile ableitet. Ansonsten erfolgt der Lötvorgang so, daß man Lötzinn und Lötkolben gemeinsam an die Lötstelle bringt, aber möglichst nicht die Kolbenspitze erst dick verzinnen und dann von ihr aus einen Zinntropfen auf die Lötstelle setzen. Das wäre nicht sehr fachmännisch und geht nur in Ausnahmefällen (wenn man keine Hand für den Lötdraht frei hat).

Das Lötzinn muß beim Auftragen gut flüssig werden und die Teile, die verlötet werden sollen, benetzend umfließen. Wenn es zur Ruhe gekommen und erkaltet ist, sollte man die Lötstelle immer kontrollieren und sich genau ansehen (Lupe!). Ohne ausreichende Benetzung der zu verlötenden Teile kann es sonst zu Wackelkontakten oder *kalten Lötstellen* kommen, deren Auffindung eventuell große Schwierigkeiten bereitet. Zweimal hinsehen ist besser als großzügiges Arbeiten!

Ein heikles Thema: Entlöten

Ein heikles Thema wollen wir gleich vorweg behandeln, nämlich das Entlöten. Es kann immer einmal vorkommen, daß man ein Bauteil falsch eingesetzt hat und wieder aus der Schaltung heraus haben will, oder man möchte alte Schaltungen ausschlachten, um die Bauteile anderweitig verwenden zu können. Das hat immer seine Schwierigkeiten, denn man muß das Zinn sauber von der Lötstelle wegbekommen, ehe sich Bauteile entfernen lassen. Am einfachsten ist die Verwendung von Sauglitze, die es im Elektronik-Handel zu kaufen gibt. Ein Stückchen davon an die Lötstelle gehalten, den heißen Lötkolben angesetzt, und schon nimmt die Litze das flüssig gewordene Zinn in sich auf. Es gibt aber auch sog. Entlötsaugpumpen, die nicht ganz billig sind und flüssiges Lötzinn durch einen Vakuum-Effekt in sich hineinsaugen. Mit ihnen kann man auch Bauteile freibekommen, die durch viele Anschlußstifte in einer Schaltung festsitzen (integrierte Schaltkreise) und bei denen die Lötlitze eventuell versagt. Und schließlich kann man auch mit einem simplen Trick entlöten. Man besorgt sich beim Apotheker oder einem Arzt eine Injektionsnadel Nr. 1, die aus nichtrostendem Stahl ist. Die Spitze wird stumpf abgeschliffen und sauber entgratet; ihre Öffnung muß so groß sein, daß die Anschlußstifte von Bauteilen gerade hineinpassen. Der Stahl stößt Zinn ab, und wenn man nun das Zinn um einen Anschlußstift geschmolzen hat, braucht man nur die Spitze der Injektionsnadel hineinzusetzen und kann so den Anschlußstift vom umgebenden flüssigen Zinn trennen. Ist es erkaltet, so liegt der Anschlußstift frei; die Injektionsnadel kann abgezogen werden.

Ein simpler Trick

Es gibt vielerlei derartige Tricks beim Löten, und jeder Profi hat seine persönlichen Methoden, auf die er schwört. Es ist hier nicht der Platz, näher auf sie einzugehen; nur zwei Hinweise noch auf Dinge, die man selber machen kann. Wer keine Lötsauglitze besitzt, braucht nur ein normales Kabel (Geräte- bzw. Lampenzuleitung) von der Isolierung zu befreien und mit etwas Lötlack zu besprühen. Die im Kabel enthaltene Litze nimmt dann überflüssiges Lot praktisch genausogut auf wie die käufliche Sauglitze. Und wem Lötfett nicht sympathisch ist, der kann sich etwas Entsprechendes selbst zusammenrühren: Ein Teil Kolophonium in zwei Teilen Spiritus gelöst ergibt einen Brei, den man in ein kleines Töpfchen füllen kann und der bestens geeignet ist, um Drahtenden für das Verzinnen vorzubereiten.

In Kap. 6.4 werden wir auf den Eigenbau von Netzgeräten eingehen. Für sie werden Gehäuse benötigt, und wer sie nicht fertig kaufen will, kann sie sich eventuell aus Aluminiumblech selber zusammensetzen. Allerdings tritt da eine Schwierigkeit auf. Aluminium läßt sich normalerweise nicht löten, denn seine Oberfläche überzieht sich an der Luft stets mit einer dünnen Oxidschicht, die kein Lötzinn annimmt. Will man trotzdem löten, so muß man diese Oxidation unterbinden, und das geht. Die zu lötenden Partien werden mit Öl oder etwas Fett eingerieben und dann mit dem Messer oder einer Feile freigekratzt, wobei das Öl bzw. Fett immer noch so weit haftet, daß der Luftsauerstoff nicht an das Metall herankann. Dann wird die heiße Spitze des Lötkolbens in Kolophonium (Flußmittel) getaucht und ein Tropfen davon auf die Lötstelle gegeben. Bei der großen Hitze verdampft das Öl, und nun kann man auch Lötzinn auftragen. Übrigens reicht beim Löten von Aluminiumteilen ein Elektronik-Lötkolben nicht aus. Da muß schon ein 100-Watt-Kolben her!

Wer beim Löten besonderen Luxus liebt und viel Geld investieren möchte, kann sich im Fachhandel eine schicke *Lötstation* kaufen (lieferbar bei ELV, Parkstraße 31; 2950 Leer/Ostfriesland). Sie läßt keine Wünsche offen: Man kann an einem Drehknopf die Löttemperatur einstellen (zwischen 183°C und 400°C), sie wird dann durch Leuchtziffern angezeigt. Außerdem ist diese Station so eingerichtet, daß der Lötkolben galvanisch vom Netz getrennt bleibt und demnach auf Erdungspotential gelegt werden kann. Das ist bei der Bearbeitung gewisser integrierter Schaltkreise (IC's der C-MOS-Reihe) sehr wichtig. Es gibt auch die Möglichkeit, sich eine solche Lötstation selber zu bauen. Die Anleitung dazu wurde in einem Heft der Zeitschrift *ELO* (1981, Heft 12, S. 67) veröffentlicht.

Aber normalerweise reicht ein schlichter Lötkolben von 15 Watt (höchstens 30 W) völlig aus, wenn man ihn mit einer Dauerlötspitze versieht und sorgsam pflegt. Das geschieht am besten im gleichmäßigen Betrieb (also nicht in kurzen Abständen ein- und ausschalten), wobei die Spitze stets mit Zinn überzogen sein muß, wenigstens 5 bis 10 mm weit. Setzt sich Schmutz ab, so reinigt man den heißen Kolben mit einem feuchten Schwamm (Naturschwamm ist besonders geeignet); für die abkühlende Spitze genügt ein sauberes Leinenläppchen. Und – nicht vergessen! – nur Elektroniklot mit *Seele* (Kolophonium) verwenden.

1.4.2 Aufbau von Schaltungen

Umsetzung von Schaltungsentwürfen in die Praxis

In diesem Buch werden Schaltungen vorgestellt, für die verschiedensten Zwecke und von sehr unterschiedlichen Größenordnungen. Was in der Werkstatt des Modellbahnelektronikers geschieht, ist die Umsetzung solcher Schaltungsentwürfe in die Praxis, d.h. da ist zunächst die Schaltskizze mit ihren Leitungsführungen und diversen Symbolen für Bauteile, und der Bastler muß sich nun – wenn er die erforderlichen Teile beisammen hat – überlegen, wie daraus ein ordentlicher Schaltungsaufbau werden kann.

Hier bedarf es etlicher Gedankenarbeit. Denn in einem Schaltplan sind die Bauteile zumeist nicht in der Anordnung zueinander angegeben, die später beim Zusammenlöten auch wirklich zweckmäßig ist. Ein Kondensator

von 2200μF nimmt sich im Schaltbild klein und bescheiden aus; tatsächlich ist es dann ein ziemlicher *Apparat,* der mehr Platz braucht als fünf einfache Widerstände. Man muß also erst einmal Bleistift und Papier zur Hand nehmen, um sich nach den Angaben des Schaltplanes ein Bild von dessen möglicher Realisierung zu machen, d.h. eine Skizze seiner *Bestückung.*

Experimentierplatten zum lötfreien Aufbau

Aber es geht auch anders, wenn man für seine Elektronikwerkstatt etwas mehr als das Allernotwendigste investieren will. Schon seit vielen Jahren sind sogenannte *Steckboards* im Handel, d.h. Experimentierplatten zum lötfreien Aufbau von Schaltungen. Sie eignen sich besonders gut zu elektronischen Versuchen, die nur einmal durchprobiert werden sollen, ohne daß man gleich alles endgültig festlegen und die Bauteile auf Dauer miteinander verbinden will. Wir können hier keine Empfehlung für ein bestimmtes System geben, denn erstens richtet sich die Anschaffung nach dem jeweiligen Geldbeutel, und zweitens hat jedes System seine Vor- und Nachteile.

Die üblichen Experimentierplatten bestehen aus irgendeinem Plastik-Grundmaterial und enthalten kleine Stecklöcher, die – zumeist unsichtbar – durch interne Leitungsverbindungen zu Gruppen miteinander verknüpft sind. In den Stecklöchern sitzen außerdem kleine Metallfedern, die dazu dienen, Anschlußdrähte von hineingesteckten Bauteilen aufzunehmen und sicher festzuhalten. Die Größe der Grundplatten, Anordnung und Gruppenbildung der Stecköffnungen sind je nach Hersteller verschieden. In *Abb. 1.4.2/1* sind einige Beispielmuster angegeben, wobei natürlich die gesamte Grundplatte größer ist als der abgebildete Ausschnitt. Meistens haben die Grundplatten noch zusätzliche Anschlußmöglichkeiten für Bananenstecker oder können durch Adapter ergänzt werden (Übergangsbausteine), in die sich integrierte Schaltkreise (IC's) einsetzen lassen.

Worauf man beim Kauf achten sollte, ist, daß erstens alle Verbindungen wirklich lötfrei erfolgen und daß zweitens handelsübliche Bauteile wie Widerstände, Kondensatoren, Transistoren usw. tatsächlich in die Stecköffnungen hineinpassen. Bei Transistoren ist das oft schwierig, denn sie haben so kurze Anschlußbeinchen, daß die Stecköffnungen für sie zu weit auseinanderliegen, und andere Bauteile – vor allem Trimmpotentiometer – haben Anschlußstifte, die für die Stecköffnungen zu breit sind. In solchen Fällen hilft es, sich einige Versuchsexemplare zurechtzumachen, an deren Anschlußbeine man zusätzliche Drähte anlötet, nämlich solche, die als Reste beim Kürzen von Widerständen anfallen. Dann kann man auch Steckplatten mit weiten Lochabständen mühelos verwenden.

Als Zubehör für die Experimentierplatten gibt es zumeist noch kurze Kabel mit Steckern, die ebenfalls in die Stecklöcher hineinpassen und mit denen man verschiedene Lochgruppen untereinander verbinden kann. Aller-

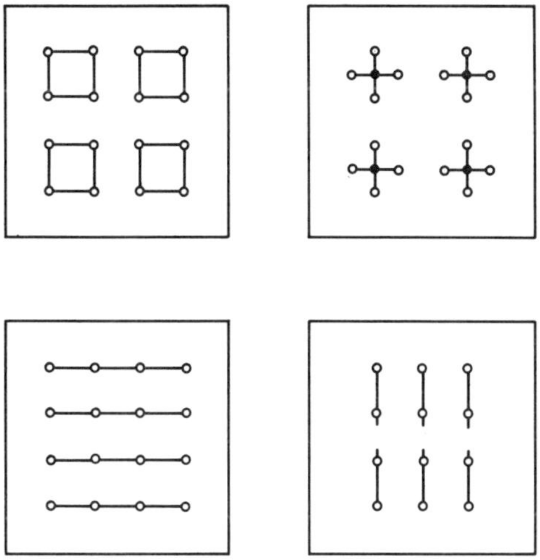

Abb. 1.4.2/1 Lochrastergruppen bei verschiedenen Steckboard-Platten

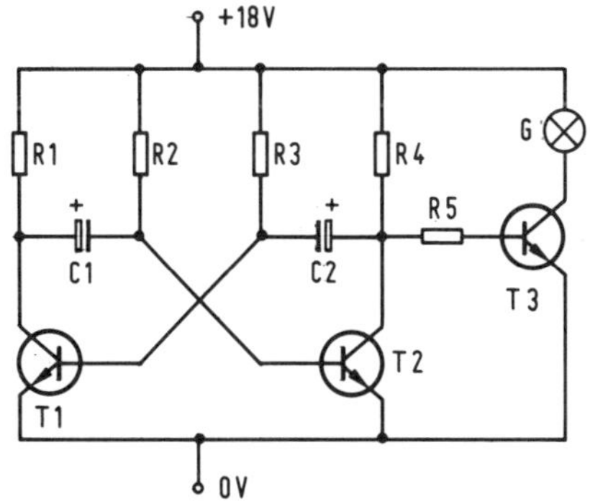

Abb. 1.4.2/2 Schaltbild eines astabilen Multivibrators

dings genügt es zumeist, sich entsprechende Verbindungsstücke aus isoliertem Schaltdraht selbst zurechtzuschneiden; die freigelegten Enden reichen als Stecker aus.

Was für den Modellbahner viel zu aufwendig ist, sind Experimentierplatten, die nur mit vorgefertigten Bauteilen bestückt werden können, z.B. mit in Plastikkästchen eingeschlossenen Widerständen, Kondensatoren, Transistoren usw. Solche Experimentierbausätze sind für Demonstrationszwecke in Schulen oder für Schülerübungen gedacht, aber ihre Preise liegen so hoch, daß sich für den Privatmann die Anschaffung kaum lohnt. Modellbahner kommen mit bescheideneren Mitteln aus und sollten ihr Geld für eine neue Lok sparen, statt damit Lehrmittelfirmen zu sanieren.

Doch verfolgen wir nun einmal, wie sich mit einer Steckboard-Platte arbeiten läßt. Für die Schaltung greifen wir vor auf den astabilen Multivibrator von Kap. 6.1.2, Abb. 1. Was es mit ihm auf sich hat und wie er funktioniert, soll uns jetzt gar nicht weiter kümmern; wir halten uns an das *Schaltbild 1.4.2/2* und die folgenden Bauteile:

R 1 = R 4 = 1 kΩ (Widerstände, 1/4 Watt)
R 2 = R 3 = 22 kΩ (Widerstände, 1/8 Watt)
R 5 = 10 kΩ (Widerstand 1/8 Watt)
C 1 = C 2 = 47 μF (Elektrolytkondensator)

T 1 = T 2 = T 3 = BC 107
(Transistoren)
G = Glühbirne 50 mA, 12 V
(Signalbirne für Stellpulte)

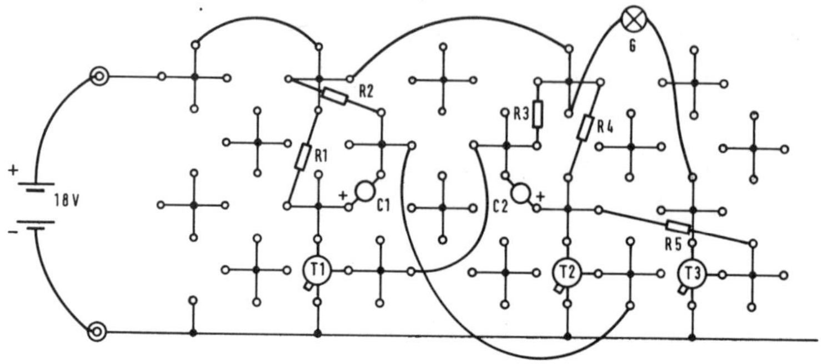

Abb. 1.4.2/3 Ausbau eines astabilen Multivibrators auf einem Experimentierbrett (Fischer)

Auch hier folgen Erklärungen später. Bei den Elektrolytkondensatoren muß man beachten, daß sie polungsabhängig sind und in der richtigen Orientierung eingesetzt werden müssen (Aufdruck beachten!); bei den drei Transistoren sitzt an der Metallkappe ein kleiner Dorn, der ebenfalls genau nach der Zeichnung von *Abb. 1.4.2/3* zu orientieren ist.

Nehmen wir einmal an, wir besitzen eine Experimentierplatte mit kreuzförmig angeordneten Stecköffnungen (z.B. von der Firma Fischer, Tumlingen, oder ganz ähnlich von AEG-Telefunken). Die Bauteile werden gemäß Abb. 1.4.2/3 eingesteckt, etwa so, wie das der Schaltskizze entspricht. Dabei ist es allerdings kaum möglich, den sauberen geometrischen Aufbau des Schaltbildes nachzuahmen, aber das ist auch gar nicht erforderlich. Der *fliegende Aufbau* einer Steckboard-Schaltung hat immer nur provisorischen Sinn und kann jederzeit abgewandelt werden. Hauptsache, man überzeugt sich, daß alles richtig funktioniert. In unserem Fall ist dafür das Verhalten der Glühlampe kennzeichnend. Sie wird in eine Fassung geschraubt, deren Anschlußdrähte sich ebenfalls stecken lassen (eventuell feste Drahtenden anlöten). Legt man nun eine Spannung von ca. 18 V an (zwei hintereinandergeschaltete Transistorbatterien zu je 9 V), so muß die Glühbirne in festen Abständen aufleuchten und wieder erlöschen, so daß man einen Blinklichtgeber erhält. Der Transistor T3 kann dabei recht heiß werden! Auf keinen Fall darf man die Pole der Batteriespannung vertauschen, sonst gehen die Transistoren bestimmt kaputt.

Fliegender Aufbau

Hat man eine Schaltung ausprobiert und sich von ihrer Funktionstüchtigkeit überzeugt, so kann sie endgültig aufgebaut werden. Dabei geht es nun ans Löten, und was bisher die Experimentierplatte geleistet hatte, übernimmt jetzt eine sog. Platine.

Mit Platinen werden wir es in der Praxis der Modellbahnelektronik dauernd zu tun haben; sie bieten die Fundamente für alle Schaltungsaufbauten. Dabei gibt es aber sehr verschiedene Ausführungen und Formate, so daß man sich sorgfältig überlegen muß, zu welchem Typ man greifen will. Dem Anfänger sei dringend empfohlen, sich nicht gleich an sog. *gedruckte Schaltungen* zu wagen, bei denen man die Leiterbahnen auf der Platine selbst entwirft und herstellt. Wir wollen lieber mit fertigen Platinen beginnen, mit Lochrasterplatten, auf denen die Leiterbahnen bereits festliegen. Wenn man ihre Technik sicher beherrscht, kann man immer noch auf *gedruckte Schaltungen* umsteigen.

Veroboard-Karten

Lochrasterplatten oder *Veroboard*-Karten bestehen aus dem gut isolierenden Kunststoff Pertinax, sind etwa 1 mm dick und werden meist in dem sog. *Eurocard*-Format geliefert (10 x 16 cm). Man sollte sich gleich eine ganze Menge im Versandhandel schicken lassen; die Masse macht es billiger, und brauchen tut man die Platten sowieso, wenn nicht gleich, dann später. Auf der einen Seite sind die Platten mit geradlinigen Kupferbahnen überzogen, wobei in ca. 2,5 mm Abstand Löcher zum Einsetzen der Bauteile zur Verfügung stehen. Dieser Abstand ist so genormt, daß man auch integrierte Schaltkreise (IC's) mühelos einsetzen kann. Braucht man nicht die ganze Platte, so sägt man sich mit der Laubsäge soviel ab, wie gerade nötig ist.

Reinigungs-Vorbehandlung

Frisch gekaufte Platten sehen zwar gelegentlich recht sauber aus, haben aber stets eine Reinigungs-Vorbehandlung nötig, sonst nehmen sie später das Lötzinn nicht gleichmäßig an. Auf keinen Fall darf man ihnen mit scharfen Putzmitteln wie ATA oder VIM zu Leibe rücken; am besten ist Abreiben mit Nitro-Verdünnung oder mit Bimssteinmehl.

Dann geht es erst einmal an die Planung, denn eine Schaltung kann nicht unmittelbar vom Papier-Entwurf bzw. vom Experimentierbrett auf die Lochrasterplatte übertragen werden. Das ist nun einmal der Hauptnachteil dieser Platten: Man muß sich nach ihren Leiterbahnen richten. Am besten ist es, einen Bestückungsentwurf auf Kästchenpapier aus einem Schnellhefter zu machen; die Kästchen entsprechen dabei den Löchern, die Richtung der Leiterbahnen muß man besonders markieren. An vielen Stellen braucht man Drahtbrücken (z.B. aus den abgekniffenen Enden von Anschlußdrähten schon eingelöteter Bauteile; man sollte diese Enden nie wegwerfen!). Und an anderen Stellen müssen Leiterbahnen unterbrochen werden. Dazu gibt es spezielles Werkzeug; ein Taschenmesser genügt nicht, besser schon geht es mit einer Feile, und besonders gut bewährt sich eine kleine Trennscheibe auf dem Minicraft-Bohrgerät. Aber Vorsicht, man muß dabei besonders sorgfältig arbeiten, sonst werden mehr Bahnen unterbrochen als vorgesehen! Übrigens sollte man mindestens zwei Leiterbahnen ohne Unterbrechungen

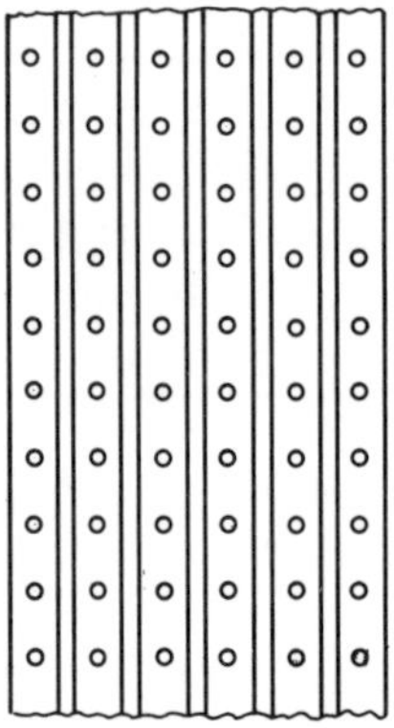

Abb. 1.4.2/4 Lochstreifen auf einer Veroboard-Platte

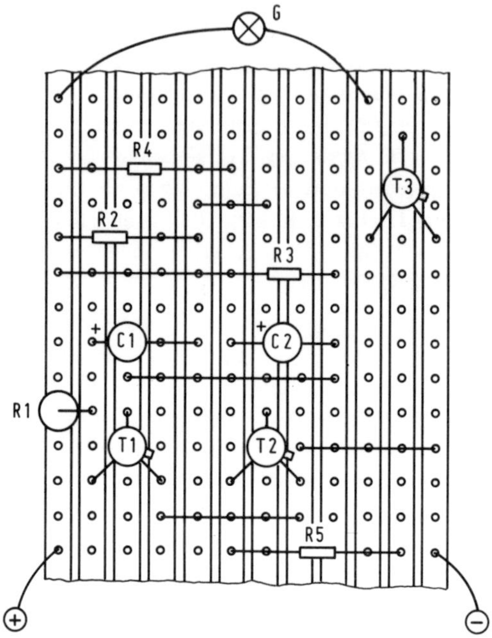

Abb. 1.4.2/5 Aufbau eines astabilen Multivibrators auf einer Lochrasterplatte (von oben gesehen; die kupfernen Leiterbahnen liegen auf der Unterseite, sind jedoch der Deutlichkeit halber mit eingezeichnet)

lassen, nämlich für die Zuführung der Versorgungsspannung (Plus und Minus).

In *Abb. 1.4.2/5* ist noch einmal die Schaltung für den astabilen Multivibrator (Blinklichtgeber) dargestellt, diesmal auf Lochrasterplatte. Solch ein Entwurf hängt natürlich stark von den Abmessungen der einzelnen Bauteile ab; probeweise sollte man sie erst einmal in die Platte hineinstecken, um die günstigste Anordnung auswählen zu können. Dann markiert man die einzelnen Positionen auf der Pertinaxseite, die erforderlichen Unterbrechungsstellen auf den Leiterbahnen, und manchmal muß man noch zusätzlich einzeichnen, wo Löcher weiter aufzubohren sind, weil nämlich manche Bauteile (Trimmpotentiometer, Leistungstransistoren) mit ihren Anschlußstiften nicht ohne weiteres in die Vorbohrungen hineinpassen. Für Bauteile, die nicht mit auf die Leiterplatte kommen sollen (in Abb. 1.4.2/5 die Glühbirne G), kann man besondere *Lötnägel* vorsehen; das sind Stifte, die an

Lötnägel

den entsprechenden Stellen der Platte eingelötet werden und die dazu geeignet sind, weiterführende Kabelverbindungen aufzunehmen. Auch die Spannungsquelle (Batterie) wird in dieser Weise angeschlossen.

Ist die Lochrasterplatte genügend vorbereitet (allgemeine Säuberung, fertige Unterbrecherstellen, Weitung von Bohrlöchern), so ist es ratsam, die Leiterbahnen mit Schmirgelpapier feinster Körnung noch einmal abzureiben und etwas anzurauhen; danach besprüht man sie mit Lötlack und läßt sie trocknen. Danach sollte man die Kupferbahnen nicht mehr berühren; sie sind jetzt optimal für die Lötvorgänge präpariert.

Bei der Bestückung fängt man mit den Drahtbrücken an; sie liegen flach auf der Pertinaxseite auf. Auch die übrigen Bauteile werden von dieser Seite her eingesetzt, und normalerweise geht man so vor, daß zuerst niedrige Bauteile kommen, z.B. flach liegende Widerstände. Wo es eng wird, kann man solche Widerstände natürlich auch senkrecht stellen (vgl. *Abb. 1.4.2/6*). Zuletzt kommen im allgemeinen Transistoren und ähnliche Bauteile, die besonders wärmeempfindlich sind. Bei ihnen sollte man die Anschlußdrähte wenig oder überhaupt nicht kürzen, weil sie zur Wärmeabstrahlung beitragen. Übrigens wird häufig geraten, Anschlußdrähte nach dem Einsetzen eines Bauelementes auf der Seite der Leiterbahnen umzubiegen, damit beim Umdrehen der Leiterplatte nichts herausfallen kann. Aber sehr günstig ist diese Maßnahme nicht, denn wenn man eine Platte später einmal entlöten will, sind umgebogene Anschlußstifte sehr störend und erschweren das Herauslösen der Bauteile.

Langes „Herumbraten" an einer Stelle vermeiden

Über das Löten wurde schon das Nötige gesagt. Vor allem ist darauf zu achten, daß die Maximalzeit von fünf Sekunden pro Lötauge nicht überschritten wird. Abgesehen davon, daß Bauteile Schaden nehmen können, ist es auch möglich, daß sich bei zu langem *Herumbraten* an einer Stelle plötzlich die nur aufgeklebte Kupferbahn von ihrer Pertinaxgrundlage abhebt und reißt. Das kann übrigens auch geschehen, wenn man an fertig eingelöteten Bauteilen herumdrückt und dadurch die Lötstellen mechanischen Spannungen aussetzt.

Ist alles fertig bestückt, so werden die überstehenden Anschlußstifte auf der Leiterbahnseite mit einem Seitenschneider abgeknipst (aufheben!).

Abb. 1.4.2/6 Einlöten von Widerständen auf einer Lochrasterplatte (liegend und stehend)

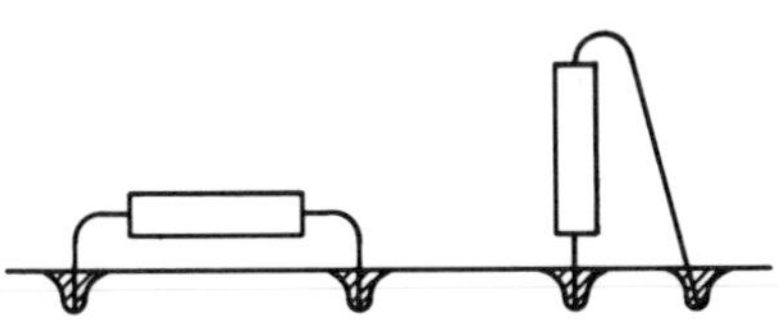

Dann sollte man auf jeden Fall zur Lupe greifen und die Leiterbahnseite sorgfältig nach eventuellen Fehlern absuchen. Es kann immer einmal passieren, daß etwas Lot zwischen zwei Bahnen geraten ist und sich dort festgesetzt hat; das kann bei Inbetriebnahme der Schaltung fatale Folgen haben! Außerdem entdeckt man vielleicht doch eine kalte Lötstelle, an der sich das Lötauge nicht fest um einen Anschlußstift geschlossen hat. In solchen Fällen auch bei bloßem Verdacht lieber noch einmal nachlöten!

Ist die Prüfung beendet, so kann die Schaltung an ihre Versorgungsspannung angeschlossen werden, und wenn alles funktioniert, darf man ein Erfolgserlebnis genießen. Wenn nicht, so muß man noch einmal die Leiterbahnen überprüfen. Vielleicht ist auch irgendwo eine Unterbrechung entstanden, wo sie nicht hingehört, z.B. an einem zu weit aufgebohrten Loch. Es gibt viele Fehlerquellen, aber mit einiger Routine merkt man bald, wo sie am häufigsten auftreten.

1.4.3 Gedruckte Schaltungen

Die Arbeit mit Veroboardplatten (parallele Leiterbahnen) ist für den Anfänger sehr empfehlenswert, und die meisten der in diesem Buch angegebenen Schaltungen lassen sich solcherart realisieren. Die Platten sind verhältnismäßig preiswert, überall zu bekommen und leicht zu behandeln. Ihr Nachteil liegt darin, daß man seine Schaltungen dem Verlauf der Leiterbahnen anpassen muß, wobei gelegentlich Flächen ungenutzt freibleiben können, aber das läßt sich verschmerzen. Wenn allerdings Schaltungen sehr umfangreich werden, besteht die Gefahr, auf einer Lochrasterplatte allmählich den Überblick zu verlieren, und deshalb wollen wir uns nun einer Platinentechnik zuwenden, die sich bei Elektronikern großer Beliebtheit erfreut: der Herstellung *gedruckter Schaltungen.*

Herstellung gedruckter Schaltungen

Mit *Drucken* im engeren Sinne hat die Sache eigentlich gar nichts zu tun. Worum es geht, ist etwas anderes. Auch hier beginnt alles mit einer Platine, aber diesmal ist die eine Seite gleichmäßig mit Kupfer überzogen (*kaschiert,* wie die Experten sagen), die andere Seite zeigt das nackte Grundmaterial: Pertinax oder – etwas teuerer – Epoxid-Glashartgewebe. Für die meisten Modellbahnerzwecke reicht Pertinax völlig aus. Was man zu tun hat, ist, seine Schaltung auf die Kupferseite zu übertragen, die erforderlichen Leiterbahnen dort zu fixieren, das überflüssige Kupfer wegzuätzen und Bohrlöcher für die Bauteile einzufügen. Dann kann man wie bei den bisher geschilderten Lochrasterplatten weitermachen und die fertige Platine bestücken. Das

Abb. 1.4.3/1 Gedruckte Schaltung für den astabilen Multivibrator (Platinenunterseite)

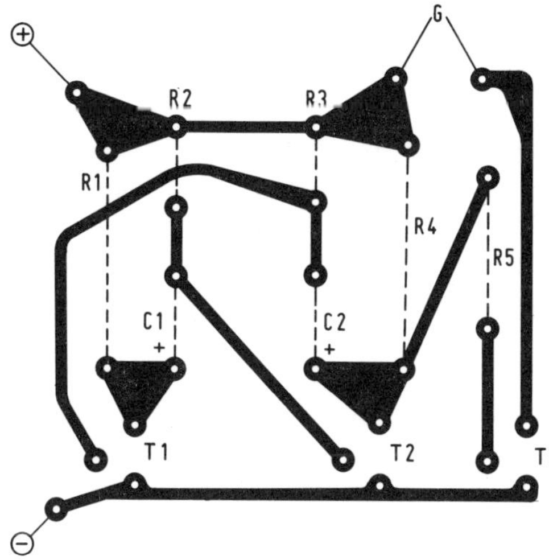

klingt alles sehr knapp und einfach, erfordert in der Praxis aber doch etliches Geschick und viel Überlegung. Deshalb wollen wir uns die einzelnen Arbeitsgänge genauer ansehen.

Beginnen wir mit der Planung

Beginnen wir mit der Planung. Da hat man nun sein Schaltbild aus dem Buch und die versammelten Bauteile und muß versuchen, sie möglichst platzsparend anzuordnen, wobei ein bißchen Probieren auf einer Experimentierplatte sehr hilfreich sein kann. Hat man sich einen Überblick verschafft, so muß gezeichnet werden, und zwar eine Skizze der Leiterbahnen und Bohrlöcher, so, wie nachher alles auf der Platine untergebracht werden soll. Dabei ist die Zeichnung entweder seitenverkehrt (spiegelbildlich) anzulegen, oder man macht die Zeichnung transparent, indem man das Papier mit Klarpaus-Spray einsprüht. Wie eine Platinenskizze aussehen kann, zeigt *Abb. 1.4.3/1.*

Nun kann die Zeichnung auf die Kupferseite der Platine übertragen werden. Dazu gibt es etliche Möglichkeiten; wir wollen es einfach machen. Zwischen die (seitenverkehrt liegende) Zeichnung und die Kupferschicht kommt ein Blatt Kohlepapier, und eventuell fixiert man die Papiere auf der Platine mit etwas Tesafilm. Dann kann man mit einem harten Stift seine Zeichnung durchpausen. Wo später Löcher gebohrt werden sollen, läßt sich mit Hammer und Nagel schon eine kleine Markierung in die Kupferplatte einschlagen – aber nicht zu kräftig! Ist alles übertragen, so kommen die Papiere wieder herunter. Stattdessen nimmt man sich jetzt einen Tuschzeichner, um die durchgepausten Leiterbahnen nachzuziehen. Es gibt auch da verschiedene Möglichkeiten. Vom Fachhandel werden spezielle Stifte mit ätzfester Tinte angeboten (z.B. DALO-2 M-Professional); es geht auch mit einem Stift *Geha formy 30* (wasserfest mit Spitzenformer), mit einem Tuschefüller von ROTRING (Spitze 0,8 mm) oder mit einem feinen Pinsel; Hauptsache, man hat eine sichere Hand, und die verwendete Tusche löst sich beim nachfolgenden Ätzvorgang nicht von der Kupferunterlage. Eventuell muß man ein bißchen probieren.

Einfache Herstellung der Platinenzeichnung

Eine einfache Möglichkeit, seine Platinenzeichnung herzustellen, besteht darin, zunächst einmal ein Blatt Transparent-Zeichenpapier der passenden Größe auf eine Styroporunterlage zu legen und dann die Bauteile mit ihren Anschlußdrähten durch das Papier in die Styroporplatte hineinzudrücken. Es gibt dann kleine Löcher im Zeichenpapier, die man mit Bleistift zu einer Skizze der Leiterbahnen verbindet. Diese Skizze wird wieder seitenverkehrt auf die Kupferschicht der Platine gelegt, durchgepaust oder wenigstens durch Ankörnung der Löcher (Nagel und Hammer) auf die Platine übertragen. Dann hebt man die Zeichnung ab, bohrt die Löcher auf (Minicraft-Bohrer mit Stativ) und kann schließlich die Leiterverbindungen auf der Platine mit Tusche bzw. Lack nachzeichnen.

So gibt es verschiedene Techniken, den Schaltplan auf die Platine zu bekommen. Besonders schwierig wird es, wenn zur Schaltung sog. IC's (integrierte Schaltkreise) gehören. Sie sind in Kunststoffsockel eingeschlossen und haben viele Anschlußstifte (vgl. Kap. 4.1), bei denen es ein schönes Leitungsgewirr geben kann. Arbeitet man mit den üblichen Lochrasterplatten, so ist die Sache nicht so schlimm, weil die Lochabstände genormt sind und genau zu den IC-Stiften passen (wenigstens soweit die Kunststoffsockel die sog. Dual-in-line-Form haben). Bei Platinen mit freier Leitungsführung muß man dort, wo solch ein IC hin soll, sehr exakt arbeiten, sonst passen die Bohrlöcher nicht zu den Stiften. Am besten legt man in solch einem Fall ein kleines Stück Lochrasterplatte auf die Kupferseite der Platine, befestigt es mit Tesafilm und benutzt es dann als Bohrschablone, d.h. man bohrt durch die fertigen Löcher der Veroboardplatte hindurch und benutzt somit diese Löcher als Führung für die Bohrspitze.

Ist nun endlich die Platine so weit vorbereitet, daß die Leiterbahnen mit Lack bzw. Tusche aufgezeichnet und getrocknet sind – die Bohrungen kann man auch später noch vornehmen –, so kommt sie in ein Ätzbad. Auch dafür gibt es mehrere Möglichkeiten. Was man auf jeden Fall braucht, ist eine Wanne oder Schale aus ätzfestem Material; notfalls genügt ein ausgedienter Suppenteller. Als Ätzmittel eignet sich Eisen-III-chlorid, das es in der Apotheke zu kaufen gibt. Das ist ein klumpiges, festes Material, gelbbraun und wasserlöslich. Vorsicht: wenn man es an die Finger bekommt, färben sie sich auch nachhaltig braun! Die Lösung soll gesättigt sein, d.h. es wird soviel Eisen-III-chlorid in das Wasser gegeben, wie sich gerade noch auflösen läßt, ohne daß ein fester Bodensatz entsteht. Erhitzen der Lösung ist ratsam, denn erstens nimmt sie dann noch mehr Eisen-III-chlorid auf und zweitens läuft der Ätzvorgang schneller ab. Die Platine wird in die heiße Lösung getaucht und so lange daringelassen, bis alles Kupfer um die Tuschbahnen herum verschwunden ist. Das kann mehr als eine halbe Stunde dauern: gelegentlich umrühren! Ist die Platine fertig, so wird sie aus der Lösung herausgehoben, gründlich unter fließendem Wasser abgespült und dann mit Nitro-Verdünnung behandelt. Dadurch läßt sich die Tusche (bzw. der Lack) entfernen; man wischt ihn mit einem alten Lappen ab. Übrig bleiben die glänzenden Kupferbahnen der Leitungen, und sie werden zum Schluß genauso behandelt wie eine Lochrasterplatte (eventuell muß man noch die Bohrungen vornehmen). Mit ein bißchen feinkörnigem Schmirgelpapier lassen sich die Bohrlöcher und Ränder der Platine entgraten, die Leiterbahnen werden gleichzeitig angerauht, und zuletzt sprüht man die Platine mit Lötlack ein. Nach einer angemessenen Trockenzeit ist sie fertig zur Bestückung mit den Bauteilen.

Wem das braune Eisen-III-chlorid nicht geheuer ist, der kann auch als Ätzmittel Ammoniumpersulfat nehmen. Dabei handelt es sich um ein weißes Pulver, das es in den meisten Elektronikläden zu kaufen gibt. Auch hier stellt man wieder eine gesättigte Lösung her, erwärmt sie (aber nicht kochen!), gibt die Platine hinein und rührt gut um. Am besten liegt die Platine mit der Kupferseite nach oben; dann kann man den Lösungsvorgang besser verfolgen. Er dauert etwa 10 min. oder etwas länger. Anschließend wird die Platine wieder gut abgespült und wie oben weiterbehandelt.

Salzsäure, Wasserstoffperoxid, VORSICHT!

Schließlich kann man auch mit Salzsäure und Wasserstoffperoxid ätzen. Die Salzsäure soll etwa 35%ig sein; beim Wasserstoffperoxid muß man darauf achten, daß einem der Apotheker nicht etwa verdünnte Lösungen, sondern die konzentrierte (30%ige) Form gibt. Bei ihr ist Vorsicht geboten, bei der Salzsäure natürlich auch. Beide Flüssigkeiten greifen die Haut stark an, und auf keinen Fall dürfen sie an die Augen kommen. Wenn doch etwas an die Finger geraten ist, sofort unter fließendem Wasser abspülen! Man setzt sich eine Mischung nach folgendem Mengenverhältnis an:

200 ml Salzsäure,
30 ml Wasserstoffperoxid,
770 ml Wasser.

Die Menge des Wasserstoffperoxids ist etwas kritisch. Wenn man die Platine in die Lösung eintaucht, soll sie rot bis dunkelbraun anlaufen. Tut sie das nicht, so muß noch etwas Wasserstoffperoxid hinzu, aber nicht zuviel. Sobald nämlich Bläschen aufsteigen, bricht der Ätzvorgang ab, und dann muß man wieder mehr Salzsäure und Wasser hinzugeben.

Wiederverwendbare Ätzlösungen

Einmal benutzte Ätzlösungen kann man im allgemeinen wiederverwenden. Sie sollen gut verschlossen und beschriftet aufbewahrt werden; auf keinen Fall dürfen Kinder an die gefährlichen Chemikalien herankönnen! Beim Wasserstoffperoxid ist besondere Sorgfalt geboten. Es zersetzt sich unter Lichteinwirkung und muß deshalb in dunklen Flaschen (braunes Glas) aufbewahrt werden, wobei der Verschluß nicht dicht sein darf. Wasserstoffperoxid gibt Sauerstoff ab, und eine zu fest verschlossene Flasche kann unter Umständen sogar explodieren. Am besten stellt man seine Ätzchemikalien irgendwo in eine dunkle Kellerecke und sorgt dafür, daß kein Unbefugter an sie herankann.

Wahrscheinlich ist nicht gleich der erste Versuch beim Selbstherstellen von Platinen ein voller Erfolg. Man muß etwas Geduld haben und experimentieren; die Ätzmischung, die sich als optimal herausgestellt hat, sollte man sich merken (Rezept aufschreiben!) und außerdem notieren, unter welchen Bedingungen man gearbeitet hat (Temperatur, Umrühren oder nicht, Ätzdauer). Nach einiger Übung kann man aber bald Platinen herstellen, die ein durchaus professionelles Aussehen haben und jedem Vergleich mit Industrieprodukten standhalten.

Wer so weit ist, sucht nun vielleicht auch die höchste Stufe der Vollkommenheit zu erreichen und Platinen auf fototechnischem Wege herzustellen. Davon ist in Fachbüchern und -zeitschriften (ELO!) viel zu lesen, aber der Modellbahnelektroniker muß nicht unbedingt in solch lichte Höhen aufsteigen. Trotzdem sei ihm ein Verfahren zur Produktion von Foto-Platinen mitgeteilt. Es ist das einfachste.

ELO lesen!

Beginnen tut man wie zuvor: mit der Zeichnung einer Vorlage für die Leitungsführungen und Bohrlöcher. Diese Zeichnung kann auf normalem Papier ausgeführt werden, aber anschließend muß man es durchsichtig machen, und dazu dient ein passender Klarpausspray (z.B. Kontakt-Chemie 21 oder MARABU; in Geschäften für Zeichenbedarf erhältlich). So erhält man ein *transparentes Platinenlayout* – wie die Profis sagen. Es wird getrocknet, aber dann geht es anders weiter als bisher.

Mit gewöhnlichen Platinen ist hier nichts zu wollen: Man besorge sich im Elektronikladen (oder im Versandhandel) sog. *fotopositiv* beschichtete, kupferkaschierte Pertinax- oder Epoxidplatten. Sie stecken in einer schwarzen Schutzhülle, denn sie sind lichtempfindlich, allerdings nicht gar so arg wie ein normaler Film. Man kann sie bei gedämpftem Tageslicht oder im Schein einer matten Lampe durchaus bearbeiten, ohne eine vorschnelle Belichtung befürchten zu müssen. Doch ehe man sie aus ihrer Umhüllung holt, sollte man bereits ein Entwicklerbad bereitstellen. Dazu dient eine Plastikschale (in Fotogeschäften erhältlich), in der man ca. 7 g Ätznatron in 1 l Wasser auflöst (Vorsicht mit dem Ätznatron; es greift die Haut an und darf nicht an die Augen kommen!). Diese Lösung ist die Entwicklerflüssigkeit. Ist sie fertig, so zieht man die Schutzhülle von der Platine und legt seine transparente Zeichnung auf die fotopositiv beschichtete Seite. Damit die Zeichnung glatt aufliegt, beschwert man sie mit einer passenden Glasplatte. Die Leiterbahnen auf der Zeichnung müssen hundertprozentig undurchsichtig sein (dick aufgetragene Tuschlinien!). Und nun braucht man eine UV-Lampe zum Belichten. Natürlich liegt darin ein Problem, denn nicht jeder hat eine solche Lampe im Hause. Eine gewöhnliche Höhensonne tut es im allgemeinen nicht, aber es gibt spezielle UV-Birnen (z.B. „VITALUX" von Osram), die in die Fassung einer gewöhnlichen Schreibtischlampe passen. Um die eigenen Augen vor dem schädlichen ultravioletten Licht zu bewahren, sollte man eine Schutzbrille tragen, wie man das auch unter einer Höhensonne tut. Der Belichtungsabstand zwischen der UV-Birne und der fotopositiven Platine mit der daraufgelegten Zeichnung beträgt etwa 25 bis 30 cm, die Belichtungsdauer ungefähr 5 min. Das muß man ausprobieren und sich die günstigsten Werte notieren. Nach der Belichtung kommt die Platine sofort in das Entwicklerbad. Dort spielen sich ähnliche Prozesse ab wie beim Entwickeln eines normalen Filmes, aber das ist Chemie und braucht uns hier nicht weiter zu interessieren. Nach etwa einer halben Minute kann man bereits die Leiterbahnen auf dem Kupfer erkennen. Das Bad sollte leicht bewegt werden, damit ein dauernder Stoffaustausch zwischen dem Entwickler und der fotopositiven Schicht auf der Platine möglich ist. Nach etwa zwei bis drei Minuten dürfte der Prozeß abgeschlossen sein, und wenn sich dann die Leiterbahnen deutlich auf der Platine abzeichnen, kann sie aus dem Entwicklerbad herausgenommen werden. Sie wird gründlich abgewaschen und ist jetzt so weit präpariert, daß der letzte Arbeitsgang beginnen kann.

UV-Licht zum Belichten

Auf den Leiterbahnen hat sich beim Entwickeln eine ätzfeste Fotoschicht gebildet, die genauso wirkt wie eine Abdeckung mit Tusche oder schwarzem Lack. Man kann demnach weitermachen wie beim normalen Ätzen einer Platine: Die Fotoplatine kommt in ein Ätzbad (Eisen-III-chlorid, Ammoniumpersulfat oder Salzsäure + Wasserstoffperoxid), und wenn alles Kupfer außerhalb der Leiterbahnen verschwunden ist, wird die Platte gründlich abgespült und dann noch mit Nitroverdünnung abgewischt, damit Reste der Fotoschicht von den stehengebliebenen Leiterbahnen verschwinden. Anschließend besprüht man seine Platine mit Lötlack, bohrt die Löcher und kann mit der Bestückung beginnen.

Wie gesagt: nicht jeder Modellbahner wird den Aufwand mit UV-Lampe und Entwicklerbad betreiben wollen, und man muß schon ein Experte sein, wenn man nun auch noch den letzten Schritt tun und sich fotopositive kupferkaschierte Platinen selbst herstellen will. Auch das geht, aber die entsprechenden Verfahren hier zu schildern, übersteigt unseren Rahmen. Einiges kann man in dem Bastelbuch von Schiersching nachlesen, oder man läßt sich eine kostenlose Anleitungsbroschüre von der Firma Kontakt-Chemie, Postfach 1609, 7550 Rastatt, schicken. Für viele Modellbahner-Zwecke reichen Lochrasterplatten völlig aus; es muß nicht immer eine Print-Platte sein (so heißen die Platinen mit gedruckten Schaltungen), und eine auf fototechnischem Wege hergestellte schon gar nicht.

Nach allem, was wir nun über Platinen und ihre Herstellung wissen, noch ein Wort zum Abschluß. Wer seine Schaltung zusammengelötet hat und ausprobiert, kann von Glück sagen, wenn alles auf Anhieb richtig funktioniert. Aber es gibt auch Pannen, die Schaltung tut nicht das, was sie soll, und ehe man sie wütend in den Mülleimer wirft, ist es angebracht, nach möglichen Fehlern zu suchen.

Nicht in den Mülleimer! Nebenstehende Hinweise beachten

Dazu ein paar Hinweise. Man sollte sich zunächst einmal die Lötstellen vornehmen und sorgfältig prüfen, ob keine *kalte* darunter ist. Verdächtige Lötaugen werden sicherheitshalber noch einmal nachgelötet. Dann sieht man sich die Leiterbahnen genau an. Eventuell sitzt zwischen ihnen irgendwo ein kleines Zinnrestchen (das ist gerade bei Lochrasterplatten leicht möglich), das man nun mit Sauglitze oder einem spitzen Messer entfernen muß. Sogar Reste von Flußmittel können unerlaubte Kontakte herstellen. Und schließlich gibt es manchmal winzige Haarrisse in den Leiterbahnen, die man mit bloßem Auge gar nicht sehen kann. Also betrachtet man alles noch einmal unter der Lupe. Wo sich solch ein Riß feststellen läßt, kann man ihn mit Lötzinn überbrücken. Und sollte auch die optische Fehlerkontrolle nicht zum Ziele führen, so kann man mit einem Ohmmeter die Leitungen auf ihr Widerstandsverhalten hin überprüfen. Doch das setzt voraus, daß wir eines besitzen, und damit wären wir beim nächsten Thema: Ohne Meßgerät kann der beste Modellbahnelektroniker nicht auskommen.

1.4.4 Meßgeräte

Wenn auch die Werkstatt des Modellbahnelektronikers noch so schlicht eingerichtet ist: ohne Meßgerät(e) geht es nicht. Denn häufig genug kommt es vor, daß man zwar eine wunderschöne Schaltung aufgebaut hat, aber nicht weiß, was in ihr an Spannungen und Stromstärken herumgeistert, obwohl man es dringend wissen müßte, und da man Elektrizität leider nicht sehen kann, bleibt nichts anderes übrig, als ihr durch Messungen auf die Schliche zu kommen, und sei es nur, um irgendwo einen Fehler in der bildhübschen Schaltung aufzuspüren. Zwar mag der Kauf eines Meßgerätes ein tiefes Loch in den Geldbeutel reißen – unter 50 bis 100 DM kommt man nicht davon –: die Anschaffung lohnt sich auf jeden Fall!

Ein Meßgerät lohnt sich auf jeden Fall

Wer nun in einen Elektronikladen tritt, hat erst einmal die Qual der Wahl, aber über eines braucht er keine Grundsatzüberlegungen anzustellen: Es muß ein Vielfachmeßgerät sein. Manchmal sagt man auch: ein Multimeter, aber das ist dasselbe. Einfache Geräte, die nur eine Skala haben, sind bestenfalls für den Einbau in irgendwelche Apparate oder in ein Stellpult sinnvoll; für den Laborbedarf können wir sie vergessen. Und dann gleich eine Entscheidung vorweg: Es gibt Meßgeräte mit Zeigern und solche mit digitalen Ziffernanzeigen. Die letzteren sind zwar sehr schick und teuer, aber für die Praxis der Werkstatt keineswegs günstiger, und so wollen wir auf sie nicht eingehen. Begnügen wir uns also mit den (analogen) Zeiger-Meßgeräten.

Was muß sich mindestens messen lassen? Nun, fünf Bereiche müssen auf jeden Fall vorhanden sein, nämlich für

1. Gleichspannungsmessungen
2. Gleichstrommessungen
3. Widerstandsmessungen
4. Wechselspannungsmessungen
5. Wechselstrommessungen.

Wenn noch mehr Möglichkeiten bestehen, so ist das kein Schaden, aber notwendig ist es nicht, und wer sparen will, kann sich getrost mit den obigen fünf Bereichen zufrieden geben.

Allerdings kommt es nicht nur auf die Größen an, die sich messen lassen, sondern auch auf die zur Verfügung stehenden Meßbereiche. In dieser Hinsicht lassen sich nur ungefähre Empfehlungen geben, aber bestimmte Bereiche tauchen in der Modellbahnelektronik besonders häufig auf, und zwar

1. Gleichspannungen: 0,1 bis 50 V
2. Gleichströme: 1 μA bis 5 A
3. Widerstände: 0,1 Ω bis 10 MΩ
4. Wechselspannungen: 1 bis 50 V~
5. Wechselströme: 0,1 bis 5 A.

Ein Multimeter sollte also in der Lage sein, Werte in diesen Bereichen zu erfassen.

Wie man ein solches Gerät im einzelnen haben möchte, ist Geschmackssache. Die Skalen sollten übersichtlich sein und schnelle Ablesung ermöglichen, ohne daß man erst lange umrechnen muß; bei der Bereichswahl ist ein Drehschalter im allgemeinen günstiger als ein Umstecken der Anschlußkabel in verschiedene Buchsen.

Wichtig: Hoher Innenwiderstand des Gerätes

Was besonders wichtig ist, ist ein hoher Innenwiderstand des Gerätes, denn über eines muß man sich im klaren sein. Jedes Meßgerät entzieht dem Stromkreis, den es durchmessen soll, Energie, und dadurch verändert es die Verhältnisse in diesem Stromkreis. Je höher der Innenwiderstand, desto geringer wird die Belastung des Stromkreises, desto genauer werden demnach die Messungen. Der Innenwiderstand wird für Spannungsmessungen angegeben, und zwar bezogen auf den Bereich 1 V. Häufig anzutreffen ist die Angabe: 20 kΩ/V, und das heißt, im 1-V-Bereich hat das Gerät einen Innenwiderstand von 20 kΩ, im Bereich 10 V demnach 200 kΩ usw. Geräte, deren *Kiloohm pro Volt*-Angaben geringer liegen, sollte man meiden; ihre Meßergebnisse können Verhältnisse vorspiegeln, die tatsächlich gar nicht bestehen. Andererseits ist auch bei einem Multimeter mit 100 kΩ/V nicht gesagt, daß seine Angaben exakt sind. Wie genau ein Instrument mißt, hängt von vielen Faktoren ab, und sie im einzelnen zu untersuchen, würde den Rahmen dieser kurzen Hinweise sicherlich sprengen. Alle Messungen sind mit Toleranzen behaftet, so daß manche Fachleute kühn behaupten: *Wer mißt, mißt Mist.* Aber so schlimm ist es mit der mangelnden Genauigkeit auch wieder nicht. Modellbahnelektroniker sind keine Wissenschaftler, sondern Hobbyisten und können mit einem gewissen Maß an Meßungenauigkeit leben. Aber um gar zu große Fehler zu vermeiden, kann man sich an eine Faustregel halten: Je weiter ein Zeiger auf der Skala ausschlägt, desto genauer ist der angegebene Meßwert. Es hat wenig Sinn, auf einer Skala von insgesamt 10 V eine Spannung von 0,75 V exakt ermitteln zu wollen. Profis benutzen mit Vorliebe nur das letzte Drittel des jeweiligen Meßbereichs.

Wer mißt, mißt Mist

Widerstandsmessungen

Für Widerstandsmessungen gibt es einige besondere Regeln. Erstens muß man sich darüber im klaren sein, daß sich ein Widerstand nie unmittelbar messen läßt, sondern nur auf dem Umweg über eine Stromstärkenmessung. Das geht aus dem sog. *Ohmschen Gesetz* hervor (vgl. das nächste Kapitel): Bei vorgegebener Spannung wird der Strom durch einen Leiter um so geringer, je größer der Widerstand des Leiters ist. Vielbereichsmeßgeräte sind deshalb mit einer Batterie ausgestattet, die die notwendige Festspannung liefert. Da diese Batterie sich im Laufe der Zeit allmählich erschöpft, muß man daran denken, sie rechtzeitig auszuwechseln. Zweitens gibt es für die Widerstandsmessung zumeist eine besondere Skala, die rechts mit Null beginnt und links mit Unendlich endet. Sie ist nicht linear eingeteilt, sondern zeigt nach links zu ein immer stärker werdendes Zusammenrücken der Widerstandswerte. Will man große Widerstände (z.B. im Bereich von einigen hundert Kiloohm) genau ablesen können, so muß das Meßgerät die Möglichkeit bieten, auf eine andere Skaleneinteilung umzuschalten; die Messung wird dadurch allerdings nicht genauer, sondern nur besser ablesbar. Vor jeder Widerstandsmessung müssen die Meßklemmen erst einmal kurzgeschlossen werden, damit sich die Nullstellung des Zeigers regulieren läßt; das belastet natürlich die Batterie, und deshalb sollte man darauf achten, daß ein derartiger Kurzschluß nur für einen Augenblick bestehen bleibt: Niemals die Meßschnüre so herumliegen lassen, daß ihre Klemmen einen Dauerkurzschluß erzeugen! Schließlich ist zu beachten, daß man Widerstände, die bereits in gedruckte Schaltungen eingelötet sind, kaum noch bestimmen kann; der Strom aus der Meßbatterie fließt zumeist auf allen möglichen Wegen durch die Schaltung und nicht nur durch den Widerstand, dessen Wert man gern ermitteln möchte. Zuguterletzt: ein Multimeter darf nie dazu benutzt werden, Widerstände zu messen, die irgendwie unter Spannung stehen. Man komme also nicht etwa auf die Idee, den Innenwiderstand einer Batterie durch das Ohmmeter bestimmen zu wollen. Ein solcher Versuch würde das Meßgerät sofort hinrichten!

Was ein Multimeter sonst noch alles kann – Kapazitäten messen, Frequenzen bestimmen usw. – ist für den Modellbahner weniger wichtig, zumal die entsprechenden Messungen oft recht ungenau ausfallen und nur für Grobabschätzungen einen Sinn haben. Eher sollte man sich – falls erschwinglich – ein zweites Meßgerät zulegen, denn es kommt öfter einmal vor, daß eine Spannung und eine Stromstärke gleichzeitig zu kontrollieren sind, daß man zwei Spannungen vergleichen möchte usw. Für etliche Fälle ist es wünschenswert, daß ein Instrument Spannungen verschiedener Polarität zu messen gestattet; dann muß der Nullpunkt seiner Skala in der Mitte liegen, so daß Zeigerausschläge nach beiden Seiten hin möglich werden. Leider sind solche Geräte so gut wie gar nicht im Handel.

Besser: Ein zweites Meßgerät

Es gibt neben den Multimetern noch weitere Meß- bzw. Prüfgeräte, z.B. für Kapazitätsmessungen bei Kondensatoren, für das Testen von Transistoren, für die Ermittlung von Logikzuständen bei digitalen Schaltungen (sog. Logikprüfer), aber auf sie alle einzugehen, würde den Rahmen dieser Darstellung sprengen. Und schließlich könnte man natürlich seinen Meßplatz mit einem Oszilloskop krönen, aber das kostet einige hundert bis zu tausend Mark und ist doch eigentlich mehr eine Sache für Experten. Bleiben wir also bei einem funktionstüchtigen, handlichen Multimeter und hoffen, daß es nicht nur Mist mißt!

Worauf man beim Kauf besonders achten sollte: Dem Gerät müssen zwei Meßkabel beigelegt sein (ein schwarzes für Massezuleitungen, ein rotes für positive Spannungen), die wirklich spitze Prüfspitzen besitzen nebst aufsteckbaren Krokodilklemmen; außerdem braucht man eine verständliche Bedienungsanleitung (nicht nur auf japanisch!) und frische Batterien für die Ohmmessungen. Läßt sich der Nullpunkt der Widerstandsskala nicht mehr genau einstellen, so sind die Batterien nicht mehr in Ordnung, und beim Kauf sollte man sich vergewissern, daß es auch Ersatzbatterien gibt, die in das Gerät hineinpassen. Schließlich frage man den Händler, wie es mit dem Reparaturservice steht: kaputtgehen kann immer mal was!

1.5 Nichtelektronische Schaltelemente

Wir haben nun eine Menge Grundsätzliches über Werkstatteinrichtung, Platinen und Meßgeräte erfahren, aber von den Bauteilen der Elektronik war bisher kaum die Rede. Auch in diesem Kapitel sind wir noch nicht so weit, und das hat seinen guten Grund, denn nicht alles in der Elektronik ist elektronisch. Drucktaster, Widerstände, Kondensatoren usw. sind keine elektronischen Schaltelemente, werden aber in der Elektronik dauernd gebraucht, und deshalb wollen wir zunächst von solchem nicht-elektronischen Zubehör reden.

Dabei eine Vorbemerkung. Auch die einzelnen Modellbahnfirmen bieten verschiedenes Zubehör an, von Schaltern und Tastern bis zu Widerständen und Kondensatoren. Aber häufig bezahlt man dabei den guten Firmennamen mit. So gibt es bei einer bekannten Lieferfirma für Modellbahnzubehör einen einfachen Ein-Aus-Kippschalter (einpolig) für 2.30 DM, den man genausogut im Elektronikversandhandel für 1.70 DM bekommen kann. Da lohnt es sich schon, einmal die Kataloge zu studieren oder sich direkt in einem Fachgeschäft umzusehen. Häufig kann man sogar von günstigen Sonderangeboten Gebrauch machen, wobei die Inseratenseiten in Fachzeitschriften (z.B. ELO) nützliche Anregungen geben. Allerdings sind nicht alle Erfahrungen, die sich mit Versandfirmen machen lassen, günstig. Da gibt es oft überlange Lieferzeiten (manchmal bis zu drei Wochen!), und dann ist das, was im Katalog angeboten wurde, gar nicht vollständig auf Lager; von den Verpackungs- und Portopreisen ganz zu schweigen! Wer nicht gerade Tür an Tür mit einem guten Elektronik-Fachgeschäft wohnt, sollte sich daher ein eigenes Depot an Kleinbauteilen zulegen (in großen Stückzahlen bestellt, sind sie ohnehin am billigsten), so daß er nicht jeden Widerstand extra besorgen muß, und wenn er Ordnung in seiner Werkstatt halten will, sei ihm empfohlen, sich ein paar Aufbewahrungsboxen mit Klarsichtkästchen aufzustellen, die dann stets mit den wichtigsten Artikeln wohlversehen sind.

ELO-Anzeigen lesen!

Doch kommen wir nun zu den Bauteilen selber. Man unterscheidet bei ihnen zwischen aktiven und passiven, was praktisch darauf hinausläuft, daß die einen selbständige Schaltfunktionen ausüben können, die anderen nicht. Im allgemeinen sind nicht-elektronische Bauteile wie Widerstände, Kondensatoren usw. passiv, und mit ihnen wollen wir uns in erster Linie befassen. Allerdings werden wir die folgenden Darstellungen sehr kurz halten, denn sie gehören eigentlich nicht zu unserem Thema. Wem es hier an Grundlagenwissen fehlt, der sollte sich entsprechende Kenntnisse aus einführenden Büchern über Elektrik verschaffen, eventuell aus dem speziell

Aktive und passive Bauteile

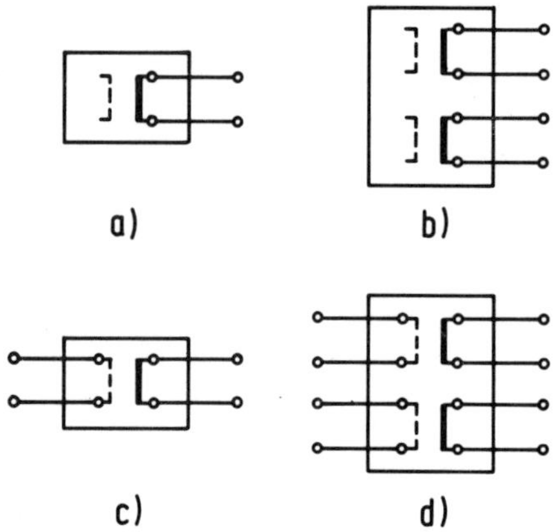

Abb. 1.5.1/1 Verschiedene Formen von Kippschaltern
a) einpoliger Ein-Aus-Schalter
b) zweipoliger Ein-Aus-Schalter
c) Umschalter (einpolig)
d) Umschalter (zweipolig)

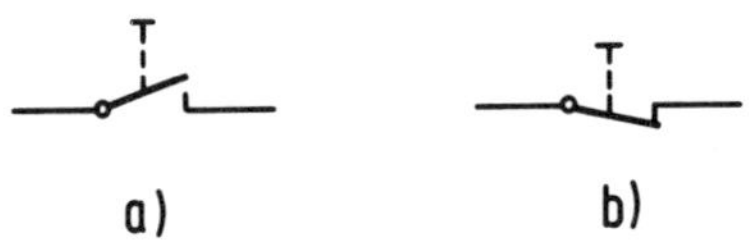

Abb. 1.5.1/2 Drucktaster (Schaltsymbol)
a) Arbeitskontakt
b) Ruhekontakt

für Modellbahner geschriebenen AMP-Bändchen *Elektrotechnik* (früher: *Schalten und Fahren*, Bd. 3 der *Kleinen Modellbahnreihe* des alba-Verlages, Düsseldorf).

1.5.1 Von Schaltern und Tastern

Immer muß man in der Modellbahnelektronik irgendwo irgendetwas ein- oder ausschalten. Dazu braucht man Schalter, und es gibt sie in den verschiedensten Formen. Bei Netzgeräten und auf Stellpulten sind zumeist Kippschalter anzutreffen, die mit Hilfe einer Zentralbefestigung verschraubt werden. Ob man die zierlichen Miniaturschalter verwenden will oder die etwas massigeren Ausführungen mit dickem Kunststoffgehäuse, ist Geschmackssache; Miniaturschalter sind teuerer!

Ein Schalter, der nur einen Kontakt öffnen bzw. schließen kann, heißt einpolig; das ist der einfachste Typ (vgl. *Abb. 1.5.1/1*). Es gibt aber auch zweipolige Ausführungen, die gemeinsam zwei Kontakte öffnen oder schließen. Bei Umschaltern liegen zwei oder gar vier Kontaktpaare einander gegenüber, so daß sie wechselweise geschlossen oder geöffnet werden können.

Taster geben keine Dauerkontakte, sondern reagieren nur auf einen momentanen Knopfdruck (Drucktaster). Es gibt eine Fülle der verschiedensten Ausführungen, schon allein bei den einpoligen Typen, wobei die Druckknöpfe meist verschiedenfarbig geliefert werden können. Solche Taster braucht man vor allem bei Gleisbildstellpulten, wo sie in die Frontplatte eingeschraubt werden. Grundsätzlich muß man zwischen zwei Formen unterscheiden. Hat der Taster einen sog. *Arbeitskontakt,* so ist ohne Betätigung des Druckknopfes der Stromweg unterbrochen; bei einem *Ruhekontakt* ist der Stromweg normalerweise geschlossen und wird nur geöffnet, wenn man den Taster bedient *(Abb. 1.5.1/2).*

Drucktastenschalter

Besonders oft hat es der Modellbahner mit Drucktastenschaltern zu tun, die gewissermaßen beides in einem sind: Taster und Schalter. Sie reagieren auf Knopfdruck wie ein Taster, aber wenn man sie losläßt, springen sie nicht gleich wieder zurück, sondern rasten ein, etwa so wie ein Kugelschreiber. Erst beim zweiten Knopfdruck löst sich die Arretierung wieder. Es gibt ein- und mehrpolige Ausführungen, wobei die mehrpoligen zugleich als Wechselschalter benutzt werden können, d.h. ein interner Schieber springt zwischen zwei möglichen Kontaktlagen hin und her *(Abb. 1.5.1/3).* Will man einen Drucktastenschalter nur als Taster verwenden, so genügt es, ein kleines Häkchen am Kopfende auszuklinken, und es findet beim Hineindrücken des Druckknopfes keine Arretierung mehr statt. Auch die Drucktastenschalter lassen sich gut in Netzgeräte und Stellpulte einbauen (zentrale Befestigungsschraube) und eignen sich besonders für Fahrstraßenschaltungen.

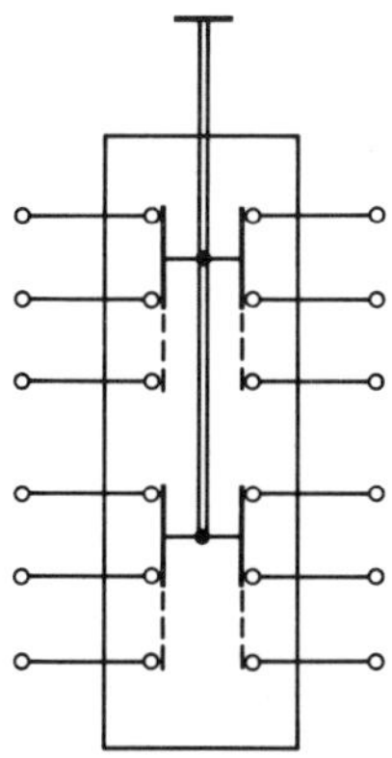

Abb. 1.5.1/3 Drucktastenschalter (Schemaskizze) mit vier gegeneinander isolierten Umschalt-Kontaktsätzen (4 x UM)

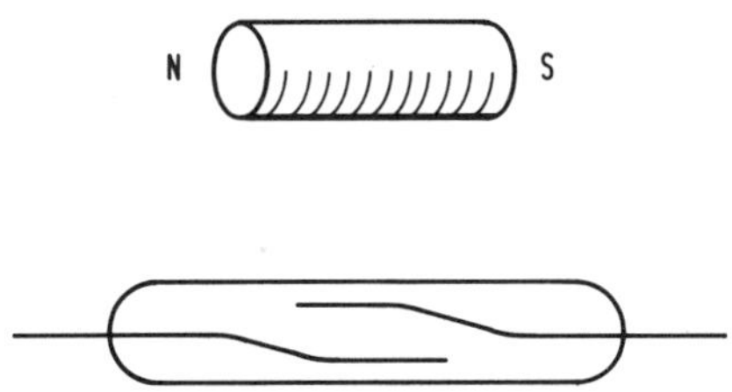

Abb. 1.5.1/4 Rundmagnet und Reed-Kontakt (SRK)

Reed-Kontakte ideal für den Modellbahnbetrieb

Alle bisher geschilderten Schalter und Taster sind für manuellen Betrieb gedacht, d.h. sie müssen mit der Hand bedient werden. Für Modellbahner, die ihre Anlage – wenigstens in gewissen Grenzen – automatisieren wollen, sind besonders interessant die sog. *Reed-Kontakte,* die gelegentlich auch als *Schutzgas-Rohrkontakte* (SRK's) bezeichnet werden. Es handelt sich um kleine Glasröhrchen, in die zwei Eisenlamellen so eingeschmolzen sind, daß sie einander gegenüberliegen,ohne sich jedoch zu berühren *(Abb. 1.5.1/4).* Hält man einen Magneten darüber, so zieht er die Lamellen an, wobei sie zusammenstoßen und einen Kontakt herstellen. Eine spezielle Gasfüllung sorgt dafür, daß die Kontakte auch bei häufiger Bedienung sauber bleiben, also keinen Zunder bilden oder verschmoren.

Solche Reed-Kontakte sind für den Modellbahnbetrieb ideal. Man kann sie unter den Gleisen einbauen, so daß sie kaum zu sehen sind; fährt dann eine Lok über die Stelle, wobei unter der Lok ein kleiner Rundmagnet angeklebt ist, so gibt es im SRK einen Kontakt, der einen Stromkreis schließt und auf diese Weise z.B. ein Signal oder eine Weiche schaltet. Man kann sogar verschiedene Funktionsgruppen bilden. Reed-Kontakte, die in Gleisrichtung liegen, werden nur von solchen Magneten betätigt, die auch unter der Lok in Gleisrichtung angeklebt sind, während andere Kontakte, die quer zu den Gleisen liegen, lediglich auf solche Loks reagieren, bei denen auch der Magnet quer zu den Gleisen befestigt ist. So können z.B. Eilzüge andere Funktionen auslösen als Bummelzüge (automatischer Halt an Nebenstationen) oder Güterzüge zu einem Verschiebebahnhof abgeleitet werden, während Personenzüge zu ihren Bahnsteigen durchfahren usw.

Allerdings darf man Reed-Kontakte nicht überlasten. Starke Ströme können ihre Lamellen buchstäblich verschweißen, so daß es ratsam ist, sie nicht unmittelbar für Weichenschaltungen einzusetzen. Da schaltet man am besten elektronische Verstärkerstufen zwischen den SRK und die Weichenspulen, aber davon wird später die Rede sein.

1.5.2 Widerstände

Widerstände werden von den Modellbahnfirmen zumeist angeboten, wo es darum geht, Langsamfahrstrecken einzurichten. Dabei haben diese Widerstände Werte im Gebiet von 10 bis 50 Ohm.

Was Volt und Ampere bedeuten, brauchen wir hier wohl nicht extra zu erklären. Aber mit der Einheit *Ohm* (Ω) hat der Modellbahner meist wenig zu tun, und deshalb ein paar kurze Anmerkungen.

Jede Leitung setzt dem durchfließenden Strom einen gewissen *Widerstand* entgegen, und seine Größe hängt von Länge, Querschnitt und Material der Leitung ab. Bei Kabeln aus Kupfer oder Aluminium oder bei den Metallgleisen der Modellbahn kann man den Leitungswiderstand häufig vernachlässigen, aber es gibt eben auch die Widerstände, die man extra in Schaltungen einbaut, und sie haben oft sehr hohe Werte.

Bekanntlich ist die Spannung das, was den Strom durch die Leitungen treibt, und in gewissem Sinne läßt sich der Stromfluß als Wirkung der Spannung verstehen. Setzt man nun Ursache (Spannung) und Wirkung (Stromstärke) zueinander ins Verhältnis, so erhält man den Widerstand, d.h. es gilt die Formel

$$R = \frac{U}{I}$$

Ohmsches Gesetz

Diese Formel ist das berühmte *Ohmsche Gesetz*, und es gehört zum unverzichtbaren Grundwissen jedes Elektronikers. Wird die Spannung in Volt, die Stromstärke in Ampere gemessen, so ergibt sich der Widerstand in Ohm; bewirkt demnach eine Spannung von 1 V eine Stromstärke von 1 A, so hat der Leitungswiderstand die Größe 1 Ω.

Für die Praxis ist das ein sehr geringer Widerstand. Schon ein Lokmotor hat wesentlich mehr (ca. 50 Ω), bei Glühbirnen im Gleisbildstellpult kommt man auf 100 bis 200 Ω, und ab 1000 Ohm spricht man von *Kiloohm.* 27000 Ω sind demnach dasselbe wie 27 kΩ. Ab 1000 kΩ (= eine Million Ohm) ist eine neue Abkürzung üblich: *Mega.* 1 MΩ (sprich: Meg-Ohm) sind 1000 kΩ.

Die Widerstände, die in Elektronik-Schaltungen eingelötet werden, bestehen meistens aus kleinen Keramikröllchen mit einer inneren Kohleschicht; rechts und links in Richtung der Längsachse befinden sich die Anschlußdrähte. Es gibt auch andere Widerstandssorten (z.B. Metallschicht-Widerstände), aber auf sie brauchen wir hier nicht einzugehen, weil sie kaum vorkommen. Weil die Widerstände im allgemeinen sehr klein sind, hat es keinen Sinn, ihre Beträge auf die Röllchen aufzudrucken. Stattdessen bedient man sich einer besonderen „Codierung", die sich jeder Modellbahnelektroniker über seinen Arbeitstisch hängen sollte (es gibt sogar farbige Poster dafür). Der Code besteht aus drei Ringen, die den Widerstandsbetrag durch verschiedene Farben ausdrücken, und einem Ring, der angibt, welche Genauigkeit man dem Widerstandsbetrag zutrauen darf. Dieser vierte Ring ist entweder silbern oder golden. Silber bedeutet: 10 % Toleranz; Gold bedeutet 5 % Toleranz. Die tatsächlichen Werte eines Widerstandes können also um ± 10 % (bzw. 5 %) von den aufgedruckten abweichen, so daß im

Widerstandscode

Prinzip Gold besser ist als Silber. Für die in diesem Buch behandelten Schaltungen spielt aber ein solcher Unterschied so gut wie gar keine Rolle; ohnehin sind die meisten Angaben von Widerstandswerten nur zur allgemeinen Orientierung gedacht, d.h. wenn für eine Schaltung irgendwo ein Widerstand von 2,4 kΩ angegeben ist, kann es ein Wert von 2,2 kΩ oder 2,7 kΩ fast immer genausogut tun.

Doch nun zu unserem Widerstands-Code.

Es bedeuten: Farbe	1. Ring 1. Ziffer	2. Ring 2. Ziffer	3. Ring Anzahl der Nullen
schwarz	0	0	keine 0
braun	1	1	0
rot	2	2	00
orange	3	3	000
gelb	4	4	0000
grün	5	5	00000
blau	6	6	000000
violett	7	7	0000000
grau	8	8	–
weiß	9	9	–

Die Farbenfolge ist also leicht zu merken: Erst kommt die Nicht-Farbe *schwarz,* dann die Mischfarbe *braun,* dann kommen die Regenbogenfarben von *rot* bis *violett,* schließlich die Mischfarbe *grau* und zum Schluß die Nicht-Farbe *weiß*. Hat man also einen Widerstand mit den Farbringen blau-grau-orange-silber, so beträgt sein Wert 68000 ±10 % Ohm, d.h. rund 68 kΩ.

Ein Widerstand von 1 Ω läßt sich mit dieser Codierung eigentlich gar nicht angeben, und das ist auch nicht nötig. Denn die im Handel üblichen Normwerte beginnen erst bei 10 Ω, sofern es sich um Kohleschicht-Widerstände handelt. Braucht man tatsächlich einmal kleinere Werte, so muß man Spezialwiderstände nehmen, und das leuchtet ein, wenn man sich klarmacht, daß Widerstände auch eine bestimmte Leistung vertragen müssen. Bei Stromdurchgang erwärmen sie sich, und ein kleiner Kohleschichtwiderstand von 10 Ω, den man unmittelbar mit den Polen einer 9 V-Batterie verbindet, wird so heiß, daß man sich die Finger daran verbrennen kann. Eventuell schmort er sogar durch und taugt dann nur noch für den Mülleimer. Wenn in den Schaltungen dieses Buches einmal Widerstände zwischen 0,1 und 10 Ω auftauchen, so handelt es sich um Hochlastwiderstände, die in Keramik oder Zement eingebettet sind und bis zu 10 Watt vertragen. Die üb-

lichen Kohleschichtwiderstände gemäß der obigen Tabelle gibt es für verschiedene Belastungen. Die kleinsten sind für 1/8 Watt (0,125 W) gedacht, dann gibt es welche für 1/4 Watt (0,25 W) und solche für 1/2 Watt (0,5 W). Wenn in einer Schaltung dieses Buches Widerstände von 1 kΩ bis 1 MΩ auftreten, so kann man getrost die ganz kleinen mit 1/8 Watt benutzen; das spart Platz auf den Platinen. Sonst reichen zumeist Werte von 1/4 Watt oder allenfalls 1/2 Watt.

Alles, was wir bisher gesagt haben, betraf Festwiderstände, d.h. ihr Ohm-Wert ist im wesentlichen konstant. So ganz braucht das aber doch nicht zu stimmen. Ein normaler Widerstand kann sich bei Stromdurchgang erwärmen, und dann wird sein Ohm-Betrag größer. Widerstände sind temperaturabhängig. Besonders deutlich ist das bei Glühbirnen. Auch ihre Glühdrähte stellen Widerstände dar, und wenn eine Glühbirne kalt ist, bietet sie einen geringeren Widerstand als im leuchtenden (heißen) Zustand. Das muß man gelegentlich berücksichtigen, wenn man Glühbirnen elektronisch (z.B. durch Transistoren) ansteuert. Durch die noch kalte Birne fließt beim Einschalten ein stärkerer Strom als später, wenn sie leuchtet, und wenn man Pech hat, kann sie deshalb im Einschaltmoment den ihr zugeordneten Transistor überlasten und damit zerstören!

PTC-Widerstände

Es gibt sogar Widerstände, bei denen die Erwärmung infolge wachsenden Stromdurchganges besonders ausgeprägt ist. Man nennt sie PTC-Widerstände, d.h. Widerstände mit einem positiven Temperatur-Coeffizienten (daß dabei der *Koeffizient* mit C geschrieben wird, kommt aus dem Amerikanischen). Solche Widerstände bewähren sich bestens als thermische Sicherungen, denn wenn sie heiß werden, begrenzen sie von selbst den durchfließenden Strom, und das wird nicht nur in manchen Fahrpulten, sondern sogar im Farbfernseher ausgenutzt. Ein entsprechender Typ ist der PTC-Widerstand 2322 664 91086 von Valvo (schwer zu beschaffen!).

NTC-Widerstände

Es gibt aber auch Widerstände mit NTC-Verhalten, die also umgekehrt um so besser leiten, je wärmer sie werden (deshalb: negativer Temperatur-Coeffizient). Man bezeichnet sie auch als *Heißleiter* und kann sie für verschiedene Zwecke einsetzen. In der Modellbahntechnik wurden sie gelegentlich dazu verwendet, Anfahrvorgänge zu steuern (z.B. nach dem Halt vor einer gesperrten Blockstrecke). Der zunächst geringe Strom, der durch den Heißleiter fließt, erwärmt ihn, steigert dadurch sein Leitungsvermögen, und das hat zur Folge, daß die Stromstärke allmählich wächst. Das geschieht ganz automatisch, und eine Lok wird nach Freigabe der Strecke schön behutsam beschleunigt. Allerdings ist heute diese Technik kaum noch zu finden. Sie wurde durch Beschleunigungsschaltungen mit elektronischen Mitteln abgelöst, und darauf werden wir später eingehen.

1.5.3 Potentiometer

Potentiometer sind Spannungsteiler, und um ihr Verhalten richtig zu verstehen, wollen wir uns zunächst an das Ohmsche Gesetz erinnern und dann *Abb. 1.5.3/1* betrachten.

Da sind zwei Widerstände in Reihe geschaltet und an eine Spannungsquelle, z.B. 9 V =, angeschlossen. Wir haben es also mit einem Stromkreis zu tun, durch den Gleichstrom fließt. Seine Stärke ist überall im Kreis konstant, gleichgültig, wo man sie gerade messen wollte. Wenn aber I = const., dann vereinfacht sich das Ohmsche Gesetz zu der Aussage

$$R \sim U,$$

d.h. der Widerstand ist zur Spannung proportional (bzw. umgekehrt). Was heißt das?

Die Gesamtspannung der Batterie liegt über der ganzen Widerstandsreihe. Aber wenn man jeden Widerstand für sich betrachtet, so fällt auch an ihm eine gewisse Spannung ab, und zwar teilt sich die Gesamtspannung entsprechend den Widerstandsbeträgen auf. Eben das ist mit der obigen Proportionalität gemeint. Man könnte drei Voltmeter nehmen und nachmessen. Es ist dann

$$U_{ges} = U_1 + U_2,$$

und außerdem gilt:

$$\frac{U_1}{U_2} = \frac{R_1}{R_2}$$

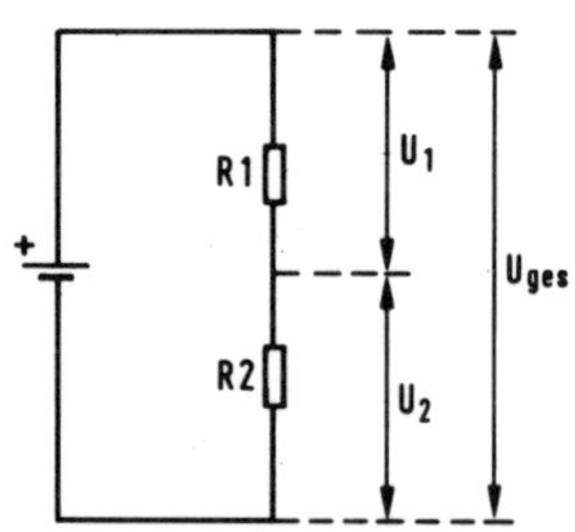

Abb. 1.5.3/1 Spannungsteilung durch zwei Festwiderstände

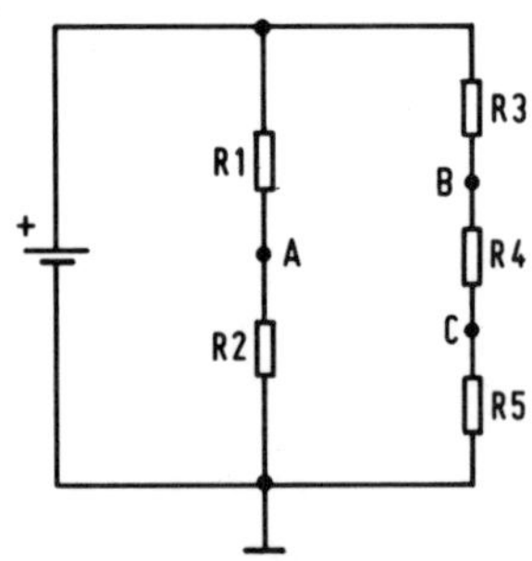

Abb. 1.5.3/2 Parallel zueinander liegende Spannungsteiler-Widerstände

Sind z.B. beide Widerstände gleich groß, so wird die Gesamtspannung halbiert, weil dann auch U1 = U2. Ist R1 doppelt so groß wie R2, so wird auch U1 doppelt so groß wie U2, d.h. wenn die Gesamtspannung 9 V beträgt, fallen an R1 sechs Volt und an R2 drei Volt dieser Gesamtspannung ab. Man kann also Widerstände als Spannungsteiler verwenden.

Dabei muß man sich nicht auf zwei Widerstände beschränken. Wir wollen einmal ein etwas komplizierteres Beispiel betrachten *(Abb. 1.5.3/2)*. Da haben wir es mit zwei parallelen Leiterzweigen zu tun; im einen liegen zwei Widerstände in Reihe, im anderen drei. Wie sieht es mit den Spannungsverhältnissen aus? Um die Sache übersichtlicher zu machen, haben wir noch drei Meßpunkte eingefügt (A, B und C); außerdem soll der negative Pol der Batterie zugleich die *Masse* der Schaltung darstellen.

Spannungen werden bekanntlich mit Vorzeichen versehen. So ist der eine Batteriepol positiv, der andere negativ. Aber weil wir den Minuspol als Masse der Schaltung auffassen, wollen wir uns gleich daran gewöhnen, seine Spannung nicht negativ zu rechnen, sondern als Null-Spannung anzusehen. Das werden wir auch in späteren Schaltungen grundsätzlich tun. Man spricht vom *Nullpotential;* der andere Batteriepol besitzt dann ein bestimmtes positives Potential, z.B. + 9 V. Der Potentialbegriff ist in der Elektronik außerordentlich wichtig, weil man mit seiner Hilfe einzelne Schalttungspunkte kennzeichnen kann. Nullpotential

Wie steht es z.B. mit dem Potential des Punktes A! Gegenüber Masse ist es bestimmt positiv, aber gegenüber dem Pluspol der Batterie ist es negativ, weil sich die Gesamtspannung zwischen R1 und R2 aufteilt und der Punkt A eine Mittellage zwischen Plus und Masse erhalten hat. Ganz entsprechend ist das Potential von B gegenüber Masse und C positiv, gegenüber dem Pluspol negativ. Das Potential von C schließlich ist gegenüber Masse positiv, jedoch negativ gegenüber B und dem Pluspol der Batterie.

Soweit ist das alles noch übersichtlich und klar. Aber welches Potential hat eigentlich der Punkt B gegenüber dem Punkt A? Da wird es schwierig, und vor allem müssen wir jetzt verraten, was für Widerstände in der Schaltung sitzen sollen. Nehmen wir einmal folgende Werte an:

R1 = 1 kΩ
R2 = 8 kΩ
R3 = 4 kΩ
R4 = 2 kΩ
R5 = 3 kΩ

(daß es diese Werte nicht durchweg als Normwerte tatsächlich gibt, soll uns nicht kümmern). Nun muß sich die Gesamtspannung von + 9 V auf diese Widerstände aufteilen: 1 V fällt an R1 ab, 8 V fallen an R2 ab; auf dem anderen Leiterzweig ist es entsprechend: 4 V fallen an R3 ab, 2 V an R4 und 3 V an R5. Der Meßpunkt A zeigt also ein positives Potential von 8 V gegenüber Masse, der Meßpunkt B ein positives Potential von 5 V gegenüber Masse, und demnach besitzt Punkt A positives Potential gegenüber Punkt B (der Potentialunterschied beträgt 3 V).

Schlüssel für scheinbar rätselhafte Phänomene der Elektronik

Solche Überlegungen mögen manchem vielleicht etwas überflüssig scheinen, aber erfahrungsgemäß machen sie gerade dem Anfänger oft beträchtliche Schwierigkeiten. Andererseits tauchen ähnliche Verhältnisse bei fast allen elektronischen Schaltungen auf, und da sollte man sich rechtzeitig im richtigen Gebrauch der Potentialvorstellung üben. Sie ist der Schlüssel für viele scheinbar rätselhafte Phänomene der Elektronik!

Kehren wir nun zurück zu den sog. Potentiometern. Dabei handelt es sich auch um Spannungsteiler, aber etwas anders als im Beispiel aus Abb. 1.5.3/1. Dort wurde die Gesamtspannung zwischen zwei Festwiderständen aufgeteilt; ein Potentiometer ist ein Widerstand mit einem veränderlichen Mittelabgriff, d.h. die Unterteilung des Widerstandes läßt sich variieren. Das kann auf verschiedene Weise geschehen. In den meisten Fällen sitzt die eigentliche Widerstandsschicht auf einer kreisförmigen Platte, über die sich ein Schleifer hinwegdrehen läßt; an diesem Schleifer sitzt dann der Zwischenabgriff. So ist es jedenfalls bei Drehpotentiometern, aber es gibt auch Flachbahnpotentiometer mit geradliniger Grundform. *Abb. 1.5.3/3* zeigt zunächst das Schaltbild eines Potentiometers mit Drehknopf (a), wie es sich z.B. in die Frontplatten von Netzgeräten einbauen läßt. Für viele Zwecke braucht man allerdings gar keinen Zwischenabgriff, sondern nur einen veränderlichen Widerstand. Dann wird der Zwischenabgriff mit einem Ende des *Potis* verbunden, so daß ein Teil der Widerstandsschicht überbrückt ist und nicht mehr wirksam werden kann (b). Für Platinen und Lochrasterplatten gibt es schließlich noch sog. Trimmpotentiometer (Trimmpotis, Trimmer), die verhältnismäßig klein sind und sich nicht mit einem Drehknopf, sondern mit einem Schraubenzieher verstellen lassen. Meistens wird man sie nur

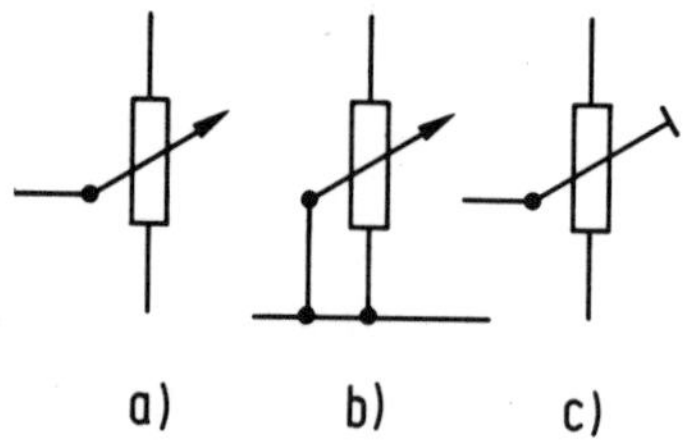

Abb. 1.5.3/3 a) Potentiometer (Schaltsymbol)
b) Potentiometer, als veränderlicher Widerstand geschaltet
c) Trimmpotentiometer (Schaltsymbol)

einmal auf einen gewissen Abgriffswert hintrimmen und dann nicht mehr bewegen. Man kann sie stehend oder liegend einbauen, je nach den Platzverhältnissen auf einer Printplatte; die liegende Form ist etwas stabiler wegen ihrer drei gegeneinander versetzten Lötstifte.

Daß es Potentiometer mit linearer und logarithmischer Einteilung gibt, sei hier nur am Rande erwähnt. Bei den linearen sind Drehwinkel und Widerstandswert bis zum Zwischenabgriff (wenigstens einigermaßen) proportional. Bei den logarithmischen entspricht das Verhältnis des Widerstandswertes zum Drehwinkel einer logarithmischen Beziehung. Logarithmen sind eigentlich Hochzahlen; zum Vergleich eine lineare Skala mit gleichmäßigen Schritten und eine logarithmische:

linear:	0	1	2	3	4
logarithm.:	1 $= 10^0$	10 $= 10^1$	100 $= 10^2$	1000 $= 10^3$	10 000 $= 10^4$

Da wir in diesem Buch nur mit linearen Potis arbeiten, können wir uns komplizierte Berechnungen zu logarithmischen Einteilungen sparen.

Stattdessen eine Bemerkung zur Praxis: Hat man die Gesamtspannung einer Batterie (oder einer entsprechenden Spannungsquelle) an einem Potentiometer liegen, so kann es bei Schaltung nach *Abb. 1.5.3/3 b* leicht passieren, daß man den Widerstand beim Drehen am Einstellknopf immer weiter vermindert, bis schließlich ein sehr starker Strom zu fließen beginnt, der das Poti erhitzt und am Ende sogar zerstört. Um das zu vermeiden, ist es dringend geboten, einen kleinen Schutzwiderstand vorzuschalten, der die Stromstärke begrenzt und nicht über das zulässige Höchstmaß anwachsen läßt. Schon manches Poti hat seinen Geist aufgegeben, weil es durch Unachtsamkeit überlastet wurde!

Stromstärke durch Schutzwiderstand begrenzen

1.5.4 Kondensatoren

Kondensatoren sind Speicher für elektrische Ladungen. Ihr Schaltsymbol (zwei parallele Striche) ist von ihrem Grundaufbau hergeleitet, obwohl tatsächlich kaum ein Kondensator so aussieht, wie das Symbol es vermuten läßt. Aber denken wir uns einmal zwei Metallplatten, die einander gegenüberstehen und mit einer Gleichspannungsquelle verbunden werden *(Abb. 1.5.4/1)*. Dann fließen Ladungen auf die beiden Platten, positive auf die eine, negative auf die andere: Der Kondensator lädt sich auf.

Wer etwas über die Natur elektrischer Ladungen weiß, muß hier protestieren. Elektrischer Strom ist doch eigentlich Bewegung von Elektronen, und die sind immer negativ. Demnach können gar keine positiven Ladungen vom Pluspol auf die eine Kondensatorplatte fließen!

Der Einwand ist völlig berechtigt, und trotzdem kümmern wir uns nicht um ihn. Denn mögen ruhig nur die negativen Elektronenladungen vom Minuspol her auf ihre Platte strömen: sie stoßen dann auf der gegenüberliegenden Seite entsprechende negative Ladungen ab, und die nehmen ihren Weg zum Pluspol der Spannungsquelle. Wo aber negative Ladungen fehlen (wie nun auf der rechten Seite von *Abb. 1.5.4/2*), entsteht ein Überschuß positiver Ladung. Also ist am Ende doch die eine Kondensatorplatte negativ, die andere positiv, ganz gleich, wie wir uns die Ladungsbewegungen im einzelnen vorstellen.

Man kann sogar die ganze Sache so aufziehen, daß (scheinbar) gar kein Minuspol auftaucht. In *Abb. 1.5.4/3* liegt der Minuspol der Batterie an Masse. Wird der Schalter S geschlossen, so zeigt das Amperemeter A1 einen kurzen Ausschlag, weil nämlich ein Aufladestrom zur linken Kondensatorseite fließt. Aber gleichzeitig zeigt auch das Meßgerät A2 einen entsprechenden Ausschlag, was darauf schließen läßt, daß von der rechten Kondensatorseite Ladungen zur Masse abfließen. Natürlich liegt auch hier ein geschlossener Stromkreis vor, denn die beiden Masseanschlüsse stehen miteinander in unmittelbarer Verbindung. Diese Verbindung wird allerdings häufig gar nicht mitgezeichnet. Wer will, kann nun wieder sagen, die ganze Kondensatoraufladung erfolge durch einen Elektronenfluß vom Minuspol der Batterie her über die Masse. Aber viel einfacher wird die Beschreibung, wenn man von positiven Ladungen spricht, die beim Schließen des Schalters S auf die linke Kondensatorseite gelangen, während entsprechende positive Ladungen nach rechts zu abgestoßen werden. In der Elektronik ist es kein Verstoß gegen die guten Sitten, sich auch positive Ladungsströme vorzustellen.

Ist nun der Kondensator voll aufgeladen, so hören die entsprechenden Ladeströme auf zu fließen, und dann wirkt der Kondensator wie eine Lei-

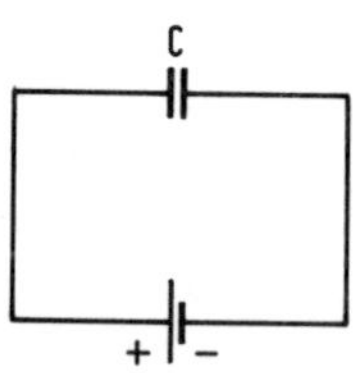

Abb. 1.5.4/1 Kondensatoraufladung durch Gleichstrom

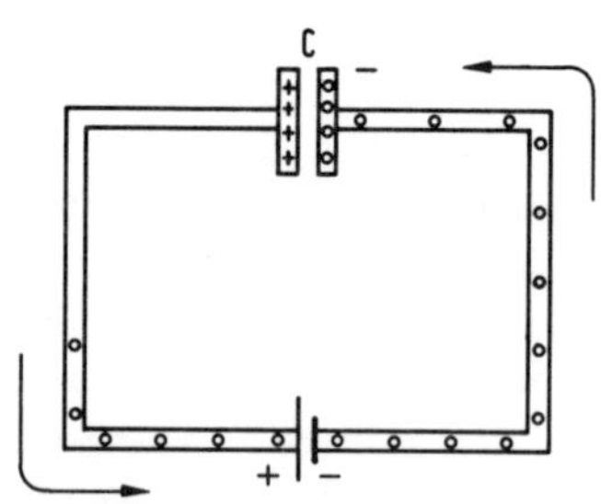

Abb. 1.5.4/2 Elektronenbewegung bei der Kondensatoraufladung

Abb. 1.5.4/3 Kondensator zwischen positivem Potential und Masse

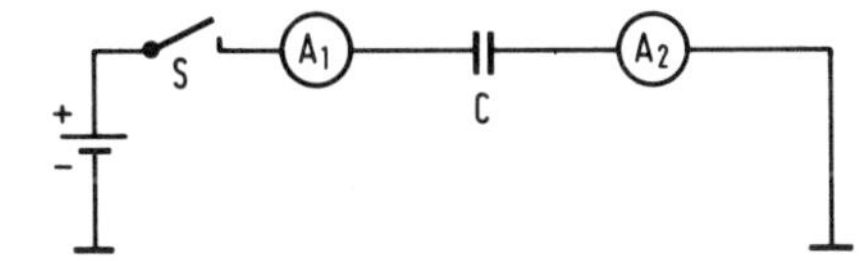

Kondensatoren im Gleich- und Wechselstromkreis

tungsunterbrechung. Er hat insofern für den Gleichstromkreis einen unendlich hohen Widerstand. Bei Wechselstromkreisen wird das allerdings anders. Denn da deren Polarität sich periodisch vertauscht, wird ein Kondensator im Wechselstromkreis ständig umgeladen. Andauernd fließen Auf- und Entladeströme, so daß der Kondensator im Extremfall wie ein Kurzschluß wirkt, d.h. den Wechselstromkreis überhaupt nicht unterbricht. Tatsächlich hat er auch dabei einen bestimmten Widerstand, aber eben einen endlichen.

Dieses unterschiedliche Verhalten von Kondensatoren in Gleich- bzw. Wechselstromkreisen ist sehr wichtig, vor allem, wenn man Schaltungen für Gleichstrom- oder Wechselstrombahnen entwerfen will. Andererseits kann man über Kondensatoren Gleich- und Wechselstromkreise voneinander trennen, und das hat z.B. bei Gleisbesetzt-Anzeigen seine Bedeutung (vgl. Kap. 5.4).

Kapazität = Farad

Doch kommen wir nun auf die verschiedenen Kondensatortypen zu sprechen. Wie gesagt: Kondensatoren sind Ladungsspeicher (bzw. Speicher für elektrische Energie), und da kann man große und kleine Speicher unterscheiden. Für Kondensatoren heißt ihr Fassungsvermögen ***Kapazität*** und wird in der Einheit *Farad* (F) gemessen. Allerdings wäre ein Kondensator der Kapazität 1 F ein Riesending; tatsächlich tauchen in der Praxis nur Kondensatoren mit wesentlich geringeren Kapazitäten auf, und deshalb wird die Grundeinheit unterteilt. Das geht nach dem System der Zehnerpotenzen, und zwar ist

1 Millifarad (mF)	= 1/1000 F = 10^{-3} F
1 Mikrofarad (μF)	= 1/1000000 F = 10^{-6} F
1 Nanofarad (nF)	= 1/1000000000 F = 10^{-9} F
1 Picofarad (pF)	= 1/1000000000000 F = 10^{-12} F.

Bei dem Mikrofarad taucht ein griechischer Buchstabe auf, das *My* (μ, sprich: mü); in manchen Katalogen wird er vermieden, weil man ihn nicht mit der Schreibmaschine schreiben kann. Stattdessen steht dann der Buchstabe M (also: 1μF = 1 MF), aber man darf diese Bezeichnung nicht als *Milli* . . . lesen.

Mit den kleinen Kondensatoren im Pico-Bereich hat es der Modellbahner verhältnismäßig selten zu tun. Es gibt sie zumeist als kleine Keramiklinsen mit zwei Anschlußdrähten oder als Styroflex-Röhrchen. Bei den Kondensatoren im Nano-Bereich sieht es ähnlich aus, obwohl man da bereits auf viele andere Formen stößt, z.B. auf die Siemens-Kunststoffkondensatoren oder MKS-Kondensatoren, die in das Rastermaß von Veroboardplatten passen. Besonders oft wird der Modellbahnelektroniker auf die Kondensatoren im Mikro-Bereich stoßen, und da muß er aufpassen. Es gibt nämlich zwei Grundtypen. Bei kleineren Werten sind die Kondensatoren noch ungepolt, d.h. es ist gleichgültig, wie man Plus und Minus anlegt. Dafür muß man schon mit ziemlich großen Bauteilen rechnen. Ein MKS-Kondensator für 3,3μF hat immerhin die Abmessungen: Länge = 27 mm, Breite = 10 mm und Höhe = 18 mm. Das ist für gedruckte Schaltungen allerhand. Deshalb ist es in vielen Fällen günstiger, sog. Elektrolytkondensatoren zu wählen, nur sind sie nicht mehr polungsunabhängig. Es kommt bei ihnen sehr darauf an, welche Seite positiv und welche negativ wird; wenn man einen solchen *Elko* verkehrt herum in eine Schaltung einsetzt, geht er kaputt. Deshalb werden Elektrolytkondensatoren in Schaltskizzen besonders gekennzeichnet: die Seite, die zum positiven Pol der Betriebsspannung hinweist, ist als kleines weißes Rechteck ausgeführt. Die Elkos selbst sitzen zumeist in Metallkapseln mit einem entsprechenden Aufdruck: der Plus-Anschluß wird häufig durch einen eingekerbten Ring markiert. Es gibt allerdings auch bipolare Niedervolt-Elkos bis zu 470 μF; um sie zu finden, muß man schon einmal in Katalogen blättern.

Bei Elkos auf Polung achten

Überhaupt ist es angesichts der zur Verfügung stehenden Kondensatortypen kaum möglich, hier eine vollständige Übersicht zu liefern. Entweder sieht man sich in einem Elektronik-Laden um und läßt sich von dem (hoffentlich freundlichen) Verkäufer beraten, oder man studiert die Angebote in Katalogen und Fachzeitschriften (Preise vergleichen!). Gelegentlich wird man auf sog. Tantal-Kondensatoren stoßen. Auch das sind Elkos, allerdings in Spezialausführung und ziemlich teuer. Für Modellbahner kommen sie kaum in Frage.

Was bei kleineren Kondensatoren oft erhebliche Mühe macht, ist die Feststellung ihres Kapazitätswertes. Bei großen ist er aufgedruckt, meist nebst einer Angabe der Voltzahl, bis zu der ein Kondensator *durchschlagsfest*, d.h. unbedenklich einsetzbar ist. Bei den kleinen Keramik- oder Kunststofflinsen gibt es zwar auch Aufdrucke, aber entweder sind sie kaum zu entziffern, oder die verschiedenen Firmen haben ihre speziellen Bezeichnungen und Codierungen, an die man sich erst einmal gewöhnen muß. Ein guter Rat: Kondensatoren beim Kauf immer gleich in getrennte Tütchen tun

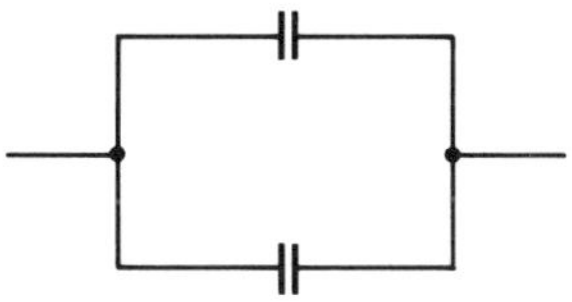

Abb. 1.5.4/4 Parallelschaltung von Kondensatoren

Abb. 1.5.4/5 Zwei Elektrolytkondensatoren als bipolare Kondensatoreinheit im Wechselstromkreis

und draufschreiben, um welche Kapazität es sich handelt. Und zu Hause bewahrt man sie in beschrifteten Klarsichtboxen auf, so daß keine Verwechslungen möglich sind.

Nicht immer kann man gerade die Kondensatoren bekommen, die für eine bestimmte Schaltung erforderlich sind. Da hilft es, daß sich Kondensatoren parallel schalten lassen: Dadurch addieren sich ihre Kapazitäten. Benötigt man also irgendwo einen Kondensator von 220 µF, so lassen sich auch zwei andere von je 100 µF parallel legen; die zwanzig My-F, die dann noch fehlen, kann man getrost verschmerzen, weil sich die meisten Schaltungsangaben auf Normwerte der Industrie beziehen und nicht hundertprozentig wörtlich genommen werden müssen.

Parallelschaltung von Kondensatoren

Daß man Kondensatoren auch in Reihe schalten kann, ist im allgemeinen weniger wichtig, aber in einem bestimmten Fall spielt es doch eine Rolle. Wie wir schon sagten, sind Elektrolytkondensatoren polungsabhängig, und dann kann man sie für Wechselstromkreise eigentlich gar nicht einsetzen. Aber es gibt doch einen Weg. Man legt dann zwei Elkos so in Reihe, daß sie gegensätzlich orientiert sind *(Abb. 1.5.4/5)*. Bei dieser Schaltungsform kommt im ganzen ein bipolarer Kondensator heraus, allerdings mit (angenähert) halber Kapazität.

1.5.5 Relais

Es ist erstaunlich, was man mit Relais alles machen kann. Wohl jeder einigermaßen versierte Modellbahner hat schon von ihnen profitiert und sie auf seiner Anlage eingesetzt. In Bauanleitungen und Bastelbüchern tauchen sie immer wieder auf, und fast jede Modellbahnfirma bietet ihre speziellen Typen an. Wir wollen uns deshalb kurz fassen und nur die wichtigsten Relaisformen vorstellen, auch auf die Gefahr hin, längst Bekanntes mitzuteilen.

Ein Relais ist eine Art Umschaltstation, und zwar von einem Stromkreis zu einem anderen. Im einfachsten Fall besteht es aus einer Spule mit Eisenkern; darüber sitzt ein beweglicher Anker, und wenn Strom durch die Spule fließt, wird sie magnetisch und zieht dadurch den Anker an. Dieser drückt nun gegen einen Kontaktbügel, der einen zweiten Stromkreis schaltet. Dabei gibt es mehrere Möglichkeiten. Der Bügel kann als einfacher Ein-Aus-Schalter wirken, entweder mit Arbeits- oder mit Ruhekontakt oder auch mit beidem; dann handelt es sich zumeist um einen Umschalter. Im Prinzip wiederholen sich hier alle Schalterformen, die wir in Kap. 1.5.1 kennengelernt haben.

Einspulen-relais

Solche Einspulenrelais gibt es in den verschiedensten Ausführungen, z.B. einfache Miniaturrelais mit einem Umschalter (für 6 V Betriebsspannung) oder anspruchsvolle Kamm-Relais (4 x UM, 5,5 – 14 V, 110 Ω). Manche Relais-Sockel sind extra für Lochrasterplatten genormt; sogar Relais in Dual-in-line-Form kann man erhalten.

Zweispulen-relais

Außerdem gibt es aber auch Zweispulenrelais, die vor allem von Modellbahnfirmen geliefert werden: Bei ihnen sitzt ein beweglicher Eisenstab zwischen zwei Spulen und kann entweder in die eine oder in die andere gezogen werden, wobei zwei Drucktaster die Spulenströme schalten. Der Eisenstab zieht je nach seiner Bewegung Kontaktstreifen mit sich, die ähnlich wirken wie die Schieber eines Drucktastenschalters (vgl. Abb. 1.5.1/3); es gibt Relais für 2 x UM oder für 4 x UM und auch noch alle möglichen anderen Formen, auf die wir hier gar nicht eingehen wollen. Denn nun kommt der Haken der Sache.

Relais arbeiten grundsätzlich mit mechanisch bewegten Bauteilen. Dadurch zeigen sie die Nachteile aller mechanischen Geräte: sie können sich abnutzen, verbiegen oder klemmen. Gerade billigere Typen sind manchmal sehr störanfällig, sogar bei den Kontaktsätzen, die im Laufe der Zeit oxidieren, Schmutz ansetzen oder zundern. Denn vor allem dort, wo Kontakte sich lösen, entstehen kleine Funken, und nach und nach bilden sich an den

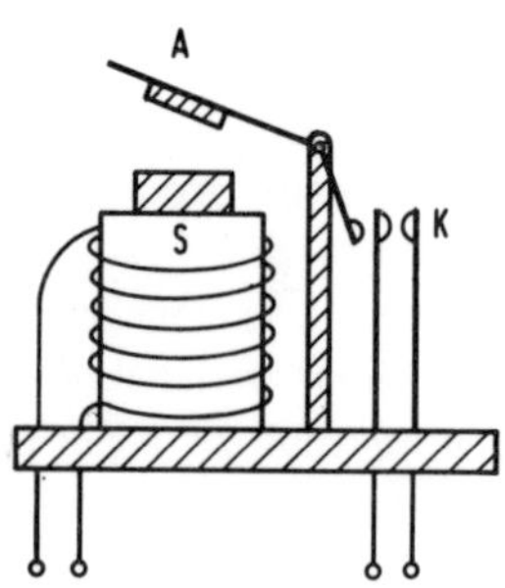

Abb. 1.5.5/1 Einspulenrelais
A: Anker
S: Spule
K: Kontaktpaar

entsprechenden Funkenstrecken allerlei Ablagerungen. Bei Zweispulenrelais kommt noch ein weiterer Störeffekt hinzu: Sie prellen. Wenn der Eisenstab schlagartig bewegt wird, kann er bei Erreichung der Endlage etwas zurückspringen, und dann liegen die Kontaktbügel nicht mehr einwandfrei an den ihnen zugeordneten Klemmen. Manche größeren Fahrstraßenschaltungen, die über Relais angesteuert werden, haben ihre *Fahrdienstleiter* schon zur Verzweiflung gebracht, und ein Automatikbetrieb über Relaisschaltungen kann ganz schön durcheinanderkommen.

Relais für den Elektroniker: nein!

Wenn man dagegenhält, was Relais so kosten, können einem Bedenken kommen, ob man wirklich mit ihnen arbeiten soll. Schon für ein einfaches Einspulen-Miniaturrelais (1 x UM) muß man etwa 4,– DM rechnen, ein Siemens-Kammrelais kostet ca. 20,– DM, und die Zweispulenrelais der Modellbahnfirmen sind nicht unter satten 25,– DM zu haben. Da überlegt man sich ihre Anschaffung schon dreimal, zumal wenn es um größere Anlagen geht, bei denen ein Relais allein zu wenig ist. Viele Relais können einen arm machen. Also ist zu fragen, ob man sie wirklich braucht, und für den Elektroniker läßt sich diese Frage mit einem klaren *nein* beantworten. Es ist der Ehrgeiz dieses Buches, relaisfreie Schaltungen vorzustellen, und wenn doch einmal von Relais die Rede ist, so nur, um in bestimmte Schaltungsformen einzuführen. Die Elektronik ist ein Gebiet auch für den schmalen Geldbeutel, und außerdem haben elektronische Schaltungen den Vorteil, ohne Mechanik auszukommen. Da läuft alles buchstäblich reibungslos, und erst bei den außerelektronischen Bauteilen – bei Weichen, Motoren usw. – kann der Ärger wieder anfangen. Wir wollen die Relais zwar nicht verteufeln, aber ohne sie wird uns wohler sein!

1.5.6 Transformatoren

Jede Modellbahnanlage beginnt mit einem Transformator, der die gefährliche Netzspannung von 220 V~ auf harmlose Niedrigspannungen heruntertransformiert. Wir brauchen hier nicht auf die komplizierte Transformator-Theorie einzugehen, aber ein paar grundsätzliche Dinge sollen doch gesagt sein.

Es dürfte bekannt sein, daß ein Transformator (mindestens) zwei Spulen enthält: die eine gehört zu seinem Primär-, die andere zu seinem Sekundärkreis *(Abb. 1.5.6/1)*. An der Primärspule liegen die 220 V Netzspannung: eine Wechselspannung mit einer Frequenz von 50 Hz. Um die Primärspule bildet sich daher ein magnetisches Wechselfeld, und es wird durch den Eisenkern des Transformators in die Sekundärspule hinübergeleitet. Was dort geschieht, bezeichnen die Physiker als Induktion, und worum es sich dabei handelt, wollen wir mit wenigen Worten skizzieren.

Strom + Magnetfeld erzeugt Bewegung

Bei jedem Elektromotor wird ausgenutzt, daß ein stromdurchflossener Leiter innerhalb eines Magnetfeldes in Bewegung gerät. Man kann geradezu sagen: Strom + Magnetfeld erzeugt Bewegung. Aber diese Beziehung läßt sich umkehren: Ein bewegtes Magnetfeld kann Strom erzeugen, wenigstens eine Spannung, die Ursache dieses Stromes ist (der Strom selbst setzt außerdem einen geschlossenen Stromkreis voraus). Fließt nun durch die Primärspule eines Transformators Wechselstrom, so entsteht ein entsprechendes magnetisches Wechselfeld, und die ständige Änderung der magnetischen Feldstärke bewirkt, daß an den Enden der Sekundärspule eine Induktionsspannung erscheint. Auch bei ihr handelt es sich um eine Wechselspannung von 50 Hz.

Wie hoch sie ist, hängt von dem Windungsverhältnis der beiden Spulen ab. Hat z.B. die Primärspule 1000 Windungen, die Sekundärspule aber bloß 100, so ist das Verhältnis 10:1. Liegen dann an der Primärseite 220 V, so beträgt die induzierte Sekundärspannung 22 V. Für die Stromstärken gilt das Umgekehrte. Da wird eine geringe Stromstärke im Primärkreis in eine höhere Stromstärke im Sekundärkreis umgewandelt, im Idealfall nach dem umgekehrten Windungsverhältnis. Fließen in unserem obigen Beispiel auf der Primärseite 0,5 A, so erhält man sekundärseitig das Zehnfache, also 5 A. Deshalb werden Sekundärspulen aus dickerem Draht gewickelt als die Spulen der Primärseite.

Diese Verhältnisse leuchten ein, wenn man sich klarmacht, daß ein Transformator weder elektrische Leistung neu erzeugt noch vernichtet; Leistung wird jedoch durch das Produkt Spannung x Stromstärke berechnet. Dieses Produkt muß für beide Transformatorseiten den gleichen Wert haben, und das

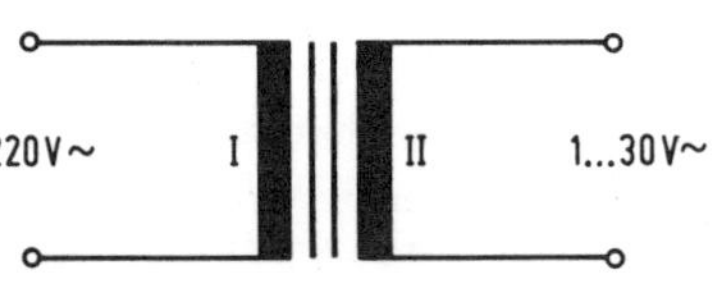

Abb. 1.5.6/1 Transformator (Prinzipskizze)

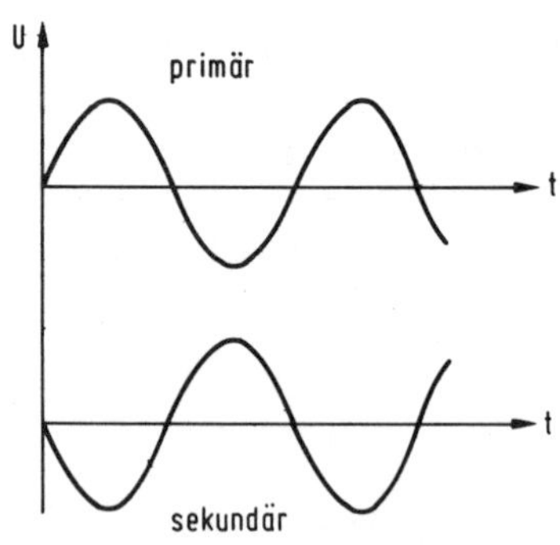

Abb. 1.5.6/2 Phasenlage von Primär- und Sekundärspannung bei einem Transformator

heißt eben: Wird die Spannung heruntertransformiert, so wird die Stromstärke entsprechend herauftransformiert.

Das ist soweit alles schön und gut, aber was geschieht, wenn der Sekundärkreis gar nicht geschlossen ist, dort also überhaupt kein Strom fließen kann? Höchst einfach: Dann wird dem Transformator keine Leistung entnommen, er kann demnach auch das Stromnetz nicht belasten. Praktisch heißt das: Man kann einen Transformator, dessen Sekundärkreis offen ist, beliebig lange am Leitungsnetz *hängenlassen,* ohne befürchten zu müssen, daß die Stromrechnung ins Unermeßliche wächst. Ein solcher Trafo verbraucht so gut wie keine elektrische Energie, höchstens fließen kleine Restströme durch seine Primärspule, die ein wenig Wärme erzeugen, aber die kann man vernachlässigen.

Wer nun die Spannungsverhältnisse an einem Transformator im Oszilloskopbild verfolgen kann, wird etwas Merkwürdiges feststellen: Die Sekundärspannung ist gegenüber der Primärspannung stets *phasenverschoben,* d.h. wo die Primärspannung nach oben geht, geht die Sekundärspannung nach unten und umgekehrt. Die Phasenverschiebung beträgt praktisch 180° bzw. eine halbe Periode *(Abb. 1.5.6/2).*

Solche Phasenbeziehungen sind nicht ganz unwichtig. Man kann nämlich auf die Idee kommen, Transformatoren zusammenzuschalten. Nehmen wir an, für eine größere Modellbahnanlage brauchen wir ziemlich viel elektrische Energie, z.B., um alle Lampen zu betreiben. Ein Lichttrafo reicht da nicht aus, und so wollen wir zwei Trafos parallel schalten, um eine größere Leistung zu bekommen. Bei Batterien geht das ganz problemlos, bei Transformatoren aber nicht.

Parallelschaltung von Trafos: Auf Gleichphasigkeit achten!

Schuld daran ist die Wechselspannung. Sie muß nämlich auf den beiden Sekundärseiten unserer Trafos nicht den gleichen Phasenverlauf haben. Er kann genau gegensätzlich sein, wenn z.B. die beiden Netzstecker in gegensätzlicher Orientierung in ihren Steckdosen sitzen; davon hängen die Phasenlagen entscheidend ab. Am besten machen wir uns diese Verhältnisse an zwei *Momentaufnahmen* klar, die zeigen sollen, wie es mit den Polungsvorzeichen an den Enden zweier zusammengeschalteter Sekundärspulen stehen kann.

In Bild A mögen die beiden Wechselspannungen in Phase sein; die Polungszeichen an den Sekundärspulen I und II entsprechen sich. Die Pfeile in *Abb. 1.5.6/3* geben an, wie dann die Ströme fließen, wobei zwei Glühbirnen als Kontrollämpchen in die Stromwege gelegt sind. Bei Bild A ist alles in Ordnung, aber bei Bild B, wo die Phasenlagen entgegengesetzt sind, heben sich erstens die Ströme im Mittelleiter auf, weil sie einander entgegenlaufen, so daß man diesen Leitungsweg sogar weglassen könnte. Zweitens je-

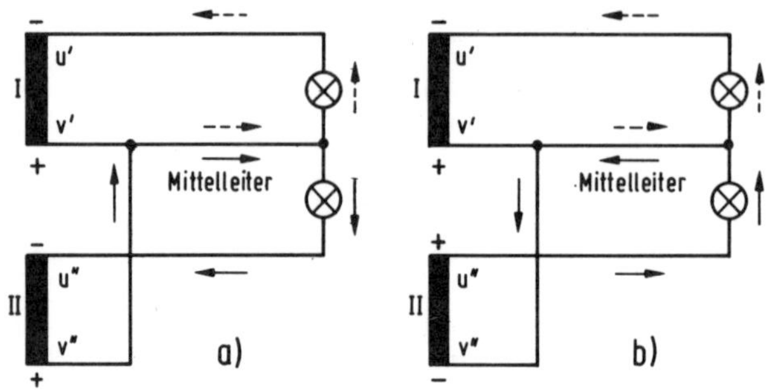

Abb. 1.5.6/3 Zusammengeschaltete Transformatoren
a) bei gleicher Phasenlage
b) bei gegensätzlicher Phasenlage

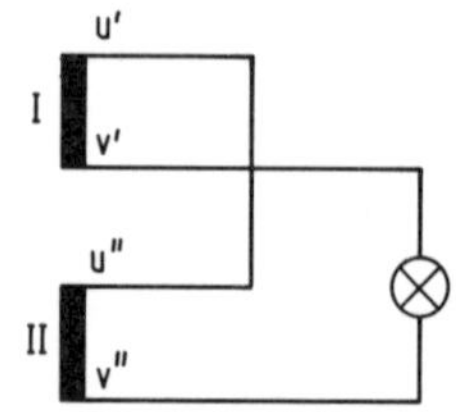

Abb. 1.5.6/4 Prüfung der Phasenverhältnisse bei zusammengeschalteten Transformatoren

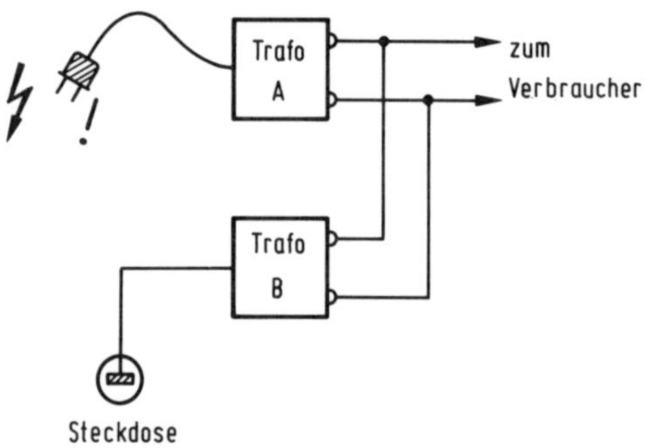

Abb. 1.5.6/5 Gefahr bei einseitig gezogenem Netzstecker

doch zeigt sich, daß zwischen den Klemmen u' und u" eine Spannungsverdoppelung stattfindet, als seien die beiden Trafos hintereinandergeschaltet. Für Modellbahnen würde das bedeuten: Die zulässige Höchstspannung wird überschritten (im Leerlauf 33 V, bei Belastung 24 V), und das ist unbedingt zu vermeiden.

Ob so ein Fall eingetreten ist, kann man zwei zusammengeschalteten Trafos nicht unmittelbar ansehen. Man kann es aber auf einfache Weise prüfen, nämlich mit einem Kontrollämpchen *(Abb. 1.5.6/4)*. Es muß allerdings etwa 25 bis 30 V vertragen können. Sind die Wechselspannungen der Spulen I und II in Phase, so haben die Enden v' und v" gleiche Polarität, und die Glühbirne kann nicht aufleuchten. Nur bei gegenphasigen Sekundärspulen entsteht zwischen v' und v" eine Spannung, und auf sie würde die Glühbirne reagieren. Tut sie das, so braucht man nur bei einem der beiden Trafos den Netzstecker umzudrehen; dann erhält man Phasengleichheit, und die Kontroll-

birne muß erlöschen. Danach kann man die beiden Trafos wie Batterien parallel schalten, um ihre Leistungen zusammenzufassen. Übrigens sollte man auf jeden Fall die richtige Orientierung der Netzstecker irgendwie markieren, damit man immer auf sie zurückkommen kann.

Auf einen Punkt wollen wir besonders hinweisen. Wenn man schon mit parallel geschalteten Transformatoren arbeitet, so ist zu bedenken, daß ein Trafo nicht nur von der Primär- zur Sekundärseite hin transformiert, sondern genausogut umgekehrt. Die Induktionswirkungen zwischen zwei gekoppelten Spulen haben keine bevorzugte Richtung. Und eben das kann gefährlich werden. Denken wir uns zwei Trafos A und B nach dem obigen Rezept parallel geschaltet *(Abb. 1.5.6/5)*. Nun zieht jemand den Netzstecker von Trafo A. Trafo B läuft weiter, versorgt nun aber die Sekundärspule von A mit Wechselspannung, und sie wird in A zur Primärseite hin hochtransformiert, so daß jetzt die Steckerstifte von A unter Spannung stehen, eventuell sogar unter 220 V. Faßt unser *Jemand* sie an, so erhält er garantiert einen kräftigen Schlag, der unter Umständen tödlich sein kann. Also: bei zusammengeschalteten Trafos nie einen Netzstecker allein herausziehen! Am besten koppelt man die Stecker durch irgendeinen Verbindungssteg aneinander, so daß sie sich nur gemeinsam aus ihren Steckdosen ziehen lassen.

Vorsicht bei zusammengeschalteten Trafos

All diese Hinweise haben zwar nichts mit Elektronik zu tun. Aber wir werden später über den Eigenbau von Netzgeräten bzw. Fahrpulten sprechen (Kap. 6.4), und da kann es durchaus vorkommen, daß jemand zwei Trafos in einem solchen Gerät parallel schalten möchte. Er möge sich dann an die damit verbundenen Probleme erinnern und sollte doch wenigstens in groben Zügen etwas über die Eigenarten von Transformatoren wissen.

1.5.7 Schaltsymbole und ihre Bedeutung

So, mit den wichtigsten Vorbemerkungen über nicht elektronische Bauteile sind wir nun fertig. Auch in den Schaltungen der Elektronik treten sie immer wieder auf, und deshalb muß man sie kennen. Dem Anfänger sei aber noch eines gesagt: Will er eine Schaltung aus diesem (oder einem anderen) Buch nachbauen, so braucht er sich nicht ängstlich an alle Daten, die da genannt werden, zu halten. Wird da z.B. ein Widerstand von 6,8 kΩ angegeben, so muß er sich nicht unbedingt auf den Weg machen, um genau diesen Widerstand aufzutreiben. Eventuell läßt er sich durch 5,6 kΩ oder 10 kΩ ersetzen. Deshalb ist es nützlich, Schaltungen vor dem Zusammenlöten erst einmal auf einem Versuchsbrett aufzubauen und zu probieren, ob nicht hier und da Änderungen möglich sind. Auch der Verfasser will gern gestehen,

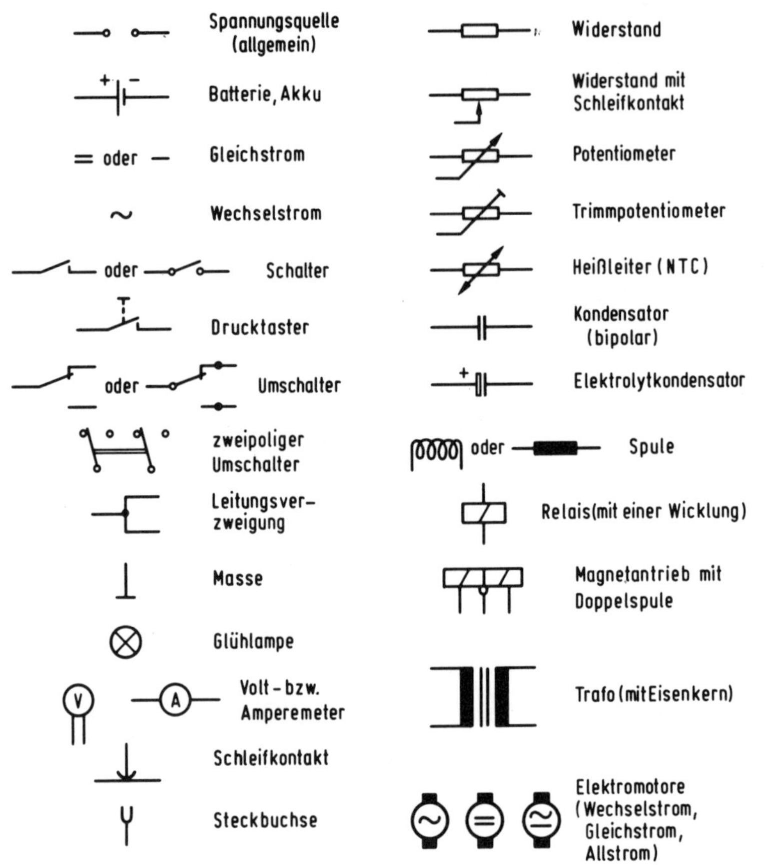

Abb. 1.5.7 Die wichtigsten Schaltzeichen

daß er nicht jeden Widerstand und jeden Kondensator genau kalkuliert hat. Es gilt in der Elektronik wie im menschlichen Zusammenleben: Man muß tolerant sein können!

Übrigens gibt es für manche Schaltungen fertige Bausätze, die einen der Mühe entheben, alle Teile einzeln zusammenzusuchen. Allerdings ist die Auswahl sehr begrenzt. Aber eventuell fragt der interessierte Leser einmal in einem Fachgeschäft nach Bausätzen für Modellbahn-Elektronik *(MOBA)* oder wendet sich an die Versandfirma Völkner in Braunschweig.

Abschließend wollen wir noch die wichtigsten Schaltsymbole nichtelektronischer Bauelemente zusammenstellen. Die meisten Zeichen entsprechen vorgeschriebenen Normen, und die Lust am Normieren hat sich sogar auf den reinen Modellbahnbereich ausgewirkt. Auch da gibt es spezielle Normzeichen, aber wir sagen es gleich: Sie sind in Fachkreisen ziemlich umstritten und nicht immer sehr glücklich gewählt!

2

Grundbausteine der Elektronik

2.1 Dioden und Gleichrichter

Nachdem wir nun einige Grundlagen zusammengestellt haben, können wir den ersten Schritt in das Zauberreich der Elektronik wagen. Es soll ein kleiner Schritt sein, und das heißt, wir wollen dabei auf alle Theorie verzichten, jedenfalls so weit sie für den Modellbahner entbehrlich ist. Dieser erste Schritt führt uns zu einem unscheinbaren Bauelement, das dennoch überall auftaucht, wo elektronisch gesteuert oder geregelt wird: zu der sog. *Diode*.

Jeder weiß, was ein Ventil ist. Sitzt es an einem Fahrradschlauch, so läßt es die Luft beim Aufpumpen zwar hinein, aber nicht wieder heraus, und zwar auf Grund einer einfachen mechanischen Wirkung. Die Dioden sind eigentlich nichts anderes als solche Ventile, aber sie arbeiten nicht mechanisch, sondern eben elektronisch, und was sie in der einen Richtung durchlassen, in der anderen nicht, ist der elektrische Strom.

Diode: ein elektronisches Ventil

Auf ihr Innenleben wollen wir hier gar nicht eingehen; darüber kann man sich in entsprechenden Fachbüchern orientieren. Uns kommt es nur auf das Verhalten von Dioden an, und dazu denken wir uns zwei Grundschaltungen *(Abb. 2.1/1)*. Erstens wird die Diode so in einen Stromkreis gesetzt, daß sie den Strom durchläßt; dabei muß man allerdings einen Vorwiderstand (z.B. eine Glühbirne) hinzunehmen, denn der Strom könnte sonst so stark werden, daß er die Diode zerstört. Denken wir uns die Stromrichtung im Sinne der alten Elektriker-Regel *von plus nach minus* definiert, so gibt der Pfeil

Abb. 2.1/1 Diode im Gleichstromkreis
a) in Durchlaßrichtung
b) in Sperrichtung

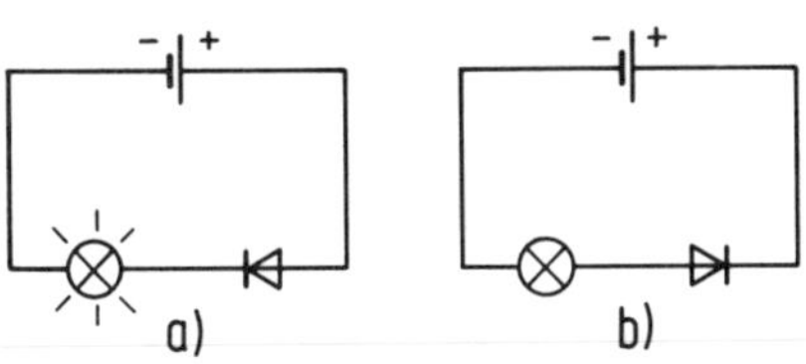

in der Zeichnung die Durchlaßrichtung an; dieser Pfeil ist zugleich das Schaltsymbol einer Diode. Wird sie umgekehrt in den Stromkreis gesetzt, so sperrt sie, d.h. es kann kein Strom fließen.

Dioden werden aus Stoffen hergestellt, die man zu den sog. Halbleitern zählt; dabei kommen die beiden Elemente Germanium (Ge) und Silizium (Si) in Frage. Entsprechend unterscheidet man Germanium- und Siliziumdioden, und grundsätzlich funktionieren sie gleichartig. Aber es gibt doch feine Unterschiede. Wenn Dioden in Durchlaßrichtung geschaltet sind, fließt durch sie ein Strom, und er erzeugt – ähnlich wie bei einem stromdurchflossenen Widerstand – Wärme. Diese Wärme darf nicht zu groß werden, sonst verschmort die Diode, und Germanium-Typen sind in dieser Hinsicht besonders labil. Andererseits hinkt der Vergleich mit den Widerständen. Bei denen ist – eine konstante Spannung vorausgesetzt – die Stromstärke abhängig von der Höhe des Widerstandswertes, und schon bei geringsten Spannungen fließen entsprechende Ströme. Bei Dioden ist das etwas anders. Sie lassen – auch in der Durchlaßrichtung – erst dann Strom durch, wenn die äußere Spannung einen gewissen Mindestwert überschreitet. Er liegt bei Germaniumdioden ein wenig niedriger als bei Siliziumdioden (0,15 V bzw. 0,5 V). Wenn aber diese Schwellen- oder Schleusenspannung erst einmal überschritten ist, nimmt die Stromstärke bei jeder weiteren Spannungssteigerung sehr stark, fast lawinenartig, zu, und das kann zur Zerstörung der Diode führen, wenn man nicht einen Schutzwiderstand vorschaltet. An der stromdurchflossenen Diode selbst gibt es einen Spannungsabfall, der unabhängig von der Stromstärke ist und der Schleusenspannung entspricht: ein Umstand, der für Elektronikschaltungen oft eine wichtige Rolle spielt.

Wird an eine gewöhnliche Diode, die in Sperrichtung geschaltet ist, eine sehr hohe Spannung angelegt, so kann die Diode durchschlagen, d.h. sie geht sofort kaputt. Allerdings braucht man bei den im Modellbahnbetrieb üblichen Spannungen diesen Effekt kaum zu fürchten. Auf die Z-Dioden, die bei einer bestimmten Spannung durchschlagen, ohne zerstört zu werden, gehen wir später ein, wenn von Spannungsstabilisierung die Rede ist.

Die im Elektronikhandel üblichen Dioden kann man – abgesehen von ihrem Material Si oder Ge – danach einteilen, was sie an Stromstärken verkraften können. Es gibt Universaldioden (z.B. 1 N 914, 1 N 4148), die für schwache Ströme von einigen Milliampere geeignet sind, und die robusten Leistungsdioden, die auch noch Ströme vertragen, wie sie durch Relaisspulen und die Motoren von Modellbahnlokomotiven fließen (z.B. 1 N 4001 für bis 1 A oder 1 N 5401 bis 3 A). All diese Typen werden als kleine zylindrische Bauteile hergestellt, wobei die Anschlüsse aus zwei Drähten in Richtung

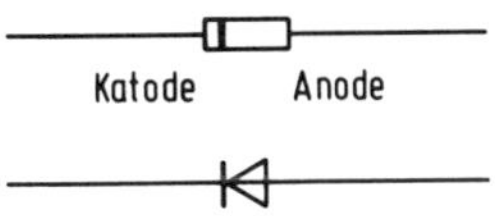

Abb. 2.1/2 Diodenanschlüsse im Vergleich zum Schaltsymbol

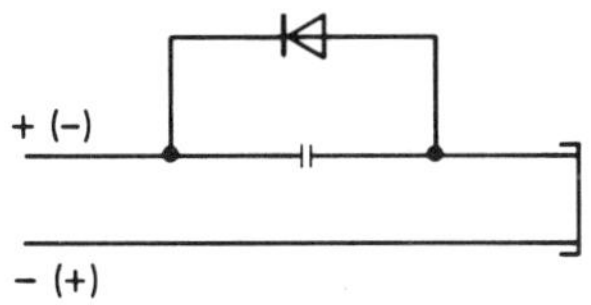

Abb. 2.1/3 Prellbocksicherung

der Längsachse bestehen. Das Ende, das bei Schaltung im Durchlaßsinne zum negativen Pol hinweist (die sog. Katode), ist meist durch einen schwarzen, weißen oder gelben Farbring auf dem Diodenkörper gekennzeichnet; das andere Ende (die Anode) bleibt ohne Markierung (vgl. *Abb. 2.1/2).* Von einigen Modellbahnfirmen werden besondere Leistungsdioden angeboten, die aber keinen wesentlichen Vorteil gegenüber den normalen Typen bieten. Sie sind nur etwas teurer.

Nützliche Schaltung: Prellbocksicherung

Wir wollen uns nun gleich der Praxis zuwenden und eine Schaltung besprechen, die bei Gleichstromsystemen sehr nützlich sein kann: die Prellbocksicherung. Wenn eine Rangierlok auf das Ende eines Gleises zufährt und man nicht aufpaßt, kann es vorkommen, daß sie gegen den (hoffentlich!) dort befindlichen Prellbock stößt, und das sollte man tunlichst vermeiden. Besser ist es, wenn sie kurz vorher anhält, und zwar selbsttätig. Die Sache läßt sich sehr einfach realisieren. Ein Stückchen vor dem Prellbock wird eine Schiene aufgetrennt und der Restteil über eine Diode (Si-Leistungstyp) gemäß *Abb. 2.1/3* mit dem vor der Trennstelle liegenden Abschnitt verbunden. Fährt die Lok auf den Prellbock zu, so möge an dem Gleis, das nicht aufgetrennt wurde, der negative Pol der Fahrspannung liegen. Die Diode befindet sich dann in Sperrichtung; sobald die Lok über die Trennstelle gelangt ist, kann kein Strom mehr durch ihren Motor fließen, und sie bleibt stehen. Polt man nun am Fahrpult um, so wechselt auch die Polung an den Schienen, die Diode liegt jetzt in Durchlaßrichtung, und die Lok kann das Stopgleis ohne weiteres verlassen.

So simpel diese Schaltung ist: sie zeigt doch, wie angewandte Elektronik Vorgänge auf der Modellbahnanlage *automatisieren* kann, und außerdem wird deutlich, daß Gleichstromsysteme in dieser Hinsicht Vorteile bieten. Bei einer Wechselstrombahn ließe sich diese Schaltung nicht einsetzen. Dort gibt es nur die Möglichkeit, denselben Effekt mit mechanischen Schaltern (Relais) hervorzurufen.

Eine Abwandlung des Themas bietet sich bei Gefällestrecken an. Bergab können manche Züge ins Rasen kommen, und man muß sie bremsen. Will man das nicht per Hand am Fahrpult tun, so hilft auch wieder eine Trennstrecke (vgl. *Abb. 2.1/4*), die ihren Strom über einen Widerstand bekommt (etwa 10–20 Ω); das hemmt den Lokmotor. Aber bergauf wäre dieser Widerstand nur hinderlich. Also wird er durch eine Diode überbrückt, die eben nur in einer Fahrtrichtung durchlässig ist und dabei den Strom am Bremswiderstand vorbeileitet.

Diode im Wechselstromkreis

Auch diese Schaltung läßt sich für Wechselstrombahnen natürlich nicht anwenden, aber wir wollen trotzdem prüfen, wie sich eine Diode im Wechselstromkreis benimmt.

Ausgehend von *Abb. 2.1/5* können wir folgendes feststellen: Wenn man im Wechselstromkreis eine Glühbirne und eine Diode in Reihe schaltet, so brennt die Glühbirne – allerdings nicht so hell wie in einem Gleichstromkreis ohne Diode, doch mit entsprechender Spannung. Offenbar fließt der Wechselstrom immer dann durch den Kreis, wenn die Polung an der Spannungsquelle gerade der Durchlaßrichtung bei der Diode entspricht. Da die Wechselspannung bei einer Frequenz von 50 Hz in einer Sekunde hundertmal ihre Vorzeichen vertauscht, bekommen wir also nur die halbe elektrische Leistung an der Glühbirne; nur fünfzigmal pro Sekunde gibt es einen Stromstoß, dazwischen liegen Lücken, in denen überhaupt kein Strom fließt *(Abb. 2.1/6)*.

Das erklärt, warum die Glühbirne nicht so hell leuchtet wie bei entsprechendem Gleichstrombetrieb. Durch sie fließt ein pulsierender Strom, und zwar immer in der gleichen Richtung. Was die Diode demnach bewirkt, ist ein Gleichrichtungseffekt. Aus Wechselstrom wird pulsierender Gleichstrom, und da in solch einem Fall nur eine Hälfte der Wechselstromkurve übrigbleibt, spricht man von Einweg-Gleichrichtung.

So schön dieser Gleichrichtungseffekt auch ist, bedauerlich bleibt, daß dabei die Hälfte der Stromleistung wegfällt. Um auch den weggeschnittenen Teil der Wechselspannungskurve wieder ins Spiel zu bringen, benutzt man eine Diodenanordnung, die als Graetz- oder Brückenschaltung bezeichnet wird und für eine Doppelweg-Gleichrichtung sorgt *(Abb. 2.1/7)*.

Vier Dioden liegen so zueinander, daß ein Quadrat entsteht; zwei Eckpunkte kommen an die Wechselspannung, die beiden anderen bilden den Ausgang der Schaltung. Was dann geschieht, läßt sich am besten in zwei Schritten erläutern. Erstens möge die Wechselspannung gerade so gepolt sein, daß am Punkt A positives, an B negatives Potential liegt. Dann kann ein Strom fließen, und zwar durch die Dioden D1 und D2, so daß Punkt C positiv, Punkt D negativ wird. Zweitens betrachten wir die Verhältnisse nach einer halben Periode: Die Wechselspannung ist dann umgekehrt gepolt,

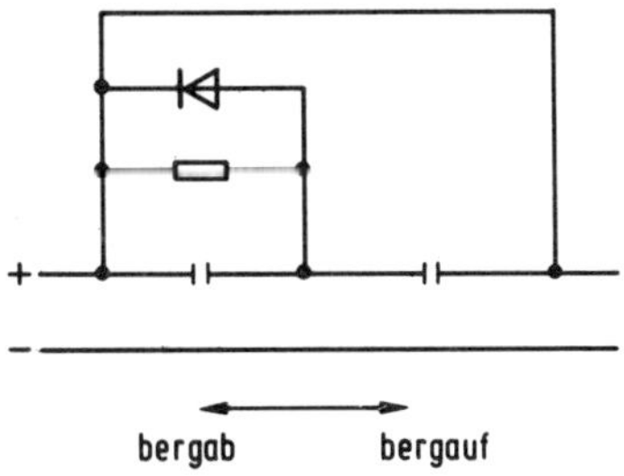

Abb. 2.1/4 Bremsschaltung an einer Gefällestrecke. Die angegebene Polung gilt für die Fahrt bergab; der Strom fließt über den Widerstand

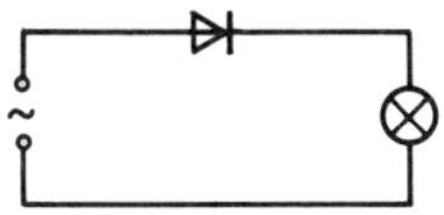

Abb. 2.1/5 Diode im Wechselstromkreis

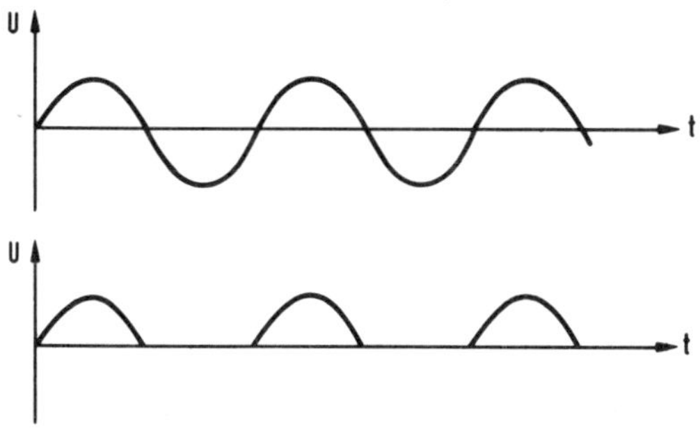

Abb. 2.1/6 Einweggleichrichtung: volle Wechselspannungskurve und Kurve einer pulsierenden Gleichspannung

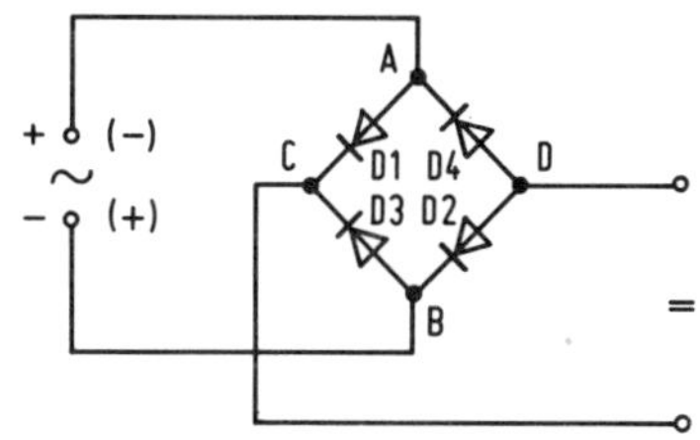

Abb. 2.1/7 Graetz- oder Brückenschaltung

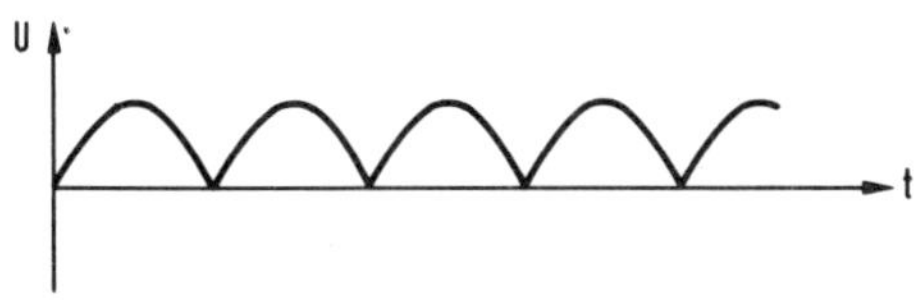

Abb. 2.1/8 Pulsierende Gleichspannung bei Doppelweggleichrichtung

Punkt A wird negativ, B wird positiv. Jetzt sperren die Dioden D1 und D2, aber stattdessen liegen D3 und D4 in Durchlaßrichtung, und wieder wird Punkt C positiv, Punkt D negativ. Bei jeder halben Periode (also hundertmal in der Sekunde) erhält man einen Stromstoß, stets in der gleichen Richtung, und auch das wäre ein pulsierender Gleichstrom, jedoch ohne Lücken (vgl. *Abb. 2.1/8*). Seine Leistung entspricht völlig der des Wechselstromes, aus dem er gebildet wurde; nichts geht verloren.

Solche Graetzschaltungen spielen in der Elektronik eine so große Rolle, daß man sie gleich fertig kaufen kann und nicht immer erst aus Einzeldioden zusammenstellen muß. Entsprechende Brückengleichrichter gibt es in verschiedenen Größen für unterschiedliche Leistungen. Sie sind mit Kennbuchstaben und Ziffern versehen, z.B. „B 40 C 3200/2200“. Die erste Zahl gibt die maximale Betriebsspannung an (z.B. 40 V ~), die beiden nachfolgenden Zahlen beziehen sich auf die maximale Stromstärke, z.B. 3200 mA mit Kühlblech für den Gleichrichter, 2200 mA ohne Kühlblech. Wie die vier Anschlüsse benutzt werden, ist auf dem Gehäuse der Brückengleichrichter angegeben (z.B. „+ ~~– “).

Alle Fahrpulte (Netzgeräte) für Gleichstrombahnen enthalten Brückengleichrichter. Wie es dabei in ihrem Inneren aussieht, läßt sich immer auf das gleiche Schema zurückführen. Zunächst ist da ein Transformator, der die Netzspannung von 220 V~auf eine ungefährliche Spannung für den Modellbahnbetrieb heruntertransformiert (z.B. 14 V~). Mit dieser Spannung geht es an den Brückengleichrichter und von dort zu einem Drehwiderstand, der je nach Betätigung seines Drehknopfes die gewünschte Fahrspannung liefert. Zumeist ist dieser Drehwiderstand so angelegt, daß er auch gleichzeitig als Polwender wirken und die Spannung für einen Fahrtrichtungswechsel umpolen kann.

Fahrbetrieb von Gleichstromloks

Übrigens ist es für den Fahrbetrieb von Gleichstromloks recht günstig, daß der vom Fahrpult gelieferte Strom pulsiert. Seine Halbwellen wirken wie lauter kleine Stöße und treiben den Motor ruckweise an, so daß er bei Kontaktunterbrechungen an den Schienen (Schmutzbildung usw.) nicht gleich stehenbleibt, sondern immer wieder etwas Schwung bekommt. Andererseits ist es manchmal ungünstig, daß die Rucke so schnell aufeinander folgen, wie das bei Doppelweg-Gleichrichtung nun einmal der Fall ist. Für manche Rangierbewegungen wünscht man sich eine extrem langsame Fahrweise der Lok, und die kann man erhalten, wenn man sich einen kleinen Eingriff in das Fahrpult zutraut. Dabei ist allerdings zweierlei zu beachten. Erstens darf das Fahrpult auf keinen Fall unter Spannung stehen, d.h. bevor man es öffnet, muß man unbedingt den Netzstecker ziehen. Zweitens sind Fahrpulte mit einer Prüfmarke des VDE (Verein Deutscher Ingenieure) versehen, die ihre Ungefährlichkeit garantiert. Nach dem Öffnen verliert diese Marke ihre Gültigkeit, d.h. man geht damit ein gewisses Risiko ein, aber wer vernünftig und sorgfältig arbeitet, braucht das nicht zu scheuen.

Graetzschaltung

Im Fahrpult sitzt, wie gesagt, gleich hinter dem Transformator die Graetzschaltung; bei älteren Typen handelt es sich um sog. Selengleichrichter, die dieselbe Funktion haben und deren äußere Enden durch einen Draht verbunden sind. Diesen Draht kann man durchkneifen, was dasselbe bedeutet wie eine Unterbrechung des Brückengleichrichters an einem Eckpunkt der Gleichspannungspole. Die frei gewordenen Enden legt man an ein Drehpotentiometer (vgl. *Abb. 2.1/9*), dessen Bedienungsknopf an der

F
DB
103 224-2
20

DSB
1144

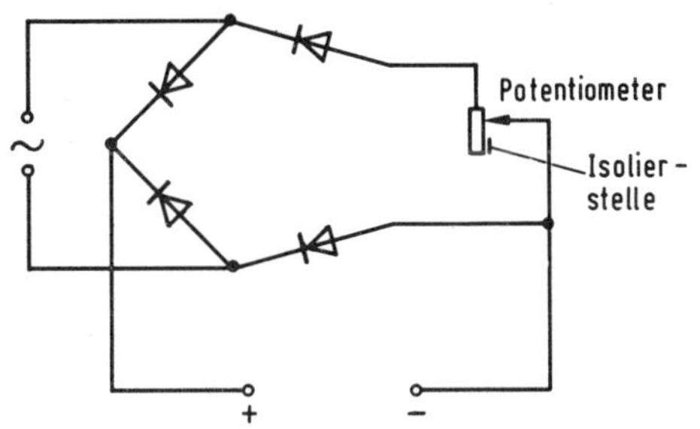

Abb. 2.1/9 Rangiergangschaltung bei älteren Selen-Gleichrichtern

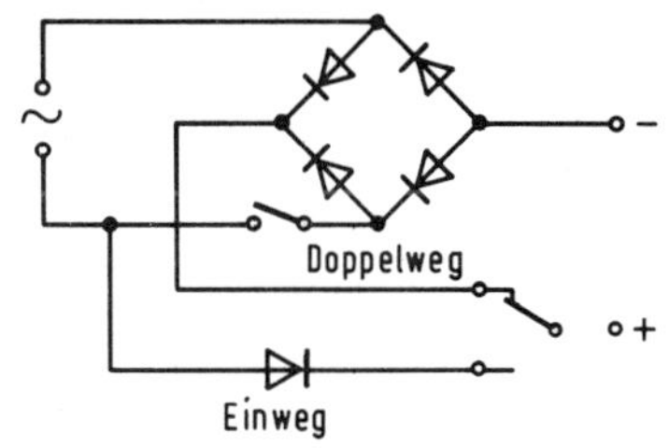

Abb. 2.1/10 Rangiergangschaltung bei neueren Si-Gleichrichtern

Gehäusewand befestigt wird. Ist dieses Potentiometer voll aufgedreht (maximaler Widerstand), so wirkt es wie ein geöffneter Schalter (eventuell kann man diese Endstellung durch einen Tropfen UHU-Plus isolieren, so daß auf jeden Fall der Stromdurchgang unterbrochen ist). Dann steht nur noch die Halbwelle zur Verfügung, die einer Einweg-Gleichrichtung entspricht, und das kann eine Rangierlok zu sehr langsamen Bewegungen bringen. Dreht man das Zusatzpotentiometer zurück, so daß sein Widerstand geringer wird, dann erhält man allmählich die zweite Halbwelle der Doppelweg-Gleichrichtung wieder und kommt damit auf das normale Fahrtempo der Lok.

Bei modernen Fahrpulten sitzt statt des Selengleichrichters eine gekapselte Silizium-Graetzschaltung hinter dem Trafo, und in ihr kann man keinen Verbindungsdraht unterbrechen. Stattdessen läßt sich die eine Wechselstromzuführung ablöten und durch eine Leistungsdiode (mindestens 1A) ersetzen (vgl. *Abb. 2.1/10*); ihr legt man einen Schalter parallel. Ist er geöffnet, so wirkt die Diode als Einweggleichrichter (Rangiergang); wird der Schalter geschlossen, so ist sie überbrückt, und man kommt mit der Wechselspannung wieder an den eingebauten Brückengleichrichter. Der Schalter wird am besten mit mehreren Kontaktsätzen verwendet, so daß man die beiden Ausgänge für Doppel- und Einweggleichrichtung wahlweise an einen Anschluß des Fahrpultes legen kann.

Pulsierenden Gleichstrom glätten

Für viele Elektronik-Schaltungen ist es nötig, den pulsierenden Gleichstrom eines Netzgerätes zu *glätten*. Dazu wird hinter den Brückengleichrichter ein Kondensator geschaltet (Elko, z.B. 4700μF; auf richtige Polung achten!). Einzelheiten darüber erfahren wir in Kap. 6.4.

2.1.1 Wechselstromlokomotiven im Gleichstrombetrieb

Die Anwendungsbeispiele von Dioden im Modellbahnbetrieb haben gezeigt, daß – wer elektronisch schalten und walten will – gut daran tut, mit Gleichstrom zu fahren. Allerdings stellt dieser Vorschlag *Märklinisten* vor etliche Probleme, denn sie haben nun einmal Wechselstromlokomotiven. Kann man solche Loks auf Gleichstrombetrieb umrüsten?

Gleichstrommotore

Um diese Frage zu beantworten, müssen wir zunächst einen Blick auf die Funktionsweise von Elektromotoren werfen. Bei Gleichstrommotoren ist die Sache verhältnismäßig einfach. Sie besitzen einen Permanentmagneten (Bürkle-Magnet), der ein konstantes magnetisches Feld liefert, und zwischen den Polschuhen dieses Magneten befindet sich eine drehbare Spule, die bei Stromdurchgang zu rotieren beginnt und das Fahrzeug antreibt. Dabei hängt die Drehrichtung von der Richtung des Stromes ab; polt man ihn um, so ändert die Lok ihre Fahrtrichtung.

Wechselstrommotore

Bei Wechselstromlokomotiven liegen die Verhältnisse etwas anders. Da gibt es keinen Permanent-, sondern zwei Elektromagnete, in deren Feldern die Drehspule liegt, und der Strom, der durch die Drehspule fließt, fließt auch durch die Wicklungen dieser beiden Feldmagnete. Das geschieht wahlweise: entweder durch die eine oder durch die andere Wicklung. Weshalb man zwei Feldmagnete braucht, ist leicht einzusehen. Da der Wechselstrom periodisch seine Richtung ändert, kann man ihn nicht – wie den Gleichstrom – zwecks Fahrtrichtungswechsel einer Lok umpolen; er polt sich ja ohnehin dauernd um. Die Drehspule des Wechselstrommotors befindet sich also in einem magnetischen Wechselfeld, und dabei ändert dieses Feld seine Polung im selben Takt, in dem sich die Stromrichtung in der Motorspule ändert. Unter solchen Bedingungen kann sich der Motor eigentlich nur in einer Richtung drehen. Aber nun gibt es eben die zwei Feldspulen, und sie sind in entgegengesetztem Sinne gewickelt. Genaugenommen handelt es sich um eine große Spule, die in der Mitte angezapft ist, wobei diese Mittelanzapfung zur Motorspule führt. Über einen Umschalter kann der Wechselstrom nun entweder der einen oder der anderen Feldspulenhälfte zugeführt werden; dadurch ergibt sich ein Wechsel in der Relation zwischen dem Magnetfeld von Feldspule und Motorspule: Die Magnetfelder der beiden Feldspulenhälften verhalten sich gegensätzlich. Das führt dazu, daß die Drehrichtung des Motors umgeschaltet werden kann.

Was man dazu braucht, ist ein Umschalter im Inneren der Lok, und bekanntlich übernimmt diese Rolle ein kleines Relais. Es wird durch einen Überspannungsimpuls (24 V ~) vom Märklin-Fahrpult aus geschaltet. Dieser Impuls wirkt sich auf das Relais und seinen Umschalter so aus, wie der

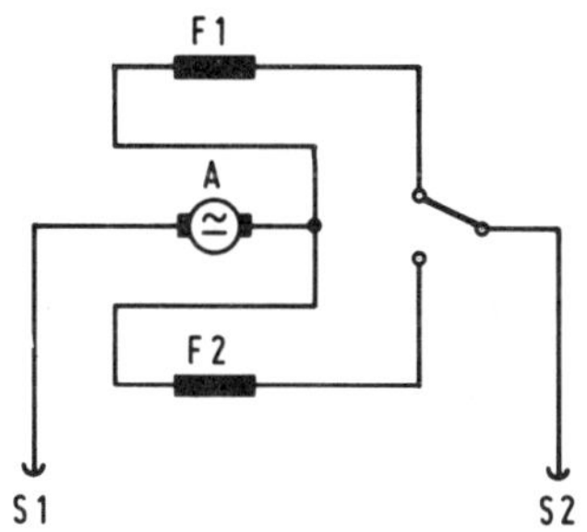

Abb. 2.1.1/1 Prinzip des Märklin-Motors
F 1 und F 2 = Feldspulen
A = Allstrommotor (Anker)
S 1 und S 2 = Stromabnehmer

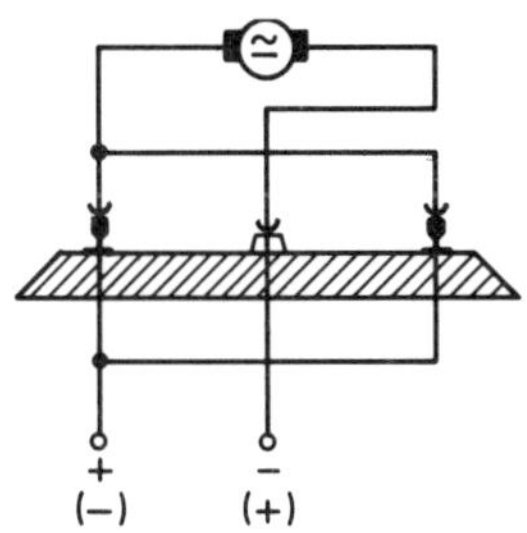

Abb. 2.1.1/2 Allstrom-Märklinmotor im Anschluß an eine Gleichspannung

Druck auf den Knopf eines Kugelschreibers: Beim ersten Druck kommt die Mine heraus, beim zweiten springt sie zurück, beim dritten erscheint sie wieder usw. Ganz entsprechend reagiert das Telex-Relais einer Wechselstromlok (sog. Perfektschaltung): Jeder Überspannungsimpuls stellt das Relais um; damit wird die Ansteuerung der Feldspule gewechselt, der Motor ändert seinen Drehsinn und die Lok ihre Fahrtrichtung. Dabei erhält das Telex-Relais seinen Strom genauso über die Schienen bzw. die Punktkontakte wie der Motor selber.

Allstrom-Motor

Nun muß man zwei Dinge beachten. Erstens: Der Motor der Märklinlok ist ein Allstrom-Motor, d.h. er läuft mit Wechsel- und auch mit Gleichstrom. Davon kann man sich leicht überzeugen, wenn man eine 9-Volt-Batterie mit den Rädern und dem Schleifkontakt unterhalb der Lok verbindet *(Abb. 2.1.1/2)*. Allerdings –: ein Umpolen dieser Gleichspannung bewirkt keinen Fahrtrichtungswechsel. Zweitens: Man darf keineswegs eine Märklinlok auf die üblichen Gleichstromgleise von Fleischmann, Peko usw. setzen, denn das würde sofort einen Kurzschluß ergeben. Die Räder rechts und links sind nämlich nicht – wie bei Gleichstromlokomotiven – gegeneinander isoliert. Also muß man schon bei dem Märklin-Gleissystem bleiben, aber nichts hindert daran, dessen Gleise so mit einem Gleichstromfahrpult zu verbinden, daß der eine Pol an die Schienen, der andere an die Punktkontaktreihe kommt. Dann kann jede Märklinlok auf diesen Gleisen mit Gleichstrom fahren. Nur ihre Fahrtrichtung bleibt auch beim Umpolen dieselbe, weil nämlich der Überspannungsimpuls fehlt, der ihr Telex-Relais umschalten müßte.

Hier kann man nun auf das Prinzip zurückgreifen, nach dem Gleichstromloks gesteuert werden. Dazu bedarf es eines kleinen Eingriffs in das Innenleben von Märklin-Triebfahrzeugen. Aber mit einem Schraubenzieher, einer Pinzette, einem spitzen Lötkolben und etwas Geschick ist diese Arbeit durchaus zu leisten.

Betrachten wir dazu noch einmal Abb. 2.1.1/1. Worauf es beim Fahrtrichtungswechsel ankommt, ist, daß der Strom, der durch den Motor fließt, auch durch eine der beiden Feldspulen F1 oder F2 fließt. Denkt man sich nun den Umschalter durch zwei Dioden ersetzt, die im Gegensinne (antiparallel) in den Zuleitungen zu F1 bzw. F2 liegen, so hat man für Gleichstrombetrieb genau das, was man braucht. Je nach seiner Polung fließt der Strom durch die erste oder durch die zweite Hälfte der gesamten Feldspule *(Abb. 2.1.1/3)*. Diese Hälften lassen sich – wie schon erwähnt – als zwei getrennte Spulen mit gegensätzlicher Wicklung betrachten. Würde ein und derselbe Gleichstrom durch sie hindurchfließen, und zwar von der Mittelanzapfung aus, so erhielte man zwei entgegengesetzt gepolte Elektromagnete *(Abb. 2.1.1/4)*. Sind jedoch die Dioden vorgeschaltet, so kann jeweils nur durch eine Spulenhälfte Strom fließen, z.B. durch die linke. Polt am Fahrpult um, so fließt der Strom durch die rechte Hälfte, aber in umgekehrter Richtung. Damit ändern sich aber rechts auch die Magnetpole; sie erhalten die gleiche Orientierung wie vorher diejenigen auf der linken Seite, und so behält das Magnetfeld, in dem sich die Ankerspule dreht, immer die gleiche Orientierung –: ganz wie bei einem Permanentmagneten. Nur der Strom durch den Motor ändert seine Richtung, und demnach wechselt der Drehsinn für den Fahrzeugantrieb entsprechend den Polungsverhältnissen am Fahrpult. Die Märklinlok läßt sich genauso steuern

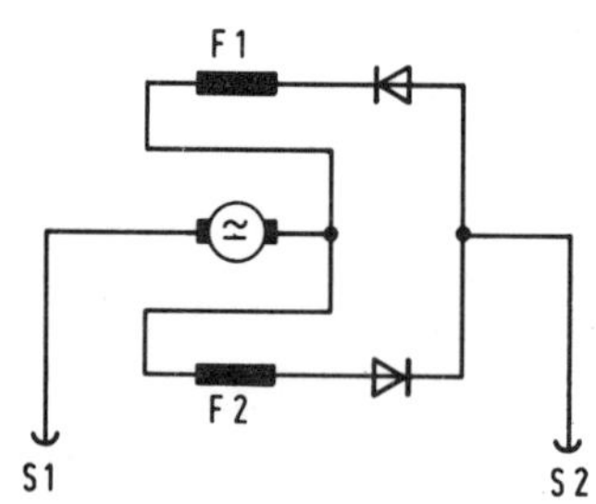

Abb. 2.1.1/3 Ersetzung des Umschalters durch zwei entgegengesetzt gerichtete Dioden

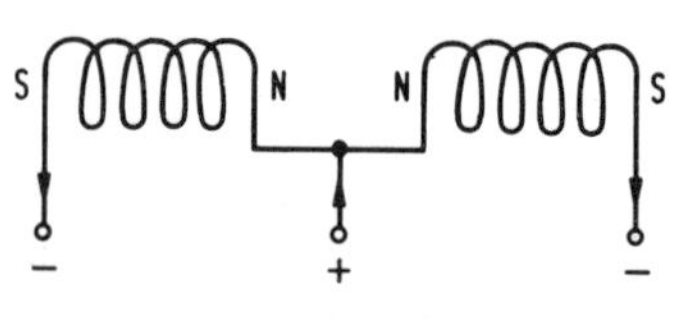

Abb. 2.1.1/4 Lage der Magnetpole an den beiden Feldspulenhälften, wenn der Strom durch die Mittelanzapfung zugeführt wird

wie eine Gleichstromlok, ohne daß das Telex-Relais überhaupt gebraucht wird.

Was also beim Umbau einer Märklinlok zu tun ist, ist zunächst das Abtrennen der beiden zu den Feldspulenhälften führenden Drähte vom Umschalter des Relais. Stattdessen werden nun diese beiden Drähte an antiparallel gelegte Dioden gelötet (Leistungstypen!), und diese wiederum kommen gemeinsam an den Masseanschluß: das ist das Fahrgestell der Lok. Dabei sollte man darauf achten, daß alle derart umgebauten Märklinloks sich hinsichtlich des Fahrtrichtungswechsels gleich verhalten. Für die Vorwärtsbewegung liegt üblicherweise der positive Pol am Mittelleiter (Punktkontakte bzw. Schleifer) und der negative an den Schienen bzw. Rädern (= Masse). Übrigens kann das Telex-Relais seinen Platz behalten; es dient nämlich bei größeren Märklinlokomotiven auch zum Ansteuern der Fernentkupplung, auf die hier jedoch nicht weiter eingegangen werden soll.

Die Verwendung von Dioden führt dazu, daß die Fahrspannung für den Motor etwas absinkt, denn knapp 1 V muß man als Spannungsabfall an einer Diode einkalkulieren. Das ist jedoch kein Nachteil, denn die Geschwindigkeit von Modellbahnloks ist ohnehin meist zu groß (bei voll aufgedrehtem Fahrtregler), und in unteren Bereichen kann man Spannungsverluste leicht ausgleichen, indem man den Drehknopf des Fahrpultes etwas weiter aufdreht als gewöhnlich.

Überlegungen für Märklinisten

Was man sich als *Märklinist* überlegen sollte, wenn man an Elektronik auf seiner Modellbahnanlage denkt: Ist es nicht am günstigsten, den gesamten Betrieb auf Gleichstrom umzustellen? Am Gleismaterial muß nichts geändert werden, und der Diodeneinbau bei Triebfahrzeugen bereitet kaum nennenswerte Mühe. Der Vorteil, Kehrschleifen ohne Polaritätsprobleme bauen zu können, bleibt voll erhalten, denn nach wie vor haben die beiden Schienen gleiche Polarität gegenüber dem Mittelleiter. Am alten Märklin-Fahrpult allerdings braucht man einen Vorsatz, denn nun muß die Ausgangsspannung von 16 V~in eine entsprechende Gleichspannung umgewandelt werden, und außerdem ist ein Polwender für den Fahrtrichtungswechsel nötig.

Wie dieser Vorsatz aussehen kann, zeigt *Abb. 2.1.1/5.* Zuerst kommt die Graetzschaltung gemäß 2.1. Darüber wurde das Notwendige bereits gesagt. Will man auf einen Rangiergang nicht verzichten, so setzt man den Brückengleichrichter am besten aus vier Einzeldioden (Leistungstypen!) zusammen und verfährt gemäß Abb. 2.1/9. An die Gleichspannungsausgänge kommt ein Polwender (vgl. 6.2), der sich am besten aus einem vierpoligen Schalter bilden läßt. Damit hat man eine umpolbare Gleichspannung zur Verfügung, deren Höhe sich am Fahrpult (Drehknopf) bzw. am Einbaupoti für den

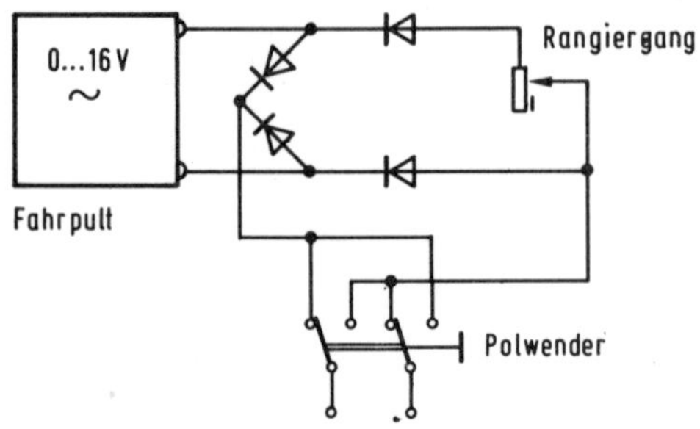

Abb.2.1.1/5 Erweiterung eines Märklin-Fahrpultes für umpolbaren Gleichstrombetrieb

Rangiergang einstellen läßt. Diese Anordnung ist noch ausbaufähig, jedoch sollen mögliche Erweiterungen erst in Kapitel 6.4 (Netzgeräte) besprochen werden.

2.1.2 Leuchtdioden

Eine Modellbahnanlage ohne Lichteffekte ist nur eine halbe Sache. Sicher wird man beleuchtete Signale einsetzen, Straßenlaternen, Hausbeleuchtungen usw., und außerdem ist es bei größeren Anlagen sinnvoll, ein Gleisbildstellpult einzurichten, das Weichenstellungen, besetzte Gleise u.a. optisch anzeigt. Das alles läßt sich mit diversen Glühbirnen bewerkstelligen, aber die Elektronik bietet auch etwas anderes an, das sehr nützlich sein kann: sogenannte Leucht- oder Lumineszenzdioden, abgekürzt: LED's (von *Light-Emitting-Diode*).

Dabei handelt es sich um Halbleiter-Bauelemente, die sich im Prinzip von gewöhnlichen Dioden nicht unterscheiden, aber bei Stromdurchgang senden sie Licht aus, und das kann man vor allem zur Signalanzeige benutzen.

Wie eine Leuchtdiode geschaltet wird, zeigt *Abb. 2.1.2/1*. Dabei sind zwei Punkte besonders zu beachten. Erstens soll man LED's immer in Durchlaßrichtung betreiben, d.h. der positive Spannungspol gehört an ihre Anode. In Sperrichtung geschaltete Leuchtdioden können leicht Schaden nehmen (schon bei ca. 5 V Sperrspannung). Zweitens vertragen sie keine Durchlaßströme, die wesentlich über 20 mA hinausgehen, d.h. man muß einen Vorwiderstand Rv zur Strombegrenzung verwenden. Seine Höhe richtet sich nach der Größe der Betriebsspannung; bei 5 V kann man von etwa 250 Ω ausgehen, bei 15 V von 750 Ω. Die geringe Stromstärke von 20 mA zeigt schon, worin ein wesentlicher Vorteil von Leuchtdioden liegt:

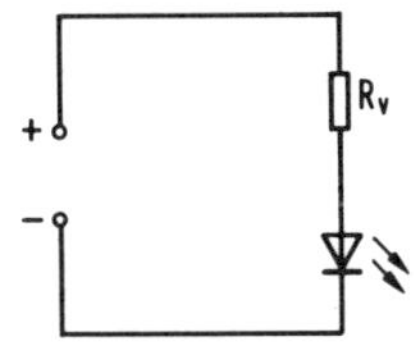

Abb. 2.1.2/1 Grundschaltung einer Leuchtdiode mit Vorwiderstand R_v

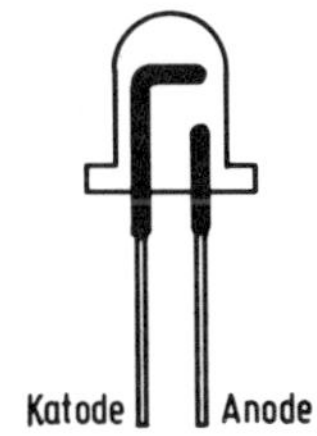

Abb. 2.1.2/2 Anschlüsse einer LED

Sie verbrauchen weit weniger elektrische Energie als gewöhnliche Glühbirnen und belasten daher die Netzgeräte nicht so stark. Außerdem haben sie eine sehr lange Lebensdauer; wenn man sie nicht überbeansprucht, braucht man kaum jemals eine *durchgebrannte* LED zu ersetzen. Ferner arbeiten Leuchtdioden praktisch trägheitslos, benötigen also keine Erwärmungszeit wie Glühbirnen. Das Licht, das sie aussenden, bleibt bei geringen Schwankungen der Betriebsspannung konstant, und schließlich: sie sind sehr billig (Stückpreis meist weniger als -,50 DM)!

LED's für die Modellbahn

Leuchtdioden gibt es in verschiedenen Größen und Farben (gelb, grün, rot); die manchmal angebotenen angeblich weißen LED's leuchten im Betrieb keineswegs weiß, sondern rot. Aber gerade wegen der drei möglichen Farbwerte sind Leuchtdioden besonders geeignet, um Modellbahnsignale zu bestücken; auch für die Beleuchtung von Lokomotiven und als Schlußlichter bei Zuggarnituren sind sie bestens geeignet. Allerdings kann man dabei nur die kleinen LED's mit Köpfen von 3mm Durchmesser (eventuell sogar nur 2 mm) verwenden, die den üblichen Signalglühbirnchen entsprechen. Für Gleisbildstellpulte kommen dagegen die größeren Typen mit einem Durchmesser von 5 mm in Frage.

Unter dem Leuchtkopf sitzen zwei Anschlußdrähte für die Anode und die Katode. Leider sind sie schlecht zu unterscheiden, aber wenn man bei Gegenlicht in den farbigen Glaskopf hineinsieht, ist zu erkennen, daß der eine Draht in ein etwas verdicktes Ende mündet: Das ist die Katode (vgl. *Abb. 2.1.2/2*).

Damit beim Arbeiten mit Leuchtdioden nichts schief geht, sollen einige Schaltungsbeispiele besprochen werden. Wird eine LED mit Wechselstrom betrieben, so muß man sie vor der Polung in Sperrichtung schützen. Dazu ist eine gewöhnliche Diode geeignet, die man entweder antiparallel oder in Reihe zur LED legt; sie blockt eine verpolte Betriebsspannung ab (vgl. *Abb. 2.1.2/3*).

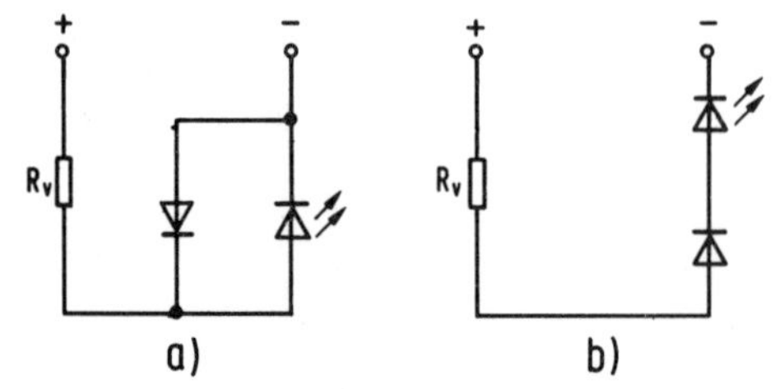

Abb. 2.1.2/3 Schutz einer LED gegen Verpolung

Soll nur eine einzige LED gemäß Abb. 2.1.1/1 betrieben werden und kann man die Gefahr der Verpolung ausschließen, so läßt sich die Größe des benötigten Vorwiderstandes berechnen. Man muß davon ausgehen, daß sich die gesamte Betriebsspannung U_B im Stromkreis auf Rv und die Leuchtdiode verteilt, d.h. auch an ihr fällt – wie an jeder Diode – eine Teilspannung ab. Bei roten LED's beträgt sie etwa 2 V, bei gelben und grünen 3 V. Sie soll mit U_D bezeichnet werden, und dann ist

$$U_B = U_{Rv} + U_D$$
$$U_{Rv} = U_B - U_D.$$

ür den Vorwiderstand Rv gilt nach dem Ohmschen Gesetz:

$$Rv = \frac{U_{Rv}}{20\ \text{mA}} = \frac{U_B - U_D}{20\ \text{mA}}.$$

Beträgt die Betriebsspannung 14 V, die Spannung an der LED (rot) 2 V, so wird

$$Rv = \frac{14\ \text{V} - 2\ \text{V}}{20\ \text{mA}} = \frac{12\ \text{V}}{20\ \text{mA}} = 0{,}6 \cdot 10^3 = 600\ \Omega$$

Diesen Wert gibt es bei den handelsüblichen Widerständen allerdings nicht, aber man kann auch 560 Ω oder 620 Ω nehmen; bei Rv = 560 Ω beträgt die Stromstärke durch die LED 25 mA, und das kann sie noch gut aushalten. Der Widerstand sollte eine Leistung von 1/4 W verkraften.

Kombinationen von Leuchtdioden

Natürlich gibt es auch Fälle, wo man mehrere Leuchtdioden kombinieren will. Allerdings sollte man Parallelschaltungen möglichst vermeiden, da bei geringen Abweichungen der LED's voneinander die eine unter Umständen mehr belastet wird als die andere und zerstört werden könnte.

Als Beispiel für kombinierte Leuchtdioden nehmen wir den Fall an, daß eine Lokomotive an ihrer Stirn- und Rückseite je zwei Signallampen haben

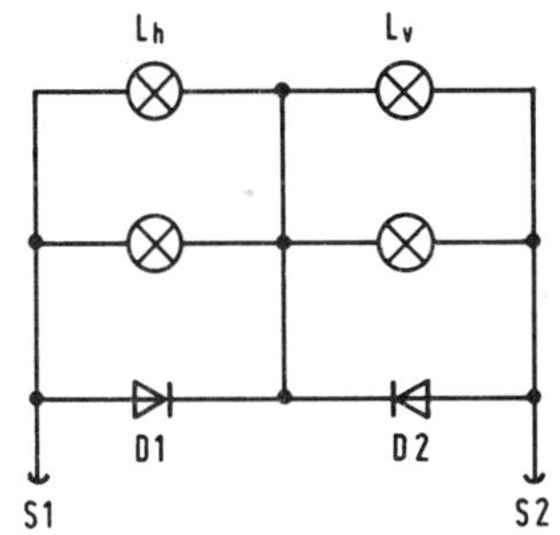

Abb. 2.1.2/4 Mittelpunktschaltung für Spitzenbeleuchtung einer Lokomotive

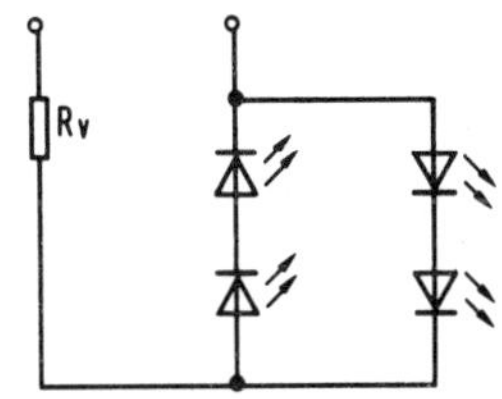

Abb. 2.1.2/5 Spitzenbeleuchtung einer Gleichstromlok durch LED's

soll. Mit Glühbirnen könnte man hier die Schaltung von *Abb. 2.1.2/4* verwenden, wobei die Dioden Leistungstypen sein müßten. Je nach Fahrtrichtung fließt der Strom (Gleichstrom!) von S1 über D1 und Lv nach S2 oder umgekehrt von S2 über D2 und Lh nach S1; man spricht von einer Mittelpunktschaltung. Aber die Glühbirnen haben den Nachteil, daß sie bei geringer Fahrspannung nur glimmen und erst bei vollem Tempo der Lok richtig leuchten.

LED's = gleichmäßige Lichtstärke

Mit LED's läßt sich eine wesentlich gleichmäßigere Lichtstärke erzeugen. Natürlich wird man gelbe LED's wählen, aber das genügt durchaus, denn auch die Spitzenbeleuchtung von Lokomotiven ist nicht ganz hellweiß; schließlich handelt es sich nicht um Scheinwerfer. Die zugehörige Schaltung zeigt *Abb. 2.1.2/5*. Dabei muß man für die Berechnung von Rv von dem doppelten Spannungsabfall an den in Reihe geschalteten LED's ausgehen (also $2 \cdot 3 = 6$ V). Eine Schutzdiode erübrigt sich, denn bei Umpolen der Fahrspannung wird immer eine Diodenreihe leiten, so daß die andere nicht durch zu hohe Sperrspannungen gefährdet wird.

2.1.3 Z-Dioden

Obwohl wir solche Dioden am Anfang unseres Streifzuges durch die Elektronik noch nicht brauchen, wollen wir sie doch schon erwähnen: die sog. Z-Dioden. Früher nannte man sie nach ihrem Erfinder *Zener-Dioden*; heute ist von diesem Namen nur noch das Z übriggeblieben.

Wenn man eine gewöhnliche Diode in Sperrichtung schaltet, so läßt sie keinen Strom durch.. Aber wenn dann die angelegte Spannung immer mehr wächst, kann es plötzlich passieren, daß die Diode durchschlägt. Sie wird leitfähig und verschmort, weil sie dem einsetzenden Stromfluß nicht gewachsen ist.

Nun lassen sich aber die Halbleitermaterialien einer Diode so präparieren, daß der Durchbruchseffekt bei einer genau vorherbestimmten Sperrspannung einsetzt und außerdem so abläuft, daß die Diode nicht zerstört wird. So etwas ergibt dann eine Z-Diode. Ihr Verhalten läßt sich an einem Schaubild ablesen *(Abb. 2.1.3/1)*, bei dem rechts von der senkrechten Achse der normale Durchlaßbereich liegt, d.h. dort benimmt sich die Z-Diode wie jeder gewöhnliche Diodentyp. Links von der Ordinate wäre für Normaldioden gar nichts los; dort gibt es auch bei wachsender Spannung keinen Strom (einen ganz geringen Sperrstrom im Gebiet von Mikro-Ampere können wir getrost übersehen). Bei der Z-Diode sieht die Sache anders aus: Nachdem die Spannung um etliche Volt von Null aus gestiegen ist, setzt ein Durchbruchsstrom ein, der ähnlich lawinenartig anwächst wie der Durchlaßstrom, nur eben in umgekehrter Richtung. Was man als *Durchbruchsspannung* der Z-Diode bezeichnet, ist der Spannungswert, der dem Mittelpunkt des Durchbruchsbereichs entspricht (Punkt A im Schaubild). Dieser Wert ist die entscheidende Kenngröße einer Z-Diode.

Durchlaßbereich der Z-Diode

Man kann sich die ganze Sache an einem Modell klarmachen. Ein Eimer soll in einer gewissen Höhe ein Loch haben; gießt man Wasser ein, so wird es aus dem Loch herausfließen, sobald nur der Wasserstand genügend hoch ist *(Abb. 2.1.3/2)*. Die Lochhöhe entspricht der Durchbruchsspannung einer Z-Diode. Im Eimer kann das Wasser durchaus noch weiter steigen; der Strom aus dem Loch kommt immer aus der gleichen Höhe. Ist allerdings der Wasserstand im Eimer unter diese Höhe abgesunken, so hilft alles nichts: Der Strahl versiegt.

Dieses Modell zeigt, wozu man eine Z-Diode brauchen kann. Sie liefert eine konstante Spannung und hält diese Spannung eisern fest, auch wenn die Betriebsspannung (also die Wasserhöhe über dem Loch!) schwankt. Elektroniker sprechen von einer „Spannungsstabilisierung". Sie ist vor allem für Netzgeräte nötig, die Konstantspannungen liefern sollen; darauf werden wir noch eingehen (Kap. 6.4). An einem einfachen Schaltungsbeispiel sei aber das Prinzip der Spannungsstabilisierung schon jetzt erläutert *(Abb. 2.1.3/3)*. U_B ist die Betriebsspannung, ZD die Z-Diode – deren Schaltsymbol wir auf diese Weise auch gleich kennenlernen. Sofern U_B größer als die Durchbruchsspannung der Z-Diode ist, fließt über R1 ein Strom. Man kann die Z-Spannung unmittelbar mit einem Voltmeter zwischen den Punkten A

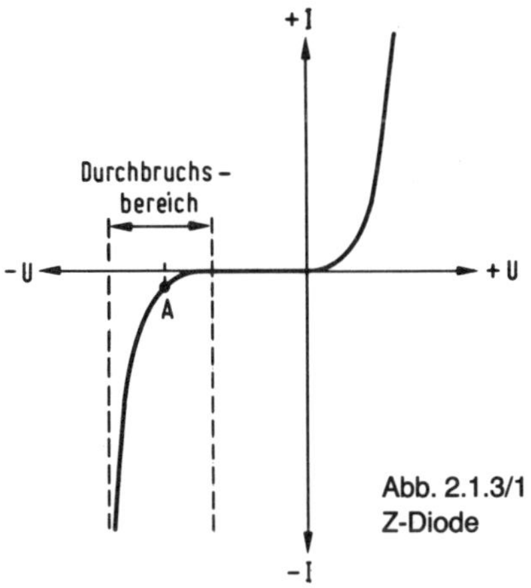

Abb. 2.1.3/1 Kennlinie einer Z-Diode

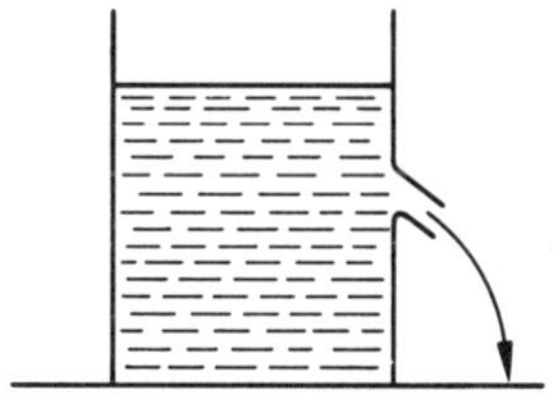

Abb. 2.1.3/2 Überlaufgefäß als Modell einer Z-Diode

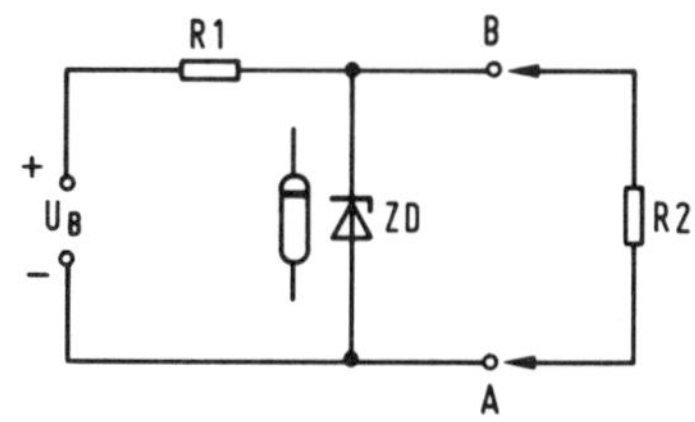

Abb. 2.1.3/3 Einfachste Form einer Stabilisierungsschaltung mit Z-Diode

und B messen, oder man schließt dort einen *Verbraucher* an (dargestellt durch den Lastwiderstand R2).

Z-Dioden sehen aus wie normale Dioden, haben also auch an der Katode einen – meist schwarzen – Markierungsring. Diese Katode muß bei Stabilisierungsschaltungen immer auf den positiven Pol der Betriebsspannung gerichtet sein; nur dann liegt die Z-Diode in Sperrichtung. Neben der Typenbezeichnung (z.B. „ZD 5,6“) ist auf den Diodenkörper die Durchbruchsspannung aufgedruckt (im Beispiel 5,6 V). Man kann Z-Dioden in Reihe schalten; dann addieren sich ihre Durchbruchsspannungen.

Hinweise für die Praxis

Noch ein paar Hinweise für die Praxis. Die unstabilisierte Betriebsspannung sollte stets erheblich größer sein als die Z-Spannung (Durchbruchsspannung); dann hat man immer genügend Reserven zur Verfügung, um den Stabilisierungseffekt nicht versiegen zu lassen. Zweitens: Wenn der Lastwiderstand so klein wird, daß die an ihm abfallende Spannung geringer als die Durchbruchsspannung der Z-Diode wird, sperrt diese und kann dann nichts mehr stabilisieren. Und drittens: Auch Z-Dioden können heiß werden und bei zu hohen Temperaturen kaputt gehen. Man muß sie entweder kühlen oder dafür sorgen, daß der Durchbruchsstrom nicht über ein erträgliches Maß hinausgeht. Dafür wäre dann R1 zuständig. Aber bei den in diesem Buch angegebenen Schaltungen ist eine Überlastung von Z-Dioden nicht zu befürchten.

2.2 Der Transistor

Nachdem wir uns ausführlich mit Dioden beschäftigt haben, soll nun das nächste Bauelement der Elektronik vorgestellt werden: der Transistor. Das ist keineswegs ein ganzes Radiogerät, wie es nach dem üblichen Sprachgebrauch oft scheinen mag, sondern ein elektronisches Bauteil, das zwar in *Transistor-Radios* vorkommt, aber eine viel weitergehende Bedeutung hat. Auch der Modellbahner kann, wenn er mit Elektronik arbeiten will, ohne Transistoren nicht auskommen, und deshalb müssen wir uns näher mit ihnen befassen.

Im Abschnitt 2.1.2 hatten wir die Mittelpunktschaltung von Dioden erwähnt; sehen wir sie uns noch einmal genauer an! Es gibt da grundstätzlich zwei Möglichkeiten: entweder sind die Katoden der beteiligten Dioden dem Mittelpunkt zugewandt oder von ihm abgekehrt *(Abb. 2.2./1)*; wir hatten damals die Anordnung a gewählt. Liegt dabei an der Diode D2 positives, an dem Mittelpunkt M negatives Potential, so kann ein Strom durch D2 fließen. Bei der zweiten Möglichkeit (b) wäre es genau umgekehrt: D2 leitet, wenn M positiv und die Katode von D2 negativ ist. Dazu gehört immer noch ein Vorwiderstand in der Zuleitung zu M. Auf jeden Fall sind beide Schaltungen dem Punkt M gegenüber symmetrisch, und was für D2 gilt, gilt auch für D1.

So weit ist alles in Ordnung und bekannt. Doch nun geschieht etwas Seltsames. Wir denken uns die beiden Dioden so nahe zusammengerückt, daß sie mit den einander zugewandten Enden in M verschmelzen. Und wenn man außerdem in Skizze a an die Anode von D1 negatives, in Skizze b an die Katode von D1 positives Potential bringt, so fließt ein Strom auf der Diodenstrecke –: immer vorausgesetzt, daß Punkt M in a negativ, in b positiv ist.

Niemand braucht den Versuch auszuprobieren: Er geht nicht! Denn zwei Einzeldioden kann man nie so dicht zusammenbringen, wie es hier erfor-

Abb. 2.2/1 Mittelpunktschaltung zweier Dioden

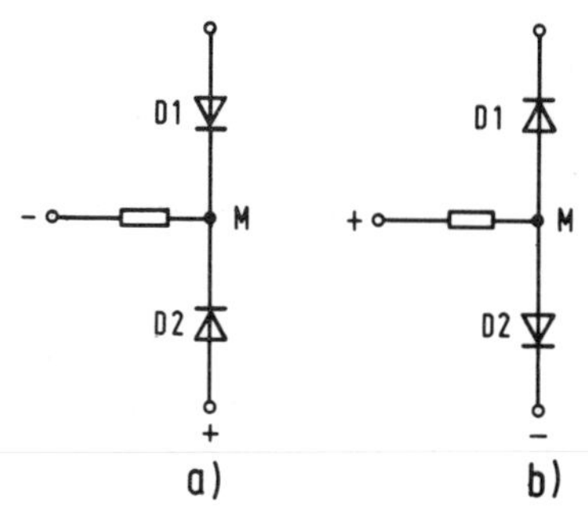

derlich wäre. Man müßte dann schon ein neues elektronisches Bauteil bilden, das den Bedingungen genügt. Und dieses Bauteil gibt es: Es ist der Transistor!

Im Grunde besteht er aus zwei gegeneinandergeschalteten Dioden, wobei drei Anschlüsse notwendig sind. Warum dann die Diodenstrecke bei entsprechender Polung leitfähig wird, ist eine Sache für Experten. In guten Elektroniklehrbüchern wird sie erklärt; wir verzichten darauf und nehmen den Transistor als das, was er ist: ein Schaltelement, das unter bestimmten Polungsvoraussetzungen leitfähig wird und sonst sperrt.

Transistor: Ein Schaltelement

Bei den meisten Transistoren (abgesehen von einigen Leistungstypen) steckt die Diodenstrecke in einem Kopf aus Metall oder Kunststoff, aus dem drei „Beinchen" herausragen. Man kann die Dioden getrennt prüfen, wenn man mit einem Ohmmeter die Widerstände mißt, die zwischen dem Mittelanschluß und den beiden anderen Enden auftreten *(Abb. 2.2/2)*. Zwischen dem Anschluß M und jeweils einem Ende erhält man den Widerstand einer einzelnen Diode (eventuell je nach Diodenlage die Polung des Ohmmeters vertauschen!); zwischen den beiden Enden direkt spricht das Meßgerät überhaupt nicht an, weil dann eine der Dioden immer sperrt und die Strecke einen unendlich großen Widerstand aufweist. Diese Methode ist übrigens gut geeignet, die Funktionstüchtigkeit von Transistoren zu prüfen, und außerdem bestätigt sie: Ein Transistor enthält zwei gegeneinander gesetzte Dioden.

Da es unpraktisch wäre, immer die ganze Diodenanordnung zu zeichnen, gibt es für Transistoren ein eigenes Schaltsymbol. In ihm wird nur eine Diode eingetragen; der zugehörige Anschluß heißt *Emitter,* und er gehört entweder an den positiven oder negativen Pol der Spannungsquelle. Kommt er an den Plus-Pol, so hat man es mit einem pnp-Transistor zu tun; im umgekehrten Fall liegt ein npn-Transistor vor. Der bisher mit *M* bezeichnete Mittelanschluß heißt *Basis,* und weil vom Emitter über die Basis ein Strom zum gegenüberliegenden Anschluß fließen kann, wo dann die ankommenden Ladungen gesammelt werden, heißt dieser dritte Anschluß *Kollektor.* Übrigens ist es unwesentlich, ob man dabei den Strom als einen Transport positiver oder negativer Ladungen auffaßt: Beide Betrachtungsweisen sind möglich.

Basis-Emitter-Kollektor

Um die Sache noch deutlicher zu machen, untersuchen wir zwei Grundschaltungen von Transistoren *(Abb. 2.2/3)*. Im Fall a liegt ein pnp-Typ vor. Der Emitter ist mit dem positiven, der Kollektor mit dem negativen Pol der Betriebsspannung verbunden; und wenn jetzt die Basis über einen Vorwiderstand (einige Kilo-Ohm) mit dem negativen Pol verbunden wird, fließt ein Strom durch den Transistor. Er kann mit Hilfe einer Glühbirne angezeigt werden. Im Fall b wird genau umgekehrt verfahren. Der Emitter liegt am

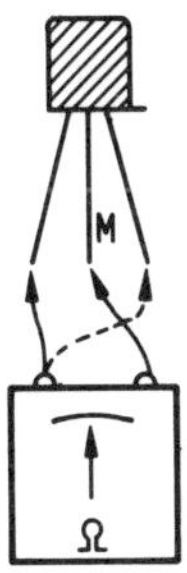

Abb. 2.2/2 Prüfung der Transistoranschlüsse mit einem Ohmmeter

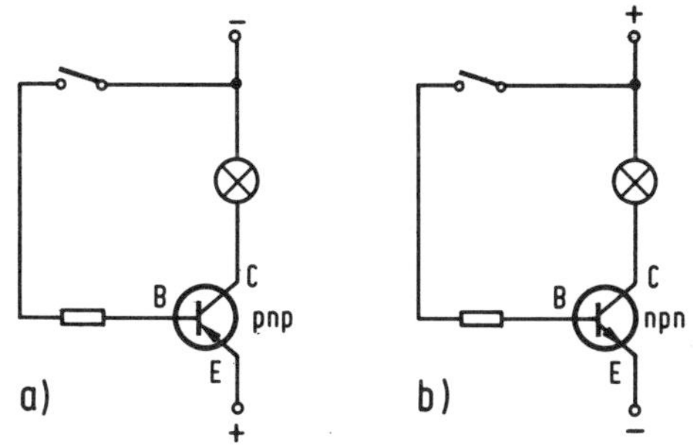

Abb. 2.2/3 Grundschaltung von Transistoren
a) pnp-Typ
b) npn-Typ

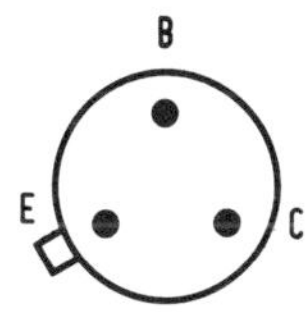

Abb. 2.2/4 Kleintransistor und seine Anschlüsse (Sockel von unten gesehen)

negativen Pol, Basis und Kollektor sind positiv (npn-Transistor). Auch dann *schaltet der Transistor durch;* die Glühbirne brennt.

Wer diese beiden Schaltungen zum Einüben ausprobieren will, sollte als Spannungsquelle eine 4,5-Volt-Taschenlampenbatterie benutzen. Der Widerstand vor der Basis kann ca. 1 kΩ oder mehr betragen, die Glühbirne muß natürlich der Batteriespannung entsprechen. Als Transistoren kommen für den pnp-Fall der Typ BC 177 und für den npn Fall der Typ BC 107 in Frage; beide haben metallische Köpfe mit einem kleinen seitlichen Dorn, der anzeigt, wo der Emitter sitzt (vgl. *Abb. 2.2/4*).

Hat man die Transistoren zum Durchschalten gebracht, so kann man die Basis über ihren Vorwiderstand auch mit dem Pol verbinden, an dem der Emitter liegt. Dann muß der Transistor *sperren,* d.h. die Emitterdiode kann nicht leiten,und die Glühbirne bleibt dunkel. Auf keinen Fall darf man jedoch die Polung von Kollektor und Emitter vertauschen: Das würde der Transistor übelnehmen und nicht überstehen. Stets gilt:

pnp-Transistor: Kollektor negativ – Emitter positiv; pnp-Transistor
npn-Transistor: Kollektor positiv – Emitter negativ. npn-Transistor

Außerdem wollen wir uns merken:

1) Der pnp-Transistor leitet, wenn die Basis dem Emitter gegenüber negativ ist,
2) Der npn-Transistor leitet, wenn die Basis dem Emitter gegenüber positiv ist.

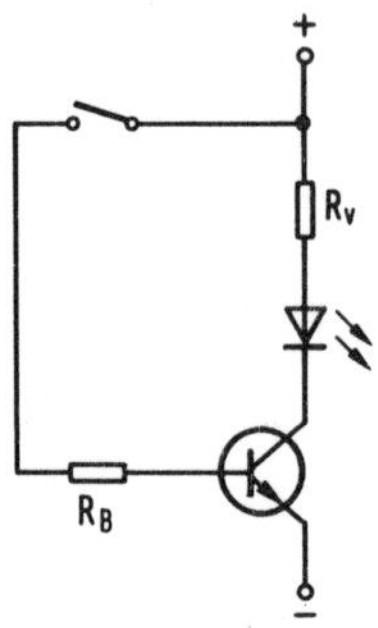

Abb. 2.2/5 npn-Transistor mit LED-Anzeige

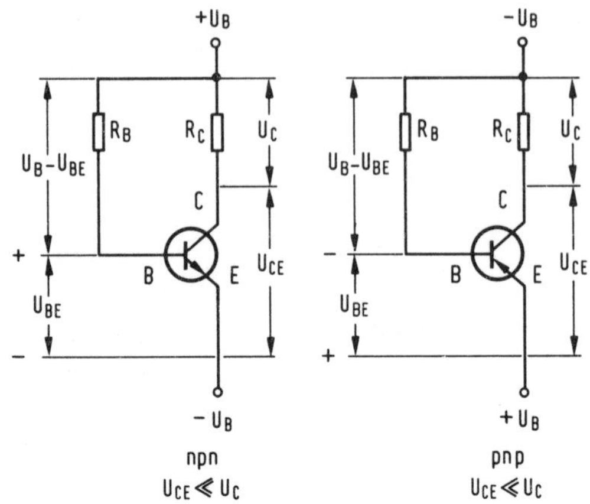

Abb. 2.2/6 Spannungsverhältnisse bei durchgeschalteten Transistoren

Es kommt dabei immer auf das Polungsverhältnis Basis-Emitter an, denn die auf dieser Strecke sitzende Diode im Innern des Transistors entscheidet über sein Verhalten. Liegen Basis und Emitter auf demselben Potential, so sperrt der Transistor, und das tut er natürlich auch, wenn beim pnp-Typ die Basis dem Emitter gegenüber positiv bzw. beim npn-Typ negativ sein. Man kann sich bei Schaltbildern immer am Pfeil im Transistorsymbol orientieren und braucht dabei nur an das Verhalten einer entsprechenden Diode zu denken: läßt sie den Strom durch oder sperrt sie?

Wir haben bisher den Transistor mit Hilfe einer Glühbirne überprüft. Man kann natürlich auch eine Leuchtdiode nehmen, zu der dann selbstverständlich ein Schutzwiderstand gehört. Wie die Schaltung im Falle eines npn-Transistors aussieht, zeigt *Abb. 2.2/5.* Die Höhe des Vorwiderstandes hängt von der Betriebsspannung ab (z.B. für 5-V-Betrieb: Rv = 220 Ω; R_B = 1 kΩ).

Schließlich sollen auch noch die Spannungsverhältnisse mit einem Voltmeter kontrolliert werden. Dazu ersetzen wir die Glühbirne bzw. die Leuchtdiode nebst Rv durch einen Widerstand Rc = 1 kΩ. Die Betriebsspannung möge 9 V betragen (Transistorbatterie). Beim npn-Transistor zeigt sich: Wenn er sperrt (Basis und Emitter gemeinsam auf negativem Potential), fällt die gesamte Spannung über der Kollektor-Emitter-Strecke ab, d.h. der Kollektor ist positiv. Wird dagegen die Basis über ihren Widerstand R_B an den Pluspol der Betriebsspannung gelegt, so ergeben sich bei leitendem

Nicht kuppeln
Zug wird
vorgeheizt

Transistor drei Meßwerte (vgl. *Abb. 2.2/6a*). Die Spannung zwischen Basis und Emitter (U_{BE}) beträgt knapp 1 V, die Spannung zwischen Kollektor und dem positiven Batteriepol (U_{RC}) knapp 9 V. Die Strecke zwischen Emitter und Kollektor ist praktisch ohne Spannung, d.h. U_{CE} ist minimal.

Bei einem pnp-Transistor entstehen umgekehrte Verhältnisse *(Abb. 2.2/6b)*. Sind Basis und Emitter gemeinsam auf positivem Potential, so sperrt er; die gesamte Batteriespannung liegt über der Kollektor-Emitter-Strecke. Wird die Basis über ihren Widerstand an den negativen Pol der Batterie gelegt, so schaltet der Transistor durch. Die Betriebsspannung fällt fast ganz über Rc ab, und der Emitter ist um ca. 1 V positiv gegenüber der Basis. U_{CE} ist abermals minimal.

Wir können zusammenfassen:

	sperrend	durchgeschaltet
npn-Transistor: Basis gegen Emitter	negativ oder auf gleichem Potential	positiv
Kollektor gegen Emitter	positiv	fast auf gleichem Potential
pnp-Transistor: Basis gegen Emitter	positiv oder auf gleichem Potential	negativ
Kollektor gegen Emitter	negativ	fast auf gleichem Potential

Die Sache läßt sich auch noch etwas anders formulieren. Beschränken wir uns auf Spannungsvorzeichen, so ergibt sich: Ein npn-Transistor sperrt, wenn seine Basis negativ ist; dann ist der Kollektor positiv; er schaltet durch, wenn seine Basis positiv ist, und dann wird sein Kollektor negativ. Beim pnp-Transistor ist es genau umgekehrt: Er sperrt, wenn seine Basis positiv ist; dann ist der Kollektor negativ, und er schaltet durch, wenn seine Basis negativ ist; dann wird sein Kollektor positiv. Betrachtet man die Stelle vor dem Basiswiderstand als den *Eingang* der Schaltung, so kann man die dort liegende Spannung als *Eingangssignal* ansehen. Die Stelle zwischen Kollektor und Kollektorwiderstand wollen wir als *Ausgang* der Schaltung ansehen; dann ist der dort vorliegende Spannungszustand das *Ausgangssignal.* Der negative Batteriepol möge stets als Masse und damit als Bezugsniveau der

Eingangssignal

Ausgangssignal

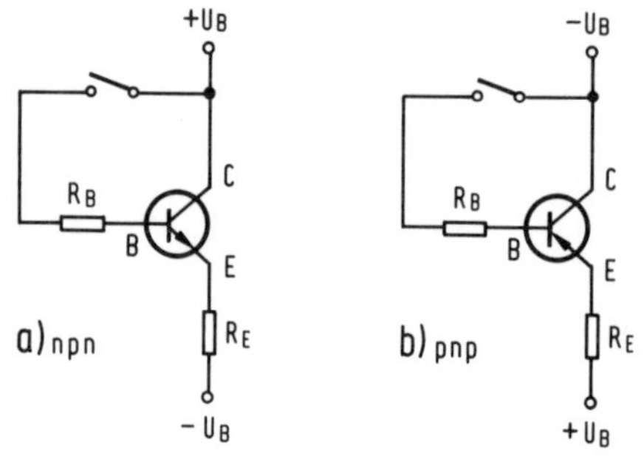

Abb. 2.2/7 Transistor mit Emitterwiderstand

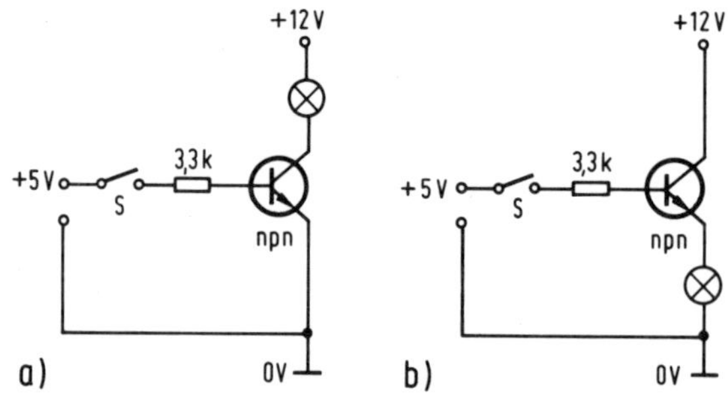

Abb. 2.2/8 npn-Transistor mit zwei Spannungsquellen

Spannungen gelten. Nach Abb. 2.2/6 liegt in beiden Fällen (a und b) eine Signalumkehr vor: Die Verhältnisse an Basis und Kollektor gestalten sich immer gegensätzlich, und deshalb kann man bei dieser Schaltung von einer *invertierenden* (umkehrenden) Wirkung des Transistors sprechen.

Invertierende Wirkung des Transistors

Nun läßt sich die bisherige Schaltung aber auch so abwandeln, daß man den Widerstand zwischen Kollektor und Batteriepol wegnimmt und ihn stattdessen an den Emitter setzt. Die dann entstehenden Schaltungsmöglichkeiten zeigt *Abb. 2.2/7.* Sperrt der npn-Transistor, so ist sein Emitter negativ; schaltet er durch, so wechselt dort das Potential, denn auf der Diodenstrecke des Transistors fließen positive Ladungen zum Emitter, und die Batteriespannung fällt praktisch in ihrer ganzen Höhe über R_E ab. Beim pnp-Transistor liegen die Verhältnisse umgekehrt. Wenn er sperrt, ist sein Emitter positiv; schaltet er durch, so wird der Emitter negativ, und die Batteriespannung fällt über R_E ab. Bei dieser Schaltung liegt keine Signalumkehr vor. Positives Potential an der Basis des npn-Typs bewirkt positives Potential am Emitter; negatives Potential an der Basis des pnp-Typs bewirkt negatives Potential am Emitter. Beide Transistoren wirken

„nicht-invertierend“, wobei der Ausgang der Schaltung zwischen Emitter und R_E liegt.

In all diesen Fällen geht es immer wieder darum, ein Ausgangsverhalten des Transistors durch das entsprechende Eingangssignal zu steuern, ganz gleich, ob es auf invertierende oder nicht-invertierende Weise geschieht. In der Modellbahnpraxis kann das so aussehen, daß da zunächst eine sinnreiche Elektronik-Schaltung irgendwelche Daten verarbeitet, um dann schließlich etwas auf dem Anlagentisch zu bewirken, z.B. ein Lichtsignal von *Halt* auf *Freie Fahrt* umzustellen. Die Elektronik möge dabei die Basis eines Transistors ansteuern, der seinerseits eine Glühbirne des Signals schaltet. Bisher haben wir den Transistor nur unter Verwendung einer einzigen Betriebsspannung betrachtet. Das wird jetzt anders, denn wir wollen annehmen, daß die Elektronik mit 5 V versorgt wird, die Signalglühbirne jedoch mit 12 V (jeweils Gleichspannung!). Dann entstehen Verhältnisse, die wir besonders untersuchen müssen; sie können nämlich sehr verschieden ausfallen, je nach der Schaltungsart des Transistors.

Beginnen wir mit *Abb. 2.2/8a.* Der Schalter S soll die Steuerelektronik verkörpern; wird er geschlossen, so liegen + 5 V an der Basis des Transistors; er schaltet durch, und die Glühbirne brennt. Sie entspricht dem Kollektorwiderstand Rc. Das ist alles sehr einfach und problemlos.

Aber nun könnte jemand auf die Idee kommen, die Glühbirne gemäß *Abb. 2.2/8b* an den Emitter zu setzen, indem er sich überlegt, daß sie bei durchschaltendem Transistor ebenfalls aufleuchten muß, weil dann die Diodenstrecke ja leitend wird und ein Strom vom Pol +12 V zur Masse fließt. Gesagt, getan: S wird geschlossen, aber die Signalbirne bleibt – allen Erwartungen zum Trotz – dunkel! Dabei ist doch, wie vorhin, die Basis des npn-Transistors positiv gegenüber dem Emitter, er müßte doch durchschalten –: was ist los? Probehalber nehmen wir ein Voltmeter zur Hand und kontrollieren die Spannung zwischen Emitter und Masse, also die Spannung, die über der Glühbirne liegt. Schalter S offen: keine Spannung. Das ist klar, denn noch sperrt der Transistor. Schalter S geschlossen: das Voltmeter zeigt ganze 5 V, also die Spannung an, die an der Basis liegt, und nicht mehr. Mit 5 V kann allerdings die Signalglühbirne noch nicht aufleuchten, aber warum bloß 5 und nicht 12 Volt? Der Transistor ist völlig in Ordnung, nur die Überlegung zu Abb. 2.2/8b hat nicht gestimmt. Warum nicht? **Was stimmt hier nicht?**

Doch ehe wir nach einer Antwort suchen, probieren wir das Ganze noch einmal mit einem pnp-Transistor durch. Zunächst soll das gemäß *Abb. 2.2/9a* geschehen. S ist geöffnet; die Glühbirne brennt nicht. S wird geschlossen: Sie leuchtet auf, und das war wohl auch zu erwarten, denn + 5 V sind negativ gegenüber + 12 V. Nun setzen wir die Birne an den Emitter

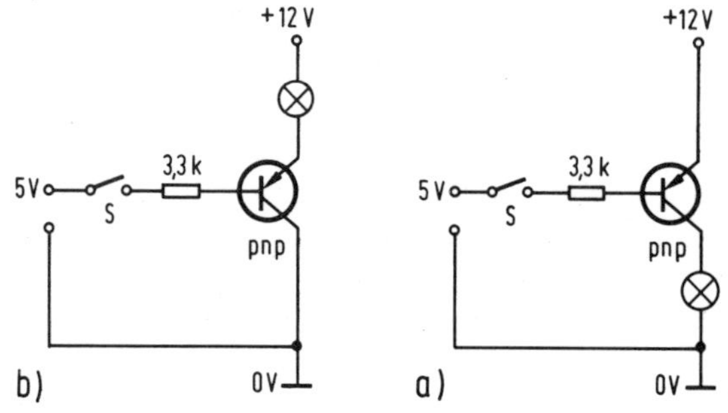

Abb. 2.2/9 pnp-Transistor mit zwei Spannungsquellen

(Abb. 2.2/9b). S ist geöffnet: sie bleibt dunkel. S wird geschlossen; nun glimmt sie gerade ein bißchen, und wenn wir die über ihr liegende Spannung messen, ergeben sich etwa 7 V. Auch das ist seltsam, denn eigentlich soll man mehr erwarten. Abermals war doch die Basisspannung mit + 5 V geringer als die Spannung am Emitter, also sozusagen negativ, und dann müßte doch ein pnp-Transistor durchschalten. Das tat er zwar auch, aber eben *zu wenig.* Die Glühbirne bekam nur 12–5 = 7 V ab. Warum?

Hier zeigt sich, daß unsere bisherigen Ausführungen zum Schaltverhalten eines Transistors noch nicht ausreichend waren. Wir müssen einiges hinzufügen, und wenn das auch ein wenig *theoretisch* wirkt: Auch der Modellbahnelektroniker kommt um diese Theorie nicht herum. Wir wollen ihr daher ein eigenes Kapitel widmen. Wer es jedoch ganz eilig hat: Er möge dieses Kapitel getrost überschlagen und erst dann darauf zurückkommen, wenn er mit seinem Transistor-Latein einmal am Ende ist. Sofern er sich häufiger mit Transistoren beschäftigt, wird das bestimmt sehr bald der Fall sein!

2.2.1 Der Transistor als Verstärker

Jetzt geht's los mit der Theorie

Bei allen bisherigen Schaltungen haben wir am Transistor nur zwei Zustände unterschieden: Entweder er sperrt, oder er schaltet durch (AUS – EIN). Der Transistor kann also als Schalter fungieren, und in diesem Sinne wird er bei der Modellbahnelektronik zumeist eingesetzt. Um einen Ausdruck aufzugreifen, den wir schon von früher her kennen (1.1): er dient als digitales (binäres) Schaltelement. Aber er kann noch mehr, er kann auch verstärken, und auf welche Weise er das tut, wollen wir jetzt besprechen. Wir kommen damit von der digitalen Verwendung des Transistors in den anderen Teil der Elektronik: zu *analogen* Techniken.

Steuerstromkreis und Arbeitsstromkreis

Grundsätzlich ist bei einem Transistor ein *Steuerstromkreis* und ein *Arbeitsstromkreis* zu unterscheiden. Im Steuerstromkreis liegt der Signaleingang, im Arbeitsstromkreis der Signalausgang. Die beiden Stromkreise können durchaus verschiedene Spannungsquellen haben, aber sie müssen doch auf ein gemeinsames Grundpotential bezogen sein. Das wäre nach den letzten Schaltungsbeispielen aus 2.2 das Nullniveau der Masse.

Aber ganz so einfach muß es nicht immer sein, und die Schwierigkeiten am Ende des vorigen Kapitels ergaben sich daraus, daß dort die Grundschaltungen eines Transistors nicht klar auseinandergehalten wurden. Ihnen müssen wir uns daher zunächst zuwenden.

Ein Transistor hat zwar drei Anschlüsse, aber Signaleingang und Signalausgang benutzen jeweils einen Anschluß gemeinsam; nur deshalb kann man sie vergleichen bzw. aufeinander beziehen. Nun gibt es drei prinzipielle Bezugsmöglichkeiten: Entweder ist für Eingang und Ausgang der Emitter gemeinsam oder der Kollektor oder die Basis. Dementsprechend gibt es drei Grundschaltungen für Transistoren. Sie sind in der folgenden Tabelle zusammengestellt *(Abb. 2.2.1/1)*.

Diese drei Grundschaltungen haben sehr verschiedene Eigenschaften, und wir wollen wenigstens auf zwei Schaltungsformen eingehen. Die Basisschaltung können wir hier weglassen; sie spielt in der Modellbahnelektronik kaum eine Rolle und interessiert mehr die Funktechniker. Bleiben also die Emitter- und die Kollektor-Grundschaltung.

Abb. 2.2.1/1 Grundschaltung von Transistoren
Die Schaltung wird jeweils nach dem Anschluß benannt, der mit Masse verbunden ist oder an dem kein Signal eingegeben bzw. abgenommen wird

Schaltung npn	Schaltung pnp	gemeinsamer Anschluß	Signaleingang	Signalausgang
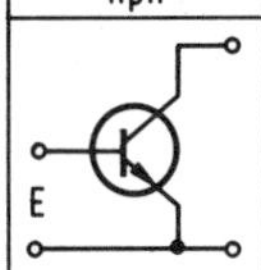	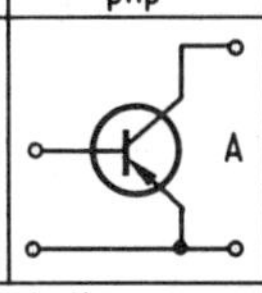	Emitter	Basis	Kollektor
Emitterschaltung				
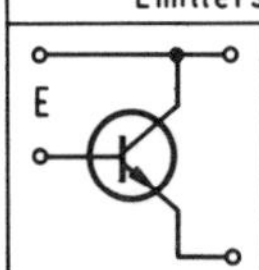	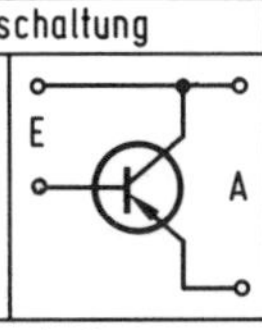	Kollektor	Basis	Emitter
Kollektorschaltung				
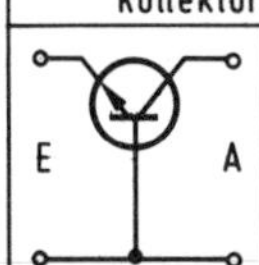	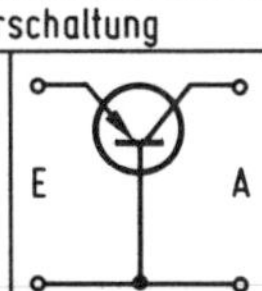	Basis	Emitter	Kollektor
Basisschaltung				

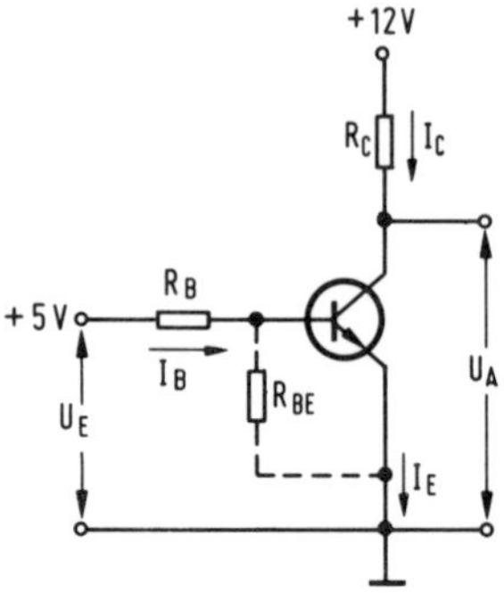

Abb. 2.2.1/2 npn-Transistor in Emitterschaltung

Beginnen wir mit der Emitterschaltung. Wir haben sie schon benutzt (z.B. in Abb. 2.2/6, Abb. 2.2/8a, Abb. 2.2/9a). Dabei ging es zunächst um die Spannungsverhältnisse; von den Strömen haben wir nicht geredet, doch auf die kommt es bei Transistoren in erster Linie an. Drei Ströme sind zu unterscheiden (vgl. *Abb. 2.2.1/2*):

der Basisstrom I_B,
der Kollektorstrom I_C
und der Emitterstrom I_E.

Ihre Richtungen wollen wir wieder im technischen Sinne verstehen (von Plus nach Minus); ihre Stärken hängen von der äußeren Beschaltung des Transistors ab, also von dem Basiswiderstand R_B, dem Kollektorwiderstand R_C und dem Emitterwiderstand R_E (er fehlt in Abb. 2.2.1/2). Außerdem ist noch die Diodenstrecke zwischen Basis und Emitter zu berücksichtigen; zu ihr gehört der im Inneren des Transistors liegende Widerstand R_{BE}, der in Abb. 2.2.1/2 angedeutet ist. Bei pnp-Transistoren sind die Spannungsvorzeichen natürlich umzukehren.

Stromverstärkung des Transistors

Der Basisstrom wird durch R_B sehr klein gehalten; seine Stärke liegt meist im Bereich von μA (Mikroampere). Dagegen kann I_C sehr viel größer sein; im Transistor steuert der geringe Basisstrom den großen Kollektorstrom. Insofern liegt hier eine *Stromverstärkung* vor, die von dem verwendeten Transistortyp abhängt. Für diese Verstärkung gilt

$$B = \frac{I_C}{I_B} \quad , \qquad (1)$$

d.h. die Stromverstärkung eines Transistors ergibt sich aus dem Verhältnis von Kollektorstromstärke zur Basisstromstärke. Für B können Werte zwischen 100 und 900 auftreten (vgl. Kap. 2.2.2). Der Emitterstrom ergibt

sich daraus, daß im Transistor der Basis- und der Kollektorstrom zusammenfließen, also

$$I_E = I_B + I_C \,. \tag{2}$$

Der Widerstand R_{BE} im Transistor ist so klein, daß er gegenüber R_B kaum ins Gewicht fällt und vernachlässigt werden kann ($R_{BE} \ll R_B$); daraus ergibt sich mit guter Annäherung, daß $I_E \approx I_C$ ist. Das gilt besonders für Verstärkungen über B = 100.

Wie groß der Basisstrom ist, läßt sich unter dieser Bedingung leicht errechnen. Er fließt gemäß Abb. 2.2.1/2 von $+U_E$ zur Masse, so daß die Spannung U_E praktisch allein über R_B abfällt. Dann gilt nach dem Ohmschen Gesetz:

$$I_B = \frac{U_E}{R_B} \,. \tag{3}$$

Bei einer Eingangsspannung von + 5 V und einem Basis-Widerstand von 5,6 kΩ wäre also

$$I_B = \frac{5}{5{,}6 \cdot 10^3} \approx 0{,}9 \cdot 10^{-3}\ \text{A} = 0{,}9\ \text{mA} = 900\ \mu\text{A}.$$

Wollte man den Widerstand R_{BE} mit berücksichtigen, so müßte man natürlich rechnen:

$$I_B = \frac{U_E}{R_B + R_{BE}} \quad \text{oder} \quad I_B = \frac{U_E - U_{BE}}{R_B} \,. \tag{4}$$

Ist z.B. U_{BE} = 0,7 V, so ergibt sich mit den obigen Werten für U_E und R_B die Stromstärke I_B zu 0,77 mA.

Für den Kollektorstrom gilt, daß

$$I_C = B \cdot I_B \tag{5}$$

ist (vgl. Gl. 1). Dieser Strom fließt durch R_C und erzeugt dort einen Spannungsabfall:

$$U_{RC} = I_C \cdot R_C = B \cdot I_B \cdot R_C \,.$$

Wenn man z.B. R_C = 220 Ω wählt und I_B nach der vorigen Rechnung 0,9 mA betrug, so ergibt das mit einem Verstärkungsfaktor B = 200:

$$U_{RC} = 200 \cdot 0{,}9\ \text{mA} \cdot 200\ \Omega = 36\ \text{V}.$$

Das ist natürlich Unsinn, denn sofern die Batteriespannung $U_B = 9$ V ist, kann eine so hohe Spannung am Kollektorwiderstand überhaupt nicht auftreten. Ihre obere Grenze ist durch die Betriebsspannung U_B vorgegeben, und wenn Verhältnisse wie in unserem Zahlenbeispiel vorliegen, so ist der Transistor hoffnungslos übersteuert. Seine Verstärkung wird gar nicht ausgenutzt, d.h. der Faktor B = 200 darf hier nicht eingesetzt werden.

Arbeitspunkt

Er hat nur einen Sinn, wenn man den Basisstrom erheblich kleiner macht; erst dann kann der Transistor richtig verstärken, und das heißt, er muß einen *Arbeitspunkt* erhalten.

Was darunter zu verstehen ist, soll eine Versuchsschaltung nach *Abb. 2.2.1/3* erläutern. Die Basis liegt jetzt an einem Spannungsteiler R1/R2; es kann sich auch um ein Potentiometer handeln. In Abb. 2.2.1/3 ist R1 veränderlich (maximal 100 kΩ); R2 = 33 kΩ. Um den Strom im Arbeitsstromkreis kontrollieren zu können, wird eine geeignete Glühbirne als Kollektorwiderstand verwendet. Zunächst sei R1 = 100 kΩ. Dann ist die Basis schwach positiv gegenüber dem Emitter *vorgespannt;* es fließt ein geringer Basisstrom (ca. 90 μA). Er wird durch den Transistor verstärkt, aber der Strom, der nun durch die Glühbirne fließt, reicht nicht aus, sie zum Leuchten zu bringen. Verringert man allmählich R1, so beginnt die Glühbirne bei $I_B = 150$ μA zu glimmen, und bei noch kleinerem R1 ($I_B = 500$ μA) leuchtet sie hell. Mißt man ständig die Stromstärken für I_C, so erhält man Werte zwischen 50 und 150 mA.

Was hier geschehen ist, läßt sich am besten mit Hilfe eines Schaubildes darstellen. Auf der einen Achse wird waagerecht die Stärke des Basisstromes eingetragen (am besten in μA). Auf der senkrechten Achse stehen die Werte für I_C (in mA). Nun läßt sich eine ganze Meßreihe aufnehmen: immer I_C in Abhängigkeit von I_B, und das ergibt eine Kurve, die man als *Kennlinie* des Transistors bezeichnet. Sie steigt zunächst schwach, dann steiler an, geht ein gerades Stück schräg hinauf und biegt schließlich in eine waagerechte Parallele zur Achse von I_B um. Damit zeigt sich schon: Von einer gewissen Grenze an kann man I_B steigern, so weit man will; I_C wächst nicht mehr. Dann ist der Transistor übersteuert. Aber in der Mitte des schrägen Kennlinienstücks liegt ein Punkt A, für den die Verstärkungsverhältnisse des Transistors am günstigsten sind. Kleine Änderungen von I_B bewirken dort große Änderungen von I_C (man bezeichnet solche Änderungen mit dem griechischen Buchstaben Delta = Δ), und für die Umgebung dieses „Arbeitspunktes" A gilt:

$$\Delta I_C = B \cdot \Delta I_B \,. \qquad (6)$$

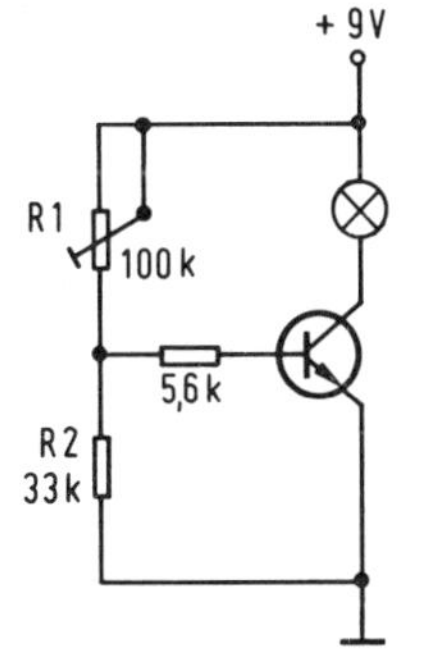

Abb. 2.2.1/3 Schaltung zur Festlegung des Arbeitspunktes

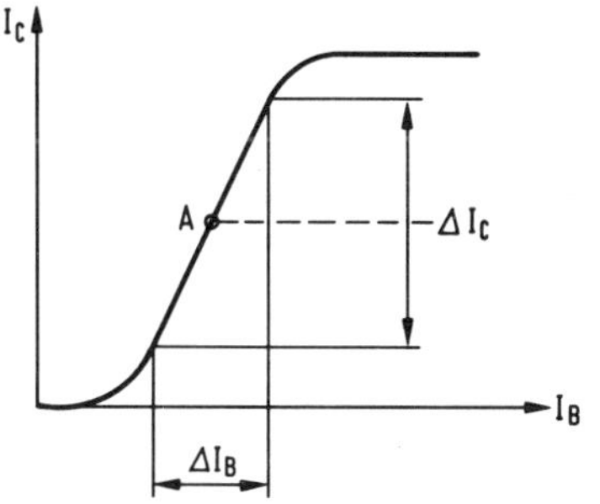

Abb. 2.2.1/4 Kennlinie eines Transistors

Natürlich muß, weil $U_{RC} = R_C \cdot I_C$ ist, mit wachsendem Kollektorstrom auch die Spannung am Kollektorwiderstand wachsen. Gehen wir noch einmal zurück zu Abb. 2.2.1/1, so ergibt sich gemäß $U_B = U_{RC} + U_A$, daß bei steigenden Werten von U_{RC} die Werte der Ausgangsspannung U_A abnehmen müssen, denn U_B ist ja konstant. Das erklärt die invertierende Wirkung des Transistors in dieser Schaltung: Fachleute sprechen von einer *Phasenumkehr* zwischen U_E und U_A.

Bleiben wir aber bei der Spannung am Kollektorwiderstand, so ergibt sich für sie genauso wie für die Stärke von I_C, daß beide gegenüber Änderungen von U_E bzw. I_B wesentlich verstärkte Schwankungen aufweisen. Der Transistor in Emitterschaltung verstärkt also beides, Spannung und Strom, und da das Produkt $U \cdot I$ als *Leistung* bezeichnet wird, können wir auch zusammenfassend von einer Leistungsverstärkung sprechen.

Und schließlich: Da nach Gl. 6 die Stromstärkenänderung ΔI_C und ΔI_B einander proportional sind, handelt es sich um *analoge* Größen. Im geradlinigen Bereich seiner Kennlinie erweist sich der Transistor als Analogverstärker. Das gilt übrigens auch für den pnp-Typ, wobei nur die Polungsverhältnisse der Betriebsspannung umzukehren sind.

Soviel zur Emitterschaltung. Nun können wir uns der zweiten Grundschaltung von Transistoren widmen, der Kollektorschaltung, und dabei erinnern wir uns der Probleme, die es am Schluß des vorigen Kapitels mit ihr gab (vgl. Abb. 2.2/9 b).

Kollektorschaltung

Bei der Kollektorschaltung ist der Kollektor gemeinsamer Anschluß für die Eingangs- und Ausgangssignale; der bestimmende Widerstand für den Arbeitsstromkreis liegt zwischen Emitter und Masse. Darauf

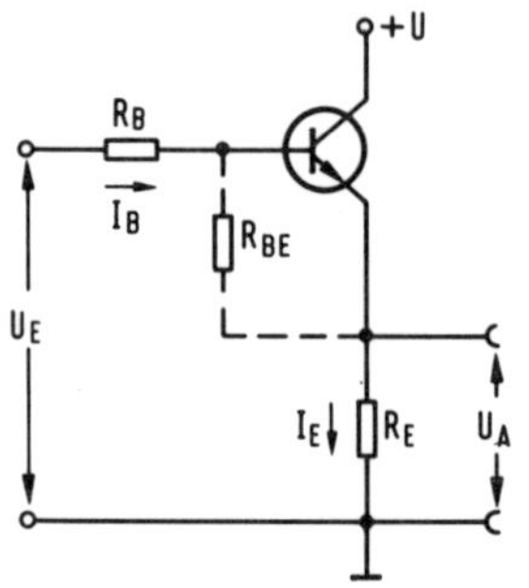

Abb. 2.2.1/5 Kollektorschaltung (Emitterfolger)

kommt es vor allem an. Das Eingangssignal kommt wieder an die Basis, das Ausgangssignal wird am Emitter abgenommen. Vergleicht man das noch einmal mit der Emitterschaltung, so kann man auch sagen: Dort war der Emitter mit der Masse verbunden; an ihm konnte kein Signal abgenommen werden. Jetzt ist der Kollektor derjenige Anschluß, an dem kein Signal erscheint, und deshalb: Kollektorschaltung. Wenn man die Bezeichnungen der Transistor-Grundschaltungen so versteht, lassen sich Eingangs- und Ausgangsspannungen immer auf Masse beziehen, und das ist für ihre Festlegung bei der Kollektorschaltung praktischer, als wenn man sie gegen das Potential des Kollektors mißt (was auch durchaus möglich wäre).

Betrachten wir nun *Abb. 2.2.1/5.* Die Ausgangsspannung U_A hängt von dem Strom ab, der durch den Emitterwiderstand fließt, also:

$$U_A = R_E \cdot I_E \,.$$

Andererseits besteht aber ein Zusammenhang zwischen der Ausgangs- und der Eingangsspannung, denn die Eingangsspannung U_E fällt über insgesamt drei Widerstände ab: den Basiswiderstand R_B, den Widerstand der Diodenstrecke zwischen Basis und Emitter (R_{BE}, in der Zeichnung extra neben den Transistor gelegt) und den Emitterwiderstand R_E. Dabei ist zwar R_{BE} sehr klein gegen R_B, aber trotzdem gilt:

$$U_E = U_{RB} + U_{R_{BE}} + U_A \,.$$

Anders geschrieben:

$$U_A = U_E - (U_{R_{BE}} + I_B \cdot R_B).$$

Das zeigt nun ganz deutlich: Die Ausgangsspannung U_A ist um den Betrag der Teilspannungen $U_{R_{BE}}$ und U_{RB} kleiner als die Eingangsspannung U_E! Damit erklärt sich die auf den ersten Blick hin verblüffende Tatsache, daß es bei dieser Schaltung keine Spannungsverstärkung gibt, sondern im Gegenteil die Ausgangsspannung kleiner wird als die Eingangsspannung. Allerdings muß diese Verminderung nicht sehr ins Gewicht fallen. Denn da durch R_B nur ein sehr geringer Strom fließt, wird auch U_{R_B} recht klein, und die Spannung $U_{R_{BE}}$ ist auch minimal. Im ganzen kann man damit rechnen, daß bei der Kollektorschaltung gilt:

$$\frac{U_A}{U_E} \approx 1.$$

Das entspricht den Versuchsergebnissen des vorigen Kapitels.

Was aber bei der Kollektorschaltung tatsächlich verstärkt wird, ist der Strom. Den Eingangswiderstand R_B wird man im allgemeinen sehr hoch wählen, denn es genügen schon minimale Ströme zur Basis hin (im Bereich von Mikroampere), um den Transistor anzusteuern; der Schaltungseingang ist also *hochohmig*. Dagegen kann der Schaltungsausgang niederohmig sein. Das betrifft nicht den Wert von R_E. Für den Emitterwiderstand kann man sogar ziemlich hohe Werte (z.B. 4,7 kΩ) einsetzen. Worauf es ankommt ist, daß sich an den Ausgang der Schaltung irgendein *Verbraucher* (Lastwiderstand) anschließen läßt, durch den dann bei geöffnetem Transistor ein Arbeitsstrom von + U_B aus fließt. Weil also auf die Kollektorschaltung eines Transistors noch etwas folgen kann, wird sie auch häufig als *Emitterfolger* bezeichnet. Wir werden davon noch Gebrauch machen. **Emitterfolger**

Selbstverständlich läßt sich ein Emitterfolger auch mit einem pnp-Transistor bilden. Dann sind lediglich die Spannungszeichen umzukehren, d.h. Plus und Minus zu vertauschen. Und außerdem wird man im allgemeinen den Emitterfolger so betreiben, daß sein Arbeitspunkt durch eine Widerstandskombination vor der Basis festgelegt ist. In dieser Hinsicht braucht man sich nur noch einmal die Schaltbilder für die Emitterschaltung anzusehen. Nur eins darf man nicht tun: den Emitterfolger mit der Emitterschaltung verwechseln. Beides sind grundverschiedene Schaltungsformen.

2.2.2 Transistortypen

Nach der vielen Theorie aus dem vorigen Abschnitt wollen wir nun wieder zur Praxis kommen. Wer mit Transistoren arbeiten will, hat die Auswahl

Typ	Material	Schichten	I_c	P	Bildnummer
BC 107	Si	N	100	300	1
BC 108	Si	N	100	300	1
BC 109	Si	N	100	300	1
BC 177	Si	P	100	300	1
BC 238	Si	N	100	300	2
BC 308	Si	P	100	280	2
BC 338	Si	N	800	625	2
BC 549	Si	N	100	500	2
AC 153 K	Ge	P	2000	1000	3
BD 135	Si	N	1500	12500	4
BD 241	Si	N	3000	40000	5
2 N 1613	Si	N	500	800	6
2 N 1711	Si	N	500	800	6
2 N 3055	Si	N	15000	115000	7
2 N 3553	Si	N	1000	7000	6
AD 149	Ge	P	3500	27500	7

K: mit Kühlkörper

Abb. 2.2.2/1 Liste einiger gebräuchlicher Transistortypen (I in mA, P in mW)

Kennzeichnung von Transistoren

unter einer verwirrenden Anzahl von Typen: es gibt Hunderte davon! Aber andererseits vereinfacht die Kennzeichnung, die zu jedem Transistor gehört, eine Entscheidung.

Je nach dem Halbleitermaterial unterscheidet man Germanium- und Silizium-Transistoren (Ge bzw. Si). Mit den Ge-Typen wird heute nur noch wenig gearbeitet, denn sie haben einen Nachteil. Auch bei sperrenden Transistoren gibt es einen – wenngleich verschwindend geringen – Reststrom, der durch die Diodenstrecke fließt. Bei Siliziumtransistoren kann man ihn vernachlässigen, aber bei Germaniumtransistoren wächst er mit der Temperatur stark an, und dann muß man besondere Maßnahmen ergreifen, um ihn zu unterdrücken. Bei den Typenbezeichnungen steht im Falle der Ge-Transistoren am Anfang der Kennummern ein A, bei Si-Typen ein B; das gilt jedoch nicht für Transistoren mit amerikanischen Benennungen, deren Bezeichnung mit 2 N . . . anfängt und keine besonderen Angaben enthält.

Zweitens kommt es darauf an, ob ein Transistor zu den npn- oder zu den pnp-Typen gehört. In der Tabelle von *Abb. 2.2.2/1* kürzen wir diese Bezeichnungen ab: npn = N; pnp = P. Aus der Kennummer ist der Unterschied leider nicht zu ersehen; es gibt Si-Transistoren, die N-Typen, und

solche, die P-Typen sind; bei den Ge-Transistoren handelt es sich meistens um P-Fälle.

Drittens ist für das Verhalten von Transistoren die Stromverstärkung B wichtig. Hier teilt man in drei Klassen ein, wobei die betreffenden Klassifizierungsbuchstaben A, B und C hinter der Kennummer stehen:

A – Typ: B ≈ 125 . . . 260
B – Typ: B ≈ 240 . . . 500
C – Typ: B ≈ 450 . . . 900.

(Im Falle der amerikanischen Bezeichnungen 2N. . . ist ein Unterschied nicht zu erkennen.) Die Spannungsverstärkung wird nie angegeben, da sie ohnehin von der äußeren Beschaltung abhängt.

Belastbarkeit von Transistoren

Viertens ist es wichtig, daß man über die Belastbarkeit von Transistoren Bescheid weiß. Das betrifft einmal die maximale Stromstärke I_C (in mA), die für die Emitter-Kollektorstrecke zulässig ist, und außerdem die maximale Leistung (P in mW), die ein Transistor verkraften kann. Je nach den Bereichen, in die man dabei kommt, unterscheidet man Transistoren für kleine, mittlere und große Leistungen; die letzteren werden extra als *Leistungstransistoren* bezeichnet. Auf weitere Typenunterschiede wollen wir hier nicht im einzelnen eingehen. So gibt es Transistoren, die sich für die Verstärkung niederfrequenter Wechselströme eignen (NF bis zu ca. 20 000 Hz); andere sind für Hochfrequenztechnik ausgelegt; es gibt reine Schalttransistoren usw. Welchem Zweck ein Transistor zugedacht ist, ergibt sich aus dem zweiten Buchstaben seiner Kennzeichnung, z.B.:

C = NF-Transistor
D = NF-Leistungstransistor
F = HF-Transistor
L = HF-Leistungstransistor
S = Transistor für Schalteranwendung
U = Leistungs-Schalttransistor

Ein Transistor mit der Typenbezeichnung BC 107 B wäre demnach ein Siliziumtransistor, der für die Anwendung bei Schaltungen geeignet ist, in denen niederfrequente Schwingungen verstärkt werden sollen; der Verstärkungsfaktor liegt dabei im Bereich zwischen 240 und 500. Allerdings besagt das nicht, daß man nicht denselben Typ auch als reinen Schalttransistor verwenden könnte; meistens wird er sogar in diesem Sinne eingesetzt. Ohnehin muß man sich nicht zu eng an eine einzige Typenbezeichnung halten. Wird z.B. für eine Bauanleitung der Elektronik ein bestimmter Transistor angegeben, dessen Beschaffung Schwierigkeiten bereitet, so ist es durchaus möglich, an seiner Stelle einen Ersatztransistor einzusetzen, der ihm im wesentlichen entspricht. So kann man statt des BC 107 B auch den ganz

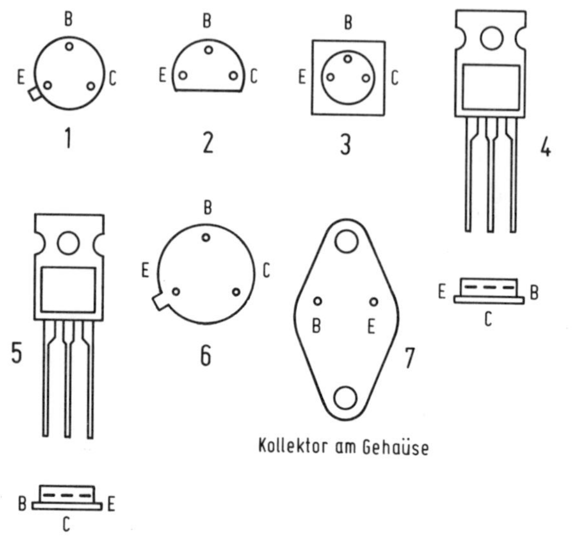

Abb. 2.2.2/2 Sockelbilder einiger Transistoren

ähnlichen BC 108 B nehmen oder den BC 238 B. Hier hilft eventuell der Rat eines Fachhändlers oder ein Blick in die Datentabelle.

Bei Transistoren gibt es verschiedene Gehäuse- und Sockelformen. Die wichtigsten sind in *Abb. 2.2.2/2* zusammengestellt (alle von unten gesehen). Ist damit zu rechnen, daß ein Transistor im Betrieb zu heiß wird, so muß man ihn kühlen. Das kann bei kleineren Typen durch einen Kühlstern aus Metall geschehen, dessen abstehende Flügel überschüssige Wärme an die Umgebung abgeben. Bei größeren Leistungstransistoren muß man den Sockel auf ein Kühlblech aufschrauben. Und beim Einlöten von Transistoren sollte man sehr darauf achten, daß der Lötvorgang nicht zu lange dauert; eine Sekunde pro Lötstelle ist das Maximum.

Wer nähere Angaben über Transistoren braucht, kann sie aus diversen Tabellenwerken entnehmen (z.B. aus den Datenbüchern des ECA-Verlages). In manchen Fällen gibt es auch einzelne Datenblätter von den Lieferfirmen.

Eine besondere Familie von Transistoren: FET's

Nur der Vollständigkeit halber sei noch erwähnt, daß es neben den Normaltransistoren, die wir besprochen haben und in der Modellbahnelektronik verwenden wollen, auch noch eine besondere Familie von Transistoren gibt: die FET's. Ausführlich heißen sie *Feldeffekttransistoren* und arbeiten mit Hilfe elektrischer Felder in ihrem Inneren, aber auf deren Theorie können wir hier nicht eingehen. Ein FET hat zwar auch drei Anschlüsse, aber sie haben besondere Namen: SOURCE (Quelle), DRAIN (Abfluß) und GATE

(Tor). Im FET gibt es nur eine Richtung des Ladungsflusses; deshalb heißen solche Transistoren *unipolar,* während wir bei den normalen bipolaren Transistoren sowohl vom Fluß positiver als auch negativer Ladungen ausgehen können. Kennzeichnend für FET's ist, daß sie extrem niedrige Steuerströme benötigen bzw. sehr hohe Eingangswiderstände besitzen. Und dann gibt es noch die MOS-FET's, aber auf sie wollen wir gar nicht mehr eingehen und überlassen es dem Leser, sich bei Interesse aus speziellen Elektronikbüchern zu informieren.

2.3 Darlington-Verstärker

Kombination von Transistoren

In 2.2.1 wurde gezeigt, wie ein Transistor als Verstärker verwendet werden kann: Ein geringer Steuerstrom bestimmt einen wesentlich stärkeren Arbeitsstrom. Damit lassen sich bereits sehr beachtliche Wirkungen erzielen, aber für die Praxis reichen sie oft nicht aus. Da muß man häufig Transistoren miteinander kombinieren, um die erwünschte Stromverstärkung zu erreichen, und das geschieht in sog. Darlington-Verstärkerstufen.

Den einfachsten Fall zeigt *Abb. 2.3/1.* Der erste Transistor T1 ist ein *normaler* Typ, z.B. BC 108 A. Sein Kollektor ist mit dem Kollektor von T2 verbunden; bei T2 handelt es sich um einen Leistungstyp (2 N 3055). Mit dem Emitterstrom von T1 wird die Basis von T2 angesteuert, und vom Emitter des zweiten Transistors geht es an einen Lastwiderstand, etwa einen Gleichstrommotor. Beide Transistoren sind also als *Emitterfolger* geschaltet (Kollektorschaltung). Der Eingang bei der Basis von T1 ist *hochohmig,* der Ausgangswiderstand – nämlich die *Last* – kann demgegenüber sehr *niederohmig* sein (Beispiel: Motor einer Rangierlok im Gleichstrombetrieb: R_L = 30 Ω). Und wenn man wissen will, wie groß bei dieser Schaltung eigentlich die Stromverstärkung ist, so muß man den Verstärkungsfaktor des ersten mit dem des zweiten Transistors multiplizieren; dabei kommt man leicht auf Werte über 10 000! Bei der Schaltung nach Abb. 2.3/1 ergibt sich mit R_V = 220 Ω ein Basisstrom für T1 von etwa 5 μA und ein Ausgangsstrom durch R_L von 400 mA; daraus folgt ein Verstärkungsfaktor von B ≈ 80 000. Die Darlingtonschaltung belastet also eine vorausgehende Steuerstufe so gut wie gar nicht. Für die Praxis ist es übrigens empfehlenswert, vor die Basis von T1 einen Schutzwiderstand zu setzen (Rv), damit die Darlington-Gruppe gegen einen Kurzschluß im Arbeitsstromkreis von T2 gesichert ist.

Die ganze Schaltung ist völlig problemlos und läßt sich leicht nachbauen. Bei dem Leistungstransistor ist allerdings zu beachten, daß er im Dauerbetrieb heiß werden kann. Dann muß man ihn auf ein Kühlblech setzen; seine Abstrahlfläche sollte 100 bis 150 cm^2 groß sein. Viele handelsübliche Kühlbleche haben eine Rippenstruktur (ähnlich gut abstrahlenden Zentralheizungskörpern), und das spart Platz. Am besten bohrt man zwei Löcher in das Blech und schraubt den Sockel des Leistungstransistors mit geeigneten Schrauben fest. Dabei ist darauf zu achten, daß der Metallkörper eines solchen Transistors im allgemeinen direkt mit dem Kollektorpotential verbunden ist; im Fall des 2 N 3055 liegt also das Kühlblech unmittelbar am positiven Pol der Betriebsspannung und muß eventuell gegen andere Bauteile isoliert sein – vor allem gegen Masse!

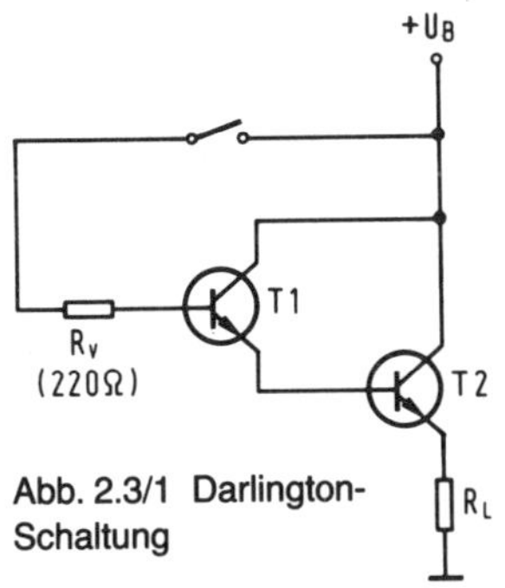

Abb. 2.3/1 Darlington-Schaltung

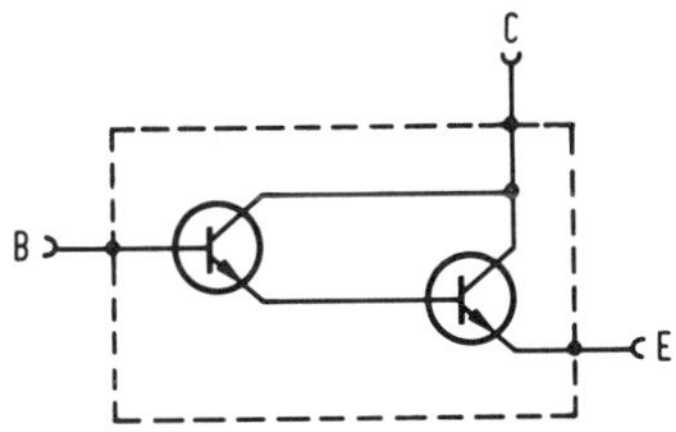

Abb. 2.3/2 Darlington-Schaltung, integriert

Selbstverständlich kann man eine Darlington-Schaltung auch aus pnp-Transistoren aufbauen, z.B. T1 = BC 177, T2 = AD 149 (oder BD 576). Dann muß natürlich die Betriebsspannung umgepolt werden.

Es liegt bei der Einfachheit der Darlingtonschaltung nahe, sie als Einheit zu sehen und zu einem einzigen *Baustein* zusammenzufassen, d.h. zu *integrieren (Abb. 2.3/2).*

Neuer Transistortyp: Der Darlington-Transistor

Das führt dann zu einem neuen Transistortyp, dem Darlington-Transistor. Er hat wie jeder einfache Transistor drei Anschlüsse, Basis, Emitter und Kollektor, und er kann als P- oder als N-Typ geliefert werden. Hier einige Beispiele:

BD 647: Si, npn, I_C = 8 A, P = 62,5 W
(ähnlich BD 643, Bd 645, Bd 649)

BD 677. Si, npn, I_C = 4 A, P = 40 W
(ähnlich BD 675, BD 679).

Diese Darlington-Transistoren müssen auch auf ein Kühlblech montiert werden, wenn man sie im Dauerbetrieb bei höheren Stromstärken einsetzen will. Geht es nur um kurzzeitige Schaltströme, so ist das nicht nötig.

Bisher haben wir den Basis-Eingang der Darlington-Schaltung unmittelbar mit dem positiven Pol der Betriebsspannung verbunden (+ U_B). Das ist aber nicht immer möglich, nämlich dann nicht, wenn die Basis von einer Fremdspannung mit niedrigerer Voltzahl angesteuert wird. So etwas kommt in der Praxis oft vor, und es hat zur Folge, daß die Ausgangsspannung am Emitteranschluß von T2 nicht größer sein kann als die Spannung der Eingangssignale. Da haben wir schon für Emitterfolger im allgemeinen festgestellt, und es gilt auch für die Darlington-Schaltung nach Abb. 2.3/1.

Am einfachsten ist es, in diesem Falle die Darlington-Schaltung nicht als Emitterfolger, sondern in Emitterschaltung zu betreiben *(Abb. 2.3/4).* Das

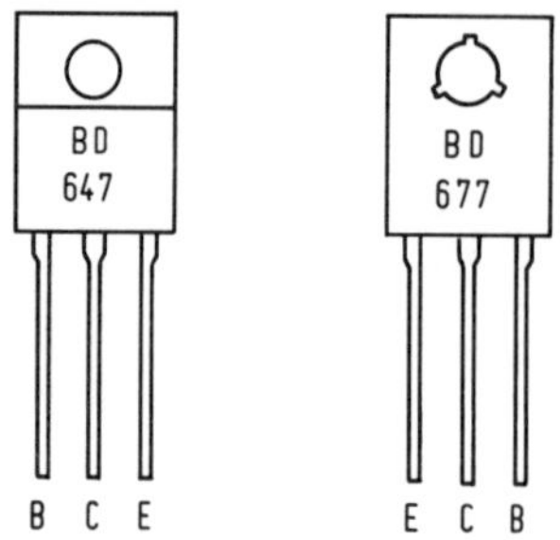

Abb. 2.3/3 Typen von Darlington-Transistoren

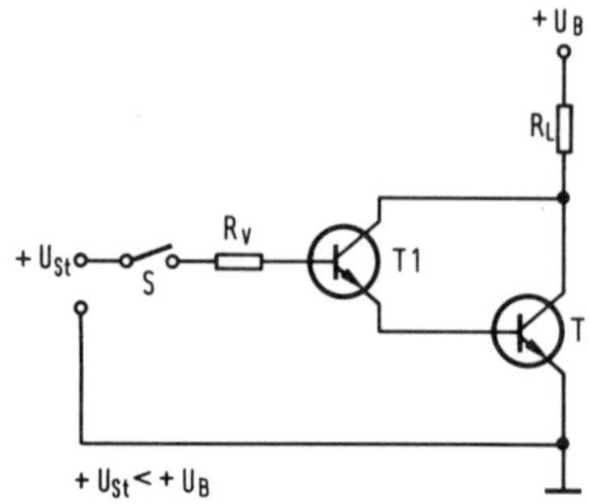

Abb. 2.3/4 Darlington-Gruppe, in Emitterschaltung betrieben

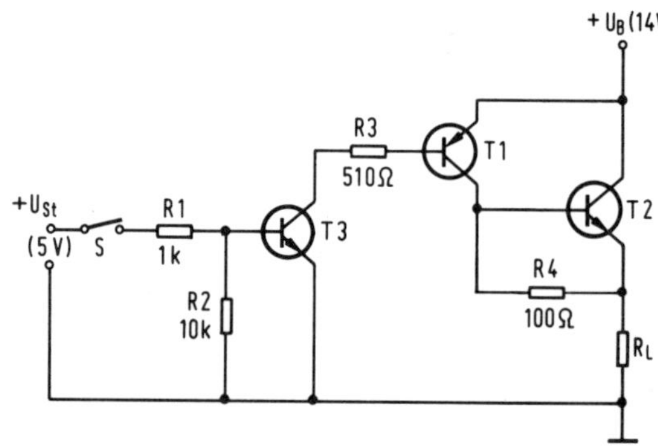

Abb. 2.3/5 Abgewandelte Darlington-Schaltung

ist ohne weiteres möglich; der Lastwiderstand liegt dann zwischen + U_B und den Kollektoren von T1 bzw. T2. Die Spannung wird auf diese Weise genauso verstärkt wie die Stromstärke, d.h. bei durchgeschalteten Transistoren liegt die volle Betriebsspannung am Lastwiderstand R_L. Allerdings ist die Stromverstärkung etwas geringer als bei der Kollektorschaltung.

Schließlich läßt sich die Darlington-Schaltung aber auch auf eine Weise abwandeln, die für T2 die Rolle des Emitterfolgers beibehält *(Abb. 2.3/5)*. T1 dagegen wird durch einen pnp-Transistor ersetzt (z.B. BC 177, BC 308), der nun in Emitterschaltung läuft. Seine Basis wird durch einen zusätzlichen Transistor T3 angesteuert (BC 107, BC 182, BC 238 o.ä.). Ohne die Steuerspannung + U_{St} (ca. + 5 V) ist T3 gesperrt; um sein Basispotential in diesem Falle eindeutig negativ zu halten, ist R2 als Verbindung zur Masse vorgesehen. Sperrt T3, so sperrt auch T1 und damit der Endtransistor T2. Wird dagegen die Steuerspannung angelegt (geschlossener Schalter S), so kann T3 durchschalten. Damit wird die Basis von T1 negativ; T1 schaltet ebenfalls durch und steuert T2 an, der nun Strom durch den Arbeitskreis fließen läßt. Eventuell kann man sogar noch einen Widerstand R4 zwischen Basis und Emitter von T2 setzen (ca. 100 Ω), der einen geringen Teil des Kollektorstromes von T1 aus in den Arbeitsstromkreis führt; das bringt zwar nicht viel, kann aber auch nicht schaden.

2.3.1 Weichenansteuerung

Nach so viel Theorie nun endlich die Praxis

Nachdem wir nun die Darlington-Schaltung nebst Varianten kennengelernt haben, wollen wir sogleich unsere Kenntnisse anzuwenden suchen, und dazu soll uns das Problem der Weichenansteuerung dienen. Natürlich ist das gar kein Problem, wenn eine Weiche mit ihren beiden Spulen im Wechselstromkreis liegt und durch zwei Drucktaster bedient wird. Da ist alles furchtbar einfach (vgl. Abb. 1.2/5). Aber schwieriger wird die Sache schon, sofern die Weiche elektronisch angesteuert werden soll und die elektronischen Schaltkreise mit einer Betriebs-Gleichspannung arbeiten, die z.B. nur 5 V beträgt; so etwas werden wir noch kennenlernen. Für die Weiche ist das zu wenig; sie würde sich nicht rühren, und demnach muß man einen Verstärker einsetzen. Die Darlington-Schaltung ist bestens geeignet dafür.

Betrachten wir einmal *Abb. 2.3.1/1.* Von der Weiche interessiert zunächst nur eine Spule; sie liegt in der Zuleitung zu den Kollektoren der Darlington-Gruppe (Emitterschaltung). Wird der Eingang E an + 5 V gelegt, so schalten die Transistoren durch, und ein Strom fließt über die Weichenspule W zum positiven Pol der Betriebsspannung. Dadurch kann sich die Weiche umstellen. Allerdings handelt es sich nicht um einen Dauerstrom; E wird normalerweise nur einen kurzen Impuls erhalten, so daß auch durch die Weichenspule nur ein Stromstoß geht. Das hat aber eine wichtige Konsequenz. Denn wenn der Schaltimpuls schlagartig aufhört, bricht das Magnetfeld der Weichenspule zusammen und erzeugt so eine Induktionsspannung, die dem aufhörenden Stromfluß entgegengesetzt ist und einen Stromstoß zur Folge haben kann, der im falschen Sinne durch die Transistoren geht; eventuell werden sie dadurch zerstört.

Diesen Stromstoß muß man unschädlich machen, und dazu dient die Diode D. Sie schließt die gefährliche Induktionsspannung kurz, aber für den eigentlichen Schaltstrom liegt sie in Sperrichtung und kann ihn daher nicht beeinträchtigen. Man muß sich also merken: Bei Impulsschaltungen für Weichenspulen stets eine Schutzdiode einbauen!

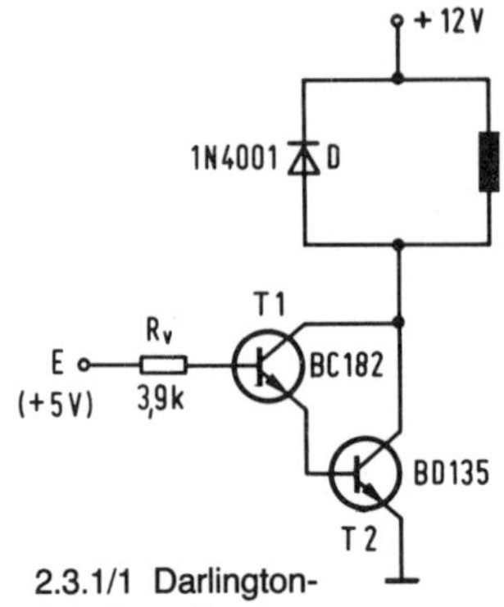

2.3.1/1 Darlington-Schaltung für eine Weichenspule

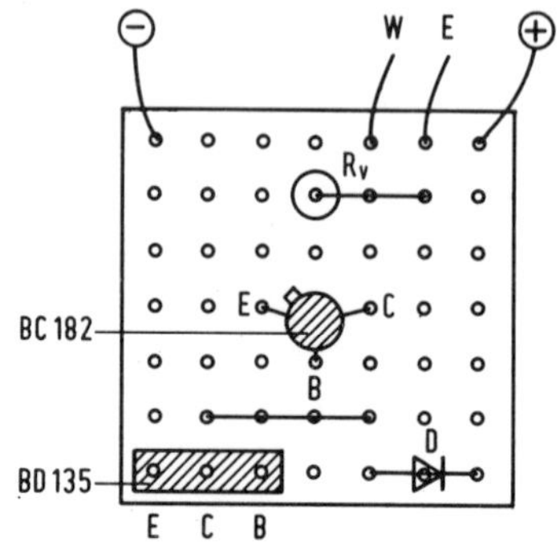

Abb. 2.3.1/2 Platine für die Weichenansteuerung

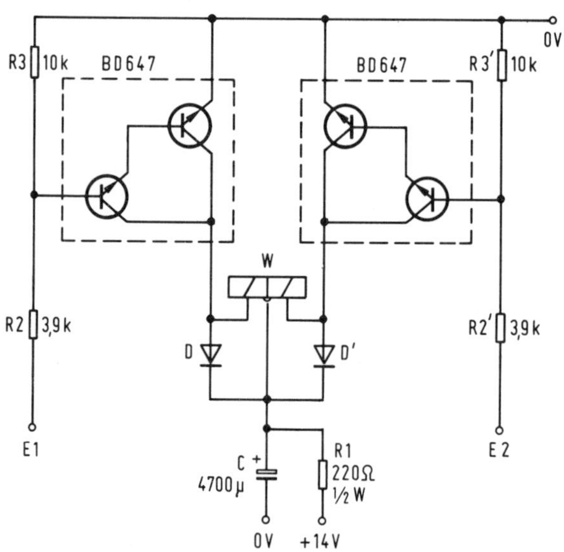

Abb. 2.3.1/3 Energie-Speicher-schaltung für die Ansteuerung einer Weiche

Die *Abb. 2.3.1/2* zeigt zusätzlich, wie sich die Transistoren auf einer Veroboardplatte anlöten lassen. Dabei muß man auf die richtige Lage der Anschlußstifte achten; sie ist bei den einzelnen Transistoren unterschiedlich. In der Abbildung ist für T1 der Typ BC 182 vorgesehen (entspricht im Sockelbild BC 338), für T2 der Leistungstransistor BD 135. Eine besondere Kühlung ist für ihn nicht erforderlich, da man die Weiche nur impulsweise schaltet, und dann können die Transistoren nicht sonderlich heiß werden.

Dauerstrom muß man natürlich ausschließen, zumal er auch den Weichenspulen nicht bekommt. Sollte allerdings aus irgendeinem Grund (z.B. klemmender Drucktaster, fehlende Endabschaltung) der Strom zu lange durch T2 und die Weichenspule fließen, so kann es zu Schäden kommen. Eine ideale Schaltung liegt in Abb. 2.3.1/1 also noch nicht vor.

Es gibt aber auch eine weitere Schwierigkeit. Sie betrifft die Gleichspannungsquelle für den Weichenstrom, denn wenn bei einer Fahrstraße viele Weichen gleichzeitig umspringen sollen, kann das zu einem erheblichen Strombedarf führen, dem nicht jedes Netzgerät gewachsen ist.

Da bewährt sich nun eine Energie-Speicherschaltung, die dafür sorgt, daß jede Weiche genügend Strom bekommt, ohne daß das Netzgerät zu sehr belastet wird. Voraussetzung ist ein Kondensator genügend hoher Kapazität, am besten 4700μF (Spannungsfestigkeit mindesten 25 V). Er wird über einen Widerstand von 100 bis 200 Ω aufgeladen (ca. 14–16 V bei der Spannungsquelle), und damit nimmt er so viel elektrische Energie in sich auf, daß beim Entladen ein genügend hoher Strom entsteht, um eine Weiche zu schalten. Dieser Strom fließt aber nur für einen kurzen Augenblick und kann daher auch nicht die Weichenspulen gefährden; die Energie-Speicherschaltung hat also gleich zwei Vorteile auf einmal!

Zwei Vorteile auf einmal: die Energie-Speicherschaltung

Abb. 2.3.1/3 zeigt die Schaltung für eine einzige Weiche (W). Der Kondensator (auf richtige Polung achten!) lädt sich beim Einschalten der Versorgungsspannung über R1 auf; das geht nicht schlagartig, aber nach gut einer Sekunde ist er so ziemlich voll. Eventuell kann man für R1 auch einen niedrigeren Wert nehmen (z.B. 100 Ω); dann geht das Aufladen etwas schneller. Die positive Seite des Kondensators ist jetzt die Spannungsquelle für die Weichenspulen.

Die Folgeschaltung entspricht Abb. 2.3.1/1, d.h. es liegt wieder ein Darlington-Verstärker vor. Aber diesmal soll er der Einfachheit halber durch den entsprechenden Transistortyp BD 647 (oder ähnlich) gebildet werden. Dadurch spart man einen Extratransistor als Vorstufe; er steckt in dem BD 647 bereits darin. Man muß allerdings auch hier wieder auf die richtige Anordnung der Anschlußstifte achten; Basis und Emitter sind gegenüber dem Typ BD 135 vertauscht. Wird nun ein Eingang E über den Widerstand R2 (bzw. R2') positiv angesteuert (etwa mit + 5 V), so schaltet der Darlington-Transistor durch, der Kondensator kann sich entladen, und es fließt ein kräftiger Strom durch die Weichenspule. Der Widerstand R3 (bzw. R3') soll dafür sorgen, daß ohne Signal der Darlington-Transistor auch wirklich gesperrt ist –: eine reine Vorsichtsmaßnahme. Nicht zu vergessen sind wieder die Schutzdioden D bzw. D' parallel zu den beiden Weichenspulen.

Schutzdioden nicht vergessen!

Hat sich der Kondensator entladen und betätigt man immer noch die Weichenansteuerung, so kann durch die Weichenspulen nur der Strom

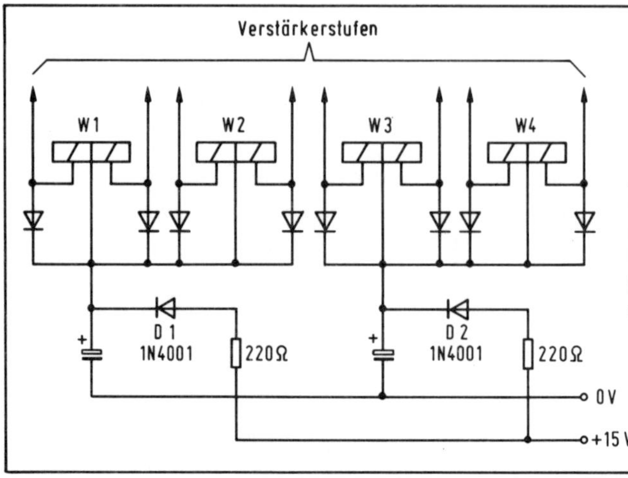

Abb. 2.3.1/4 Mehrfachbenutzung der Kondensatoren zur Energiespeicherung

fließen, der über R1 geht. Er ist so schwach, daß er den Spulen nichts anhaben kann; der Transistor verträgt ihn ohnehin. Läßt man die Weichentaster wieder los, so sperrt der Transistor, und der Kondensator kann sich wieder aufladen.

Abb. 2.3.1/3 ist für zwei Weichenspulen gezeichnet, d.h. für eine Weiche insgesamt mit ihren beiden Einstellmöglichkeiten. Daher sind zwei Darlington-Transistoren nötig, entsprechend den beiden Eingängen E1 und E2. Der Kondensator dagegen ist nur einmal erforderlich, denn ein und dieselbe Weiche wird kaum in Sekundenschnelle zweimal hintereinander umgestellt werden müssen, so daß dem Kondensator nach jedem Schaltvorgang genügend Zeit bleibt, sich wieder aufzuladen.

Hat man es nun mit einer Fahrstraßenschaltung aus vielen Weichen zu tun, so müßte grundsätzlich jeder Weiche eine Ansteuerung gemäß Abb. 2.3.1/3 zugeordnet werden. In der Praxis ist das aber gar nicht erforderlich. Da kann man einen Kondensator auch als Energiespeicher für mehrere Weichen gemeinsam benutzen, nur ist dazu Voraussetzung, daß diese Weichen nicht in ein und derselben Fahrstraße liegen und also nicht sehr schnell hintereinander oder gar gleichzeitig geschaltet werden müssen. Der Entladestrom eines Kondensators reicht nur immer für jeweils eine Weichenspule und darf nicht geteilt werden, sonst ist er zu schwach, um die Weichen zuverlässig umzustellen. Mit einiger Überlegung wird man sich beim Aufbau einer Fahrstraßenschaltung Möglichkeiten zur Einsparung von Kondensatoren ausrechnen können, und das ist insofern ratsam, als 4700 μF – Kondensatoren nicht ganz billig sind. Sie kosten pro Stück je nach Lieferquelle um 4,– DM und sind somit der teuerste Baustein der gesamten Schaltung. *Abb. 2.3.1/4* zeigt, wie man vier Weichen, von denen je zwei nie gleichzeitig geschaltet werden, mit nur zwei Kondensatoren *bedienen* kann. Dabei muß man allerdings noch auf die zusätzlichen Dioden D1 und D2 achten, die dafür sorgen, daß sich die beiden Kondensatoren nicht gleichzeitig entladen können, wenn eine Weiche betätigt wird. Nur der Aufladestrom kann diese beiden Dioden passieren.

2.4 Etwas über Optoelektronik

Wenn wir Transistoren als Schalter einsetzen und so bedienen, daß in ihrer Basiszuleitung selbst wieder ein Schalter sitzt – oder ein Drucktaster –, der per Handbetrieb geschlossen bzw. geöffnet wird, ist natürlich die Frage berechtigt, wozu dann überhaupt der Transistor gut ist. Der Handschalter würde doch reichen – oder?

Gewiß. Aber der Witz von Elektronik-Schaltungen liegt gerade darin, daß sie auch ohne manuelle Eingriffe funktionieren können, also automatisch, und in dem Fall der Reed-Kontakte haben wir bereits etwas Entsprechendes kennengelernt. Es kommt aber noch besser, dann nämlich, wenn wir uns optoelektronischer Hilfsmittel bedienen.

Optik hat immer etwas mit Licht zu tun. Optoelektronische Bauteile sind also solche, die entweder Licht aussenden oder durch Licht angesteuert werden können. Die Leuchtdioden, von denen wir in Kap. 2.1.2 sprachen, gehören demnach bereits in das Gebiet der Optoelektronik, aber wir wollen jetzt woanders anfangen, nämlich mit den sog. Fotowiderständen.

Daß Widerstände temperaturabhängig sein können, wurde schon gesagt; bei den PTC- und NTC-Typen nutzt man das in besonderer Weise aus. Es gibt aber auch Widerstände, die lichtempfindlich sind, und das sind die Fotowiderstände. Im dunkeln haben sie einen sehr hohen Widerstandswert, etwa im Gebiet von mehr als 1 MΩ. Beleuchtet man sie, so sinkt ihr Ohmwert rapide ab, je nach Typ auf ca. 50 bis 500 Ω. Insofern kann man sie bestens als *Sensoren,* d.h. als lichtempfindliche Meßfühler einsetzen, und davon werden wir sogleich Gebrauch machen.

Sensoren: Lichtempfindliche Meßfühler

Auch die Fotowiderstände kann man zu den Halbleitern rechnen, obwohl sie nicht aus Germanium oder Silizium bestehen, sondern meist aus Cadmium- oder Bleisulfid. Licht macht in ihrem Inneren Elektronen frei, die dann den Stromfluß ermöglichen, so daß ein Fotowiderstand im dunkeln wie ein Isolator, im hellen wie ein metallischer Leiter wirkt. Meistens sind diese Widerstände in kleine Kapseln eingeschlossen, die zwei Anschlußdrähte haben; auf der einen Seite der Kapsel sitzt eine gitterförmige Abdeckung, die Licht durchläßt *(Abb. 2.4/1)*. Das Schaltsymbol für einen Fotowiderstand zeigt *Abb. 2.4/2*.

Man braucht keinen handbetriebenen Schalter mehr

Mit einem solchen Fotowiderstand läßt sich nun die Basis eines Transistors so ansteuern, daß man überhaupt keinen handbetriebenen Schalter mehr braucht. Betrachten wir dazu einmal die Schaltung nach *Abb. 2.4/3*. Die Basis des Transistors (z.B. BC 338) liegt über einen Vorwiderstand R1 (ca. 1 kΩ) an einem Spannungsteiler aus dem Fotowiderstand R_F und dem Trimmpoti P (250 kΩ); in der Kollektorstrecke des Transistors befindet sich eine Glühbirne, die zu der Betriebsspannung U_B (z.B. + 9 V) passen muß. Fällt Licht auf den Fotowiderstand, so leuchtet die Glühbirne, denn dann leitet der Fotowiderstand so gut, daß die Basis von T bestimmt positiv gegenüber dem Emitter wird und der Transistor durchschaltet. Dunkelt man den Fotowiderstand ab, so wird die Glühbirne dunkler, und am Trimmpoti kann man sogar dafür sorgen, daß sie bei Dunkelheit ganz ausgeht. Dann liegt nämlich das Basispotential von T so dicht am Massepotential des Emitters, daß T sperrt.

Abb. 2.4/1 Gehäuse eines Fotowiderstandes in der Draufsicht

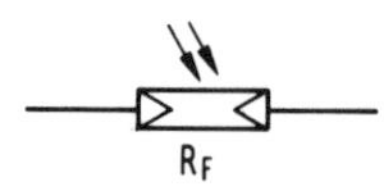

Abb. 2.4/2 Schaltzeichen eines Fotowiderstandes

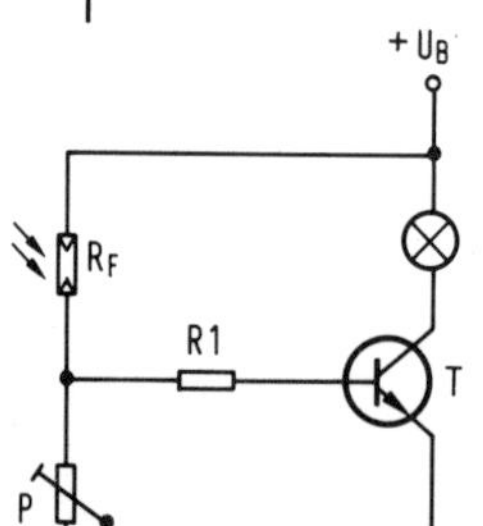

Abb. 2.4/3 Ansteuerung eines Transistors durch einen Fotowiderstand

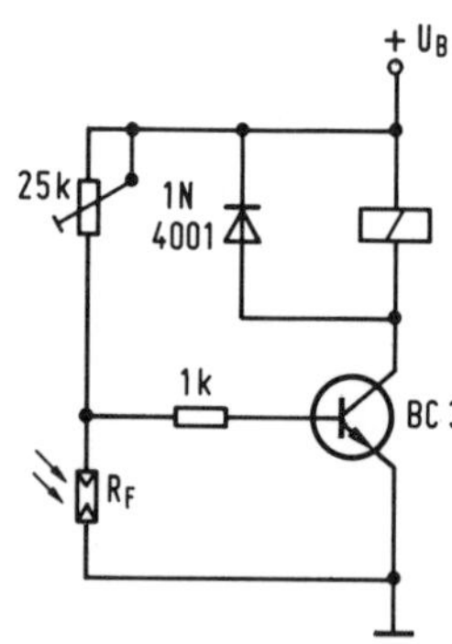

Abb. 2.4/4 Schaltung für eine Lichtschranke

Natürlich ist es für die Praxis wenig sinnvoll, eine Lampe gerade dann ausgehen zu lassen, wenn es dunkel wird. Deshalb wollen wir versuchen, die Schaltung so abzuändern, daß der umgekehrte Effekt eintritt: Die Glühbirne soll leuchten, wenn der Fotowiderstand abgedunkelt wird. Nichts leichter als das! Wir brauchen nur in der Schaltung von Abb. 2.4/3 den Fotowiderstand und das Potentiometer gegeneinander auszutauschen, und schon haben wir, was wir wollen. Eventuell muß man den Trimmer nachstellen, damit die Lampe nicht schon brennt, wenn es noch hell ist.

Lichtschranke in der Modellbahnanlage

Diese Schaltung kann man wunderbar als sog. *Lichtschranke* ausnutzen. Stellen wir uns vor, eine Lok soll, bevor sie in einen Tunnel einfährt, pfeifen. Dann bauen wir uns vor der Tunneleinfahrt eine solche Lichtschranke auf. Auf der einen Seite der Gleise muß eine kleine Glühbirne angebracht werden (am besten in einem Abdeckungsröhrchen, so daß sie nur in eine einzige Richtung strahlt); auf der gegenüberliegenden Gleisseite wird der Fotowiderstand angebracht, und dann wird er bei freier Strecke von der Glühbirne genau angestrahlt. Der Transistor T bleibt solange gesperrt. Fährt nun eine Lok durch die Lichtschranke, so blendet sie für einen Augenblick die Lampe ab, das Basispotential des Transistors wird positiv, und er schaltet durch. An seinen Kollektor kann man ein Relais setzen (Schutzdiode nicht vergessen!), das bei geöffnetem Transistor anzieht und nun die Pfeifvorrichtung einschalten kann.

Eventuell läßt sich die Schaltung noch verbessern, wenn man die Schutzdiode durch einen Kondensator ersetzt (z.B. Elko von 1000 μF). Er fängt erstens Spannungsspitzen auf, die beim Abfallen des Relais entstehen, und zweitens sorgt er dafür, daß das Relais mit einer gewissen Verzögerung schaltet. Denn wenn unsere Lok einen ganzen Zug mitbringt, so würde bei den Lücken zwischen den Waggons immer einmal Licht auf den Fotowiderstand fallen; wir bekämen dann einen ganzen Pfeifentriller! Der Kondensator gleicht jedoch Stromlücken für das Relais aus, indem er jeweils seine gespeicherten Ladungen in den Arbeitskreis des Transistors abgibt.

Diese Schaltung ist nicht nur für Pfeifentöne gut, sondern für alle Zwecke, bei denen eine Lok Signale abgeben soll, also auch für Gleisbesetzt-Anzeigen. Auf sie werden wir jedoch später gesondert eingehen. Hat eine Lichtschranke Bauteile mit großer Leistungsaufnahme zu schalten, so muß man den Einzeltransistor durch eine Darlingtonstufe ersetzen.

Übrigens kann man mit der Schaltung nach Abb. 2.4/4 noch einen hübschen Effekt hervorbringen, wenn man an das Relais eine Glühbirne anschließt, die eingeschaltet wird, sobald das Relais anzieht. Letzteres geschieht ja immer dann, wenn der Fotowiderstand nicht beleuchtet ist. Setzt man die Glühbirne nun einige Zentimeter über den Fotowiderstand, so ergibt sich eine interessante Rückkopplung: dunkler Widerstand – die Glühbirne leuchtet auf; sie beleuchtet den Fotowiderstand, so daß er den Transistor zum Sperren zwingt – die Glühbirne erlischt; der Fotowiderstand ist abermals dunkel, öffnet den Transistor, die Glühbirne leuchtet auf usw. Das Ganze ergibt also einen ständigen Wechsel zwischen zwei Zuständen, wobei man die mechanische Schaltträgheit des Relais ausnutzt. Wird dem Relais außerdem ein Elektrolytkondensator von z.B. 2200 μF parallel geschaltet, so erhält man einen Blinklichtgeber, dessen Frequenz sich durch die Betriebsspannung steuern läßt (ca. 6 bis 9 V). Allerdings ist diese Schaltung ziemlich aufwendig; wir werden später eine einfachere ohne Relais kennenlernen (astabiler Multivibrator, Kap. 6.1.2).

Fototransistoren

Der Fotowiderstand war unser erster Schritt in das Gebiet der Optoelektronik. Der Fototransistor soll unser nächster sein. Eigentlich müßten wir vorher noch auf die Fotodioden eingehen, aber sie spielen in der Modellbahnpraxis kaum eine Rolle. Es handelt sich bei ihnen um Dioden, die in Sperrichtung betrieben werden und bei Lichteinfall zu leiten beginnen. Aber erstens sind sie relativ teuer und zweitens sind Fototransistoren 100 bis 1000 mal lichtempfindlicher.

Bleiben wir also bei den Fototransistoren. Sie sehen ähnlich aus wie gewöhnliche Transistoren und haben die üblichen drei Anschlüsse, aber erstens sitzt an ihrem Kopfende eine kleine Linse, die Licht einläßt, und zweitens braucht man die Basis gar nicht anzuschließen. Ein Fototransistor schaltet durch, wenn man ihn beleuchtet, während bei Dunkelheit nur ein sehr geringer Emitter-Kollektor-Reststrom fließt, der sog. Dunkelstrom. Wenn es wirklich gut dunkel ist, kann man ihn vernachlässigen: Dann sperrt der Fototransistor.

Mit Fototransistoren lassen sich prinzipiell die gleichen Schaltungen aufbauen wie mit Fotowiderständen; sie nehmen nur weniger Platz ein. Bei manchen Typen fehlt der Basisanschluß überhaupt, sie sehen dann aus wie gewöhnliche Dioden bzw. LED's. Es gibt aber auch Foto-Darlington-Transistoren (etwa den Typ ZMX 140). Auf die verschiedenen Gehäuseformen und Typen können wir hier nicht eingehen; da muß man schon die einschlägigen Kataloge studieren.

Wenn ein Fototransistor überhaupt einen besonderen Basisanschluß hat, dann ist er natürlich nicht ganz überflüssig. Man kann ihn benutzen, um durch einen Spannungsteiler den Arbeitspunkt des Fototransistors festzulegen, und das geschieht dann genauso wie bei gewöhnlichen Transistoren.

Für den Modellbahner interessant: der Optokoppler

Ein optoelektronisches Bauelement, das für Modellbahner besonders interessant ist, ist der sog. *Optokoppler.* Worum es sich handelt, läßt sich in wenigen Worten erklären. In einem Optokoppler stecken eine Leuchtdiode und ein Fototransistor (grundsätzlich könnte es auch ein Fotowiderstand oder eine Fotodiode sein). Dabei liegen LED und Fototransistor so eng beieinander, daß die Leuchtdiode den Fototransistor unmittelbar anstrahlen kann. Wird also die LED zum Leuchten gebracht, so schaltet der Fototransistor durch; sonst sperrt er natürlich.

Für den praktischen Betrieb sehr vorteilhaft

Was für den praktischen Betrieb sehr vorteilhaft ist: Die Stromkreise für die Leuchtdiode und für den Fototransistor sind galvanisch völlig voneinander getrennt, d.h. es gibt keinerlei elektrisch leitende Verbindungen zwischen ihnen. In gewissem Sinne ersetzt demnach ein Optokoppler ein Relais, aber weil er keine mechanisch wirkenden Teile enthält, arbeitet er trägheitslos und ohne sich abzunutzen. Der große Vorteil, den Optokoppler für die Modellbahnpraxis bieten, wird uns erst klar werden, wenn wir in elektronische Schaltungen einsteigen, durch die irgendwelche elektromagnetische Artikel oder Triebfahrzeugmotoren angesteuert werden sollen. Denn die Schaltströme bzw. Fahrströme, die man da steuern will, kommen oft von verschiedenen Fahrpulten bzw. Netzgeräten, und die dort auftretenden Spannungen müssen zumeist von der Betriebsspannung der Steuerelektronik ferngehalten werden. Das ist nicht zuletzt deshalb erforderlich, weil es an Elektromagneten und Motoren immer Störimpulse geben kann, die die Funktion der Elektronik durcheinanderbringen. Da sind die Optokoppler ein ideales Mittel, solche Störungen zu vermeiden. Bei ihnen bleiben Eingangs- und Ausgangssignale völlig voneinander getrennt, und der Ausgang kann auch nicht auf den Eingang zurückwirken.

Optokoppler gibt es in der praktischen Dual-in-line-Form, d.h. sie sitzen in kleinen Plastikgehäusen mit Anschlußstiften, die genau in das Lochraster von Veroboard-Platten hineinpassen. Der gebräuchlichste Typ ist der TIL 111.

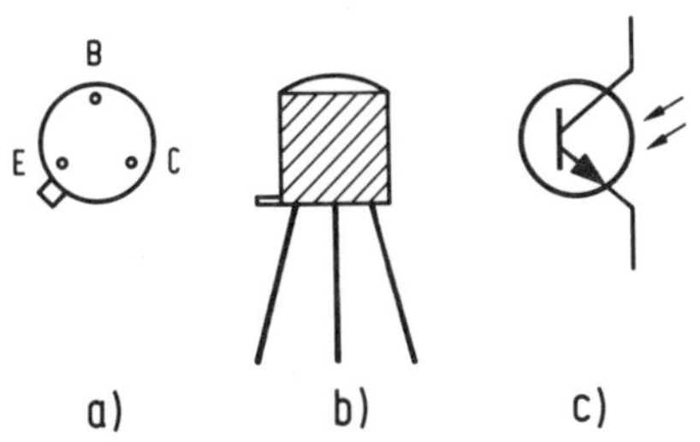

Abb. 2.4/5 Fototransistor (npn-Typ BPY 621)
a) Anschlüsse (von unten gesehen)
b) Sockel mit Linse (Seitenansicht)
c) Schaltsymbol
Kollektorstrom I_c=100 mA; P = 300 W

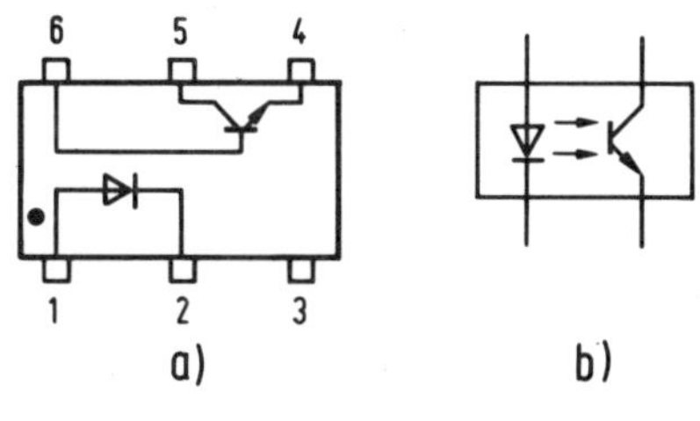

Abb. 2.4/6 Optokoppler TIL 111
a) Gehäuse (Draufsicht)
b) Schaltzeichen

Sein Sockelbild zeigt *Abb. 2.4/6*. Der Anschluß 3 bleibt unbeschaltet; PIN 6 führt zur Basis des Fototransistors und kann im allgemeinen auch frei bleiben, wenn man nicht gerade den Arbeitspunkt des Fototransistors besonders beeinflussen will. Das ist aber zumeist überflüssig. Schaltungsbeispiele brauchen wir jetzt nicht zu geben, weil sie ohnehin noch auftauchen werden (vgl. Kap. 5).

Es gibt noch zahlreiche weitere Bausteine der Optoelektronik, deren Erläuterung wir uns hier jedoch sparen können. Für den Modellbahnbetrieb sind sie praktisch ohne Bedeutung, auch wenn man manche interessante Spielereien mit ihnen betreiben kann. So läßt sich z.B. Licht auf elektronischem Wege in Spannungen umwandeln, d.h. aus Lichtenergie wird elektrische Energie. Dazu braucht man sog. Solarzellen, die als Fotoelemente wirken. Es handelt sich um scheibenförmige Kristallgebilde, in denen sich bei Lichteinfall elektrische Spannungen aufbauen, die man über Anschlußdrähte abnehmen kann. In den Schaufenstern von Elektronikläden werden manchmal kleine Elektromotoren durch solche Solarzellen angetrieben, aber für Modellbahnelektroniker dürften solche Scherze kaum einen Sinn haben, denn erstens sind Solarzellen ziemlich teuer, zweitens müssen sie sehr hell angestrahlt werden und drittens ist dann immer noch die Energieausbeute so gering, daß man kaum einen Spielzeugmotor antreiben kann.

2.5 Der Schmitt-Trigger

Bei der Darlington-Schaltung haben wir nun schon das Zusammenwirken zweier Transistoren kennengelernt. Dabei ging es um Verstärkung, aber es gibt auch Transistorkombinationen mit ganz anderen Aufgaben. Ohnehin ist es mit Transistoren wie mit dem Unglück: Ein Transistor kommt selten allein. Doch wir wollen keine falschen Gedankenverbindungen herstellen, denn Transistoren üben segensreiche Wirkungen aus, man muß nur wissen, wann, wo und wie.

Eine der wichtigsten Größen in der gesamten Elektrik ist die Spannung. Aber wo Spannungen auftreten, schwanken sie oft in sehr merkwürdiger Weise; am deutlichsten ist das Beispiel der Wechselspannung. Der Schmitt-Trigger, mit dem wir uns jetzt befassen wollen, hat die klare Aufgabe, aus willkürlichen Spannungsveränderungen deutliche Signale zu machen, und zwar im Sinne der Digitalelektronik. Er kennt an seinem Ausgang nur zwei Zustände: konstante Spannung oder keine Spannung – Zwischentöne gibt es für ihn nicht. Betrachten wir einmal *Abb. 2.5/1:* Da ist ein x-beliebiger Spannungsverlauf dargestellt, ohne erkennbare Regelmäßigkeit. Der Schmitt-Trigger macht daraus eine Rechteckkurve. Übersteigt seine Eingangsspannung einen bestimmten *Schwellwert,* so gibt er an seinem Ausgang ein positives Signal. Sinkt dagegen die Eingangsspannung unter den Schwellwert, so geht der Ausgang des Schmitt-Triggers auf Null zurück.

Triggern bedeutet soviel wie *anstoßen.* Der Schmitt-Trigger wird so genannt, weil er sich auch von außen anstoßen läßt und dann eine klare Entscheidung trifft: Ja oder Nein – Spannung an seinem Ausgang oder keine Spannung. Wie er das macht, untersuchen wir an Hand von Abb. 2.5/2.

Da die Basis von T2 an einem Spannungsteiler liegt (R2 – R3 – R4), erhält sie dem Emitter gegenüber positives Potential; T2 schaltet durch,

Abb. 2.5/1 Umwandlung einer beliebigen Spannungskurve in Rechteckimpulse

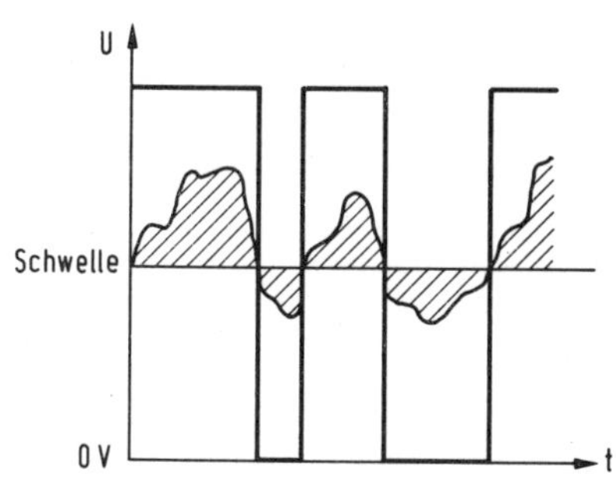

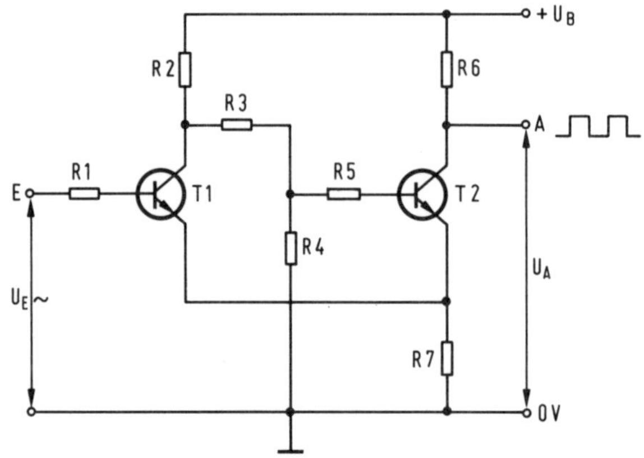

Abb. 2.5/2 Schmitt-Trigger
R 1 = R 2 = R 5 = R 6 = 1 kΩ
R 3 = 10 kΩ
R 4 = 22 kΩ
R 7 = 47 Ω
T 1 = T 2 = BC 107 o.ä.

wenigstens solange sich an dem Schaltungseingang E nichts tut. Damit wird der Kollektor von T2 praktisch auf Massepotential gesetzt, also fast auf 0 Volt, und die gesamte Betriebsspannung fällt über R6 ab. Außerdem fließt ein Strom durch den Widerstand R7 und erzeugt dort einen Spannungsabfall; das obere Ende von R7 ist demnach leicht positiv gegenüber Masse. Dasselbe positive Potential liegt auch an dem Emitter von T1, und wenn man den Eingang E jetzt auf 0 Volt brächte, müßte T1 auf jeden Fall sperren. Das gilt auch für alle Eingangsspannungen, die unterhalb der Emitterspannung von T1 liegen. Diese Spannung bestimmt den Schwellwert des Schmitt-Triggers.

Aber wenn das Potential in E größer als der Schwellwert wird, schaltet T1 durch. Damit wird sein Kollektor negativ gegenüber + U_B, und das verändert die Spannungsverhältnisse bei der Widerstandsreihe R2 – R3 – R4. Der Abgriff R5 bringt negatives Potential an die Basis von T2, und sofort schließt dieser Transistor. Damit wird sein Kollektor auf die positive Betriebsspannung gebracht; der Schmitt-Trigger gibt ein positives Signal ab. Und dabei bleibt es, bis die Eingangsspannung unter den Schwellwert sinkt, denn dann sperrt T1, und T2 kann wieder leiten.

Der Schmitt-Trigger ändert also seinen Zustand am Ausgang A, wenn die Eingangsspannung einen bestimmten Wert über- oder unterschreitet. Damit ist er in der Lage, bestimmte Schaltvorgänge auszulösen oder Folgen von Rechteckimpulsen zu erzeugen. Mit solchen Impulsketten brauchen wir uns jetzt nicht zu beschäftigen; sie werden erst später eine Rolle spielen (z.B. in Kapitel 6.1.8). Aber den Schmitt-Trigger als Schalter wollen wir für eine praktische Anwendung ausnutzen.

Da führt jemand seinen Besuchern am hellen Nachmittag voller Stolz seine Modellbahnanlage vor, mit viel Landschaft, einem Bahnhof und einer Stadt. Und während die Züge umherfahren, tritt er unversehens ans Fenster und zieht die Vorhänge zu. In demselben Moment geschieht das Wunder: auf der Modellbahnanlage gehen überall die Lichter und Laternen an! Ganz von alleine, zum Erstaunen des Publikums.

Ein „Wunder", die Lichter gehen von ganz alleine an

Die Sache funktioniert natürlich mit einem Schmitt-Trigger. Aber nicht mit ihm allein, denn es ist auch ein Sensor für die Beleuchtungsstärke nötig. Dazu kann man einen Fotowiderstand benutzen, der bei Helligkeit gut, bei Dunkelheit schlecht leitet. Er bildet mit einem Einstellpotentiometer einen Spannungsteiler *(Abb. 2.5/3)*; je mehr der Fotowiderstand beleuchtet wird, desto positiver wird der Schaltungspunkt E, der zugleich Eingang für den nachfolgenden Schmitt-Trigger ist. Dieser Trigger ist besonders einfach ausgefallen, arbeitet aber im Prinzip genauso wie die vorige Ausführung. Am Potentiometer kann man den Schwellwert einstellen, bei dem der Schmitt-Trigger an seinem Ausgang auf positives Potential kippen soll (T2 sperrt dann). Für den Ausgang ist es am zweckmäßigsten, T2 mit einer Darlington-Gruppe zu ergänzen, die dann ein Relais ansteuern kann. Dieses Relais zieht an, sofern T2 leitet, und an die Relaiskontakte kommen dann die verschiedenen Lichtstromkreise der Modellbahnanlage.

Besonders wichtig ist bei der Anwendung eines Relais, daß man ihm eine Diode zuschaltet, die antiparallel zur Stromrichtung durch die Transistoren der Darlingtonschaltung liegt. Ein Relais arbeitet mit Spulen, und wenn Strom durch sie fließt, bauen sie in ihrer Umgebung ein Magnetfeld auf. Das ist ganz in Ordnung und sogar erwünscht. Unerwünscht dagegen ist, daß beim Abschalten des Relaisstromes die im Magnetfeld gespeicherte Energie irgend-

Abb. 2.5/3 Schmitt-Trigger als Lichtschalter
T1 = T2 = BC 107 o.ä.
T3 = BC 177 o.ä.
T4 = 2 N 1613

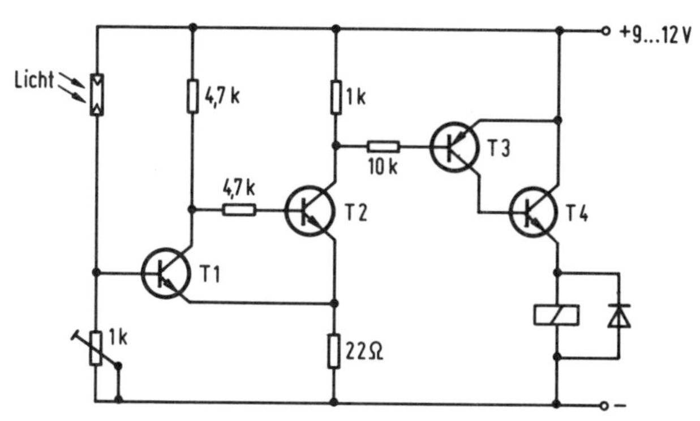

wo bleiben muß, und sie kehrt gleichsam in den Stromkreis der Spulen zurück. Dort erzeugt sie einen Spannungsstoß, der dem Spulenstrom entgegengesetzt wirkt und so kräftig sein kann, daß er die Transistoren der Darlingtonstufe hinrichten würde, es sei denn, man leitet ihn ab. Dazu dient die Diode. Sie macht den Spannungsstoß unschädlich, und überall, wo man durch Transistoren einen Spulenstrom steuert, sollte man dringend darauf achten, die entsprechenden Schutzdioden nicht zu vergessen. Wir werden ihnen noch häufig begegnen.

2.6 Von Thyristoren, Diacs und Triacs

Mit dem Schmitt-Trigger haben wir eine interessante Kombination aus zwei gleichartigen Transistoren kennengelernt. Wenn wir nun aber *Abb. 2.6/1* betrachten, so taucht dort etwas ganz anderes auf: ein pnp-Transistor ist mit einem npn-Transistor verbunden, und zwar so, daß sie sich über ihre Basen und Kollektoren zu einem Block zusammenschließen. Die Diodenpfeile in den beiden Transistorsymbolen lassen erkennen, daß eine durchgehende Stromrichtung besteht, sofern die ganze Schaltung leitet. Aber während bei einer ähnlichen Darlington-Gruppe (vgl. Abb. 2.3/5) der Gesamtstrom sich in einen Steuerstrom und einen gesteuerten Strom aufteilte und die beiden Transistoren entsprechend unterschiedliche Funktionen hatten, sind hier solche Unterschiede nicht mehr vorhanden. Beide Transistoren müssen – sofern sie geöffnet sind, d.h. leiten – den gesamten Strom durchlassen, und daraus können wir schon einen wichtigen Hinweis entnehmen: es dürfte sich beidemale um Leistungstransistoren handeln.

Wenn allerdings die Basisanschlüsse *frei in der Luft hängen* wie in Abb. 2.6/1, so kann da wohl nicht viel passieren, auch wenn eine Betriebsspannung angelegt ist. Tatsächlich läßt sich + U_B ziemlich weit erhöhen, und bestenfalls fließt ein sehr geringer Sperrstrom durch die Schaltung. Aber irgendwann – bei genügend hoher Betriebsspannung – geschieht es dann doch einmal: Die positiven Ladungen, die sich gerade mühsam durch den gesperrten Transistor T1 gequält haben, reichen aus, die Basis von T2 so weit positiv zu machen, daß T2 durchschaltet. Bei dieser *Durchbruchsspannung* (manchmal sagt man auch: Spitzen-Sperrspannung) wird aber auch T1 voll geöffnet. Denn wenn T2 leitet, kommt vom Minuspol der Schaltung negatives Potential an die Basis von T1, so daß T1 durchschalten muß. Nun leiten beide Transistoren in gleicher Weise, und es fließt ein kräftiger Strom durch die ganze Gruppe. In *Abb. 2.6/2* sind diese Zusammenhänge dargestellt; es handelt sich wieder einmal um eine *Kennlinie*.

Durchbruchsspannung

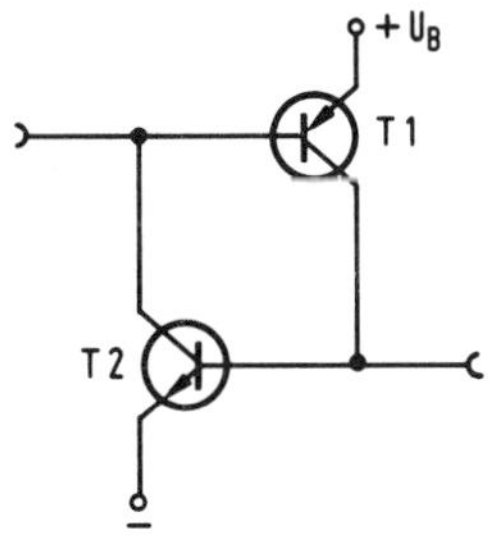

Abb. 2.6/1 Thyristormodell aus zwei Transistoren

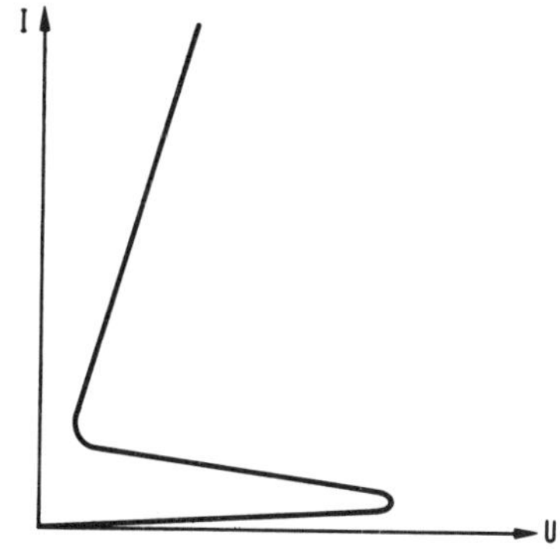

Abb. 2.6/2 Kennlinie eines Thyristors

Nun braucht man aber nicht immer mit der Betriebsspannung so weit hinaufzugehen, bis der Durchbruch erfolgt. Wenn man entweder an die Basis von T1 negatives oder an die Basis von T2 positives Potential legt, kann man schon weit unterhalb der Durchbruchsspannung die ganze Gruppe zum Durchschalten bringen. Und dieser Effekt legt es nahe, sie zu einem neuen Baustein zu machen. Er hat einen wohlklingenden Namen: Man nennt ihn *Thyristor.*

Ein wohlklingender Name: Thyristor

Eigentlich hat ein Thyristor vier Anschlüsse: einen für die positive Betriebsspannung – die *Anode* –, einen für den entsprechenden Minuspol – die Katode – und dann noch zwei Basisanschlüsse. An ihnen kann der Thyristor *gezündet,* d.h. leitfähig gemacht werden, und weil dann durch diese Anschlüsse ein Steuerstrom fließt, spricht man von *Gates* (Gattern, Toren). Durch das bei der Anode (T1) liegende Gate G_A kann der Thyristor mit negativer Spannung gezündet werden, durch das Katodengate G_K erfolgt dasselbe mit positiver Spannung (zumeist + U_B-Potential). Wegen der vier Anschlüsse spricht man in solch einem Fall von einer Thyristortetrode.

Die meisten handelsüblichen Thyristoren sind nicht so reichhaltig ausgestattet. Bei ihnen verzichtet man auf das Anodengate, so daß ein normaler Thyristor nur durch das Gate G_K gezündet werden kann. Wir merken uns also:

Der Thyristor hat drei Anschlüsse: Die Anode (A) muß immer an dem Pluspol, die Katode (K) immer an dem Minuspol der Betriebsspannung liegen, und gezündet wird der Thyristor durch positives Potential an seinem Gate G (auf den Index „K“ verzichtet man).

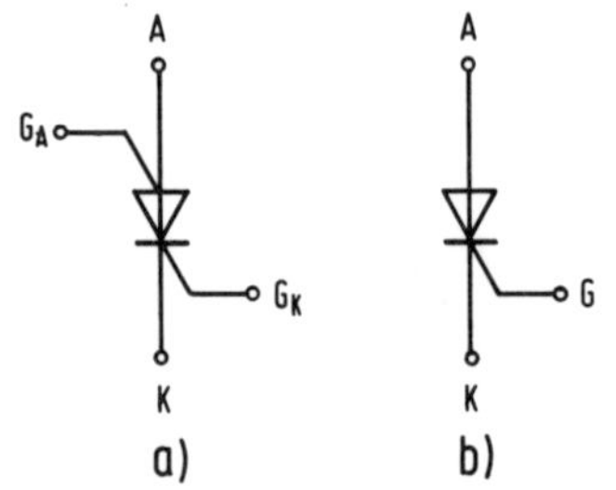

Abb. 2.6/3 Schaltsymbole für Thyristoren
a) Thyristortetrode
b) normaler Thyristor

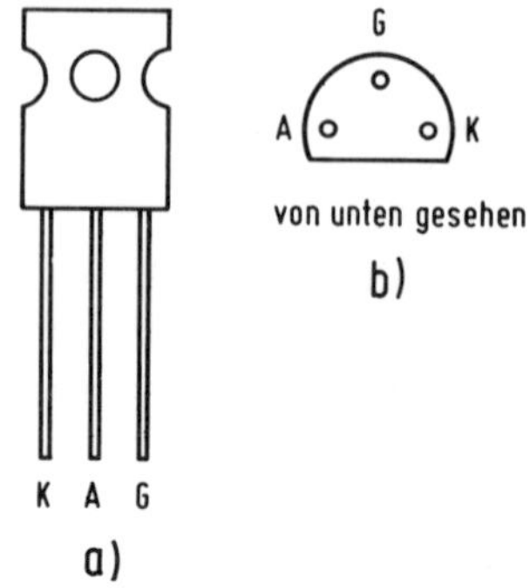

Abb. 2.6/4 Sockelbilder für häufig verwendete Thyristoren
a) Universaltyp (z. B. TIC-106/E)
b) Kleinthyristor (z. B. 2 N 5064)

Für den Thyristor ist ein besonderes Schaltsymbol üblich *(Abb. 2.6/3)*. Es deutet an, was der Thyristor eigentlich ist: eine Diode, die nur in einer Richtung Strom durchlassen kann und in der anderen immer sperrt (Ventilwirkung). Aber im Gegensatz zu einer gewöhnlichen Diode ist es beim Thyristor möglich, sein Verhalten zu steuern. Dazu ist das Gate – also eine *Steuerelektrode* – da.

Wenn ein Thyristor gezündet ist, bleibt er stabil im leitenden Zustand, auch wenn man die Zündspannung von seinem Gate entfernt. Aber sobald der durch den Thyristor fließende Strom unterbrochen wird, bleibt der Thyristor gesperrt, auch wenn die Betriebsspannung wieder angelegt wird. Erst ein erneutes *Zünden* am Gate läßt ihn abermals durchschalten. Dieses Verhalten hat den Thyristor zu einem wichtigen Bauelement der Elektronik gemacht. Und wir deuteten es schon an: er kann auch ziemlich starke Ströme vertragen. Mit dem Thyristor haben wir also einen Schritt in das Gebiet der *Leistungselektronik* getan.

Ein Schritt in das Gebiet der Leistungselektronik

Das sieht man schon, wenn man die gängigen Thyristortypen mustert. Sie sind fast immer für Betriebsspannungen von 220 V und mehr ausgelegt und können manchmal Ströme bis zu 12 A verkraften. Der Universaltyp TIC-106/E hat z.B. als Kenndaten eine Spitzensperrspannung von 500 V und einen Durchlaßstrom von bis 5 A. Für den Modellbahner ist vor allem der billige Typ 2 N 5064 brauchbar (200 V/0,8 A); er kostet (bei Völkner) nur etwa –,50 DM und gilt als *Kleinthyristor.* Sein Anschlußbild zeigt *Abb. 2.6/4b.* Häufig wird in der Modellbahnliteratur auch der Typ BR 101 genannt, aber das Handelsangebot von Thyristoren ist ziemlich wechselhaft, und man muß sich umsehen, was man gerade bekommen kann. Am ehesten sind die Kleinthyristoren von Siemens erhältlich (BR 103, 303, 403); sie haben eine Spitzensperrspannung von 30 V und einen Dauer-Durchlaßstrom von 0,8 A.

Thyristoren sind vor allem für Modellbahner interessant, die mit Wechselstrom fahren (Märklin-System). Wozu sie da nützlich sind, wird später besprochen (vgl. Kap. 6.1.9). Aber auch sonst kann man mit Thyristoren manche Probleme lösen, z.B. das Schalten von Weichen.

Thyristoren: Vor allem für Modellbahner die mit Wechselstrom fahren

Auf einen Punkt wollen wir noch besonders hinweisen. Thyristoren neigen dazu, beim Zünden den Rundfunk- und Fernsehempfang zu stören, obwohl das bei Kleinthyristoren im Modellbahnbetrieb nicht allzu sehr bemerkbar wird. Sollte es aber doch eine Rolle spielen, so kann man sich helfen, indem man dem Thyristor eine Reihenschaltung von Widerstand (ca. 100 Ω) und Kondensator (0,1 μF) parallel legt.

2.6.1 Weichenschaltung mit Thyristor

Wir haben in Kap. 2.3.1 Weichen mit Hilfe von Darlingtongruppen geschaltet, und das ist eine durchaus brauchbare Möglichkeit. Aber billiger geht es mit Thyristoren. Dabei kommt der Typ 2 N 5064 (oder ähnlich, z.B. 2 N 5061) in Frage, der völlig ausreicht und nicht soviel kostet wie ein Leistungstransistor. Wie die Sache funktioniert, zeigt *Abb. 2.6.1/1.*

Die Weichen – und das ist wichtig – werden mit der üblichen Wechselspannung von 12 bis 14 V betrieben. Der Thyristor schaltet nämlich auch Wechselströme, nur muß man dazu einiges beachten. Die beiden Spulen W und W' einer Weiche liegen mit je einem Thyristor in Reihe. Die Druck-

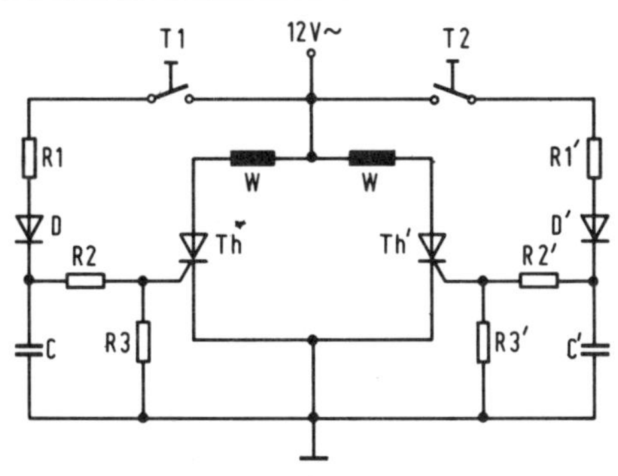

Abb. 2.6.1/1 Weichenschaltung mit Thyristoren
R 1 = R 1' = 2,7 kΩ
R 2 = R 2' = 15 kΩ
R 3 = R 3' = 10 kΩ
C = C' = 1 μF
D = D' = 1 N 914 o.ä.
Th = Th' = 2 N 5064 o.ä.

taster T bzw. T' stellen die Weichen auf *geradeaus* oder *abzweigend,* wobei sie die Gate-Anschlüsse der Thyristoren ansteuern. Ohne Steuerimpulse liegen diese Anschlüsse über R3 bzw. R3' an Masse. Würde man nun die Schaltung mit Gleichspannung betreiben (also Pluspotential am oberen Anschlußpunkt), dann müßte nach Betätigung eines Tasters der entsprechende Thyristor zünden. Aber auch nach dem Loslassen des Tasters würde der Strom weiterfließen, und das könnte nicht nur die Weichenspule zerstören, sondern dann wäre ein Umstellen der Weiche nicht mehr möglich. Wenn beide Taster nacheinander gedrückt werden, werden beide Weichenspulen gleichzeitig von Strom durchflossen, und es entsteht ein undefinierter Zustand. Deshalb also braucht man Wechselstrom. Denn der ändert periodisch seine Richtung und geht dabei immer wieder durch Null. Diese Augenblicke aber unterbrechen den Strom durch einen gezündeten Thyristor; er schaltet sich daher automatisch ab. Insofern ist kurz nach jedem Zündimpuls die Weichenspule wieder stromlos und kann erneut geschaltet werden, dann natürlich durch Druck auf den ihr zugeordneten Taster, nachdem vorher der andere an der Reihe war.

Auf dem Leiterzweig: Taster – R1 – D – R2 (und entsprechend auf der gegenüberliegenden Seite) hat der Wechselstrom immer die gleiche Polarität wie auf dem Zweig über Weichenspule und Thyristor. Wenn also der Mittelanschluß zwischen den Spulen positiv ist, dann ist es auch die Thyristoranode und – bei geschlossenem Taster – das Gate. Das sind die Bedingungen, unter denen der Thyristor zünden kann. Der Masseanschluß ist dann natürlich negativ, also auch die Katode des Thyristors. Der Kondensator C (bzw. C') wird währenddessen über die Diode aufgeladen, und zwar positiv auf der zum Thyristor hinweisenden Seite, so daß das Gate positiv angesteuert bleibt, auch wenn die positive Halbwelle der Wechselspannung abnimmt (außerdem sorgt der Kondensator für eine nützliche Funkentstörung). Allerdings kann man für gewöhnlich auf die Diode, den Kondensator und R3 verzichten; R1 und R2 werden dann zusammengelegt. Die Funktionsfähigkeit der Schaltung wird dadurch nicht wesentlich gemindert.

Weil es in Kapitel 4.3 eine Rolle spielt, wollen wir es hier schon vorwegnehmen: Der Gate-Anschluß des Thyristors läßt sich auch mit einer (positiven) Gleichspannung ansteuern, während der Schaltstrom für die Weichen nach wie vor ein Wechselstrom bleibt. Dann muß nur die Gleichspannung mit ihrem negativen Pol masseseitig mit der Wechselspannung zusammengeschaltet werden (vgl. *Abb. 2.6.1/2*). Wird der Taster geschlossen, zündet der Thyristor, und wenn man den Taster losläßt, unterbricht der Wechselstrom sich selbst, und zwar bei seinem nächsten Nulldurchgang. Was man bei dieser Schaltung sonst noch beachten muß, wird später erläutert.

Abb. 2.6.1/2 Ansteuerung einer Thyristor-Weichenschaltung durch eine Gleichspannung
R 1 = R 2 = 10 kΩ

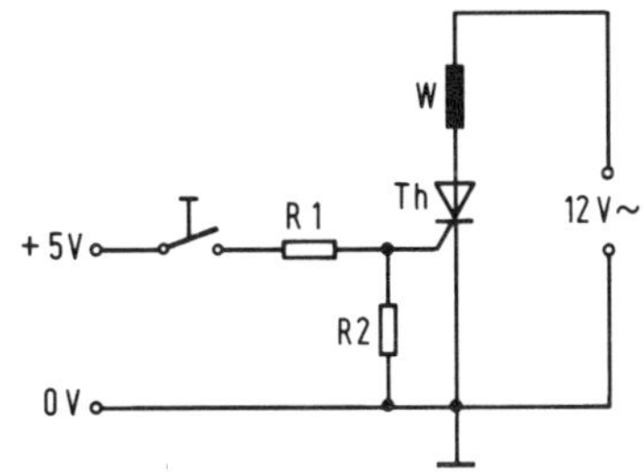

2.6.2 Triac und Diac

Wir hatten vorhin den Thyristor als eine Art Diode bezeichnet, die zwar in ihrem Verhalten von außen gesteuert werden kann, ansonsten aber wie jede Diode den Strom nur in einer Richtung durchläßt. Mit ihr ergibt sich also eine Ein-Weg-Gleichrichtung von Wechselströmen, aber sie ist stets mit einer Leistungsverminderung verbunden. Nun kennen wir aber auch die Doppel-Weg-Gleichrichtung, bei der beide Halbwellen eines Wechselstromes ausgenutzt werden (Graetzschaltung), und da liegt es nahe, auch mit Thyristoren eine solche Doppelweggleichrichtung zu versuchen. Man braucht eigentlich nur zwei Thyristoren in gegensätzlicher Richtung parallel zu legen, und das wird in der Modellbahnpraxis gelegentlich gemacht. Dann wirkt das Ganze nicht mehr wie ein Ventil, sondern läßt den Strom in beiden Richtungen durch, vorausgesetzt, die beiden Thyristoren werden gezündet. In *Abb. 2.6.2/1* ist eine solche Kombination für zwei Thyristortetroden angegeben; dabei kann man ein Katodengate und ein Anodengate zu einem gemeinsamen Steueranschluß zusammenlegen. Die Funktion ist leicht zu durchschauen. Da keine Stromrichtung bevorzugt ist, gibt es keinen Unterschied mehr zwischen Anode und Katode; die beiden bisher so bezeichneten Eingänge nennen wir jetzt einfach A1 und A2. Ist A2 positiv, so sperrt Th2 immer; Th1 kann durch einen positiven Impuls am Gate G leitend gemacht werden. Entsprechend kehren sich die Verhältnisse um, wenn A1 positiv ist: Th1 sperrt immer, Th2 läßt sich durch einen negativen Impuls an seinem Anodengate zünden. Der Impuls, der diese Thyristorkombination zündet, muß also immer dieselbe Polarität haben wie A2.

Zwei Thyristoren vereint: Der Triac

Nun braucht man nicht immer von zwei getrennten Thyristoren auszugehen, um eine solche Schaltung zu bilden. Es gibt einen neuen elektronischen Baustein, der sie bereits fertig enthält: den *Triac*. Sein Schaltsymbol

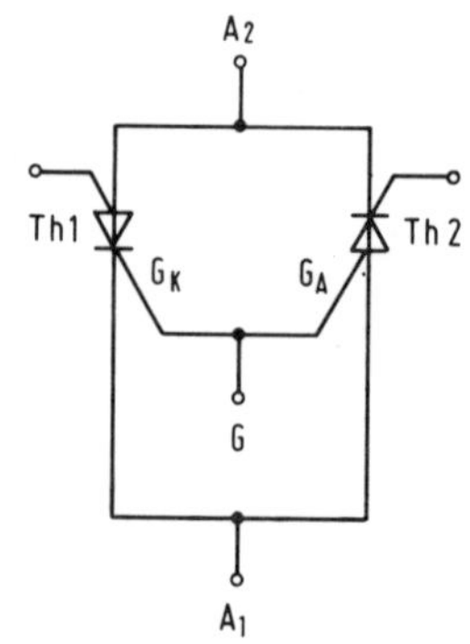

Abb. 2.6.2/1 Zusammenschluß zweier Thyristoren

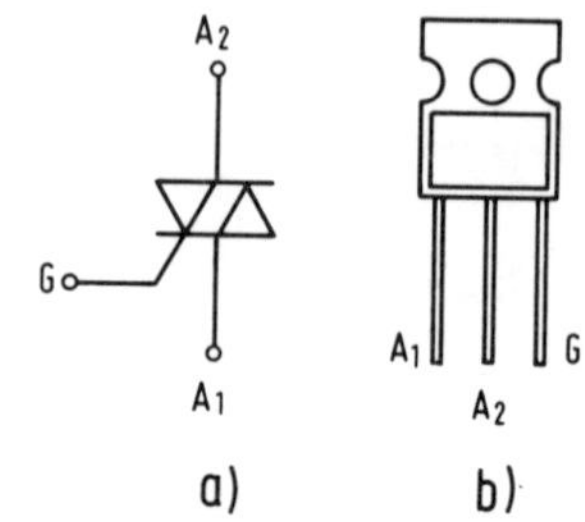

Abb. 2.6.2/2 Schaltsymbol und Anschlußbild eines Triacs

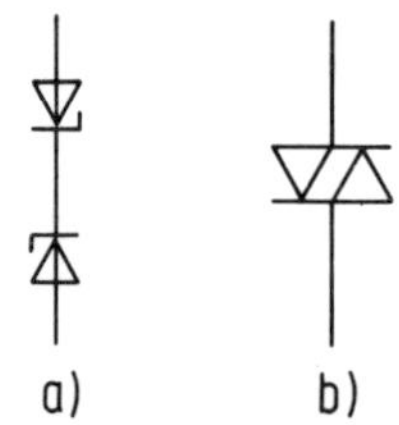

Abb. 2.6.2/3 Aufbau eines Diacs aus zwei Z-Dioden (a) und Schaltsymbol des Diacs (b)

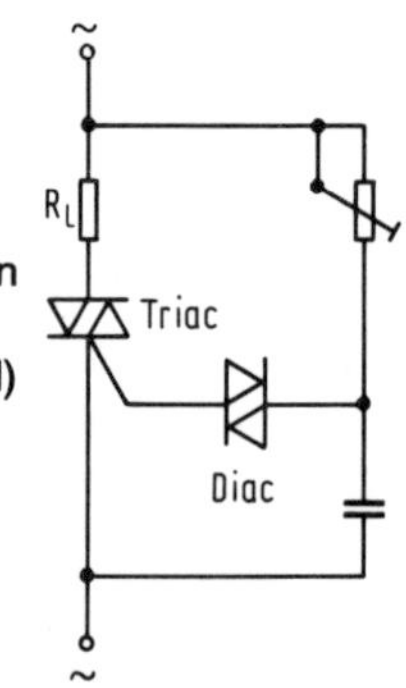

Abb. 2.6.2/4 Zündung eines Triacs durch einen Diac (R_L = Lastwiderstand)

zeigt *Abb. 2.6.2/2.* Äußerlich unterscheidet sich ein Triac kaum von Thyristoren. Er hat drei Anschlußstifte (vgl. Abb. 2.6.2/2a), wobei das Gate rechts außen liegt (von vorne gesehen); die beiden anderen Stifte sind gleichwertig. Gebraucht werden Triacs zur Schaltung und Steuerung von Wechselströmen. Man könnte sie also im Modellbahnbetrieb einsetzen, um Weichen zu bedienen. Allerdings ist das kaum ratsam, da Triacs verhältnismäßig teuer sind (über 2,– DM) und die üblichen Kleinthyristoren durchaus genügen. Was man sonst noch mit einem Triac machen kann, werden wir später erfahren. Nur soviel sei verraten, daß sie – ähnlich wie der Thyristor – zur Schaltung und Steuerung von Wechselströmen dienen können.

Was man sonst noch mit dem Triac machen kann, wird erst später verraten

Schließlich und um der Vollständigkeit willen sei noch ein Baustein erwähnt, dessen Name schon eine gewisse Nähe zum Triac zeigt: der *Diac.* Er tritt tatsächlich zumeist in Verbindung zu Triacs auf, und zwar, um sie zu zünden. Es handelt sich bei Diacs um Zweiweg-Triggerdioden (*Di*ode *a*lternating *c*urrent switch), und sie werden aus zwei gegeneinandergesetzten Z-Dioden gebildet. Bei der Z-Diode wird – wie wir schon wissen – in Sperrichtung bei Erreichen der Durchbruchsspannung ein Strom erzeugt, der aber die Diode nicht zerstört. Beim Diac sperrt unterhalb der Durchbruchsspannung immer eine Diode; bei Überschreiten dieser Spannung wird die Schaltung in beiden Richtungen leitend. Wie man mit einem Diac einen Triac zünden kann, zeigt *Abb. 2.6.2/4.* Allerdings sind Diac-Schaltungen für den Modelleisenbahner uninteressant, denn ein Diac zündet erst, wenn seine Betriebsspannung mindestens ca. 30 V erreicht hat, und so hohe Spannungen werden von den üblichen Fahrpulten bzw. Modellbahntrafos nicht geliefert. Also können wir uns ein weiteres Eingehen auf den Diac sparen.

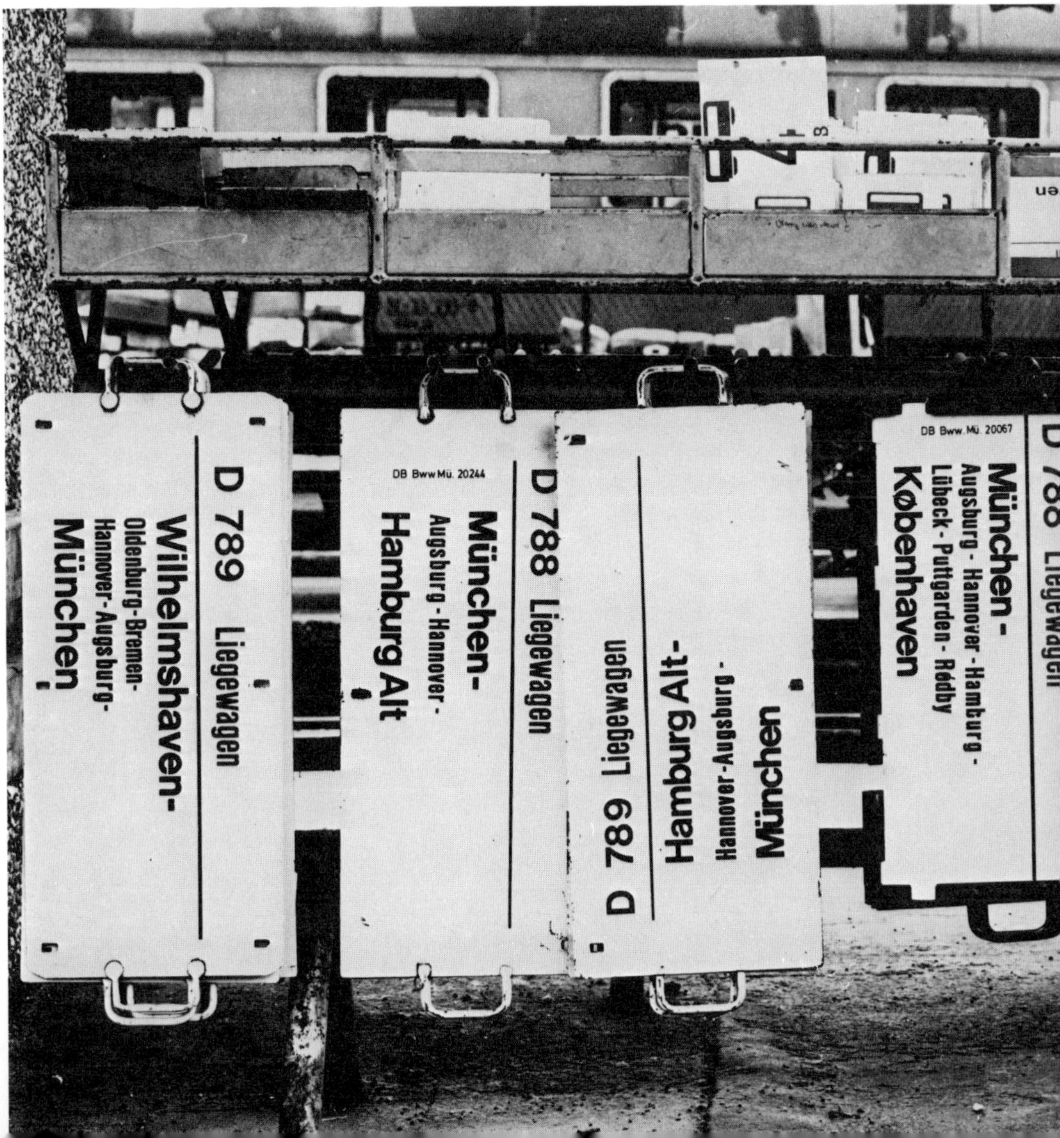

3

Logischer Schaltungsaufbau

Wir haben nun Grundbausteine der Elektronik kennengelernt und können darangehen, praktische Modellbahneraufgaben in Angriff zu nehmen. Dabei wollen wir uns zunächst an einen Themenbereich halten, der für Gleich- und Wechselstromsysteme in derselben Weise von Interesse ist, so daß Unterschiede der Betriebsarten keine wesentliche Rolle spielen. Auf allen Anlagen müssen z.B. Weichen gestellt werden, und da ist es günstig, daß dies überall in der gleichen Schaltungsform geschieht, wenigstens grundsätzlich. Natürlich gibt es Unterschiede, aber alle Weichen arbeiten nun einmal mit zwei Elektromagnet-Spulen, die wechselweise betätigt werden können: das ist bei Märklin nicht anders als bei Fleischmann oder Trix. Also sollen Weichenschaltungen unser nächstes Thema sein, wobei wir uns nicht darum kümmern, ob diese Weichen nun durch Darlington-Transistoren, Thyristoren oder ganz einfach per Drucktaster betätigt werden. Uns geht es darum, Weichenkombinationen zu analysieren.

Bei einer Analyse – sprich: Untersuchung – muß man nachdenken können, und zwar *logisch.* Daher der vielleicht etwas verwunderliche Titel dieses Kapitels. Ohne Logik geht es nun einmal nicht, und wir werden noch sehen, was unter diesem Begriff zu verstehen ist. Sicher hat jeder eine gewisse Ahnung von seiner Bedeutung, aber Elektroniker verbinden mit *Logik* ganz bestimmte Vorstellungen und weichen von manchem umgangssprachlichen Wortgebrauch ab.

Ohne Logik geht es nicht

Also um Logik geht es. Und dazu noch eine Bemerkung. Wenn man sich in den Angeboten mancher Zubehörfirmen umsieht, so findet man dort fertige *Fahrstraßenbausteine.* Sie haben unmittelbar mit unseren Weichenschaltungen zu tun und nennen sich *Module.* Wir wollen nicht darauf hinaus, für solche Module Eigenbaurezepte anzugeben. Uns geht es zunächst nur darum, die mit Weichenschaltungen verbundenen allgemeinen Probleme vorzustellen und zu entwickeln. Was Module leisten können, ergibt sich dann zwangsläufig, und wir kommen später darauf zurück.

Doch nun auf zur Praxis!

3.1 Fahrstraßenschaltungen

Auf jeder Modellbahnanlage wird es mindestens einen Bahnhof geben, und da ist es nicht damit getan, neben dem Schienenstrang der Bahnlinie ein paar Häuschen aufzustellen. Ein Bahnhof wird erst dadurch interessant, daß er mehrere Bahnsteige, Abstellgleise usw. besitzt, d.h. dort verzweigen sich die Gleise, es gibt etliche Weichen, und die Züge halten nicht nur, sondern man kann Rangierfahrten durchführen, Lokomotiven an- und abkuppeln, neue Züge zusammenstellen und überhaupt einen abwechslungsreichen Fahrbetrieb vorsehen.

Das bringt für die Schaltung natürlich einige Probleme, und sie sollen an einem verhältnismäßig einfachen Beispiel erörtert werden. Denken wir uns einen Bahnhof nach dem Gleisplan der *Abb. 3.1/1;* er liegt an einer zweigleisigen Hauptstrecke und soll hier nur als Muster dienen. Was für ihn gesagt wird, läßt sich sinngemäß auf andere Gestaltungen übertragen, so wie sie jeder auf seiner Anlage entworfen hat.

Nehmen wir an, ein Zug komme von B und solle auf das Bahnhofsgleis D geleitet werden. Dazu muß er etliche Weichen passieren (die Nummern 2, 3, 5 und 6); einige davon sind Doppelkreuzweichen. Jede Weiche wird normalerweise von zwei Drucktastern aus bedient, und wenn man nun von B nach D will, müßten vier solche Taster gedrückt werden, um alle Weichen in die richtige Stellung zu bringen. Das wäre an sich noch gar nicht so schlimm, aber bei umfangreicheren Bahnhofsanlagen kann ein Gewimmel von Tastern doch recht lästig werden, so daß es viel sinnvoller ist, eine *Fahrstraße* nur von ihrem Anfang und ihrem Ende her zu schalten, d.h. durch lediglich zwei Taster (z.B. einer in A, einer in D), und dann müßten sich alle die Fahrstraße bestimmenden Weichen von selbst in die richtige Stellung bewegen. So werden auch in den Stellwerken des großen Vorbilds Fahrstraßen aufgebaut, und wie sich Entsprechendes für die Modellbahnerpraxis bewerkstelligen läßt, soll im folgenden besprochen werden.

Fahrstraßen erhöhen die Betriebssicherheit

Fahrstraßen bieten nicht nur eine nützliche Arbeitserleichterung; sie erhöhen auch die Betriebssicherheit. Man kann sie so schalten, daß sie seitliche Einfahrten in ihren Verlauf verhindern (blockieren), und dann dürfte es an Kreuzungen keine Zusammenstöße mehr geben. Außerdem lassen sich die Weichenstellungen durch Signale bzw. Kontrollämpchen anzeigen, und wenn man eine Ein- bzw. Ausfahrt erst freigeben kann, sobald die entsprechende Fahrstraße *steht,* kommt man dem großen Vorbild schon sehr nahe. Allerdings wird ein Modellbahner bei seinen Fahrstraßenschaltungen nicht mit ein paar irgendwie nebeneinandergesetzten Drucktastern auskommen. Er sollte sich ein ordentliches *Gleisbild-Stellwerk* bauen, das die Übersicht

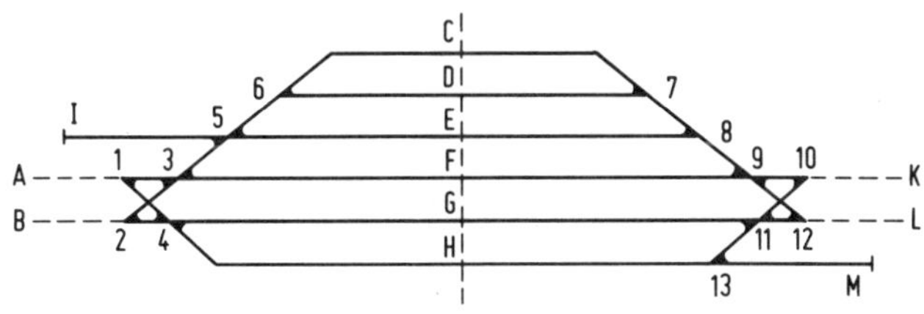

Abb. 3.1/1 Gleisbild eines Bahnhofs

über einen Bahnhof etwa so bietet wie *Abb. 3.1/1.* Die Bedienungselemente setzt man dorthin, wo sie sinnvollerweise ins Bild gehören (z.B. Fahrstraßen-Taster an die mit Großbuchstaben markierten Stellen). Die Modellbahnfirmen bieten entsprechende Systeme an, die aber sehr teuer sind. Ein billiges, individuell gestaltbares Gleisbild-Stellpult kann man mit Hilfe einer einfachen Hartfaserplatte entwickeln. Sie wird in einen festen Rahmen gesetzt und mit weißem Decofix bezogen. Auf ihm lassen sich durch schwarze Tesastreifen die Gleisführungen darstellen, und alle Bedienungselemente (Drucktaster usw.) kann man in Bohrlöcher einpassen. Das kostet nicht viel und kann, wenn man sorgfältig gearbeitet hat, sehr professionell aussehen.

Entwicklung einer Fahrstraßenschaltung = viel Gedankenarbeit

Die Entwicklung einer brauchbaren Fahrstraßenschaltung verlangt allerdings einige Gedankenarbeit. Denn die meisten Weichen liegen nicht nur in einer, sondern in mehreren möglichen Fahrstraßen eines Bahnhofbereiches, und das bedeutet, daß sie von mehreren Tastern aus geschaltet werden können. Die dabei erforderliche Verdrahtung läßt sich bei größeren Anlagen nicht mehr ohne weiteres übersehen, so daß es nötig wird, sich einen sorgfältigen Plan zu machen.

Zunächst einmal ist es zweckmäßig, ein Bahnhofsgebiet wie das aus Abb. 3.1/1 zu halbieren. Die beiden Hälften lassen sich dann wie zwei getrennte Kopfbahnhöfe behandeln, und das erleichtert die Übersicht. Wir betrachten im folgenden nur die linke Hälfte; was für sie gesagt wird, gilt dann sinngemäß auch für die andere und kann vom Leser selbständig weiterentwickelt werden.

Die möglichen Fahrstraßen werden in einer Liste zusammengestellt und durch Aufzählung aller jeweils in Frage kommenden Weichen ergänzt. Dabei haben die Weichen grundsätzlich zwei Einstellungsmöglichkeiten: Sie können auf *geradeaus* oder auf *abzweigend* stehen. Diese beiden Möglichkeiten sollen hier als gleichwertig angesehen werden, obwohl man häufig die öfters gebrauchte Einstellung als *Grundstellung* der Weiche bezeichnet.

Der Einfachheit halber wollen wir eine auf *geradeaus* gestellte Weiche mit dem Zeichen „+“ versehen, eine auf *abzweigend* gestellte Weiche mit dem Zeichen „–“. Dann würde also „W 4 + “ bedeuten: Die Weiche W 4 soll auf *geradeaus* stehen.

Nun also die Liste der möglichen Fahrstraßen nach Abb. 3.1/1:

A – C: W 1 +, W 3 –, W 5 +, W 6 +
A – D: W 1 +, W 3 –, W 5 +, W 6 –
A – E: W 1 +, W 3 –, W 5 –
A – F: W 1 +, W 3 +
A – G: W 1 –, W 4 –
A – H: W 1 –, W 4 +
B – C: W 2 –, W 3 +, W 5 +, W 6 +
B – D: W 2 –, W 3 +, W 5 +, W 6 –
B – E: W 2 –, W 3 +, W 5 –
B – F: W 2 –, W 3 –
B – G: W 2 +, W 4 +
B – H: W 2 +, W 4 –
J – C: W 5 –, W 6 +
J – D: W 5 –, W 6 –
J – E: W 5 +

Bei dieser Aufstellung wird also kein Unterschied gemacht, ob es sich um Fahrstraßen handelt, die über den Bahnhofsbereich hinausführen, oder ob sie sich auf diesen Bereich beschränken.

Für die Verdrahtung einer Anlage kommt es aber eigentlich gar nicht auf die Fahrstraßen an, sondern auf die Weichenanschlüsse, und deshalb ist es nötig, die obige Liste umzuschreiben und so zu ordnen, daß die Verbindung der Weichenanschlüsse mit den jeweiligen Bedienungselementen sichtbar wird. Wir gehen dabei von Drucktastern aus, und zwar muß immer einer am Anfang, einer am Ende der Fahrstraße sitzen. Der Weichenanschluß W 2 + taucht dann z.B. zweimal auf: wenn die Taster B und G gedrückt werden oder wenn man B und H bedient. Nach diesem Prinzip stellen wir die nächste Liste auf, aber vorher ist ein kleiner Ausflug in die *mathematische Logik* bzw. in die *Schaltalgebra* notwendig.

3.2 Schaltalgebra als Planungshilfe

Soeben hieß es, der Weichenanschluß W 2 + tauche auf, wenn die Taster B und H betätigt werden oder wenn man B und G bedient. Die beiden Wört-

chen *und* bzw. *oder* sind zur Bezeichnung von Verknüpfungen so wichtig, daß man für sie besondere Symbole eingeführt hat, nämlich „$\wedge$“ und „$\vee$“. Es gilt also:

$\wedge$ entspricht „und“

$\vee$ entspricht „oder“.

Dann kann man die Tastergruppierung, die W 2 in die Stellung „+“ (geradeaus) überführt, schreiben als

$(B \wedge H) \vee (B \wedge G)$.

Gelegentlich sind auch etwas andere Zeichen gebräuchlich (z.B. „$\cap$“ bzw. „$\cup$“), aber das soll uns hier nicht kümmern. Mit der Einführung der neuen Zeichen wird die Beschreibung elektrischer Schaltungen *algebraisch:* daher auch der Begriff *Schaltalgebra.* Aber vorhin war auch noch von *mathematischer Logik* die Rede.

Um den Sinn dieses Ausdrucks zu verstehen, wollen wir die Schaltung für die Weichenstellung W 2 + einmal aufzeichnen *(Abb. 3.2/1).* Natürlich interessiert dann außer dem Nulleiter nur noch ein Anschlußkabel des Weichenkastens; das zweite, über das die Weiche W 2 auf *abzweigend* gestellt werden kann, deuten wir nur an. Dem Wörtchen *und* entspricht jetzt, daß die zugehörigen Taster in Reihe auftreten, dem Wörtchen *oder,* daß diese Reihen parallel geschaltet werden.

Am Schaltbild Abb. 3.2/1 kann man zweierlei erkennen. Erstens ist es bei den beiden parallel laufenden Tasterzweigen gleichgültig, ob man zuerst Taster B und danach Taster G schreibt oder umgekehrt (bzw. zuerst Taster B und dann Taster H oder umgekehrt). Auch die Leiterzweige selbst ließen sich vertauschen (B-H über B-G statt darunter). An der Funktion der Schaltung ändert sich dadurch gar nichts: Das ist doch *logisch!* Man kann also „$B \wedge G$“ gegen „$G \wedge B$“ vertauschen bzw. „$B \wedge H$“ gegen „$H \wedge B$“, und außerdem gilt:

Das ist doch logisch!

$(B \wedge H) \vee (B \wedge G) = (B \wedge G) \vee (B \wedge H)$.

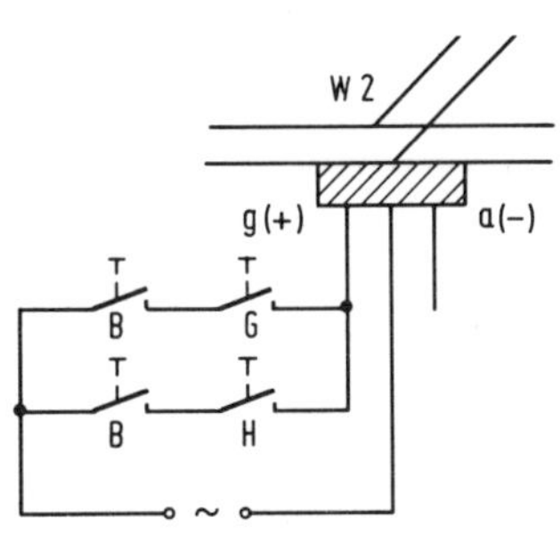

Abb. 3.2/1 Bedienung der Weiche W 2 mit vier Tastern

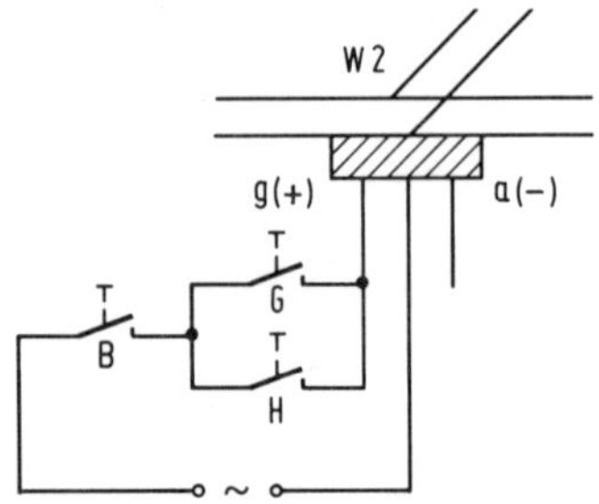

Abb. 3.2/2 Einsparung eines Tasters bei W 2

Das ist nun tatsächlich eine mathematische Gleichung, und wir haben soeben von einem wichtigen Gesetz der mathematischen Logik Gebrauch gemacht, dem sog. „Kommutativgesetz" (Vertauschungsgesetz).

Aber noch etwas anderes wird aus Abb. 3.2/1 deutlich. Der Taster B tritt in beiden Leiterzweigen auf, und damit ist er genau einmal zuviel eingesetzt. Vergleicht man *Abb. 3.2/2* mit Abb. 3.2/1, so ist zwar die Funktion vollständig dieselbe, jedoch wird in 3.2/2 ein Taster eingespart; so ist die Schaltung also einfacher bzw. wirtschaftlicher. Den Vorgang dieser Einsparung kann man als Gleichung schreiben:

$$(B \wedge H) \vee (B \wedge G) = B \wedge (H \vee G),$$

und diese Gleichung erinnert stark an das bekannte *Ausklammern* in der Mathematik. Auch hier ergibt sich die Ersparnis *logisch*, und deshalb kann man wohl verstehen, wenn vorhin von mathematischer Logik die Rede war. Das Gesetz, das hinter dem Ausklammern steckt, nennen die Mathematiker *Distributivgesetz*, aber diesen schwierigen Ausdruck braucht sich ein Modellbahner nicht unbedingt zu merken.

Eine Anmerkung zum Wörtchen *oder* ist aber noch nötig. Es hat nämlich zwei Bedeutungen, und das kann man sich leicht an umgangssprachlichen Sätzen klarmachen. Wenn jemand sagt, er wolle nachmittags seine Freundin besuchen oder zu Hause bleiben, so meint er, daß er wählen kann. Wäre er Mathematiker, würde er präzise formulieren: *Entweder besuche ich nachmittags meine Freundin, oder ich bleibe zu Hause.* Das eine schließt das andere aus. Hat aber jemand einen Hund und erzählt: *Mein Hund frißt Fleisch oder Knochen,* so wird er kaum behaupten wollen, der Hund fräße nur entweder Fleisch oder Knochen. Hier schließt das eine das andere nicht aus, und insofern handelt es sich um ein einschließendes *oder.* Die Lateiner können den Unterschied sehr schön deutlich machen: beim *entweder – oder* sagen sie: *aut . . . aut,* beim einschließenden *oder* haben sie das Wörtchen *vel.* Von diesem Wörtchen ist das Zeichen „V“ für unser schaltalgebraisches *oder* zu verstehen; „V“ ist also immer einschließend gemeint.

Für elektrische ODER-Schaltungen ist das völlig selbstverständlich. In Abb. 3.2/2 kann man den Taster G schließen oder den Taster H oder auch beide gemeinsam: für die Funktion ihrer Parallelschaltung ist das ganz unerheblich. H und G schließen sich also nicht aus. Merken wir uns also:
Eine UND-Schaltung ist eine Reihenschaltung;
eine ODER-Schaltung ist eine Parallelschaltung.

Nach diesem kleinen Ausflug in die mathematische Logik kehren wir nun zurück zu der Liste der Weichenanschlüsse in unserer Fahrstraßenschaltung aus dem vorigen Abschnitt und versuchen sogleich, das Distributivgesetz möglichst oft anzuwenden, um Schaltstellen zu sparen. Manchmal kann man sogar ganze Klammerausdrücke ausklammern (so bei W 5 +) und dadurch erheblich vereinfachen. Wer Fahrstraßenschaltungen entwickeln will, sollte sich im Gebrauch des Distributivgesetzes eifrig üben; letztlich spart er dadurch sogar Geld! Überflüssig gewordene Taster braucht man nicht zu kaufen, und Bewunderern seiner Anlage kann man stolz verkünden, man habe sie mit mathematischer Logik berechnet! Übung spart Geld!

Nun also die *Weichenanschlußliste:*

W 1 +: $(A \wedge C) \vee (A \wedge D) \vee (A \wedge E) \vee (A \wedge F) = A \wedge (C \vee D \vee E \vee F)$

W 1 –: $(A \wedge G) \vee (A \wedge H) = A \wedge (G \vee H)$

W 2 +: $(B \wedge G) \vee (B \wedge H) = B \wedge (G \vee H)$

W 2 –: $(B \wedge C) \vee (B \wedge D) \vee (B \wedge E) \vee (B \wedge F) = B \wedge (C \vee D \vee E \vee F)$

W 3 +: $(A \wedge F) \vee (B \wedge C) \vee (B \wedge D) \vee (B \wedge E) = (A \wedge F) \vee [B \wedge (C \vee D \vee E)]$

W 3 –: $(A \wedge C) \vee (A \wedge D) \vee (A \wedge E) \vee (B \wedge F) = [A \wedge (C \vee D \vee E)] \vee (B \wedge F)$

W 4 +: $(A \wedge H) \vee (B \wedge G)$

W 4 –: $(A \wedge G) \vee (B \wedge H)$

W 5 +: $(A \wedge C) \vee (A \wedge D) \vee (B \wedge C) \vee (B \wedge D) \vee (J \wedge E) = [A \wedge (C \vee D)] \vee [B \wedge (C \vee D)] \vee (J \wedge E) = [(A \vee B) \wedge (C \vee D)] \vee (J \wedge E)$

W 5 –: $(A \wedge E) \vee (B \wedge E) \vee (J \wedge C) \vee (J \wedge D) = [E \wedge (A \vee B)] \vee [J \wedge (C \vee D)]$

W 6 +: $(A \wedge C) \vee (B \wedge C) \vee (J \wedge C) = C \wedge (A \vee B \vee J)$

W 6 –: $(A \wedge D) \vee (B \wedge D) \vee (J \wedge D) = D \wedge (A \vee B \vee J)$

Diese Liste ist noch sehr abstrakt, aber die Sache wird sofort anschaulicher, wenn man für alle Weichenanschlüsse die entsprechenden Schaltbilder zeichnet. Zunächst sollen diese Bilder noch getrennt erscheinen, d.h. ohne einen allgemeinen Stromkreis. In den Skizzen der *Abb. 3.2/3* ist der Einfach-

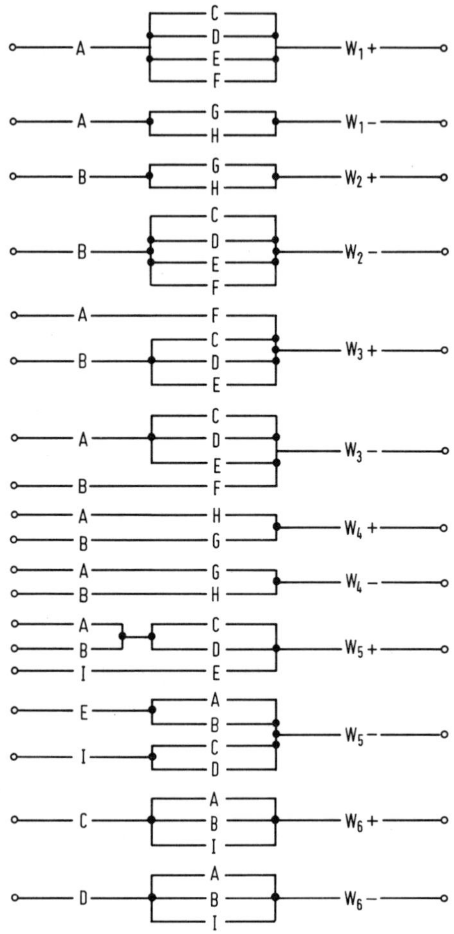

Abb. 3.2/3 Entwurf zu einer Fahrstraßen-schaltung mit Drucktastern

heit halber auf die vollständige Darstellung von Tastern verzichtet; an ihrer Stelle erscheinen nur die zugehörigen Buchstaben. Außerdem liegt in Reihe zu jeder Tastergruppe der zugehörige Weichenanschluß, so daß jede Figur einer durchgehenden Leitungsführung von Pol zu Pol der Betriebsspannung entspricht.

Nun sind aber die einzelnen Stromwege über Taster und Weichen in einen Gesamtstromkreis eingefügt, und wenn man ihn berücksichtigt, so ergeben

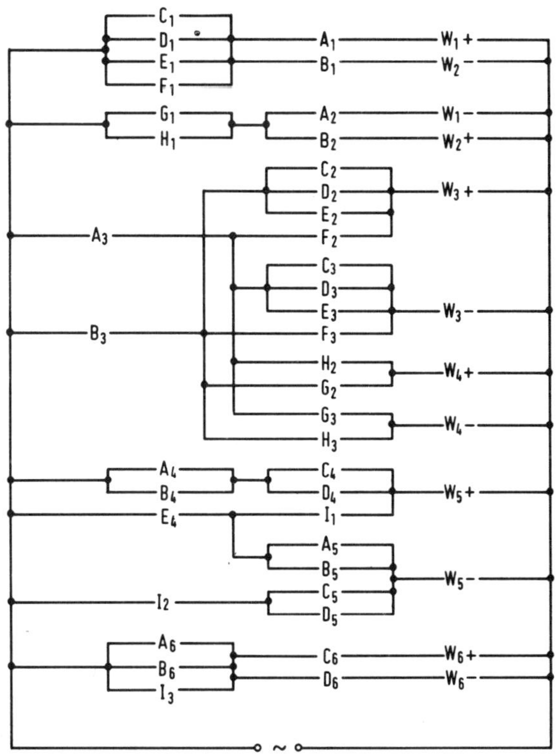

Abb. 3.2/4 Fahrstraßen-schaltung mit Drucktastern (Gesamtplan)

Einsparung von Tastern

sich weitere Vereinfachungsmöglichkeiten. Alle in Abb. 3.2/3 gezeichneten Einzelstränge liegen in diesem Gesamtstromkreis parallel, was man zur Einsparung weiterer Taster ausnutzen kann. Dabei ist es in gewissen Fällen günstig, die vorgegebenen Schaltgruppen anders als in Abb. 3.2/3 anzuordnen (z.B. bei W 1 + und W 2 –). Einen Vorschlag dazu bietet *Abb. 3.2/4.*

Bei der Entwicklung dieses letzten Schaltplanes könnte man auch andere Wege gehen, wird aber immer versuchen, so viele Schalter wie möglich einzusparen. Ob das besser mit den Formeln der Schaltalgebra funktioniert oder durch genaues Untersuchen der Schaltskizze, ist Geschmackssache. Wahrscheinlich sieht man auf der Zeichnung eher Vereinfachungsmöglichkeiten, als wenn man sich nur auf das Distributivgesetz verläßt.

3.3 Fahrstraßenschaltung mit Tastern und Dioden

Mit Abb. 3.2/4 haben wir nun bereits ein vollständiges Schaltbild für die Verdrahtung einer Fahrstraßenschaltung. Was dabei auffällt, ist, daß die verschiedenen Taster A, B, C usw. mehrfach auftreten. Es handelt sich natürlich immer um jeweils denselben Taster, nur muß er mehrere gleichzeitig schaltende Kontakte besitzen. Sie sind in Abb. 3.2/4 durchnumeriert; Taster A benötigt z.B. 6 Kontakte, die zwar keine elektrische Verbindung miteinander haben dürfen, aber gemeinsam geschlossen bzw. geöffnet werden. Es gibt derartige Taster zu kaufen: Wir kommen noch darauf zurück. Eventuell braucht man sogar noch mehr als die in Abb. 3.2/4 angegebenen Kontakte pro Taster, wenn er nämlich noch weitere Schaltaufgaben übernehmen soll.

Wir wollen es uns ersparen, das gesamte Schaltbild noch einmal mit ausführlicher Darstellung der Taster und Weichenanschlüsse zu zeichnen. Einen kleinen Eindruck von seiner Ausführung soll *Abb. 3.3/1* geben, wo wir uns auf den Taster A und die Weiche W 1 beschränken. Wer Lust hat, kann ja weiterzeichnen! Jedenfalls wird die Sache ziemlich kompliziert, aber damit muß man sich bei größeren Bahnhofsanlagen nun einmal abfinden. Was allerdings zu Schwierigkeiten führen kann, ist die Beschaffung geeigneter Schalter bzw. Taster. Recht gut bewähren sich die Drucktastenschalter nach Abb. 1.5.1/3, bei denen man den kleinen Arretierungsbügel ausklinken muß, damit sie nicht einrasten. Es gibt sie in Ausführungen bis zu acht Kontaktsätzen (z.B. bei Herkat unter der Best. Nr. 2356). Wer noch mehr braucht, kann sich an die Firma Hartel-elektrik wenden (Gerbrunn/Würzburg), bei der

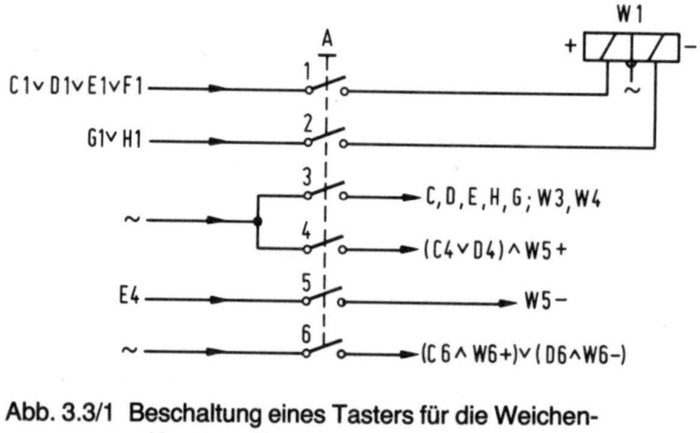

Abb. 3.3/1 Beschaltung eines Tasters für die Weichenansteuerung (Ausschnitt)

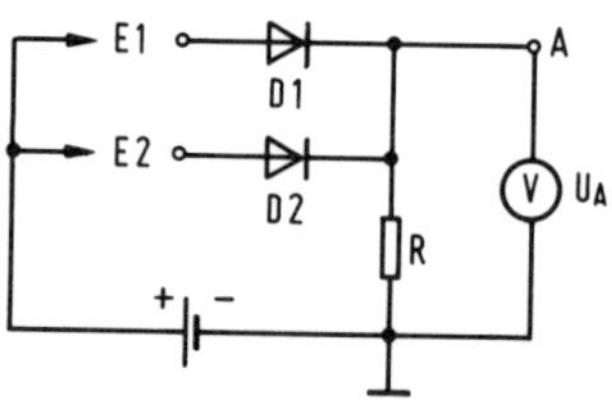

Abb. 3.3/2 Entkopplungsdioden in einer ODER-Schaltung

das Programm der nicht mehr existierenden Firma Conrad weitergeführt wird. Dort gibt es Bausätze, mit denen sich Drucktaster beliebiger Kontaktzahl zusammensetzen lassen. Allerdings läßt sich nicht verschweigen, daß bei wachsender Kontaktzahl die möglichen Fehlerquellen mitwachsen, denn die Mechanik eines kompliziert aufgebauten Tasters kann mitunter Störungen verursachen. Insofern ist es sinnvoll, sich nach anderen Lösungen umzusehen.

Doch nun zurück zur Elektronik

Es wird ohnehin Zeit, daß wir wieder zu unserem eigentlichen Hauptthema, der Elektronik, zurückkehren, und dazu bietet sich jetzt eine Gelegenheit. Man kann nämlich Kontakte einsparen, wenn man seine Fahrstraßenschaltung wenigstens halb elektronisch aufbaut. Dabei geht es um den Einsatz von Dioden, und zwar, weil man mit ihnen einfache ODER-Schaltungen aufbauen kann. Wie das vor sich geht, zeigt *Abb. 3.3/2.* Die beiden Dioden D 1 und D 2 liegen parallel zueinander und können über die Schaltungseingänge E 1 bzw. E 2 positiv angesteuert werden. Ist das nicht der Fall, so zeigt der Schaltungsausgang A Nullpotential. Wird aber E 1 oder E 2 an Plus gelegt, so wird auch A positiv. Dabei gibt es keine Rückwirkung von einem Eingang auf den anderen; die beiden Dioden sorgen also dafür, daß die Eingänge *entkoppelt* bleiben.

Wenn wir solche Entkopplungsdioden einsetzen wollen (z.B. 1 N 4001), müssen wir jedoch alle Weichen mit Gleichstrom schalten. Das war bisher nicht nötig. Hinter den Versorgungstrafo für die Fahrstraßenschaltung gehört also ein Brückengleichrichter ausreichender Leistungsfähigkeit; außerdem ist ein Glättungskondensator günstig. Wie die Fahrstraßenschaltung für den Bahnhof von Abb. 3.1/1 (linke Hälfte) dann aussehen kann, zeigt *Abb. 3.3/3.*

Auch hier geht es zunächst einmal darum, die möglichen Fahrstraßen festzulegen. Jede Fahrstraße wird durch zwei Taster bestimmt, z.B. A und F; in dieser Hinsicht bleibt alles beim alten. Dann ist zu überlegen, wieviele Weichen in jeder Fahrstraße liegen; auch das haben wir bereits getan. Die Taster A, B und J wollen wir als Start-Taster bezeichnen, die Taster C, D, E, F, G und G als Zieltaster, und da man zu jedem Ziel von einem Start kommen kann, leuchtet ein, daß man für die Zieltaster soviele Kontakte braucht, wie es Startmöglichkeiten gibt, die zu dem betreffenden Ziel führen. So braucht der Zieltaster F zwei Kontakte, weil man von A oder B nach F fahren kann; der Zieltaster D braucht drei Kontakte, weil D von A, B und J zu erreichen ist. Übrigens sei daran erinnert, daß wir unseren Bahnhof halbiert hatten. Will man die Fahrstraßenschaltung auf die bisher unbe-

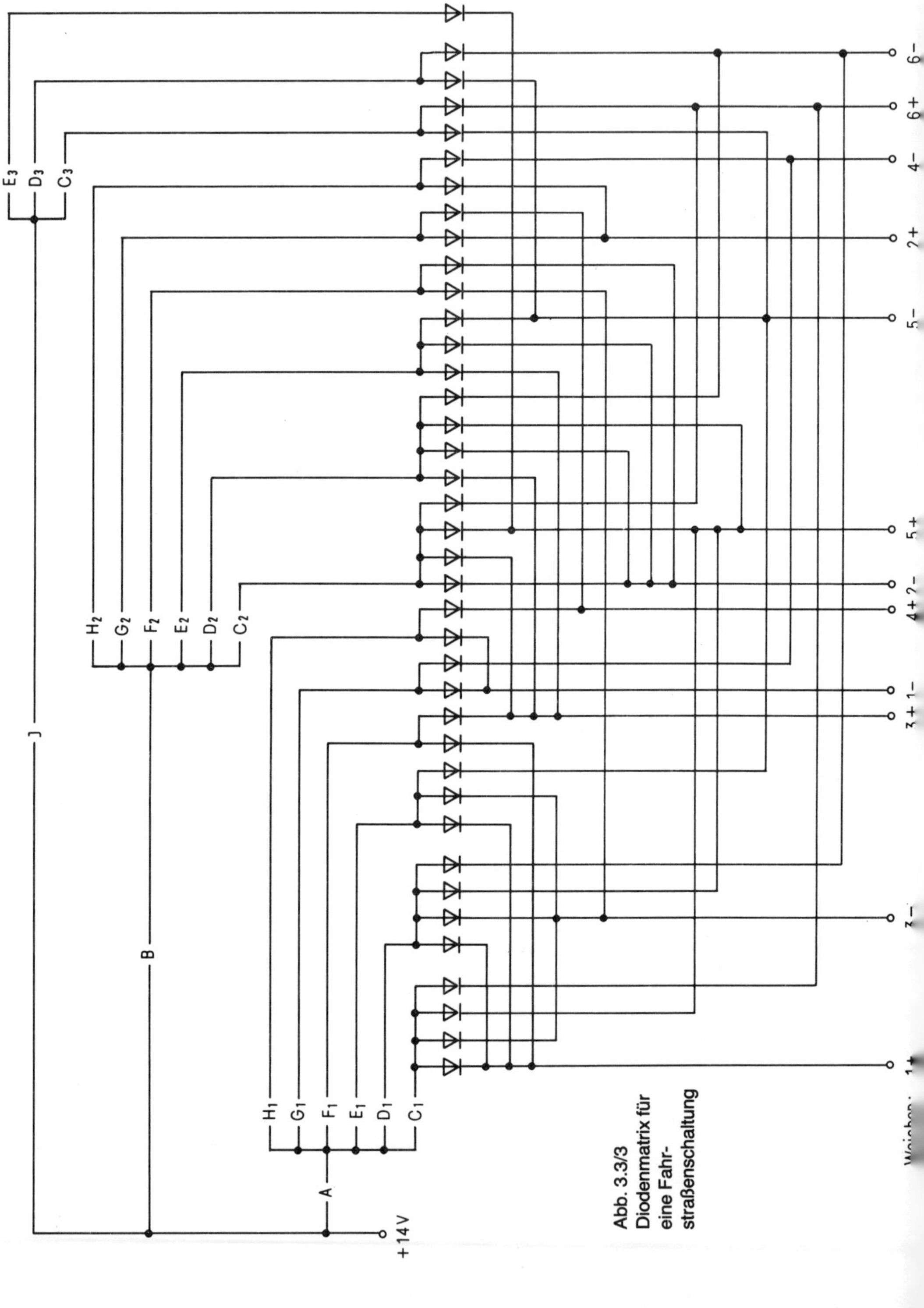

Abb. 3.3/3 Diodenmatrix für eine Fahrstraßenschaltung

rücksichtigte zweite Hälfte erweitern, so müssen wir natürlich für entsprechend mehr Kontakte an den Drucktastern in der Bahnhofsmitte sorgen.

Nun liegen in der Fahrstraße A–C vier Weichen. Drückt man die beiden Taster, so müssen von dem Kontakt C 1 Leitungen zu diesen vier Weichen führen, aber da dieselben Weichen auch in anderen Fahrstraßen liegen, dürfen die Zuleitungen sich nicht gegenseitig beeinflussen: Sie müssen entkoppelt werden. Eben dazu dienen die Dioden. Sie werden in Durchlaßrichtung geschaltet, d.h. so, daß der Strom vom positiven Pol durch sie hindurch zur Weiche und dann weiter zum negativen Pol der Versorgungsspannung fließen kann. In Abb. 3.3/3 ist allerdings auf den Stromweg von den Weichen zum Minuspol verzichtet; nur die Weichenanschlüsse sind eingetragen. Verfolgt man die von den vier zu C 1 gehörenden Dioden wegführenden Leitungswege, so erkennt man, daß sie bei 1+, 3–, 5+ und 6+ enden; auf diese Weise lassen sich die zur Fahrstraße gehörenden Weichen in die richtige Stellung bringen. Ein Stromfluß zu anderen Weichenanschlüssen ist nicht möglich, da ihm stets in Sperrichtung liegende Dioden entgegenstehen. Entsprechendes gilt für alle übrigen Fahrstraßen.

Die Diodenschaltung hat zwei Vorteile

Die Diodenschaltung von Fahrstraßen hat also zwei Vorteile gegenüber dem vorhin geschilderten *konventionellen* Entwurf. Erstens ist die Schaltung einfacher zu entwickeln; man braucht dabei keine *mathematische Logik* zu bemühen. Daß unser Ausflug in dieses Gebiet aber keineswegs überflüssig war, wird sich noch zeigen. Zweitens ist der Aufwand bei den Tastern geringer; es sind nicht so viele Kontakte erforderlich. Das wirkt sich nicht zuletzt im Preis aus. Die vielen Dioden sind insgesamt billig, besonders, wenn man günstige Angebote des Elektronik-Fachhandels ausnutzt. Gut geeignet ist z.B. die Leistungsdiode 1 N 4001, die den Schaltstrom für eine Weiche ohne weiteres vertragen kann. Wie man mit ihr umgeht, wurde bereits in Kap. 2.1 dargestellt. Ob allerdings die Weichen direkt von den Dioden aus oder mittelbar über Transistor- bzw. Thyristorglieder angesteuert werden sollen, ist eine weitere Frage, die hier nicht beantwortet werden kann. Das muß jeder Anwender selbst entscheiden.

Daß trotz aller Vorzüge die Diodenschaltung von Fahrstraßen – man kann sie als *Matrix* bezeichnen – nicht das letzte Wort sein muß, wird später gezeigt. Es hat damit zu tun, daß zur zweckmäßigen Schaltung einer Modellbahnanlage ein ganzes Stellpult gehört, bei dem durch Leuchtanzeigen sichtbar gemacht werden kann, welche Fahrstraße jeweils eingestellt wurde. Dazu braucht man weitere Schaltelemente, und von einer derartigen Erweiterung der Fahrstraßenschaltung soll erst einmal die Rede sein, ehe wir dann auf rein elektronische Schaltungsmöglichkeiten eingehen.

3.4 Weichenrückmeldung

Damit man immer weiß, welche Fahrstraße gerade eingestellt ist, sollte man für eine Weichenrückmeldung auf seinem Gleisbildstellpult sorgen. Das geschieht am besten optisch, d.h. es werden den einzelnen Weichen Glühbirnen zugeordnet, die eine in Richtung *geradeaus,* die andere in Richtung *abzweigend.* Natürlich können es auch Leuchtdioden sein; das ist sogar günstiger, wenn man Energie sparen will, obwohl sie von der Seite nicht immer gut zu erkennen sind. Im allgemeinen wird man zur Stromversorgung der Anzeigelämpchen einen besonderen Stromkreis einrichten. Bei Glühbirnen kann das Wechselstrom sein, etwa 10 V Versorgungsspannung. Wie das für das vorhin geschilderte Bahnhofsbeispiel aussehen kann, zeigt *Abb. 3.4/1.* Wieder ist der Bahnhof halbiert; die zweite Hälfte fällt entsprechend aus.

Zunächst muß festgelegt werden, in welchen Fahrstraßen die einzelnen Anzeigenlämpchen liegen sollen. Dabei kann eine bestimmte Lampe natürlich in mehreren Fahrstraßen erscheinen. Gemäß Abb. 3.4/1 läßt sich folgender Plan aufstellen:

A – C: L 0, L 1, L 6, L 9, L 11
A – D: L 0, L 1, L 6, L 9, L 10
A – E: L 0, L 1, L 6, L 7
A – F: L 0, L 1, L 5
A – G: L 0, L 1’, L 4
A – H: L 0, L 1’, L 3
B – C: L 0’, L 2’, L 6, L 9, L 11
B – D: L 0’, L 2’, L 6, L 9, L 10
B – E: L 0’, L 2’, L 6, L 7
B – F: L 0’, L 2’, L 5
B – G: L 0’, L 2, L 4
B – H: L 0’, L 2, L 3
J – C; L 8, L 9, L 11
J – D: L 8, L 9, L 10
J – E: L 8, L 7.

Natürlich braucht eine Lampe, z.B. L 5, nicht nur durch eine einzige Glühbirne (bzw. Leuchtdiode) repräsentiert zu werden. Optisch macht es sich besser, wenn man längere Gleisabschnitte auf dem Stellpult durch mehrere parallel geschaltete Birnchen ausleuchtet. Auch in Abb. 3.4/1 sind L 1’ bzw. L 2’ bereits durch zwei Birnen angedeutet, die immer gemeinsam aufleuchten müssen. Bei LED’s kann das gelegentlich Schwierigkeiten geben, wenn die Exemplare sich in ihrem Verhalten stark unterscheiden; man muß das ausprobieren.

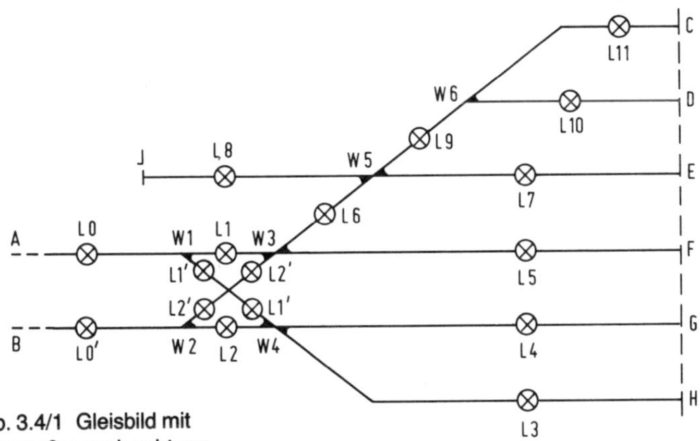

Abb. 3.4/1 Gleisbild mit Fahrstraßenausleuchtung

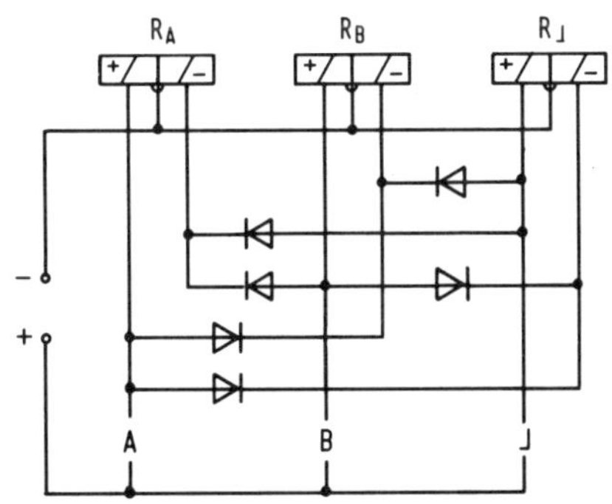

Abb. 3.4/2 Relaisschaltung für die Ausleuchtung von Fahrstraßen (Anfangsstufe)

Für die Anschlußschaltung der Lämpchen gibt es mehrere Möglichkeiten; die traditionelle Methode geht von Doppelspulen-Relais aus. Solche Relais kann man den Weichen parallel schalten (in die *denkenden* Fleischmann-Weichen sind sie sogar eingebaut). Die Relaisstellung entspricht dann immer der Weichenstellung; wir haben sie wieder mit „+“ (geradeaus) und „–“ (abzweigend) bezeichnet, was natürlich nicht mit Spannungsvorzeichen verwechselt werden darf. Allerdings ist es zweckmäßig, auch noch zusätzliche Relais von den Anfangstastern einer Fahrstraße aus zu bedienen (A, B und J) sie versorgen dann alle Glühbirnen der betreffenden Fahrstraßen mit Strom (vgl. Abb. 3.4/2). Natürlich soll immer nur eine Fahrstraße aufleuchten können; war z.B. bereits die Fahrstraße A – C eingestellt und will man nun die Fahrstraße B – H aufbauen, so muß automatisch A – C verlöschen. Das kann man durch eine einfache Diodenschaltung nach *Abb. 3.4/2* errei-

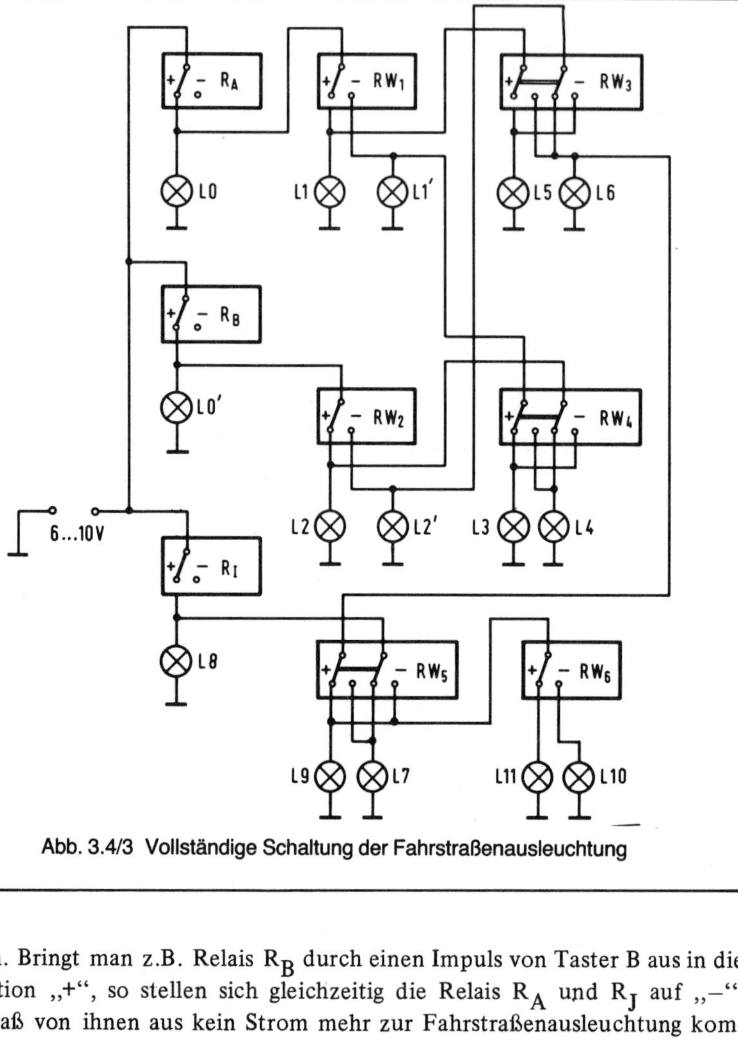

Abb. 3.4/3 Vollständige Schaltung der Fahrstraßenausleuchtung

chen. Bringt man z.B. Relais R_B durch einen Impuls von Taster B aus in die Position „+", so stellen sich gleichzeitig die Relais R_A und R_J auf „–", so daß von ihnen aus kein Strom mehr zur Fahrstraßenausleuchtung kommen kann. Die Dioden versperren alle Stromwege, die zu unzulässigen Verkopplungen zwischen den Relais führen würden; selbstverständlich muß man für die Stromversorgung der Relais von einer Gleichspannung ausgehen.

Wie sich die weiteren Relais, die für die Ausleuchtung der Fahrstraßen auf dem Stellpult sorgen, verdrahten lassen, zeigt *Abb. 3.4/3.* Jedes Relais – außer den schon genannten, mit denen die Fahrstraßen beginnen – ist einer Weiche parallel geschaltet, z.B. RW 1 der Weiche W 1. In Abb. 3.4/3 sind nur die Leitungsführungen zwischen den Relaiskontakten dargestellt, nicht die Anschlüsse der Relaisspulen. Alle Glühbirnen liegen grundsätzlich an ein und derselben Spannungsquelle, z.B. 10 V Gleich- oder Wechselspannung. Man sollte die Spannung nicht zu hoch wählen, sondern immer etwas unter der für die Glühbirnen angegebenen Betriebsspannung bleiben, denn erstens ist es gar nicht nötig, daß die Glühbirnen mit voller Lichtstärke brennen, und zweitens verlängert eine Unterspannung ihre Lebensdauer.

Der Aufbau dieser Schaltung ist problemlos, hat aber wegen der Verwendung von Relais die Nachteile, die nun einmal mit Relais verbunden sind: hohe Kosten und mechanische Störanfälligkeit (vgl. Kap. 1.5.5). Wir wollen uns deshalb im nächsten Kapitel nach anderen Schaltungsmöglichkeiten umsehen und werden dabei zugleich immer tiefer in die Geheimnisse der modernen Elektronik eindringen.

4

Integrierte Bausteine in digitalen Logikschaltungen

4.1 Integrierte Schaltkreise

Ein Zauberwort der heutigen Elektronik heißt *Integration* – manchmal sogar *Großintegration.* Was es damit auf sich hat, wissen wir eigentlich bereits. Erinnern wir uns: Da war einmal von den Darlington-Transistoren die Rede, die in einem einzigen Gehäuse gleich zwei fertig kombinierte Transistoren enthielten (vgl. Abb. 2.3/2). Oder wir hatten von den Optokopplern gesprochen, bei denen eine Leuchtdiode und ein Fototransistor gemeinsam im selben Gehäuse sitzen (Abb. 2.4/6). *Integrieren* heißt eigentlich *zusammenfassen;* solche Bausteine wie der Darlington-Transistor oder der Optokoppler sind demnach bereits erste Beispiele für *integrierte Schaltungen.*

Aber die Integration geht noch weiter. Auch wer eine Platine als *gedruckte Schaltung* entwirft und bestückt, integriert. Er faßt viele Einzelbauteile zu einem einheitlichen Block zusammen, den man in Gießharz einschließen und als komplexes Element mit mehreren Eingängen bzw. Ausgängen einsetzen könnte. Genauso verfährt die moderne elektronische Industrie. Es gibt viele Schaltungen, die immer wiederkehren, bei den verschiedensten Anwendungen, und da wäre es wenig wirtschaftlich, sie stets neu aufzubauen. Also werden sie in einem Block hergestellt, was zwei Vorteile bietet. Erstens läßt sich auf diese Weise in Serie produzieren, was zur Kostensenkung führt: Eine Maschine, die integrierte Schaltungen am laufenden Band und automatisch herstellt, arbeitet wirtschaftlicher als ein Bastler, der sich alles im Handbetrieb zusammenlöten muß. Tatsächlich haben integrierte Schaltkreise *(integrated circuits,* kurz: IC's) seit Jahren die Tendenz entwickelt, immer billiger zu werden – der Modellbahner hört's gern! Und zweitens kann man die Einzelteile einer integrierten Schaltung so miniaturisieren und zusammenrücken, daß sich in phantastischer Weise Platz sparen läßt. Moderne IC's enthalten oft Hunderte von Bauelementen (Widerständen, Dioden, Transistoren usw.) auf winzigem Raum vereint nebst zugehörigen Leiterbahnen; alles wird in ein kleines Gehäuse gesetzt, und was eigentlich am meisten Platz beansprucht, sind dann nur noch die Verbindungen zur Außenwelt bzw. zu den Anschlußstiften einer solchen integrierten Schaltung, d.h. es müssen am Sockel sogenannte PINs sitzen, mit denen sich der IC in eine Platine einlöten läßt. Ihre Anordnung bzw. Breite hängt dann gar nicht mehr allein vom Innenleben des IC ab, sondern von den üblichen Maßen der Platinen. Besonders achtet man dabei auf die Lochrasterplatten mit ihren Normabständen (ca. 2.5 mm von Loch zu Loch), und IC's, die auf solche Platten passen, haben zumeist die praktische Dual-in-line-Form, d.h. sie sitzen in länglichen Kunststoffkästchen, bei denen die Anschlußstifte rechts und links in zwei parallelen Reihen angeordnet sind.

Da gibt es dann z.B. integrierte Bausteine, die gleich mehrere Transistoren in einem Block enthalten; das sind die sog. *Transistor-Arrays.* Oder man kann Logik-Bausteine in einem integrierten Schaltkreis herstellen. Denken wir etwa an die ODER-Schaltung aus dem vorigen Kapitel. Wir hatten da zwei Dioden so kombiniert, daß ihre Eingänge entkoppelt waren und der Ausgang nur dann positiv wurde, wenn der eine oder der andere Eingang (oder beide) positives Potential annahm. Man kann eine ähnliche Schaltung auch aus zwei Transistoren aufbauen und erhält dann ein ODER-Bauteil. Es läßt sich wieder in einen Plastikkasten verschließen, eventuell gleich mehrere zusammen, und so entsteht dann ein ODER-IC. Dasselbe geht mit Transistoren, die eine UND-Verbindung herstellen (nach dem Muster: $E\,1 \wedge E\,2 = A$), oder man integriert Transistoren, die ein Signal umkehren (invertieren bzw. negieren; vgl. Kap. 2.2). So erhält man eine ganze Familie von Logik-IC's, und da sie immer mit zwei Spannungszuständen arbeiten (entweder positives Potential an Eingängen bzw. Ausgängen oder Nullpotential), handelt es sich zugleich um integrierte Schaltkreise der Digitalelektronik. Daß es auch analog funktionierende IC's gibt, werden wir noch sehen (Kap. 5.5).

Der Anfänger ist irritiert: Es gibt nichts, was es nicht gibt

Was den Anfänger natürlich irritiert, ist die Typenvielfalt der heute erhältlichen integrierten Schaltkreise. Da gibt es beinahe nichts, was es nicht gibt. Wenn wir hier versuchen, Überblicke zu gewinnen, so soll das zunächst nur die Klasseneinteilung der IC's betreffen, nicht ihre digitalen (bzw. analogen) Funktionsweisen. Auf die gehen wir nachher gesondert ein. Fangen wir an mit einer Schaltkreissorte, die überall erhältlich ist und bei der man geradezu von Standard-IC's spricht. Das sind die IC's der Serie SN 74. . .

Sie stecken in den schon erwähnten Plastikgehäusen der Dual-in-line-Form abgekürzt: DIL), meist mit 14 PINs, manchmal mit 16, und daß es auch noch größere gibt, wollen wir hier übersehen. Was uns auch nicht zu kümmern braucht, ist die Angabe, es handle sich hier um Schaltkreise mit TTL-Technologie. Gemeint ist, die innere Struktur solcher IC's basiere auf

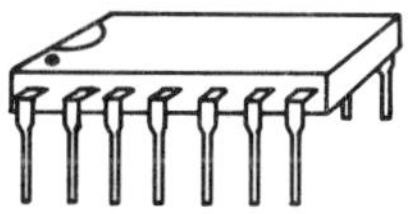

Abb. 4.1/1 Integrierter Schaltkreis (IC-Fassung)

Abb. 4.1/2 Anschlußbild bei einem IC (Draufsicht)

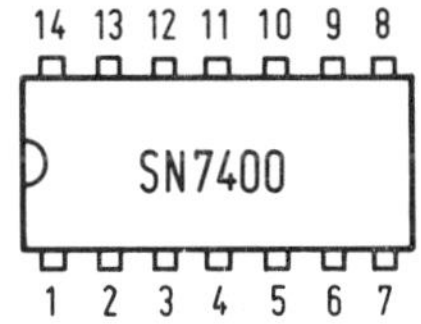

dem Zusammenwirken von Transistoren (Transistor-Transistor-Logik); es gibt auch andere Möglichkeiten, z.B. mit Dioden und Transistoren (DTL) oder mit C-MOS-Technik. Doch davon später.

Das Innenleben: Ein Geheimnis?

Da liegt nun so ein IC vor uns, mit seinen vielen Anschlußbeinchen, schwarz (manchmal dunkelgrau) und verrät nichts von seinem Inneren. Wenn wir darüber etwas wissen wollen – und das müssen wir – brauchen wir entweder ein Nachschlagewerk mit Anschlußbildern oder eine Datentafel der Herstellerfirma. Für diejenigen IC's, die in diesem Buch eine Rolle spielen werden, ist beides überflüssig: Alle notwendigen Angaben erfolgen hier an Ort und Stelle. Wenn wir den IC von oben betrachten, so ist auf seinem Rücken erstens eine Inschrift der Herstellerfirma zu erkennen, die vor allem die Typenbezeichnung enthält, also bei den Standard-IC's irgendeine Ziffernreihe, die mit 74 anfängt (z.B. 7400 oder 74141). Diese Ziffern sagen etwas über die Funktionsweise des IC aus. Dann ist da aber noch an der einen Schmalseite des Rückens eine kleine Einkerbung zu sehen – manchmal nur ein eingedrücktes Loch oder ein roter Punkt. Diese Markierung dient dazu, den IC in die richtige Lage zu bringen. In *Abb. 4.1/2* liegt die Markierung links, und dann kann man die Anschlußstifte richtig durchzählen. Jeder PIN hat seine Nummer, und das ist für Schaltbilder mit IC's oft eine entscheidende Orientierungshilfe.

Zwei Anschlüsse sind dazu da, die Betriebsspannung an den IC zu legen Da muß man besonders aufpassen, denn ein verpolter IC geht meistens kaputt. Der Minuspol der Spannungsquelle kommt grundsätzlich an Masse; bei vielen Schaltbildern wird dieser Anschluß mit GND bezeichnet (= Ground). Die IC's der Serie 74. . arbeiten grundsätzlich mit Versorgungsspannungen zwischen 4,5 und 5,5 V (Gleichspannung!); man kann sie also schon mit einer Taschenlampenbatterie betreiben, aber auf keinen Fall dürfen 5,5 V überschritten werden; das richtet einen solchen IC hin. Am günstigsten sind 5 V, und ein Modellbahnelektroniker sollte in seinem *Labor* über eine entsprechende Spannung verfügen (stabilisiertes Netzgerät mit 5-Volt-Ausgang, vgl. Kap. 6.4).

Die integrierten Schaltkreise der Serie 74. . sind ansonsten recht robuste Arbeitstiere und erfreuen sich deshalb großer Beliebtheit. Natürlich kann man sie nicht mit schlanken Rennern vergleichen; für manche Elektroniker schalten sie zu langsam, aber das braucht einen Modellbahner nicht zu stören. Für den sind sie immer noch schnell genug. Außerdem lassen sie sich ziemlich hoch belasten; an manche Ausgänge kann man eine LED mit Vorwiderstand hängen, ohne daß der IC das übelnimmt. Aber 50 mA Ausgangsstromstärke sind das absolute Maximum. Im übrigen wird die Ausgangsbelastbarkeit durch eine besondere Größe angegeben, das sog. *Fan out.* Sie sagt, wieviele Eingänge anderer IC's der Serie 74. . man an einen bestimmten Ausgang anschließen darf. Im allgemeinen sind das zehn Stück.

Ein wesentlicher Nachteil der Schaltkreise aus der Standardserie ist ihr relativ hoher Energieverbrauch. Natürlich macht sich das kaum bemerkbar, wenn man zwei oder drei IC's in seiner Schaltung sitzen hat, aber bei zehn oder zwanzig kann es die Spannungsquelle doch schon erheblich belasten. Außerdem kommt es zu Wärmebildung, und das kann störend sein.

Wer Energie sparen will, kann zu einer anderen Familie von integrierten Schaltkreisen in TTL-Technologie wechseln. Es sind die IC's der Serie TTL-L (Low-Power-TTL). Bei ihnen werden höhere Innenwiderstände verwendet, aber für Modellbahnelektroniker spielen sie kaum eine Rolle.

Eher tauchen schon einmal IC's der Serie SN 74 LS. . . auf. Es sind sog. Low-Power-Schottky-Schaltkreise, und auch sie arbeiten mit gegenüber der Standard-Serie verminderten Verlustleistungen, brauchen also nicht so viel Betriebsenergie. Andererseits sind sie nicht wesentlich langsamer und stellen also einen recht günstigen Kompromiß dar. Aber auch von ihnen werden wir keinen Gebrauch machen. Sie sind nämlich etwas teurer als Standard-IC's, ohne für den Modellbahner einen wesentlichen Vorteil zu bringen. Höchstens bei umfangreichen Fahrstraßenschaltungen wäre ihr Einsatz zu überlegen.

Die High-Society der IC's: C-MOS-Reihe

Schließlich müssen wir jedoch auf eine ganz besondere Familie integrierter Schaltkreise eingehen, sozusagen auf deren High-Society. Wir meinen damit die IC's der C-MOS-Reihe. Was diese Abkürzung bedeutet, ist einigermaßen schwer zu erklären. Wir haben einmal auf die Feldeffekt-Transistoren hingewiesen (Kap. 2.2.2), und solche Gebilde stecken in den C-MOS-IC's darin, sogar in einander ergänzender Form. Sie sind dann *komplementär:* daher das *C* in der Abkürzung. Und weil als Basismaterial Halbleiter aus Metalloxiden benutzt werden (metal-oxid-semiconductor), kommt noch ein *MOS* dazu.

Diese C-MOS-Schaltkreise sind äußerst genügsam, was ihren Strombedarf angeht. Er liegt im Bereich von Mikro-Ampere, und deshalb belasten auch sehr viele IC's eine Spannungsquelle so gut wie gar nicht. Außerdem arbeiten C-MOS-IC's sehr exakt und schnell, und was besonders angenehm ist: Sie brauchen nicht mit 5 V Versorgungsspannung betrieben zu werden. Ihre Betriebsspannung kann zwischen 5 und 15 V liegen (natürlich ebenfalls Gleichspannung), und das ist für viele Zwecke sehr günstig. Aber dafür haben C-MOS-IC's auch einen schweren Nachteil. Sie sind nämlich extrem empfindlich gegen elektrische Aufladungen. Das hat etwas mit ihrem hohen Eingangswiderstand zu tun und kann sich schon auswirken, wenn man einen C-MOS-IC auch nur anfaßt. Im allgemeinen ist unser Körper elektrisch nicht ganz neutral; wer auf Kunststoff-Sohlen wandelt und gar noch über synthetische Auslegware geht, hat es vielleicht schon zu spüren bekommen, sobald er einen metallenen Türgriff anfaßt: Es gibt einen Schlag, der zwar nicht gefährlich, aber unangenehm ist. Eine derartig geladene Persönlichkeit würde einen C-MOS-IC garantiert zugrunderichten. Denn die Feldeffekt-Transistoren schlagen bei hohen Spannungen durch und werden zerstört, so daß man besser die Finger von C-MOS-IC's läßt. So wörtlich brauchen wir das allerdings wiederum auch nicht zu nehmen. Immerhin: solche Schaltkreise werden besonders aufbewahrt, entweder in besonderen Behältern, durch deren Form die Bildung von Reibungselektrizität an den PINs der Bausteine vermieden wird, oder man steckt die Anschlußstifte in Stanniolpapier, das die Stifte leitend miteinander verbindet; Moosgummi mit Graphit tut es auch. Nimmt man einen C-MOS-IC aus seiner Schutzpackung, so darf man die Anschlußstifte nicht berühren, es sei denn, man hat sich selbst geerdet, und wenn man solche IC's in eine Schaltung einlöten will, darf man auf keinen Fall mit einem ungeerdeten Lötkolben arbeiten. Am besten lötet man sie überhaupt nicht, sondern benutzt besondere IC-Fassungen, die es für die Dual-in-line-Form überall zu kaufen gibt. Dann wird erst die Fassung in die Platine eingelötet und danach der IC in die Fassung gesteckt: So kann nichts passieren. Übrigens sollte man sich den Gebrauch von IC-Fassungen überhaupt zur Regel machen. Hat man erst einen IC – ganz gleich welcher Serie – eingelötet und muß dann feststellen, daß er aus irgendeinem Grunde defekt ist, so wird es immer schwierig, ihn wieder auszulöten. Beim konsequenten Gebrauch von IC-Fassungen kann man solch unliebsame Arbeiten vermeiden.

Sind sie geladen? Dann Finger weg von C-MOS-IC

Wichtige Regel: Immer IC-Fassungen verwenden

Aber noch etwas ist bei den C-MOS-IC's zu beachten. Die Standard-IC's kann man verwenden, ohne daß man all ihre Eingänge benutzt; was freibleiben soll, kann frei bleiben. Bei den C-MOS-Bausteinen ist das anders. Da müssen unbenutzte Eingänge unbedingt entweder an Masse oder an die positive Betriebsspannung angeschlossen werden, sonst gehen die Schaltkreise kaputt. Und noch etwas: Es dürfen in einer Schaltung keine Spannungen an die Eingänge von C-MOS-IC's gelangen, ehe nicht deren Versorgungsspannung eingeschaltet ist. Auch das würde die empfindlichen Feldeffekt-Transistoren zerstören.

Wenn man all diese Warnungen hört, wird einem Anfänger vielleicht die Verwendung von C-MOS-Schaltkreisen so vergrault, daß er einen Bogen um sie macht. Das sollte er nicht tun. Sie sind sehr nützliche Bauteile, und wir werden sie gelegentlich einsetzen. Man muß nur etwas Routine mit ihnen entwickeln, dann verlieren sie ihre Schrecken. Und noch etwas: Neuerdings werden im Handel C-MOS-IC's angeboten, die auf keinerlei Weise geschützt sind, die der Händler sogar bedenkenlos anfaßt, weil er gehört hat, daß eine Schutzdiode eingebaut ist, die statische Aufladungen abblockt. Das ist schön und gut, aber leider kann man den IC's nicht ansehen, ob sie nun eine solche interne Diode besitzen oder nicht, und außerdem schützt sie nur bedingt. Also beachtet man besser doch alle genannten Vorsichtsmaßnahmen.

Nicht gleich komplette Schaltungen, sondern zuerst Versuchsaufbau

Soviel zunächst zu den einzelnen Familien integrierter Schaltkreise. Auf die analogen (bzw. linearen) IC's kommen wir später zu sprechen; vorerst arbeiten wir *digital,* und ehe der Leser komplette Schaltungen mit IC's zusammenlötet, sollte er einige Versuchsschaltungen auf einem Steckboard ausprobieren. Dazu braucht er im allgemeinen einen *Adapter,* denn nur wenige Versuchsplatten entsprechen der Dual-in-line-Form. Es gibt fertige Platinen zu kaufen, in deren Leiterbahnen sich eine IC-Fassung einlöten läßt; zu jedem PIN gehört ein kurzes Leitungsstück auf der Platine, und an dessen Ende kommt dann ein Stückchen Litze mit einem Drahtstecker: So lassen sich die Anschlüsse des IC recht gut mit einer vorbereiteten Schaltung auf dem Versuchsbrett verbinden. Entsprechende Anordnungen eignen sich auch als Prüfstände für IC's, bei denen man Fehler vermutet. Deshalb soll der Adapter eine IC-Fassung enthalten, in die man wahlweise IC's hineinstecken kann, ohne sie festzulöten. Beim Hineinstecken passen allerdings die Beinchen des IC oft nicht genau in die Fassung, weil sie bei fabrikneuen IC's etwas auseinanderstehen. Dann muß man eine Flachzange nehmen und die PINs einer Reihe sehr vorsichtig zur Mitte hin biegen (eventuell bei der gegenüberliegenden Reihe ebenso verfahren). Aber nie mit Gewalt, denn sonst entstehen mechanische Spannungen am Gehäuse, und in seinem Inneren können Schäden auftreten.

Beachtet man alle Vorsichtsmaßnahmen im Umgang mit integrierten Schaltkreisen, so werden sie bald zum *täglichen Brot* des Modellbahnelektronikers, und ohne sie wird er sich schließlich keine vernünftige Schaltung mehr vorstellen können. In der Tat: Was wir im letzten Kapitel behandelt haben (Fahrstraßenschaltungen nach Logik-Entwürfen), war eigentlich nur eine Vorbereitung zu dem, was nun kommt!

4.2 Logische Grundfunktionen

Betrachten wir einmal die Schaltung von *Abb. 4.2/1.* An ihr ist nichts Besonderes; wir haben ähnliche Schaltungen schon in Kap. 2.2 kennengelernt. Da wird ein Transistor über einen Schalter S angesteuert, und mit Hilfe eines Voltmeters läßt sich die Spannung am Emitterwiderstand R_E messen. Es geht jetzt auch gar nicht um das Verhalten des Transistors oder um die elektrischen Beziehungen innerhalb dieser Schaltung. Was wir kennenlernen wollen, ist eine neue Art der Beschreibung.

Den Schalter S nennen wir den Eingang, den Abgriffspunkt für das Voltmeter den Ausgang der Schaltung, und es ist klar, daß sich das, was am Eingang geschieht, auf die Verhältnisse am Ausgang auswirken wird. Schließt man den Schalter, so ist das wie ein Signal, und wenn das Voltmeter ausschlägt, so ist das ebenfalls ein Signal. Aber auch das Umgekehrte gilt: Auch den geöffneten Schalter dürfen wir als *Signal* betrachten, desgleichen die Nullstellung des Zeigers beim Voltmeter. Denn immer wird ein Zustand definiert (bestimmt bzw. festgelegt), und das soll uns genügen, von einem Signal zu sprechen.

Definition der Zustände

Ist S geöffnet, so passiert gar nichts; es liegt also ein Null-Signal vor. Ganz ähnlich beim Voltmeter, dessen Zeiger auf Null steht. Dafür können wir das Zeichen „O" einführen, ganz gleich, ob es nun auf den Schalter oder das Voltmeter bezogen werden soll. Wird dagegen S *eingeschaltet,* so zeigt das Voltmeter *einen* Ausschlag: Beide Male handelt es sich um ein Ein- bzw.

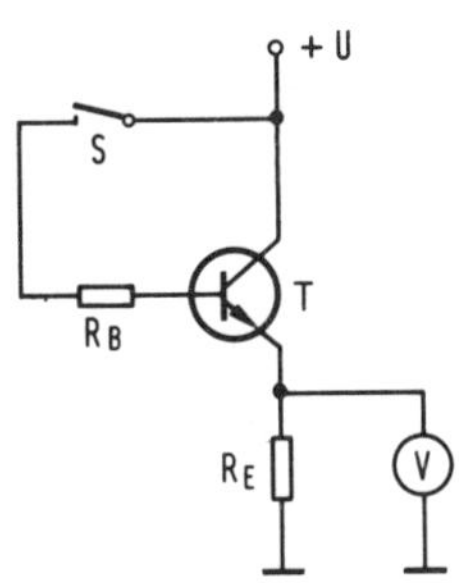

Abb. 4.2/1 Transistorschaltung mit Eingang und Ausgang (Schalter S und Voltmeter)

Eins-Signal, und dafür könnten wir das Zeichen „1" verwenden. Allerdings wollen wir nicht gleich an Zahlen denken, und so verfremden wir die Eins und machen daraus ein „L".
Demnach gilt nun folgende Zuordnung:

Eingang (Schalter S)	Ausgang (Voltmeter)
O	O
L	L

Was dabei deutlich wird, ist, daß sich Eingang und Ausgang der Schaltung wie binäre Schaltelemente verhalten, d.h. es gibt für sie nur zwei Zustände, die zwar gewechselt werden können, aber nur sprunghaft und nicht kontinuierlich. Solche Sprünge haben wir mit dem Begriff *digital* verbunden. „O" und „L" sind Zeichen für Zustände in der Digitalelektronik.

Es geht allerdings auch anders, und das macht die Dinge oft unnötig kompliziert. Ist S geöffnet, so liegt keine Spannung an der Basis des Transistors, und ganz entsprechend herrscht am Emitter das Nullpotential der Masse. Gegenüber der positiven Batteriespannung liegen beide Zustände gewissermaßen *unten*, und dafür sagt man in der Elektronik *Low* (abgekürzt: L). Wird dagegen S geschlossen, so erhält die Transistorbasis positives Potential, und auch der Abgriff für das Voltmeter wird positiv. Dafür sagen dann die Elektroniker, der Zustand gegenüber Masse sei *High* (abgekürzt: H). Was also vorhin „O" hieß, heißt nun „L", und was vorhin „L" hieß, heißt nun „H". Wir bekommen eine neue Zuordnung:

Eingang	Ausgang
L	L
H	H

Leider haben sich beide Bezeichnungsweisen binärer Zustände nebeneinander eingebürgert, und das kann den Anfänger ganz schön durcheinanderbringen. Wir können ihm da auch nicht helfen, höchstens dadurch, daß wir uns für die zweite Bezeichnung entscheiden und nur die Symbole L bzw. H verwenden wollen. Aber wer zu anderen Elektronikbüchern greift, wird dort häufig die entsprechenden Zeichen O bzw. L finden (in ganz alten Büchern sogar noch O und 1).

Doch nun noch einmal zu Abb.4.2/1. Was am Eingang geschieht (Schalter S), wirkt sich auf die Verhältnisse am Ausgang (Voltmeter) aus; es führt also ein Weg vom Eingangssignal zum Ausgangssignal. Daß auf diesem Weg ein Transistor liegt, ist gar nicht so wichtig. Wichtig ist nur, daß der Weg

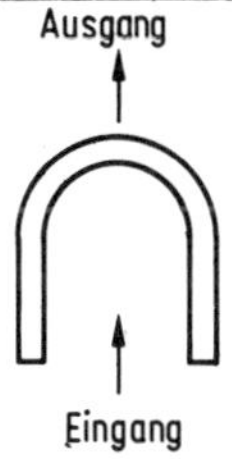

Abb. 4.2/2 Eingang und Ausgang bei einem „Tor“

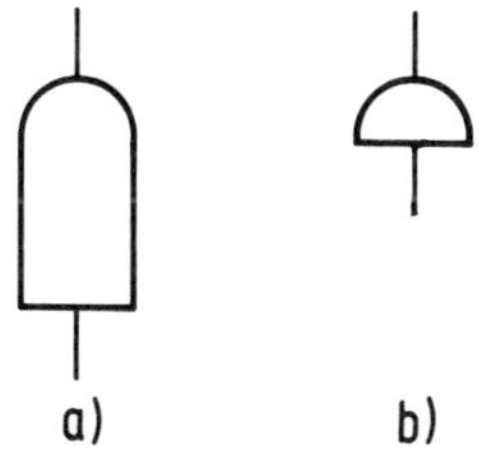

Abb. 4.2/3 Gattersymbole älterer Art
a) amerikanisch
b) deutsch

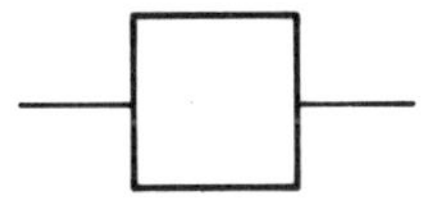

Abb. 4.2/4 Gattersymbol nach neuer Norm

durch die Schaltung wie durch ein Tor führt, und dieses *Tor* können wir uns einmal, um ein wenig künstlerisch zu sein, als alten romanischen Rundbogen vorstellen *(Abb. 4.2/2)*. Die Amerikaner machen es etwas prosaischer und sprechen nicht von einem Tor, sondern von einem *Gate* (Gatter), und so lassen sie auch nur ein knappes Schema unseres Tores übrig *(Abb. 4.2/3)*. Das ist dann ein *Gattersymbol,* und in deutschen Büchern wurde es in etwas abgewandelter Form verwendet. Solche Gatter verbinden in Logikschaltungen die Eingänge mit den Ausgängen, und sie tauchen vor allem dort auf, wo in der Digitalelektronik mit integrierten Schaltkreisen gearbeitet wird.

Leider gibt es auch bei Gattersymbolen einiges Durcheinander, seitdem neue Normen eingeführt wurden. Jetzt sollen nur noch eckige Kästchen verwendet werden, aber das hat sich noch längst nicht durchgesetzt, so daß man sich daran gewöhnen muß, mit verschiedenen Zeichenformen zu leben. Wir werden die neuen Normsymbole benutzen, nur bei der Beschriftung von IC’s sind die alten Zeichen günstiger, weil sie sich leichter lesen lassen und in den Datenblättern vorkommen.

Man muß sich an verschiedene Normen gewöhnen

4.2.1 Die UND-Funktion

Wir kennen sie schon aus Kap. 3.2, die UND-Schaltung. Da gibt es z.B. zwei Schalter, die mit einer Glühbirne in Reihe liegen, und nur wenn beide Schalter geschlossen sind, leuchtet die Glühbirne *(Abb. 4.2.1/1)*.

Es geht aber auch anders, nämlich elektronisch. In *Abb. 4.2.1/2* sind zwei Transistoren so kombiniert, daß nur dann ein H-Signal am Ausgang (Voltmeter erscheint, wenn beide Basen positiv (H) angesteuert werden. Ist wenigstens einer der Transistoren gesperrt, so gibt es keinen Zeigerausschlag am Instrument.

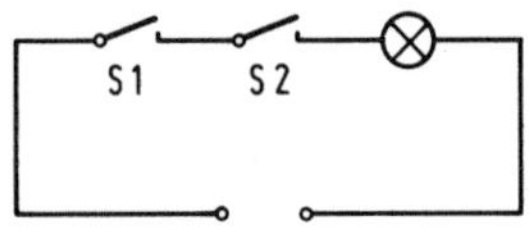

Abb. 4.2.1/1 UND als Reihenschaltung

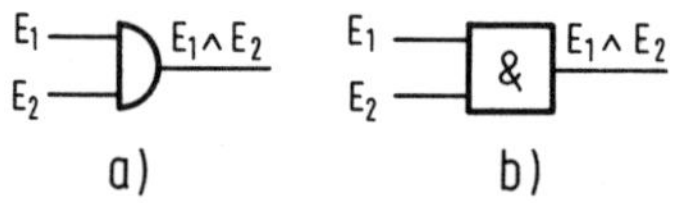

Abb. 4.2.1/3 Schaltzeichen für UND
a) altes Zeichen
b) neue Norm

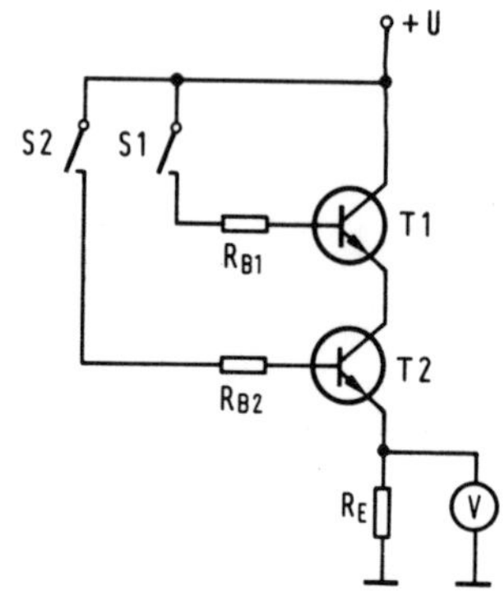

Abb. 4.2.1/2 UND als Transistorkombination

Wer's nicht glaubt, möge es durchprobieren. Die Signalverhältnisse lassen sich in einer einfachen Tabelle darstellen, wobei die Eingänge den Basiszuständen entsprechen:

E 1	E 2	E 1 ∧ E 2 = A
L	L	L
L	H	L
H	L	L
H	H	H

Diese Wertetafel ist zuständig für jede digitale UND-Schaltung; es ist eine *logische* Tabelle.

Und nun denken wir uns die ganze Transistorschaltung in einen Block verpackt und malen ein Gattersymbol darauf. So erhalten wir ein UND-Gatter. Die üblichen Darstellungen zeigt *Abb. 4.2.1/3.* Natürlich hat jetzt das UND-Gatter mindestens zwei Eingänge; bei den neuen Normzeichen sagt das bekannte Kaufmannssymbol „&", worum es sich handelt. Die Zahl der Eingänge ließe sich sogar erhöhen – wie auch die Zahl der Schalter in der Reihe von Abb. 4.2.1/1. Das ändert nichts an der logischen UND-Funktion: Sie ergibt nur dann ein H-Signal am Ausgang, wenn alle Eingänge auf H stehen.

Nun können wir auch wieder an unsere integrierten Schaltungen denken. In der Familie der Standard-IC's gibt es – übrigens in TTL-Technik gemäß Abb. 4.2.1/2 – einen Baustein, der gleich vier UND-Gatter auf einmal enthält: Es ist der SN 7408. Wie wir uns seinen Aufbau denken müssen, zeigt *Abb. 4.2.1/4* (mit den herkömmlichen Gattersymbolen). Die positive Versorgungsspannung von + 5 V liegt an PIN 14, der (negative) Masseanschluß an PIN 7. Wo es in die UND-Gatter hineingeht und wo ihre Ausgänge liegen, geht aus der Zeichnung hervor.

Setzt man einen solchen IC in eine Versuchsanordnung ein (IC-Fassung benutzen!), so kann man das Schaltverhalten mit einem Voltmeter prüfen. Die Versorgungsspannung wird angelegt, und dann mißt man erst einmal die Spannung an den einzelnen Anschlüssen, immer gegenüber Masse (O Volt). Es zeigt sich, daß der unbeschaltete IC an allen Eingängen ca. 3,5 V aufweist, an den Ausgängen ca. 4 V. Damit kann man nichts anfangen. Über zwei Widerstände (1 kΩ) werden jeweils zwei zusammengehörige Eingänge an Masse gelegt; jetzt zeigt der zugehörige Ausgang exakt O V. Die Widerstände bleiben, wo sie sind, aber außerdem wird erst der eine, dann der an-

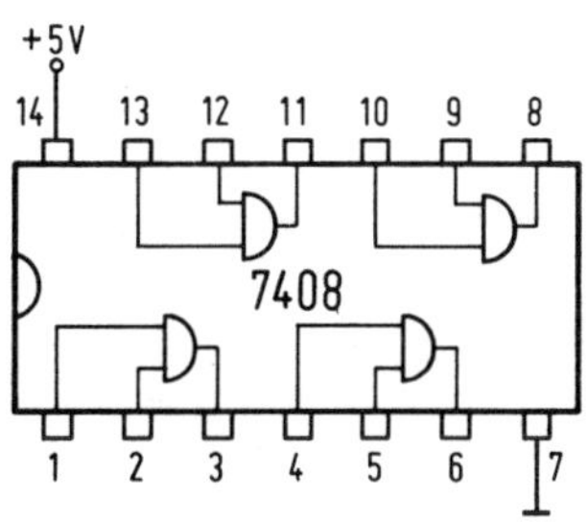

Abb. 4.2.1/4 UND-IC der Standard-TTL-Serie (SN 7408)

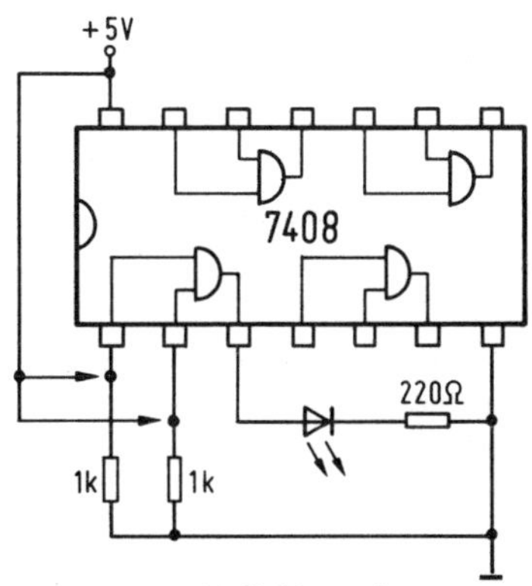

Abb. 4.2.1/5 Prüfung eines UND-Gatters

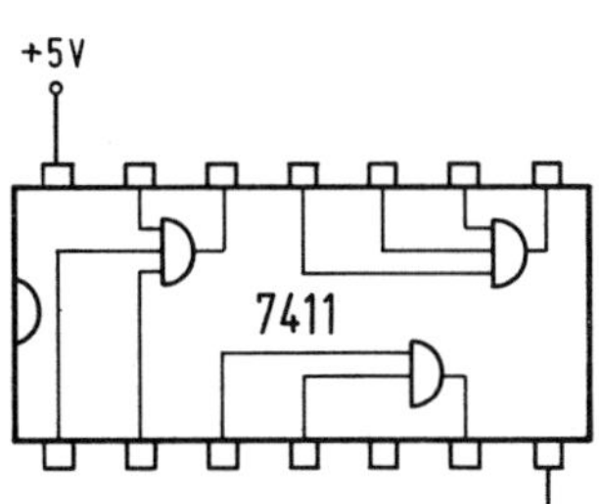

Abb. 4.2.1/6 SN 7411 (dreimal UND mit je drei Eingängen)

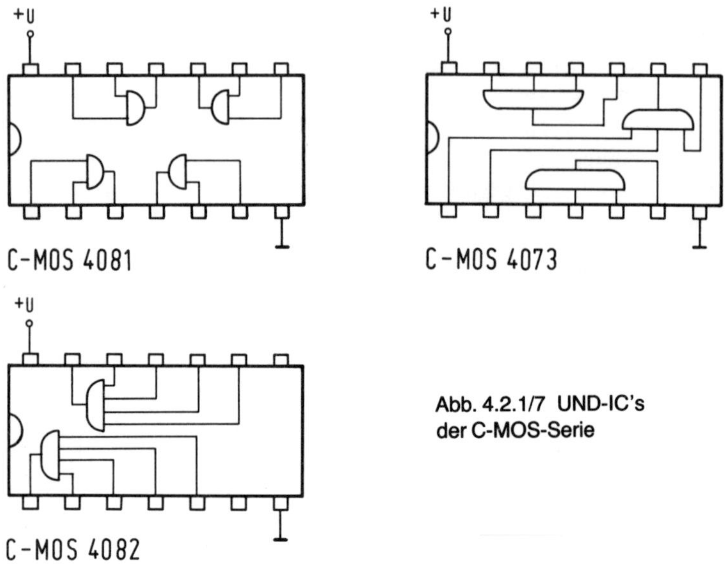

Abb. 4.2.1/7 UND-IC's der C-MOS-Serie

dere Eingang mit + 5 V verbunden. Immer noch bleibt der Ausgang auf O V. Erst wenn man an beide Eingänge gleichzeitig + 5 V legt, geht auch der Ausgang auf + 5 V. Statt des Voltmeters kann man auch mit einer Leuchtdiode arbeiten (vgl. *Abb. 4.2.1/5*). Nach dieser Methode läßt sich prüfen, ob ein IC in Ordnung ist und all seine Gatter richtig funktionieren.

So läßt sich ein IC prüfen

Es gibt noch andere TTL-IC's mit anderer Gatteranordnung. So enthält der SN 7411 drei UND-Gatter mit je drei Eingängen *(Abb. 4.2.1/6)*, und ganz genauso wie er bzw. der 7408 sehen entsprechende IC's der Low-Power-Schottky-Serie aus. Außerdem kann man aber auch UND-Gatter bei C-MOS-IC's finden, nur muß man da eine andere Orientierung der Gatter beachten. Die Bezeichnung für den Grundtyp lautet 4081; für einen IC mit drei UND-Gattern zu je drei Eingängen: 4073 (vgl. *Abb. 4.2.1/7*). Über die besonderen Vorsichtsmaßnahmen bei C-MOS-IC's lese man eventuell noch einmal im vorigen Kapitel nach.

4.2.2 Die ODER-Funktion

Legt man zwei Schalter parallel statt in Reihe, so kommt man von der UND- zur ODER-Funktion *(Abb. 4.2.2/1)*. Auch sie ist uns schon bekannt und läßt sich statt durch Schalter genausogut durch Transistoren realisieren. Wie dann das entsprechende Schaltbild aussehen müßte, wollen wir nicht verraten; das kann der Leser selbst herausbekommen, wenn er sich an Abb. 4.2.1/2 erinnert und die dortigen Transistoren ein bißchen umgruppiert. Kennzeichnend für die ODER-Funktion ist, daß sie nur in einem einzigen Fall am Ausgang A Low-Potential (L) ergibt, nämlich wenn beide Eingänge auf L liegen. Wir erhalten also folgende Wertetafel:

E 1	E 2	E 1 ∨ E 2 = A
L	L	L
L	H	H
H	L	H
H	H	H

Auch hier kann man die ganze Transistorschaltung als einen einzigen Block betrachten und mit einem Gattersymbol versehen; wir erhalten damit das ODER-Gatter. Sein altes Symbol war wieder ein halbkreisförmiger Bogen, nur wurden die Eingangsstriche bis zum Bogenrand durchgezogen, damit man einen Unterschied zum UND-Gatter hatte. Das neue Normzeichen ist etwas seltsam. Da steht in dem quadratischen Feld „⩾ 1“, und was das bedeuten soll, ist auf den ersten Blick unverständlich. Aber erinnern wir uns an die Überlegungen von Kap. 4.2. Dort hieß es für die Transistorschaltung: *Eingang eins – Ausgang eins;* jetzt wird des'Ausgang sogar *eins,* wenn mehr als ein Eingang *eins* ist; das bedeutet das Zeichen ⩾ (gelesen als: *größer gleich*). Allerdings nennen wir den Zustand *eins* besser „H“, um das Vorliegen positiven Potentials anzudeuten. Im übrigen können ODER-Gatter

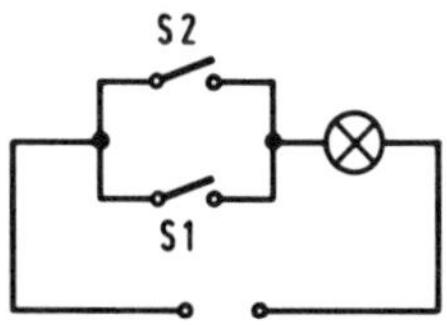

Abb. 4.2.2/1 ODER-Schaltung

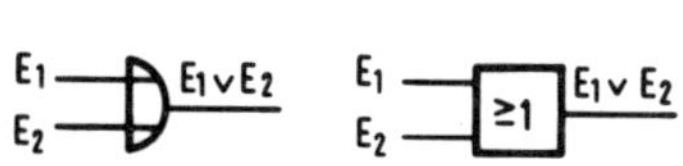

Abb. 4.2.2/2 Schaltzeichen für ODER-Gatter

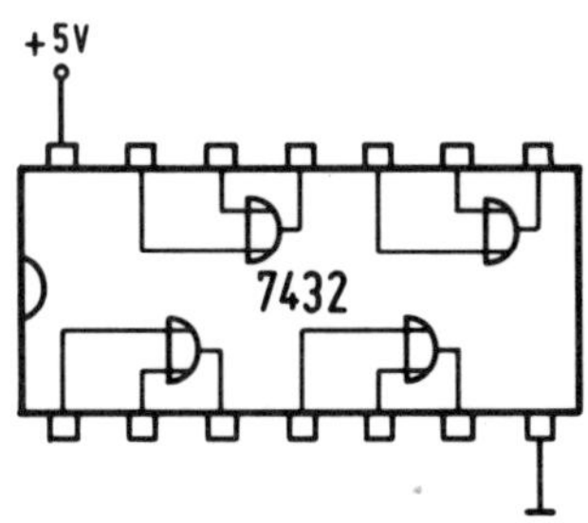

Abb. 4.2.2/3 Aufbau des SN 7432

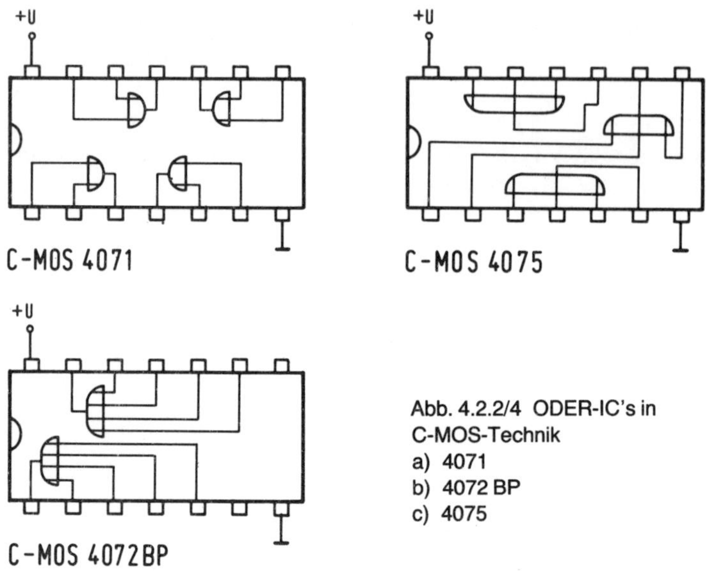

Abb. 4.2.2/4 ODER-IC's in C-MOS-Technik
a) 4071
b) 4072 BP
c) 4075

auch mehr als zwei Eingänge bekommen, aber auch dann gilt stets, daß der Ausgang nur L werden kann, wenn alle Eingänge auf L stehen.

Sehen wir uns nun bei den ODER-IC's um. Da gibt es zunächst den Standard-Typ SN 7432 mit vier ODER-Gattern zu je zwei Eingängen; der LS-Baustein (Low-Power-Schottky) sieht genauso aus. Mehr Auswahl hat man bei diesen Serien leider nicht, aber es ist stets möglich, zwei oder mehr ODER-Gatter zu kombinieren, um eine ODER-Verknüpfung mit mehr als zwei Eingängen herzustellen. Wir werden noch Beispiele für so etwas kennenlernen.

Bei den C-MOS-IC's ist die Auswahl größer; die drei lieferbaren ODER-Anordnungen zeigt *Abb. 4.2.2/4.*

4.2.3 Negations-Gatter

Bei den Funktionen der UND- bzw. ODER-Gatter ging es immer darum, zwei oder mehr Eingänge zu verknüpfen; daraus ergab sich dann die Situation am Ausgang. So etwas entspricht dem allgemeinen Prinzip der mathematischen Logik, Verknüpfungsgebilde zu untersuchen. Aber es gibt eine

Abb. 4.2.3/1 Schaltzeichen für Negationsgatter

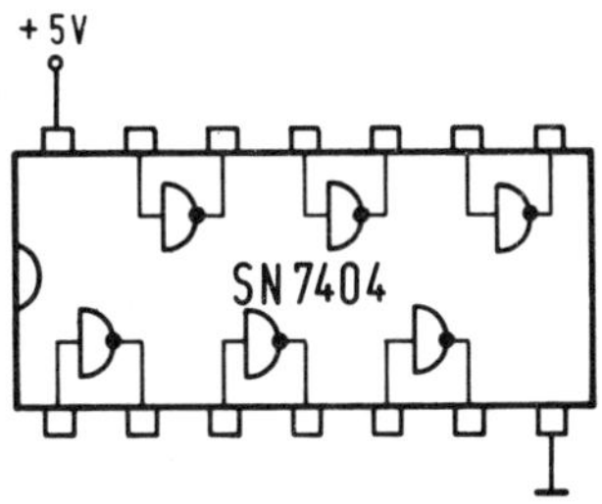

Abb. 4.2.3/2 Aufbau des SN 7404

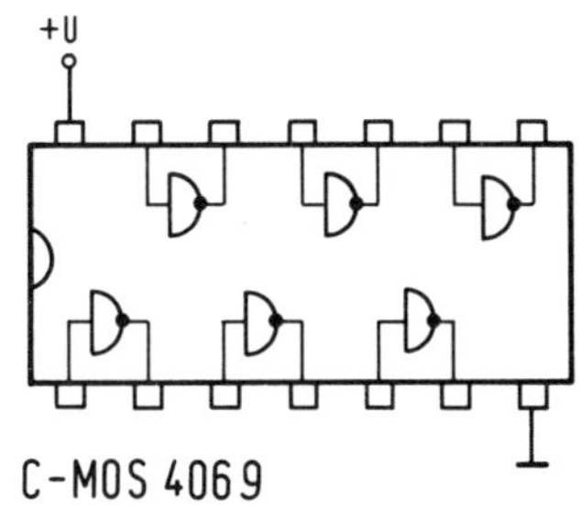

Abb. 4.2.3/3 C-MOS sechsfach Inverter 4069

Sonderfunktion, bei der nur ein einziger Eingang erscheint. Wir kennen sie bereits aus Kap. 2.2, als davon die Rede war, ein Transistor könne bei entsprechender Beschaltung ein Signal umkehren bzw. invertieren. Die Logiker sprechen in solch einem Fall von einer *Negation*, und für sie gilt eine besonders einfache Funktionstabelle:

Eingang	Ausgang
L	H
H	L

Das Ausgangssignal ist also stets das Gegenteil vom Eingangssignal. Für solch eine Negation brauchen wir wieder ein Zeichen: Meistens setzt man über eine Größe, die negiert wird, einen Querstrich, also z.B.

$A = \bar{E}$;

gelesen *nicht-E* oder *non-E*. Selbstverständlich läßt sich auch ein Transistor in Negationsschaltung als Gatter auffassen, eben als *Negationsgatter*. Es bekommt ein Schaltsymbol, nämlich einfach einen dicken Punkt *(Abb. 4.2.3/1)*.

Negationsgatter werden in Inverter-IC's zusammengefaßt. Als Beispiel nennen wir den SN 7404 der TTL-Serie mit sechs integrierten Negationsgattern.

Bei den C-MOS-IC's entspricht ihm der Typ 4069 *(Abb. 4.2.3/3)*. Daß es auch noch weitere Invertertypen gibt, werden wir in Kap. 4.2.6 erfahren.

4.2.4 Die NAND-Funktion

Wir tun nun etwas Absonderliches: Wir setzen hinter ein UND-Gatter ein Negationsgatter. So etwas kann man ohne weiteres tun, aber was kommt dabei heraus?

Am einfachsten ergibt sich das, wenn wir eine Wertetafel entwickeln. Zuerst kommen die beiden Eingänge für das UND-Gatter, dann die Spalte für seinen Ausgang, und schließlich müssen für *nicht-A* alle Werte von A umgekehrt werden:

E 1	E 2	A	$\bar{A}$
L	L	L	H
L	H	L	H
H	L	L	H
H	H	H	L

Die letzte Spalte enthält also Werte für *NICHT-UND*, aber weil das umständlich formuliert ist, haben sich die amerikanischen Elektroniker eine besonders originelle Wortbildung einfallen lassen und reden einfach von *NAND*. Wir müßten jetzt eigentlich *NUND* sagen, aber um der deutschen Sprache nicht weh zu tun, hat man sich bei uns entschlossen, der amerikanischen Wortbildung zu folgen, und so heißt auch bei uns die negierte UND-Funktion die *NAND-Funktion*. Sie nimmt nur dann den Wert L an, wenn beide Eingänge auf H liegen.

Zunächst erscheint die Bildung der NAND-Funktion wie ein müßiges Spiel, aber sie ist doch sehr wichtig, und zwar, weil sich alle logischen Funktionen letztlich auf NAND zurückführen bzw. daraus ableiten lassen. Wie das geschieht, ist nicht unsere Sache, aber von NAND-IC's werden wir noch häufig Gebrauch machen. Das Schaltsymbol für ein NAND-Gatter ist sehr einfach zu bilden: Man setzt einfach an das UND-Gatter den Negationspunkt *(Abb. 4.2.4/2)*. Wie wichtig NAND-Gatter sind, kann man daraus ersehen, daß in der TTL-Serie der erste IC mit der Nummer 7400 bereits ein NAND-IC ist (viermal NAND mit je zwei Eingängen; *Abb. 4.2.4/3*). Hier handelt es sich wahrhaft um einen Universal-IC, der immer wieder auftaucht. Selbstverständlich gibt es eine entsprechende Type auch bei der LS-Serie.

Der NAND-IC der C-MOS-Familie hat eine etwas andere Orientierung der vier Gatter, entspricht aber darin dem UND-IC dieser Serie (Abb. 4.2.4/3).

Es gibt neben den Grundformen des NAND-IC's mit vier Gattern zu je zwei Eingängen eine Vielzahl weiterer NAND-Typen, die wir hier nicht alle

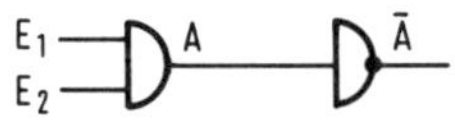

Abb. 4.2.4/1 Negiertes UND

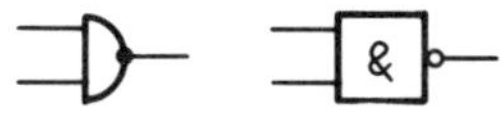

Abb. 4.2.4/2 NAND-Gatter

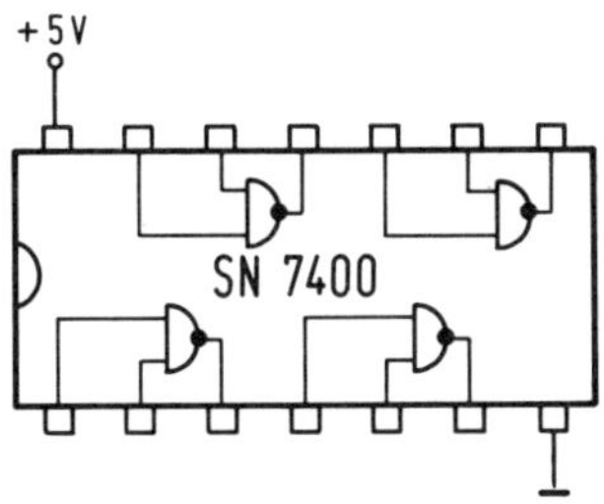

Abb. 4.2.4/3 SN 7400 mit viermal NAND zu je zwei Eingängen

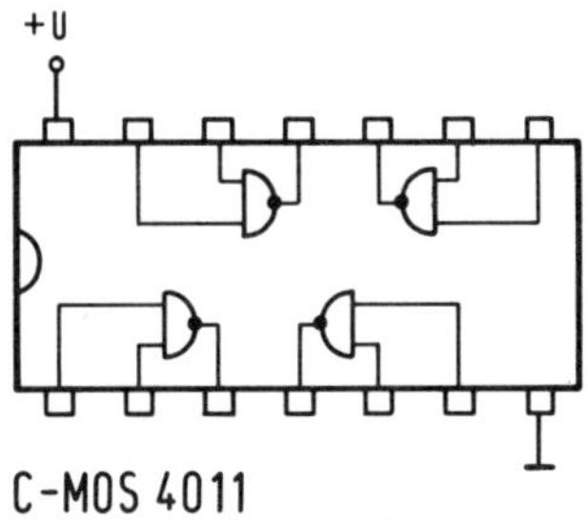

Abb. 4.2.4/4 C-MOS 4011

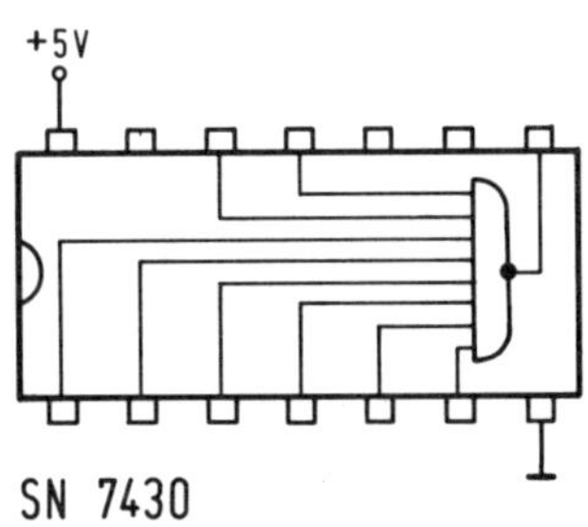

Abb. 4.2.4/5 SN 7430 (einmal NAND mit acht Eingängen)

vorstellen können. Wer daran interessiert ist, muß sich in einem entsprechenden Datenbuch der Digitalelektronik umsehen. Aber wie gut sich mit NAND-Gattern arbeiten läßt, wollen wir nur an zwei Beispielen zeigen.

Nehmen wir an, jemand hat eine Fahrstraßenschaltung entwickelt, in der er ein UND-Gatter mit acht Eingängen braucht. So etwas gibt es normalerweise nicht, aber es gibt einen IC mit einem NAND-Glied, das acht Eingänge aufweist. Und nun setzt er hinter den Ausgang ein Negationsgatter bzw. ein NAND-Gatter mit zwei Eingängen, die er zusammenschließt. Jetzt wird NAND negiert, und das ergibt UND. Solche Schaltungstricks machen die Arbeit mit Gattern vielseitig und fast unerschöpflich.

Schaltungstricks mit Gattern

Wir haben in *Abb. 4.2.4/6* einmal die Verbindung der NAND-Gatter mit C-MOS-IC's aufgezeichnet. Der IC 4068 enthält das NAND-Gatter mit den acht Eingängen. Von seinem Ausgang läuft eine Leiterverbindung hinüber zu dem IC 4011. Das erste der dortigen NAND-Gatter ist an seinen Eingängen zusammengelötet; so wird aus NAND eine einfache Negation. An diesen

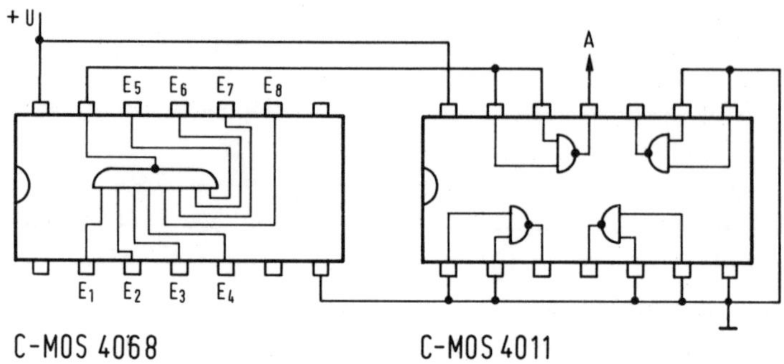

Abb. 4.2.4/6 Negiertes NAND ergibt UND

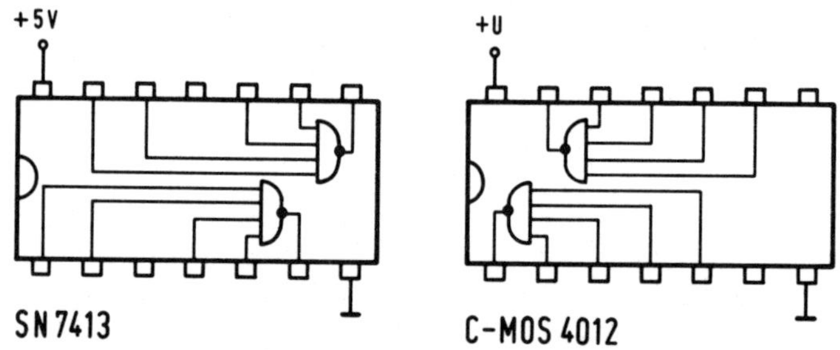

Abb. 4.2.4/7 Schmitt-Trigger aus NAND-Gattern mit je vier Eingängen

Negationseingang kommt der Ausgang des achtfach-NAND-Gatters. Punkt A entspricht jetzt dem Ausgang eines UND-Gatters mit acht Eingängen. Beide IC's liegen an derselben Spannungsquelle; bei dem IC 4011 müssen alle nicht benutzten Eingänge an Masse (oder an positivem Potential) liegen. Bei den freien Eingängen des IC 4068 (also PIN 1, 6 und 8) ist solch eine Vorsichtsmaßnahme nicht nötig.

Und noch ein Beispiel. Es gibt einen IC der Standard-TTL-Reihe, der zwei NAND-Gatter mit je vier Eingängen besitzt (SN 7413); ihm entspricht der C-MOS-IC 4012. Diese NAND-Gatter lassen sich als Schmitt-Trigger verwenden, d.h. wenn die Spannung an ihren Eingängen kontinuierlich zwischen O Volt und + U_B schwankt, kippt der Ausgangszustand zwischen L und H hin und her. Insofern kann man sich durch einen IC die Aufbauarbeit eines Schmitt-Triggers aus Einzelteilen sparen.

Abb. 4.2.5/1 Gattersymbole der NOR-Funktion

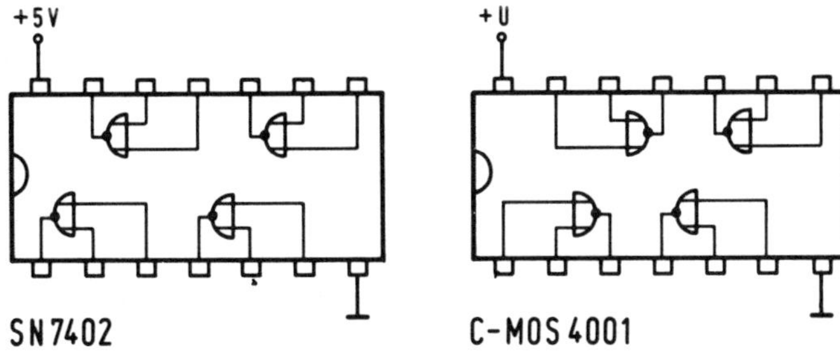

Abb. 4.2.5/2 IC's mit NOR-Gattern

4.2.5 Die NOR-Funktion

Schließlich kann man auch die ODER-Funktion negieren. Verneintes ODER gibt *NODER* –: nein, solch ein sprachliches Monster können selbst Elektroniker schwer ertragen. Also nehmen sie das englische *OR* und setzen das N von NON davor, so erhält man *NOR*, und das ist die letzte logische Grundfunktion, die wir hier vorstellen wollen. Ihre Wertetafel läßt sich leicht aus der Tafel für ODER ableiten:

Die letzte logische Grundfunktion

E 1	E 2	A	Ā
L	L	L	H
L	H	H	L
H	L	H	L
H	H	H	L

Die Spalte für den ODER-Ausgang A gibt wieder die ODER-Werte an, die folgende Spalte zeigt dann die invertierten Werte der NOR-Funktion. Sie wird H, wenn beide Eingänge auf L liegen, sonst steht bei NOR immer das L.

Von allen vorkommenden NOR-IC's wollen wir nur zwei Grundtypen nennen, nämlich den Standard-IC SN 7402 und den C-MOS-IC 4001. Sie kommen auch bei Schaltungen der Modellbahnelektronik vor; ihren Aufbau zeigt *Abb. 4.2.5/2.*

Wer weitere Gattertypen für die Grundfunktionen UND, ODER, NICHT, NAND und NOR sucht, muß schon zu einem Datenbuch greifen.

4.2.6 Fachausdrücke der Digitalelektronik und was sie bedeuten

Wir haben nun integrierte Schaltkreise für Logikfunktionen kennengelernt und könnten damit bereits in die Anwendungen steigen, die für den Modellbahner wichtig sein dürften. Aber vorher soll noch ein kleines Lexikon eingeschoben werden. Wer in Datenbüchern stöbert oder Artikel über Digitalelektronik liest – gelegentlich kommen solche Artikel sogar in Modellbahnerzeitschriften vor –, gerät oft an Fachausdrücke, die von den Autoren mit großer Selbstverständlichkeit gehandhabt werden, obwohl der Laie nicht viel mehr als darüber stolpern kann. Hier soll ihm dieses Kapitel ein wenig helfen, ohne daß es Anspruch auf Vollständigkeit erhebt, und es soll auch nicht dem Alphabet folgen, sondern sich an Sachzusammenhängen orientieren.

In der Digitalelektronik gibt es nicht nur Bausteine für die logischen Grundschaltungen, die wir bisher vorgestellt haben. Es kommen auch IC's vor, die bestimmte Gatterkombinationen enthalten, und dazu gehört das *Exklusiv-ODER*. Wir haben früher zwischen zwei Bedeutungen des Wörtchens *oder* unterschieden: dem einschließenden und dem ausschließenden *oder*. Für das letztere könnte man auch sagen: *entweder – oder*. Es ist also *exklusiv* gemeint, und so etwas läßt sich durch eine logische Funktionstabelle darstellen, die nur dann ein H als Ausgangswert ergibt, wenn die beiden Eingangswerte gegensätzlich (antivalent) sind:

E1	E2	A
L	L	L
L	H	H
H	L	H
H	H	L

Solch eine exklusive Logikfunktion kann man durch Kombination verschiedener Gatter bilden. Man braucht sich nur zu überlegen, wann der Ausgang den Zustand H einnehmen soll: Wenn E1 *nicht* H-Potential zeigt *und* E2 doch, *oder* wenn E1 H-Potential zeigt *und* E2 *nicht*. Das läßt sich einfacher in einer logischen Beziehung schreiben:

$$(\overline{E}1 \wedge E2) \vee (E1 \wedge \overline{E}2).$$

Diese Logikfunktion kann man nun in eine Gatterschaltung übertragen (Abb. 4.2.6/1), und es gibt integrierte Schaltkreise, die gleich vier derartige

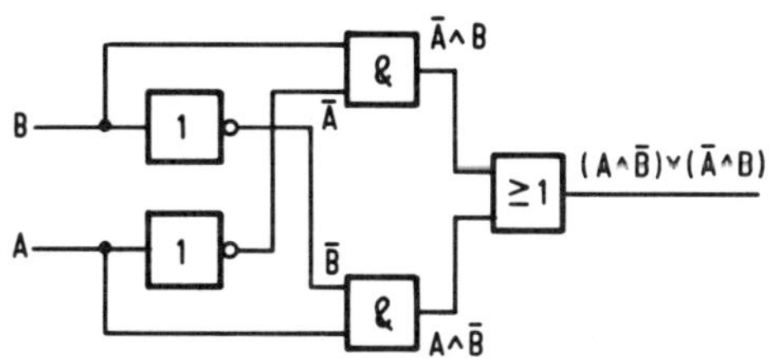

Abb. 4.2.6/1 Exklusiv-ODER-Schaltung aus Grundgattern

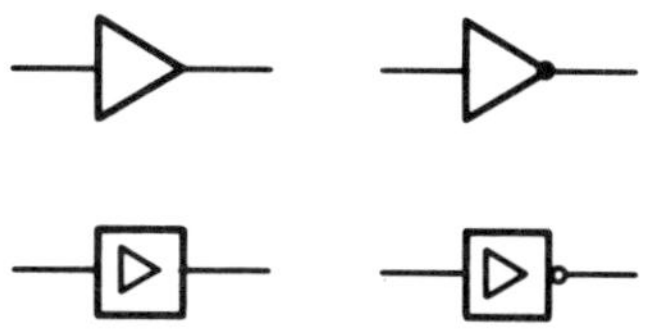

Abb. 4.2.6/2 Schaltzeichen für Treiber bzw. Buffer (nicht-invertierend und invertierend)

Exklusiv-ODER-Einheiten enthalten. Bei der TTL-Standardserie ist es der Baustein SN 7486, bei den C-MOS-IC's der 4030. Die Anschlußgruppierung der jeweils vier Einheiten entspricht ganz den vier UND-Anschlüssen des SN 7408 bzw. den Anschlüssen des C-MOS 4081, so daß wir sie hier nicht extra zu zeichnen brauchen.

Zu den wichtigsten IC's gehören neben solchen mit Logik-Gattern die sog. *Flipflops,* die verschiedenen *Zähler* und die *Register.* Was es mit ihnen auf sich hat, werden wir noch erfahren. Die Flipflops kommen sogar schon im Kap. 4.4 vor. Alle diese Bausteine arbeiten digital; von analogen (bzw. „linearen") IC's werden wir auch sprechen, aber nicht jetzt.

Belastbarkeit der Ausgänge

Bleiben wir also bei den Gatter-Bausteinen. Daß der Ausdruck *FAN OUT* etwas über die Belastbarkeit ihrer Ausgänge sagt, haben wir schon erfahren. Dabei bezieht sich das FAN OUT immer auf Fälle, in denen es vom Ausgang eines Gatters zu den Eingängen anderer Gatter weitergeht. Aber häufig will man von einem Gatterausgang direkt an andere Schalteinheiten gehen, z.B. an Glühbirnen, Relais oder gar Weichenanschlüsse. Dann reicht der Ausgangsstrom, den ein Gatter ohne Überlastung liefern kann, zumeist nicht aus, und in solchen Fällen braucht man besondere Leistungsverstärker. Für das Ansteuern von LED's, Glühbirnen oder kleinen Relais (mit geringem Anzugsstrom) eignen sich sehr gut die speziell dafür geschaffenen *Treiber.* Auf ihr Innenleben brauchen wir hier nicht einzugehen, aber in gewissem Sinne kennen wir sie schon. In dem Abschnitt 4.2 stellten wir eine Schaltung vor, bei der die Logikwerte für Eingang und Ausgang übereinstimmten; das Schaltsymbol ergab ein Gatter ohne nähere Bezeichnung (Abb. 4.2/3 bzw. 4.2/4). Eigentlich haben wir damit bereits einen *Treiber;* allerdings findet sich häufig ein anderes Symbol, nämlich ein Dreieck (eventuell mit Negationspunkt, falls es sich um einen invertierenden Treiber handelt). In

Abb. 4.2.6/2 sind die alten und neuen Schaltzeichen für Treiberstufen (invertierend und nicht-invertierend) zusammengestellt.

Nun muß man allerdings zwischen zwei Sorten von Treibern unterscheiden. Das eine sind die gewöhnlichen Treiberstufen zur Leistungsverstärkung. Das andere sind die sog. *Buffer* (Puffer) zur Umsetzung von Logik-Pegeln. Fangen wir mit ihnen an. Sie gehören zur C-MOS-Familie, und wie wir wissen, können C-MOS-IC's mit Spannungen zwischen 3 und 15 Volt betrieben werden. Bei den Standard-IC's waren dagegen nur 5 V zulässig. Nun können jedoch in manchen Schaltungen beide IC-Familien gemeinsam auftauchen, und dann braucht man sog. *Interface*-Schaltungen, mit denen man von dem einen zum anderen System übergehen kann, vor allem, wenn sie mit verschiedenen Versorgungsspannungen betrieben werden. Wie solch ein Übergang aussieht, zeigt *Abb. 4.2.6/3.* Da ist links ein Gatter aus einem C-MOS-IC, der an 10 V liegt (auf Masse bezogen). Von ihm soll es weitergehen zu dem Eingang eines TTL-IC's, der mit 5 V betrieben wird. Entstünde nun am Ausgang des C-MOS-Bausteins beim Logikzustand H eine Spannung von + 10 V, so wäre das für den Eingang des TTL-IC's zuviel. Also muß ein *Buffer* zwischengeschaltet werden, der zwar den Logikwert H beibehält, ihn aber auf 5 V reduziert. Als C-MOS-Buffer gibt es die IC's 4010 (nicht-invertierend) und 4009 (invertierend). Die Spannung U1 muß stets auf gleichem oder niedrigerem Potential liegen als U2, sonst wird der Baustein sofort zerstört. Man kann die einzelnen Gatter auch als echte Treiberstufen verwenden, aber mehr als 8 mA sind nicht möglich. Gemessen an den Eingangsströmen von C-MOS-IC's ist das allerdings schon sehr viel!

Zusammenschaltung von verschiedenen IC's mit Interface-Schaltungen

Nun kann man aber auch umgekehrt von TTL- zu C-MOS-Bausteinen übergehen. Dazu braucht man IC's der Standard-Serie mit *offenem Kollektor.* Dieser Begriff taucht sehr oft auf, weil nämlich zahlreiche TTL-IC's in zwei Formen geliefert werden, einmal ohne, einmal mit offenem Kollektor. Was ist gemeint?

Betrachten wir einmal *Abb. 4.2.6/5.* Dort ist der Ausgangs-Teil eines TTL-IC's dargestellt (was davor liegt, ist hier unwichtig), und wie die Reihenschaltung von R_C, T1, D und T2 aussieht, erinnert sie tatsächlich an einen indianischen Totempfahl. Sie heißt auch so: *totem-pole.* Je nachdem, welcher Transistor durchschaltet, erhält man am Ausgang L- oder H-Signal. So sehen normale TTL-Ausgänge aus, und es leuchtet ein, daß man sie nicht parallel schalten darf, denn es könnte passieren, daß dann vom einen Ausgang L-, vom anderen H-Potential kommt, und das ergibt einen undefinierten Zustand. Außerdem entsteht ein Kurzschlußstrom, der zur Überhitzung und Zerstörung von IC's führen kann.

Abb. 4.2.6/3
Interface-Schaltung
für den Übergang
von C-MOS- zu
TTL-Bausteinen

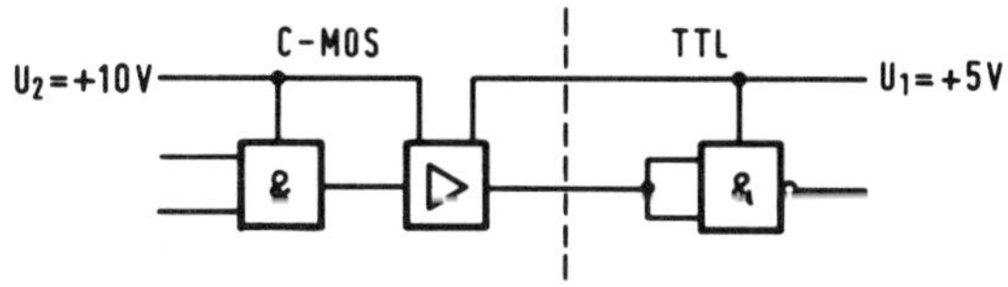

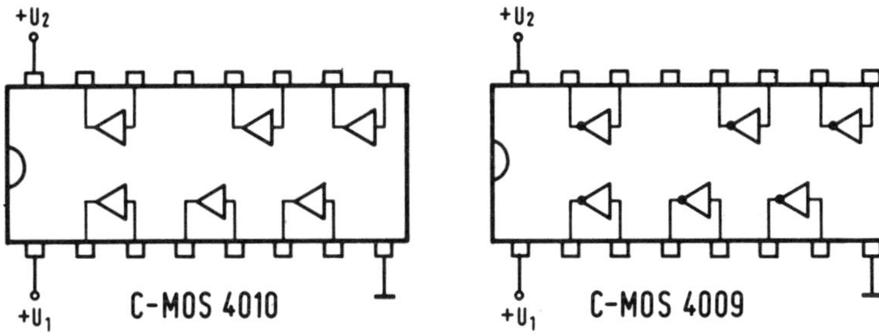

Abb. 4.2.6/4 Aufbau zweier C-MOS-Buffer (nicht-invertierend und invertierend)

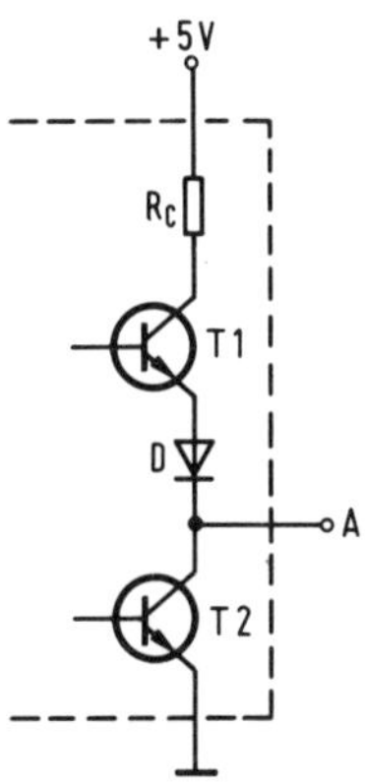

Abb. 4.2.6/5
Totem-pole-
Ausgang

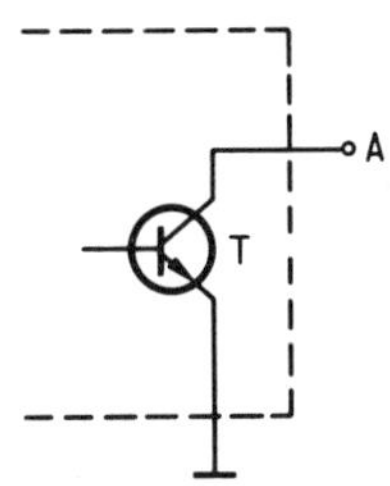

Abb. 4.2.6/6 Offener Kollektor-Ausgang

Bei einem TTL-IC mit offenem Kollektor sieht die Sache ganz anders aus (vgl. *Abb. 4.2.6/6*). Da hängt der Kollektor des Endtransistors T frei in der Luft; schaltet T durch, so ist A unmittelbar mit Masse verbunden, was einem L-Signal entspricht, aber wenn T sperrt, hat der Ausgang gar kein definiertes Potential. Darin liegt der Sinn dieser Schaltung; sie läßt sich nämlich von außen ergänzen. In *Abb. 4.2.6/7* ist A über einen Widerstand an eine Spannung von + 15 V angeschlossen. Sperrt T, so befindet sich A auf einem entsprechend hohen H-Pegel; schaltet T durch, so nimmt A Massepotential an, was dem Logikzustand L entspricht. So kann man demnach den Übergang von TTL-Schaltungen mit + 5 V Betriebsspannung zu anderen Schaltungsteilen mit höheren Spannungen vornehmen, also auch zu den Eingängen von C-MOS-IC's, für die $U_B > 5$ V. Selbstverständlich müssen die verschiedenen Spannungen stets auf eine gemeinsame Nullspannung (Masse) bezogen sein.

Aber es muß nicht nur der Übergang zu C-MOS-Bausteinen sein, der mit offenen Kollektorausgängen möglich wird. Genausogut kann man sie verwenden, um Leuchtdioden, Glühbirnen usw. anzusteuern; es kommt nur darauf an, bis zu welcher Grenze der Endtransistor belastbar ist. Bei den Treiberstufen der IC's SN 7407 (nicht-invertierend) und SN 7406 (invertierend) kann man bis zu 30 V/40 mA gehen. Die Anschlußbilder zeigt *Abb. 4.2.6/8.* Es gibt daneben TTL-IC's, die NAND-Gatter mit offenem Kollektor enthalten (z.B. 7401), entsprechende NOR-Gatter, UND-Gatter usw. Wir können sie nicht alle aufzählen, sondern müssen auf Datenbücher verweisen.

Was bei offenen Kollektorausgängen besonders erfreulich ist: man kann sie ohne weiteres parallel schalten, um eine größere Ausgangsleistung zu erzielen. Wie so etwas aussehen kann, zeigt *Abb. 4.2.6/9.* Von zwei Gattern

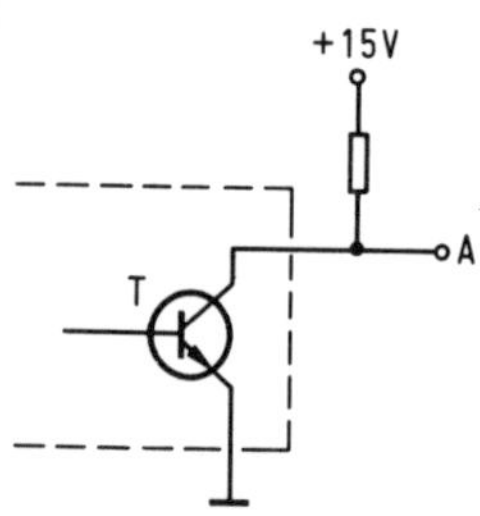

Abb. 4.2.6/7 Beschaltung eines offenen Kollektors

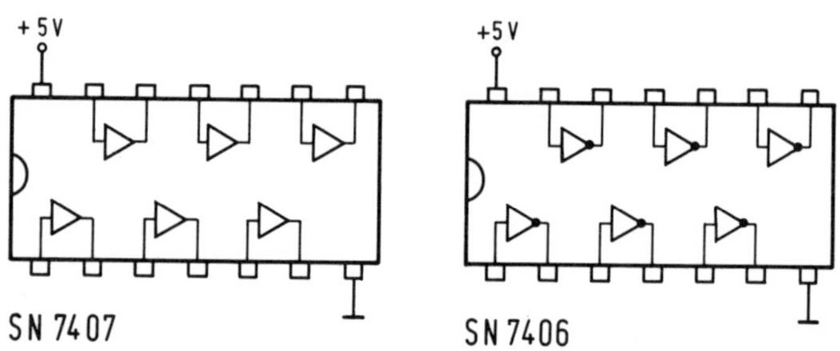

Abb. 4.2.6/8 Treiberstufen der TTL-Serie (nicht-invertierend und invertierend)

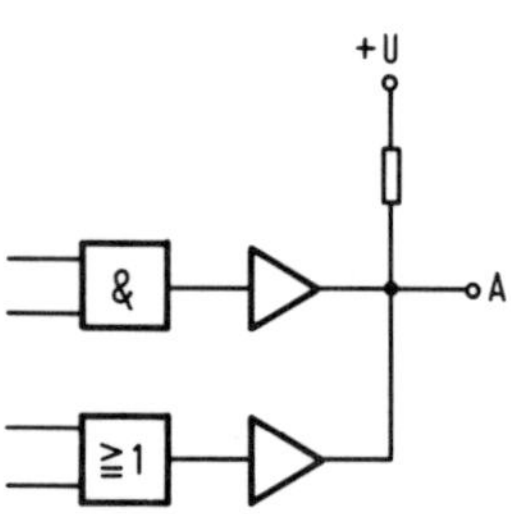

Abb. 4.2.6/9 Wired-OR-Verknüpfung

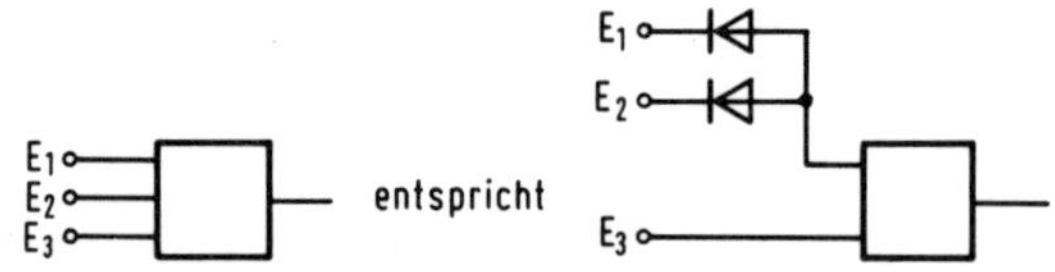

Abb. 4.2.6/10 Erweiterungseingang bei TTL-Gattern mit Dioden

beliebiger Art geht es zu zwei Treiberstufen aus dem SN 7407. Ihre Ausgänge liegen an einem Widerstand und sind demnach zusammengeschaltet. Die Elektroniker sprechen von einer *Wired-OR*-Verknüpfung (wörtl.: *verdrahtetes ODER*), denn jede Parallelschaltung läßt sich als ODER-Schaltung auffassen. Allerdings ist die Sache nicht ganz eindeutig. Denn wenn der Widerstand zu einer positiven Spannung führt und beide Endtransistoren im SN 7407 sperren, liegt ihr gemeinsamer Kollektorausgang auf Zustand H mit positivem Potential. Öffnet jetzt einer der beiden Transistoren, so wird A dadurch mit Masse verbunden und in den Zustand L gebracht; das geschieht natürlich auch, wenn beide Endtransistoren öffnen. Insofern liegt für den Ausgang A nicht die Wertefolge einer ODER-Funktion vor, sondern viel eher die der UND-Verknüpfung. Aber andererseits ist es kein richtiges *UND*, das hier hervorgebracht wird, denn es fehlt ein UND-Gatter, und weil das ein wenig gespenstisch wirkt, nennen Elektroniker eine derartige Verdrahtung offener Kollektorausgänge gelegentlich auch *Phantom-UND*-Verknüpfung *(Wired-AND)*. Aber trotz der verschiedenen Bezeichnungen handelt es sich immer um dieselbe Schaltung. Sie tritt nicht nur beim Einsatz von Treiberstufen auf, sondern bei vielen anderen IC's der TTL-Serie sind entsprechende Verdrahtungen möglich, z.B. bei den Ausgängen des SN 7401 mit vier NAND-Gattern zu je zwei Eingängen und mit offenen Kollektoren.

Es gibt übrigens auch IC's der Standard-TTL-Reihe, bei denen man eine an sich vorhandene Totem-pole-Endstufe abschalten und dafür einen offenen Kollektor zuschalten kann. Weil der Totem-pole nach Abb. 4.2.6/5 zwei Zustände (H und L) einnehmen kann und nun noch der offene Kollektor als dritte Möglichkeit dazukommt, spricht man bei solchen Gattern von „Tristate-Ausgängen". Für Modellbahner dürften sie nicht sonderlich wichtig sein.

Wir wollen damit unser kleines Lexikon digitalelektronischer Begriffe abschließen. Der Anfänger, der sich gerade seine ersten IC's gekauft hat, wird bemüht sein, all ihre Gatter voll auszunutzen, und das soll er auch gerne tun. Aber wenn dadurch Leitungswege auf der Platine sehr lang werden, ist es besser, das eine oder andere Gatter frei zu lassen (bei C-MOS-IC's müssen dann seine Eingänge an Masse oder Plus-Potential gelegt werden!). Wenn andererseits einmal ein Eingang fehlt – man hat ein Gatter mit zwei Eingängen, braucht aber eigentlich drei –, so hilft ein Trick, den wir bereits kennen. Man setzt zwei Entkopplungsdioden ein *(Abb. 4.2.6/10)* und tut damit eigentlich nur das, was ohnehin in Gattern mit mehreren Eingängen geschieht, wenigstens bei TTL-IC's. Daß dabei die Dioden mit ihren Katoden vom Gatter weggerichtet sind, hat seinen guten Grund. Denn ein freier Gattereingang liegt bei TTL-ICs immer auf positivem Potential; er „liest"

Lange Leitungswege vermeiden, daher lieber ein Gatter freilassen

den Logik-Zustand H. Deshalb wird die Diode mit ihrer Anode auf den Eingang hin orientiert.

4.3 Fahrstraßenschaltung mit integrierten Bausteinen

Wir kehren nun zu unserem Thema *Fahrstraßenschaltung* zurück. In Kap. 3 hatten wir gesehen: Die Zusammenschaltung von Weichen zu ganzen Fahrstraßen beruht auf einem einfachen Grundprinzip. Verschiedene Drucktaster werden in Reihe oder parallel geschaltet, und sinngemäß gilt das auch für die Diodenmatrix nach 3.3/3. Auch dort ging es um Reihen- und Parallelschaltungen.

Das ist bereits an der schaltalgebraischen Beschreibung von Fahrstraßen zu erkennen. Wir haben für sie zwei Symbole gebraucht, „$\wedge$" bzw. „$\vee$", und mit ihrer Hilfe ließ sich ein ganzer Verdrahtungsplan entwickeln. Was liegt nun näher, als integrierte Bausteine für UND- bzw. ODER-Funktionen einzusetzen, um Fahrstraßenschaltungen zu realisieren. Dabei ist es zweckmäßig, erst einmal die schaltalgebraischen Beziehungen in eine Zeichnung mit Gattersymbolen zu übertragen, damit erkennbar wird, welche Bausteine man benötigt. Wie dann die praktische Ausführung der Verdrahtung aussieht, hängt davon ab, für welche IC-Familie man sich entscheidet, für die Standardserie, die LS-Gruppe (Low-Power-Schottky) oder die C-MOS-IC's.

Jeder Gattereingang kann entweder in den L- oder in den H-Zustand gebracht werden, und um eine eindeutige Anfangssituation für alle Gatter zu erreichen, sollen grundsätzlich ihre sämtlichen Eingänge auf L-Potential gelegt werden. Dazu dient eine gemeinsame Masseleitung, die mit dem negativen Pol der Spannungsquelle verbunden wird. Außerdem braucht man aber

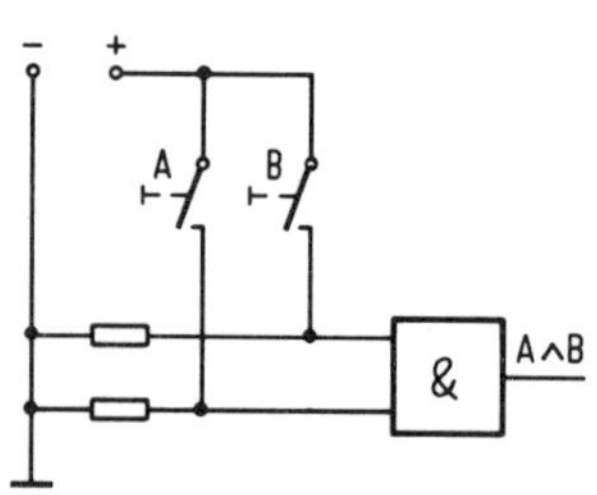

Abb. 4.3/1 Ansteuerung eines Gatters

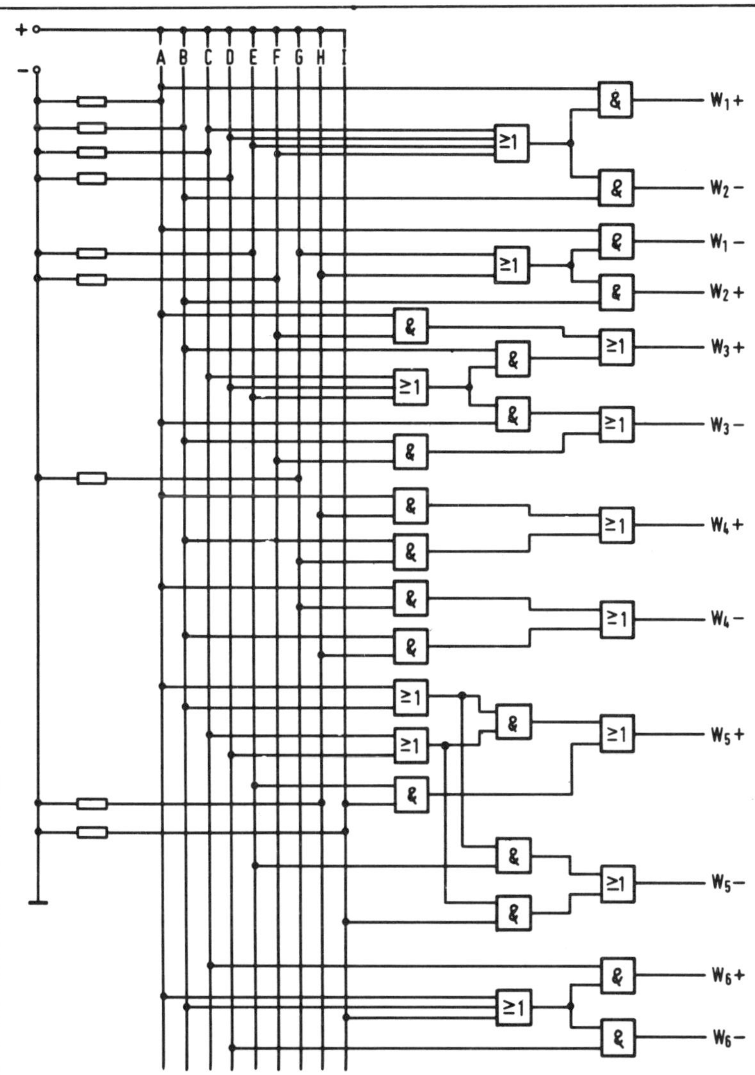

Abb. 4.3/2 Fahrstraßenschaltung mit Logik-Gattern

auch Drucktaster, die bei Betätigung einen Kontakt zum H-Potential, also zum positiven Pol der Spannungsquelle, herstellen. Damit dann keine Kurzschlüsse entstehen, werden gemäß *Abb. 4.3/1* Widerstände in den Weg zur Masseleitung eingefügt; ihr Wert kann zwischen 1 und 10 kΩ liegen (1/8

oder 1/4 Watt). Bei geöffnetem Tasterkontakt ist der Gattereingang negativ; wird der Kontakt geschlossen, so wird der Gattereingang positiv, und die Spannung zwischen Plus und Minus fällt am Widerstand ab. Da bei einer Fahrstraßenschaltung mehrere Taster erforderlich sind, muß für jeden ein Widerstand zur Masseleitung hin vorgesehen werden. Dabei ist sehr angenehm, daß sämtliche Taster nur noch einen Arbeitskontakt zu haben brauchen; derartige Typen sind wesentlich billiger als Taster mit etlichen Kontaktsätzen. Darin liegt ein wesentlicher Vorteil von Schaltungen mit integrierten Bauteilen, und außerdem bleiben wir unserem Prinzip treu, Mechanik durch Elektronik zu ersetzen.

Wieder soll die Bahnhofsanlage des vorigen Kapitels (3) der Schaltungsentwicklung zugrundegelegt werden, wobei wir nur die linke Bahnhofshälfte untersuchen. *Abb. 4.3/2* zeigt den Gesamtplan in Gatterzeichnung (neue Normsymbole!), der genau der Liste für die Weichenanschlüsse aus Abb. 3.2/4 entspricht. Natürlich ist das Ganze nur ein Vorschlag. Wer einen anders angelegten Bahnhof auf seiner Modellbahnanlage hat, braucht andere Fahrstraßen, aber planen kann er sie nach den gleichen Gesichtspunkten, die wir hier verfolgt haben.

Die meisten in Abb. 4.3/2 verwendeten Gatter sind UND- bzw. ODER-Gatter mit je zwei Eingängen. Gelegentlich braucht man allerdings auch Gatter mit mehr als zwei Eingängen, z.B. ein ODER-Gatter mit vier Eingängen bei der Schaltung für die Weichenanschlüsse W1 + und W2 –. Arbeitet man mit Bausteinen der C-MOS-Serie, so kann man den Typ 4072 BP nehmen (vgl. Abb. 4.2.2/4), aber es geht auch, wenn man mehrere Einzelgatter kombiniert. *Abb. 4.3/3* zeigt, wie sich ein ODER-Gatter mit vier Eingängen durch zwei ODER-Gatter mit je zwei Eingängen ersetzen läßt. Werden nur drei Eingänge benötigt, so kann man zwei zu einem zusammenschließen. Entsprechende Ersatzschaltungen lassen sich auch entwickeln, wenn einmal UND-Gatter mit mehreren Eingängen benötigt werden.

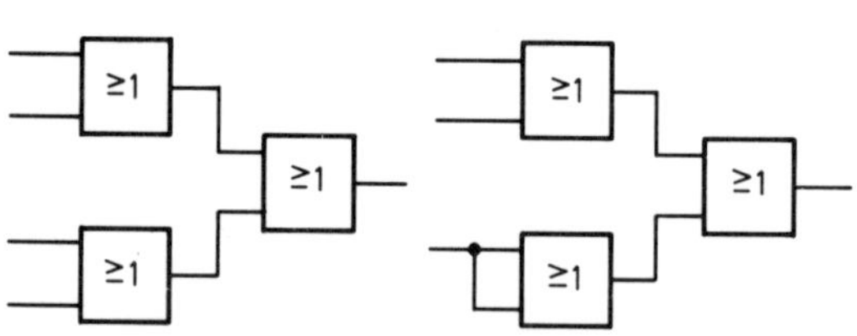

Abb. 4.3/3 ODER-Kombination mit vier bzw. drei Eingängen

Die ganze Schaltung muß sorgfältig durchdacht und gezeichnet werden, aber wenn man erst einmal alles beisammen hat, kann man damit beginnen, eine Platine zu bestücken. Bei vielen IC's in Dual-in-Line-Form empfiehlt es sich, eine Lochrasterplatte zu benutzen. Dann hat man keine Mühe mit dem exakten Bohren der Löcher für die zahlreichen PINs, aber andererseits muß man viele Leiterbahnen unterbrechen (vor allem zwischen den beiden parallelen Anschlußreihen der IC's!) und Brücken herstellen. Auch dabei gilt: Erst zeichnen, dann löten! Fehler, die zu spät entdeckt werden, lassen sich schwer berichtigen. Doch mehr als solche allgemeinen Hinweise lassen sich hier nicht geben, denn jeder wird einen anderen Schaltplan verfolgen.

Erst zeichnen, dann löten!

Ist die Platine bzw. Lochrasterplatte für alle Gatterverknüpfungen fertig, so setzt man für die Weichenanschlüsse am besten eine neue Platine an. Selbstverständlich kann man Weichenspulen nicht unmittelbar an die Ausgänge eines IC setzen; dafür sind diese Bausteine nicht genügend hoch belastbar. Weichenspulen brauchen Schaltströme in der Größenordnung von 0,5 bis 1 A, und das ist für die kleinen integrierten Gatter einfach zuviel. Man muß also für Verstärkerschaltungen sorgen, und diesen Punkt haben wir bereits angesprochen. Das geschah in Kap. 2.3.1, als von Darlington-Verstärkern die Rede war. Hier möge man also noch einmal nachlesen. Außerdem kann man Weichen über Kleinthyristoren ansteuern, und wie das geschieht, steht in Kap. 2.6.1. Einen Punkt sollte man strikt beachten: Die Logikschaltung der Gatter muß von einer anderen Spannungsquelle her versorgt werden als die Schaltung der Weichen. Denn arbeitet man mit Standard-IC's, so ist die Betriebsspannung von + 5 V für die Weichen ohnehin zu gering, und setzt man C-MOS-IC's ein, dann ist damit zu rechnen, daß sie sehr empfindlich gegen plötzlich auftretende Spannungsspitzen sind. Die können jedoch bei den Impulsen für die Weichenspulen immer auftreten und würden die schönste Gatterschaltung durcheinanderbringen. Versorgungsspannungen für Weichen und für IC's brauchen jedoch einen gemeinsamen Masseanschluß, und den lege man möglichst so, daß er weit von den IC's entfernt ist, d.h. alle Massekontakte der IC's bleiben auf deren Platine, und von ihr führt ein Leitungsweg hinüber zu der Platine mit den Verstärkergruppen für die Weichenanschlüsse. Dort ist dann abermals ein Masseanschluß vorzusehen.

Wir wollen nun nicht verschweigen, daß unsere bisher entwickelte Fahrstraßenschaltung nicht der einzige Weg ist, eine Bahnhofsanlage elektronisch zu steuern. Es gibt andere Möglichkeiten, bei denen die Weichen nicht über eine nach logischen Gesichtspunkten entworfene Gatterkombination angesteuert werden, sondern von sog. *Fahrstraßenmodulen.* Dabei ist der Grundgedanke, alle möglichen Fahrstraßen durch besondere Bausteine zu verkörpern, die je nach Tasterbetätigung (Start- und Zieltaster) aktiviert werden und dann die jeweiligen Weichen schalten. Diese Modultechnik ist sehr interessant und vielseitig, setzt aber Kenntnisse voraus, die wir noch nicht haben. Deshalb zunächst unser *schlichter* Vorschlag. Einige der weiterführenden Bausteine lernen wir im nächsten Kapitel kennen: Es sind die *Flipflops.*

4.4 Flipflops

Immer wieder haben wir von Schaltern gesprochen, und so ein Schalter ist wirklich eine vorzügliche Einrichtung. Kippt man seinen Hebel nach der einen Seite, ist etwas eingeschaltet, kippt man den Hebel nach der anderen Seite, ist es ausgeschaltet. Schalter sind, vornehm gesprochen, Kippstufen. Aber sie schalten nicht nur ein und aus, sondern sie bleiben auch so stehen, wie man sie eingestellt hat; sie bewahren ihren Zustand, wie jemand einen guten Gedanken in seinem Gedächtnis bewahrt. Schalter sind also auch Speicher.

Und dennoch haben sie ihre Nachteile. Erstens: man muß sie mit der Hand bedienen, und Elektroniker wollen bei Schaltungen ihre Hände möglichst aus dem Spiel lassen. Zweitens aber ist die Sache mit dem *ein* und *aus* gar nicht so simpel, wie es auf den ersten Blick hin zu sein scheint. Denn Schalter sind mechanische Bauteile, und was sich mechanisch bewegt, neigt dazu, sich bei ruckartigen Vorgängen zu verformen, eventuell sogar in Schwingungen zu geraten. Schalter können *prellen,* so daß ihre Kontakte sich gar nicht einmal und eindeutig schließen, sondern während des Schließvorganges für Bruchteile von Sekunden (sogar von Millisekunden) vibrieren. Und deshalb können wir in der Elektronik mechanische Schalter oft überhaupt nicht brauchen, sondern müssen uns nach einem besseren Bauteil umsehen. Tatsächlich gibt es da etwas. Man nennt es *Flipflop.*

Betrachten wir einmal *Abb. 4.4/1.* Da sind zwei Transistoren so kombiniert, daß die Basis des einen mit dem Kollektor des anderen verbunden ist und umgekehrt. Die Schaltung hat zwei Eingänge (Drucktaster), und als Ausgänge benutzen wir zwei Glühbirnen. Im ganzen sieht alles völlig symmetrisch aus, aber sobald die Betriebsspannung angelegt wird, ändert sich das. Die beiden Transistoren müßten eigentlich gleichzeitig durchschalten, doch selbst wenn sie vom gleichen Typ sind (z.B. BC 338), wird einer um ein klein bißchen schneller durchschalten als der andere, und weil dann sein Kollektor negatives Potential annimmt, sperrt er sein Gegenüber. Nehmen

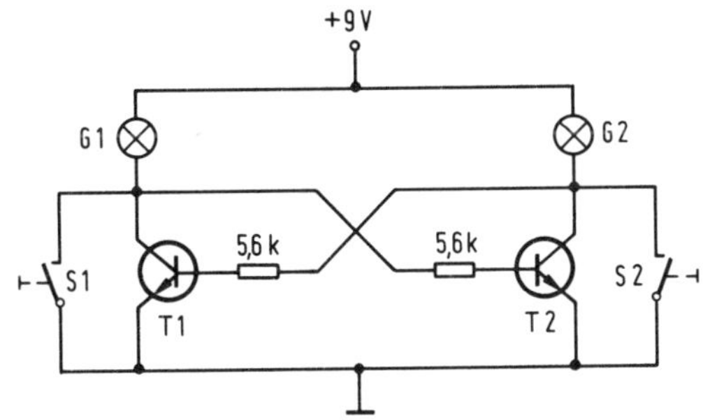

Abb. 4.4/1 RS-Flipflop aus Transistoren und Widerständen

wir an, T1 schalte zuerst durch, dann leuchtet G1 auf, aber G2 bleibt dunkel. Es kann auch umgekehrt kommen; das läßt sich der Schaltung nicht ansehen.

Betätigt man nun den Taster T2, so kommt über ihn (negatives) Massepotential an die Basis von T1. Jetzt sperrt dieser Transistor, doch dafür kann T2 durchschalten; G1 erlischt, G2 leuchtet auf. Dieser Zustand bleibt erhalten, auch wenn man S2 wieder losläßt, und selbst wenn man S2 noch einmal betätigt, ändert sich nichts. Die Schaltung ist buchstäblich *gekippt.* Erst ein Druck auf S1 führt sie in ihren Anfangszustand zurück, und ansonsten läßt sich das Spiel beliebig oft wiederholen. Wir haben eine Schaltung mit zwei stabilen Zuständen erhalten, eine *bistabile Kippstufe,* die je nach Tasterbetätigung einmal *flip* und einmal *flop* macht: ein *Flipflop.*

Flipflop = bistabile Kippstufe

Dieser Name ist amtlich und wird von allen Elektronikern akzeptiert. Es gibt auch andere Bezeichnungen, z.B. *bistabiler Multivibrator* oder *bistabiles Speicherglied.* Immer ist dasselbe gemeint. So ein Flipflop hat zwar viel Ähnlichkeit mit einem Schalter, aber es arbeitet nicht mechanisch, sondern elektronisch. Man kann es statt durch Drucktaster auch durch die Ausgänge von Logikgattern ansteuern, d.h. *setzen* oder *zurücksetzen.* Es heißt deshalb auch *RS-Flipflop* (S von engl. *set*, R von *reset*). Und was besonders erfreulich ist: ein RS-Flipflop kann nicht prellen, es gibt keine mechanischen Kontaktvibrationen, so daß wir RS-Flipflops als *prellfreie Schalter* einsetzen können.

Nun ist es aber nicht nötig, RS-Flipflops immer aus Transistoren und Widerständen aufzubauen. Einfache RS-Flipflops lassen sich genausogut mit Hilfe integrierter Schaltkreise realisieren. Es gibt dabei sogar mehrere Möglichkeiten, von denen hier die wichtigsten vorgestellt werden sollen.

Grundlage kann entweder eine Kombination aus NAND- oder eine solche aus NOR-Gattern sein; wovon man ausgehen will, hängt von dem Ge-

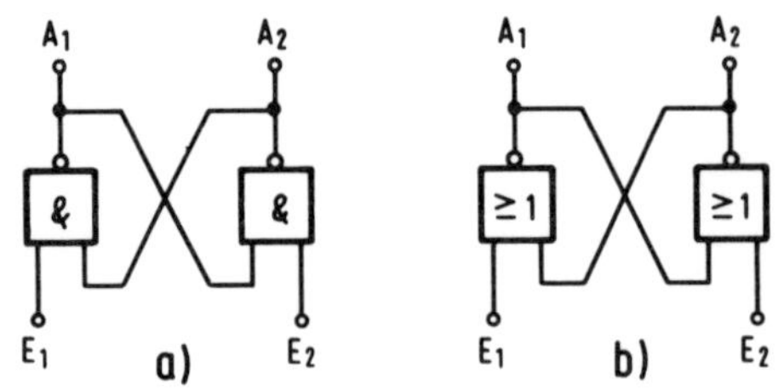

Abb. 4.4/2 RS-Flipflops
a) NAND-Flipflop
b) NOR-Flipflop

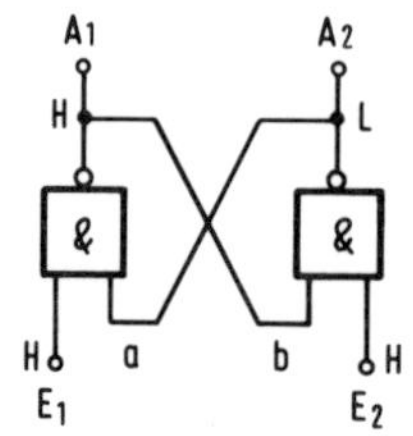

Abb. 4.4/3 Grundposition am NAND-Flipflop

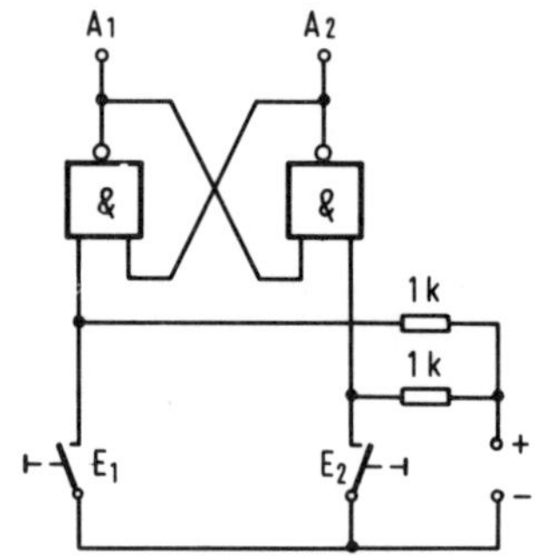

Abb. 4.4/4 Eingangsbeschaltung eines NAND-Flipflop

samtzusammenhang ab, in dem eine Flipflop-Schaltung steht. Wie schon bei dem Transistor-Flipflop kommt es auch jetzt wieder auf eine Überkreuzführung der Leitungsverbindungen an; entsprechend werden zwei Gatter derselben Sorte paarweise aneinandergeschlossen. Das ergibt für NAND bzw. NOR die Möglichkeiten von *Abb. 4.4/2.*

Beide Schaltungen haben je zwei Ein- und je zwei Ausgänge; prinzipiell sind sie völlig symmetrisch. Betrachten wir zunächst das NAND-Flipflop. An seinen Eingängen E1 und E2 möge negatives Potential (L-Zustand) liegen. Was dann geschieht, ist wenig sinnvoll. Ist nämlich bei einem NAND-Gatter wenigstens ein Eingang negativ (L), so wird auf jeden Fall der Ausgang positiv (H), und in diesem Fall erhielten wir bei beiden Ausgängen des Flipflops H-Potential. Solch eine Situation ist wenig befriedigend und scheidet für ein vernünftiges Flipflop-Verhalten aus.

Also legen wir beide Eingänge an positives Potential (H). Was dann an den Ausgängen geschieht, ist auf den ersten Blick schwer zu erkennen. Wegen der Schaltungssymmetrie müßten sie natürlich beide in den gleichen Zustand kommen, aber nun gilt für Gatter genauso wie für Transistoren, daß sie nicht gleich schnell durchschalten, und das hebt die Symmetrie der Schaltung wieder auf.

Nehmen wir einmal an, beim Anlegen der Versorgungsspannung seien E1, E2, A1 und A2 alle positiv (H). Dann liegt an den Eingängen beider NAND-Gatter „H und H"; das muß an den Ausgängen zu einem Umschalten auf „L" führen. Nun geht aber einer der beiden Gatterausgänge etwas eher als der andere in den L-Zustand über; das möge A2 sein (vgl. *Abb. 4.4/3*) Dann liegt an den Eingängen von Gatter a „H und L", und daher bleibt A1 jetzt positiv (H). Wegen der Rückkopplung sind beide Eingänge von Gatter b immer noch positiv, und A2 zeigt nach wie vor L-Potential. Dabei bleibt es: Die Situation ist stabil. Natürlich hätte auch das Gatter a zuerst auf L wechseln können; dann wäre die Lage an den Ausgängen zwar umgekehrt, aber ebenfalls stabil. Entscheidend ist, daß sich auf jeden Fall beim Anlegen der Versorgungsspannung entgegengesetzte Verhältnisse an den Flipflopausgängen herstellen, und deshalb bezeichnet man diese Ausgänge gern als Q und $\overline{Q}$, wobei der Querstrich über einem Ausgangssymbol eine Negation (Entgegensetzung) ausdrückt.

Übrigens erhält man das Resultat Q/$\overline{Q}$ für die Ausgänge auch, wenn man davon ausgeht, daß beim Anlegen der Versorgungsspannung ursprünglich beide Ausgänge negativ (L) werden. Dann schaltet ein Gatter als erstes mit L und H an den Eingängen seinen Ausgang auf H um und schafft so eine stabile Situation.

Zusammenfassend merken wir uns also:

Bei einem NAND-Flipflop müssen im Grundzustand die beiden Eingänge auf positivem Potential (H) liegen. Wichtig!

Man kann das am einfachsten dadurch erreichen, daß man diese Eingänge über zwei Widerstände (z.B. 1 kΩ und höher) an den positiven Pol der Versorgungsspannung legt. Dann setzt man vor die Eingänge zwei Drucktaster, die ihrerseits mit dem negativen Pol verbunden werden. Sie sollen Arbeitskontakte enthalten, sind also im Grundzustand geöffnet. Bedient man einen der Taster, so wird der davor liegende NAND-Eingang mit dem L-Potential direkt verbunden, also umgepolt. Was geschieht dann?

Gehen wir von *Abb. 4.4/5* aus. Der rechte Eingang werde auf L-Potential gebracht (a): Das folgende Gatter macht nun aus „H und L" positives Potential, sein Ausgang schaltet auf H um. Dann folgt am linken Gatter, daß „H und H" negatives L-Potential liefern; das Flipflop ist umgesprungen (b). Läßt man den Drucktaster wieder los, so geht der rechte Eingang auf H-Potential zurück. Aber aus „L und H" ergibt sich immer noch am entsprechenden Ausgang H-Potential (c); die Situation bleibt stabil. Will man jetzt das

Flipflop umstellen, so muß man den linken Eingang mit L-Potential verbinden; erst dann springt das Flipflop erneut um. Es läßt sich also beliebig hin- und hertasten, bewahrt aber immer den zuletzt eingegebenen Zustand (deshalb: Speicherglied).

Im ganzen kann man für das Verhalten eines NAND-Flipflops folgende Wertetabelle aufstellen:

E1	E2	A2	A1
L	L	–	–
L	H	L	H
H	L	H	L
H	H	Q	$\overline{Q}$

Betrachten wir nun das Verhalten eines NOR-Flipflops.

Prinzipiell benimmt es sich genauso wie ein NAND-Flipflop, aber einen wichtigen Unterschied gibt es doch. Liegen nämlich seine beiden Eingänge an H-Potential, so werden die Ausgänge beide L-Potential zeigen, denn wenn nur ein Eingang eines NOR-Gatters positiv ist, muß der zugehörige Ausgang immer negativ werden. Es gibt dann also keine definierte Entgegensetzung Q/$\overline{Q}$, die jedoch für ein vernünftiges Flipflop-Verhalten Voraussetzung ist.

Also legen wir beide Eingänge an negatives Potential (L) und betrachten Gatter a *(Abb. 4.4/7)*. Ist sein zweiter Eingang auch negativ, so entsteht am Ausgang H-Potential; bei Gatter b muß sich dann wegen „H oder L" an den Eingängen die Situation „L" am Ausgang bestätigen; die Lage ist also stabil. War dagegen der Ausgang von Gatter b positiv, so ergibt sich am Eingang von Gatter a „H oder L"; der Ausgang wird negativ (L), und damit bestätigt sich, daß auch Gatter b an seinem Ausgang H-Potential haben muß. Das Flipflop gerät auf jeden Fall in eine stabile Situation, und wir merken uns:

Wichtig!

Bei einem NOR-Flipflop müssen im Grundzustand die beiden Eingänge auf negativem Potential liegen.

Nur dann ist eine entgegengesetzte Polung der Ausgänge zu erwarten; welcher Ausgang dabei positiv und welcher negativ wird, bleibt allerdings dem Zufall überlassen.

Für das Umtasten eines NOR-Flipflops wiederholt sich das vorhin schon geschilderte Schaltungsprinzip mit Widerständen und Drucktastern, jetzt natürlich mit umgekehrten Polungsverhältnissen *(Abb. 4.4/8)*. Den Verlauf der Potentialbildungen kann sich der Leser vielleicht selbst überlegen; allgemein gilt folgende Wertetabelle:

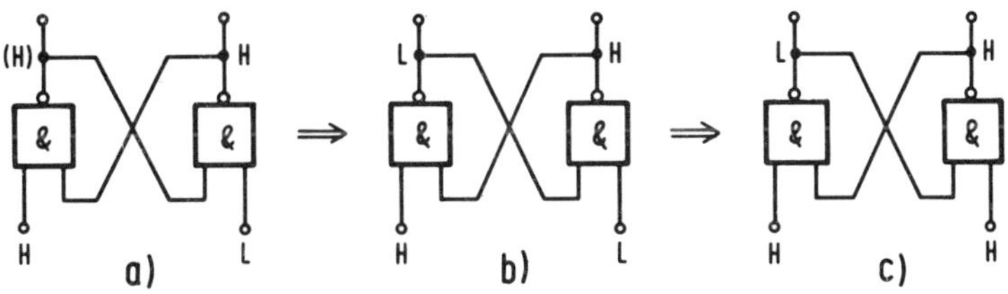

Abb. 4.4/5 Kippvorgang beim NAND-Flipflop

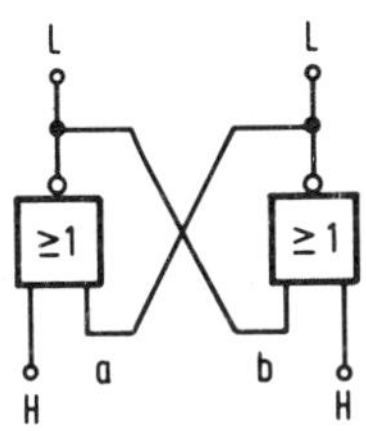

Abb. 4.4/6 NOR-Flipflop ohne definierte Lage der Ausgänge

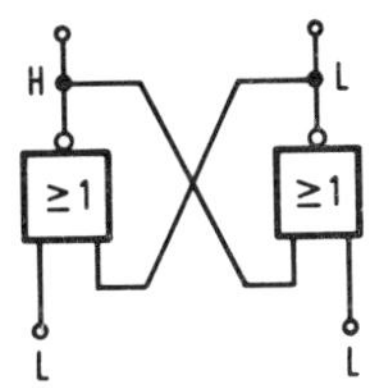

Abb. 4.4/7 NOR-Flipflop im richtigen Grundzustand

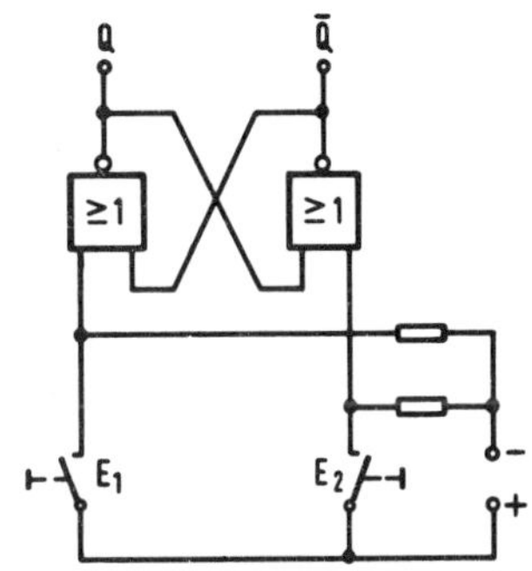

Abb. 4.4/8 Eingangsbeschaltung eines NOR-Flipflops

E1	E2	A2	A1
L	L	Q	$\bar{Q}$
L	H	L	H
H	L	H	L
H	H	–	–

Was bei diesen Flipflops noch unbefriedigend ist, ist ihr zufallsbedingtes Verhalten beim Anlegen der Versorgungsspannung. Man kann ihnen beim besten Willen nicht ansehen, welcher Ausgang dann positiv und welcher negativ werden wird. Aber da gibt es einen einfachen Ausweg: Man muß eine *Vorzugslage* schaffen. Wenn man vor einen Gattereingang einen Kondensator setzt, so bewirkt er eine zeitliche Verzögerung bei Schaltvorgängen; das entsprechende Gatter kann dann nicht so schnell reagieren wie sein Partner. Also wird eindeutig festgelegt, welcher Flipflop-Ausgang beim Anlegen der Versorgungsspannung positiv und welcher negativ wird.

Als Kondensatoren kommen Keramik-Typen im Bereich von 10 bis 100 nF in Frage. An welchen Flipflop-Eingang man sie setzen will, ist

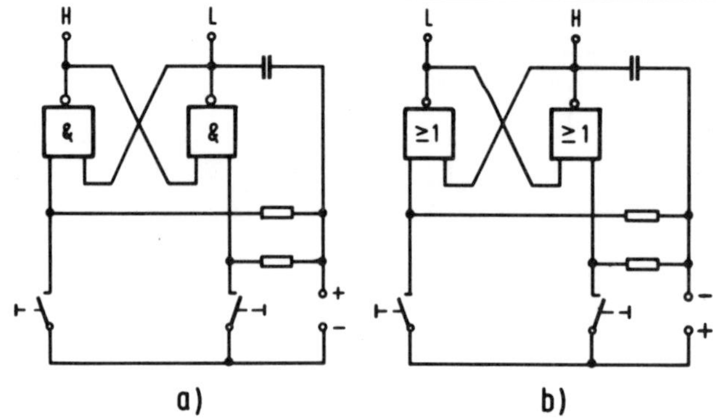

Abb. 4.4/9 Flipflops mit Vorzugslage
a) NAND-Typ
b) NOR-Typ

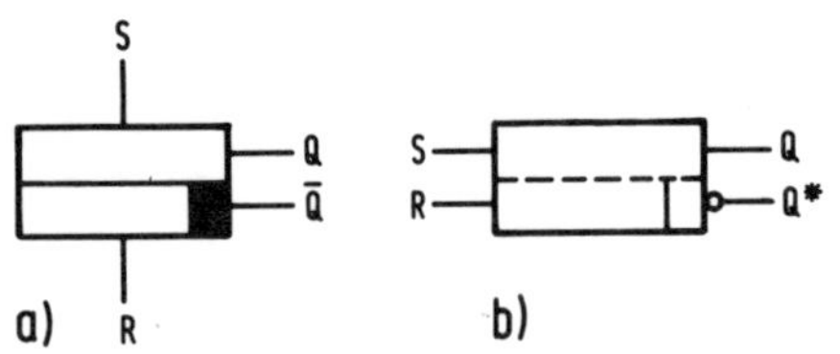

Abb. 4.4/10 Schaltzeichen für Flipflops
a) altes Symbol
b) neue Norm

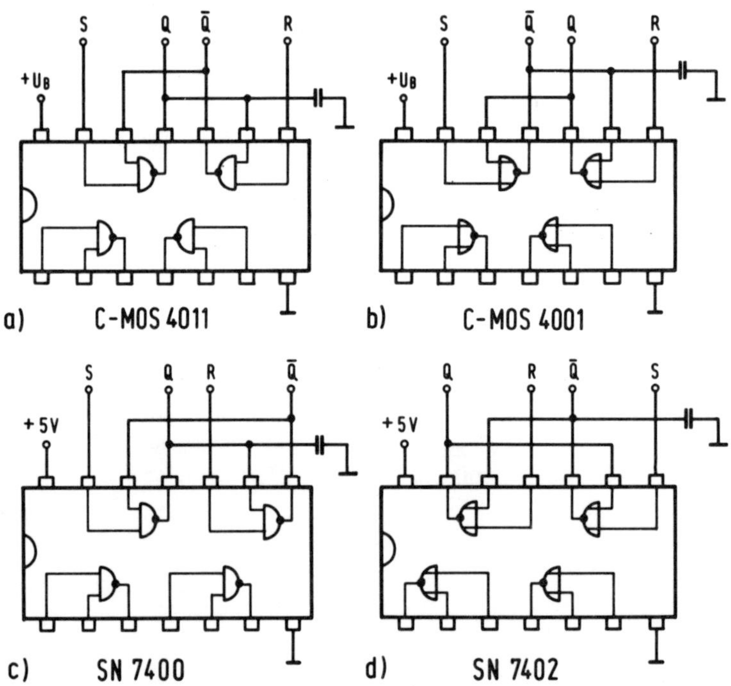

Abb. 4.4/11 Aufbau von RS-Flipflops aus Logik-Gattern
a) NAND-RS-Flipflop in C-MOS-Technik
b) NOR-RS-Flipflop in C-MOS-Technik
c) NAND-RS-Flipflop in TTL-Technik
d) NOR-RS-Flipflop in TTL-Technik

grundsätzlich beliebig; die *Abb. 4.4/9a* und *b* geben nur zwei Vorschläge, einmal für ein NAND-, einmal für ein NOR-Gatter. Es wären auch andere Lösungen denkbar, z.B. solche, bei denen die Kondensatoren nicht an die rückgekoppelten, sondern an die freien Eingänge kommen. Man muß da ein bißchen experimentieren.

Flipflops

Mit Hilfe der Vorzugslage wird für die Flipflops ein eindeutiger Anfangszustand geschaffen, der sich automatisch nach dem Einschalten der Versorgungsspannung einstellt. Danach können sie je nach Tasterbetätigung *gesetzt* oder *zurückgesetzt* werden, wobei man das Umspringen aus der Vorzugs- in die entgegengesetzte Lage als *Setzen* bezeichnet.

Für viele Fälle ist es nicht nötig, den Aufbau eines Flipflops in allen Einzelheiten darzustellen; in Schaltbildern werden oft abkürzende Symbole gebraucht. Es gibt dabei wieder ältere Zeichen und eine neue Norm *(Abb. 4.4/10)*. Die Eingänge können an den Längsseiten liegen, wenigstens nach dem älteren Symbol; die Vorzugslage wird natürlich nur markiert, wenn sie tatsächlich vorgesehen ist.

Für die Modellbahnerpraxis wird man RS-Flipflops für gewöhnlich mit Hilfe von NAND- bzw. NOR-Gattern aufbauen und dabei entsprechende integrierte Schaltkreise benutzen, z.B. den SN 7400 bzw. den SN 7402 (TTL-Bausteine) oder die C-MOS-IC's 4011 bzw. 4001. Mit diesen IC's lassen sich jeweils zwei RS-Flipflops bilden, und zwar nach den Grundschaltungen von *Abb. 4.4/11*. Daß man in den Datenbüchern auch fertige RS-IC's finden kann, wollen wir hier nur erwähnen; sie sind meistens für den Einsatz in größeren Logiksystemen gedacht und kommen für den Modellbahner weniger in Frage. Und schließlich gibt es noch eine Reihe weiterer Flipflop-Typen, die nicht nur gesetzt oder zurückgesetzt werden können, aber auf sie werden wir noch gesondert eingehen.

4.5 Einfache Signalschaltungen mit RS-Flipflops

Für RS-Flipflops gibt es so viele Anwendungsmöglichkeiten, daß hier nur einige Fälle als Musterbeispiele genannt werden können. Weitere Möglichkeiten werden uns noch im späteren Text begegnen.

Zunächst soll ein Lichtsignal mit einer roten und einer grünen Birne (Hp0 und Hp1) durch zwei Drucktaster bedient werden. Natürlich könnte man das auch ohne Elektronik mit einem Umschalter oder einem Relais tun, aber wenn die Signalansteuerung im Zusammenhang einer Bahnhofs- bzw. Fahrstraßenschaltung erfolgt, will man die Signale oft mit den Logikschaltungen verbinden, die ohnehin für Fahrstraßen zuständig sind. Dann fallen mechanische Bedienungselemente weitgehend weg, und sogar die Drucktaster des folgenden Entwurfs können durch Ansteuerungen von Gatterbausteinen her ersetzt werden.

In *Abb. 4.5/1* genügt ein einziges Flipflop pro Signal; von seinen Ausgängen geht es zu den Treiberstufen für die Glühbirnchen des Signals. Das Flipflop soll eine Vorzugslage haben, damit bei Anlegen der Versorgungsspannung zunächst die rote Birne brennt; das entspricht dem Grundzustand einer Modellbahnanlage.

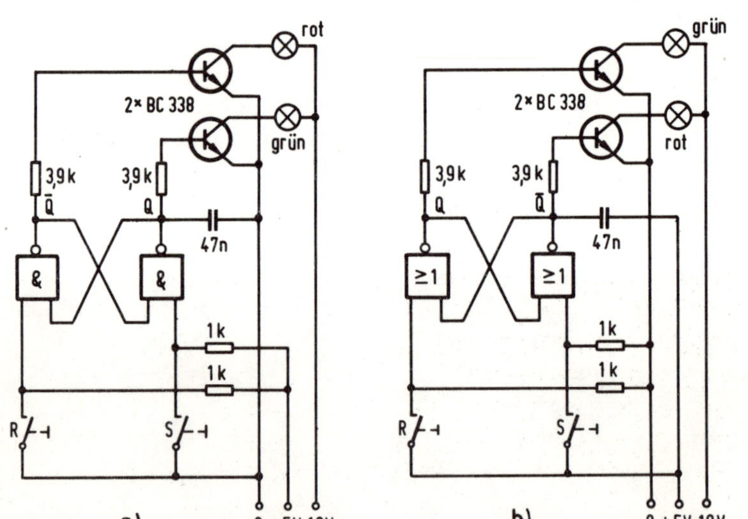

Abb. 4.5/1 Signalschaltung mit RS-Flipflop
a) NAND-Flipflop; b) NOR-Flipflop

64 518

Die Schaltung wird in Abb. 4.5/1 a für ein NAND-, in 4.5/1 b für ein NOR-Flipflop angegeben. Welche Form man einsetzen will, hängt davon ab, in welchen weiteren Zusammenhängen das Flipflop steht, vor allem, ob es durch positive oder negative Impulse angesteuert werden soll. Auch die Frage, ob man Standard-IC's der TTL-Serie oder C-MOS-IC's verwenden soll, läßt sich nicht allgemein beantworten, aber sie hängt eng mit der Wahl der Versorgungsspannungen zusammen. Es wurde schon gesagt, daß die integrierten Schaltkreise grundsätzlich ihre eigene Spannungsquelle brauchen; bei TTL-IC's ergibt sich das einfach daraus, daß sie mit + 5 V gespeist werden, was für die Glühbirnen des Signals zu wenig wäre. In Abb. 4.5/1 sind derartige TTL-IC's vorausgesetzt, aber wer C-MOS-Bausteine wählt, kann statt der 5 V auch höhere Betriebsspannungen anlegen. Doch auch dann ist es ratsam, für die Signalbirnen eine zusätzliche Spannungsquelle vorzusehen. Natürlich müssen Spannungsquellen für ein und dieselbe Schaltung ein gemeinsames Nullpotential haben, d.h. sie werden mit ihren negativen Polen zusammengeschlossen. Auf Wechselspannungen für die Signale wollen wir grundsätzlich verzichten und sie immer erst einmal gleichrichten.

Die Treiberstufen für die Glühbirnen werden in Abb. 4.5/1 durch Transistoren vom Typ BC 338 gebildet. Man kann auch andere Typen wählen, eventuell reicht sogar der BC 107. Signallämpchen nehmen bei 10 V Betriebsspannung einen Strom von etwa 50 mA auf; soviel muß eine Treiberstufe also mindestens verkraften können. Auf keinen Fall darf man Glühbirnen direkt an die Ausgänge von IC-Gattern anschließen; das würde die Bausteine überlasten und zerstören. Natürlich gibt es auch die Möglichkeit, statt der einzelnen Transistoren integrierte Treiberstufen einzusetzen; sie werden dann den Flipflops nachgeschaltet. Ein Beispiel dafür werden wir gleich noch kennenlernen. Und schließlich sei darauf hingewiesen, daß Signale nicht unbedingt mit Glühbirnen bestückt sein müssen. Leuchtdioden tun es auch und sind sogar sehr empfehlenswert; manche Firmen liefern bereits Signale mit LED's. Wer an seinen schon vorhandenen Signalen die Glühbirnen durch Leuchtdioden ersetzen will, muß aber auch an die Vorwiderstände denken, die er nicht vergessen darf (vgl. Kap. 2.1.2).

Im nächsten Beispiel für Flipflop-Anwendungen sollen zwei kombinierte Signale geschaltet werden. Im Bahnhofsbereich kann an einem Ausfahrtgleis neben dem Hauptsignal (rot-grün bzw. Hp0–Hp1) ein Signal für Rangierfahrten stehen (Sperrsignal; rot – weiß bzw. Sh0–Sh1), das Rangierfahrten im Bahnhofsbereich freigibt, auch wenn das Hauptsignal auf *Halt* steht. Es sind dann folgende Situationen möglich:

1. völliges Fahrverbot (Hauptsignal und Rangiersignal beide auf rot bzw. Hp0 und Sh0);

2. Rangierfahrten frei (Hauptsignal auf rot, Rangiersignal weiß bzw. Hp0 und Sh1);
3. Freie Fahrt (Hauptsignal auf grün, Rangiersignal ohne Licht bzw. nur Hp1).

Daß die Hauptsignale auch das Bild Hp2 zeigen können, sei hier nur am Rande erwähnt. Dann leuchten eine grüne und eine gelbe Glühbirne, und das bedeutet, daß die Fahrt über eine auf Abzweig stehende Weiche geht. Die Geschwindigkeit muß dann vermindert werden. Ob die grüne und die gelbe Signalbirne einfach parallel geschaltet werden können, hängt von der Gleisanlage ab, d.h. davon, ob neben der Fahrt über abzweigende Gleise auch die Ausfahrt geradeaus möglich ist. In einem solchen Fall reicht die folgende Schaltung nicht aus, aber Erweiterungsmöglichkeiten kann sich der Leser vielleicht selbst ausdenken, wenn er erst einmal das Prinzip von Signalschaltungen mit Flipflops verstanden hat.

Übrigens besitzt das Rangiersignal jeweils zwei rote und zwei weiße Lämpchen, die parallel geschaltet sind. Für die Entwicklung der Schaltung spielt das nur eine untergeordnete Rolle und muß höchstens bei der Auslegung der Treiberstufen berücksichtigt werden (doppelte Last!).

Kombination von Haupt- und Sperrsignal

Die Bedienung einer Kombination von Haupt- und Sperrsignal erfordert natürlich mehr als ein Flipflop, man muß mindestens zwei Stück einsetzen. Außerdem gibt es eine gewisse Schwierigkeit hinsichtlich der Drucktaster. Für die drei möglichen Signalbilder wird man zweckmäßigerweise drei Taster einsetzen wollen, z.B. einen mit grünem, einen mit rotem und einen mit weißem Kopf. Die beiden Flipflops haben aber zusammen vier freie (d.h. nicht rückgekoppelte) Eingänge, und so muß man zu einer besonderen Gatterschaltung greifen, um mit möglichst geringem Aufwand eine einfache und übersichtliche Bedienung zu erreichen.

Wie das aussehen kann, zeigt *Abb. 4.5/2.* Die beiden Flipflops erhalten verschiedene Aufgaben. Das erste (FF A) soll dazu dienen, zwischen Rangierzeichen (Sh) und Zeichen des Hauptsignals (Hp) zu unterscheiden. Das zweite (FF B) soll unterscheiden, ob *Halt* oder *Fahrerlaubnis* gegeben wird. Die drei Befehlstaster (weiß für Sh, rot für generellen Zughalt, grün für Hp 1) müssen daher jeweils mit beiden Flipflops in Verbindung stehen, und zwar nach folgendem Übersichtsplan:

1. FF A wird gesetzt, wenn Taster *weiß* (Sh1) gedrückt wird.
   Es wird zurückgesetzt, wenn Taster *rot* oder wenn Taster *grün* (Hp 1) gedrückt werden.

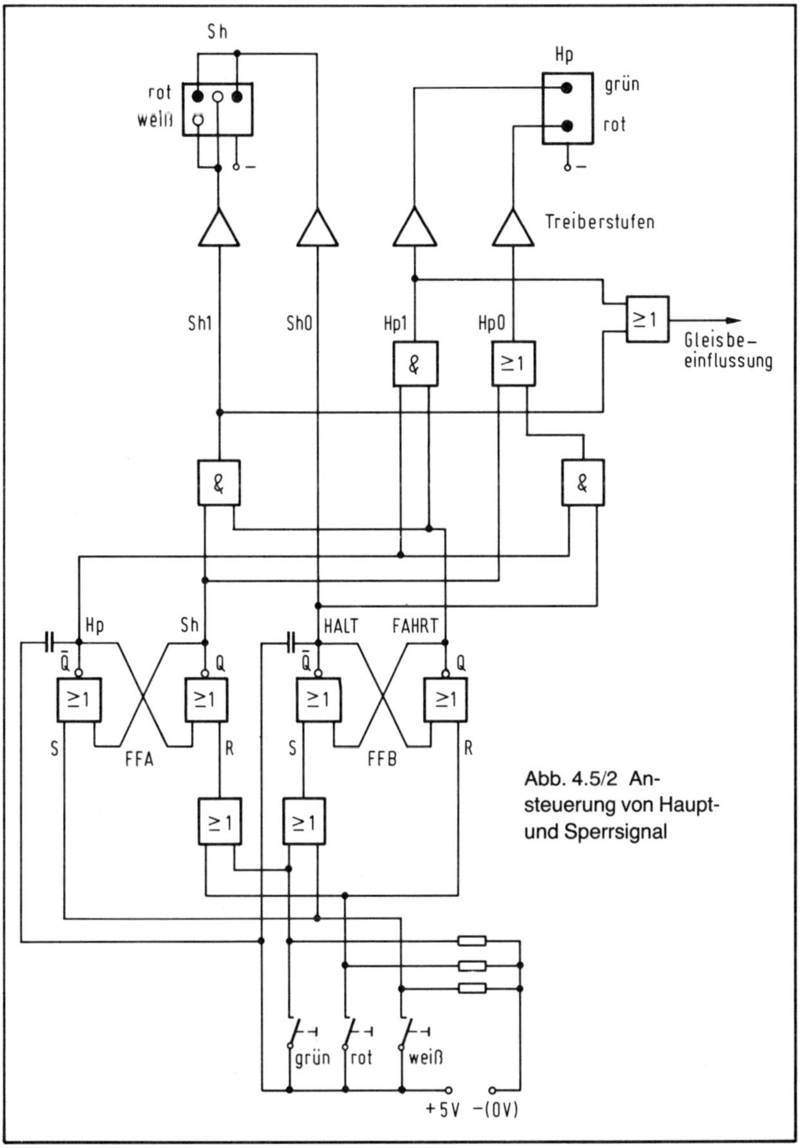

Abb. 4.5/2 Ansteuerung von Haupt- und Sperrsignal

2. FF B wird gesetzt, wenn Taster *weiß* oder wenn Taster *grün* gedrückt werden (Fahrerlaubnis).
   Es wird zurückgesetzt, wenn Taster *rot* (Zughalt) gedrückt wird.

Um diese Überlegungen zu realisieren, braucht man zwei ODER-Gatter vor den Flipflopeingängen. Auch vor die Treiberstufen für die Signallämpchen müssen logische Verknüpfungsgatter gesetzt werden,und zwar nach folgendem Übersichtsplan:

1. Weiße Signallämpchen leuchten, wenn FF A und FF B gesetzt sind.
2. Grünes Signallämpchen leuchtet, wenn FF A zurückgesetzt, FF B gesetzt ist.
3. Rote Signallämpchen des Sperrsignals leuchten, wenn FF B zurückgesetzt ist.
4. Rotes Signallämpchen des Hauptsignals leuchtet, wenn FF A gesetzt oder wenn FF B gesetzt und FF B zurückgesetzt ist.

Damit sind alle Bedingungen, denen die Signalschaltung unterliegt, erfüllt. Wie man sie im einzelnen realisiert, ist Geschmackssache; ob man also mit Gattern der TTL- oder der C-MOS-Serie arbeiten will. In Abb. 4.5/2 sind TTL-IC's vorgesehen.

Eine wichtige Ergänzung der Schaltung liegt in der Möglichkeit, je nach Signalstellung auch den Fahrstrom für die hinter dem Signal liegende Strecke zu beeinflussen. Dieser Fahrstrom soll nur eingeschaltet sein, wenn entweder Sh 1 oder Hp 1 vorliegt; also werden von den entsprechenden Stellen der Schaltung Leitungen abgezweigt, die zu einem ODER-Gatter führen. Von ihm aus kann dann eine weitere Schaltung für den Fahrstrom gesteuert werden. Sie ist in Abb. 4.5/2 weggelassen, wird aber im folgenden Kapitel vorgestellt.

Für die gesamte Schaltung benötigt man neben den Treiberstufen (auf sie kommen wir noch zu sprechen) einen SN 7402 für die beiden NOR-Flipflops, ferner einen SN 7432 (viermal ODER) und einen SN 7408 (viermal UND), von dem allerdings ein Gatter nicht benutzt wird. Arbeitet man mit C-MOS-Gattern, so ist daran zu denken, daß nicht benutzte Gattereingänge auf L- oder H-Potential gelegt werden müssen.

Bei den Lichtsignalen soll die Vorzugslage der Flipflops dafür sorgen, daß beim Anlegen der Betriebsspannung zunächst einmal alle Signale auf *rot* stehen. Hat man eine Modellbahnanlage mit Gleisbildstellpulten, auf denen Fahrstraßen angezeigt werden (Weichenrückmeldung), so ist es wünschenswert, daß für diese Anfangssituation zunächst alle Fahrstraßenlämpchen dunkel sind. Auch das läßt sich durch Flipflopschaltungen gewährleisten; sie werden im nächsten Beispiel vorgestellt.

Dabei handelt es sich zunächst um eine reine Prinzipschaltung, die in der Praxis sinngemäß ergänzt bzw. abgewandelt werden muß. Die beiden Lämpchen L und L' (es können auch gelbe Leuchtdioden sein) gehören zu einer Weiche und signalisieren, ob die Weiche auf *geradeaus* oder auf *abzweigend* steht. Die Treiberstufen vor den Lämpchen sind in *Abb. 4.5/3* weggelassen. Zum Umstellen der Weiche dienen hier zwei Drucktaster E1 und E2; auch hierbei ist in der Schaltskizze die weitere Leitungsführung zu den Weichenanschlüssen nicht mitgezeichnet.

Entscheidend ist allein die Funktion der beiden RS-Flipflops FF A und FF B. Dabei ist klar, daß bei abwechselnder Tasterbetätigung FF B jeweils kippt und seine Ausgänge ihren Logikzustand tauschen. Trotzdem können die Anzeigelämpchen nur brennen, wenn FF A gesetzt ist, denn vor den Treiberstufen liegen zwei UND-Gatter. Wird die Anlage in Betrieb genommen und die entsprechende Versorgungsspannung eingeschaltet, so nimmt FF A automatisch seine Vorzugsstellung ein; die Lämpchen bleiben dunkel. Erst wenn E1 oder E2 getastet werden, kippt FF A; das über FF B angesteuerte Lämpchen leuchtet auf. Ein Zurücksetzen von FF A ist unnötig, sein R-Eingang liegt ständig an negativem Potential, denn wenn die Anlage einmal in Betrieb genommen ist, sollen auch die Lämpchen des Stellpultes jederzeit die zugehörigen Weichenstellungen anzeigen. Nur bei Fahrstraßenschaltungen größeren Umfanges ist das anders: Da brennen nur die Rück-

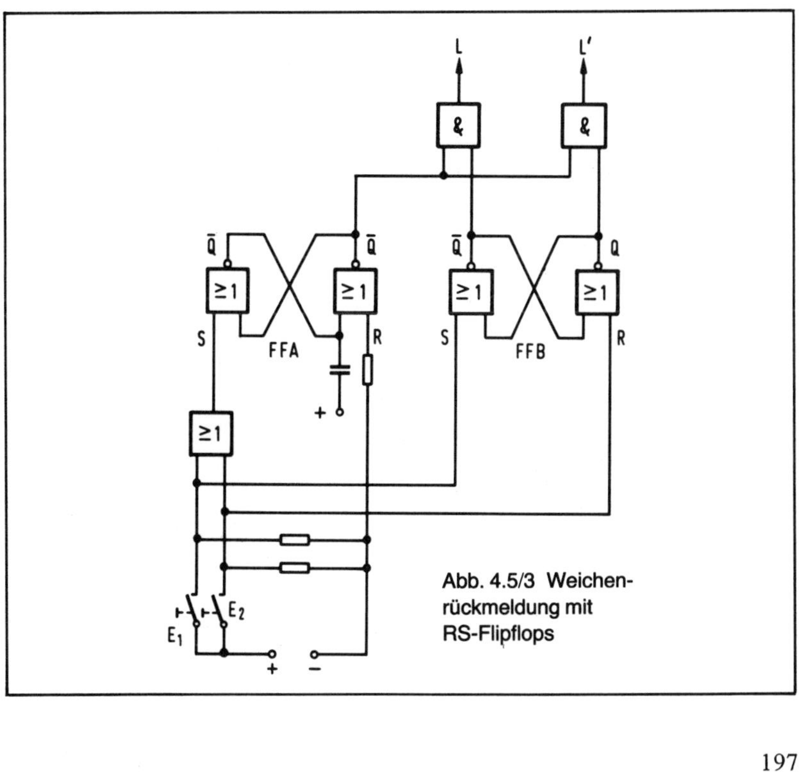

Abb. 4.5/3 Weichenrückmeldung mit RS-Flipflops

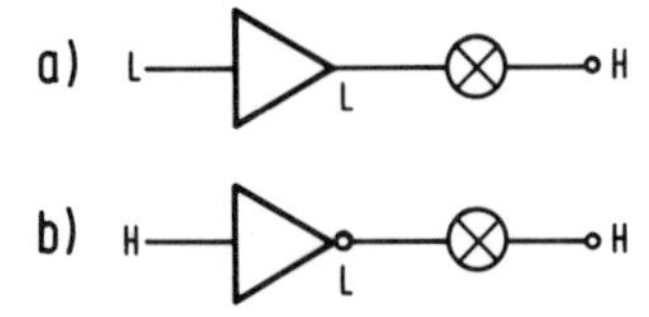

Abb. 4.5/4 Beschaltung von Treiberstufen
a) Potentialverhältnisse bei einem nicht-invertierenden Treiber mit leuchtender Anzeigenlampe
b) Potentialverhältnisse bei einem invertierenden Treiber mit leuchtender Anzeigenlampe

meldelämpchen, die zu einer eingestellten Fahrstraße gehören, und alle übrigen bleiben dunkel. Ohne elektronische Flipflop-Schaltung werden Stellpultlämpchen für Weichenanzeigen entweder von den Weichen direkt angesteuert (z.B. bei Fleischmann) oder über Doppelspulenrelais; dabei sind natürlich Weichenstellungen und Anzeigelämpchen immer in Übereinstimmung, auch wenn die Anlage in Betrieb genommen wird. Das hat einen gewissen Vorteil, der aber teuer bezahlt werden muß. Die Flipflopschaltung ist jedenfalls billiger als ein Aufbau in Relaistechnik.

Schließlich noch ein Wort zu den Treiberstufen. Man kann sie aus Transistoren aufbauen, aber es geht auch mit integrierten Schaltkreisen, vor allem, wenn man mit Bausteinen der Standardserie arbeitet. Dabei kommen zwei Typen in Frage: IC's mit nicht-invertierenden und solche mit invertierenden Gattern, z.B. SN 7406 (invertierend) und SN 7407 (nicht-invertierend). *Nicht-invertierend* heißt: liegt am Eingang L-Potential, so liegt es auch am Ausgang (dann hat nämlich der Endstufentransistor durchgeschaltet und eine unmittelbare Verbindung des Ausgangs mit Masse hergestellt). Ist umgekehrt der Eingang auf H-Potential, so sperrt der Endstufentransistor, und sein offener Kollektor nimmt das H-Potential einer mit dem Ausgang verbundenen positiven Spannung an (vgl. Abb. 4.2.6/7). Verbindet man demnach den offenen Kollektor über eine Glühbirne mit dieser Spannung, so kann sie nur bei durchgeschaltetem Endstufentransistor brennen (vgl. *Abb. 4.5/4*); dann muß aber der Eingang der nicht-invertierenden Treiberstufe auf log. L liegen! Man kann es auch so sagen: Sieht man das Aufleuchten der Glühbirne als Ausgangssignal an, so tritt bei einem nicht-invertierenden Treiber dieses Signal nur ein, wenn der Eingang des Treibers mit Masse bzw. negativem Potential (L) angesteuert wurde. Das ist zwar *logisch,* obwohl es ein wenig überraschend wirkt und eigentlich einer Signalumkehr gleichkommt. Demnach: Will man das Aufleuchten der Glühbirne dann haben, wenn der Treiber durch ein positives Signal (H-Potential) angesteuert wird, so muß man einen invertierenden Treiber wählen, und das würde für die Flipflopschaltungen dieses Kapitels bedeuten, daß die Treiberstufen aus dem IC 7406 genommen werden müssen. Daraus erklärt sich auch, warum in Abb. 4.5/2 die Treiberstufensymbole einen Negationspunkt zeigen. Will man Glühbirnen mit großer Leistung (Stromaufnahme über 50 mA) betreiben, so empfiehlt es sich, jeweils zwei Treiberstufen parallel zu schalten, um den IC nicht zu überlasten. Das gilt auch, wenn – wie z.B. bei Sperrsignalen – zwei Glühbirnen gleichzeitig brennen sollen.

5

Ausbau von Gleisanlagen

Wir haben nun bereits eine ganze Anzahl von Bausteinen der Digitalelektronik kennengelernt. Wer so weit ist, möchte sie natürlich auch einsetzen, und vielleicht juckt es den Leser in den Fingern, sich eine elektronisch gesteuerte Modellbahnanlage aufzubauen. Wenn er allerdings erwartet, jetzt eine vollständige Schaltungsdarstellung zu finden, müssen wir ihn enttäuschen. Es gibt zwar etliche Bücher, die genaue Anleitungen liefern, aber sie haben zumeist einen entscheidenden Nachteil: Sie legen sich von Anfang an auf eine ganz bestimmte Betriebsform fest, so daß man mit ihnen buchstäblich die Katze im Sack kauft. Hier soll jedoch kein Rezept gegeben werden, das man nur entweder befolgen oder verwerfen kann, sondern es geht darum, Möglichkeiten aufzuzeigen und Grundkenntnisse zu vermitteln, wobei es schließlich dem Leser überlassen bleibt, was er wie und wo einsetzen will.

Ein solcher Weg ist vor allem deswegen notwendig, weil der eine mit Gleichstrom, der andere mit Wechselstrom fährt, und was für diesen gut ist, kann jener gar nicht brauchen. In den bisherigen Kapiteln hat das so gut wie gar keine Rolle gespielt, weil vom Fahrstrom noch nicht die Rede war, aber das wird nun anders. Weichen und Signale treten auf allen Anlagen in grundsätzlich gleicher Weise auf, aber sobald Triebfahrzeuge ins Spiel kommen, muß man die Verschiedenheit der Systeme berücksichtigen. Deshalb müssen wir von jetzt an gleichsam zweispurig weitermachen: Bei den folgenden Schaltungen ist an den *Gleichstromer* und den *Wechselstromer* zu denken, beide sollen zu ihrem Recht kommen, und wenn es so aussieht, als werde der *Gleichstromer* ein wenig bevorzugt, so liegt das daran, daß die Elektronik nun einmal auf Gleichströme angelegt ist. Aber das heißt nicht, daß der *Wechselstromer* auf sie verzichten müsse.

5.1 Gleisbeeinflussung

Vor Signalen, bei Abstellgleisen usw. will man einen Zug anhalten können, so daß er erst unter ganz bestimmten Bedingungen weiterfährt. Für solche

Fälle braucht man Trenngleise, die den Fahrstrom über ganz besondere Anschlüsse erhalten. Dabei wird zumeist nur eine Schienenseite unterbrochen (vgl. *Abb. 5.1/1*). Fährt eine Lok auf solch einen Abschnitt, so ist bei geöffnetem Anschlußschalter S der Stromkreis unterbrochen, und sie bleibt stehen. Wird S geschlossen, so liegt auch das Trenngleis an der Fahrspannung, und die Lokomotive kann weiterfahren.

Wie derartige Trenngleise im einzelnen verwendet werden, brauchen wir hier nicht zu besprechen. Wichtig ist, ob es sich um Gleise einer Gleichstrom- oder einer Wechselstromanlage handelt; je nach dem verwendeten System treten unterschiedliche Probleme auf. Hier sollen zunächst Gleichstromanlagen behandelt werden. Für sie kommt der Fahrstrom von den Anschlüssen eines Fahrpultes; je nach Fahrtrichtung des Zuges wechselt allerdings die Polung der Schienen, und das fordert besondere Überlegungen.

Sehr einfach liegt der Fall, wenn wie in Abb. 5.1/1 die Zuschaltung des Trenngleises über einen mechanischen Schalter erfolgt. Darüber soll hier gar nichts weiter gesagt werden, weil ohnehin alles klar ist (hoffentlich!). Aber in den meisten Fällen wird man auf seinem Gleisbildstellpult keine besonderen Schalter für Trenngleise anbringen, sondern die Zugbeeinflussung über Signale oder entsprechende Vorrichtungen vornehmen wollen, und dann gibt es grundsätzlich zwei Möglichkeiten. Entweder man verwendet Relais, die mit den Signalen umgeschaltet werden; auch dieser verhältnismäßig einfache Fall braucht hier nicht diskutiert zu werden. Oder man versucht, die Gleisbeeinflussung elektronisch vorzunehmen, und mit dieser Möglichkeit wollen wir uns näher beschäftigen. Übrigens: Der Begriff *Gleisbeeinflussung* ist eigentlich ziemlich töricht, denn ein Gleis kann man kaum beeinflussen. Besser wäre es schon, von *Zugbeeinflussung* zu reden. Aber da wir in den Schaltungen keine Züge vor uns haben, sondern Zuleitungen zu Gleissystemen, wollen wir bei dem törichten Ausdruck bleiben. Modellbahner wissen, was gemeint ist.

Elektronische Gleisbeeinflussung

Natürlich ist das Kernstück einer Schaltung zur elektronischen Gleisbeeinflussung ein Transistor, über den der Fahrstrom fließt bzw. durch den er gesperrt wird. Es muß sich um einen Leistungstyp handeln, denn ein Lokomotivmotor nimmt bis zu 1 A Strom auf, und das muß der Transistor anstandslos verkraften können. Außerdem braucht man aber einen weiteren Transistor, der als Treiber dient und mit dem Leistungstransistor zu einer Darlingtongruppe vereinigt wird. Eventuell kann man gleich einen kombinierten Darlingtontyp nehmen (z.B. BD 647 oder ähnlich). Wie man im einzelnen vorgeht, ist Geschmackssache. In *Abb. 5.1/2* wird eine Schaltung vorgeschlagen, die einen pnp- und einen npn-Transistor kombiniert. Soll der Treiber T2 durchschalten, so muß an seiner Basis negatives Potential

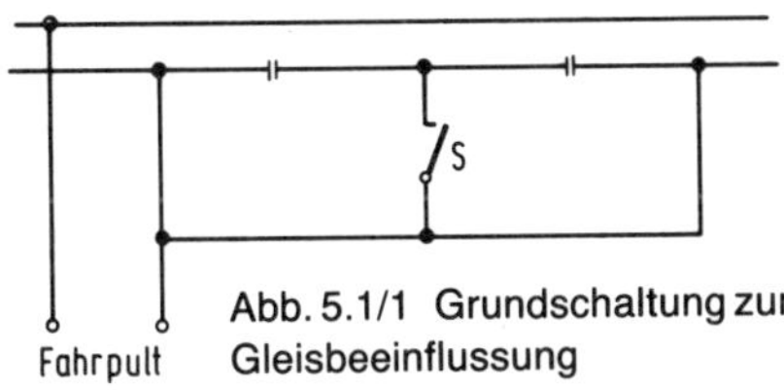

Abb. 5.1/1 Grundschaltung zur Gleisbeeinflussung

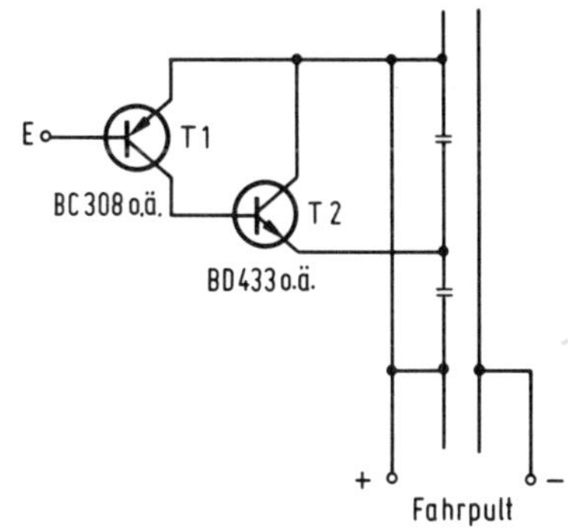

Abb. 5.1/2 Ansteuerung eines Trenngleises durch eine Darlingtongruppe

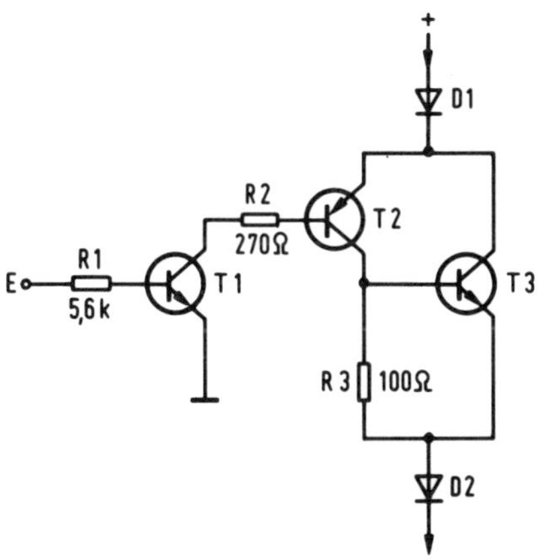

Abb. 5.1/3 Erweiterte Darlington-Schaltung

liegen; man kann das erreichen, wenn man die Ansteuerung durch einen weiteren Transistor T1 vornimmt, der seinerseits am Ausgang einer Gatterschaltung, eines Flipflops usw. liegen kann. Besteht an Punkt E (= Eingang) positives Potential, so bringt T1 die Darlingtonstufe zum Durchschalten, und über T3 fließt der Fahrstrom (Abb. 5.1/3). Der Emitter von T1 liegt an Masse, und das hat den Vorteil, daß dann die Fahrspannung ruhig höher sein kann als die Steuerspannung an der Basis von T1. Wie es allerdings mit der *Masse* aussieht, müssen wir noch klären.

Bei einer solchen Schaltung ist es unbedingt erforderlich, die Transistoren T2 und T3 gegen eine Umpolung des Fahrstromes zu schützen, und dazu dienen die beiden Dioden D1 und D2 (Leistungstypen! Z.B. 1 N 4001 oder ähnlich). Ist nämlich der Kollektor von T3 negativ, der Emitter positiv, so kann das den Transistor zerstören. Die beiden Dioden blocken eine so gepolte Fahrspannung ab; sie kann dann nicht gefährlich werden.

Nun wird allerdings ein Umpolen der Fahrspannung sehr häufig erfolgen, wenn man nämlich die Fahrtrichtung ändern will, und dann wäre die Schaltung nach Abb. 5.1/3 unbrauchbar. Sie läßt den Fahrstrom nur immer in

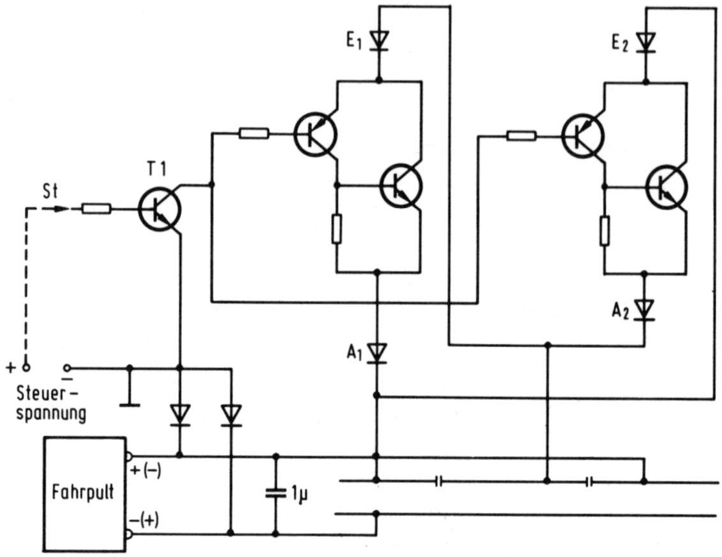

Abb. 5.1/4 Gleisbeeinflussung für beide Fahrtrichtungen

einer Richtung durch. Aber man kann eine ganz entsprechende Schaltung aufbauen, die genau dann anspricht, wenn der Fahrstrom gegenüber dem bisher betrachteten Fall in umgekehrter Richtung fließen soll. Man braucht dann nur die Anschlüsse an das Fahrpult bzw. an das Trenngleis zu vertauschen, und wenn man schließlich die Trennstrecke in beiden Richtungen befahren will, lassen sich zwei gegeneinandergesetzte Transistorschaltungen zusammenfassen *(Abb. 5.1/4)*.

Wie funktioniert nun diese Schaltung?

Es wurde schon gesagt: Für die elektronische Zugbeeinflussung sind zwei Spannungsquellen nötig: Erstens die Fahrspannung vom Fahrpult und zweitens eine Spannung, die zur Versorgung der elektronischen Bauteile (Flipflops usw.) dient. Für beide Spannungen muß es eine gemeinsame Masse geben. Sie liegt am negativen Pol der Steuerspannung (z.B. 5 V für eine Elektronik aus TTL-Gattern); außerdem muß mit ihr der jeweils negative Pol des Fahrpultes verbunden werden, und das geschieht mit Hilfe zweier Dioden, die wie ein halber Brückengleichrichter wirken, so daß der positive Pol der Fahrspannung immer von der Masse getrennt ist. Übrigens ist es ratsam, zwischen die Pole des Fahrpultes einen Kondensator zu legen (z.B. 1µF), der Störimpulse aus dem Fahrbetrieb auffängt.

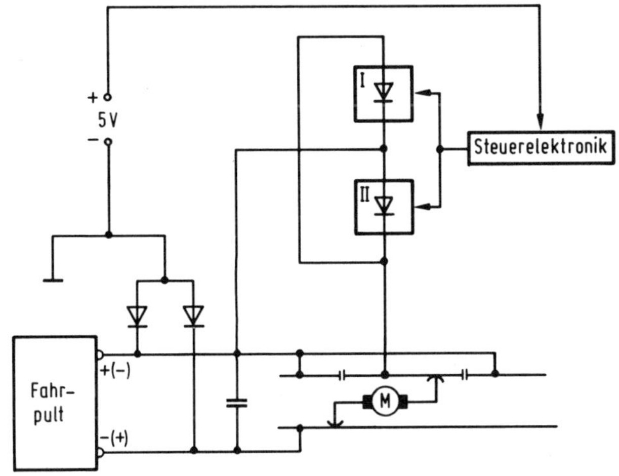

Abb. 5.1/5 Gesamtüberblick über die Schaltung von Abb. 5.1/4

Um alles noch deutlicher zu machen, ist das Prinzip noch einmal in *Abb. 5.1/5* zusammengefaßt. Von den Fahrpultanschlüssen geht es an die Schienen; nur das Trennstück ist ausgenommen. Seine Stromversorgung erfolgt über die beiden Transistorstufen I und II, die gemeinsam von einer nicht näher bestimmten Elektronikschaltung angesteuert werden. Die Vermittlung übernimmt dabei der Transistor T1 aus Abb. 5.1/4. Wenn dieser Transistor auf ein positives Signal (H-Potential) an seiner Basis durchschaltet, gibt es zwei Möglichkeiten. Nehmen wir an, daß der obere Anschluß am Fahrpult gerade positiv gegen Masse ist: Dann ist die Stufe I durch ihre beiden Schutzdioden gesperrt, aber Stufe II schaltet durch und versorgt das Trenngleis mit der richtigen Spannung; eine dort stehende Lok fährt an. Bei umgekehrter Polung am Fahrpult sperrt die Stufe II, aber dafür öffnet I, und dann kann die Lok in umgekehrter Richtung abfahren.

Die ganze Schaltung wirkt vielleicht etwas aufwendig, stellt aber gegenüber Zweispulenrelais immer noch eine beträchtliche Kostenersparnis dar.

Etwas aufwendig, trotzdem Kostenersparnis

Will man die Steuerelektronik ganz von dem Fahrstromkreis trennen, so gibt es dafür einen besonders geeigneten Weg: den Einsatz von Optokopplern (vgl. Kap. 2.4). Der in einem Optokoppler enthaltene Fototransistor übernimmt dann die Rolle von T1; die Leuchtdiode überträgt die Signale der Steuerelektronik. Diese Methode ist besonders geeignet, wenn die Steuerelektronik aus C-MOS-Gattern aufgebaut ist, von denen Störspannungen bzw. -impulse ferngehalten werden müssen. Solche Impulse können sogar drahtlos

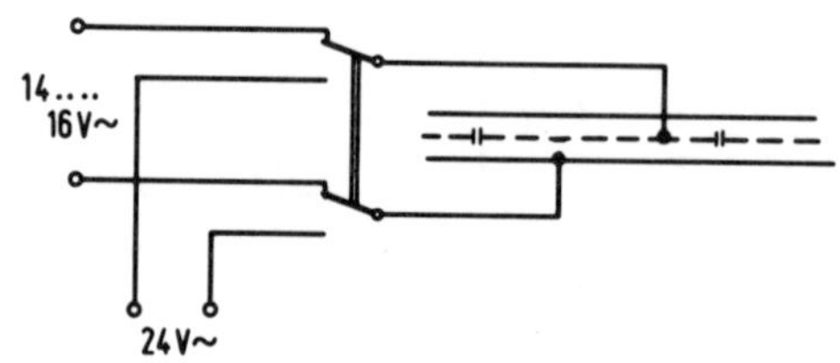

Abb. 5.1/6 Umschalter für Telex-Überspannungsimpuls

übertragen werden, denn manche Lokomotivmotoren wirken wie kleine Störsender, und es soll Fälle geben, wo deren *Programme* unliebsame Rückwirkungen auf die Funktion von C-MOS-IC's gehabt haben. Setzt man die Steuerelektronik in ein Blechgehäuse, so dürfte das als Abschirmung reichen, und außer den Lichtsignalen im Optokoppler gibt es dann keine Rückwirkungen mehr, die vom Fahrstromkreis aus die Steuerelektronik durcheinanderbringen könnten.

Zu den einzelnen Bauteilen brauchen wir keine weiteren Angaben. Empfehlungen kann man den Abbildungen 5.1/2 und 5.1/3 entnehmen. Der Widerstand R3 muß nicht sein; über ihn fließt nur ein geringfügiger Strom, der den Strom durch T3 (Leistungstransistor) ergänzt.

Welche Schaltung nun für Wechselstromer?

Doch nun werden die *Wechselstromer* kommen und fragen, welche Schaltung sie zur Gleisbeeinflussung verwenden können. Die Antwort ist furchtbar einfach: Es ist gar keine neue Schaltung nötig. Denn das bisher verwendete Gleichstromfahrpult lieferte ja eine umpolbare Gleichspannung, und das ist im Prinzip nichts anderes als eine Wechselspannung. Also kann man es ohne weiteres durch ein Wechselstromfahrpult ersetzen. Zugleich muß man natürlich daran denken, daß die Stromzuführung zu den Gleisen des Märklinsystems etwas anders läuft als bei einem gewöhnlichen Gleichstromgleis. Die Trennstellen gehören in die Punktkontaktreihe des Mittelleiters; die beiden Schienen werden nicht unterbrochen. Allerdings erfolgt der Fahrtrichtungswechsel bei Märklin anders als bei umpolbaren Gleichstromfahrpulten. Es ist da ein Überspannungsimpuls (24 V) nötig, der das Telex-Relais in den Märklinloks umstellt (vgl. Kap. 1.2). Es ist nicht ratsam, diesen Impuls über die Transistoren unserer Schaltung an die Lok zu geben; das könnten sie übelnehmen. Besser sollte man vor dem Überspannungsimpuls die Märklin-Schienen von der Fahrspannung abtrennen; das geht recht einfach mit einem Umschalter. In *Abb. 5.1/6* ist gezeigt, wie der Umschalter angeschlossen wird. Nach dem Überspannungsstoß muß man ihn natürlich zurückstellen.

5.2 Fahrstraßenschaltung – : erweiterte Form

Bis jetzt noch nicht der Weisheit letzter Schluß

Nachdem wir nun etwas über Flipflops, Signalschaltungen und Gleis- bzw. Zugbeeinflussung kennengelernt haben, können wir darangehen, unsere bisherigen Überlegungen zu Fahrstraßenschaltungen zu erweitern. Bisher waren sie nämlich noch keineswegs *der Weisheit letzter Schluß*. Ob sie das jetzt werden können, ist fraglich, denn zum Thema *Fahrstraßenschaltungen* gibt es viele Vorschläge, und niemand sollte sich zum Modellbahnerpapst aufschwingen. Aber ein paar Anregungen lassen sich wohl noch geben.

Forderungen an eine gute Fahrstraßenschaltung

Was man von einer guten Fahrstraßenschaltung erwarten kann, wurde schon angedeutet. Auf jeden Fall soll sich eine Fahrstraße durch nur zwei Drucktaster bestimmen lassen (Start und Ziel); sie sollte sich durch eine entsprechende Ausleuchtung des Gleisbildstellpultes bemerkbar machen, und sie soll verkehrssicher sein. Das heißt erstens, daß keine Flankenfahrten in die Fahrstraße hinein möglich sein dürfen, weil es sonst Zusammenstöße geben könnte, und es muß dafür gesorgt sein, daß eine Fahrstraße nicht über schon besetzte Gleise führt. Ferner dürfen Signale nur dann Zugbewegungen freigeben, wenn die entsprechenden Fahrstraßen fertig aufgebaut sind, und schließlich soll der Fahrstrom über die Signale geschaltet werden; davon war schon die Rede. Es lassen sich noch weitere Bedingungen für Fahrstraßenschaltungen nennen, aber uns soll diese Aufzählung vorerst genügen.

In Kap. 3 haben wir ein Fahrstraßenkonzept nur für die Weichenschaltung entwickelt, und das wird jetzt nicht ganz ausreichen. Denn stellen wir uns einmal vor, eine bestimmte Fahrstraße sei durch Betätigung der Start- und der Zieltaste aufgebaut. Aber noch kann kein Zug abfahren, wenigstens nicht, solange ihm sein Signal kein grünes Licht zeigt (bzw. weißes Licht bei Rangierfahrten im Bahnhofsbereich). Signale werden jedoch nicht durch die Fahrstraßentaster gestellt, sondern brauchen eigene Bedienungselemente, und folglich muß man die Information *Fahrstraße ist fertig* speichern, ihr die neue Information *Signal gibt die Abfahrt frei* hinzugesellen, und erst, wenn beide Informationen vereinigt sind, kann die wartende Lok ihren Fahrstrom bekommen und sich in Bewegung setzen.

Was für derartige Funktionsabläufe erforderlich ist, sind Speicherglieder sowie UND-Schaltungen. Beides läßt sich mit der uns inzwischen bekannten Gattertechnik herstellen. Beginnen wir mit den Speichergliedern. Für sie kommen natürlich nur Flipflops in Frage, und zwar muß jeder möglichen Fahrstraße ein Flipflop zugeordnet werden. Das bedeutet zwar einigen Aufwand, aber mit Hilfe von IC's läßt sich manch preisgünstige Lösung finden. Wir wollen hier nicht die zahlreichen Lösungsvorschläge aus der Modellbahnliteratur diskutieren, sondern nur das Prinzip erläutern. Dabei berück-

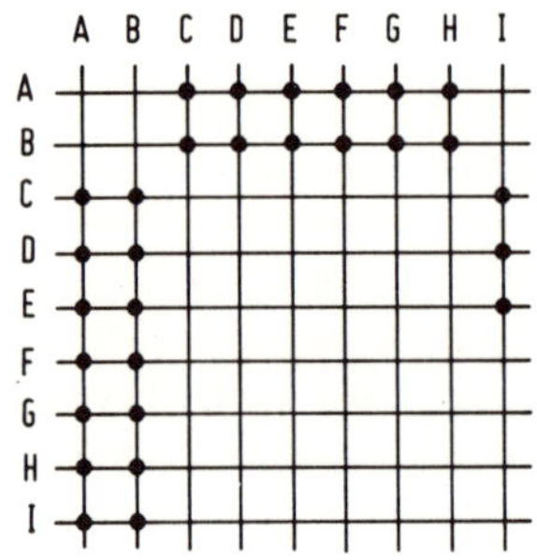

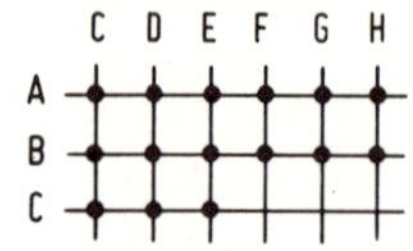

Abb. 5.2/2 Fahrstraßenmatrix in vereinfachter Form

Abb. 5.2/1 Fahrstraßenmatrix in quadratischer Form

sichtigen wir bereits die wichtige Forderung, daß im Interesse der Verkehrssicherheit einander überschneidende Fahrstraßen nicht gleichzeitig bestehen dürfen.

In Kap. 3.1 haben wir für einen Phantasiebahnhof einmal eine Liste von Fahrstraßen aufgestellt, wenigstens für eine Bahnhofshälfte. Von dieser Liste wollen wir auch jetzt ausgehen. Wäre da nicht die Forderung, einander überschneidende Fahrstraßen dürften nicht gleichzeitig gebildet werden, so könnte man Fahrstraßenflipflops nach einem einfachen Raster anordnen, nämlich nach einer quadratischen *Matrix* (Abb. 5.2/1). Eine Matrix ist ein Muster aus Zeilen (waagerecht) und Spalten (senkrecht); in die Kreuzungspunkte werden Zahlenwerte oder sonst irgendwelche Angaben gesetzt. In Abb. 5.2/1 stehen an beiden Matrixrändern die Buchstaben der Fahrstraßentaster; die dick markierten Punkte im Matrixfeld zeigen, wo Fahrstraßen möglich sind. Aber es ist sofort zu sehen, daß man eine einfachere Matrix erhält, wenn man an den einen Rand nur die Start-, an den anderen nur die Zieltaster schreibt *(Abb. 5.2/2)*.

Jeder markierte Punkt entspricht einem Fahrstraßen-Flipflop. Das Matrix-Schema ist natürlich jederzeit erweiterungsfähig und kann für größere Bahnhöfe beträchtlich anwachsen. Gehen wir nun in die Einzelheiten!

Nun zu den Einzelheiten

Die Fahrstraßen-Flipflops müssen irgendwie angesteuert werden, aber das kann nicht direkt erfolgen, sondern nur über UND-Schaltungen, denn ein Flipflop soll gesetzt werden, wenn Start- und Zieltaste gemeinsam betätigt sind. In *Abb. 5.2/3* ist die Gruppierung der UND-Gatter dargestellt; so lange alle Taster offen sind, liegt an den Eingängen über die Widerstände (jeweils 1 bis 10 kΩ) negatives Potential (bzw. Logikzustand L). Dann stehen auch die Ausgänge auf L, und nur, wenn zwei zu einer Fahrstraße gehörige Taster gedrückt werden, geht der Ausgang des entsprechenden UND-Gatters auf H.

Shell
ESSO
ESSO

Wienerwald
dab Meister-Pils dab
FLEISCHMANN
DANZAS DANZA
BP

DSB

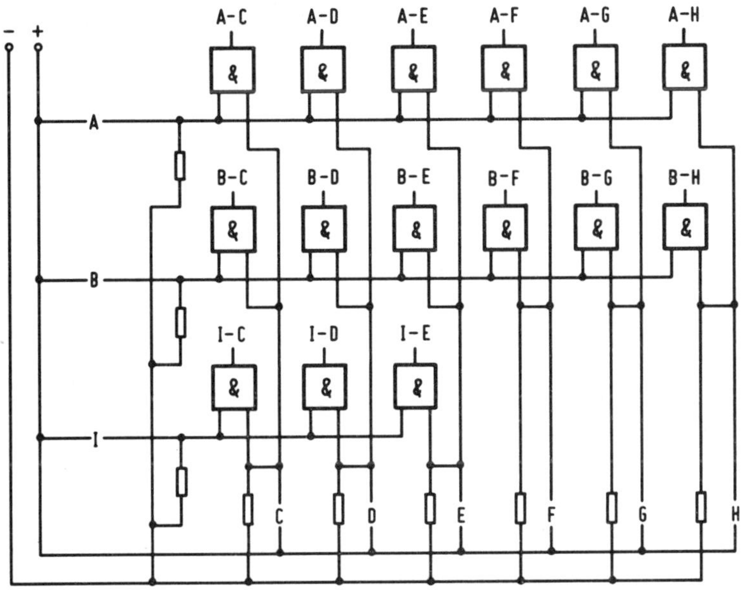

Abb. 5.2/3 UND-Schaltungen für die Ansteuerung von Fahrstraßenflipflops

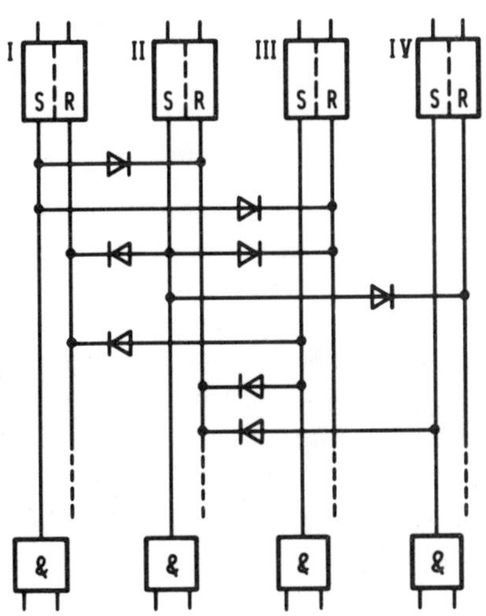

Abb. 5.2/4 Ein gesetztes Fahrstraßenflipflop setzt die Flipflops der kollidierenden Fahrstraßen zurück
I unverträglich mit II/III
II unverträglich mit I/III/IV
III unverträglich mit I/II
IV unverträglich mit II
(frei gewähltes Beispiel)

Von diesen Ausgängen her werden nun die Fahrstraßen-Flipflops angesteuert. Bei ihnen handelt es sich um einfache RS-Typen, die jeweils aus zwei NOR-Gattern bestehen, denn solche Flipflops lassen sich durch H-Signale setzen bzw. zurücksetzen. Eigentlich würde es genügen, von jedem UND-Gatter aus ein RS-Flipflop setzen zu können, nämlich das der zugeordneten Fahrstraße, aber nun läßt sich bereits eine Sicherheitsschaltung vorsehen, die eventuelle Zusammenstöße ausschließt. Wenn nämlich ein Fahrstraßenflipflop gesetzt ist, müssen die Flipflops kollidierender Fahrstraßen automatisch zurückgesetzt werden. Das kann durch eine Diodenschaltung geschehen, die in *Abb. 5.2/4* jedoch nicht vollständig, sondern nur in einem knappen Auszug gezeichnet ist; wie sie für den gesamten Bahnhofsbereich zu erweitern ist, kann man sich leicht zusammenreimen. Zwischen Flipflops für Fahrstraßen, die sich nicht gegenseitig behindern können, ist natürlich keine Diodenverbindung nötig. Bei dieser Schaltung braucht man recht viele Dioden, aber Universaltypen wie z.B. 1 N 914 sind sehr billig. Außerdem ist zu bedenken, daß die Ausgänge der UND-Gatter eventuell mehr als zehn verschiedene Flipflop-Eingänge ansteuern müssen, und dann reicht das übliche FAN-OUT von Standard-IC's nicht aus, so daß man Treiberstufen zwischenschalten muß. Wie das geschieht, wurde bereits gesagt.

Jedes Flipflop speichert die Fahrstraße, die man gerade gewählt hat. Sie muß aber auch wieder aufgelöst werden können, und das läßt sich auf dreierlei Wegen erreichen. Erstens dadurch, daß man eine andere Fahrstraße tastet, die mit der vorigen nicht vereinbar ist. Zweitens dadurch, daß ein Zug, der die Fahrstraße durchlaufen hat, an ihrem Ende über einen SRK an den Schienen ein Rückstellsignal an das Flipflop gibt, und drittens kann man per Hand durch besondere Drucktaster die einzelnen Flipflops zurücksetzen. Die drei Möglichkeiten können sogar kombiniert werden.

Die Flipflop-Ausgänge sind zunächst einmal dazu da, die zu einer Fahrstraße gehörigen Weichen anzusteuern und in die richtigen Stellungen zu bringen. Dazu braucht man eine sog. *Dekoder-Schaltung,* die im Prinzip der Schaltung von Abb. 3.3/3 entspricht, nun aber mit IC's vorgenommen wird (vgl. auch Abb. 4.3/1). Muß z.B. eine Weiche in drei Fahrstraßen auf *abzweigend* stehen, so geht es über die drei entsprechenden Flipflops an ein UND-Gatter mit zwei Eingängen; sein Ausgang steuert eine Verstärkerstufe an (Darlington-Gruppe oder Thyristor), die ihrerseits den Schaltstrom für die Weichenspule liefert. Aber im Gegensatz zu den früheren Schaltungen ist zu beachten, daß das Flipflop ein Speicherglied ist und, wenn es gesetzt wurde, in einem stabilen Zustand verharrt; die Weichenspulen dürfen aber nur einen kurzen Stromstoß bekommen. Also braucht man an den UND-Gattern der Weichendekoder noch einen zusätzlichen Impulseingang *(Abb. 5.2/5).* Es

Dekoder-Schaltung

Abb. 5.2/5
Ansteuerung von Weichen über Fahrstraßen-Flipflops

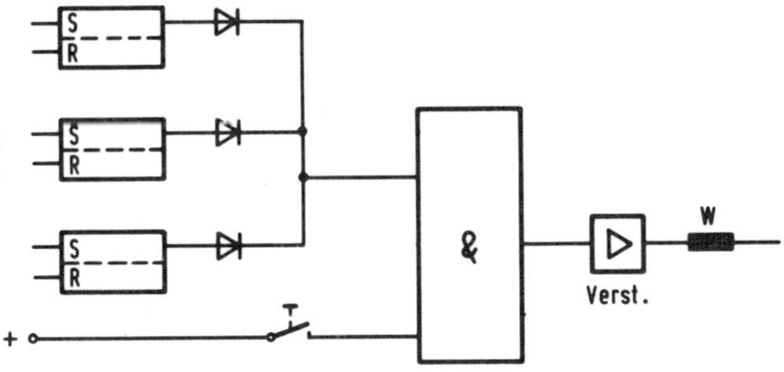

geht aber auch voll elektronisch, wenn man den Setz-Impuls für die Fahrstraßen-Flipflops an ein sog. Monoflop gibt, das dann einen kurzen Stromstoß liefert und sich hinterher selbst ausschaltet. Was Monoflops sind, werden wir später besprechen (Kap. 6.1.4).

Die zweite Aufgabe der Flipflops liegt darin, für die Ausleuchtung der Fahrstraßen auf dem Gleisbildstellpult zu sorgen. Bisher hatten wir das mit Relais gemacht (vgl. Abb. 3.4/3). Aber nun läßt sich auch für die Glühbirnen der Fahrstraßenanzeige eine ähnliche Dekoderschaltung wie für die Ansteuerung der Weichen entwickeln, abermals in Gattertechnik, wobei natürlich keine Schaltimpulse mehr gebraucht werden, denn die Fahrstraßenanzeige bleibt solange bestehen wie die Fahrstraße selbst.

Und schließlich kann auch die Signalansteuerung über die Fahrstraßenflipflops vorgenommen werden. Dann dürfen die Signalbilder Hp1, Hp2 oder Sh1 nur einstellbar sein, wenn die zu einem bestimmten Signal gehörige Fahrstraße *steht*. Das setzt weitere UND-Gatter voraus, die mit den Schaltungen aus Kap. 4.5 kombiniert werden.

Hier keine allgemeingültigen Rezepte

All diese Angaben mußten sehr knapp ausfallen, weil die vollständige Entwicklung von Schaltbildern viele Seiten füllen würde und weil ohnehin jede Modellbahnanlage anders aussieht, so daß es keine allgemeingültigen Rezepte geben kann. Hier kam es nur darauf an, Grundüberlegungen zu skizzieren, die beim Entwurf von Fahrstraßenschaltungen auftreten werden. Weitere Anregungen kann man u.a. dem Büchlein *Elektronische Gleisbildstellwerke* von A. Jäger entnehmen.

Ein Punkt noch zum Schluß. Eine Fahrstraße darf nur befahrbar sein, wenn nicht schon irgendwo Züge auf ihr herumstehen. Das wurde bisher nicht berücksichtigt, denn es setzt eine völlig neue Problemstellung voraus: Wie kann man elektronisch erkennen, daß ein Gleis bereits besetzt ist? Dieser Frage wollen wir uns in den nächsten Abschnitten widmen.

5.3 Ein Schattenbahnhof

Zugegeben: das vorige Kapitel brachte nur eine grobe Übersicht über Schaltungsmöglichkeiten bei Fahrstraßen, und es ist sicherlich manche Frage offen geblieben. Wir wollen deshalb noch einmal einen konkreten Vorschlag nachschieben, der die bisherigen Überlegungen aufnimmt und verdeutlicht. Außerdem kommen wir damit der Frage näher, was es mit den Gleisbesetzt-Meldungen auf sich hat, aber ehe wir sie im einzelnen besprechen, wollen wir uns den neuen Schaltungsvorschlag ansehen.

Auf vielen Anlagen gibt es sog. *Schattenbahnhöfe,* die, für den Betrachter unter dem Anlagentisch verborgen, buchstäblich ein Schattendasein führen und eigentlich nur dazu da sind, Züge aus dem Verkehr zu ziehen, die oben auf der freien Anlage zeitweilig überflüssig sind. Der Schattenbahnhof besteht also nur aus Abstellgleisen; er kann als Kopfbahnhof ausgeführt werden, obwohl es im allgemeinen günstiger sein dürfte, ihn auch als Durchgangsbahnhof benutzen zu können, damit keine störanfälligen Schiebefahrten erforderlich werden. Ein solcher Schattenbahnhof mit einem Durchgangsgleis soll im folgenden untersucht werden *(Abb. 5.3/1).*

Maximal lassen sich auf diesem Bahnhof fünf Züge unterbringen, wobei auf das Abkuppeln der Lok verzichtet werden soll. Auch das bringt nämlich in der Praxis einige Probleme mit sich, denn eine Lok ohne Sichtkontrolle an einen abgestellten Zug anzukuppeln, kann mühsam sein und zu Entgleisungen führen.

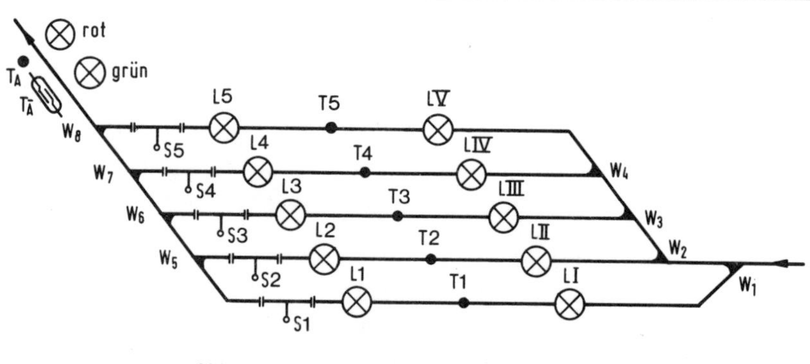

Abb. 5.3/1 Gleisbildstellpult für einen Schattenbahnhof

Zunächst einmal braucht man Drucktaster, um die im Schattenbahnhof möglichen Fahrstraßen herzustellen. Am einfachsten ist es natürlich, Taster mit mehreren Kontaktsätzen zu verwenden, etwa nach Abb. 3.3/1. Eine solche Schaltung ist ganz konservativ und hat mit Elektronik noch gar nichts zu tun. Allerdings können schon dabei Probleme auftauchen. Wenn z.B. durch einen Taster fünf Weichen auf einmal gestellt werden müssen, setzt das eine entsprechend leistungsfähige Stromquelle voraus, und sie wird nicht immer zur Verfügung stehen; die üblichen Trafos der Modellbahnfirmen reichen da im allgemeinen nicht aus. Also ist es ratsam, Weichen nach dem Prinzip der Abb. 2.3.1/4 anzusteuern. Im folgenden soll der entsprechende Schaltungsteil stillschweigend vorausgesetzt und nicht mitgezeichnet werden.

Da die Zuggarnituren im Schattenbahnhof abgestellt werden sollen, benötigt jedes Gleis eine Stopstelle, an der die Fahrspannung zu- bzw. abgeschaltet werden kann. In Abb. 5.3/1 sind diese Stellen durch S1 bis S5 gekennzeichnet. Ferner ist für einen Schattenbahnhof unbedingt ein entsprechendes Gleisbildstellpult erforderlich, das mittels Leuchtanzeigen (Glühbirnen oder LED's) darüber Auskunft gibt, welche Gleise bereits besetzt und welche noch frei sind; desgleichen muß es die jeweils eingestellte Fahrstraße anzeigen. In Abb. 5.3/1 sind die Besetzt-Lämpchen durch römische Ziffern, die Fahrstraßenlämpchen durch arabische markiert. Außerdem ist an der Bahnhofsausfahrt eine Art Ausfahrtsignal vorgesehen, natürlich nur auf dem Stellpult; dafür genügen eine rote und eine grüne Glühbirne (bzw. LED). Neben den fünf Drucktastern für die Fahrstraßenwahl (T1 bis T5) ist noch ein Taster TA vorhanden; wird er betätigt, so gibt er die Ausfahrt frei (grünes Licht). Hat dann ein Zug den Schattenbahnhof verlassen, so kann man durch einen weiteren Taster $T\bar{A}$ das Ausfahrtsignal wieder zurücksetzen (HpO), aber eleganter ist es, diesen Vorgang vom Zug selbst auslösen zu lassen, nämlich durch einen SRK am Bahnhofsende.

Unbedingt ein Gleisbildstellpult für den Schattenbahnhof

Die Fahrstraßenschaltung könnte man mit Relais bauen, aber darauf wollen wir grundsätzlich verzichten. Auch ist es bei einer so einfachen Anlage wie dieser nicht nötig, jeder Fahrstraße ein Flipflop zuzuordnen. Was wir brauchen, sind lediglich Drucktaster mit je einem Arbeitskontakt und eine Diodenmatrix. Was das ist, haben wir schon erklärt. Zu ihrer Planung stellen wir eine Übersicht über die Beziehungen zwischen Tastern und Weichenanschlüssen auf; auch damit bekommen wir bereits eine *Matrix*. Diesmal kommen die Weichenanschlüsse in die obere Randzeile, die fünf Taster an den linken Tabellenrand. Wird ein Taster –in Gedanken – betätigt, so setzen wir in alle Felder für Weichenanschlüsse, die Schaltstrom erhalten sollen, das Symbol „1“; die stromlos bleibenden Anschlüsse bezeichnen wir mit „Ø“.

Es ergibt sich dann folgende Übersicht:

	W1	W2	W3	W4	W5	W6	W7	W8
	+ –	+ –	+ –	+ –	+ –	+ –	+ –	+ –
T1	Ø 1	Ø Ø	Ø Ø	Ø Ø	1 Ø	1 Ø	1 Ø	1 Ø
T2	1 Ø	1 Ø	Ø Ø	Ø Ø	Ø 1	1 Ø	1 Ø	1 Ø
T3	1 Ø	Ø 1	Ø 1	Ø Ø	Ø Ø	Ø 1	1 Ø	1 Ø
T4	1 Ø	Ø 1	1 Ø	Ø 1	Ø Ø	Ø Ø	Ø 1	1 Ø
T5	1 Ø	Ø 1	1 Ø	1 Ø	Ø Ø	Ø Ø	Ø Ø	Ø 1

Aus diesem Schema kann man unmittelbar einen Plan für die Diodenschaltung gewinnen. Dazu braucht man sich nur ein Leitungsnetz vorzustellen, das aus zwei Gruppen paralleler Leitungsführungen besteht, die sich senkrecht überschneiden, ohne direkt miteinander verbunden zu sein. Im vorigen Kapitel haben wir so etwas bereits skizziert (vgl. auch Abb. 5.2/3). Derartige Netzwerke kann man recht gut auf Lochrasterplatten unterbringen; es gibt sogar spezielle *Kreuzschienenverteiler,* nämlich Lochrasterplatten mit zweiseitiger Beschichtung. Auf der einen Seite laufen die Leiterbahnen senkrecht, auf der anderen waagerecht; sie sind ideal für Diodenmatrizen und tauchen im Handel unter der Bezeichnung E 500 auf.

In *Abb. 5.3/2* ist links oben die Diodenmatrix für die Weichenschaltung zu erkennen. Die Widerstände dienen dazu, nicht angesteuerte Weichenanschlüsse auf L-Potential zu legen; wird ein Taster betätigt, so ergibt sich über die Dioden H-Potential am Weichenanschluß (die Verstärker-Schaltungen nicht vergessen!). Als Dioden kommen hier einfache Universaltypen in Frage, z.B. 1 N 914 oder 1 N 4151. Die Schaltung ist übrigens beliebig zu erweitern, je nach der Zahl der Taster bzw. Fahrstraßen in einem Schattenbahnhof, wobei es in diesem Beispiel besonders angenehm ist, daß jede Fahrstraße nur noch durch einen einzigen Taster eingestellt zu werden braucht.

Soll nun die jeweils eingestellte Fahrstraße auch auf dem Gleisbildstellpult ausgeleuchtet werden (und das muß man bei Schattenbahnhöfen voraussetzen), so kann man die bisherige Schaltung dadurch erweitern, daß man mittels der Drucktaster auch noch einfache RS-Flipflops (aus NOR-Gattern) ansteuert (in Abb. 5.3/2 rechts oben). An die Ausgänge dieser Flipflops denke man sich passende Treiberstufen gesetzt, entweder für Glühbirnen oder LED's (gelb). Die Flipflops sollen eine Vorzugslage besitzen, damit beim Einschalten der Betriebsspannung erst einmal alle Anzeigelämpchen dunkel bleiben. Wird ein Flipflop gesetzt, so werden automatisch alle anderen zurückgesetzt, so daß immer nur eine Fahrstraße angezeigt werden kann.

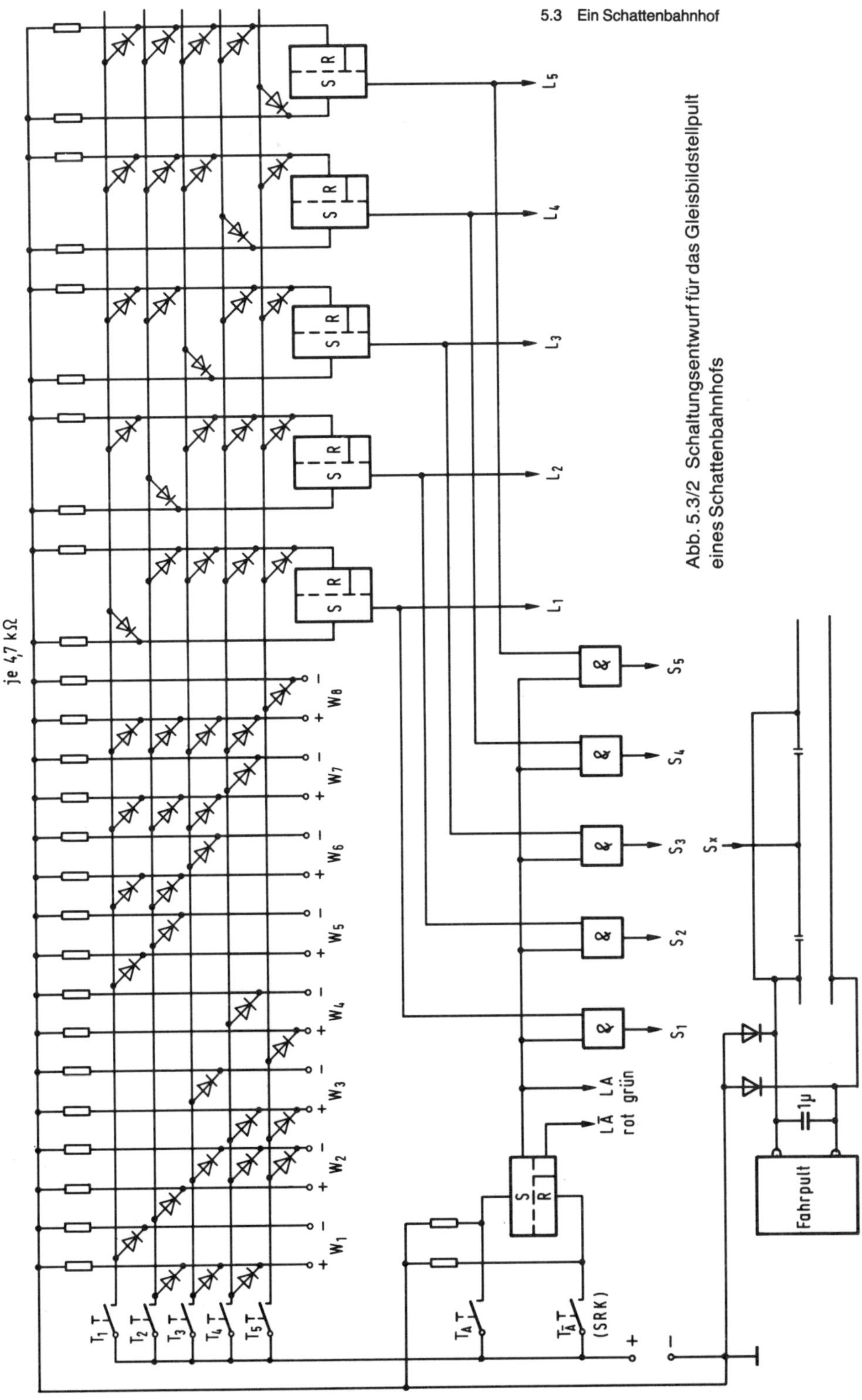

Abb. 5.3/2 Schaltungsentwurf für das Gleisbildstellpult eines Schattenbahnhofs

Zwei Punkte bleiben noch zu klären. Erstens müssen die Trenngleise auf ein entsprechendes Signal hin mit Fahrspannung versorgt werden, so daß eine abgestellte Lok mitsamt ihrem Zug wieder aus dem Schattenbahnhof abfahren kann. Und zweitens muß man eine Gleisbesetzt-Anzeige vorsehen, durch die auf dem Stellpult signalisiert wird, welche Gleise des Schattenbahnhofs schon belegt sind. Davon im folgenden Kapitel mehr. Zunächst wollen wir einen Vorschlag für die Fahrstromversorgung der Trenngleise erläutern.

Gleisbesetzt-Anzeige vorsehen

Entscheidend für die Ausfahrt-Freigabe ist ein RS-Flipflop, das durch den Taster TA gesetzt, durch den Taster $T\overline{A}$ (bzw. durch einen Reed-Kontakt am Ausfahrtgleis) zurückgesetzt werden kann. Verwendet man einen SRK, so müssen natürlich alle Loks, die den Schattenbahnhof durchlaufen, entsprechende Magnete besitzen. In der Vorzugslage zeigt der Flipflop-Ausgang $L\overline{A}$ positives Potential (H). Damit kann eine rote Leuchtanzeige (Glühbirne oder LED) angesteuert werden. Alle Trenngleise S1 bis S5 sind ohne Fahrspannung. Drückt man den Taster TA, so wird das Flipflop gesetzt; sein Ausgang LA erhält positives Potential, und eine grüne Anzeige auf dem Stellpult vermerkt, daß die Ausfahrt aus dem Schattenbahnhof freigegeben ist. Damit nun aber nur ein bestimmtes Trenngleis Fahrspannung erhält, muß man auf die Fahrstraßenflipflops zurückgreifen. Natürlich wird man immer erst diejenige Fahrstraße einstellen, von der aus ein Zug den Schattenbahnhof verlassen soll. Das entsprechende Flipflop ist dann gesetzt. Von seinem Ausgang geht es erstens an die Leuchtanzeige auf dem Stellpult. Zweitens aber wird eine Leitung zu einem UND-Gatter abgezweigt; jedem Abstellgleis ist solch ein Gatter zugeordnet. Nur derjenige Gatterausgang nimmt den logischen Zustand H an, für den beide Gattereingänge ebenfalls auf H liegen, und das heißt, daß das entsprechende Fahrstraßenflipflop und das Ausfahrt-Flipflop beide gemeinsam gesetzt sein müssen. An diesen UND-Ausgang kann man nun eine Verstärkerschaltung für den Fahrstrom anschließen; sie wurde bereits in Kap. 5.1 vorgestellt. Dann fährt also der auf dem angesteuerten Gleis stehende Zug ab, und wenn er den Schattenbahnhof verläßt, setzt er das Ausfahrt-Flipflop am Reed-Kontakt wieder zurück.

Für kleinere Schattenbahnhöfe reicht die Schaltung nach Abb. 5.3/2 aus. Hat man es allerdings mit vielen Abstellgleisen zu tun, so kann das Ausfahrt-Flipflop eventuell überlastet werden, denn an seinem Ausgang LA *hängt* eine ganze Reihe von UND-Gattern. Besteht Gefahr, daß das zulässige FAN OUT überschritten wird (mehr als 10 UND-Gatter bei TTL-Technik), so muß man eine Treiberstufe zwischenschalten, entweder aus einem nichtinvertierenden Treiber-IC oder mit Hilfe eines entsprechend eingesetzten Transistors. Aber, wie gesagt: diese Situation wird nur in extremen Fällen eintreten.

Ein Wort noch zu den Anschlüssen S1 bis S5. Die Verstärkerstufen für den Fahrstrom waren in Abb. 5.1/4 für beide Fahrtrichtungen gedacht. Bei einem Schattenbahnhof, der nur immer in einer Richtung durchfahren wird, vereinfacht sich die Sache (Abb. 5.1/3); allerdings muß man daran denken, daß außerhalb des Schattenbahnhofs Gleise kommen werden, die in beiden Richtungen durchfahrbar sein müssen, dann sollte man den ganzen Schattenbahnhof von der übrigen Anlage durch entsprechende Trenngleise isolieren.

Was nun noch fehlt, ist die Gleisbesetzt-Anzeige. Sie bietet allerlei Probleme und noch mehr Problemlösungen, so daß wir ihr ein besonderes Kapitel widmen wollen.

5.4 Gleisbesetzt-Anzeigen

Es gibt in Fachzeitschriften und Modellbahn-Büchern zahlreiche Vorschläge, wie man Gleisbesetzt-Meldungen vornehmen kann, und sie alle haben ihre Vor- und Nachteile. Drei Gesichtspunkte spielen dabei eine wesentliche Rolle:

1. Soll die Schaltung mit Relais oder rein elektronisch aufgebaut werden?
2. Soll die Gleisbesetzt-Meldung nur über die Fahrspannung vorgenommen werden, oder braucht man eine zusätzliche Spannungsquelle?
3. Sollen Gleise mit Besetzt-Meldung nur in einer Richtung oder in beiden befahren werden?

Drei verschiedene Schaltungsmöglichkeiten

Je nach den Antworten auf diese drei Fragen gibt es verschiedene Schaltungsmöglichkeiten, für die hier einige Vorschläge diskutiert werden sollen. Schließlich spielt natürlich eine wesentliche Rolle, ob man eine Gleich- oder eine Wechselstromanlage vor sich hat.

Auf die Verwendung von Relais wollen wir von vorneherein verzichten. Sie sind zu teuer und gelegentlich unzuverlässig. Fangen wir lieber mit einer ganz einfachen Schaltung für Gleichstromsysteme an.

Zur Besetzt-Anzeige wird eine Leuchtdiode (LED) verwendet *(Abb. 5.4/1)*; ihr vorgeschaltet ist ein Widerstand von ca. 560 Ω (oder etwas mehr). Die Spannungsversorgung kommt vom Fahrpult und dürfte zwischen 12 und 14 V = liegen. Der Schalter S sei geöffnet; fährt dann eine Lok auf den Trenngleisabschnitt, so bleibt sie stehen, aber über ihre Räder wirkt sie wie ein Kontakt und schließt den Stromkreis für die Leuchtdiode; diese Diode (rot) zeigt das Gleis als besetzt an. Wird aber der Schalter S geschlossen, so fährt die Lok weiter, verläßt das Trenngleis, und gleichzeitig verlischt die LED.

Sieht sehr schön aus, hat aber Nachteile

Die Sache sieht zwar sehr schön aus, hat aber entscheidende Nachteile. Erstens muß man voraussetzen, daß für den Trenngleisabschnitt immer nur eine Fahrtrichtung vorliegt. Zweitens wechselt die Helligkeit der LED mit der Fahrspannung, und ist diese ganz abgeschaltet, so kann auch die Leuchtanzeige nicht funktionieren. Man weiß dann nicht, ob das Gleis besetzt ist oder nicht. Diese Schaltung ist also kaum empfehlenswert.

Man könnte allerdings noch eine zweite Leuchtdiode nehmen und sie zur ersten antiparallel schalten *(Abb. 5.4/2)*. Dann ist die Anzeige polungsunabhängig und wird je nach Fahrtrichtung die eine oder die andere LED aufleuchten lassen. Doch auch das ist keine sinnvolle Lösung, denn auf dem Stellpult wird niemand gern zwei LED's für ein einziges Gleis vorsehen wollen. Und außerdem bleibt es dabei, daß auch dann die Leuchtanzeige nur ansprechen kann, wenn eine Fahrspannung vorliegt. Immerhin zeigen beide Vorschläge, daß der Stromkreis über den Widerstand und die LED's ruhig geschlossen sein kann, ohne daß die Lok sich auf dem Trenngleis rührt; der Widerstand ist so groß, daß er nur einen geringen Strom durchläßt, und auf ihn spricht der Lokmotor noch nicht an. Dieses Prinzip werden wir später weiter verwenden.

Allerdings läßt sich die Schaltung von Abb. 5.4/2 zur Besetztmeldung bei Wechselstromsystemen verwenden. Wenn nämlich der Fahrstrom in beiden Richtungen fließen darf, so kann man einen umpolbaren Gleichstrom

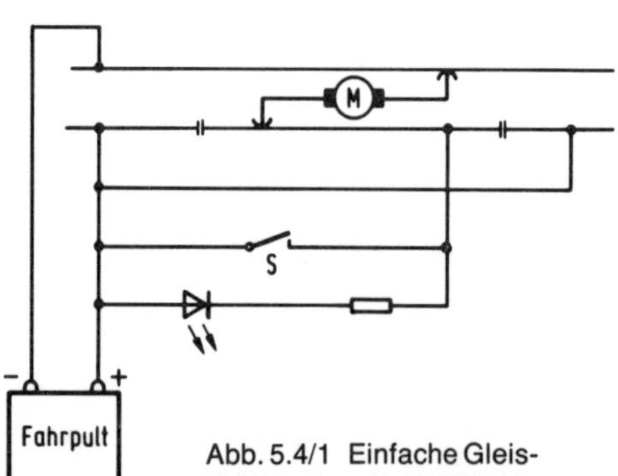

Abb. 5.4/1 Einfache Gleisbesetzt-Anzeige für Gleichstrom (nur eine Fahrtrichtung)

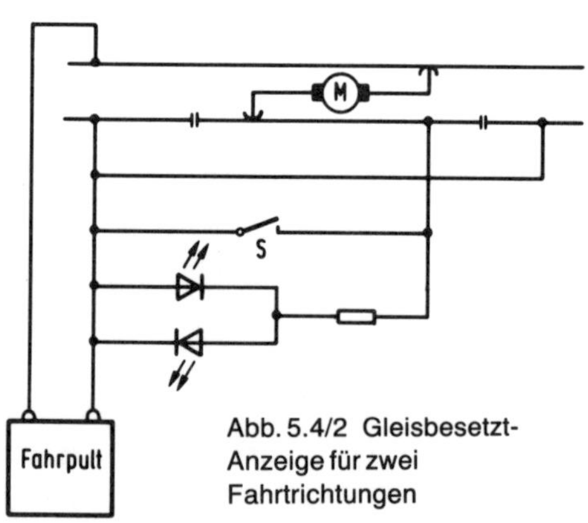

Abb. 5.4/2 Gleisbesetzt-Anzeige für zwei Fahrtrichtungen

durchaus als Wechselstrom auffassen und ihn kurzerhand durch einen solchen ersetzen. Beide Leuchtdioden brennen dann gleichzeitig, sofern das Gleis besetzt ist, und deshalb tauschen wir eine LED gegen eine gewöhnliche Diode aus und haben eine Besetztanzeige für Wechselstromsysteme. Natürlich gilt auch jetzt: ohne Fahrstrom funktioniert sie nicht. Aber noch etwas ist zu beachten. Bei Märklinloks wird die Fahrtrichtung durch einen Überspannungsimpuls umgekehrt, und diesen Impuls sollte man von den Dioden fernhalten. Also darf bei einer entsprechenden Schaltung die Fahrtrichtung nur geändert werden, wenn der Schalter S geschlossen ist.

Doch bleiben wir bei den Gleichstromsystemen. Es gibt da eine weitere Schaltungsmöglichkeit, die zwar nicht elektronisch arbeitet, aber doch ganz interessant ist. Sie geht davon aus, daß man dem Fahrstrom einen Wechselstrom überlagert. Bei den üblichen Fahrpulten gibt es zwei Anschlußmöglichkeiten: erstens die beiden Klemmen für Gleichspannung, zweitens zwei Klemmen für Wechselspannung, und das kann man ausnutzen. Allerdings dürfen die beiden Stromkreise sich nicht gegenseitig beeinflussen, und das kann man durch Trennkondensatoren vermeiden *(Abb. 5.4/3)*.

Der Fahrstromkreis führt über den Lokmotor zum Schalter S. Ist S geöffnet, so bleibt die Lok auf dem Trenngleis stehen; wird S geschlossen, so kann sie weiterfahren. Die Fahrtrichtung ist beliebig. Für den Wechselstromkreis wird die Eigenschaft von Kondensatoren ausgenutzt, Wechselstrom durchzulassen, den Gleichstrom jedoch zu sperren (vgl. Kap. 1.5.4). Demnach kann der Fahrstrom nicht über die Kondensatoren C1 bzw. C2 fließen. Für den Wechselstrom wirken sie jedoch wie Leiter, so daß der entsprechende Wechselstromkreis über C1, den Lokmotor, die Lampe L und C2 ge-

Abb. 5.4/3 Gleisbesetzt-Anzeige mit Gleich- und Wechselstromkreis

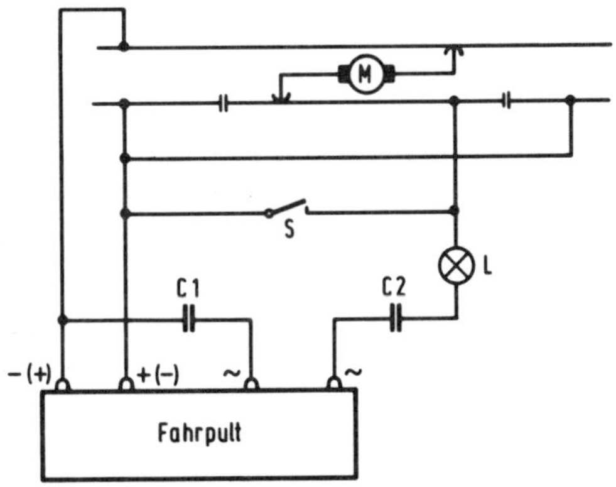

schlossen ist. L leuchtet auf, solange eine Lok auf dem Trenngleis steht. Natürlich kann man statt der Glühbirne auch eine Leuchtdiode verwenden; LED's reagieren, wie wir gerade gesehen haben, auch auf Wechselstrom, dessen eine Halbwelle sie jeweils durchlassen. Dabei muß natürlich ein Vorwiderstand (ca. 680 Ω) eingebaut werden.

Die beiden Kondensatoren kann man nicht beliebig wählen. Sie sollen für den Wechselstrom gut durchlässig sein, und dabei muß man berücksichtigen, daß der Wechselstromwiderstand von Kondensatoren erstens von der Frequenz des Wechselstromes, zweitens aber von der Kapazität des Kondensators abhängt. Die Frequenz des technischen Wechselstromes beträgt 50 Hz; eine für die Gleisbesetzt-Meldung ausreichende Leitfähigkeit haben die Kondensatoren, wenn man Kapazitätswerte von 100μF (oder mehr) nimmt. Das bedeutet, daß man Elektrolytkondensatoren einsetzen muß, aber sie sind gepolt und daher für Wechselstromkreise eigentlich nicht verwendbar. Wie man sich helfen kann, zeigte Abb. 1.5.4/5: Man muß zwei Elkos gegeneinandersetzen, um daraus eine polungsunabhängige Kondensatorgruppe zu erhalten. Das gilt sowohl für C1 als auch für C2.

Die Gleisbesetzt-Anzeige mit Hilfe zweier Stromkreise funktioniert recht zuverlässig; wenn es sich jedoch bei dem einen um Wechselstrom handelt, können auch Schwierigkeiten auftreten. Für manche Schaltungen, in denen viel Elektronik (vor allem integrierte Bausteine) eine Rolle spielt, können einfließende Wechselströme Störeffekte zur Folge haben, und daher ist in solchen Fällen das hier geschilderte Prinzip mit Vorsicht zu verwenden. Für einfache Modellbahnanlagen ist die Kombination Gleichstrom-Wechselstrom jedoch durchaus empfehlenswert.

Vorteilhaft: Arbeitet auch dann, wenn keine Fahrspannung anliegt

Vor allem eines ist bei der zuletzt dargestellten Schaltung vorteilhaft: Sie arbeitet auch dann, wenn keine Fahrspannung anliegt, d.h. man kann erkennen, ob Gleise besetzt sind oder nicht, ohne den Fahrstrom einschalten zu müssen. Ferner ist die Schaltung unabhängig von der Fahrtrichtung. Wir wollen uns im folgenden nur noch mit Schaltungen befassen, die beide Vorzüge bieten, jedoch soll dann die Überwachungsspannung für die Besetzt-Anzeige nicht mehr von den Wechselstromanschlüssen des Fahrpultes kommen, sondern selbst eine Gleichspannung sein; für Elektronikschaltungen ist das entscheidend. Wir müssen daher für die folgenden Überlegungen stets zwei Spannungsquellen unterscheiden: Fahrspannung vom Fahrpult (FP) und Überwachungsspannung (ÜSp) von einer besonderen Spannungsquelle, am besten mit stabilisierter Gleichspannung (vgl. Kap. 6.4.1).

Eine im Prinzip sehr einfache Besetzt-Anzeige, die fahrstromunabhängig arbeitet, liegt in der Verwendung von Lichtschranken. Dabei muß an jedem Überwachungsabschnitt eine Glühbirne (am besten mit Abschirmung)

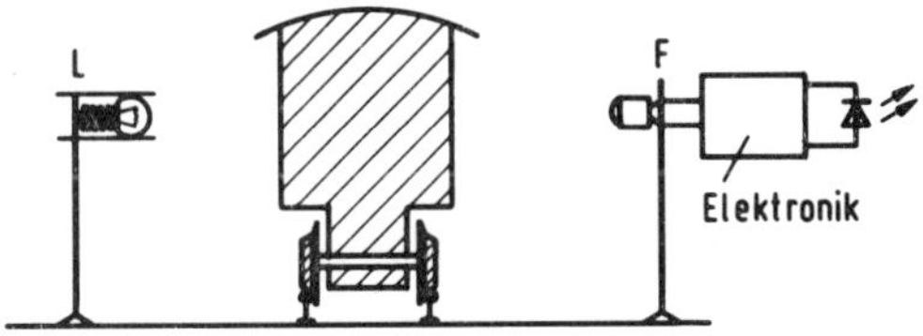

Abb. 5.4/4 Gleisbesetzt-Anzeige mit Lichtschranke

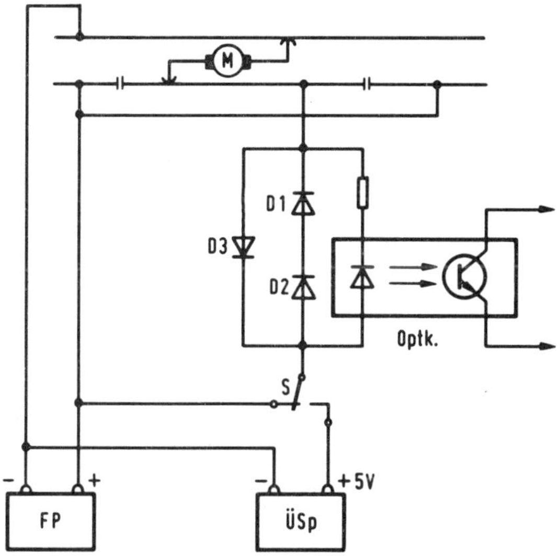

Abb. 5.4/5 Gleisbesetzt-Anzeige mit Optokoppler (nur für eine Fahrtrichtung bei Gleichstrombetrieb)

und ein lichtempfindlicher Sensor vorgesehen werden *(Abb. 5.4/4)*. Als Sensoren kommen Fotowiderstände, Fotodioden und Fototransistoren in Frage. Wie Lichtschranken funktionieren, wurde in Kap. 2.4 erklärt, so daß wir es hier nicht zu wiederholen brauchen. Natürlich kann man ohne Relais auskommen, wenn man an den Schalttransistor aus Abb. 2.4/4 direkt die rote LED der Gleisbesetzt-Anzeige anschließt.

Lichtschrankenmethode hat zwei Nachteile

Die Lichtschrankenmethode hat allerdings zwei Nachteile. Erstens braucht man viele Leitungsverbindungen zu den Lämpchen und zu den Sensoren, und das kann bei größeren Anlagen und weiten Wegen zwischen dem Schattenbahnhof und seinem Gleisbildstellpult störend sein. Und zweitens ist es oft gar nicht einfach, passende Typen von Fototransistoren zu finden, da sie in recht unterschiedlicher Weise auf wechselnde Beleuchtungsstärken reagieren und man einen bestimmten Typ (z.B. BPY 62) nicht überall im Handel erhalten kann. Vorteilhaft ist dagegen, daß die Lichtschranke sich in gleicher Weise bei Gleich- und Wechselstromsystemen einsetzen läßt. Außerdem kann man sie bei Schaltungen verwenden, in denen es nicht nur darum geht, festzustellen, ob ein Gleis besetzt ist oder nicht, sondern mit denen man Achsen zählen will. Aber solch raffinierte Dinge wollen wir erst einmal übergehen.

Andere Opto-Bauteile für Gleisüberwachung

Es gibt noch andere Opto-Bauteile, mit denen man Gleisüberwachungen vornehmen kann, vor allem, wenn es darauf ankommt, von dem Überwachungsstromkreis aus elektronische Schaltungen anzusteuern, die empfindlich gegen Störimpulse sind und deshalb am besten galvanisch von Fahr- und Überwachungsstromkreisen getrennt werden. Dann empfiehlt sich der Einsatz von Optokopplern, die wir in Kap. 2.4 besprochen haben. Das Beispiel einer entsprechenden Schaltung zeigt *Abb. 5.4/5.* Neben dem Fahrpult ist eine zusätzliche Spannungsquelle ÜSp vorgesehen, deren Spannung so niedrig sein muß, daß sie nicht ausreicht, eine Lok in Bewegung zu setzen (z.B. 5 V). Zunächst soll nur eine Fahrtrichtung möglich sein, deshalb haben beide Spannungsquellen eine feste Polung. Ein Umschalter S kann entweder die Fahr- oder die Überwachungsspannung an das Trenngleis legen, auf dem eine Lok steht. Ist über ihren Motor einer der beiden Stromkreise geschlossen, so fließt ein Gleichstrom auf der Diodenstrecke D1–D2; die Diode D3 dient nur dazu, bei falsch gepolten Spannungen unzulässige Ströme an D1 und D2 vorbeizuleiten, hat also eine reine Schutzfunktion. Fließt also Strom über D1 und D2 (alles Leistungsdioden, etwa 1 N 4001 oder 1 N 5401), dann entsteht an der Diodenstrecke ein Spannungsabfall von ca. 1,3 bis 1,8 V. Diese Spannung betreibt die Leuchtdiode in dem Optokoppler; ihr Vorwiderstand ist klein, z.B. 4,7 Ω. Sobald also die LED im Optokoppler aufleuchtet (was man natürlich nicht sehen kann!), schaltet der zugehörige Fototransistor durch, so daß man von ihm aus ein Signal erhält. Dieses Signal läßt sich für elektronische Nachfolgeschaltungen ausnutzen; es entspricht einer Gleisbesetzt-Meldung und verschwindet, sobald das Trenngleis wieder freigeworden ist.

Die Schaltung läßt sich sogar für Wechselstromsysteme benutzen, wenn man erstens die Diodenstrecke durch eine entsprechende antiparallel gesetzte ergänzt; man könnte auch einen Brückengleichrichter verwenden, obwohl das teurer wird. Zweitens braucht man einen weiteren Optokoppler sowie zwei Vorwiderstände für die internen Leuchtdioden; letztere liegen entgegengesetzt zueinander! Die beiden Fototransistoren werden parallel geschaltet, so daß für jede Stromrichtung durch die beiden Diodenstrecken einer von ihnen zuständig ist. Bei Wechselstrombetrieb schalten die Fototransistoren im Gegentakt durch (mal der eine, mal der andere entsprechend der Wechselstromfrequenz). Die Überwachungsspannung ÜSp muß wieder

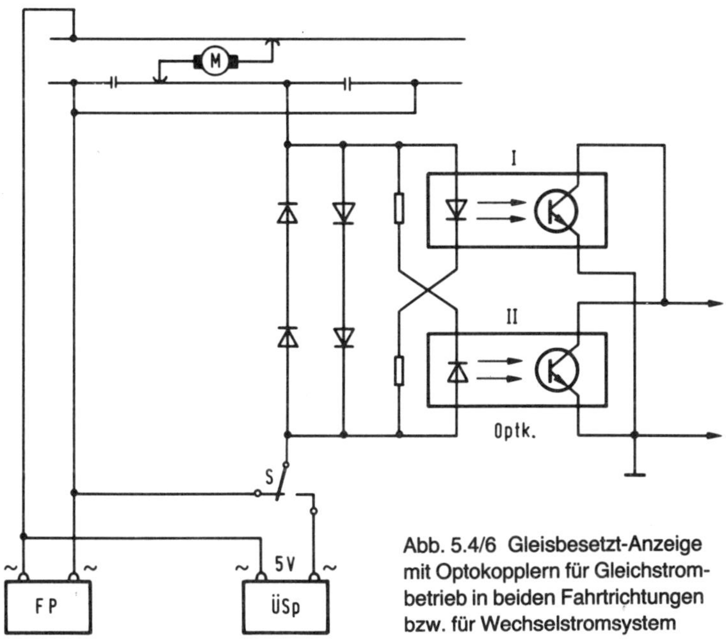

Abb. 5.4/6 Gleisbesetzt-Anzeige mit Optokopplern für Gleichstrombetrieb in beiden Fahrtrichtungen bzw. für Wechselstromsystem

so niedrig sein, daß eine Lok auf dem Trenngleis nicht anfahren kann. Übrigens ist dieselbe Schaltung auch für Gleichstromsysteme verwendbar, wenn man die Fahrtrichtung ändern will und dazu die Gleichspannung des Fahrpultes umpolt. Eine Schutzdiode ist nach der Schaltung von *Abb. 5.4/6* überflüssig, denn die beiden Diodenstrecken schützen sich gleichsam gegenseitig. Und noch eine Anmerkung: Besonders günstig ist die Schaltung im Blockstreckenbetrieb zu verwenden, wo die Überwachungsspannung nebst Umschalter S entfallen kann und die Fahrspannung allein zur Gleisüberwachung genügt. Doch von Blockstrecken reden wir später.

Schaltung auch für Gleichstromsysteme verwendbar

Sehen wir uns stattdessen ein paar weitere Möglichkeiten zur Gleisüberwachung bei Gleichstromsystemen an. Dabei bewähren sich alle Methoden, die mit einem Meßwiderstand arbeiten. Was es damit auf sich hat, soll zunächst an einer einfachen Prinzipschaltung erläutert werden *(Abb. 5.4/7)*. Wieder brauchen wir neben der Fahrspannung eine besondere Überwachungsspannung; sie kann z.B. 12 V = betragen. Von ihrem positiven Pol aus geht es an die eine Schiene, dann über den Motor der abgestellten Lok zum Trennabschnitt und von dort aus über den Widerstand R1 zum negativen Pol. Ist demnach der Stromkreis geschlossen, so fließt über R1 ein Strom. Er bewirkt an diesem Widerstand einen Spannungsabfall: Das in der Zeichnung obere Ende ist positiv gegenüber dem unteren. Das obere Ende (Trenngleisanschluß) wird über R2 an die Basis eines npn-Transistors angeschlossen; damit wird diese Basis positiv gegenüber dem Emitter, und der Transistor schaltet durch. Von seinem Kollektor geht es über einen Vorwiderstand R3 zur Leuchtdiode (oder ohne Vorwiderstand an eine entsprechende Glühbirne), die das Gleis als besetzt anzeigt. Verläßt die Lok den überwachten Gleisabschnitt, so sperrt der Transistor, und die LED (bzw. die Glühbirne) erlischt. Der Widerstand R1 mißt also gewissermaßen den Stromdurchgang und setzt sein Meßergebnis in die Emitter-Basis-Spannung für den Transistor um. Ist das Gleis unbesetzt, so ist natürlich diese Spannung gleich null.

Für die Auslegung der Schaltung kann man von folgenden Werten ausgehen: R1 = 4,7 kΩ, R2 = 3,9 kΩ, R3 = 510 Ω; T = BC 107 o.ä. Diese Angaben liefern lediglich Richtwerte. Für die praktische Ausführung kann man Verbindungskabel sparen, wenn man die beiden Zuleitungen zum oberen Gleisanschluß (durchgehende Schiene) bereits zusammenführt, ehe man zum Gleiskontakt weitergeht. Ein Pol der Fahrspannung wird also mit dem positiven Pol der Überwachungsspannung zusammengeschlossen. Will man ein Abstellgleis im Schattenbahnhof nur in einer Richtung befahren, so läßt sich diese Schaltung sehr gut zur Besetztanzeige verwenden. Man braucht nur noch den Fahrstromkreis zu dem Überwachungskreis parallel zu legen. Solange Schalter S geöffnet ist, benimmt sich die Schaltung vorzüglich. Wird dann Schalter S geschlossen, so kann eine auf dem Gleisabschnitt stehende Lok abfahren und den Schattenbahnhof verlassen. Aber sobald man nun die Fahrspannung umpolt (umgekehrte Fahrtrichtung) oder eine entsprechende Wechselspannung anlegt, gibt es Schwierigkeiten. Denn wenn S geschlossen ist, leuchtet die Anzeigenlampe auf, auch wenn gar keine Lok auf den Schienen steht. Warum?

Man kann Verbindungskabel sparen

Die Sache ist sehr einfach zu erklären. Denken wir uns einmal die Polungszeichen am Fahrpult (FP) der Abb. 5.4/7 vertauscht und S geschlossen, so ist zu sehen, daß Fahrspannung und Überwachungsspannung nun in Reihe liegen; es fließt ein Strom über R1, auch wenn das Gleis freibleibt. Also muß die Anzeigenlampe aufleuchten. In dieser Form läßt sich die Schaltung also nur für eine Fahrtrichtung verwenden, und zwar für die, bei der die Fahrspannung entsprechend den Zeichen in Abb. 5.4/7 gepolt ist.

Dennoch ist auch Wechselstrombetrieb möglich. Man braucht dazu allerdings eine zusätzliche Diode zwischen S und R1 (vgl. *Abb. 5.4/8*). Sie läßt nur die richtig gepolte Halbwelle des Fahrstromes durch (Gleichrichterwir-

6538

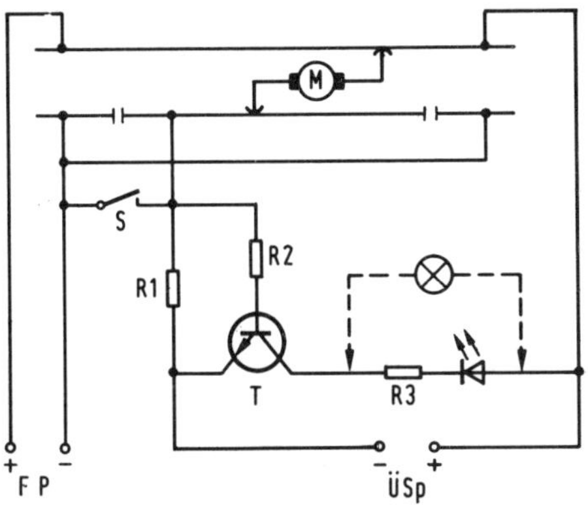

Abb. 5.4/7 Gleisbesetzt-Anzeige mit Meßwiderstand (Gleichstrombetrieb, nur für eine Fahrtrichtung)

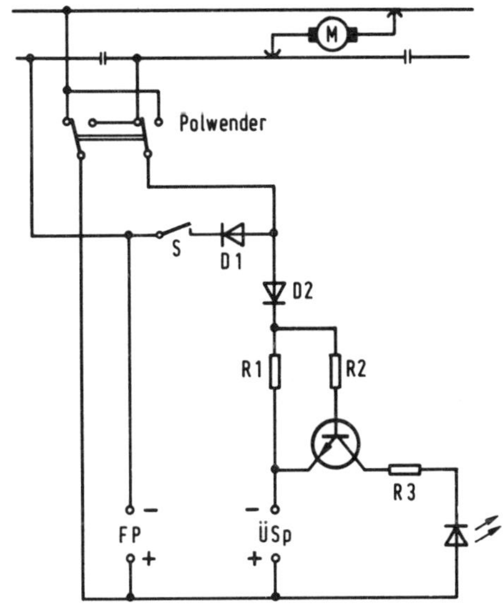

Abb. 5.4/9 Gleisbesetzt-Anzeige mit Meßwiderstand (Gleichstrombetrieb für beide Fahrtrichtungen)

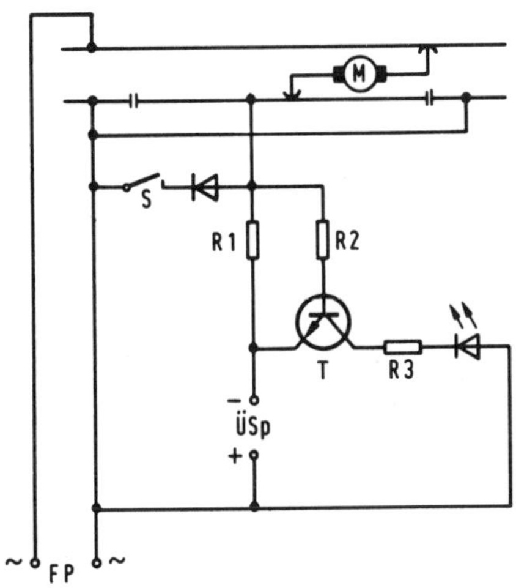

Abb. 5.4/8 Gleisbesetzt-Anzeige mit Meßwiderstand (Wechselstrombetrieb)

kung), aber das genügt. Die Lok fährt dann zwar im Halbwellenbetrieb und demgemäß etwas langsamer, aber für das Verlassen der Stopstelle reicht das völlig aus. Als Diode kommt der Typ 1 N 4001 in Frage.

Und was ist zu tun, wenn man die Schaltung doch für Gleichstrombetrieb und in beiden Fahrtrichtungen verwenden will? Da hilft nur ein Polwender (vgl. Abb. 6.2/1), den man zusätzlich in das Fahrpult einbauen muß. Mit ihm kann man die Fahrtrichtung innerhalb des Trennabschnitts wechseln, aber nur dort, denn im ganzen muß die Polung der Fahrspannung bleiben, wie sie in *Abb. 5.4/9* angegeben ist. Es kann sich also nur um eine Hilfsschaltung handeln, die dann eingesetzt wird, wenn eine Lok beim Verlassen des Schattenbahnhofs zufällig ihren Zug verloren hat und zurücksetzen muß, um wieder anzukuppeln. Die Durchfahrtrichtung durch einen Abstell- bzw. Schattenbahnhof bleibt davon unberührt.

5.5 Der Operationsverstärker

Die bisherigen Schaltungen für Gleisbesetzt-Anzeigen gingen davon aus, daß über einen Meßwiderstand ein Transistor angesteuert wird, der dann seinerseits eine LED betreibt. Ein anderes mögliches Prinzip liegt darin, die Spannungsverhältnisse an dem fraglichen Trenngleisabschnitt zu überprüfen. Dabei soll wieder eine besondere Überwachungsspannung ÜSp verwendet werden; sie kann von einer Batterie oder einer stabilisierten Gleichspannungsquelle kommen (darüber Näheres in Kap. 6.4).

Es handelt sich im folgenden nur um eine Versuchsschaltung, die den Nachteil hat, nicht unabhängig von der Fahrtrichtung zu sein. Aber das braucht uns im Augenblick nicht zu stören, weil es in diesem Abschnitt nur darum geht, ein neues elektronisches Schaltglied kennenzulernen. Später (im Kapitel „Blockstreckenbetrieb“) wird der genannte Nachteil behoben.

Betrachten wir zunächst einmal *Abb. 5.5/1.* Da ist die ÜSp an eine Brückenschaltung von vier Widerständen gelegt. Wären alle vier Widerstände exakt gleich, dann müßte auf den Wegen R1/R2 und R3/R4 in den Punkten A und B die ÜSp gerade halbiert werden, so daß zwischen A und B keine Spannung besteht. Wir haben aber R4 größer als R3 gewählt, und das verschiebt das Gleichgewicht. Ist der Schalter S geöffnet, so wird B „positiver“ als A; zwischen beiden Punkten entsteht ein Spannungsgefälle. Schließt man jedoch den Schalter S, ändern sich die Verhältnisse: Der Widerstand R4 wird überbrückt, und B kommt gegenüber A auf negatives Potential.

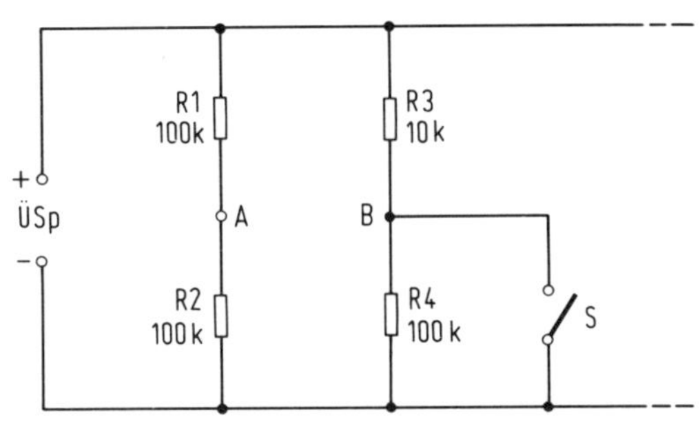

Abb. 5.5/1 Beispiel einer Brückenschaltung (Spannungsvergleich zwischen A und B)

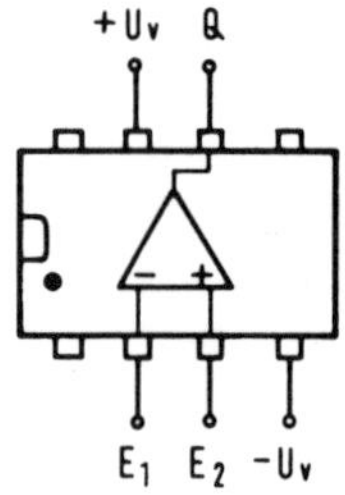

Abb. 5.5/2a Anschlußschema für den Operationsverstärker 741 (von oben gesehen)

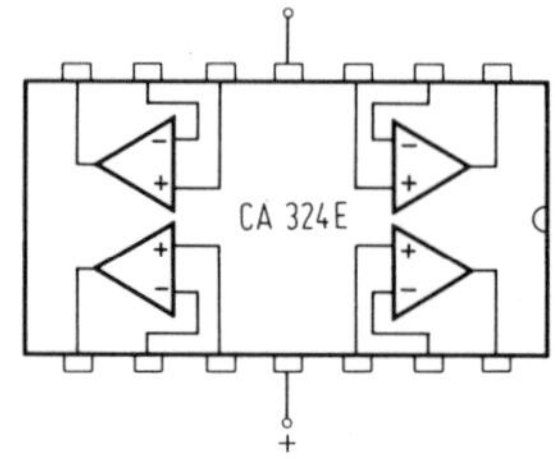

Abb. 5.5/2b Vier Operationsverstärker in einem IC

Man erhält auf diese Weise zwei klar voneinander unterschiedene Zustände. Den Schalter S kann man nun durch eine Gleichstrom-Lok ersetzen; dazu müssen natürlich Anschlüsse zum Gleisabschnitt gelegt werden, der überwacht werden soll. Bei freiem Gleis ist R4 voll in Aktion; bei besetztem Gleis wird dieser Widerstand von der eingefahrenen Lok überbrückt. Wir müssen nur diese beiden Situationen elektronisch ausnutzen, und da gibt es Bauteile, die für diesen Zweck wie geschaffen sind, weil sie nämlich auf Spannungsunterschiede ansprechen und diese sogar noch verstärken können. Es sind dies die sog. *Operationsvertärker,* die in der modernen Elektronik eine große Rolle spielen und zu den linearen (bzw. analogen, also nicht zu den digitalen) Bauteilen gehören. Auf ihr Innenleben soll hier nicht näher eingegangen werden. Entscheidend ist, daß sie von Spannungsunterschieden *leben,* und das können wir jetzt ausnutzen.

Einer der einfachsten Operationsverstärker (abgekürzt: OV) ist der Typ 741; von ihm wollen wir ausgehen. Er wird in zwei Fassungen hergestellt, nämlich entweder in einem Tonnengehäuse mit einem Kreis von Anschlußstiften oder in der Dual-in-line-Form, die vor allem für Veroboard-Karten gut geeignet ist. Wir wählen diesen Typ *(Abb. 5.5/2)*; von den acht Anschlüssen werden im allgemeinen nur fünf benötigt, und zwar zwei für die Versorgungsspannung (bis zu 20 V; in unserem Fall die Überwachungsspannung ÜSp zu 10 V), zwei als Eingänge und einer als Ausgang. Die beiden Eingänge sind für den Anschluß einer Spannungsdifferenz gedacht (in Abb. 5.5/1 liegt sie zwischen den Punkten A und B); Q ist der Ausgang des Operationsverstärkers.

Es gibt übrigens auch einen IC, der gleich vier solcher Operationsverstärker in einem Block enthält: den CA 324 E (Anschlußbild vgl. Abb. 5.5/2). Für umfangreichere Schaltungen spart er Platz und Geld!

Der Operationsverstärker reagiert auf Spannungsunterschiede geradezu mimosisch; er kann sie auf mehr als das Hunderttausendfache verstärken. Natürlich heißt das nicht, daß aus einer Eingangsdifferenz von z.B. zwei Volt am Ausgang 200.000 V entstehen. Der OV kann nicht mehr hergeben, als der Höhe seiner Versorgungsspannung entspricht. Aber wenn sie 10 V beträgt, genügen bereits 1/10.000 V zwischen den Eingängen, um den OV voll auszusteuern.

Die beiden Eingänge werden in dem Schaltsymbol des OV (einem Dreieck) durch die beiden Zeichen „–" und „+" unterschieden. Das hat nichts mit Spannungsvorzeichen zu tun, sondern mit dem Verhältnis zwischen Eingangs- und Ausgangssignal des OV. Wir können hier auf Einzelheiten noch nicht näher eingehen, aber soviel wollen wir uns merken: Der mit „–" bezeichnete Eingang E1 ist der invertierende, der mit „+" bezeichnete der nicht-invertierende. Was damit gemeint ist, werden wir später genauer untersuchen. Jetzt genüge uns die Hauptleistung des OV: Er macht aus einer Spannungsdifferenz eine einzige Spannung, und das wollen wir ausnutzen.

Abb. 5.5/3 zeigt, wie das geschehen kann. Die Eingänge des OV werden mit den Punkten A und B aus der vorigen Schaltung verbunden; der Ausgang

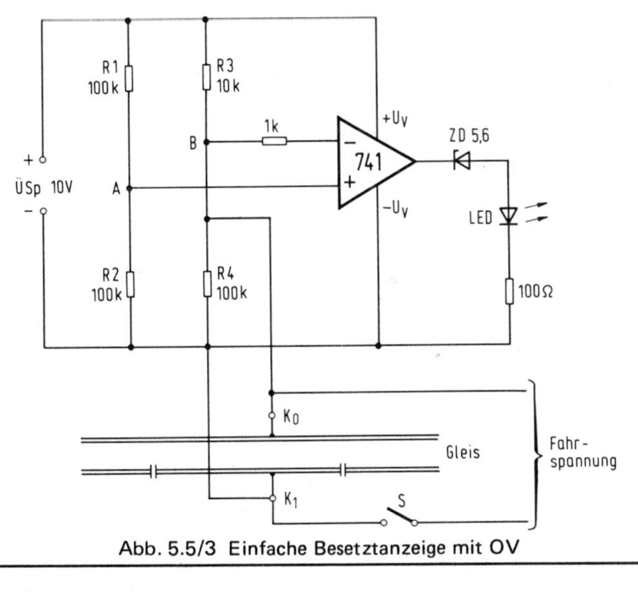

Abb. 5.5/3 Einfache Besetztanzeige mit OV

Q kann über ein Voltmeter mit dem negativen Pol der Überwachungsspannung verbunden werden. Aber noch hübscher ist eine Leuchtanzeige. Bei freiem Gleis liegt Q auf etwa 2 Volt gegenüber dem Minuspol; wird der Kontakt über die Gleise durch einen Lokmotor geschlossen, geht diese Spannung auf ca. 10 V hinauf. Um ein klares Signal zu erhalten, kann man hinter den Ausgang des OV einer Zener-Diode setzen (richtige Orientierung beachten!), deren Durchbruchsspannung bei 5,6 V liegt. Erhalten wir bei Q ein Besetzt-Signal, leitet die Z-Diode, und folglich leuchtet die LED auf.

Das funktioniert bereits, wenn gar keine Fahrspannung zugeschaltet ist. Allerdings wird sie sich beim Betriebseinsatz der Gleisbesetzt-Anzeige störend auswirken, weil sie sich der Überwachungsspannung überlagert. Verwendet man einen zusätzlichen Schalter (S in Abb. 5.5/3), ist die Schaltung trotzdem durchaus brauchbar, zum Beispiel zur Kontrolle eines Schattenbahnhofs und seiner Abstellgleise. Ansonsten sei nochmals auf den Abschnitt „Blockstreckenbetrieb“ hingewiesen, in dem wir unser Problem – in etwas anderem Zusammenhang – wieder aufnehmen.

5.5.1 Beschaltung und Funktionsweise des OV

Wir haben nun den Operationsverstärker kennengelernt, aber allzu tiefgründig war diese erste Bekanntschaft noch nicht, und deshalb wollen wir sie etwas ausweiten. In den meisten Bastelbüchern zur Modellbahnelektronik taucht der OV kaum auf, und so besteht hier ein gewisser Nachholbedarf.

Die Qual der Wahl – verwirrende Typenvielfalt

Wer in den Katalogen der verschiedenen Elektronik-Firmen blättert, wird auf eine verwirrende Typenvielfalt bei Operationsverstärkern stoßen, und das kann die Wahl zur Qual machen. Wir wollen uns deshalb an die Devise halten: möglichst billig und einfach! – und dann kommt für Modellbahnerzwecke neben dem 741 vor allem der Typ TAA 861 in Frage. Er hat sogar nur sechs Anschlüsse, und es gibt ihn entweder in der Ausführung mit Tonnengehäuse oder in der praktischen Dual-in-line-Form (vgl. *Abb. 5.5.1/1*). Kann man nur das runde Gehäuse beschaffen und will man es in eine Veroboard-Platte einsetzen, so muß man die kleinen Drahtbeinchen vorsichtig biegen (Spitzzange!), so daß zwei parallele Reihen mit je drei Anschlüssen entstehen. Besser ist auf jeden Fall, man benutzt eine spezielle IC-Fassung, die sich gefahrlos löten läßt, ehe man dann den Operationsverstärker einsetzt.

Es liegt natürlich nahe, den TAA 861 in der Schaltung nach Abb. 5.5/3 auszuprobieren, also anstelle des bisherigen 741. Leider gibt das eine herbe

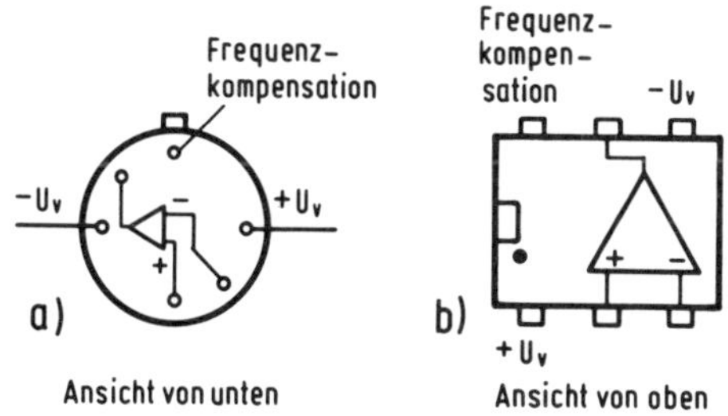

Abb. 5.5.1/1 Anschlußbilder für TAA 861; links die Ausführung mit Tonnengehäuse, rechts die (billigere) Dual-in-Line-Form (Kunststoffsockel)

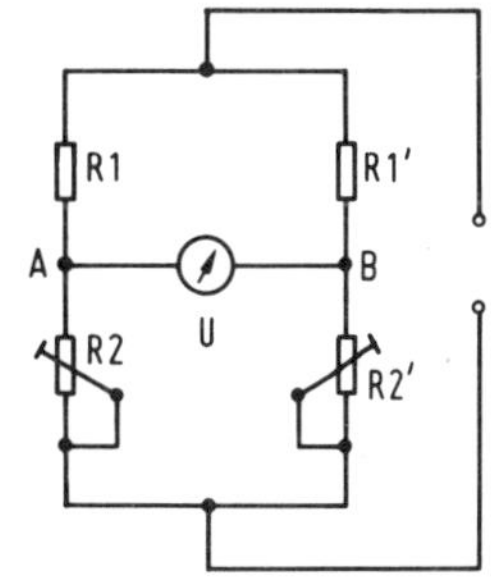

Abb. 5.5.1/3 Schaltung einer Meßbrücke

Abb. 5.5.1/2 Gleisbesetzt-Anzeige mit TAA 861

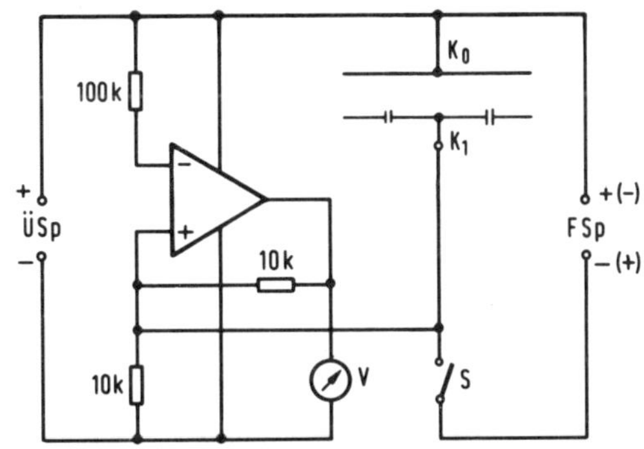

Enttäuschung. Am Ausgang Q tut sich so gut wie überhaupt nichts, weder ohne noch mit Lok auf dem Trenngleis. Die Anzeige des Voltmeters kommt über etwa 1,5 V nicht hinaus, und das ist zum Ansteuern einer LED auf jeden Fall zu wenig. Allerdings wird die Sache sofort anders, wenn man einen weiteren Widerstand von 10 kΩ so einfügt, daß er den Ausgang Q mit dem nicht-invertierenden Eingang (+) des OV verbindet; dann benimmt sich der TAA 861 so, wie das vorher der 741 getan hat. Übrigens kann man den Zusatzwiderstand auch beim 741 verwenden, nur verbessert das die Schaltung nur wenig. Demnach gilt: Nicht alle Operationsverstärker sind beliebig gegeneinander austauschbar, und zweitens gehört zu einem sinnvoll einsetzbaren OV im allgemeinen eine *äußere Beschaltung,* d.h. in nackter Form – ohne Widerstände oder Kondensatoren zwischen seinen Ein- und Ausgängen – leistet er nicht das, was man von ihm erwartet.

Übrigens: Daß der TAA 861 sich anders benimmt als sein *Vetter* 741, liegt nicht daran, daß der TAA 861 noch einen Anschluß mit der rätselhaften Angabe *Frequenzkompensation* besitzt, den wir nicht benutzt hatten. Dieser Anschluß braucht uns ohnehin nicht zu interessieren, denn er spielt erst eine Rolle, wenn man den Operationsverstärker mit elektrischen Schwingungen speist, was wir nicht vorhaben. Beim 741 ist die Frequenzkompensation bereits fertig eingebaut, und wenn man sie beim TAA 861 auch haben will, braucht man nur einen Kondensator von etwa 47 pF zwischen den Anschluß für die Kompensation und den Ausgang des OV zu legen.

Das Innenleben des Operationsverstärkers

Doch nun hilft alles nichts: Um etwas mehr von der Arbeitsweise eines Operationsverstärkers zu verstehen, müssen wir uns kurz mit seinem Innenleben vertraut machen. Dazu betrachten wir zunächst eine Modellschaltung, die noch ganz *unelektronisch* wirkt *(Abb. 5.5.1/3)*. Sie enthält zwei parallel liegende Spannungsteiler, wobei wir die Widerstände R1 und R1' als gleich annehmen wollen. Sind auch die beiden Potentiometer R2 und R2' gleich groß und gleichartig eingestellt, so teilt sich die Spannung in beiden Leiterzweigen im selben Verhältnis auf. Legt man zwischen die beiden Meßpunkte A und B als Brücke ein Voltmeter (daher: Meßbrücke), so zeigt es keine Spannung an. Wird aber nun das eine Potentiometer verstellt (z.B. der Widerstand bei R2 vermindert), so ändert sich in dem entsprechenden Leitungszweig die Spannungsverteilung, die Punkte A und B liegen auf verschiedenem Potential, und das Voltmeter zeigt eine Differenzspannung an.

Nun kann man die beiden Potentiometer durch zwei Transistoren ersetzen. Ihre Basen sollen von zwei Batterien angesteuert werden *(Abb. 5.5.1/4)*, und wenn diese Batterien verschiedene Spannungen liefern, werden sie auch die Transistoren verschieden stark *öffnen*. Abermals entsteht an der Meßbrücke eine Differenzspannung; wir haben jetzt bereits eine elektronische *Differenzstufe* erhalten, wobei die Ausgangsspannung U_A von dem Unterschied der beiden Batteriespannungen U_{E1} und U_{E2} abhängt (der Index E bezeichnet sie als Eingangsspannungen).

Was hier auf den Operationsverstärker hinweist, ist die Tatsache, daß die Schaltung zwei Eingänge und einen Ausgang besitzt, nur liegt dieser Ausgang zwischen den beiden Leitungszweigen und nicht dort, wo er seinem Namen nach eigentlich hingehört: an einem aus der Schaltung herausführenden Punkt.

Das ändert sich, wenn man zu *Abb. 5.5.1/5* übergeht. Zunächst ist da wieder eine Differenzstufe aus den Transistoren T1 und T2 zu erkennen. Aber neben den beiden Kollektorwiderständen R_{C1} und R_{C2} ist noch ein

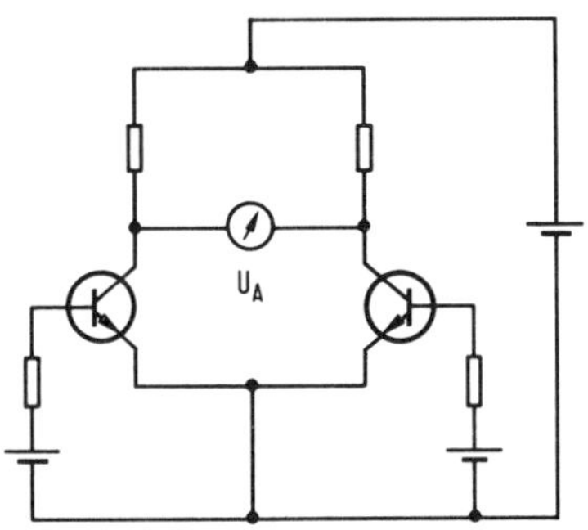

Abb. 5.5.1/4 Differenzstufe mit zwei Transistoren

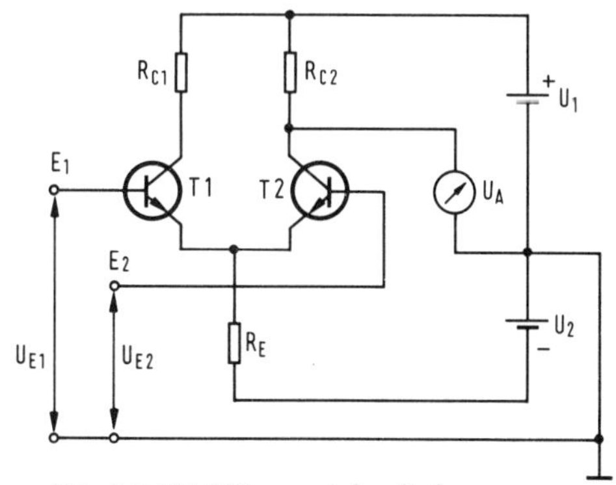

Abb. 5.5.1/5 Differenzstufe mit einer symmetrischen Spannungsversorgung
$R_{c1} = R_{c2} = 10\ k\Omega$; $R_E = 1\ k\Omega$
T 1 = T 2 = BC 107 o. ä.

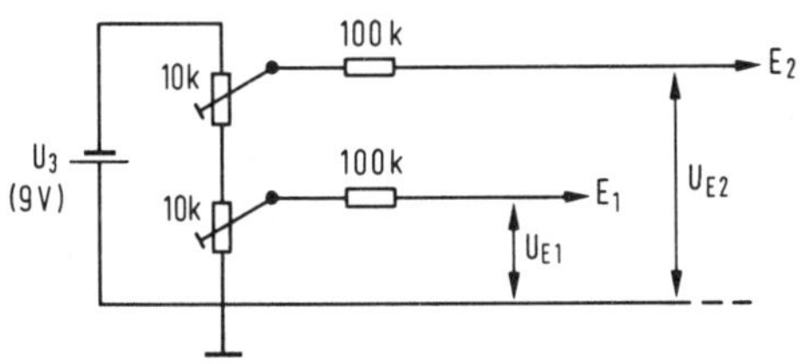

Abb. 5.5.1/6 Herstellung einer Spannungsdifferenz zum Ansteuern der Eingänge des OV-Modells aus Abb. 5.5.1/5

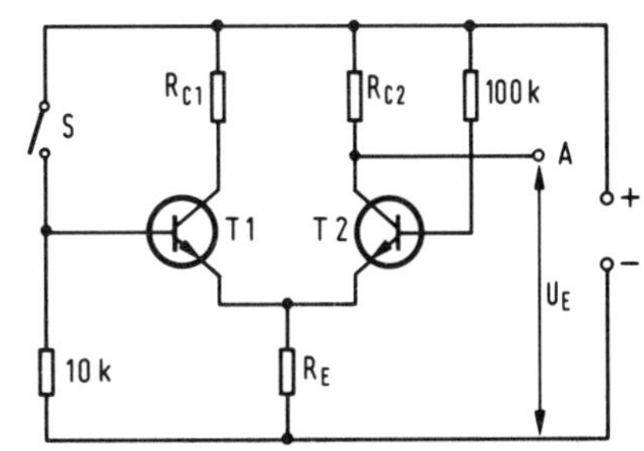

Abb. 5.5.1/7 Differenzstufe nach der Gleisbesetztmeldung gemäß 5.5

gemeinsamer Emitterwiderstand R_E eingefügt. Außerdem sieht jetzt die Spannungsversorgung anders aus. Die beiden Batterien sollen zwei gleich große Spannungen U1 und U2 liefern; dazwischen liegt ein Mittelabgriff als *Masse*. Läßt man die beiden Eingänge frei *in der Luft hängen*, so sperren T1 und T2; an ihren Kollektoren liegt gegenüber Masse jeweils die Batteriespannung + U1. Werden nun beide Eingänge E1 und E2 mit dieser Masse verbunden, so werden die Basen von T1 und T2 positiv gegenüber dem Emitteranschluß (er liegt über R_E am negativen Pol der unteren Batterie), und beide Transistoren schalten durch. An ihren Kollektoren verschiebt sich das Potential ins Negative.

Aber was geschieht, wenn man nun die beiden Eingänge auf verschiedene Spannungen bringt, z.B. dadurch, daß man eine zusätzliche Batterie mit Potentiometer und zwei Abgriffen benutzt *(Abb. 5.5.1/6)*? Wir wissen bereits: die beiden Transistoren wirken wie veränderliche Widerstände, und wenn sie verschieden angesteuert werden, öffnen sie verschieden weit, wenigstens, solange man sie nicht übersteuert, also aus dem Bereich ihrer Verstärkerwirkung herauskommt. Die Differenzstufe teilt den Strom, der über R_E fließt, auf. Öffnen T1 und T2 gleich weit, nämlich bei $U_{E1} = U_{E2}$ bzw. $U_{E1} - U_{E2} = 0$, so sind die Ströme in den beiden Leitungszweigen gleich. Wird dagegen $U_{E1} - U_{E2} \neq 0$ (ungleich null), so nimmt der Strom im einen Leiterzweig um einen bestimmten Betrag zu, in dem anderen natürlich um denselben Betrag ab.

Daraus folgt, daß an R_{C1} eine andere Spannung abfällt als an R_{C2}, aber es geht jetzt gar nicht mehr um diese Spannungsdifferenz selbst, sondern nur noch um das Potential am Kollektor von T2; es ist auf Masse bezogen und ändert sich, wenn sich $U_{E1} - U_{E2}$ ändert. Darin liegt der eigentliche Sinn der Zusammenschaltung zweier Versorgungsbatterien mit einem Mittelabgriff: Man erhält so ein klares Bezugspotential (Null = Masse) für die Ausgangsspannung bei T2.

Nach den Abbildungen 5.5.1/5 und 5.5.1/6 kann man sich schon ganz gut das Modell eines Operationsverstärkers zusammenbauen, nur ist es mit der Verstärkung noch nicht weit her. Aber wenn hinter den Ausgang noch weitere Transistorstufen gesetzt werden, so können winzige Änderungen der Differenz $U_{E1} - U_{E2}$ gewaltige Änderungen der Ausgangsspannung zur Folge haben. Wir sagten es schon: Operationsverstärker verstärken Spannungsunterschiede um das Hunderttausendfache, natürlich nur innerhalb der Bereiche, die durch die Höhe ihrer Versorgungsspannung $\pm U_V$ vorgegeben ist. Das Doppelvorzeichen bezieht sich darauf, daß diese Spannung immer von Masse aus einmal ins Positive und einmal (symmetrisch) ins Negative gerechnet werden muß. Auf die Möglichkeiten, solche Doppelspannungen für die Praxis bereitzustellen, kommen wir gleich noch zu sprechen.

Das reale Verhalten eines OV weicht von der Theorie ab

Wie es nun tatsächlich in einem Operationsverstärker aussieht, wollen wir hier lieber verschweigen; die Schaltbilder sehen verwirrend aus! So enthält der Typ 741 ganze zwanzig Transistoren in seinem Inneren und dazu noch etliches mehr. Es ist verständlich, daß bei einer solchen Vielzahl von Bauelementen das reale Verhalten eines OV manchmal etwas von dem, was die Theorie sagt, abweicht. Es gibt da immer gewisse Schwankungen im einzelnen, auch bei Serienprodukten, und deshalb muß man einen OV gelegentlich erst einmal auf seine normale Grundeinstellung hintrimmen, ehe man ihn einsetzt. Das bedeutet: liegen die beiden Eingänge auf demselben Potential, so soll die Ausgangsspannung Null sein. Ist das bei einem OV nicht der Fall, so kann man ihn häufig über zwei Balance-Anschlüsse einregulieren. Beim Typ 741 wird dazu zwischen PIN 1 und PIN5 ein Potentiometer von 10 kΩ gesetzt, dessen Abgriff an – U_V kommt. Allerdings ist das eine Sache für Profis, die hohe Ansprüche stellen; für den Modellbahnelektroniker ist die *Kompensation der Eingangsnullspannung* meist ohne Bedeutung.

Wichtiger ist, sich nach einer geeigneten Spannungsversorgung mit Mittelabgriff umzusehen. Aber – kann jetzt ein Einwand kommen – ist dieser Mittelabgriff unbedingt nötig? Wir haben im vorigen Kapitel eine Gleisbesetztmeldung vorgestellt, die auch *ohne* auskam.

Vergleichen wir deshalb Abb. 5.5/3 mit Abb. 5.5.1/5! Danach sieht die Sache so aus: Die Basis von T2 liegt über 100 kΩ am Pluspol der Batteriespannung, die Basis von T1 über 10 kΩ am Minuspol. T1 sperrt, T2 ist etwas geöffnet, so daß ein geringer Strom durchfließt und am Ausgang A eine positive Spannung unterhalb der Batteriespannung abgenommen werden kann. Wird jetzt S (Schienenkontakt) geschlossen, so fließt praktisch der gesamte Strom über den voll durchgeschalteten Transistor T1; T2 wird so gut wie stromlos, und der Ausgang A geht ganz auf positives Potential. Wir erhalten auch in dieser Modellschaltung zwei Zustände der Differenzstufe, aber mehr auch nicht, und damit ist der OV eigentlich unterfordert.

Bleiben wir also dabei: Eine Versorgungsspannung mit Mittelabgriff muß her! Auf jeden Fall muß sie im Betrieb stabil sein, d.h. sie darf nicht schwanken oder irgendwelche Restwellen aus mangelhafter Glättung zeigen. Es wären zwei Batterien denkbar, die gemäß Abb. 5.5.1/5 zusammengeschlossen sind, aber Batterien altern, und wenn sie ihren Geist aufgeben, kann kein OV mehr anständig arbeiten. Bleibt also ein Netzgerät mit einer konstanten, sauberen Gleichspannung, die groß genug ist, um den Ansprüchen eines Operationsverstärkers zu genügen. Im allgemeinen kann man von ± 10 V ausgehen (d.h. von Masse aus 10 V nach Plus und 10 V nach Minus); der Typ 741 verträgt sogar bis zu ± 22 V.

Hat man nun eine solche Gleichspannung von z.B. 20 V zur Verfügung, so kann man sehr einfach zu ihrer *elektrischen Mitte* kommen: Man braucht nur zwei gleich große Widerstände in Reihe zwischen die Pole zu legen und hat dann dort, wo diese Widerstände zusammentreffen, einen Mittelabgriff als Masse-Anschluß. Für die Widerstände empfehlen sich Werte zwischen 10 kΩ und 1 MΩ, aber nicht mehr. Einfacher geht es kaum, aber es geht auch komplizierter, und die Schaltung nach *Abb. 5.5.1/9* ist etwas für gehobene Ansprüche.

In ihr wird bereits ein OV eingesetzt, aber in einer etwas seltsamen Beschaltung. Wie das funktioniert, läßt sich nur verstehen, wenn die Verbindung

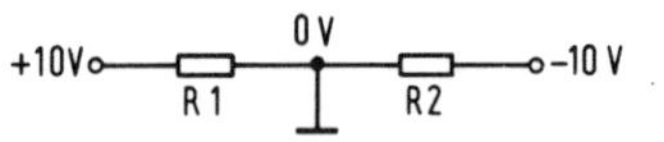

Abb. 5.5.1/8 Einfache Bildung einer Spannungsmitte zwischen $+ U_v$ und $- U_v$; R 1 = R 2

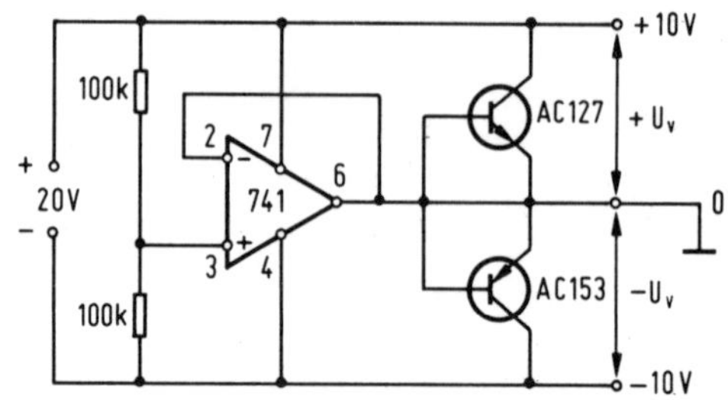

Abb. 5.5.1/9 Bildung einer Spannungsmitte durch eine elektronische Regelungsschaltung

zwischen Ausgang und invertierendem Eingang des OV klar ist, und darüber haben wir noch nichts gesagt. Also teilen wir diese *vornehme* Schaltung zur Festlegung einer Massen-Mitte nur eben mit und beschränken uns ansonsten auf die einfachere Methode von Abb. 5.5.1/8.

So, und nun können wir einen OV endlich so anschließen, wie er es seiner Natur nach verlangt. In den Schaltbildern, die Anwendungsfälle von Operationsverstärkern darstellen, wird grundsätzlich darauf verzichtet, die Versorgung mit der Betriebsspannung einzuzeichnen; sie ist so selbstverständlich, daß jeder Eingeweihte sofort weiß: ich muß mir zwei Leitungen vom OV zu $+ U_V$ und zu $- U_V$ dazudenken. Um es ganz klar gegenüberzustellen: *Abb. 5.5.1/10* zeigt in a) die vollständige Anschlußschaltung eines OV; in b) die vereinfachte Darstellung. Auch wir werden im folgenden nach Abb. b) verfahren.

Ein Wort noch zu den Betriebsdaten von Operationsverstärkern. Sie haben hohe Eingangswiderstände, d.h. erstens ist ihr eigener Strombedarf sehr niedrig, und zweitens belasten sie Spannungsquellen, die an ihre Eingänge angeschlossen werden, so gut wie gar nicht. Die Ausgangsleistung eines OV hängt vom Typ ab. Beim 741 beträgt sie 0,5 W; dieser Typ ist übrigens gegen einen Kurzschluß im Ausgangskreis abgesichert, d.h. *kurzschlußfest.* Beim TAA 861 beträgt die Ausgangsleistung ebenfalls 0,5 W. Grundsätzlich sollte man jedenfalls an einen OV keine Schaltungen anschließen, die mehr als 50 mA Ausgangsstrom aufnehmen.

Nun geht es richtig los mit dem Verstärken

Und nun geht es richtig los mit dem Verstärken! *Abb. 5.5.1/11* zeigt einen OV, der mit dem einen Eingang (E2) an Masse, mit dem anderen an einem Spannungsteiler zwischen $\pm U_V$ liegt. Wenn man an dem Potentiometer (5 kΩ) genau die Mitte zwischen $+ U_V$ und $- U_V$ einstellt, dürfte zwi-

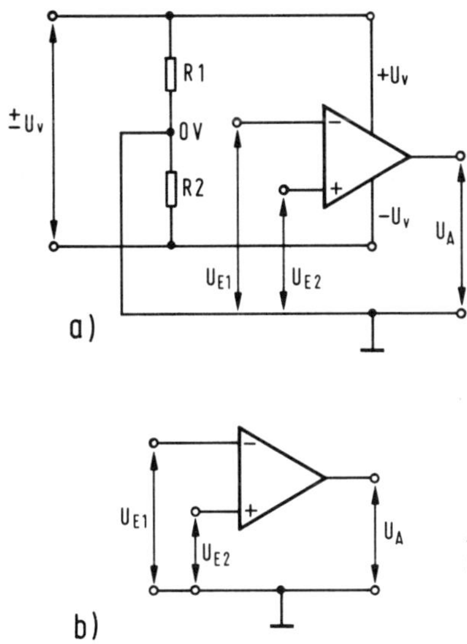

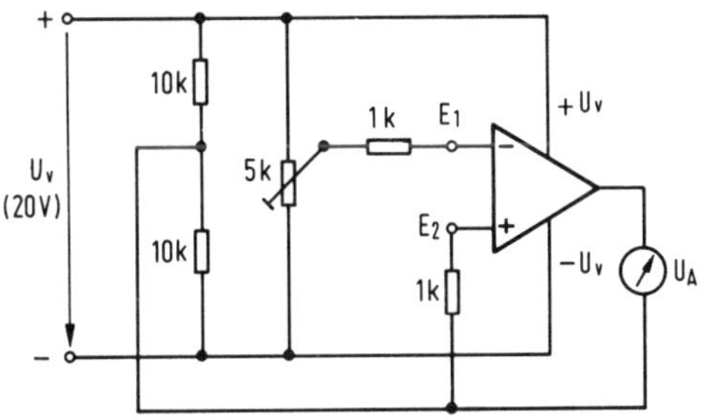

Abb. 5.5.1/11 Operationsverstärker in der Grundschaltung

Abb. 5.5.1/10 Vollständige und vereinfachte Schaltskizze eines OV

schen den Eingängen kein Spannungsunterschied bestehen, und also müßte dann der Ausgang auf OV liegen. Das wäre gleichsam das *Ruhepotential* des Operationsverstärkers, und ehe er überhaupt etwas *tut,* müßte es doch möglich sein, ihn in diesen Grundzustand zu bringen.

Wenn man die Sache ausprobiert, kann man merken, was Fingerspitzengefühl ist! Denn es ist außerordentlich schwierig, den Grundzustand tatsächlich zu erreichen; immer droht der OV, einem wieder wegzurutschen. Am Meßgerät gibt es wilde Ausschläge (am besten benutzt man eins, dessen Zeiger bei O Volt in der Skalenmitte steht), und wenn man glücklich einmal das Ruhepotential erwischt hat, kann es schon in wenigen Sekunden wieder verlorengehen. Der OV zeigt dann eine *Drift,* die auf Temperaturinstabilitäten zurückgeht und immer wieder ausgeglichen werden muß.

Warum es so schwer ist, das Ruhepotential einzustellen, ist leicht zu erklären. Ein Operationsverstärker verstärkt – wie wir wissen – je nach Typ um einen Faktor zwischen 10^4 und 10^5. Wenn also nach der Schaltung von Abb. 5.5.1/11 die maximale Ausgangsspannung entweder $U_A = + 10$ V oder $U_A = - 10$ V beträgt, so würde eventuell schon eine Eingangsspannung von einem Millivolt (1 mV) zwischen E1 und E2 genügen, um am Instrument Vollausschlag zu erreichen, und das Potentiometer mit dieser Genauigkeit einzustellen, ist gar nicht so einfach. Was vollends unmöglich wird, ist eine stetige Änderung der Eingangsspannung, bei der sich auch die Ausgangsspannung stetig ändert, ohne gleich zur Übersteuerung des OV, d.h. zum Überschreiten des Bereiches $U_A < U_{A\ max}$ zu führen. Dreht man ein wenig am Poti, so hat man meistens sofort und schlagartig den Maximalwert von U_A erreicht.

Dem OV die Zügel anlegen

Man muß dem OV also Zügel anlegen, wenn man ihn lenken will, und eine Möglichkeit dazu zeigt *Abb. 5.5.1/12*. Es handelt sich um eine Standardschaltung, die immer wieder auftaucht.

Der Ausgang des OV wird über einen Widerstand mit dem Eingang E1 verbunden; man nennt das eine *Gegenkopplung*. Nimmt man in Abb. 5.5.1/11 für diesen Widerstand einen Wert von ca. 10 kΩ, so kann man durch Drehen am Potentiometer am Ausgang die verschiedensten Spannungen im Bereich von etwa – 10 V bis + 10 V erhalten.

Was hier eigentlich geschieht, wollen wir uns an Hand der Abb. 5.5.1/12 klarmachen. Am Eingang E1 soll über R1 eine gegen Masse positive Spannung U_E liegen. Dieser Eingang ist gemäß dem Zeichen „–" ein invertierender Eingang, und das heißt, daß nun am Ausgang eine gegen Masse negative Spannung erscheint, die zunächst bis zum negativen Höchstwert (Sättigungswert) driftet. Man spricht auch von einer „Signalumkehr". Sie wird im Inneren des OV durch eine Transistorstufe bewirkt, die die Ausgangsspannung der Differenzstufe umkehrt, aber darauf brauchen wir hier nicht einzugehen. Nun wird jedoch die negative Ausgangsspannung U_A über den Gegenkopplungswiderstand R2 an E1 gelegt. Sie wirkt dort der (positiven)

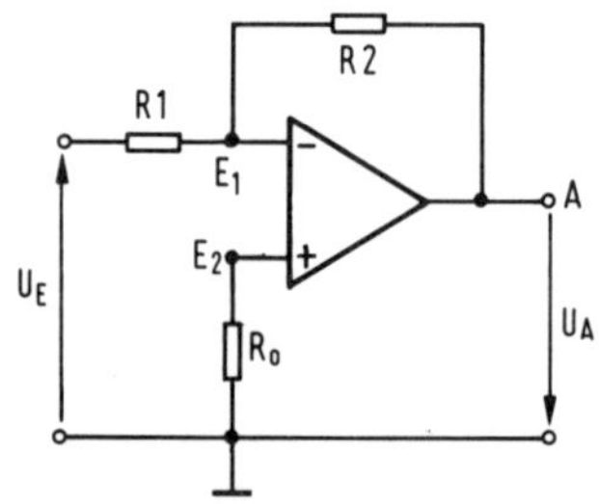

Abb. 5.5.1/12 Invertierender OV mit Gegenkopplung

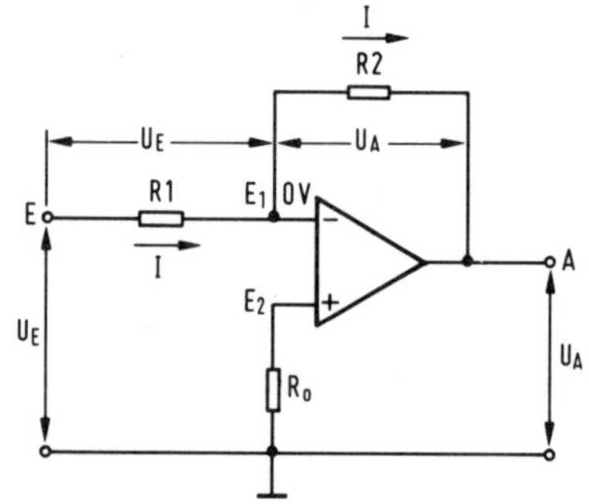

Abb. 5.5.1/13 Spannungsverhältnisse und Stromwege beim invertierenden, gegengekoppelten OV

Eingangsspannung entgegen, und zwar so lange, bis am Eingang E1 das Potential gegenüber Masse null geworden ist, d.h. U_E und $-U_A$ heben sich an E1 auf. Dieser Punkt ist entscheidend: Beim OV mit Gegenkopplung liegt der invertierende Eingang praktisch auf Massepotential, und man nennt ihn deshalb auch einen *virtuellen* (scheinbaren) Nullpunkt. Die Ausgangsspannung U_A hat sich dabei auf einen (negativen) Endwert eingestellt, der vom Voltmeter angezeigt wird.

Die Vorgänge, die wir hier nacheinander darstellen, spielen sich tatsächlich in einem einzigen Augenblick ab, so daß man gar nicht beobachten kann, wie die Ausgangsspannung zunächst auf den negativen Sättigungswert und danach auf ihren endgültigen Betrag geht; dieser Wert stellt sich sofort ein, wenn U_E angelegt wird.

Wir wissen jetzt: am Eingang E1 besteht ein Gleichgewicht zwischen U_E und U_A; beide Spannungen kompensieren sich dort, und dieser Eingang liegt daher auf Massepotential. Das gibt Anlaß, die Abb. 5.5.1/12 einmal anders zu sehen als bisher. Die Eingangsspannung U_E läßt sich nun nämlich so verstehen, daß sie über dem Widerstand R1 liegt; schließlich entspricht ja E1 dem Masseanschluß. Dasselbe gilt für U_A: sie kann als über R2 liegende Spannung zwischen E1 und A angesehen werden, wobei A dann negativ gegenüber E1 sein muß. Im ganzen ergibt das einen gleichsam um den Operationsverstärker herumführenden Leitungsweg: von links über R1 nach E1 und weiter über R2 nach A. Und da nun am linken Ende von R1 positives, an A negatives Potential liegt, fließt ein Strom I am Operationsverstärker vorbei durch R1 und R2 (vgl. *Abb. 5.5.1/13*).

Daraus folgt wiederum: Wenn derselbe Strom I durch beide Widerstände fließt, müssen nach dem Ohmschen Gesetz die Spannungen, die an den Widerständen abfallen, sich zueinander wie die Widerstandswerte verhalten. Es gilt also:

$$\frac{-U_A}{U_E} = \frac{R2}{R1} \quad .$$

Ein praktisches Beispiel

Im praktischen Beispiel: Eine Spannung von + 2 V soll an den linken Anschluß des Widerstandes R1 gelegt werden (wir wollen diesen Punkt jetzt als den Schaltungseingang E bezeichnen); R1 betrage 10 kΩ, R2 betrage 22 kΩ; dann liefert der OV am Ausgang eine Spannung von

$$U_A = -\frac{22}{10} \cdot 2 = -4{,}4 \text{ V}.$$

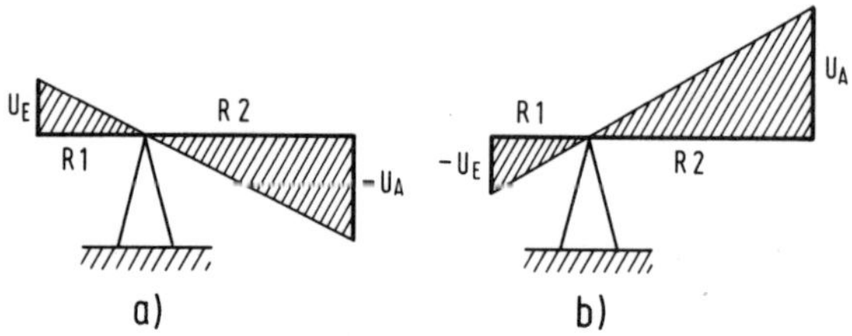

Abb. 5.5.1/14 Vergleich des invertierenden, gegengekoppelten OV mit einem zweiseitigen Hebel

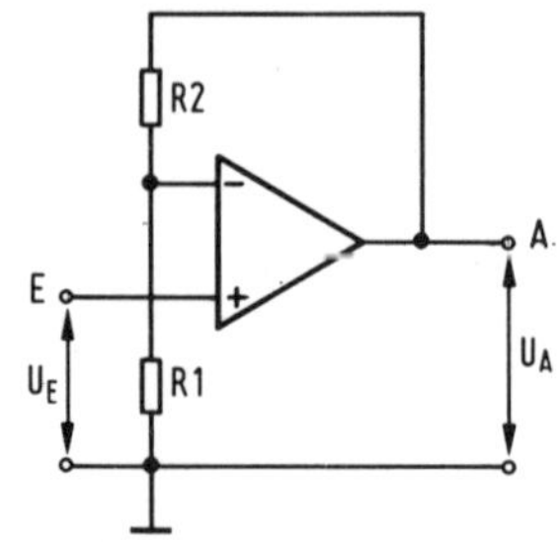

Abb. 5.5.1/15 Nicht-invertierender, gegengekoppelter OV

Der Operationsverstärker hat also die Eingangsspannung um mehr als das Doppelte verstärkt. In der Praxis wird man etwas weniger erhalten, weil es immer interne Spannungsverluste im OV gibt. Sie halten sich aber in mäßigen Grenzen.

Natürlich kann die Eingangsspannung U_E auch negativ gegenüber Masse sein; dann wird die Ausgangsspannung U_A in entsprechender Weise positiv. Man kann dieses Verhalten des Operationsverstärkers mit dem eines zweiseitigen mechanischen Hebels vergleichen *(Abb. 5.5.1/14)*. Auch da findet sich ein invertierendes Verhalten: Geht die eine Seite hinauf, so geht die andere hinunter, und umgekehrt. Dabei entspricht das bekannte Prinzip: *Last x Lastarm = Kraft x Kraftarm* genau dem Produkt

$$-U_A \cdot R1 = U_E \cdot R2.$$

Der Widerstand Ro am nicht-invertierenden Eingang spielt bei dieser Schaltung keine Rolle. Er kann sogar ganz weggelassen werden, indem man E2 direkt mit Masse verbindet. Allenfalls dient Ro zur Temperaturstabilisierung des Operationsverstärkers.

Andererseits kann man den Operationsverstärker auch nicht-invertierend verwenden, wenn man die Eingangsspannung an den entsprechenden Anschluß „+" legt *(Abb. 5.5.1/15)*. Dann kann man wie bisher davon ausgehen, daß der OV für gleiches Potential an seinen beiden Eingängen sorgt – nur handelt es sich dabei nicht um das Nullpotential der Masse, sondern um U_E. Auch dabei geht der eigentliche Stromweg wieder um den OV herum durch die beiden Widerstände R1 und R2. Die Eingangsspannung U_E liegt zwischen E und Masse, fällt also über R1 ab; die Ausgangsspannung liegt zwischen A und Masse bzw. fällt über R1 + R2 ab. Folglich gilt:

$$\frac{U_A}{U_E} = \frac{R1 + R2}{R1} = 1 + \frac{R2}{R1} \; .$$

Für die Modellbahnpraxis spielt diese Beschaltung des OV allerdings eine geringere Rolle.

Was wir hier besprochen haben, sind Grundschaltungen, sozusagen elektronisches Elementarwissen. Von den Anwendungsmöglichkeiten im Modellbahnbetrieb war in diesem Kapitel kaum die Rede. Aber das wird noch anders werden; zunächst wollen wir uns damit begnügen, überhaupt zu wissen, was Operationsverstärker sind.

5.6 Blockstreckenbetrieb

Eine Strecke zwischen zwei Bahnhöfen wird auch beim großen Vorbild nicht in einem Zuge durchgeführt. Sie ist in einzelne Abschnitte aufgeteilt, in *Blöcke* (bzw. Blockstrecken). Das hat seinen guten Grund. Nehmen wir an, von Bahnhof A sei ein langsamer Güterzug nach Bahnhof B abgefahren. Kurz darauf fährt auch noch ein D-Zug von A ab in Richtung B. Da kann es nun durchaus sein, daß der schnelle D-Zug den Güterzug unterwegs einholt, ehe dieser Bahnhof B erreicht hat; es könnte zu einem *Auffahrunfall* kommen. Um das zu verhindern, wird die Strecke zwischen den Bahnhöfen in Blöcke aufgeteilt, die durch Signale gesichert sind. Ein Block wird immer dann gesperrt, wenn der in Fahrtrichtung vor ihm liegende Block bereits durch einen Zug besetzt ist; der nachfolgende Zug muß dann anhalten und warten, bis der Block vor ihm freigeworden ist.

Vom großen Vorbild abgeschaut

Dieses Prinzip läßt sich auch bei der Modelleisenbahn anwenden und erhöht eventuell die Betriebssicherheit. Allerdings wird man bei kleineren Anlagen durchaus auf Blockstreckenbetrieb verzichten können, es sei denn, man will ihn für Demonstrationszwecke einführen. Auf jeden Fall hat er nur Sinn, wenn es sich um Strecken handelt, die nur in jeweils einer Richtung befahren werden; kommen sich auf einer eingleisigen Nebenstrecke zwei Züge entgegen, so hat der beste Blockstreckenbetrieb keinen Wert. Trotzdem sollte man die Möglichkeit vorsehen, auf einer Blockstrecke auch einmal die

Fahrtrichtung umzukehren, denn in der Praxis kommt es immer einmal vor, daß ein Zug einen Wagen verliert und zurückfahren muß, um ihn abzuholen, oder man will mit einem Schienenreinigungswagen auf der Strecke hin- und herfahren, um die Gleise zu putzen. Es ist also nicht ratsam, sich mehr als unbedingt notwendig auf eine bestimmte Fahrtrichtung festzulegen.

Die äußerlich wahrnehmbare Sicherung der Blockstrecken erfolgt durch Signale. Vorbildgemäß sollten dabei stets Haupt- und Vorsignal gekoppelt aufgestellt werden; der Einfachheit halber wollen wir uns auf Lichtsignale beschränken. Jeweils am Ende eines Blocks steht eine solche Signalgruppe und zeigt an, ob die Weiterfahrt in den nächsten Block frei ist. Da das normalerweise der Fall sein wird, stehen Blockstreckensignale grundsätzlich auf *Freie Fahrt,* im Gegensatz etwa zu Signalen im Bahnhofsbereich. Damit nun Züge vor bereits besetzten Streckenabschnitten anhalten können, muß für Trenngleise gesorgt werden; eine entsprechende Skizze für Gleichstrom-Zweileiterbetrieb zeigt *Abb. 5.6/1.*

Ist der zweite Block (links) besetzt, so wird der Trenngleisabschnitt A (hinter dem Vorsignal) von einem nachfolgenden Zug mit verminderter Geschwindigkeit befahren, und auf dem Abschnitt B (am Hauptsignal) hält der Zug an. Die Weiterfahrt wird erst freigegeben, wenn der folgende Block frei ist.

In der Praxis läuft der Blockstreckenbetrieb automatisch ab

In der Praxis ist es natürlich so gut wie selbstverständlich, daß man die Blockstreckenregelung nicht im Handbetrieb erledigt, sondern automatisch ablaufen läßt. Dazu gibt es die verschiedensten Vorschläge, und zumeist laufen sie darauf hinaus, Relais einzusetzen, um die erforderlichen Schaltvorgänge zu bewerkstelligen. Man kann z.B. in den Anfang und das Ende einer Blockstrecke SRK-Kontakte legen (Reed-Kontakte), die durch einen unter der Lok sitzenden Magneten betätigt werden. Ein anderer Weg wäre, den Fahrstrom selbst auszunutzen, um entsprechende Relais zu schalten. Fährt ein Zug durch einen Blockabschnitt, so ist für ihn der entsprechende Fahrstromkreis geschlossen. In diesen Stromkreis kann man nun ein niederohmiges Relais legen, dessen Spule dann vom Fahrstrom mit durchflossen wird und das daraufhin anzieht. Es muß zwei Umschaltkontaktsätze haben: Der eine dient dazu, die Lichtsignale zu schalten, die den Block als besetzt anzeigen; der andere unterbricht die Stromzufuhr zu den Trenngleisen am Ende des ersten Blocks. *Abb. 5.6/2* zeigt die entsprechende Schaltung.

Hat das Relais angezogen, weil Block 2 besetzt ist, so bekommt die Langsamfahrstrecke ihren Strom über den Widerstand R; das Trenngleis am Hauptsignal ist abgeschaltet. Außerdem brennt die rote Glühbirne des

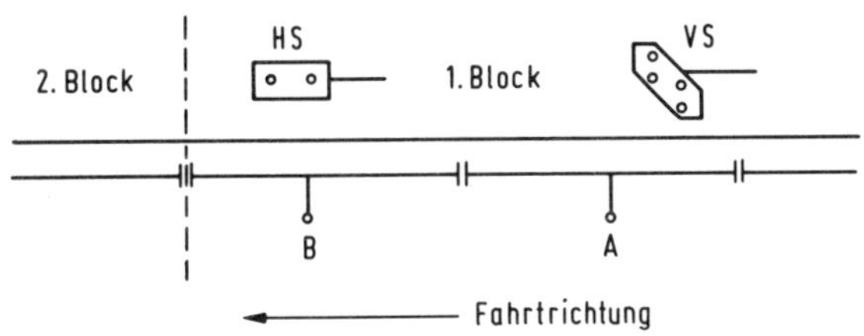

Abb. 5.6/1 Anlage einer Blockstreckensicherung

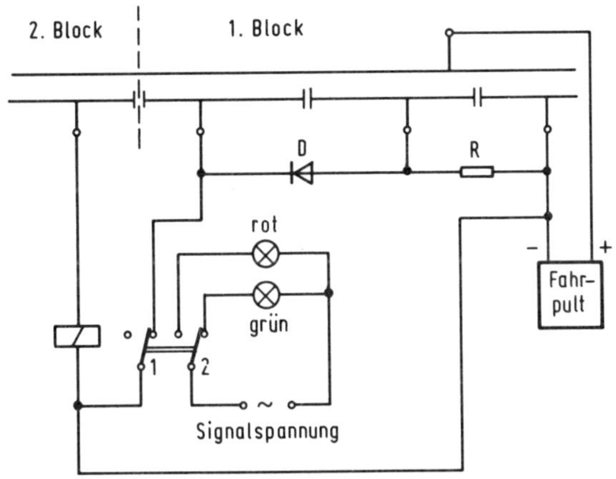

Abb. 5.6/2 Blockstreckensicherung mit Relais

Hauptsignals (das Vorsignal wird parallel geschaltet). Ist das Relais abgefallen, weil Block 2 frei ist, so leuchtet die grüne Signallampe; die Diode D überbrückt den Widerstand, und die Trennabschnitte erhalten wieder den vollen Fahrstrom.

Die Schaltung ist zwar verhältnismäßig einfach, aber sie entspricht keineswegs den Vorstellungen eines Modellbahnelektronikers. Denn mit Relais hat er nicht viel im Sinn; sie arbeiten mechanisch und sind daher etwas unzuverlässig. Also wollen wir uns nach Möglichkeiten umsehen, den Blockstreckenbetrieb voll elektronisch aufzubauen.

Dabei ist eine Erinnerung an das Kapitel über Gleisbesetztmeldungen nützlich. Denn auch das Blockstreckensystem setzt voraus, daß da gewisse Gleisabschnitte als besetzt angezeigt werden, und dazu passende Lösungen haben wir bereits kennengelernt. An sie werden wir im folgenden anknüpfen. Um die Sache einfach zu halten, soll zunächst wieder vom Zweileiter-Gleichstromsystem ausgegangen werden, und außerdem wollen wir für die

Siehe auch Kapitel 5.4

Blockstrecken nur eine Fahrtrichtung voraussetzen. Später läßt sich dann überlegen, in welcher Weise man die Schaltungen erweitern kann.

In der Schaltung nach Abb. 5.6/2 ging es darum, daß der Fahrstrom durch eine Relaisspule fließt und dadurch das Relais zum Anziehen bringt. Dieser Gedanke, den Fahrstrom selbst auszunutzen, soll beibehalten werden, nur ersetzen wir jetzt das Relais durch zwei Diodenstrecken (Leistungsdioden, z.B. 1 N 4001). Je nach Polung fließt der Fahrstrom dann über die eine oder die andere Diode (D1 bzw. D2 in *Abb. 5.6/3*).

Eine in Durchlaßrichtung geschaltete Diode läßt zwar den Strom durch, aber trotzdem entsteht zwischen ihren Enden ein Spannungsabfall, der je nach Diodentyp eine konstante Größe hat. Bei der Leistungsdiode 1 N 4001 beträgt er 0,7 V. Ist also die Fahrspannung so gepolt, daß D1 durchläßt, so ist ihr in der Abbildung oberes Ende (die Anode) um 0,7 V positiv gegenüber ihrem unteren Ende (der Katode). Wird die Fahrspannung (FSp) umgepolt, so läßt D2 durch (während D1 sperrt), und dann ergeben sich bei D2 ganz entsprechende Verhältnisse, nur eben mit anderem Polungssinn.

Wieder einmal an einen Operationsverstärker denken

Jedesmal tritt eine Spannungsdifferenz auf, und das legt nahe, wieder einmal an einen Operationsverstärker zu denken. Wie wir bereits wissen, reagiert er auf Spannungsunterschiede und verstärkt sie. Man kann also einen OV einsetzen, und zwar wollen wir von dem Typ 741 ausgehen (am besten in der praktischen Dual-in-line-Form). Dabei ist aber eine zusätzliche Spannungsversorgung erforderlich, z.B. eine geglättete und stabilisierte Gleichspannung von ± 10 V.

Zunächst allerdings sorgen wir dafür, daß es für die Eingänge des Operationsverstärkers unerheblich wird, ob auf dem zu überwachenden Gleisabschnitt eine Lok in der normalen Richtung oder rückwärts fährt, d.h. ob der Fahrstrom über D1 oder D2 fließt. Das ist leicht zu bewerkstelligen. Die Schaltung von Abb. 5.6/3 wird lediglich durch zwei weitere Dioden

Abb. 5.6/3
Erzeugung eines Spannungsabfalls an einer Diodenstrecke

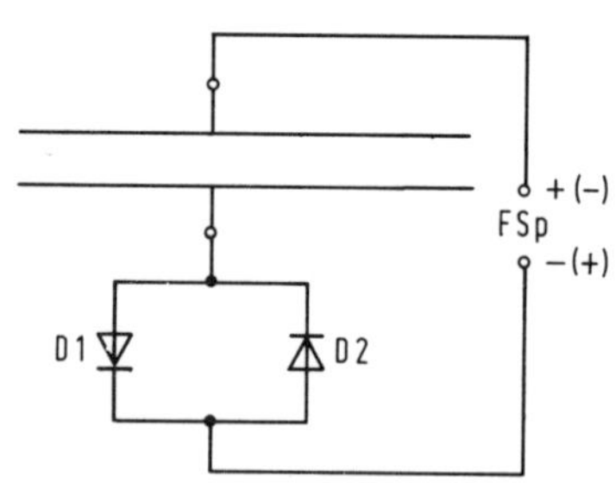

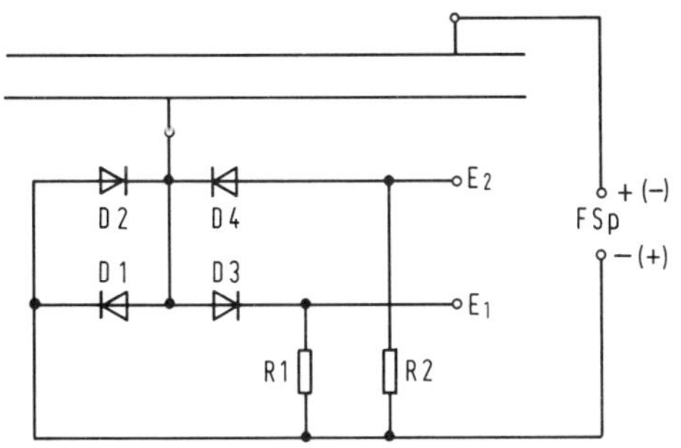

Abb. 5.6/4
Beschaltung für die Eingänge eines OV bei umpolbarer Fahrspannung

(Universaltypen) und zwei Widerstände R1 = R2 = 10 kΩ ergänzt *(Abb. 5.6/4)*. Damit entstehen zwischen den zugeordneten Dioden D1/D3 bzw. D2/D4 Leiterverzweigungen; der Fahrstrom fließt immer über die Leistungsdioden D1 oder D2; über D3 bzw. D4 fließen nur geringe Ströme, die erstens durch die Widerstände R1 und R2 begrenzt werden, und zweitens sind die Eingänge des Operationsverstärkers so hochohmig, daß da nur minimale Ströme auftreten können.

An den Schaltungspunkten E1 und E2 gibt es dann nur zwei Möglichkeiten. Fließt kein Fahrstrom, dann gibt es auch keine Spannung zwischen E1 und E2. Fließt der Fahrstrom über D1, so wird E1 positiv; D2 und D4 sperren. Wegen des Spannungsabfalls an D1 wird aber E2 negativ gegenüber E1. Fließt der Fahrstrom in umgekehrter Richtung, so sperren D1 und D3; der Fahrstrom erzeugt an D2 einen Spannungsabfall, und E2 wird negativ. Dagegen gelangt E1 auf positives Potential, und somit erhält man zwischen E1 und E2 immer die gleiche Spannungsdifferenz von 0,7 V, unabhängig von der Richtung des Fahrstromes. Die Schaltung ist also auch für Wechselstromsysteme brauchbar.

E1 und E2 sind nun die beiden Eingänge für den nachgeschalteten Operationsverstärker. Verwenden wir den Typ 741, so kommt E2 an den invertierenden, E1 an den nicht-invertierenden Eingang, wobei daran erinnert sei, daß die Symbole „+“ (nicht-invertierend) und „–“ (invertierend) nichts mit irgendwelchen Spannungsvorzeichen zu tun haben.

Abb. 5.6/5 zeigt die vollständige Schaltung. Die Versorgungsspannung für den OV wird durch die Widerstände R3 und R4 (je bis zu 1 MΩ) halbiert; der Mittelabgriff entspricht der Masse und wird mit dem einen Pol des Fahrpultes verbunden. Wenn jetzt über den Lokmotor ein Fahrstrom fließt, tritt an den Eingängen E1 und E2 eine Spannungsdifferenz auf, und sie be-

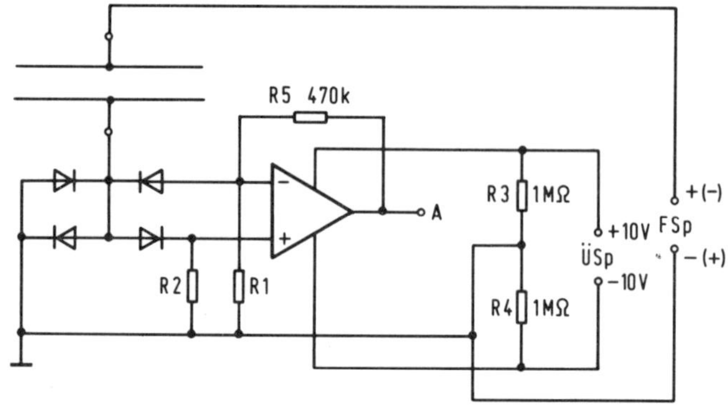

Abb. 5.6/5 Schaltung des Operationsverstärkers beim Blockstreckenbetrieb

wirkt – unabhängig von der Fahrtrichtung – ein gegen Masse positives Ausgangssignal bei A, das mit einem Voltmeter kontrolliert werden kann. Die Ausgangsspannung hängt erstens von der Höhe der Überwachungsspannung ÜSp ab, zweitens von R5 (Vorschlag: R5 = 470 kΩ). Bei fehlendem Fahrstrom (freies Gleis) sollte die Ausgangsspannung auf null heruntergehen.

Das ist manchmal nicht ganz der Fall. Auch bei fehlendem Eingangssignal kann es eine Restspannung zwischen A und Masse geben. Will man sie wegbekommen, so läßt sich beim OV 741 eine zusätzliche Kompensationsschaltung einfügen, nämlich über seine Balance-Anschlüsse (PIN 1 und PIN 5). Sie werden durch ein Trimmpotentiometer von 10 kΩ verbunden, dessen Mittelabgriff an den negativen Pol der Versorgungsspannung ÜSp kommt. Durch sehr behutsames Verstellen des Trimmers mit Hilfe eines Schraubenziehers kann man den richtigen Nullabgleich erzielen und dafür sorgen, daß der Ausgang A des Operationsverstärkers bei fehlendem Fahrstrom tatsächlich genau auf 0 Volt gegenüber Masse liegt.

Da wir hier den Operationsverstärker nur dazu benutzen, am Ausgang entweder Nullpotential oder ein bestimmtes positives Potential herzustellen, kommt es auf eine veränderliche Verstärkung nicht an. Der OV kann ruhig übersteuert werden: daher der hohe Gegenkopplungswiderstand R5, der gewährleistet, daß die Ausgangsspannung immer ihren Maximalwert erreicht.

Der OV kann übersteuert werden

Der Ausgang eines OV ist im allgemeinen nicht sehr hoch belastbar, so daß man ihn z.B. nicht direkt mit irgendwelchen Signallämpchen verbinden sollte. Will man weitere Funktionen steuern, so muß man einen Transistor dazwischenschalten. Zunächst wollen wir dafür sorgen, daß bei einem be-

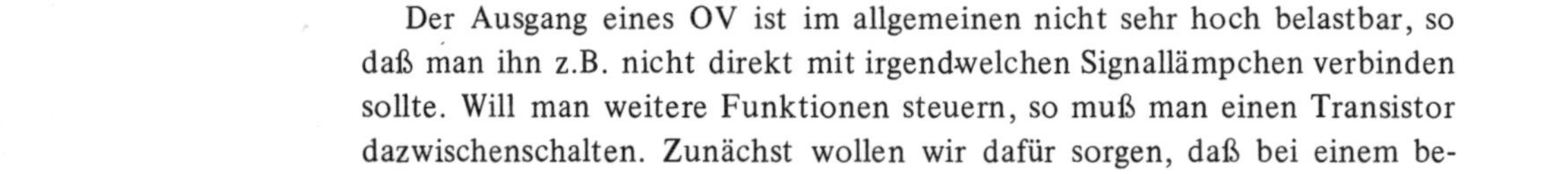

setzten Blockstreckenabschnitt das Trennstück vor dem Hauptsignal stromlos wird, so daß eine folgende Lok anhalten und warten muß, bis die vor ihr liegende Strecke frei ist.

Der Zwischentransistor T1 liegt mit seinem Kollektor über einen Widerstand R7 (etwa 10 kΩ) an dem positiven Pol der Überwachungsspannung

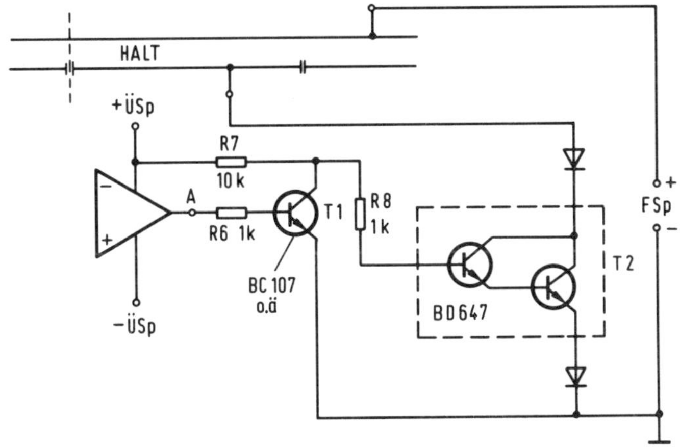

Abb. 5.6/6 Fahrstromansteuerung beim Blockstreckenbetrieb

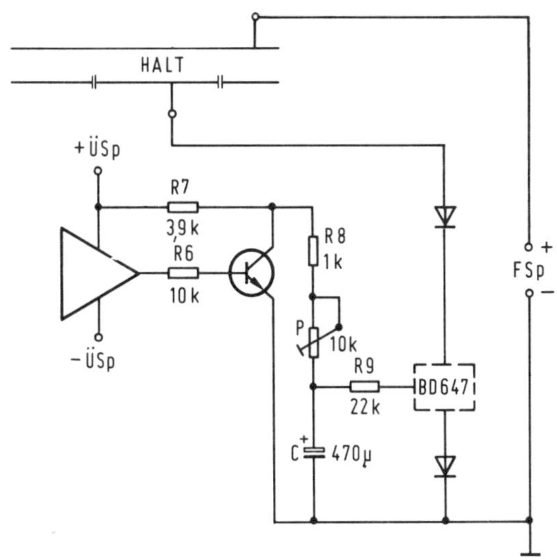

Abb. 5.6/7 Fahrstromansteuerung über eine Verzögerungsschaltung

ÜSp. Die Basis wird mit einem Schutzwiderstand R6 an den Ausgang des Operationsverstärkers angeschlossen; der Emitter kommt an Masse. Ist die Strecke frei, so liegt der Ausgang des OV auf Nullpotential; T1 sperrt, und sein Kollektor ist positiv. Ist dagegen die Strecke besetzt, so sorgt der Fahrstrom für ein positives Ausgangssignal bei A; T1 schaltet durch, und sein Kollektor nimmt das Massepotential an. Von diesem Kollektor geht es nun weiter zu einer Darlington-Schaltung (z.B. BD 647), wobei durch deren Transistoren der Fahrstrom für den Trennabschnitt beim Haltesignal fließt. Es ist dabei erforderlich, die Darlington-Stufe mit zwei Dioden (Leistungstypen, z.B. 1 N 4001) gegen Umpolungen zu schützen. Ist dagegen der Kollektor von T1 negativ, so sperrt die Darlington-Stufe, und eine nachfolgende Lok muß vor dem Blockstreckensignal auf dem stromlos gewordenen Trennabschnitt anhalten. Das geschieht jetzt alles ganz automatisch, und außerdem ist die Ansprechempfindlichkeit der OV-Schaltung so hoch, daß auch einzelne Wagen, die auf der zu überwachenden Strecke liegengeblieben sein könnten, zum Halt am Signal führen; die Achsen müssen nur ein wenig leitfähig sein.

Nun ist zwar der OV so geschaltet, daß er von der Polung des Fahrstromes unabhängig arbeitet, aber das gilt nicht für die Nachfolgeschaltung ab T1. Wird sie mit einer Wechselspannung am Fahrpult betrieben, so wirkt der Darlington-Transistor als Gleichrichter, und die entsprechende Lok fährt nur mit einer Halbwelle des Wechselstromes. Das braucht aber nicht zu stören. Wenn Triebfahrzeuge bei dieser verminderten Leistung zu langsam fahren, kann man die Fahrspannung etwas höher einstellen und dadurch Halbwellenverluste ausgleichen.

Was jedoch das Bild des Blockstreckenbetriebes ernstlich stört, ist das ruckartige Halten bzw. Anfahren am Signal. Wie solch ein Schönheitsfehler zu beseitigen ist, soll im nächsten Kapitel besprochen werden. Eine entsprechende Schaltung geben wir schon jetzt an; ihre Erklärung folgt sogleich!

Siehe Kapitel 6

Schließlich müssen auch noch die Blockstreckensignale in die Schaltung einbezogen werden. Prinzipiell genügen dazu zwei Transistoren, die über Basiswiderstände (je 10 kΩ) an den Ausgang des Operationsverstärkers angeschlossen werden. Der für Hp0 (rote Lampen am Haupt-, gelbe am Vorsignal) zuständige Transistor muß ein npn-Typ sein, der andere für Hp1 (grüne Lampen) ein pnp-Typ (vgl. *Abb. 5.6/8*). Die Versorgungsspannung kommt von einer besonderen Quelle, wobei deren negativer Pol mit der Masse der bisherigen Schaltung zusammenfällt. Hat man nur eine Wechselspannung zur Verfügung (z.B. 6 V ~), so genügt eine Diode zum Gleichrichten. Allerdings ist zu beachten, daß bei Haupt- und Vorsignal jeweils drei Glühbirnen gleichzeitig brennen, und das kann schon einen erheblichen

Abb. 5.6/8 Prinzipschaltung zur Ansteuerung von Signalen

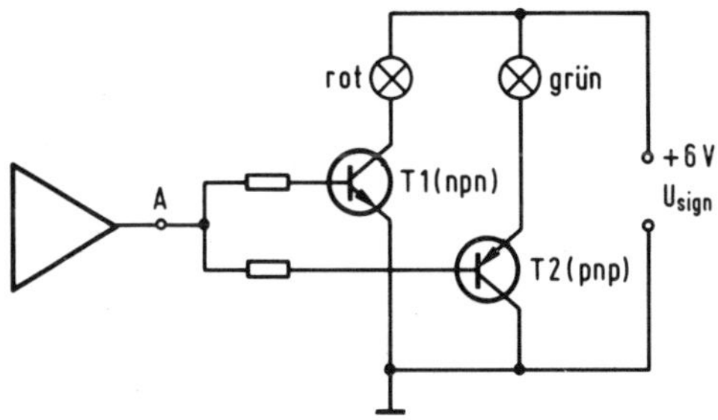

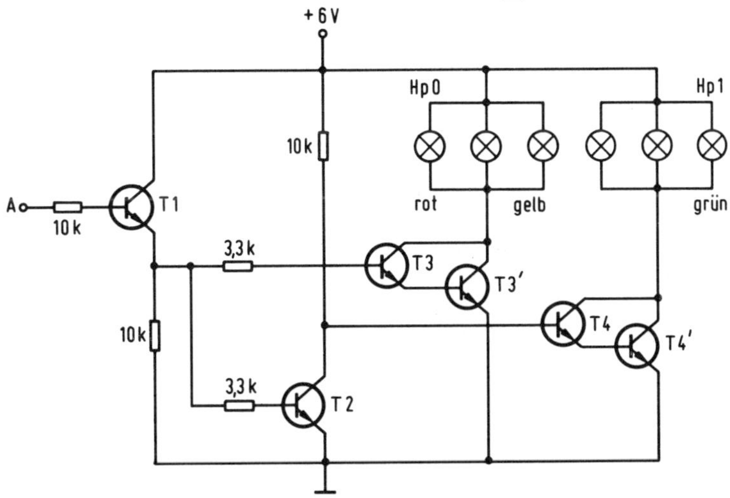

Abb. 5.6/9 Signalansteuerung über Darlington-Verstärker

Strombedarf erzeugen. Die Transistoren müssen ihn verkraften können, d.h. eventuell sind Darlington-Stufen vorzusehen. In solch einem Fall kann man die Schaltung von *Abb. 5.6/9* verwenden, wobei T3' bzw. T4' ein Transistor mittlerer Leistung ist (etwa 2 N 1613); das dürfte für die üblichen Signalbirnchen ausreichen.

Eine erprobte Schaltung zeigt *Abb. 5.6/9*. Der Operationsverstärker steuert zunächst einen Schalttransistor T1 an, der als Anpassungsglied an die vom OV unabhängige Signalspannung dient. Ist der Ausgang des Operationsverstärkers positiv, so ist das auch der Emitter von T1. Über die beiden 3,3 kΩ-Widerstände werden die Stufen für Hp0 und Hp1 angesteuert. Dabei muß für die grünen Signalbirnen der Ausgangszustand des OV invertiert werden, denn sie sollen leuchten, wenn A auf Massepotential liegt. Zu dieser Umkehr der Spannungsverhältnisse ist T2 eingefügt. Sein Kollektor ist positiv, wenn A negativ (= Massepotential) ist. Die jeweiligen Lämpchen erhalten ihren Strom über zwei völlig gleichartige Verstärkerstufen; dabei handelt es sich bei allen Transistoren um npn-Typen.

Von dem Operationsverstärker werden jetzt also grundsätzlich zwei verschiedene Funktionsgruppen angesteuert: einmal die Schaltglieder für die Signale, zweitens die Stromzuführungen zu den Trenngleisabschnitten. Es ist daher ratsam, den Ausgang des OV nicht direkt an diese Gruppen anzuschließen, sondern einen Transistor zwischenzuschalten, der die Vermittlerrolle übernimmt. In Abb. 5.6/9 ist das T1. Von seinem Emitter aus geht es dann über einen dritten Widerstand von 3,3 kΩ an die Schaltung von Abb. 5.6/6 (bzw. Abb. 5.6/7), wobei jetzt die positive Spannung nicht mehr von der Versorgungsquelle für den OV abgegriffen wird, sondern über den Widerstand 3,9 kΩ von der Spannungsquelle für die Signale.

Weitere Angaben für Signalschaltungen finden sich in dem Kapitel 4.5, auf das wir ausdrücklich hinweisen.

Natürlich lassen sich Schaltungen nach dem Prinzip von Abb. 5.6/8 auch als Gleisbesetzt-Meldungen verwenden, und zwar dann, wenn ein Gleisabschnitt in beliebiger Richtung (unabhängig von der Polung des Fahrstromes) durchfahren werden und die Anzeige auf dem Gleisbildstellpult erscheinen soll. Im vorigen Kapitel (5.5) hatten wir nur Gleisbesetztmeldungen für eine Fahrtrichtung bzw. für eine stehende Lok angegeben; sie lassen sich jetzt ergänzen. Bleibt man bei der Prinzipschaltung von Abb. 5.6/8, so genügt für die Gleisbesetzt-Meldung der Transistor T1 mit der zugehörigen Signallampe (rot); man kann aber auch die Schaltung so abwandeln, daß an die Stelle der Signalspannung einfach die Überwachungsspannung ÜSp tritt. Dann muß allerdings die elektrische Mitte für ÜSp elektronisch realisiert werden (vgl. Abb. 5.5.1/9). Einen Schaltungsvorschlag zeigt Abb. 5.6/10. Links liegt die Anordnung für die Herstellung des Massepotentials in der Mitte der Überwachungsspannung; rechts die eigentliche Besetztanzeige. Sie erfolgt hier durch eine Leuchtdiode. Sie leuchtet allerdings nur, solange eine Lok in dem überwachten Gleisabschnitt *fährt;* hält sie an, so erlischt diese Besetztanzeige. Kein Grund zur Aufregung! Will man jetzt die stehende Lok anzeigen, so braucht man nur vor die LED einen Umschalter zu setzen und beim Abschalten der Fahrspannung die LED mit einer Besetztanzeige gemäß Abb. 5.5/3 zu verbinden. Ein bißchen aufwendig und umständlich? Gewiß, aber einfacher geht es kaum. Eher noch ließe sich die Schaltung so weiterentwickeln, daß die Umschaltung der Besetztanzeige von Fahrbetrieb auf Ruhezustand automatisch erfolgt. Das wäre etwas für Elektronik-Tüftler; wir wollen hier lieber abbrechen.

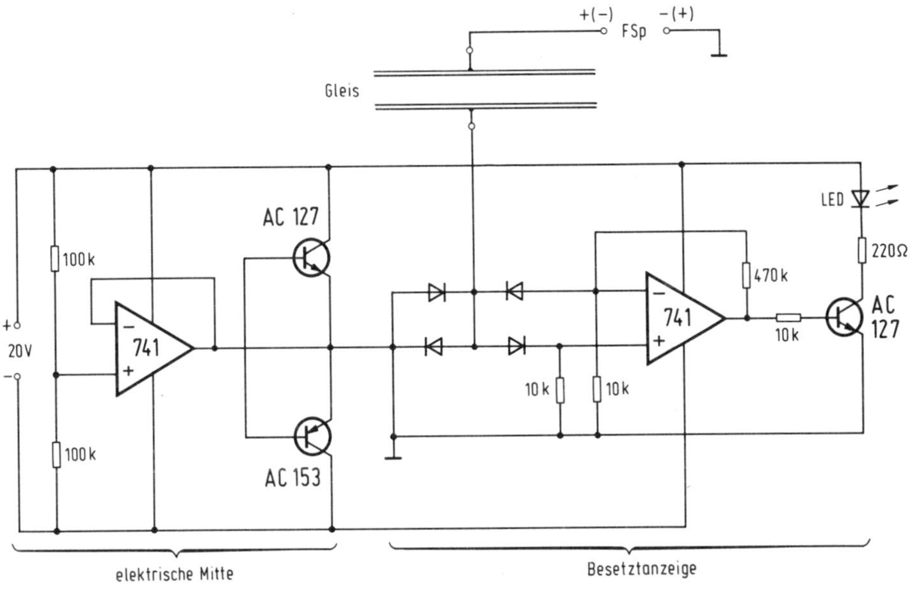

Abb. 5.6/10 Von der Fahrtrichtung unabhängige Besetztanzeige

6

Automatik-Schaltungen

6.1 Anfahren und Bremsen

Im vorigen Kapitel war davon die Rede, daß bei Blockstreckenbetrieb Lokomotiven vor besetzten Blöcken anhalten und warten müssen. Aber ein Schönheitsfehler, der immer wieder auftritt, ist das ruckartige Halten und Anfahren, das so gar nicht dem großen Vorbild entspricht. Beim Handbetrieb läßt es sich leicht vermeiden, sofern man den Fahrtregler behutsam bedient, aber der Blockstreckenbetrieb soll nicht manuell, sondern automatisch gesteuert werden, und dazu bedarf es einer Vorrichtung, die *weiches* Bremsen und Anfahren gewährleistet.

So etwas läßt sich elektronisch verwirklichen, und es gibt in dieser Hinsicht zahlreiche Schaltungsvorschläge. Am bekanntesten dürften die von W. Knobloch sein (in: Modelleisenbahnen elektronisch gesteuert, Band 1), und wir werden sie kurz zitieren. Doch zuvor wollen wir uns das Problem klarmachen, das hier vorliegt, und dabei kann man bereits ein wenig experimentieren, eventuell mit Hilfe eines Versuchsbretts, wie es in 1.4 erwähnt wurde.

Zunächst ein Vorversuch: Eine Gleichstromlok (z.B. die BR 80 von Fleischmann) wird auf ihre Schienen gesetzt, ein Fahrpult wird angeschlossen und die Fahrspannung gemessen (Voltmeter). Dreht man den Regler langsam auf, so steigt die Spannung an, aber zunächst rührt sich die Lok überhaupt nicht. Erst bei ca. 5 V (immer unter Last gemessen) setzt sie sich in Bewegung, und bei etwa 15 V erreicht sie ihr Maximaltempo. Daß sie nicht schon bei einem Volt oder sogar darunter anfährt, ist leicht verständlich. Die beweglichen Teile des Motors besitzen eine *träge Masse,* ebenso die Räder, und ehe diese Massenträgheit nicht überwunden ist, kann die Lok auch nicht anfahren. Das ist nun einmal so bei mechanischen Geräten; sie zeigen immer ein gewisses *Beharrungsvermögen,* und das kann sich beim Anfahren von Modellbahnloks sehr störend auswirken.

Erster Hauptversuch

Nun kommt der erste Hauptversuch: Die Lok soll ihren Fahrstrom über eine elektronische Steuerung nach *Abb. 6.1/1* erhalten. Als Schaltglied benutzen wir einen Darlington-Verstärker, z.B. aus einem Vortransistor BC 107 und einen Leistungstransistor 2 N 3055. Die antiparallel liegende Diode (1 N 4001) soll diesen Verstärker vor Verpolungen schützen. Die Ansteuerung erfolgt über einen Spannungsteiler mit Potentiometer. Es wird zunächst so eingestellt, daß der Abgriff am Anschlag beim Widerstand 500 Ω liegt. Dann sperren die Transistoren gerade noch. Wird das Poti vorsichtig aufgedreht, so dürfte bei etwa 1 V Eingangsspannung (U_E) die Verstärkerstufe so weit öffnen, daß die Lok anfährt, aber schon bei ca. 1,8 V für U_E erreicht sie praktisch ihre Maximalgeschwindigkeit (10 V Fahrspannung, konstant), d.h. die Transistoren haben voll durchgeschaltet.

Was sich daraus ergibt, ist: Geringe Änderungen der Eingangsspannung U_E bewirken große Änderungen der Fahrstromstärke, und das ist bei einer Darlington-Verstärkergruppe auch gar nicht anders zu erwarten. Wenn man sie also elektronisch ansteuern will, so muß man sehr behutsam vorgehen; sonst gibt es doch wieder ein fast ruckartiges Anfahren und Halten.

Eine einfache Beschleunigungs-Verzögerungsschaltung

Sehen wir uns nun eine einfache Beschleunigungs-Verzögerungsschaltung (BVS) nach W. Knobloch an! Sie wurde schon im vorigen Abschnitt bei Abb. 5.6/7 angewandt, und ihre Erklärung müssen wir jetzt nachliefern.

Der Transistor T (z.B. BC 238) wird von einer sog. RC-Kombination angesteuert; von T aus geht es dann weiter zu einer Darlington-Gruppe. Warum *RC-Glied,* ist leicht einzusehen; es werden Widerstände (R) mit einem Kondensator gemeinsam verwendet, und er wird durch den Buchstaben *C* angedeutet (von *Kapazität*). Daß man einen Kondensator als Speicher für elektrische Ladungen verstehen kann, wissen wir bereits; er läßt sich aufladen. In *Abb. 6.1/2* handelt es sich um einen Elektrolytkondensator, bei dem man genau auf die richtige Polung achten muß. Kommt an den Steueranschluß St positives Potential – z.B. von der Versorgungsspannung U_B –, so fließen elektrische Ladungen über R1 und R2 auf die eine Seite des Kondensators, von der anderen Seite fließen entsprechend viele positive Ladungen ab zur (negativen) Masse, und je nach der Einstellung des Trimmpotentiometers R2 dauert dieser Vorgang länger oder kürzer. Insofern ist ein RC-Glied immer auch ein *Zeitglied,* d.h. die Zeit bis zur vollen Aufladung des Kondensators läßt sich einstellen. Der Widerstand R1 soll nur dazu dienen, auch bei vollem Herausdrehen des Trimmers auf Null den Ladungsfluß auf den Kondensator zu begrenzen; grundsätzlich könnte man sogar auf R1 verzichten. Je länger die Ladungen fließen, um so mehr steigt die Spannung am Kondensator, und sein positives Potential wird nun dazu benutzt, über R3 die Basis des Transistors anzusteuern. Allmählich wird

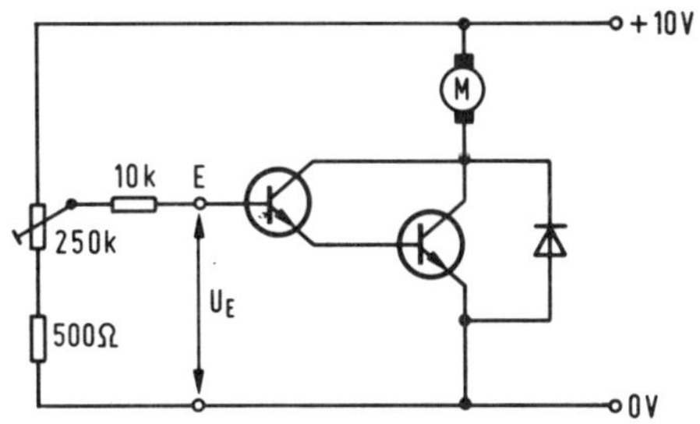

Abb. 6.1/1 Elektronische Fahrstromsteuerung über eine Potentiometerschaltung

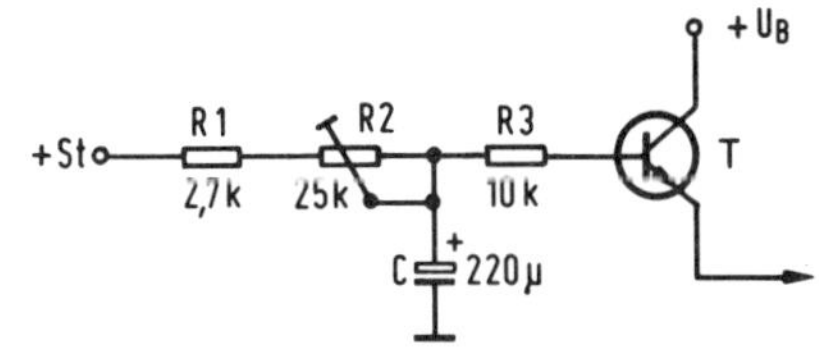

Abb. 6.1/2 Ansteuerung eines Transistors über ein RC-Glied

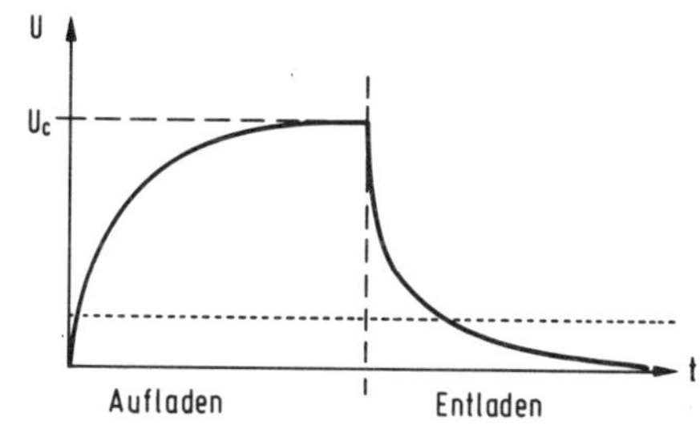

Abb. 6.1/3 Verlauf der Auflade- und Entladekurve bei einem RC-Glied

T öffnen und damit auch den Stromfluß durch die folgende Darlington-Gruppe freigeben. Grundsätzlich ist also die Funktion eines RC-Gliedes gar nicht so schwer zu durchschauen.

Die Sache hat aber doch ihre Tücken

Nun hat die ganze Sache aber doch ihre Tücken. Betrachten wir einmal die Kurven von *Abb. 6.1/3!* Da ist der zeitliche Verlauf der Spannung am Kondensator dargestellt, im ersten Teil des Diagramms für den Auflade-, im zweiten Teil für den Entladevorgang. Die Spannung steigt bzw. fällt im Laufe der Zeit nicht gleichmäßig, sondern nach einer gekrümmten Kurve. Wer sich in Mathematik auskennt, wird vielleicht wissen, daß es sich um eine sog. Exponentialfunktion handelt, genauer: um eine e-Funktion. Für die Praxis bedeutet das: Beim Aufladen steigt die Spannung zunächst ziemlich rasch, dann immer langsamer, und beim Entladen ist es ähnlich: Die Spannung fällt erst einmal schnell ab, dann verlangsamt sich der Abfall. Beinahe könnte man meinen, daß damit ein ideales Verhalten für den Fahrstrom einer so angesteuerten Lok vorgegeben ist. Sie müßte erst einmal kräftig anfahren, dann aber allmählich sich der Maximalgeschwindigkeit annähern, und beim Bremsen umgekehrt: zunächst müßte sie stark verlangsamen, dann jedoch ihr Tempo behutsam ausklingen lassen. Leider bietet die Modellbahnpraxis ein anderes Bild. Nur das Bremsen wirkt einigermaßen vorbildgetreu, aber beim Anfahren geht alles viel zu schnell. Warum das so ist, läßt sich aus dem Verhalten des Transistors T verstehen.

Vorhin haben wir festgestellt, daß bereits sehr kleine Änderungen seiner Eingangsspannung U_E zum völligen Durchschalten führen können. Nehmen wir einmal an, die Spannung, bei der T ganz geöffnet sei, läge bei einem Fünftel der endgültigen Kondensatorspannung U_C (vgl. Abb. 6.1/3). Das würde bedeuten, daß T in sehr kurzer Zeit voll durchgeschaltet ist, während allerdings beim Entladen von C auch das Schließen des Transistors hübsch langsam abläuft. In Abb. 6.1/3 soll die waagerechte punktierte Linie andeuten, wo die Durchschaltspannung von T etwa liegt.

Nun hängt der Verlauf der Auf- bzw. Entladekurven eines RC-Gliedes ganz von den Werten für R und C ab; je größer man R und C wählt, desto langsamer wird das Auf- und das Entladen. Grundsätzlich gilt dabei, daß die Aufladezeit durch das Produkt aus R und C gegeben ist, also

$$T = R \cdot C.$$

Ist R = 25 kΩ und C = 220μF, so würde daraus folgen:

$$T = 25 \cdot 10^3 \cdot 220 \cdot 10^{-6} = 5{,}5 \text{ sec},$$

und das wäre eine schöne Zeit für den Beschleunigungsvorgang einer Lok. Aber weil der Transistor nebst der zugehörigen Darlington-Gruppe viel früher voll durchgeschaltet hat, bleibt von den 5,5 sec nur ein Bruchteil übrig. Man kann nun den Widerstandswert für R oder die Kapazität des Kondensators erhöhen, und in der Tat liefert das ein besseres Anfahrverhalten. Aber dafür handelt man sich eine längere Dauer des Entladevorganges ein, so daß die Lok beim Bremsen eine viel zu lange Strecke braucht, ehe sie zur Ruhe kommt. Also muß man irgendeinen Kompromiß finden, was aber letztlich ziemlich unbefriedigend bleibt.

Ein Kompromiß, der nicht befriedigt

W. Knobloch hat in seinem Buch eine wesentlich verfeinerte Schaltung vorgeschlagen, die aber recht kompliziert wird und einen Elektronik-Anfänger leicht überfordern kann. Deshalb sei ein anderer Vorschlag zitiert, der sich bei F. Schiersching findet (in: Das große Bastelbuch – Elektronik für den Modellbahner). Dort werden einfach zwei Widerstandswege für das Auf- bzw. Entladen des Kondensators vorgesehen (vgl. *Abb. 6.1/4*). Zwei getrennte Potentiometer lassen sich unabhängig voneinander so einstellen, daß sich unterschiedliche Auf- und Entladezeiten ergeben; die beiden Dioden sorgen dafür, daß der Aufladestrom einen anderen Weg nehmen muß als der Entladestrom. Der Aufladestrom fließt über D1, der Entlade-

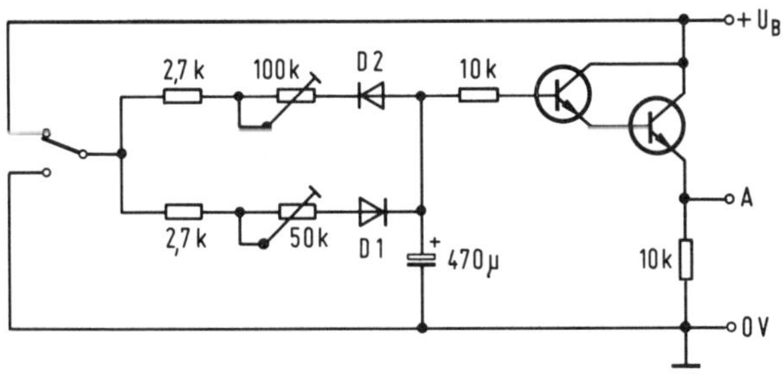

Abb. 6.1/4 Getrennte Ansteuerung für Beschleunigung und Bremsung

strom über D2. Damit lassen sich schon recht gute Ergebnisse erzielen. Allerdings sind die Widerstandswerte gegenüber dem Vorschlag Schierschings verändert.

So schön das alles wirkt, hundertprozentig befriedigend ist es doch nicht, und auch Schiersching hat noch eine verbesserte Schaltung auf Lager. Wir wollen sie hier nicht zitieren und uns stattdessen einer ganz anderen Möglichkeit zuwenden, die auf den uns bereits bekannten Operationsverstärker zurückgreift.

Immer noch nicht optimal

6.1.1 Brems- und Anfahrschaltung mit Operationsverstärker

Was bei den bisherigen Schaltungen vor allem stört, ist der ungleiche Kurvenverlauf für die Auf- bzw. Entladung eines Kondensators (vgl. Abb. 6.1/3). Außerdem kann es Schwierigkeiten mit großen Kapazitäten geben (220 μF bzw. 470 μF); solche Elektrolytkondensatoren neigen dazu, ihre Ladung nicht konstant festzuhalten, so daß es bei längeren Lokfahrten zu Geschwindigkeitsschwankungen kommen kann. Das macht sich allerdings erst bei Betriebszeiten von einigen Minuten bemerkbar.

Wir wollen daher versuchen, von den großen Kapazitäten wegzukommen und überdies einen geradlinigen Verlauf der Spannungskurven für Auf- und Entladevorgänge herzustellen. Mit einem Operationsverstärker geht das, und das zugehörige Zauberwort lautet: Analoge Integration!

Das Zauberwort: Analoge Integration

So etwas klingt nun sehr nach höherer Mathematik. und wer tiefer in die Sache eindringen will, kommt tatsächlich um ein bißchen Integralrechnung nicht herum. Aber wir wollen es so einfach wie möglich machen.

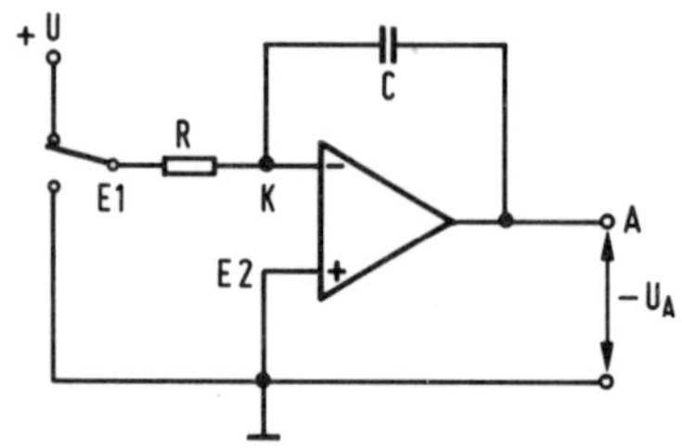

Abb. 6.1.1/1 Operationsverstärker als Integrierglied

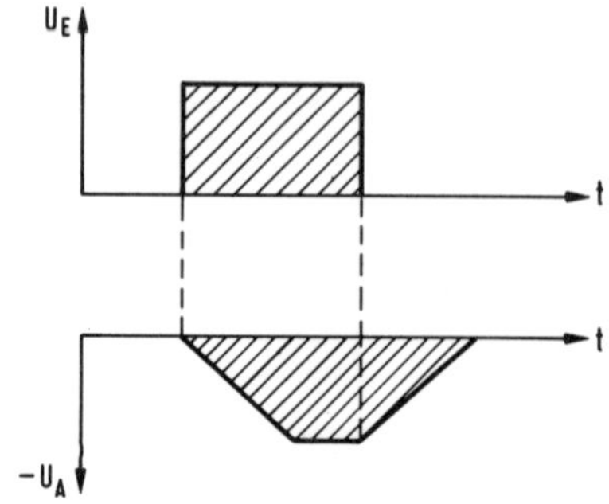

Abb. 6.1.1/2 Verlauf der Eingangs- und der Ausgangsspannung beim Integrierer

Betrachten wir *Abb. 6.1.1/1*! Sie erinnert stark an die Schaltung eines Operationsverstärkers nach Abb. 5.5.1/12, aber jetzt wird die Ausgangsspannung $-U_A$ über einen Kondensator C an den invertierenden Eingang zurückgeführt (Gegenkopplung). Legt man an E1 mit einem Schalter positives Potential, so beginnt am Ausgang die Spannung gleichmäßig zu steigen, natürlich wegen der Vorzeichenumkehr zu negativen Werten. Wird umgekehrt E1 an Masse gelegt, so nimmt die Ausgangsspannung linear ab und geht auf Null zurück. *Linear* bedeutet, daß die Werte für U_A in ihrem zeitlichen Verlauf eine Gerade bilden *(Abb. 6.1.1/2)*.

Was sich hier abspielt, läßt sich am besten verstehen, wenn wir von den Strömen beim Einschalten ausgehen. Dabei erinnern wir uns: Der Operationsverstärker besitzt am invertierenden Eingang (K) einen *virtuellen Nullpunkt*, d.h. diese Stelle liegt praktisch auf Massepotential. Wird der Eingang E1 positiv, so wird der Ausgang A negativ, und so kann sich der Kondensator C über R aufladen. Der Aufladestrom ergibt sich aus dem Spannungsabfall über R zu

$$I = \frac{U_E}{R}, \qquad (1)$$

für den Kondensator gilt:

$$C = \frac{Q}{U_A} \quad \text{bzw. } Q = C \cdot U_A, \qquad (2)$$

wobei Q die Ladung, U_A die Spannung am Kondensator ist. Nun kann man den Aufladestrom als Ladungsfluß pro Zeit auffassen:

$$I = \frac{Q}{t} \text{ bzw. } Q = I \cdot t \tag{3}$$

Aber das stimmt so nicht ganz, denn wir haben gesehen, daß sich bei der Aufladung eines Kondensators die Stromstärke im Laufe der Zeit ändert. Zuerst fließt der Aufladestrom kräftig, dann allmählich immer schwächer (e-Funktion!). In Gl. 3 wird I jedoch so behandelt, als sei die Stromstärke in der Zeit t konstant; das geht also nicht. Wählt man dagegen statt t nur sehr kleine Zeitabschnitte Δt (sprich: Delta-t), so kann man für sie schon eher davon ausgehen, daß sich in solch kurzen Spannen I nicht merklich verändert. Dafür fließen dann auf den Kondensator auch nur sehr kleine Ladungsmengen ΔQ. Insofern gilt:

$$\Delta Q = I \cdot \Delta t. \tag{4}$$

Werden die Zeitspannen Δt bzw. die Ladungsmengen ΔQ sogar unendlich klein, so schreiben die Mathematiker sog. *Differentiale* der Zeit und der Ladung:

$$dQ = I \cdot dt. \tag{5}$$

Will man nun vom Ladungsdifferential dQ auf die Gesamtladung Q kommen, die der Kondensator aufnimmt, so muß man Gl. 5 *integrieren*, d.h. von dQ auf Q schließen. Wie das mathematisch vor sich geht, wissen natürlich nur diejenigen Modellbahner, die in der Schule Integralrechnung gehabt haben. Aber wir wollen uns wenigstens einen Überblick über den Rechnungsgang verschaffen.

Ein Überblick über den Rechnungsgang

Es ist

$$Q = \int I \cdot dt, \tag{6}$$

und nach Gl. 1

$$Q = \int \frac{U_E}{R} \cdot dt. \tag{7}$$

Die Eingangsspannung springt beim Einschalten von null auf den festen

Endwert U_E; demnach ist U_E/R konstant und kann vor das Integral gesetzt werden:

$$Q = \frac{U_E}{R} \int dt. \tag{8}$$

Das Integral über dt ergibt nach den Regeln der Integralrechnung t; das ist der einzige Schritt, der nur mathematisch Eingeweihten zugänglich ist; alles übrige läßt sich durchaus ohne höhere Mathematik verstehen.

Aus Gl. 8 wird also

$$Q = \frac{U_E}{R} \cdot t \tag{9}$$

und mit Gl. 2:

$$C \cdot U_A = \frac{U_E}{R} \cdot t. \tag{10}$$

Demnach ergibt sich für die Ausgangsspannung des OV:

$$U_A = \frac{U_E}{R \cdot C} \cdot t, \tag{11}$$

d.h. die Ausgangsspannung wächst proportional zur Zeit (alle übrigen Größen haben feste Werte), und das ergibt im Schaubild Abb. 6.1.1/2 die schräg nach unten abfallende Gerade. Warum nach unten? Nun, da müssen wir auf die Vorzeichen in Gl. 11 achten, was wir bisher versäumt haben. Die Spannung U_A liegt an der Seite des Kondensators, die von E1 abgekehrt ist; ist demnach E1 positiv (bzw. U_E in Abb. 6.1.1/2), so muß U_A negativ werden – und umgekehrt. Vollständig lautet Gl. 11 daher:

$$-U_A = \frac{U_E}{R \cdot C} \cdot t. \tag{12}$$

Wenn die Spannung U_E von null auf ihren Endwert steigt (wobei wir annehmen wollen, daß das schlagartig geschieht), fällt U_A von null immer weiter ins Negative, bis der Kondensator aufgeladen oder die halbe Betriebsspannung des OV erreicht ist. Wird U_E abgeschaltet, so dreht sich die Sache um: U_A geht von negativen Werten linear auf null zurück.

Nun ist nach Gl. 12 die Höhe der Ausgangsspannung aber nicht nur von t, sondern auch von U_E abhängig, und das bedeutet, daß bei großen Ein-

Abb. 6.1.1/3 Ausgangsspannung beim Integrierer in Abhängigkeit von der Zeit; zwei verschiedene Eingangsspannungen, wobei $U_{E1} > U_{E2}$

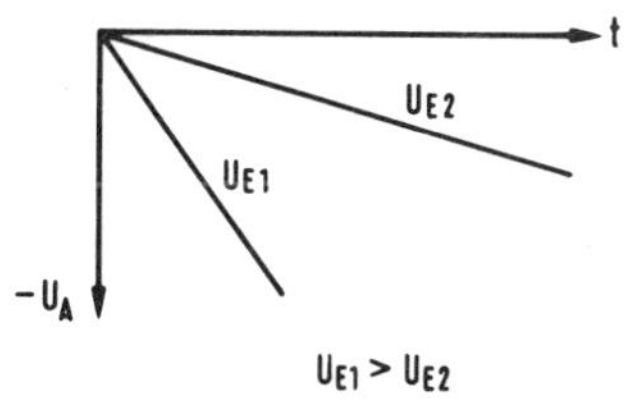

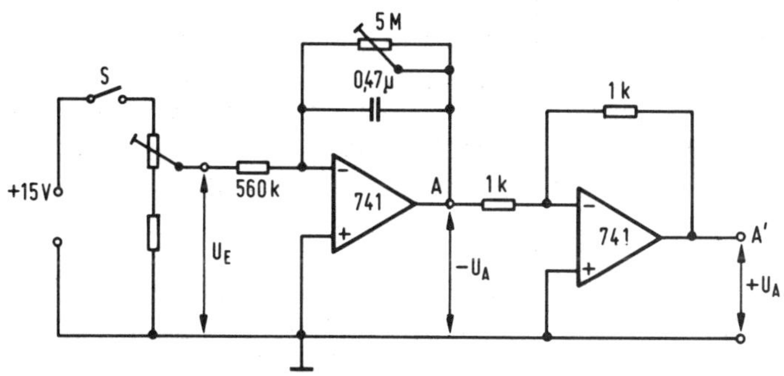

Abb. 6.1.1/4 Vollständige Schaltung des Integrierers mit nachfolgendem Inverter

gangsspannungen die Ausgangsspannung schneller wächst als bei kleinen. In *Abb. 6.1.1/3* ist das in zwei Beispielen illustriert. Hier haben wir die Möglichkeit, den Aufladevorgang beim OV zu steuern. Die Eingangsspannung soll von einem Potentiometer abgegriffen werden; je nach dessen Einstellung kann man kürzere oder längere Aufladezeiten bekommen, und das ist der einfachste Weg, später auch die Verzögerungszeiten beim Anfahren und Bremsen einer Lok zu regulieren.

Noch ein Punkt muß betrachtet werden

Noch einen Punkt wollen wir betrachten. Die Ausgangsspannung wird nach dem bisher Gesagten negativ gegen Masse. Das ist eventuell unerwünscht. Um ihr Vorzeichen umzukehren, gibt es einen einfachen Weg. Man schaltet hinter den ersten Operationsverstärker noch einen zweiten, der die Spannung invertiert. Von dem Ausgang A des ersten OV geht es über einen Zwischenwiderstand an den invertierenden Eingang eines zweiten, und damit die Höhe der Ausgangsspannung nicht verändert wird, nimmt man einen gleich großen Widerstand zur Gegenkopplung (vgl. *Abb. 6.1.1/4*). Er kommt also zwischen den Ausgang und den invertierenden Eingang des zweiten OV. Dann kann man beim zweiten Ausgang A' stets ein proportional zur Zeit wachsendes positives Signal bekommen, sofern der Schalter für die Eingangsspannung geschlossen wird.

Geht es auch mit einem Operationsverstärker?

Bei dieser Methode liegt allerdings ein Einwand nahe. Warum zwei Operationsverstärker –: ginge es nicht auch mit einem einzigen, wenn man nur U_E statt an den invertierenden an den nicht-invertierenden Eingang legte? Dann müßte doch am Ausgang sofort ein positives Signal erscheinen, so daß sich eine zusätzliche Signalumkehr erübrigt. Der Einwand ist durchaus gerechtfertigt, aber wenn man so vorgeht, gibt es erhebliche Schwierigkeiten. Sie hängen mit dem Verhalten eines nicht-invertierenden Operationsverstärkers zusammen; dazu möge man an den Schluß von Kap. 5.5.1 denken. Dort stand, daß das Verhältnis U_A/U_E nicht einfach von dem Verhältnis der Widerstände vor dem Eingang und bei der Gegenkopplung abhängt, sondern noch von dem Summanden *eins,* und das bleibt so, wenn man den Gegenkopplungswiderstand durch einen Kondensator ersetzt. In der Praxis führt dieser Umstand dazu, daß der nicht-invertierende OV bereits eine positive Ausgangsspannung annimmt, ehe überhaupt die Eingangsspannung U_E eingeschaltet ist, und so etwas wirkt sich recht ungünstig aus. Bleiben wir also dabei, zwei Operationsverstärker einzusetzen.

Es bleibt bei zwei OV's

Dadurch wird die Schaltung gar nicht einmal wesentlich komplizierter oder gar teurer. Es gibt nämlich integrierte OV-Bausteine, die gleich mehrere einzelne Operationsverstärker in einem Block enthalten. Sehr praktisch ist z.B. der lineare IC mit der Nummer LM 324: in ihm sind vier Operationsverstärker vereinigt. Sein Anschlußbild zeigt *Abb. 6.1.1/5.*

Abb. 6.1.1/4 faßt noch einmal die gesamte Schaltung zusammen. Links liegt hinter dem Schalter S das Eingangspotentiometer. Der erste Operationsverstärker ist gemäß Abb. 6.1.1/1 geschaltet; allerdings ist es ratsam, parallel zum Kondensator einen Widerstand (5 MΩ) zu legen, um den Entladestrom regulieren zu können (am besten als Drehpoti eingesetzt). Und falls nötig, läßt sich über einen Balance-Trimmer auch noch dafür sorgen, daß bei fehlendem Eingangssignal der Ausgang A genau auf null Volt liegt. Das gilt natürlich nur, wenn man den OV 741 benutzt. Was in Abb. 6.1.1/4 nicht eingezeichnet ist, ist die Spannungsversorgung für die beiden Operationsverstärker. Sie muß natürlich vorhanden sein, z.B. ± 10 V symmetrisch zur Masse. Benutzt man den Balance-Trimmer 10 kΩ (zwischen PIN 1 und PIN 5 des ersten OV, Typ 741), so kommt dessen Mittelabgriff an den negativen Pol dieser Versorgungsspannung.

Die gesamte Schaltung ist für Eingangsspannungen im Bereich zwischen 0 und 5 V ausgelegt. Das hat seinen guten Grund. Denn wenn die Anfahr- und Bremsvorgänge automatisch gesteuert werden sollen (z.B. bei Blockstreckenbetrieb), so bewährt sich als Steuerglied ein RS-Flipflop, z.B. aus

Abb. 6.1.1/5 Vier Operationsverstärker in einem IC: Typ LM 324 (Anschlußbild von oben gesehen)

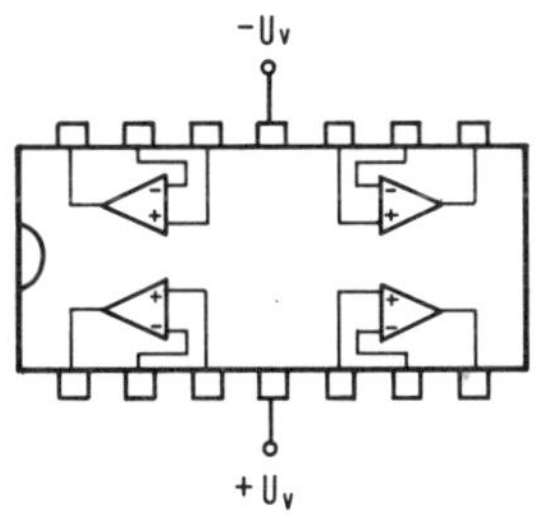

dem Standard-IC SN 7400 (d.h. eine Kombination aus zwei NAND-Gattern). Dessen Ausgangsspannung liegt – wenn es gesetzt ist – bei ca. + 4 V, und das wäre eine gute Möglichkeit, statt des Schalters S eine eindeutige elektronische Ansteuerung der Operationsverstärker zu erhalten.

Mit dem Voltmeter prüfen: Funktioniert alles richtig?

Ob alles richtig funktioniert, kann man mit einem Voltmeter prüfen. Zuerst wird es an den Ausgang A angeschlossen, und zwar *verkehrt herum,* d.h. sein negativer Anschluß kommt an A, sein positiver an Masse. Ist S geöffnet, so darf es keine Spannung anzeigen (eventuell Eingangsnullspannung abgleichen: Balance-Trimmer!). Wird S geschlossen, so muß der Zeiger des Gerätes mit gleichbleibender Geschwindigkeit auf den Endwert $-U_A$ ansteigen. Wie schnell das gehen soll, kann man am Trimmer 5 kΩ einstellen. Wird S wieder geöffnet, so sinkt der Zeiger auf null zurück, wieder mit konstantem Tempo. Auch hier kann man die Geschwindigkeit einstellen, diesmal am Widerstand 5 MΩ. Ist alles in Ordnung, so kommt das Voltmeter an den Ausgang A', nun aber *richtig herum,* d.h. mit seinem Minus-Anschluß an Masse. Der Einschalt- bzw. Ausschaltvorgang wird wiederholt, und das Voltmeter muß sich genauso benehmen wie vorhin, nur daß es jetzt eben den zeitlichen Verlauf von $+U_A$ anzeigt.

Nun braucht man an die ganze Schaltung nur noch eine Darlington-Gruppe anzuschließen. Allerdings ist dabei folgendes zu überlegen. Wie wir am Anfang des Kapitels 6.1 gesehen haben, wirkt sie als Verstärker mit veränderlichem Kollektor-Emitterstrom nur in einem sehr schmalen Bereich der Eingangsspannung, d.h. bei mehr als ca. 2 V an der Basis des Vortransistors hat die ganze Stufe längst voll durchgeschaltet und macht weitere Steigerungen der Eingangsspannung nicht mehr mit. Wächst demnach die Spannung bei A' über 2 V hinaus – und das tut sie! –, so nützt das wenig, und andererseits würde beim Ausschaltvorgang erst einmal die Spannung bei A' eine Weile sinken, ohne daß der Strom durch die Darlington-Stufe darauf reagiert. Eine so gesteuerte Lok würde erst etliche Sekunden nach dem Ausschaltvorgang zu bremsen anfangen, und das ist wenig sinnvoll.

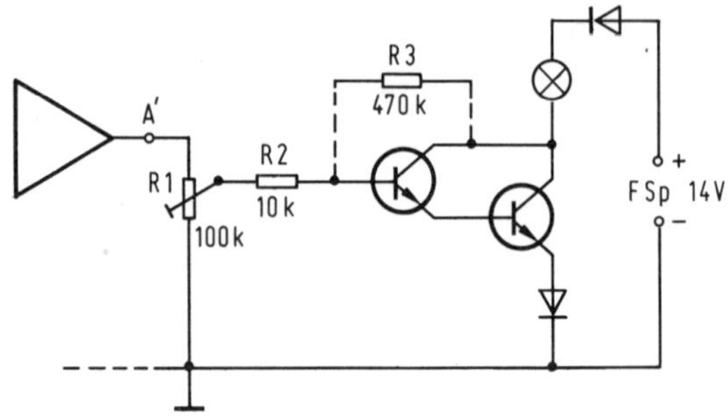

Abb. 6.1.1/6 Fortsetzung zu Abb. 6.1.1/4: Ansteuerung der Darlington-Stufe

Um hier Abhilfe zu schaffen, legen wir den Ausgang A' an ein Trimmpotentiometer 100 kΩ (R1 in *Abb. 6.1.1/6*), dessen anderes Ende an Masse kommt. Der Mittelabgriff ist jetzt unser neuer Schaltungsausgang. Steigt bzw. fällt die Spannung am Operationsverstärker z.B. im Bereich zwischen 0 und + 10 V, so stellt man den Trimmerabgriff so ein, daß dort die Spannung nur zwischen 0 und + 2 V schwanken kann. Von diesem Punkt geht es dann über einen Widerstand R2 weiter an die Darlington-Stufe. Um ihre Funktion zu prüfen, wird eine Glühbirne in die Kollektorstrecke gelegt; ihren Strom erhält sie vom Fahrpult, wobei man natürlich auf passende Spannung und richtige Polung achten muß (eventuell Schutzdioden benutzen!).

Jetzt nur noch reine Abstimmarbeit

Der Rest ist reine Abstimmarbeit. Die verschiedenen Trimmer müssen so eingestellt werden, daß nach dem Einschalten die Glühbirne dann mit voller Helligkeit leuchtet, wenn die Spannung bei A' gerade ihren Endwert erreicht hat. Umgekehrt muß die Glühbirne sofort anfangen, dunkler zu werden, wenn der Eingangsschalter S geöffnet wurde. Sind diese Abgleicharbeiten zur Zufriedenheit verlaufen, so wird nun die Glühbirne durch die Gleisanschlüsse ersetzt. Eine Lok als Versuchsfahrzeug wird sich jetzt allmählich beschleunigen und allmählich bremsen, wobei man die günstigsten Verhältnisse durch weiteres Abgleichen der Trimmer (vor allem an dem ersten OV) erreicht.

Was vermutlich stört, ist ein ziemlich spätes Anfahren der Lok. Natürlich muß die Spannung an der Basis der Darlington-Stufe erst einmal bis zu dem Potential ansteigen, bei dem diese Stufe zu öffnen beginnt, und das dauert seine Zeit. Sie läßt sich verkürzen, wenn man zwischen Kollektor und Basis des Vortransistors einen Widerstand von ca. 470 kΩ (R1) legt. Dadurch wird die Basis etwas vorgespannt, der Arbeitspunkt der Verstärkerstufe wird bestimmt, und das Öffnen der Transistoren beginnt bereits etwas früher. Eventuell muß man ein bißchen experimentieren, um die günstigsten Widerstandswerte für R2 und R3 zu finden (R2 kann höher als 10 kΩ gewählt werden), zumal das Anfahr- und Bremsverhalten bei verschiedenen Triebfahrzeugen recht unterschiedlich ausfallen kann.

Damit haben wir nun eine schon recht brauchbare Brems- und Anfahrverzögerung kennengelernt. Aber es kommt noch besser. In den folgenden Abschnitten werden wir auf Techniken stoßen, die für automatisches Anfahren und Bremsen ganz neue Möglichkeiten eröffnen; es geht dabei um Impulse. Und außerdem müssen wir auch an die Wechselstrombahnen denken, denn für sie sind die bisher vorgestellten Verzögerungsschaltungen nicht geeignet. Der Leser möge sich also noch nicht in den Eigenbau stürzen, sondern ruhig erst einmal weitersehen, was da im folgenden auf ihn zukommt.

Noch nicht auf den Eigenbau stürzen, es kommt noch besser

6.1.2 Der astabile Multivibrator

Zunächst scheinen wir einen Umweg einzuschlagen: Wir wollen nicht weiter vom Anfahren und Bremsen reden, sondern eine Elektronikschaltung vorstellen, die ganz anderen Zwecken dient. Sie hat viele Namen (und viele Anwendungsmöglichkeiten): Sie kann als *astabiler Multivibrator,* als *astabile Kippstufe,* als *Taktgeber* und als *freilaufender Impulsgenerator* bezeichnet werden, aber immer ist dasselbe gemeint. Sehen wir uns also zunächst die Schaltskizze an!

Der Aufbau ist völlig symmetrisch, und da über R2 bzw. R3 positives Potential an den Basen der Transistoren liegt, müßte man annehmen, daß beide durchschalten. Dem ist aber nicht so. Auch wenn es sich jeweils um gleiche Typen handelt (z.B. BC 107 o.ä.), gibt es zwischen ihnen immer

Abb. 6.1.2/1 Astabiler Multivibrator (Grundschaltung)

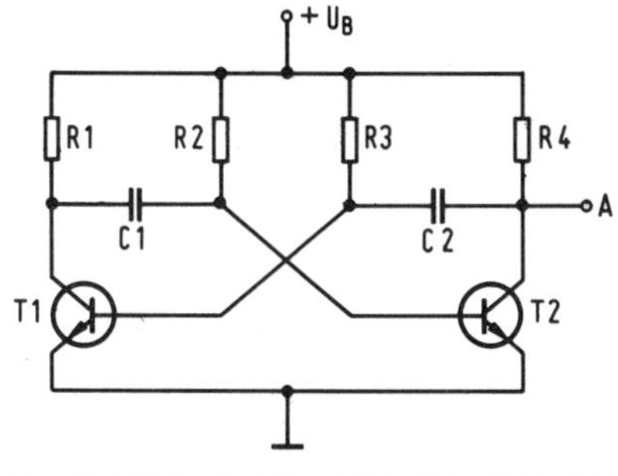

geringfügige Unterschiede, so daß, wenn man die Betriebsspannung U_B anlegt, der eine etwas früher als der andere öffnet. Welcher das zuerst tut, läßt sich vorher nicht sagen, aber wenn z.B. T1 eher durchschaltet als T2, verliert der Aufbau sofort seine scheinbare Symmetrie. Der Kollektor von T1 wird nämlich negativ, denn er ist jetzt praktisch direkt mit Masse verbunden. Dann drängen schlagartig negative Ladungen auf die linke Seite des Kondensators C1, und von dessen rechter Seite werden entsprechend negative Ladungen abgestoßen. Sie fließen zunächst einmal auf dem bequemsten Wege an die Basis von T2, und damit wird T2 gesperrt; sein Kollektor, den wir als Schaltungsausgang A ansehen wollen, bleibt positiv. Nach einiger Zeit strömen aber die negativen Ladungen von der Basis bei T2 wieder ab, und zwar über R2 zum positiven Pol der Betriebsspannung. Doch sobald nun die negativen Ladungen von der Basis des Transistors T2 verschwunden sind, kann T2 durchschalten. Sein Kollektor wird negativ (also auch der Ausgang A), C2 lädt sich auf, und jetzt wird die Basis von T1 negativ, denn nun strömen von der linken Platte bei C2 negative Ladungen ab. T1 sperrt, C1 entlädt sich (beide Seiten werden positiv); aber nach einiger Zeit fließen wiederum die negativen Ladungen von der Basis bei T1 ab (über R3), und daraufhin geht das ganze Spiel von vorne los. T1 schaltet durch, T2 sperrt usw. usw.

Daß diese Schaltung keine bleibende Ruhelage hat, sondern *oszilliert* (d.h. schwingt), hat ihr den Namen *astabiler Multivibrator* eingetragen; daß dabei am Ausgang A abwechselnd positives und negatives Potential erscheint, läßt sie als astabile Kippstufe erscheinen, und weil die Kippvorgänge mit einer festen Frequenz erfolgen, können sie für viele Zwecke als Taktgeber bzw. Impulslieferanten dienen.

Die ganze Sache beruht im Grunde darauf, daß hier zwei RC-Glieder sich wechselweise ablösen (R2/C1 und R3/C2). Von der Bemessung dieser Glieder hängt daher auch die Frequenz des astabilen Multivibrators ab. Als Faustregel kann dienen: Je größer die Werte für R2, R3, C1 und C2 gewählt werden, desto langsamer erfolgen die Kippschwingungen, weil dann alle Auf- und Entladevorgänge entsprechend mehr Zeit brauchen. Und wenn man den Spannungsverlauf am Ausgang A verfolgt (z.B. mit einem Oszilloskop), so erhält man eine Kurve, wie wir sie von Abb. 6.1/3 kennen, nur daß sich eben die Auf- und Entladungsäste dieser Kurve ständig wiederholen (vgl. *Abb. 6.1.2/2*).

Die Frequenz von außen her beeinflussen

Es liegt natürlich nahe, sich nach einer Möglichkeit umzusehen, die Frequenz des astabilen Multivibrators von außen her zu beeinflussen. Das geht sehr einfach, wenn man die Widerstände R2 und R3 bei einem Potentiometer R5 zusammenführt *(Abb. 6.1.2/3)*. Dann kann man die Taktzeit in weiten Grenzen steuern, indem man den Potentiometerabgriff verschiebt.

Abb. 6.1.2/2 Spannungsverlauf am Ausgang A

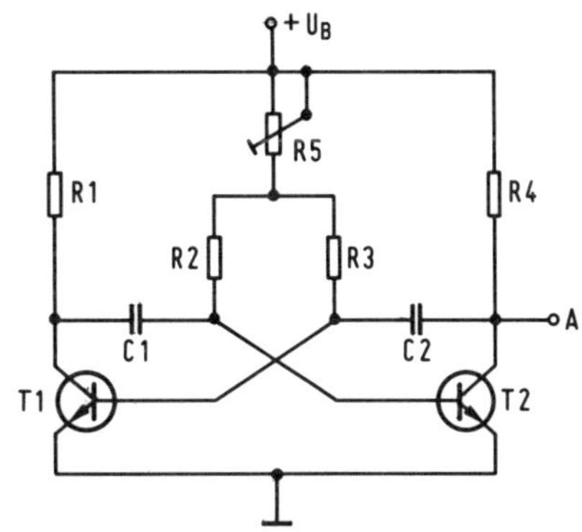

Abb. 6.1.2/3 Frequenzbeeinflussung beim astabilen Multivibrator

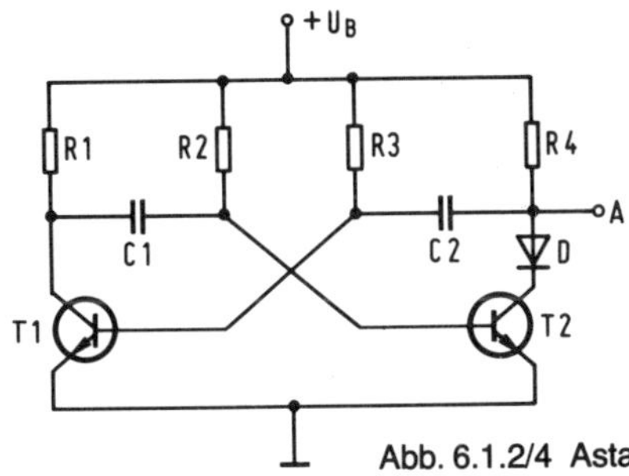

Abb. 6.1.2/4 Astabiler Multivibrator für Rechteckimpulse

Außerdem läßt sich das Verhältnis zwischen Öffnungszeit und Sperrzeit bei den Transistoren verändern. Sind R1 = R4 und R2 = R3 sowie C1 = C2, so sind die Zeiten, in denen an A positives Potential erscheint, genauso lang wie diejenigen, in denen A an Masse liegt, d.h. T2 durchschaltet. Macht man dagegen R2 < R3, so können negative Ladungen schneller von der Basis bei T2 abfließen, die Sperrzeit verkürzt sich gegenüber der von T1. Ein umgekehrtes Takt-Pausenverhältnis erreicht man natürlich, wenn R2 > R3.

Für viele Zwecke ist es wichtig, daß die Spannungsimpulse am Ausgang A nicht das Bild gekrümmter Kurven nach Abb. 6.1.2/2 ergeben, sondern rechteckig werden; mit solchen *Rechteckimpulsen* werden viele Automatik-Schaltungen betrieben. Um eine gute *Flankensteilheit* zu erreichen, kann man an den Kollektor von T2 noch eine Diode D setzen *(Abb. 6.1.2/4)*, die verhindert, daß C2 anders als über R4 positive Ladungen auf seiner rechten Platte erhält, nicht also über T2. Das ergibt, wenn T2 zu sperren beginnt, einen steilen Impulsanstieg an seinem Kollektor. Man erhält so eine Folge von Rechteckimpulsen, wobei sich deren Frequenz wieder nach Abb. 6.1.2/3 und das Impuls-Pausenverhältnis durch das Widerstandsverhältnis R2/R3 variieren läßt. Legt man die Betriebsspannung an, so entsteht eine fortlaufende Impulskette nach *Abb. 6.1.2/5;* der astabile Multivibrator oszilliert (schwingt) als *freilaufender Impulsgenerator.*

Das Schaltbild des astabilen Multivibrators ist zwar nicht allzu kompliziert, aber für umfangreichere Schaltungskonzeptionen ist es ganz günstig, wenn man es durch ein Blocksymbol abkürzen kann. In der älteren Literatur wird das Symbol nach *Abb. 6.1.2/6a* benutzt, in der neueren das heute vorgeschriebene Normsymbol *b*.

So schön die Schaltung nach Abb. 6.1.2/1 ist: Es geht natürlich auch anders. Für astabile Multivibratoren gibt es sehr verschiedene Baumöglichkeiten, und selbstverständlich spielen dabei IC's eine entscheidende Rolle. Ein Beispiel zeigt *Abb. 6.1.2/7:* Dabei liegt ein Standard-IC des Typs SN 7400 zugrunde. Zwei seiner NAND-Gatter werden als Inverter (Negationsglieder) geschaltet, d.h. an den Eingängen zusammengeschlossen; sie übernehmen in gewissem Sinne die Rolle der bisherigen Transistoren. Die beiden Kondensatoren C1 und C2 werden über die Potentiometer-Widerstände aufgeladen; dabei läßt sich die Frequenz einstellen, und wenn man die Kondensatoren ungleich wählt oder die Potis verschieden einstellt, kann man auch zu unterschiedlichen Takt-Pausen-Verhältnissen kommen. Wie sich nach diesem Schaltungsprinzip ein elektronischer Blinklichtgeber aufbauen läßt, werden wir im nächsten Abschnitt besprechen.

Eine weitere Baumöglichkeit

Eine weitere Baumöglichkeit liegt in der Verwendung eines Operationsverstärkers *(Abb. 6.1.2/8).* Die Versorgungsspannung ist – wie üblich – nicht mit eingezeichnet; ihre elektrische Mitte entspricht der Masse. Der Operationsverstärker benimmt sich in dieser Schaltung wie ein Schmitt-Trigger, der sich selber ansteuert und bei Erreichung seines Schwellenwertes umschlägt. Die Frequenz wird durch das Verhältnis R1 zu C bestimmt, das Takt-Pausenverhältnis kann am Potentiometer eingestellt werden. Der OV liefert Rechteckimpulse mit sehr steilen Flanken, was bei dem vorigen Beispiel nicht zu erreichen ist.

Ein eigens für Multivibratorschaltungen geschaffenes IC: NE 555

Besonders beliebt sind jedoch Multivibratorschaltungen mit einem IC, der eigens für sie geschaffen wurde: mit dem *Timer* NE 555. Sein Innenleben braucht uns hier nicht zu interessieren. Er wird in verschiedenen Formen geliefert, von denen die Dual-in-line-Ausführung für uns am besten geeignet ist. Dieser IC besitzt acht Anschlußstifte; die PIN-Bezifferung zeigt *Abb. 6.1.2/9.* Übrigens gibt es auch einen IC, der gleich zwei solche Timer enthält; er ist unter der Bezeichnung NE 556 im Handel. Seine Dual-in-line-Form hat 14 Anschlüsse, davon einen für die (positive) Betriebsspannung von 5 bis 18 Volt, einen für Masse (0 Volt) und 12 für die beiden integrier-

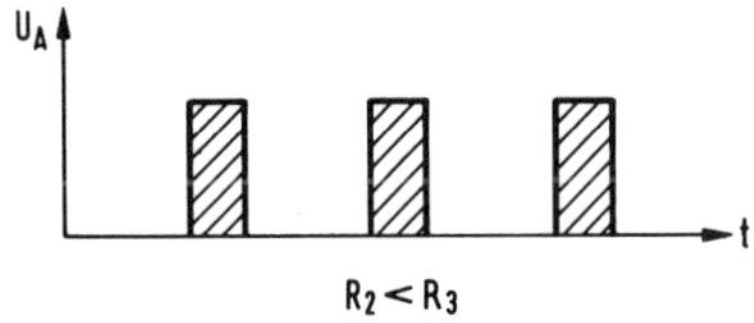

Abb. 6.1.2/5 Rechteckimpulse für R 2 < R 3

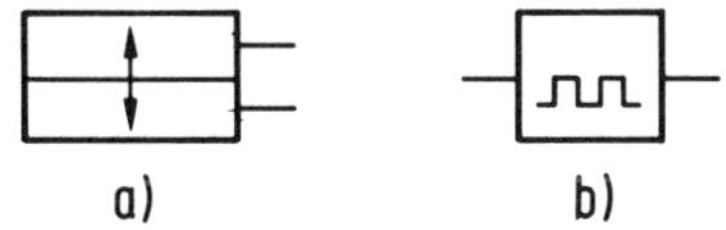

Abb. 6.1.2/6 Blockschaltbilder für astabile Multivibratoren
a) altes Symbol; b) neue Norm

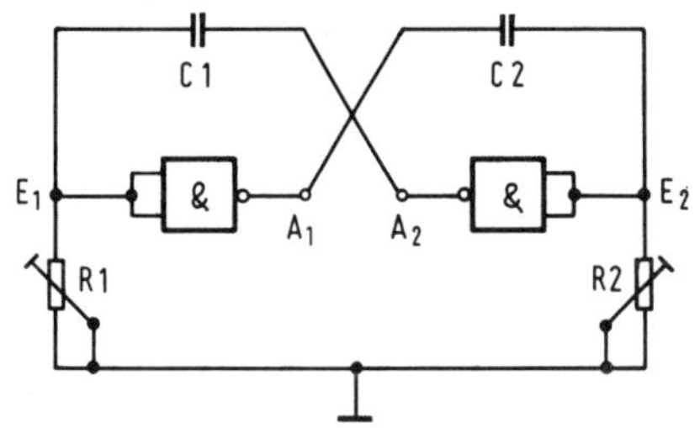

Abb. 6.1.2/7 Astabiler Multivibrator aus zwei NAND-Gattern

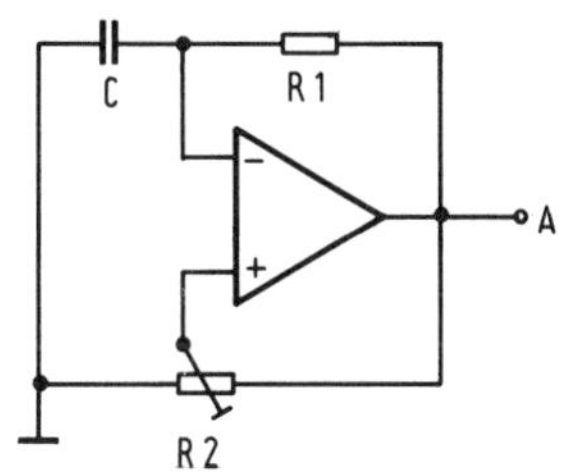

Abb. 6.1.2/8 Operationsverstärker in der Beschaltung als astabiler Multivibrator

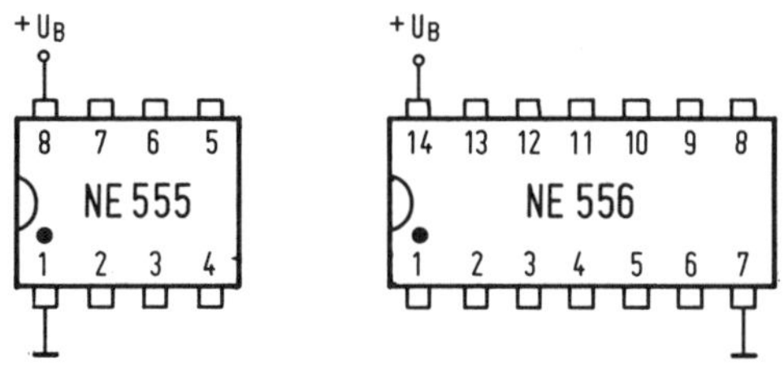

Abb. 6.1.2/9 Anschlußbezeichnungen der Timer NE 555 und NE 556

ten Timer A und B. Die folgende Tabelle soll zeigen, wie die Anschlüsse denen des einfachen NE 555 zugeordnet werden:

NE 556	A	B	entspricht	NE 555
	–	14	entspricht	8
	1	13	entspricht	7
	2	12	entspricht	6
	3	11	entspricht	5
	4	10	entspricht	4
	5	9	entspricht	3
	6	8	entspricht	2
	7	–	entspricht	1

Was sich nicht in den Timer-IC einbeziehen läßt,, sind die frequenzbestimmenden Glieder, also ein Trimmpoti und ein Kondensator. Sie müssen

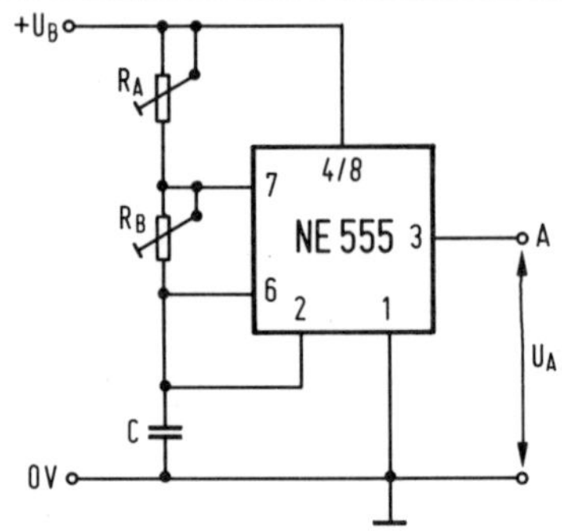

Abb. 6.1.2/10 Timer NE 555 als astabiler Multivibrator

extern zugeschaltet werden, z.B. nach *Abb. 6.1.2/10.* Der Kondensator lädt sich über die beiden Widerstände R_A und R_B auf; die Entladung erfolgt nur über R_B. Das Verhältnis $R_A : R_B$ bestimmt die Pausenlänge zwischen den einzelnen Impulsen; eventuell kann man für beide Widerstände Trimmpotis verwenden. Der IC liefert saubere Rechteckimpulse, deren Dauer und Frequenz in weitem Maße verstellbar sind.

Diese Auswahl soll genügen. Jetzt folgen einige Beispiele

Es gibt noch weitere Arten integrierter astabiler Multivibratoren, aber diese Auswahl soll genügen. Auf die Angabe von Werten für Widerstände und Kondensatoren haben wir bisher verzichtet, da sie ganz von dem Verwendungszweck abhängen. Im nächsten Kapitel werden wir sogleich Beispiele kennenlernen.

6.1.3 Blinklichtschaltungen

Auf einer Modellbahnanlage gibt es immer vielfältige Möglichkeiten, Blinklichtschaltungen einzusetzen, z.B. für die Sicherung von Bahnübergängen, bei Baustellen, Leuchtfeuern (Hafenbetrieb!) oder nächtlich strahlenden Reklamen. Nach dem, was wir jetzt über den astabilen Multivibrator wissen, sind solche *optischen Einlagen* kein Problem mehr; man kann sie mit einfachen Mitteln realisieren. Dabei halten wir uns an die im vorigen Abschnitt beschriebenen Schaltungen.

Eine ganz simple Blinklichtanlage wäre nach Abb. 6.1.2/2 möglich. Sie soll z.B. zwei Glühbirnen betreiben, die bei ca. 9 V einen Strom von 150 mA *ziehen* und abwechselnd aufleuchten. R1 und R4 werden durch diese Glühbirnen ersetzt; für die beiden Transistoren kommt der Typ BC 338 in Frage, der ohne weiteres die entsprechende Leistung aufbringt. Eine Blinkfrequenz von etwa 1 Hz erhält man mit zwei Kondensatoren von je

220 µF (Elkos; positiver Pol an die Kollektoren); R2 = R3 kann 10 kΩ betragen. Diese Angaben gelten nur pauschal und lassen sich je nach Bedarf verändern. Will man nur eine Glühbirne betreiben, so muß man auf der entsprechenden anderen Seite des Multivibrators für einen Widerstand sorgen, der ungefähr den gleichen Widerstandswert hat.

Übrigens ist es bei solchen Blinklichtschaltungen nicht unbedingt erforderlich, daß die Spannungsimpulse am Punkt A genaue Rechteckform haben; die Zusatzdiode gemäß Abb. 6.1.2/4 ist also nicht nötig. Will man die Frequenz beeinflussen, so ist nach Abb. 6.1.2/3 zu verfahren, wobei R2 = R3 = 1 kΩ und R5 = 10 kΩ (Poti) betragen können.

Natürlich lassen sich statt der Glühbirnen auch Leuchtdioden einsetzen. Dann ist auf ihre richtige Polung und einen genügenden Vorwiderstand zu achten; mehr als 20 mA soll man den LED's nicht zumuten.

Bei LED's auf einen genügenden Vorwiderstand achten

Das war noch eine ziemliche Allerweltsschaltung. Die in Abb. 6.1.2/7 angegebene Multivibratorschaltung mit zwei NAND-Gattern wollen wir nun für einen speziellen Zweck einrichten: Sie soll einen unbeschrankten Bahnübergang sichern. Ein solcher Übergang hat auf beiden Gleisseiten je zwei rote Signallampen rechts und links von der Straße und außerdem noch zwei weiße Blinksignale neben den Schienen, also als Warnzeichen für den Lokführer (vgl. *Abb. 6.1.3/1*). Naht ein Zug, dann blinken B1 und B2 (bzw. B3 und B4) abwechselnd, ebenfalls natürlich die weißen Signallampen. Hat der Zug die Überwachungsstrecke verlassen, so gehen alle Lampen aus.

Wie man das Herannahen eines Zuges an die Schaltung melden will, ist Geschmackssache. Man kann Lichtschranken verwenden oder Reed-Kontakte: Hauptsache, es entsteht ein negativer Signalimpuls, der das RS-Flipflop am Schaltungseingang *setzt* (der Ruhezustand wird durch den Kondensator C3 = 10 nF) bestimmt. Hat der Zug die Überwachungsstrecke verlassen, so muß ein zweiter negativer Impuls das RS-Flipflop wieder zurücksetzen.

Die NAND-Gatter stammen hier aus einem Standard-IC 7400; zwei bilden das RS-Flipflop, die beiden anderen werden für den astabilien Multi-

Abb. 6.1.3/1 Signalanordnung an einem unbeschrankten Bahnübergang

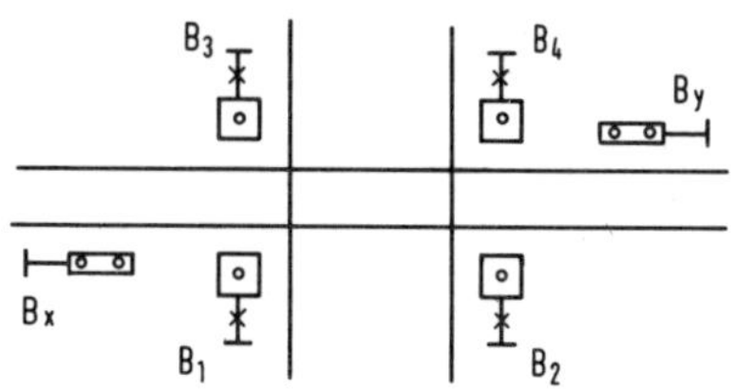

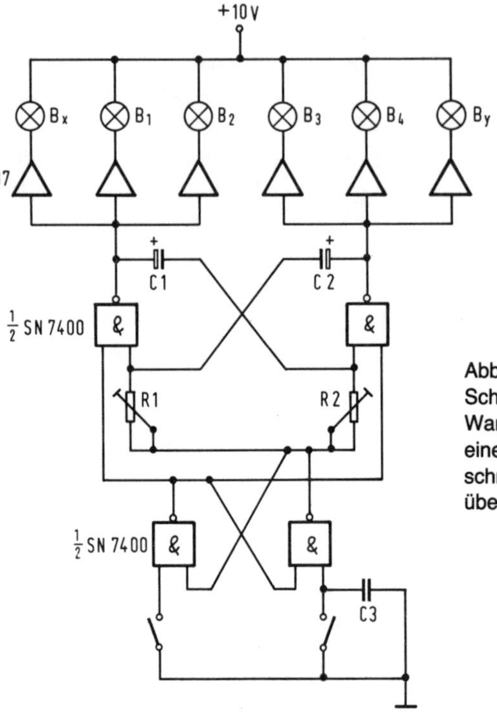

Abb. 6.1.3/2
Schaltung für die Warnsignale an einem unbeschrankten Bahnübergang

vibrator gebraucht. Dazu allerdings eine Anmerkung. In Abb. 6.1.2/7 ist der astabile Multivibrator in einem völlig symmetrischen Zustand dargestellt. Beide Eingänge E1 und E2 liegen über die Trimmpotis an Masse, die beiden Ausgänge A1 und A2 werden positiv, und die Kondensatoren sind aufgeladen. In diesem Zustand kann der Multivibrator nicht anschwingen. Er muß von außen angestoßen werden, und das kann geschehen, indem man einen Eingang kurzzeitig positiv macht (Startimpuls). Erst dann beginnt die Schaltung, selbsttätig hin- und herzukippen. Um diesen Effekt zu erreichen, werden R1 und R2 nicht an Masse gelegt, sondern an den einen Ausgang des RS-Flipflops. Man könnte auch Festwiderstände nehmen (z.B. je 2,2 kΩ), aber mit den Trimmern läßt sich die Frequenz regulieren. Die Glühbirnen der einzelnen Blinksignale können nicht direkt an die Ausgänge der NAND-Gatter angeschlossen werden, daher ist ein besonderer Treiber-IC vorgesehen, der gerade sechs voneinander unabhängige Stufen hat (SN 7407); er sowie der IC 7400 werden natürlich von einer 5 V-Spannungsquelle gespeist, es sei denn, man baut die Schaltung mit C-MOS-Bausteinen auf. Für die Kondensatoren kommen Elkos mit 220 μF in Frage. Übrigens: die Glühbirnen (oder Leuchtdioden mit Vorwiderständen) kommen an den Pluspol einer besonderen Spannungsquelle, die masseseitig mit der Versorgungsspannung der IC's zusammengeschaltet ist.

Auf die Multivibratorschaltung mit Operationsverstärker wollen wir hier nicht noch einmal eingehen. Stattdessen sehen wir uns den NE 555 daraufhin an, ob sich mit ihm auch eine Blinklichtschaltung für unbeschrankte Bahnübergänge aufbauen läßt, die der soeben geschilderten entspricht. Leider ergibt sich da eine Schwierigkeit. Der NE 555 hat nur einen Taktausgang (PIN 3), und so kann er keine sich abwechselnden Signalgruppen ansteuern. Es gäbe zwar einen Ausweg, wenn man nämlich seine Impulse einmal direkt und gleichzeitig invertiert ausnutzte, aber dazu brauchte man ein weiteres Negationsgatter, und das macht die Sache zu umständlich. Heben wir uns diesen IC also für andere Verwendungszwecke auf; wir werden sehr bald auf ihn zurückkommen!

Der NE 555 – für diese Schaltung nicht geeignet, aber wir greifen später auf ihn zurück

6.1.4 Der monostabile Multivibrator

Wir kennen nun schon zwei Mitglieder aus der Familie der Multivibratoren: den bistabilen Typ (Flipflop) und den astabilen. Nun kommt der dritte im Bunde dazu: der monostabile Multivibrator (auch „monostabile Kippstufe" genannt). Meistens sagt man kurz: *Monoflop.*

Solch ein Monoflop hat – im Gegensatz zum Flipflop – nur eine einzige Ruhestellung, sozusagen seine stabile Grundposition. Durch einen passenden Impuls wird es aus dieser Ruhestellung herausgebracht, d.h. *gesetzt,* aber zum Zurücksetzen braucht es nicht einen neuen Impuls, sondern das besorgt es selber, d.h. es fällt nach einer (vorher festgelegten) Wartezeit wieder von sich aus in seinen Ruhezustand zurück.

Abb. 6.1.4/1 zeigt, wie so ein Monoflop aufgebaut werden kann (Versuchsschaltung). Es liegt an einer Gleichspannung; Hauptsache sind zwei kombinierte Transistoren T1 und T2 (npn-Typen). Im Ruhezustand hat die Basis von T2 über R2 positives Potential, d.h. T2 ist durchgeschaltet, und sein Kollektor wird negativ. Man kann über dieses Kollektorpotential einen Ausgangstransistor T3 ansteuern, der im Ruhezustand gesperrt wäre; eine Glühbirne an seinem Kollektor bliebe dunkel. Auch T1 ist währenddessen gesperrt; seine Basis liegt an einem Spannungsteiler R4/R5, der dafür sorgt, daß das Potential an der Basis negativ gegenüber dem Potential am Emitter ist. Der Emitter von T1 liegt nämlich so, daß der über R3, T2 und R6 flie-

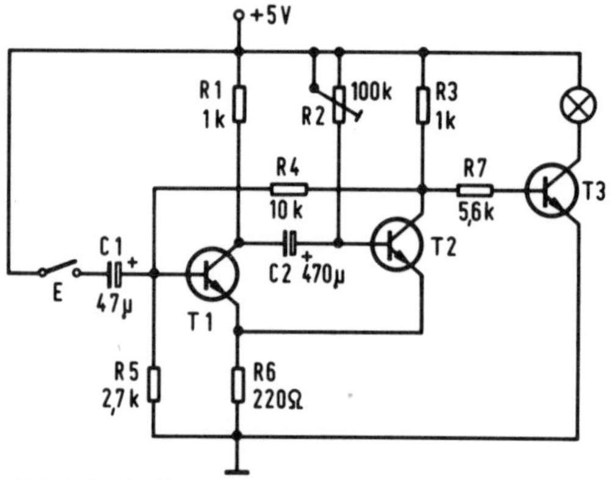

Abb. 6.1.4/1 Monostabiler Multivibrator (Monoflop) T 1 = T 2 = BC 107 o. ä.; T 3 = BC 338

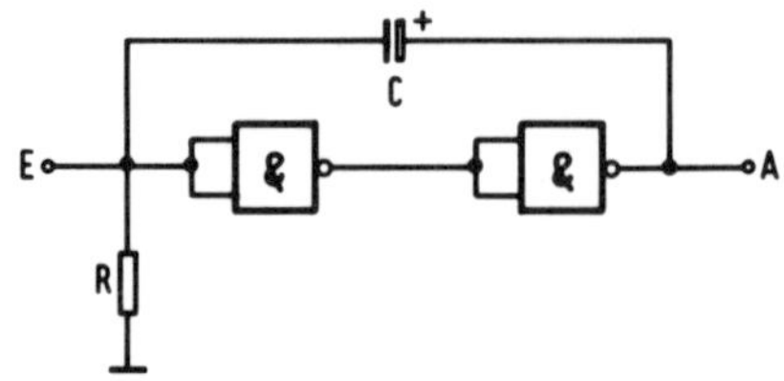

Abb. 6.1.4/2 Monoflop aus Negationsgattern (NAND mit zusammengeschalteten Eingängen)

ßende Strom an R6 einen Spannungsabfall erzeugt, wobei das dem Emitter von T1 zugewandte Ende von R6 positiv gegenüber Masse wird.

Nun schließt man kurzzeitig den Taster E (= Schaltungseingang). Auf die eine Kondensatorseite von C1 fließen dadurch von E her positive Ladungen, die auf der gegenüberliegenden Seite entsprechende positive Ladungen an die Basis von T1 abdrängen. Sofort schaltet T1 durch, sein Kollektor wird negativ, und dieses negative Potential überträgt sich über C2 auch auf die Basis von T2. T2 sperrt daraufhin, sein Kollektor wird positiv, und das bewirkt wiederum ein Durchschalten von T3; die Glühbirne leuchtet auf. Jetzt ist das Monoflop *gesetzt*. Aber das bleibt nicht so. Mit der Zeit fließen die negativen Ladungen von der Basis bei T2 über R2 ab, und irgendwann ist C2 entladen. Dann kann T2 wieder durchschalten, das Monoflop kippt in seinen Anfangszustand zurück, die Glühbirne erlischt wieder.

Will man die Zeitspanne, für die das Monoflop gesetzt ist, verändern können, so muß man den Widerstand R2 als Potentiometer wählen. Je größer die Werte von C2 und R2 sind, desto länger bleibt das Monoflop gesetzt. Im allgemeinen kommt man bis auf einige Sekunden.

Die Schaltung ist problemlos aufzubauen, und ein Anfänger sollte sie auf einem Versuchssteckbrett einmal durchprobieren (Taschenlampenbatterie 4,5 V als Spannungsquelle). Aber auch hier gibt es – ganz ähnlich wie beim astabilen Multivibrator – noch weitere Aufbaumöglichkeiten, und zwar mit integrierten Schaltkreisen.

Eine sehr einfache Monoflop-Schaltung kann man nach *Abb. 6.1.4/2* mit zwei NAND-Gattern erhalten, die als Inverter (Negationsglieder) eingesetzt werden. Im Grundzustand befinden sich Eingang E und Ausgang A auf gleichem Potential, der Kondensator ist ungeladen. Wird der Eingang kurzzeitig positiv, so wird auch der Ausgang positiv; immer noch ist der Kondensator ungeladen. Aber nun besteht am Widerstand ein Spannungsgefälle, das sich nach Beendigung des positiven Anstoßimpulses langsam abbaut, die im Schaltbild linke Seite des Kondensators wird immer negativer, bis schließlich der Punkt kommt, wo die ganze Schaltung wieder in ihren Grundzustand zurückkippt.

Die Sache funktioniert nur mit C-MOS-Gattern

Allerdings funktioniert die ganze Sache nur, wenn man mit C-MOS-Gattern arbeitet (z.B. CD 4011); die IC's der Standardserie (SN 7400) sind ungeeignet, da sie im Grundzustand bereits ein geringes positives Potential an ihren Eingängen besitzen. Dafür kann man aber einen fertigen Monoflop-IC dieser Serie verwenden, nämlich den SN 74121. Sein Anschlußbild zeigt *Abb. 6.1.4/3.* Er hat zwei Eingänge A1 und A2, die im allgemeinen zusammengeschlossen und durch ein negatives Eingangssignal *getriggert* (d.h. angestoßen) werden, während dann PIN 5 positiv sein muß. Zwischen PIN 11 und PIN 14 kommt ein Widerstand (z.B. 10 kΩ), zwischen PIN 10 und PIN 11 ein Kondensator (z.B. 220 μF); so erhält man Schaltzeiten von ca. 1 sec. Der positive Ausgangsimpuls wird an PIN 6 abgenommen; PIN 1 geht solange auf (negatives) Massepotential. Dieses Monoflop hat demnach zwei stets gegensätzlich gepolte Ausgänge. Man kann es übrigens auch mit positiven Eingangssignalen triggern; dann müssen A1 und A2 (PIN 3 und 4) an Masse liegen, während das Signal an PIN 5 (B) kommt.

Für solch ein Monoflop ist wieder ein Blockschaltsymbol üblich; seine alte Form zeigt *Abb. 6.1.4/4a,* die neue Norm *4b.*

Daß sich auch ein Operationsverstärker als Monoflop schalten läßt, wollen wir nur der Vollständigkeit halber erwähnen. Wichtiger ist die Mono-

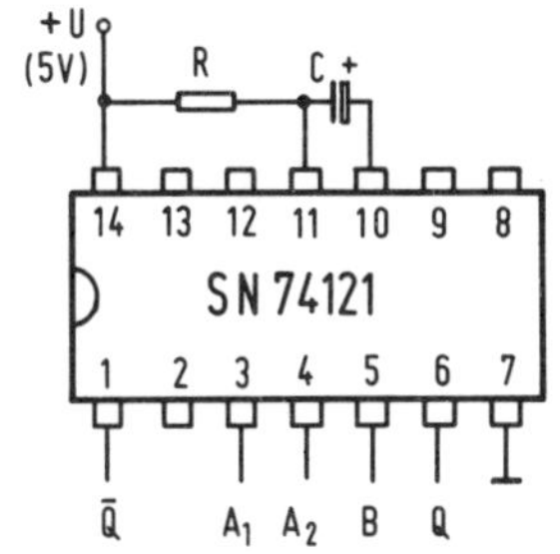

Abb. 6.1.4/3 Monoflop SN 74 121

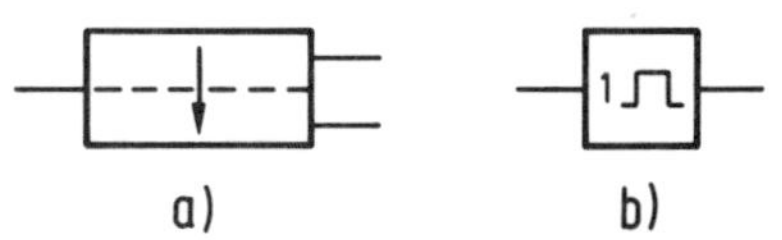

Abb. 6.1.4/4 Altes und neues Normzeichen eines Monoflops

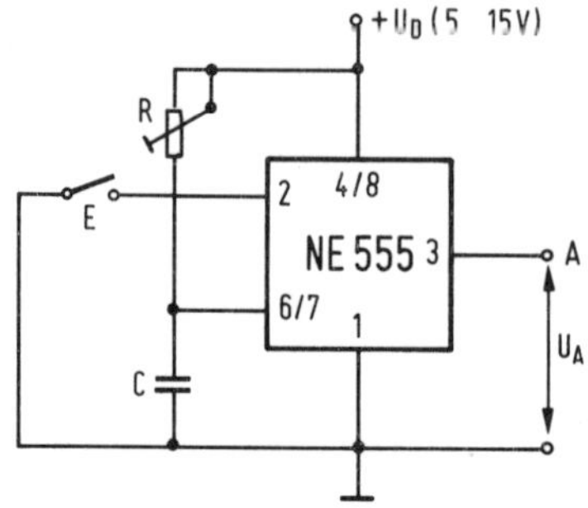

Abb. 6.1.4/5 NE 555 als Monoflop

flop-Verwendung des uns schon bekannten NE 555. Auch für ihn braucht man wieder ein Trimmpoti und einen Kondensator als zeitbestimmende Glieder; die Schaltung zeigt *Abb. 6.1.4/5.* Wie lange nach einem (negativen) Triggerimpuls an PIN 2 (Eingang) dieses Monoflop in seinem gekippten Zustand bleibt, läßt sich ungefähr nach der Formel

$$T = 1{,}1 \cdot R \cdot C$$

berechnen. Sind z.B. R = 100 kΩ und C = 470 μF, so gilt:

$$T = 1{,}1 \cdot 10^5 \cdot 470 \cdot 10^{-6} = 517 \cdot 10^{-1} \approx 52 \text{ sec.}$$

Mit R = 250 kΩ und C = 1000 μF kommt man sogar auf Kippzeiten von circa 3 Minuten. Statt eines Festwiderstandes läßt sich selbstverständlich auch ein Trimm-Potentiometer verwenden, so daß man die Kippzeiten genau einstellen kann. In diesen Zeiten ist der Ausgang (PIN 3) positiv. Was man mit solchen Signalen machen kann, wollen wir sogleich an einem Beispiel besprechen.

6.1.5 Aufenthaltsschaltung

Wir denken uns eine eingleisige Nebenstrecke mit einem Haltepunkt bzw. Bahnhof. Gewöhnliche Personen- und Güterzüge sollen dort für eine kurze Zeit anhalten, Eil- und Schnellzüge jedoch durchfahren. Das Anhalten und Weiterfahren soll automatisch erfolgen.

Die Erkennung, was für eine Zugart vorliegt, übernimmt in üblicher Weise ein Reed-Kontakt, der nur auf Triebfahrzeuge mit einem seiner Lage entsprechenden Magneten reagiert. Dieser Reed-Kontakt gibt ein (negatives) Signal an ein Monoflop, das aus dem NE 555 gebildet wird. Ist es *gesetzt*, d.h. durch das negative Signal getriggert, so soll es etwa eine halbe Minute lang in dieser Stellung bleiben: Dadurch ist die Aufenthaltsdauer bestimmt. Außerdem wollen wir fordern, daß die Brems- und Anfahrvorgänge verzögert erfolgen, also allmählich und nicht ruckartig.

Eine ausgesprochene Automatikschaltung

Das verlangt also schon eine ausgesprochene Automatikschaltung, und zu ihrem Entwurf dient *Abb. 6.1.5/1*. Da der Bahnhof in beiden Richtungen durchfahren werden kann, benötigen wir zwei Reed-Kontakte (SRK's), und zwar am Anfang und Ende einer Trennstrecke, die der Länge des Bahnhofsgeländes entspricht. Um einfach anzufangen, wollen wir von einer Gleichstromanlage ausgehen; wie die Sache bei Wechselstromsystemen funktioniert, bleibt einer späteren Überlegung vorbehalten. Die Schaltung der Automatik braucht eine eigene Versorgungsspannung, z.B. 5 V =.

Nehmen wir an, ein Personenzug kommt von links und überfährt den SRK 1; er liegt nur wenige Millimeter vor der Trennstelle. Wenn sein Kon-

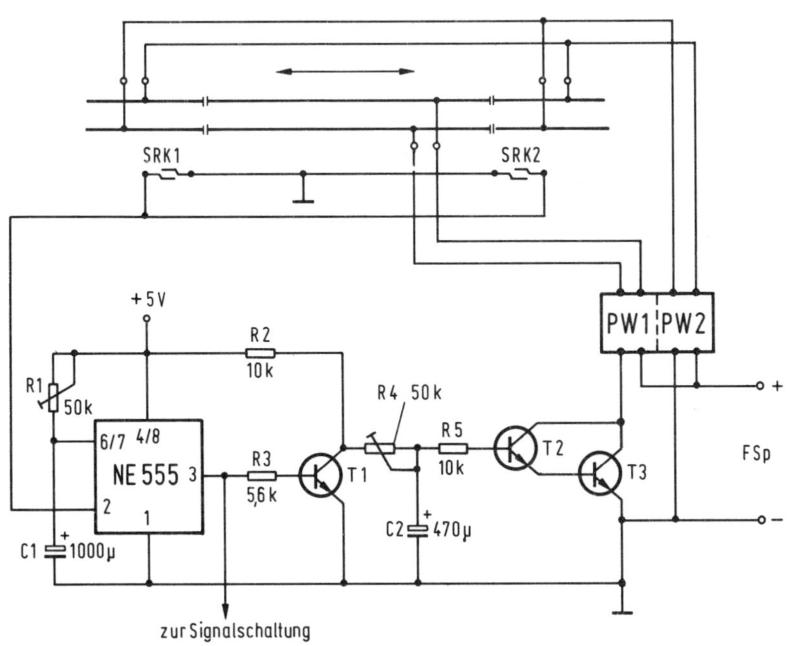

Abb. 6.1.5/1 Aufenthaltsschaltung; T 1 = T 2 = BC 107 o. ä.; T 3 = 2 N 3055

takt schließt, wird kurzzeitig Massepotential an den Eingang des NE 555 gelegt (PIN 2); das Monoflop kippt, und sein Ausgang (PIN 3) wird positiv. Nun soll die Fahrspannung langsam abnehmen; dazu brauchen wir eine Darlington-Stufe. Ihre Transistoren T2 und T3 sind zunächst geöffnet; nun müssen sie allmählich schließen. Die erforderliche Verzögerungsschaltung soll hier einmal möglichst einfach ausgelegt sein (entsprechend Abb. 6.1/2). Der Transistor T1 sperrt bei nicht gesetztem Monoflop; sein Kollektor ist daher positiv, der Kondensator aufgeladen, die folgende Darlington-Stufe geöffnet. Betätigt nun eine ankommende Lok SRK 1, so kippt das Monoflop, T1 leitet und der Kondensator C2 kann sich entladen. Entsprechend nimmt der Fahrstrom über T2/T3 ab, bis die Lok hält. Nach der Wartezeit kippt das Monoflop in seinen Grundzustand zurück, T1 sperrt, der Kondensator lädt sich langsam wieder auf, die Darlington-Stufe öffnet, und die Lok fährt langsam an.

Natürlich kann man die Verzögerungsschaltung auch komfortabler anlegen, etwa gemäß Abb. 6.1.1/4 und 6.1.1/6. Aber das soll hier nicht unser Problem sein. Wir werden ohnehin gleich noch weitere Schaltmöglichkeiten kennenlernen. Wichtiger ist folgendes: Wenn die Lok den Bahnhof verläßt, betätigt sie auch den SRK 2. Dadurch wird das Trenngleis im Bahnhof gleich wieder abgeschaltet. Doch das braucht nicht zu stören, denn es ist kaum anzunehmen, daß da sogleich ein weiterer Zug einläuft. Aber es gibt noch ein anderes Problem. Wenn die Strecke in beiden Richtungen befahren wird, muß sich der Fahrstrom umpolen lassen, und das ist wegen der Darlingtonstufe T2/T3 nicht ohne weiteres möglich. Wie sich diese Schwierigkeit beseitigen läßt, werden wir in Kapitel 6.2 kennenlernen, wenn von Polwendern die Rede ist. Wo solch eine Einrichtung (in doppelter Ausführung) hinkommt, ist in Abb. 6.1.5/1 durch das Blocksymbol „PW“ angedeutet.

Es geht noch weiter mit den Fragen der Anfahr- und Bremsverzögerung

Selbstverständlich kann man die Aufenthaltsschaltung auch mit Ein- und Ausfahrtsignalen versehen; ohne sie sollte man ohnehin keine Bahnhöfe bauen. Sie werden ebenfalls durch den NE 555 angesteuert. Doch auf Signalschaltungsprobleme wollen wir hier nicht weiter eingehen; sie können erörtert werden, wenn wir komplette Automatik-Schaltungen besprechen. Hier sollte nur ein Beispiel dafür gegeben werden, wie sich der NE 555 praktisch einsetzen läßt, und außerdem sind wir mit den Fragen der Anfahr- und Bremsverzögerung noch längst nicht am Ende.

6.1.6 Von Analog- zu Digitalsignalen

Ganz am Anfang (Kap. 1.1) haben wir einmal darauf hingewiesen, daß es eigentlich zwei Arten von Elektronik gibt: die eine arbeitet analog, die ande-

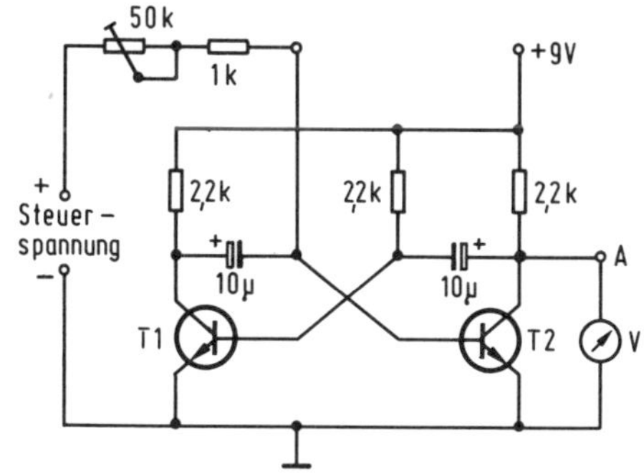

Abb. 6.1.6/1 Prinzipschaltung eines A/D-Wandlers
T 1 = T 2 = BC 107 o. ä.

re digital. Diesen Unterschied wollen wir jetzt wieder aufgreifen, denn erstens haben wir schon eine ganze Reihe elektronischer Bauelemente aus beiden Bereichen kennengelernt: Die integrierten Schaltkreise aus Gattern und Multivibratoren gehören zur Digitalelektronik, die Operationsverstärker (und nicht nur diese!) zählt man im allgemeinen zu den analogen IC's. Allerdings läßt sich die Grenze nicht immer ganz scharf ziehen. Schließlich kann ein OV auch einmal digital arbeiten, wenn er z.B. als astabile Kippstufe eingesetzt wird. Zweitens aber soll uns jetzt interessieren, wie man Übergänge zwischen analoger und digitaler Elektronik schaffen kann, und da gibt es sogar zwei Möglichkeiten. Entweder man will digitale Signale (z.B. irgendwelche Impulse) in analoge umsetzen: dann braucht man einen sog. D/A-Wandler. Oder man will umgekehrt aus analogen Signalen digitale machen: dann ist ein A/D-Wandler nötig. Für den Modellbahner ist vor allem der zweite Fall interessant, und deshalb dieses Kapitel.

Eigentlich war schon der Schmitt-Trigger ein A/D-Wandler. Denn bei ihm ging es darum, irgendwelche veränderlichen Spannungen so umzuformen, daß eindeutige Sprünge zwischen zwei festen Spannungsniveaus daraus wurden (vgl. Kap. 2.5). Das zeigt zugleich, was grundsätzlich unter *Signalen* bei A/D- bzw. D/A-Wandlern zu verstehen ist: Immer handelt es sich um Spannungsverläufe in der Zeit, und sie können entweder stetig oder sprunghaft erfolgen. Speziell interessiert bei solchen *Wandlungen* die Umsetzung von beliebigen Spannungen bzw. Spannungsveränderungen in Frequenzen bzw. Frequenzänderungen von Rechteckimpulsen. Wie man so etwas bewerkstelligen kann, zeigt *Abb. 6.1.6/1.*

Grundlage der Schaltung ist ein astabiler Multivibrator. Aber während solch ein Impulsgenerator normalerweise frei läuft, hat er jetzt einen Eingang bekommen, so daß sein Verhalten von außen bestimmbar wird. Für die

Betriebsspannung braucht man eine schwankungsfreie Quelle, bei der auch keine Reste von Wechselspannungen auftreten dürfen. Bei Abb. 6.1.6/1 handelt es sich um eine Versuchsschaltung, die nur das Prinzip der Sache demonstrieren soll; da genügt eine 9 V-Transistorbatterie. Aber an den Eingang E wird zusätzlich eine zwischen 0 und + 9 V veränderliche Gleichspannung aus einem Netzgerät gelegt (z.B. Gleichstromfahrpult mit Glättungskondensator). Das soll die Fremdspannung sein, die den astabilen Multivibrator steuert. Den Ausgang A beobachtet man mit Hilfe eines Voltmeters.

Steht die Steuerspannung auf 0 Volt, so gibt es bei A auch keine Impulse; erst wenn man die Steuerspannung aufdreht, beginnt der Zeiger des Meßgerätes hin- und herzuschwanken, und seine Frequenz geht mit den Veränderungen der Steuerspannung mit. Je höher diese wird, desto schneller pendelt der Zeiger. Dabei kann man die günstigsten Verhältnisse am Trimmer einstellen. Wir haben also einen Spannungs-Frequenz-Umsetzer vor uns, wenigstens sein Grundmodell.

Im nächsten Kapitel folgt anspruchsvollere Schaltung

Wir werden im nächsten Kapitel eine etwas anspruchsvollere Schaltung verwenden, aber um es gleich zu sagen: Für den, der einen A/D-Wandler nicht aus verschiedenen Einzelbauteilen zusammensetzen will, gibt es auch einen fertigen IC als Präzisions-Spannungs/Frequenzumsetzer. Er hat die Typennummer 4151 und ist im Elektronik-Handel mit verschiedenen Kennbuchstaben erhältlich, z.B. als RC 4151 oder als XR 4151. Sein Preis beträgt je nach Lieferfirma zwischen sechs und acht Mark; manchmal wird er auch billiger angeboten. Seine Versorgungsspannung liegt im Bereich 8 bis 22 V, der Ausgangslaststrom kommt auf 20 mA; übrigens ist der IC kurzschlußfest. Der Innenaufbau braucht uns nicht zu interessieren, zumal er wenig mit

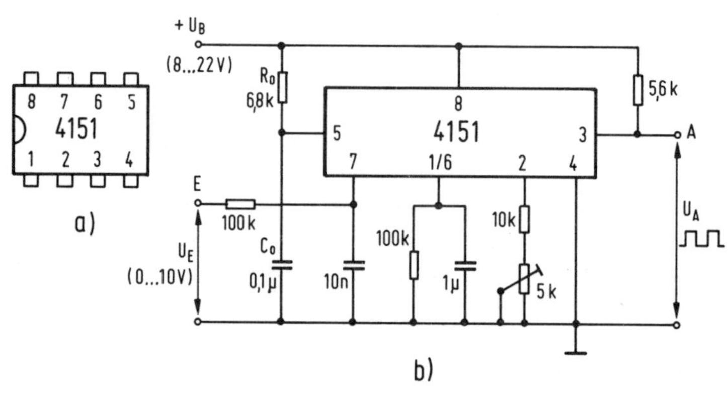

Abb. 6.1.6/2 Anschlußbelegung des A/D-Wandlers 4151

unserer obigen Modellschaltung zu tun hat. Wie dieser IC beschaltet wird, zeigt *Abb. 6.1.6/2;* die Eingangsspannung kann zwischen 0 und + 10 V schwanken, darf aber nie negativ gegen Masse werden. Die zu U_E proportionale Ausgangsfrequenz der Rechteckimpulse reicht von 0 bis 10 kHz. Dabei läßt sich das Impuls-Pausenverhältnis gesondert einstellen; dazu dient der Trimmer an PIN 2. An PIN 5 liegt das RC-Glied R_0/C_0; mit ihm kann man regulieren, welche Frequenz maximal entstehen soll. Der Ausgang bei PIN 3 entspricht einem offenen Kollektor, d.h. man braucht dort noch einen Arbeitswiderstand zur Versorgungsspannung hin. Auf weitere Einzelheiten können wir hier nicht eingehen; wer mehr wissen will, kann Schaltungsdetails in Heft 7 (1981) der Zeitschrift *ELO* nachlesen (S. 73).

Wer mehr wissen will, sollte ELO lesen

6.1.7 Impulsfrequenzsteuerung

Wir haben nun so viel elektronisches Wissensmaterial gesammelt, daß die nächste Anwendung fällig ist, und sie betrifft wieder das alte Grundthema dieses Abschnitts 6.1: die automatische Brems- und Beschleunigungsschaltung. Warum das noch einmal aufgegriffen wird, hat einen praktischen Grund. Wenn man eine Lok nach den bisherigen Schaltungen anfahren lassen will, ist der Erfolg oft unbefriedigend. Solange die Fahrspannung noch unter ca. 5 V bleibt, rührt sich zumeist gar nichts, aber danach beschleunigt die Lok oft schneller, als einem lieb ist. Den Grund kennen wir schon. Bei der Masseträgheit der beweglichen Teile in einem Triebfahrzeug ist das Anfahren immer problematisch: Es ist noch nicht genügend elektrische Leistung vorhanden, um die mechanischen Teile in Gang zu bringen. Man kann zwar mit einer Anfahr-Hilfsschaltung weiterkommen; dabei wird im ersten Augenblick des Einschaltens ein kurzer Impuls mit der endgültigen Fahrspannung gegeben, oder man überlagert der niedrigen Fahrspannung eine etwas höhere Wechselspannung, die dann dem Motor des Triebfahrzeuges kleine Anfahrrucke gibt (vgl. W. Knobloch, Modelleisenbahnen – elektronisch gesteuert, Bd. 1: Die Anfahr-Hilfe).

Es ist günstig, überhaupt mit Impulsen zu fahren

Noch günstiger ist es, überhaupt mit Impulsen zu fahren, die immer kräftig genug sind, um Trägheits- und Reibungseffekte beim Triebfahrzeug zu überwinden. Zunächst sollen diese Impulse in größeren Abständen erfolgen, dann aber während des Beschleunigungsvorganges immer enger werden, so daß schließlich das maximale Tempo erreicht wird. Nun zeigt sich, warum wir von einem A/D-Wandler gesprochen haben: Er setzt die allmählich wachsende Fahrspannung einer Beschleunigungsschaltung in eine Impulsfolge wachsender Frequenz um, wobei die Impulse immer die gleiche Spannungshöhe behalten – ihre *Amplitude* –, und nach diesem Prinzip erhalten wir nun eine *Impulsfrequenzsteuerung.*

Abb. 6.1.7/1 zeigt in zwei Schaubildern, wie erstens (a) die Spannung in der Beschleunigungsschaltung wächst. Dabei sind zwei Fälle zu unterscheiden. Die gestrichelte Kurve zeigt einen Spannungsverlauf, der einem RC-Glied entspricht; die durchgezogene Gerade gehört zu dem als Integrierer geschalteten Operationsverstärker (vgl. Kap. 6.1.1). Daneben (b) ist zweitens der Vorgang einer Frequenzsteigerung bei Gleichspannungsimpulsen dargestellt, wobei annähernde Proportionalität zwischen der Eingangsspannung am A/D-Wandler und der Ausgangsfrequenz zugrundegelegt wird. Die Eingangsspannung möge in diesem Falle linear zunehmen. Beim Bremsen läuft natürlich alles im umgekehrten Sinne.

Zum Zusammenhang der Baugruppen muß noch einiges gesagt werden

Die Gesamtschaltung läßt sich in einzelne Baugruppen aufteilen, deren Arbeitsweisen wir bereits besprochen haben. Aber nun kommt es auf ihren Zusammenhang an, und dazu muß doch noch einiges gesagt werden. Gehen wir also *Abb. 6.1.7/2* von links nach rechts durch!

Damit die Schaltung nicht nur im Handbetrieb, sondern auch automatisch wirksam werden kann, ist ihr ein RS-Flipflop vorangesetzt, das sich auf die verschiedensten Weisen setzen bzw. zurücksetzen läßt (Drucktaster, Reed-Kontakte, andere Schaltglieder aus übergreifenden Automatik-Anordnungen). Wie man es zusammensetzen will, ist Geschmackssache und soll dem Anwender überlassen bleiben. Handelt es sich um ein aus NAND-Gattern des SN 7400 gebildetes Flipflop, so muß es mit negativen Impulsen (Massepotential) angesteuert werden. Außerdem ist zu beachten, daß seine Versorgungsspannung + 5 V nicht übersteigen darf; der negative Pol dieser Spannung kommt an Masse. Ein aus C-MOS-Gattern aufgebautes Flipflop kann dagegen aus derselben Spannungsquelle versorgt werden, die auch den A/D-Wandler speist (z.B. + 9 V).

Ist das RS-Flipflop gesetzt (Anfahrbefehl für die Lok), so liegt an seinem Q-Ausgang positives Potential. Von einem Spannungsteiler wird die Eingangsspannung für den Integrierer (erster OV) abgegriffen; ihre Höhe bedingt die Geschwindigkeit, mit der die Ausgangsspannung des Integrieres wächst. Damit man auch die Geschwindigkeit, mit der diese Spannung nach dem Haltbefehl für die Lok fällt, regulieren kann, ist parallel zu dem Integrier-Kondensator ein 10 MΩ-Widerstand zu einem 5 MΩ-Trimmpoti in Reihe gelegt: Verkleinern des Trimmwiderstandes bedeutet schnelleres Anhalten der Lok. Dann geht es weiter zum zweiten OV, der das Ausgangssignal seines Vorgängers invertiert. Sein Ausgang wird über einen Einstellwiderstand 50 kΩ mit Vorwiderstand 1 kΩ mit dem Eingang des A/D-Wandlers verbunden. Dieser entspricht im wesentlichen der Abb. 6.1.6/1,

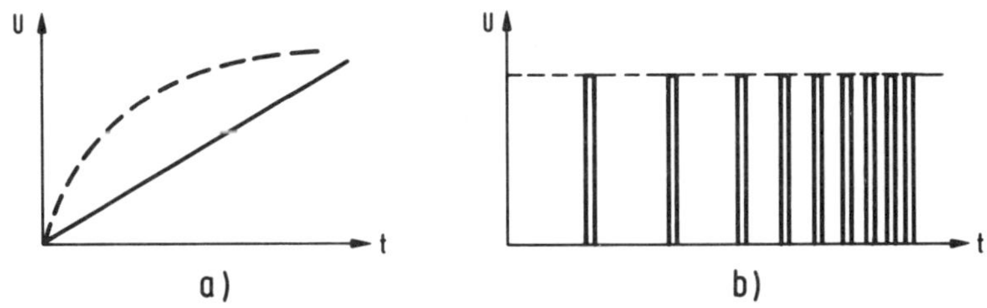

Abb. 6.1.7/1 Zwei Formen der Beschleunigungssteuerung; a) Spannungsverlauf bei einem RC-Glied (gestrichelt) oder einem Integrierer (durchgezogen); b) wachsende Impulsfrequenz

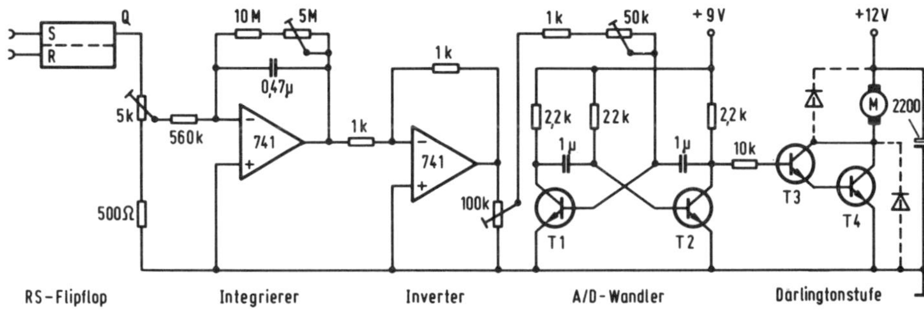

Abb. 6.1.7/2 Vollständige Brems- und Beschleunigungsschaltung für Impulsfrequenzsteuerung Das Massepotential liegt zwischen der positiven und der negativen Versorgungsspannung für den Operationsverstärker

nur sind die Seiten vertauscht und kleinere Kondensatoren gewählt (je 1 μF). Die beiden Transistoren T1 und T2 können Typen wie BC 107 oder ähnlich sein. Vom Ausgang des A/D-Wandlers geht es über einen Widerstand 10 kΩ (oder weniger) an die Endstufe; das ist wieder eine Darlingtonschaltung, wie wir sie schon oft verwendet haben. Ihr Leistungstransistor sollte auf ein Kühlblech gesetzt werden.

Die Darlingtonstufe schaltet im Rhythmus der vom Wandler kommenden Impulse durch. Damit dieser Rhythmus nicht gestört wird, ist es erforderlich, die Fahrspannung für die Lok sorgfältig zu glätten. Kommt sie von einem gewöhnlichen Gleichstromfahrpult (ca. + 12 V), so muß dessen Ausgängen ein Kondensator (2200 μF) parallelgeschaltet werden. Der negative Pol des Fahrpultes kommt an Masse. In der Schaltskizze ist der Lokomotivmotor direkt in den Fahrstromkreis eingezeichnet; natürlich liegt er zwischen den stromführenden Schienen (bzw. zwischen Schiene und Oberlei-

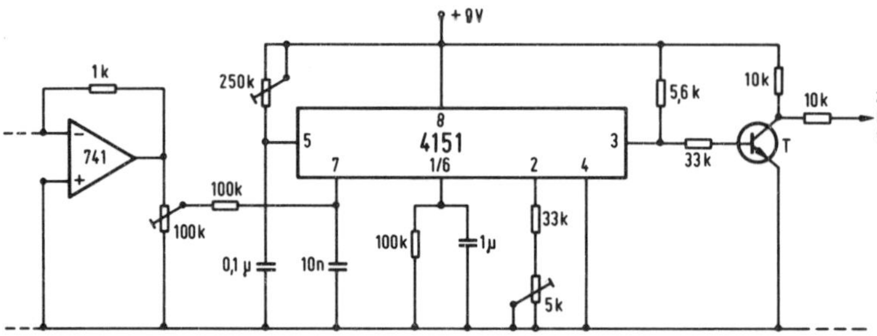

Abb. 6.1.7/3 Abwandlung der vorigen Schaltung mit RC 4151 als A/D-Wandler

tung). Es kann dabei ganz nützlich sein, parallel zum Motor eine Diode (1 N 4001) zu schalten, die eventuell auftretende Induktionsspannungen kurzschließt, so daß sie dem Leistungstransistor nicht schaden. Eine weitere Diode desselben Typs schützt die Darlingtonstufe gegen Verpolungen der Fahrspannung.

Für den Anfänger nicht einfach, hat sich aber bewährt

Die Schaltung ist zwar für den Anfänger nicht ganz einfach, bewährt sich aber sehr gut. Die vier Trimm-Potentiometer müssen sorgfältig aufeinander abgestimmt werden, wenn man ein gutes Anfahr- und Bremsverhalten der Lok erreichen will. Natürlich verhalten sich nicht alle Triebfahrzeuge gleich; eventuell muß man Kompromisse schließen und das günstigste *mittlere Verhalten* suchen. Beim Setzen des RS-Flipflops soll eine Lok etwas stoßweise anfahren; das entspricht auch dem großen Vorbild. Allmählich geht dann ihre Bewegung in ein ruhiges Tempo über, und erst am Ende des Bremsweges treten noch einmal leichte Stöße auf. Das ist bei einer Impulsfrequenzsteuerung normal und gar nicht zu vermeiden.

Natürlich kann man die obige Schaltung auch mit einem fertigen IC als Spannungs-Frequenz-Umsetzer aufbauen; wir haben schon auf den RC 4151 hingewiesen. Wie dann zu verfahren ist, zeigt *Abb. 6.1.7/3.* Bis zum Ausgang des zweiten Operationsverstärkers bleibt alles wie gehabt. Auch den Abgriff vom 100 kΩ-Trimmer brauchen wir; man sollte ihn so einstellen, daß bei voller Ausgangsspannung am OV etwa 5 V abgegriffen werden. Sie kommen an den Eingang des A/D-Wandlers. Bei ihm brauchen wir zwei weitere Trimmer. An PIN 2 wird das Tastverhältnis eingestellt, an der RC-Kombination bei PIN 5 die maximale Frequenz. Allerdings ist es nötig, hinter den IC-Ausgang noch einen Transistor als Inverter zu setzen; von ihm aus geht es in der gewohnten Weise weiter zu der Darlington-Gruppe und an die Gleise.

Auch hier ist wieder Abgleicharbeit erforderlich. Am besten geht man so vor, daß man erstens ein Voltmeter an den Abgriff des Trimmpotis hinter dem OV legt; damit kann man die Eingangsspannung kontrollieren. Zweitens setzt man eine Versuchslok auf die Schienen; ihr Verhalten muß ein Oszilloskop ersetzen, das den meisten Modellbahnern nicht zur Verfügung stehen wird. Ist das RS-Flipflop nicht gesetzt und damit die Eingangsspannung 0 V, so darf die Lok nicht fahren, aber man sollte leise Impulsstöße hören können. Dazu wird an PIN 5 der Trimmer zunächst mit seinen vollen 250 kΩ eingestellt; wenn keine Impulse zu hören sind, dreht man ihn vorsichtig zurück. Aber immer noch darf die Lok nicht anfahren. Wird jetzt das RS-Flipflop gesetzt, so steigt die Eingangsspannung langsam an, die Impulse folgen schneller aufeinander und gehen schließlich in ein Pfeifgeräusch über, das aber schnell verschwindet, wenn die Lok in Fahrt ist. Die Impulse durchlaufen also den Bereich der Tonfrequenzen. Nun kann man das 5 kΩ-Poti an PIN 2 so einstellen, daß die maximale Fahrtgeschwindigkeit erreicht wird; dabei schließen sich die Impulse am Kollektor von T zu einer fast lückenlosen Kette zusammen, und man erhält für den Lokmotor die günstigste Leistungsausbeute.

Auch hier ist wieder Abgleicharbeit erforderlich

6.1.8 Impulsdauersteuerung

Es wäre nun wirklich seltsam, wenn es nicht noch eine weitere Möglichkeit gäbe, das verzögerte Anfahren und Bremsen mit elektronischen Mitteln zu bewerkstelligen. Und tatsächlich gibt es da noch etwas: die Impulsdauersteuerung. Wir wissen bereits, wie man Rechteckimpulse herstellen kann: dabei hatten wir von ihrer Frequenz gesprochen. Sie gibt an, wieviele Impulse in einer Sekunde auftreten, aber damit ist nichts über das Verhältnis von Impuls zu der Pause gesagt, die zwischen zwei Impulsen liegt. In *Abb. 6.1.8/1* zeigen wir zwei Impulsketten gleicher Frequenz, aber einmal sind die (positiven) Impulse kurz, einmal sind sie lang, und da liegt es nun nahe, ihre Dauer zu beeinflussen,um eine weitere Möglichkeit für verzögertes Anfahren und Bremsen zu entwickeln. Das wäre dann die Impulsdauer-Steuerung. Es kommt dabei darauf an, erst einmal Impulse konstanter Frequenz, aber extrem geringer Breite zu erzeugen und sie dann erst zu dehnen und danach wieder schrumpfen zu lassen *(Abb. 6.1.8/2)*. Bei den ganz kurzen Impulsen soll eine Lok gerade noch stehen, bei der beginnenden Dehnung anfahren und bei maximaler Impulsbreite ihre Höchstgeschwindigkeit erreichen. Beim Anhalten läuft dann die ganze Sache in umgekehrtem Sinne.

Und tatsächlich es gibt da noch etwas

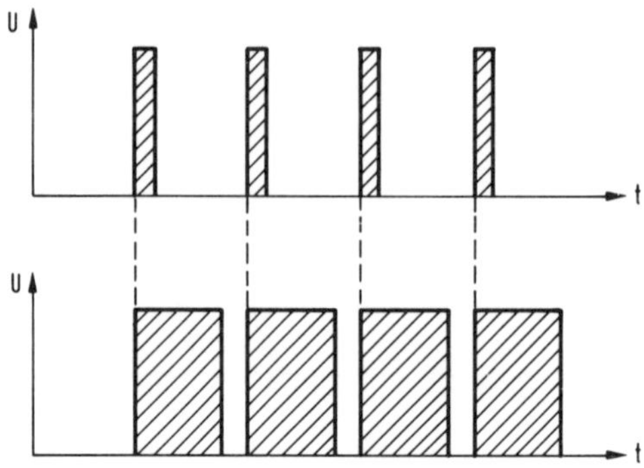

Abb. 6.1.8/1 Impulse gleicher Frequenz, aber verschiedener Dauer

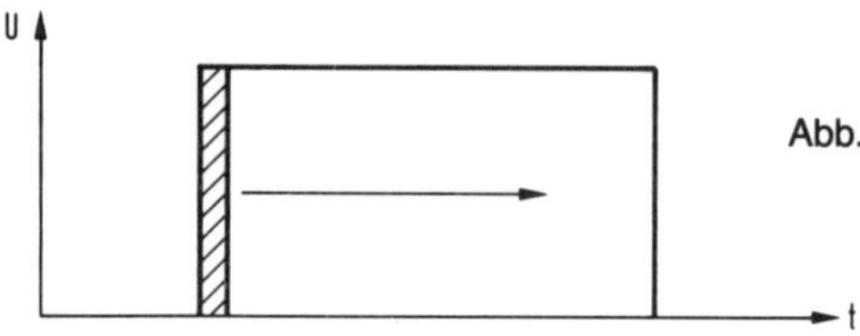

Abb. 6.1.8/2 Impulsdehnung

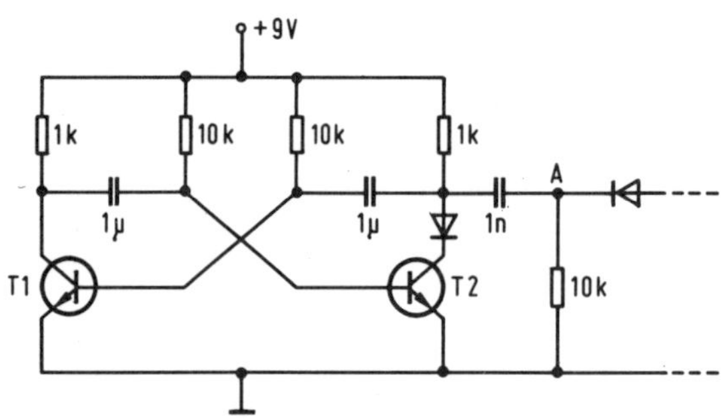

Abb. 6.1.8/3 Astabiler Multivibrator mit nachgeschaltetem RC-Glied zur Erzeugung von Nadelimpulsen (f ≈ 70 Hz)

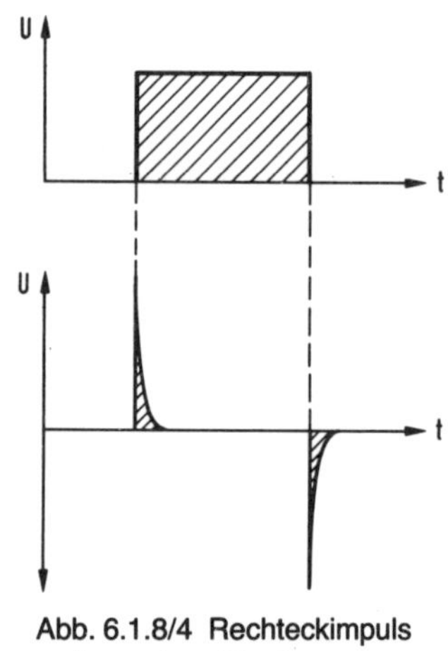

Abb. 6.1.8/4 Rechteckimpuls und zu seinen Flanken gehörende Nadelimpulse

Zunächst brauchen wir also Impulse. Sie können von einem astabilen Multivibrator geliefert werden; es ginge aber auch, einfach eine Wechselspannung von 50 Hz durch einen Schmitt-Trigger in Rechteckimpulse umzuformen. Wir wollen mit einem astabilen Multivibrator beginnen. Aber dann brauchen wir noch eine Vorrichtung, die von ihm gelieferten Impulse in ihrer Dauer zu beeinflussen, und da kann man nun an ein Monoflop denken. Wenn es angestoßen (getriggert) wird, fällt es nach einer gewissen Zeit in seinen Grundzustand zurück: diese Zeitspanne müßte man steuern können! Und das geht. Zunächst müssen aus den Impulsen des astabilen Multivibrators Triggersignale für das Monoflop geformt werden, und wie wir wissen, reagiert es auf negative Anstöße. Eigentlich brauchen wir jetzt gar nicht die ganzen Impulse des Multivibrators, sondern nur ihren Rhythmus, und ihn kann man mit einem *Differenzierglied* erhalten.

Das klingt nach höherer Mathematik – aber wir wollen es einfach machen

Das klingt nun schon wieder nach höherer Mathematik, aber wir wollen es einfach machen. In *Abb. 6.1.8/3* ist hinter den Ausgang des astabilen Multivibrators eine RC-Kombination gesetzt, und sie hat folgenden Sinn. Immer wenn der Multivibrator einen positiven Impuls abgibt, lädt sich der Kondensator schlagartig auf: von seiner rechten Seite fließen Ladungen ab und geben am Punkt A einen positiven Spannungsstoß. Ist der Kondensator aufgeladen, so fließen die rechts angestauten positiven Ladungen allmählich über den Widerstand (ca. 10 kΩ) ab zur Masse. Das alles geht sehr schnell vor sich, ehe noch der (ungefähr rechteckige) Impuls des Multivibrators aufhört. Ist er beendet, so wird mit seiner fallenden Flanke der Kollektor von T2 negativ, und nun können wir uns vorstellen, daß jetzt schlagartig negative Ladungen auf die linke Kondensatorseite fließen; rechts werden entsprechend negative Ladungen abgestoßen und erzeugen so einen negativen Ladungsstoß in Punkt A. Dieser Punkt A erlebt also mit der steigenden und der fallenden Flanke der Rechteckimpulse plötzliche Ladungsschübe verschiedener Polarität, und sie können wir uns als eine neue Impulssorte merken Es handelt sich um *Nadelimpulse (Abb. 6.1.8/4)*. Anspruchsvolle Elektroniker nennen sie *differenzierte Rechteckimpulse*, und wie gesagt: das hat etwas mit Mathematik zu tun, braucht uns hier jedoch nicht zu kümmern.

Zum Triggern des Monoflops benötigen wir nur die negativen Nadelimpulse; die positiven fangen wir durch eine für sie in Sperrichtung geschaltete Diode ab. Was dann aus den Impulsen des astabilen Multivibrators geworden ist, zeigt *Abb. 6.1.8/5*.

Diese Nadelimpulse sollen also ein Monoflop anstoßen, und je nach seiner Einstellzeit macht es aus ihnen erneut Rechteckimpulse mit definierter Dauer. Sie sind in der untersten Zeile von Abb. 6.1.8/5 gleich mit dargestellt. Natürlich bleiben diese Rechtecke als solche nur erhalten, wenn das Monoflop zurückfällt, ehe es vom nächsten Anstoß erneut getriggert wird. Ist die Haltezeit des Monoflops größer als die Periodendauer des astabilen Multivibrators, so gibt es am Ausgang des Monoflops eine konstante positive Dauerspannung.

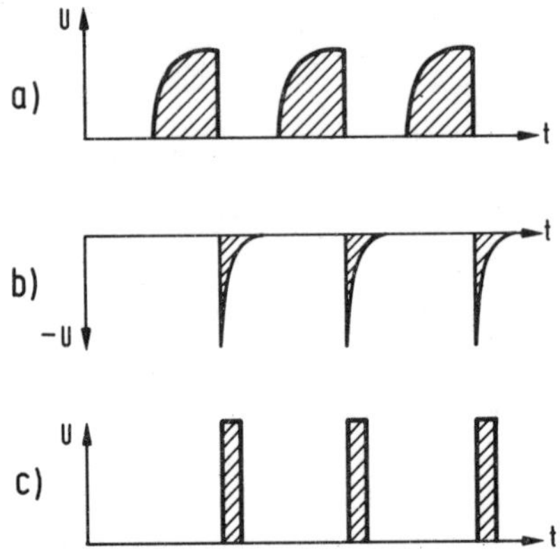

Abb. 6.1.8/5
a) Impulsfolge beim astabilen Multivibrator
b) Nadelimpulse, die dieser Folge entsprechen
c) Rechteckimpulse am Ausgag eines durch die Nadelimpulse getriggerten Monoflops

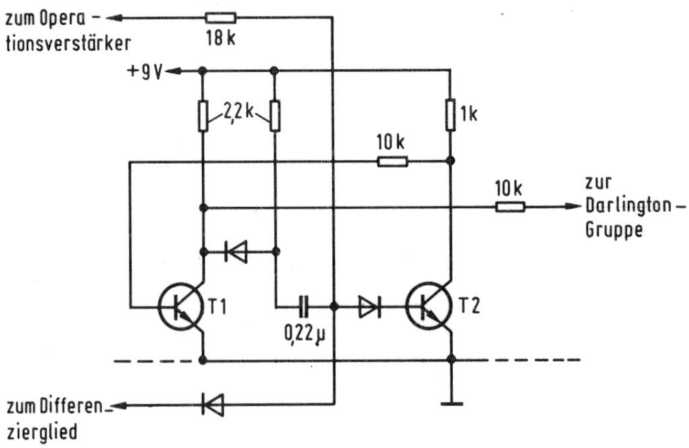

Abb. 6.1.8/6 Monoflopschaltung zur Impulsdehnung

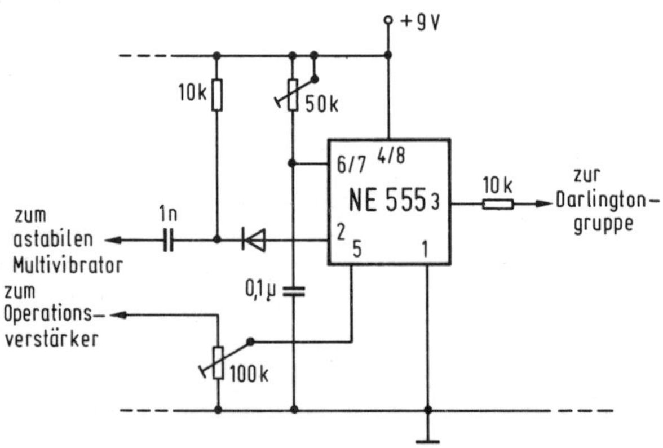

Abb. 6.1.8/7 Verwendung des NE 555 zur Impulsdauer-Steuerung

Unsere ganze Aufgabe ist also jetzt, die Haltezeit des Monoflops so von außen zu steuern, daß seine Ausgangsimpulse sich gemäß Abb. 6.1.8/2 dehnen oder auch wieder zusammenziehen lassen, und das kann geschehen, indem man den Widerstand des zeitbestimmenden RC-Gliedes als Trimmer ausführt und manuell verstellt (vgl. dazu Abb. 6.1.4/1: dort handelt es sich um R2). Aber das ist ja nicht der Sinn der Sache. Die Dauer der Monoflop-Impulse soll nicht per Hand, sondern durch eine Verzögerungsschaltung beeinflußt werden, also letztlich durch eine sich verändernde Spannung. Wir wollen sie wieder von unserer Schaltung mit den beiden Operationsverstärkern abnehmen, ganz ähnlich wie in Abb. 6.1.7/3, wo es zu dem A/D-Wandler weiterging.

Nun soll ja das Trimmpoti im Monoflop aus Abb. 6.1.4/1 negative Ladungen vom Kondensator C2 ableiten, muß also Anschluß an positives Potential haben. Da liegt es nahe, es durch eine Verbindung zu der Steuerspannung aus dem Operationsverstärker zu ersetzen. Eine entsprechende Schaltungsausführung zeigt *Abb. 6.1.8/6* (frei nach W. Knobloch). Sie lehnt sich im wesentlichen an die früher gegebene Darstellung des Monoflops an, so daß wir uns eine eingehende Beschreibung sparen können. Der Anschluß an die Darlington-Gruppe erfolgt wie in Abb. 6.1.7/2. Auch jetzt muß man die günstigste Einstellung durch Abgleich der Trimmer finden, so daß die Lok behutsam anfährt und bremst.

Wem die Schaltung nicht gefällt, der kann es auch einfacher haben

Wem die Schaltung nicht gefällt, der kann es auch einfacher haben. Schließlich gibt es ja den NE 555, der auch als Monoflop arbeiten kann (vgl. Abb. 6.1.4/5). Dieser IC besitzt neben den Anschlüssen, die wir schon kennen, noch einen besonderen Eingang (PIN 5), der bisher noch nicht benutzt wurde. Gelegentlich legt man ihn mit einem Kondensator (z.B. 10 nF) an Masse; das gilt vor allem bei der Verwendung des IC als Taktgeber, wo dieser Kondensator eventuell auftretende Rückkopplungen verhindert. Unbedingt notwendig ist das bei unseren Schaltungen nicht. Da haben wir für PIN 5 eine bessere Verwendung. Es handelt sich nämlich um einen Modulationseingang, und das bedeutet, daß dort Spannungen angelegt werden können, die die Impulsbreiten des Monoflops verändern (modulieren). Wie der IC das macht, soll uns hier nicht weiter interessieren (es geschieht mit Hilfe eines eingebauten Schwellwertvergleichers, der die Differenz zwischen der Spannung an PIN 6 und der Modulationsspannung an PIN 5 auswertet und danach die Impulsbreite am Ausgang bestimmt).

Abb. 6.1.8/7 zeigt die praktische Ausführung der Schaltung. Sie setzt die Schaltungen für den Beschleunigungs-Verzögerungsteil nach Abb. 6.1.1/4 und für die Triggerimpulse nach Abb. 6.1.8/3 fort; an den Ausgang kommt wieder die gewohnte Darlington-Gruppe (vgl. Abb. 6.1.7/2). Dabei ist es ratsam, den Widerstand des Differenzierglieds nicht nach Masse, sondern an die positive Versorgungsspannung zu legen. Die Spannung am Ausgang des Operationsverstärkers sollte nicht direkt an PIN 5 gelegt, sondern durch ein Trimmpoti (100 kΩ) auf den günstigsten Wert geteilt werden. Ohnehin muß man bei den Trimmern ein wenig Abgleicharbeit leisten, um das Anfahr- und Bremsverhalten einer Lok möglichst vorbildgetreu zu gestalten.

Eine Bemerkung zum Schluß noch zu den Bauteilen. Impulsschaltungen, wie sie hier vorgestellt wurden, sind in ihrer Wirkung stark von der Höhe der Betriebsspannung abhängig. Deshalb können Widerstandswerte und Angaben zu den Kapazitäten nicht verallgemeinert werden, vor allem nicht bei RC-Gliedern. In den Schaltbeispielen wurde von + 9 V ausgegangen, aber in der Praxis werden auch oft + 12 V zugrundegelegt. Dann muß man zumeist mit etwas höheren Werten für Ohm und Farad rechnen, und vor allem: man sollte keine Schaltung fertig zusammenlöten, ehe man sie nicht im Laborversuch gründlich auf Herz und Nieren geprüft hat.

Keine Schaltung zusammenlöten, ehe sie nicht gründlich geprüft ist

6.1.9 Brems- und Anfahrverzögerung bei Wechselstrombahnen

Wir haben uns nun lange genug mit Verzögerungsschaltungen bei Gleichstromsystemen beschäftigt, so daß die Märklinisten mit Recht fragen: Und wo bleiben wir? Erste Antwort: Man kann seine Wechselstromloks auf Gleichstrombetrieb umrüsten (vgl. Kap. 2.1.1), und dann sind alle bisher geschilderten Schaltungsarten auch für Märklinisten anwendbar. Aber wer seine Wechselstromlok lassen will, wie sie ist, kann doch in den Genuß einer funktionstüchtigen Verzögerungsschaltung kommen. Es gibt dafür eine Art Standardvorschlag, der von verschiedenen Autoren genannt wird (Schiersching, Knobloch) und dem wir uns hier anschließen wollen.

Zunächst eine Vorbemerkung. Verzögertes Anfahren und Bremsen erfolgt, wenn einer Lok der Fahrstrom allmählich zugeführt oder entzogen wird. Das braucht jedoch nicht durch das Fahrpult zu geschehen, sondern kann durch eine Zusatzschaltung erfolgen. Am Fahrpult bleibt die Wechselspannung konstant (am besten 14 V). Der Fahrstrom wird nun über eine Graetzschaltung geleitet (vgl. *Abb. 6.1/9*) und dadurch gleichgerichtet. Die Märklin-Lok ist damit zufrieden; schließlich besitzt sie einen Allstrom-Motor. Doch nun kann man die beiden noch freien Enden der Graetzschaltung über einen Einstellwiderstand miteinander verbinden (eigentlich liegt er dann diagonal im Schaltsymbol) und auf diese Weise den Motorstrom steuern. Tatsächlich brauchen wir aber keinen solchen Widerstand, sondern gehen von einer Darlington-Gruppe T1/T2 aus *(Abb. 6.1.9/2)*, die denselben

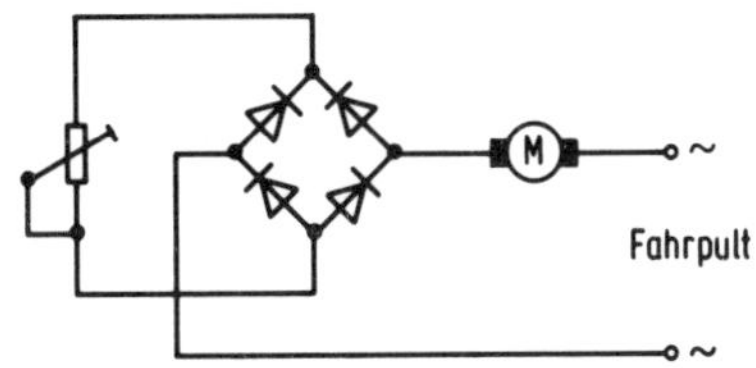

Abb. 6.1.9/1 Prinzip einer Verzögerungsschaltung für Wechselstrombahnen

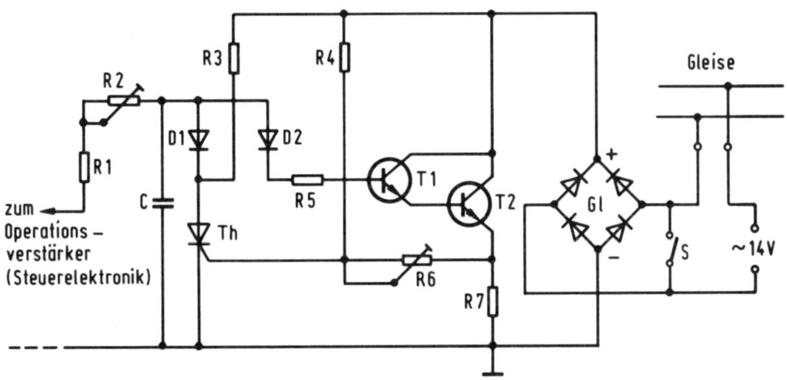

Abb. 6.1.9/2 Anfahr- und Bremsverzögerung für Wechselstrombahnen

R 1 = 2 bis 3 kΩ	C = 470 pF
R 2 = 5 MΩ	D 1 = D 2 = 1 N 914 o. ä.
R 3 = 1 kΩ	Gl = Brückengleichrichter B 80 C 5000
R 4 = 15 kΩ	Th = BR 101 o. ä.
R 5 = 220Ω	T 1 = BC 107 o. ä.
R 6 = 1 kΩ	T 2 = 2 N 3055
R 7 = 1Ω, 10 W	

Zweck erfüllt. Sperrt T2, so wird auch der Motorstrom unterbrochen, und die Lok bleibt stehen. Der Widerstand R7 begrenzt zwar den Strom durch T2, aber nur unwesentlich; er hat einen Wert von nur 1 Ω, und damit er nicht zu heiß wird, muß er hoch belastbar sein (mit etwa 0,5 A Dauerstrom, d.h. er muß auf 9 Watt Leistung – Normwert – bemessen werden). Es gibt solche Hochlastwiderstände; sie sind meistens in ein Keramikröhrchen eingeschlossen.

Die eigentliche Steuerelektronik kommt an die Basis von T1. Da gibt es allerdings einiges zu bedenken. Die Steuerelektronik darf ihre Versorgungsspannung nicht aus dem Fahrpult bekommen (auch nicht aus dessen Lichtstrombuchsen, die zumeist intern mit den Fahrstromausgängen verbunden sind); sie braucht eine unabhängige Quelle. Gemäß Abb. 6.1.9/2 sind der Wechselstromkreis und der Stromkreis der Steurelektronik nur an zwei Punkten miteinander verbunden, nämlich einmal über die Masseleitung und außerdem über den Widerstand R1. Andere Verbindungen darf es nicht geben.

Außerdem aber muß man dafür sorgen, daß die Darlingtongruppe nicht überlastet wird. Dazu dient der Thyristor Th. Was ein Thyristor ist und wie er arbeitet, wurde in Kap. 2.6 beschrieben. Er wird über sein Gate gezündet, und gemäß Abb. 6.1.9/2 kann das auf zwei Wegen geschehen. Erstens über R4; dann spricht der Thyristor auf zu hohe Spannungen an. Zweitens zündet er auch, wenn der Strom durch T2 zu groß wird; dann entsteht nämlich an R7 ein Spannungsabfall, der der Stromstärke proportional ist. Zündet Th, so wird die Steuerspannung hinter R2 weggenommen, die Basis von T1 hat kein positives Potential mehr, und damit ist der Stromweg über T2 gesperrt.

Auch diese Schaltung muß vor Inbetriebnahme abgestimmt werden

Auch diese Schaltung muß vor Inbetriebnahme abgestimmt werden. Wenn man sie an den Ausgang eines Operationsverstärkers nach Abb. 6.1.1/4 anschließt, wird von ihm her die Steuerspannung für T1 bestimmt: Je höher sie ist, desto schneller fährt die Lok. R2 ist so einzustellen, daß die Lok bei voll angesteuerter Darlingtongruppe ihre Maximalgeschwindigkeit erreicht. Die Zündschwelle des Thyristors wird über R6 festgelegt.

Bliebe noch zu sagen, was der Schalter S für eine Funktion hat. Bei Wechselstromloks wird die Fahrtrichtung durch einen Überspannungsstoß gewechselt, und dieser Stoß darf sich nicht auf die Steuerelektronik auswirken. Daher muß sie abgeschaltet werden, sobald der Überspannungsimpuls erfolgt, und das geschieht, indem gleichzeitig mit der Betätigung der Telex-Taste geschlossen wird. Dann geht die Überspannung direkt an die Gleise und nicht mehr an die Graetzschaltung. Ist der Impuls beendet, so muß natürlich S wieder geöffnet werden.

Bei fertigen Märklin-Fahrpulten ist solch eine Kombination von S mit dem Überspannungstaster schwer möglich. Man müßte also bei jedem Fahrtrichtungswechsel zwei Taster gleichzeitig betätigen, S und den Taster am Fahrpult. Das ist umständlich, und so stoßen wir ganz unvermittelt auf ein neues Problem. Ist es überhaupt nötig, mit einem industriellen Märklin-Fahrpult zu arbeiten, oder kann man sich nicht eine passende Spannungsquelle selber bauen? Wir wollen diese Frage sogleich ausweiten und uns im Kapitel 6.4 Gedanken über die Möglichkeiten beim Eigenbau von Netzgeräten machen. Doch zuvor beschäftigen wir uns noch weiter mit Automatik-Problemen.

6.2 Polwender und Fahrtrichtungswechsel

Für den Automatik-Betrieb ist es häufig notwendig, die Fahrtrichtung zu wechseln. Bei Gleichstromfahrzeugen muß dazu die Richtung des Fahrstromes umgekehrt werden, und dazu dient ein Polwender.

Für die Umpolung muß eine besondere Schaltung vorgesehen werden

Im Normalfall wird die Umpolung am Fahrpult selber besorgt, d.h. im Handbetrieb. Soll aber eine Modellbahnanlage mit Automatik betrieben werden, so scheidet diese Möglichkeit aus; die Fahrspannung hat grundsätzlich eine konstante Höhe und Polung. Wenn umgepolt werden soll, so muß eine besondere Schaltung vorgesehen werden.

Zum besseren Verständnis des Umpolvorganges greifen wir aber doch zunächst auf manuelle Polwender zurück. Man kann dabei von Kippschaltern ausgehen, die vierpolig angelegt sein müssen *(Abb. 6.2/1).* Je nach Schalterstellung wird die Fahrspannung verschieden an die Schienen gelegt; *Abb. 6.2/2* zeigt noch einmal das Prinzip der Sache in dem üblichen Schaltbild eines Polwenders. Die gleichen Möglichkeiten bieten Relais mit zwei Spulen und Umschaltkontaktsätzen (z.B. von Trix); bei ihnen kann bereits eine Automatik zur Steuerung verwendet werden, da die Umschaltung durch Stromstöße erfolgt. Diese Impulse müssen dann von einer speziellen Steuerungsanlage kommen.

Nun läßt sich aber ein Polwender auch voll elektronisch, d.h. ohne mechanisch arbeitende Bauteile, bilden. Dazu betrachten wir *Abb. 6.2/3.* Es liegt eine Kombination von vier Leistungstransistoren und zwei *Treibern* vor; bei den Leistungstransistoren sind T1 und T1' pnp-Typen, T2 und T2' sind npn-Typen, desgleichen die beiden Treiber T3 und T3'. Welche Transistoren man im einzelnen verwenden will, hängt von der Stromaufnahme der Lokomotiven ab; man muß mit ca. 1 A bei 14 V Betriebsspannung rechnen. Eventuell kann man die Typen BD 187 (npn) und BD 188 (pnp) nehmen; sie vertragen 4 A bei 40 W, und das reicht auf jeden Fall aus. Die Treibertransistoren T3 und T3' brauchen nicht so viel zu leisten; da genügt z.B. der BC 338.

Angesteuert wird der elektronische Polwender über die Eingänge E1 und E2. Sie liegen wechselweise entweder auf positivem Potential oder an Masse (0 V). Nehmen wir an, E1 erhält eine positive Steuerspannung (z.B. + 5 V), und E2 ist auf Massepotential geschaltet. Dann sperrt T3', aber T3 wird leitend. Er öffnet T2 und damit auch gleichzeitig T1. Damit wird der Schaltpunkt A1 über die Emitter-Kollektorstrecke von T2 negativ (Masse), der Punkt A2 wird entsprechend positiv, weil ein Strom vom Pluspol der Fahrspannung über die Emitter-Kollektorstrecke von T1 fließen kann. Die Fahrspannung liegt jetzt an den Schienen; eine Lok fährt z.B. nach rechts.

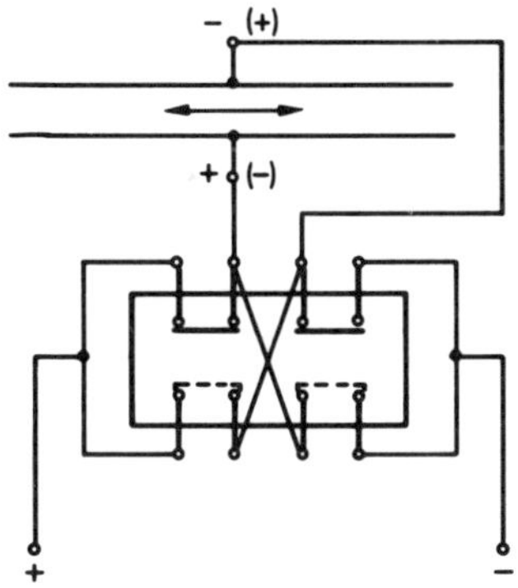

Abb. 6.2/1 Polwender mit mechanischem Kippschalter

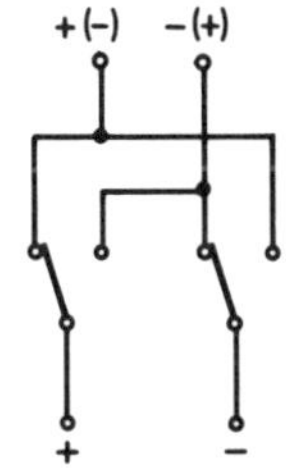

Abb. 6.2/2 Prinzipschaltung für einen mechanischen (elektromagnetischen) Polwender

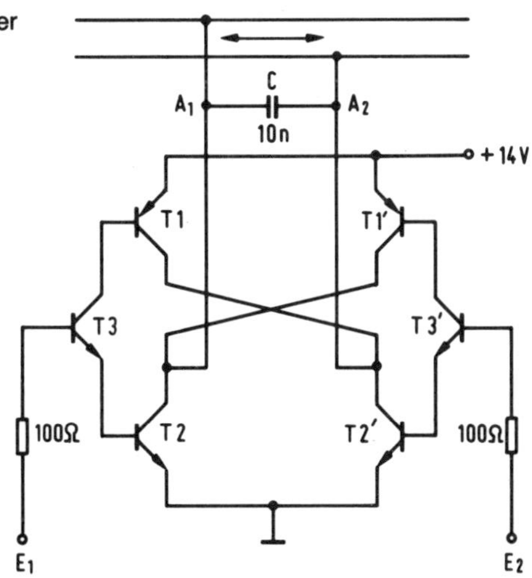

Abb. 6.2/3 Elektronischer Polwender

Wird jetzt E1 auf Masse gelegt und stattdessen E2 positiv angesteuert, so kehren sich die Verhältnisse um. T3' schaltet durch und öffnet die Transistoren T2' und T1'. Punkt A wird positiv (über T1'), Punkt A2 wird negativ (über T2'), und die Fahrtrichtung der Lok kehrt sich um; sie fährt jetzt nach links.

Die beiden Vorwiderstände an den Eingängen dienen zur Begrenzung des Basisstromes bei T3 bzw. T3'. Der Kondensator C ist notwendig, um Störimpulse aufzufangen, die an den Schienen auftreten können, wenn die Lok über Schmutzstellen fährt oder wenn es an ihrem Motor *funkt;* eventuell kann man höhere Kapazitätswerte nehmen.

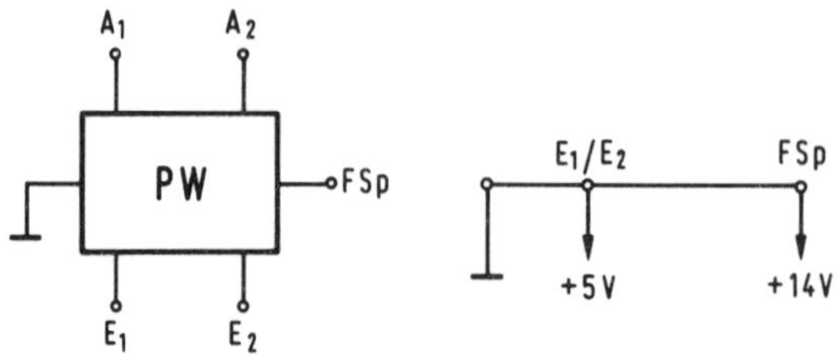

Abb. 6.2/4 Blockschaltbild für einen elektronischen Polwender

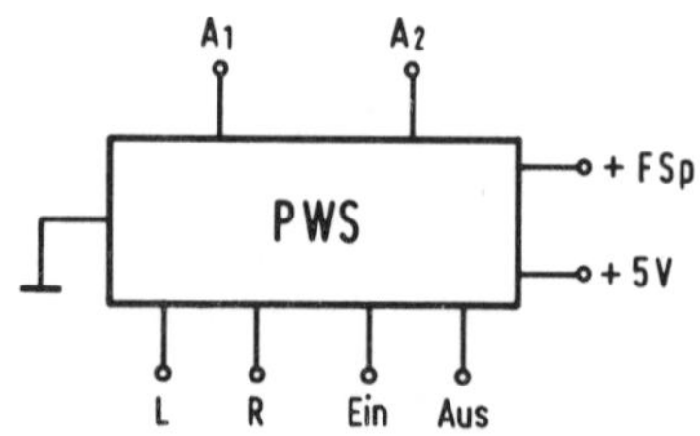

Abb. 6.2/6 Blockschaltbild für kombinierten elektronischen Polwender und Ein-Aus-Schalter

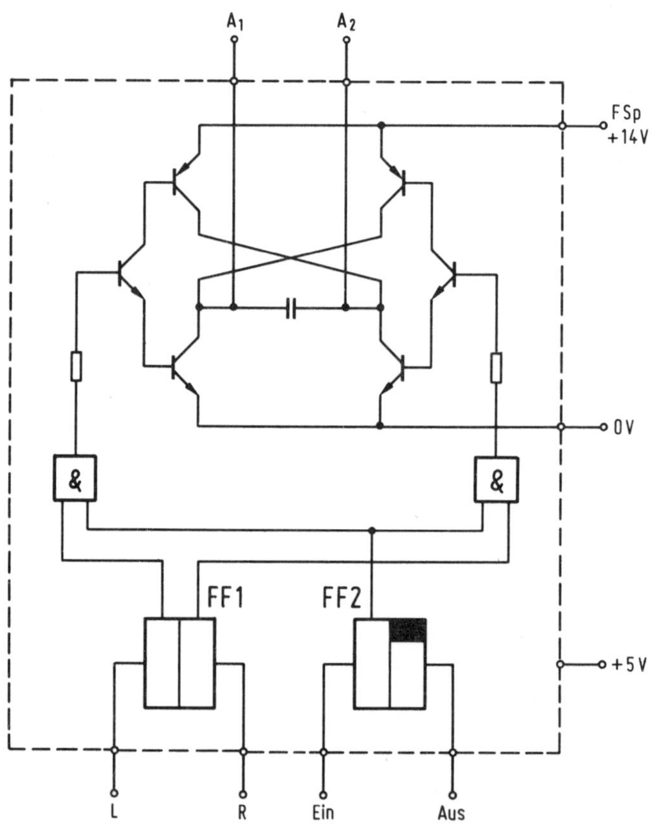

Abb. 6.2/5 Kombinierter elektronischer Polwender und Ein-Aus-Schalter

Die gesamte Schaltung soll in späteren Skizzen als zusammenhängender Block mit einem entsprechenden Symbol dargestellt werden *(Abb. 6.2/4)*; außerdem sei noch einmal besonders darauf hingewiesen, daß die Eingangsspannungen bei E1 bzw. E2 kleiner sein können als die Fahrspannung. Das ist vor allem wichtig, wenn man den Polwender über integrierte Schaltungen ansteuern will.

Auf solch einen Fall wollen wir sofort eingehen. Die Schaltung eines elektronischen Polwenders läßt sich nämlich erweitern, indem man noch einen zusätzlichen Ein-Aus-Schalter für den Fahrstrom vorsieht. Auch er soll elektronisch funktionieren. Sein Prinzip zeigt *Abb. 6.2/5*.

Die Grundlage bildet nach wie vor die Kombination von sechs Transistoren gemäß Abb. 6.2/3. Die Ansteuerung von T3 bzw. T3' erfolgt jetzt jedoch nicht mehr durch irgendwelche beliebigen Steuerspannungen, sondern mit zwei Flipflops und nachgeschalteten UND-Gattern, z.B. aus dem integrierten Standard-Baustein SN 7408. Das erste Flipflop (FF1) bestimmt die Fahrtrichtung, das zweite (FF2) dient als Schalter für den Fahrstrom. Es ist ein RS-Flipflop mit Vorzugslage; im Grundzustand soll es den Fahrstrom sperren, im gesetzten Zustand soll es ihn einschalten. Beide Flipflops arbeiten unabhängig voneinander. Sind z.B. FF1 und FF2 beide gesetzt, so fließt der Fahrstrom in der einen Richtung; ist nur FF2 gesetzt, so kehrt er seine Richtung um. Ist schließlich FF2 nicht gesetzt (Grundzustand), so ist die Lage von FF1 beliebig; es kann überhaupt kein Fahrstrom fließen.

Im ganzen kann man die Schaltung wieder zu einem Block zusammenfassen und ihn als *Polwender-Schalter* (PWS) ansehen. Er soll im folgenden durch ein entsprechendes Symbol dargestellt werden *(Abb. 6.2/6)*. Dabei hat er zwei Anschlüsse für die erforderlichen Versorgungsspannungen (Fahrspannung und Betriebsspannung für die IC's), einen Masseanschluß und vier Eingänge (links – rechts; ein – aus). Das Ganze läßt sich auf eine gesonderte Platine löten und wie ein selbständiger Baustein (Modul) in umfangreichere Automatik-Schaltungen einfügen.

Das ganze läßt sich als Modul in umfangreichere Schaltungen einfügen

6.2.1 Kehrschleifen im Gleichstrombetrieb

Einen Anwendungsfall für Polwender wollen wir sofort besprechen, weil er bei Gleichstrombahnen häufig vorkommt. Bereits in Kap. 1.2 war von den Schwierigkeiten die Rede gewesen, die Kehrschleifen bereiten können. Wenn dort Schienen verschiedener Polarität zusammenstoßen (vgl. Abb. 1.2/1), so kann es einen Kurzschluß geben – es sei denn, man fügt Trennstellen ein, aber damit ist das Problem noch nicht gelöst. Fährt nämlich eine Lok über

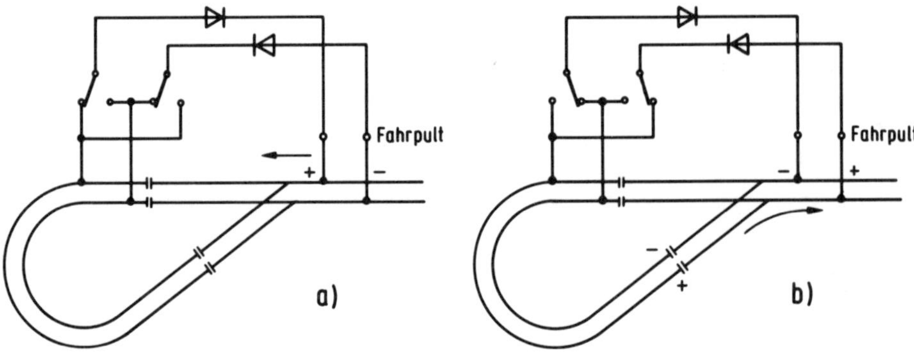

Abb. 6.2.1/1 Kehrschleifenschaltung bei Fahrstromeinspeisung in die Hauptanlage
a) Einfahrt in die Kehrschleife; b) Ausfahrt aus der Kehrschleife

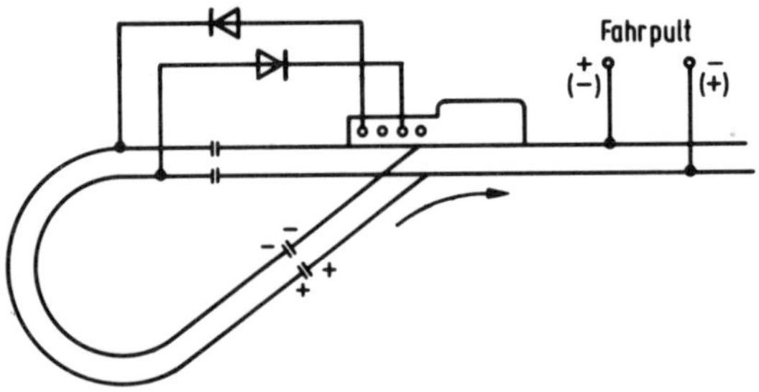

Abb. 6.2.1/2 Kehrschleifenschaltung mit Fleischmann-Weiche 1724 A

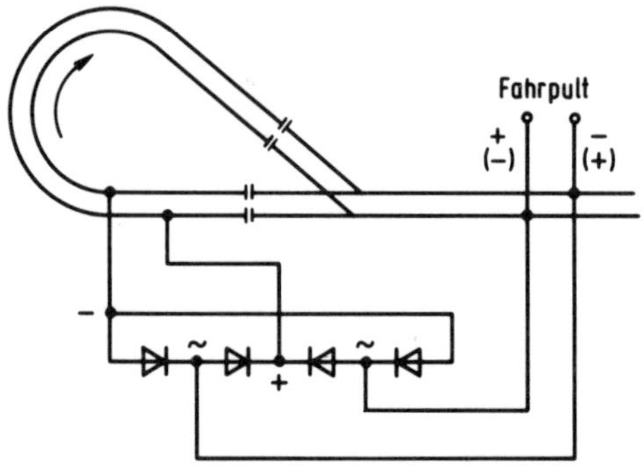

Abb. 6.2.1/3 Kehrschleife mit Graetzschaltung

die Trennstelle, so trifft sie auf einen Gleisansatz, dessen Polarität zur Umkehrung ihrer Fahrtrichtung führt; sie ruckt hin und her, und am Ende steht sie mit ihren Rädern gerade auf der Trennstelle und verursacht genau den Kurzschluß, den man vermeiden wollte. Die Sache muß also anders laufen.

Eine einfache Lösung des Problems zeigt *Abb. 6.2.1/1.* Die Hauptanlage erhält ihre Betriebsspannung von einem Gleichstromfahrpult; die Zuleitungen zur Kehrschleife führen über zwei Dioden und einen Polwende-Schalter gemäß Abb. 6.2/1 bzw. 6.2/2; dabei ist der gesamte Kehrschleifenteil durch zwei Trenngleise völlig von der Hauptanlage isoliert. Fährt die Lok in die Kehrschleife ein, so sperren entsprechend der Polung die beiden Dioden (a); die Kehrschleife ist stromlos, und die Lok hält an. Nun wird der Polwender umgeschaltet, und wenn man danach die Fahrspannung ebenfalls umpolt, so kann die Lok in der Kehrschleife weiterfahren (b). Sobald sie über die zweite Trennstelle auf die Hauptanlage kommt, findet sie dort die richtigen Polungsverhältnisse vor und kann die Kehrschleife ohne Aufenthalt wieder verlassen. Da der Fahrstrom in der Kehrschleife über beide Dioden fließt, muß man natürlich Leistungstypen verwenden (z.B. 1 N 4001); außerdem sinkt dabei die Fahrspannung etwas ab, aber das kann nichts schaden, und schließlich läßt sich der Halt an der ersten Trennstelle dadurch motivieren, daß man an der Kehrschleife entweder einen kleinen Bahnhof vorsieht oder sie verdeckt unter einem Berg gestaltet.

Was man nicht vergessen darf

Was man natürlich nicht vergessen darf: bei der Ausfahrt aus der Kehrschleife muß die Weiche umgestellt werden. Das kann über Drucktaster erfolgen, und wenn man sie mit einem Umschaltrelais kombiniert, hat man auch gleich den Polwender mit dabei. Bei einigen Weichen (Fleischmann, Arnold) ist der Polwender sogar eingebaut; dadurch wird die Schaltung sehr einfach *(Abb. 6.2.1/2).*

Besonders elegante Lösung

Besonders elegant ist aber eine andere Lösung, bei der man einen Graetzgleichrichter zur Einspeisung der Fahrspannung in die Kehrschleife benutzt *(Abb. 6.2.1/3).* Seine Anschlüsse für Wechselspannung kommen an die Hauptanlage; dann kann man dort ruhig umpolen, ohne die Fahrtrichtung in der Kehrschleife zu verändern. Verläßt die Lok die Kehrschleife, so findet sie die richtige Polung der Hauptanlage vor; nur darf man nicht das Umschalten der Weiche vergessen.

Alle diese Schaltungen setzen eine manuelle Bedienung voraus, und das kann den Fahrbetrieb gelegentlich aufhalten. Natürlich liegt es nahe, Fahrten durch Kehrschleifen so weit zu automatisieren, daß sie von selber laufen, damit der *Fahrdienstleiter* die Hände für wichtigere Dinge freibekommt. Dazu ist zunächst ein SRK nötig, der von der Lok bedient wird. Er liegt in der Kehrschleife, und zwar so weit von der ersten Trennstelle entfernt, daß auch der längste Zug völlig in der Schleife eingefahren ist, ehe seine Lok den SRK erreicht. Sonst könnten nämlich beim Umstellen der Weiche Waggons entgleisen.

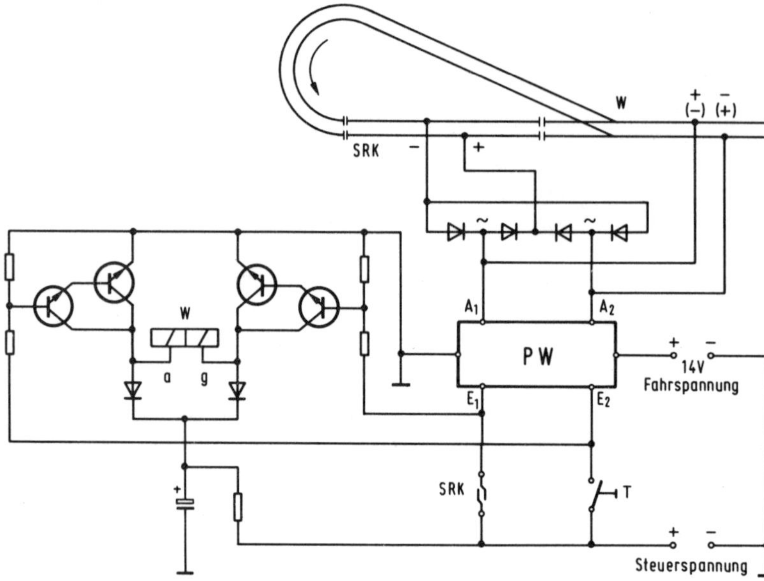

Abb. 6.2.1/4 Automatische Kehrschleifenschaltung

Die zugehörige Kehrschleifenschaltung zeigt *Abb. 6.2.1/4*. Die Lok fährt an der Weiche W in die Kehrschleife ein; die äußere Schiene möge an der positiven, die innere an der negativen Fahrspannung liegen. Auch das Trennstück muß dann in dieser Weise gepolt sein, und dafür sorgt eine Graetzschaltung gemäß Abb. 6.2.1/3. Ihre Wechselstromeingänge sowie das Gleis der Hauptanlage liegen an den Ausgängen des elektronischen Polwenders (A1 bzw. A2). Dessen Eingänge wiederum werden entweder durch einen Drucktaster T oder einen Reed-Kontakt (SRK) betätigt. Vor dem Einfahren in die Kehrschleife mußte T gedrückt sein; das entspricht dann der richtigen Polung für die Hauptanlage und der auf *abzweigend* (a) gestellten Weiche. Erreicht die Lok den SRK, so wird dort ein positiver Signalimpuls erzeugt, der erstens den Polwender umschaltet und zweitens die Weiche auf *geradeaus* umstellt. Die Weichenschaltung erfolgt wieder über Darlingtontransistoren und einen Speicherkondensator, wie wir ihn in Kap. 2.3 vorgestellt hatten; dort finden sich auch die näheren Angaben über die erforderlichen Bauteile. Wenn die Lok aus der Kehrschleife herausfährt, ist natürlich die Fahrspannung für die Hauptanlage umgepolt; soll sie wieder ihre ursprünglichen Vorzeichen erhalten, so muß T betätigt werden. Dann springt auch die Weiche auf *abzweigend* um, und die nächste Kehrschleifenfahrt kann beginnen.

Selbstverständlich braucht man außer der Fahrspannung eine selbständige Steuerspannung. Beide Spannungsquellen werden mit ihren negativen Polen zur *Masse* zusammengeschaltet; ein Umpolen der Fahrspannung am Fahrpult fällt bei der Schaltung gemäß Abb. 6.2.1/4 weg.

6.3 Automatikplanungen

Der entscheidende Schritt: Die vollautomatische Betriebseinheit

Inzwischen sind nun unsere Kenntnisse so weit gediehen, daß sich ein entscheidender Schritt wagen läßt: die Entwicklung einer vollautomatischen Betriebseinheit. Da soll sich auf der Modellbahnanlage etwas tun, ohne daß ein *Fahrdienstleiter* überhaupt einzugreifen braucht; wie von Geisterhand gesteuert, sollen Zugbewegungen von selbst erfolgen, und das, so lange die Anlage eingeschaltet ist.

Allerdings, ganz so großartig wird der erste Entwurf einer Vollautomatik doch noch nicht werden; wir beschränken uns auf einen möglichst einfachen Fall, bei dem die Schaltung einigermaßen übersichtlich bleibt und keine gar zu großen Probleme aufwirft. Nur eine einzige Strecke soll geplant werden, eine eingleisige Verbindung zwischen zwei Bahnhöfen A und B, und auf dieser Strecke ist lediglich ein Triebwagen vorgesehen, der zwischen den Endbahnhöfen hin- und herpendelt. Eventuell kann es auch ein Wendezug sein, bei dem das Umsetzen der Lokomotive entfällt. Mal zieht sie ihren Zug, mal schiebt sie ihn, immer abwechselnd von rechts nach links und wieder von links nach rechts (Abb. 6.3/1). Das ist weiß Gott kein überwältigendes Konzept, aber immerhin kann es eine schon vorhandene Anlage bereichern, etwa wenn unsere *Pendeleinheit* im Hintergrund hin- und herfährt, wobei die beiden Bahnhöfe auch verdeckt bleiben dürfen, z.B. als unterirdische Kopf- und Schattenstationen. Was hier in erster Linie interessiert, ist die Schaltung, und sie soll ohne mechanische Bauteile funktionieren, vor allem ohne Relais; höchstens zwei Reed-Kontakte (SRK's) werden ge-

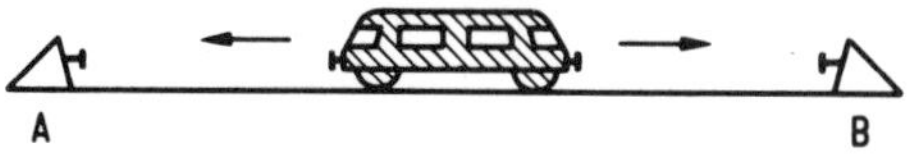

Abb. 6.3/1 Pendelverkehr zwischen zwei Bahnhöfen A und B

braucht. Sonst läuft alles über elektronische Steuerungen, und das macht unseren schlichten Entwurf doch recht reizvoll.

Beginnen wir unsere Überlegungen mit erdachten Probefahrten einer imaginären Experimentierlok. Zunächst möge sie den Bahnhof A gerade verlassen haben und nach B fahren. Dort muß sie anhalten, aber da es unrealistisch wäre, wenn sie sofort umkehrt, ist dafür Sorge zu tragen, daß sie eine Weile in B wartet. Erst dann fährt sie nach A zurück, hält, wartet abermals, und danach wiederholt sich das Spiel.

Was ist zur Realisierung an Schaltelementen notwendig

Soviel zum Betriebsablauf. Als nächstes müssen wir überlegen, was zu seiner Realisierung an Schaltelementen benötigt wird.

Da die Lok nach ihrer Ankunft in einem Bahnhof anhalten soll, muß sie diese Ankunft an die Elektronik *melden,* und dazu sind am besten zwei Reed-Kontakte unter den Gleisen geeignet (die Lok erhält einen entsprechenden Magneten). Allerdings dürfen diese Reed-Kontakte nur ansprechen, wenn die Lok in einen Bahnhof einfährt; bei der Ausfahrt haben sie keine Funktion und müssen irgendwie stillgelegt werden. Zweitens brauchen wir zwei Aufenthaltsschalter bzw. Zeitglieder, deren Einstellung die Wartezeit in den Bahnhöfen festlegt, und drittens muß dafür gesorgt werden, daß sich für die Ausfahrt aus einem Bahnhof die Fahrtrichtung jeweils umkehrt; sonst kommt keine Pendelbewegung zustande. Unser Wendezugbetrieb soll mit Gleichstrom laufen; dann ist für den Wechsel der Fahrtrichtung ein Polwender nötig. Bei Wechselstrombahnen wäre er durch einen Überspannungsimpuls zu ersetzen. Auf alle weiteren Funktionsteile (Signale usw.) soll zunächst einmal verzichtet werden, um die Schaltung nicht unnötig zu komplizieren.

Beginnen wir mit den Aufenthaltsschaltern. Sie lassen sich auf sehr verschiedene Weise realisieren, etwa durch Thermorelais, aber die sind erstens schwer zu beschaffen, zweitens schlecht auf eine genaue Schaltdauer zu justieren, und drittens ist unser Ehrgeiz, nur elektronische Mittel einzusetzen. Da bietet sich nun ein sog. *Monoflop* an, und was das ist, haben wir in Kap. 6.1.4 erklärt. Wir verwenden es als Aufenthaltsschalter gemäß Kap. 6.1.5 und benutzen dabei den integrierten Schaltkreis NE 555 (eventuell auch NE 556, da zwei Aufenthaltsschalter für die Bahnhöfe A und B erforderlich werden). In *Abb. 6.3/2* ist die Beschaltung des IC's noch einmal gezeigt, hier mit einem Trimmwiderstand und einem Kondensator, die zusammen Aufenthaltsdauern bis zu 130 sec ermöglichen. Man kann das gemäß der Formel $T = 1{,}1 \cdot R \cdot C$ ausrechnen. In unserem Fall wird dann

$$T = 1{,}1 \cdot 250 \cdot 10^3 \cdot 470 \cdot 10^{-6} = 12{,}9 \cdot 10^1 \text{ sec.}$$

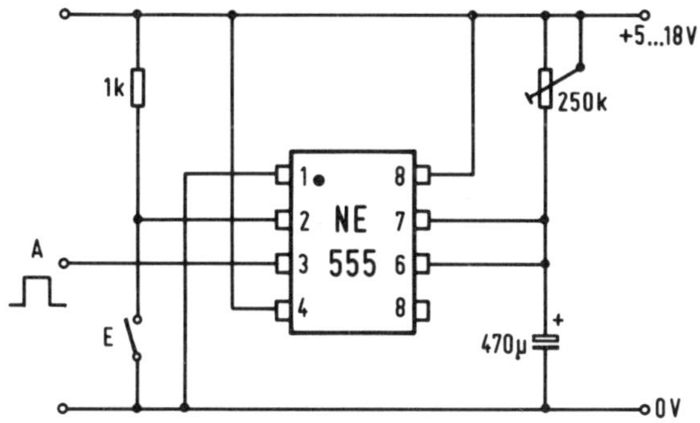

Abb. 6.3/2 Aufenthaltsschalter für einen Bahnhof

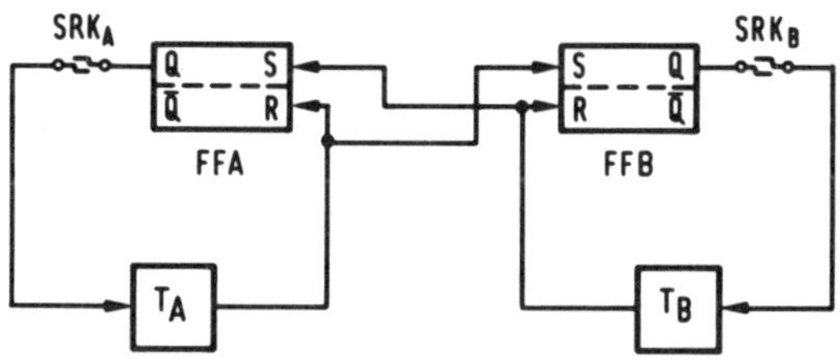

Abb. 6.3/3 Schemaskizze für die Zeitschaltung bei zwei Bahnhöfen A und B

Allerdings ist jetzt die Situation etwas anders als beim Aufenthaltsschalter aus Kap. 6.1.5, denn der Aufenthalt erfolgt nicht mehr irgendwo auf der Strecke in einem Zwischenhaltepunkt, sondern in zwei einander gegenüberliegenden Kopfbahnhöfen. Wir hatten schon festgestellt, daß der Timer nur reagieren darf, wenn die Lok in einen Bahnhof einfährt, denn dann soll sie halten. Verläßt sie dagegen nach der Wartezeit diesen Bahnhof, so soll der Timer stillgelegt sein, d.h. er darf kein neues Signal erhalten, sobald die Lok über den Reed-Kontakt vor dem Bahnhof hinausfährt. Diese Bedingung läßt sich dadurch erfüllen, daß man die beiden Timer für die Bahnhöfe A und B mit je einem RS-Flipflop kombiniert. Dann brauchen wir auch keine Trenngleise. Wie die Sache zu verstehen ist, zeigt die Schemazeichnung von *Abb. 6.3/3.*

Nehmen wir an, die Lok nähert sich gerade dem Bahnhof B: Sobald sie über den SRK B fährt, schließt sich dessen Kontakt, und wenn nun das Flipflop B an seinem Ausgang Q auf Masse liegt (Logikzustand L), dann kann ein negativer Impuls an den Eingang des Timers B gelangen und ihn *setzen,* d.h. die Warteperiode T_B auslösen. Der Ausgang des Timers B geht dabei auf die positive Betriebsspannung, und sofern es sich bei dem Flipflop um eine Kombination aus NOR-Gattern handelt, springt es um: Sein

Q-Ausgang wird positiv (Logikzustand H). Nach Ablauf der Wartezeit soll die Lok den Bahnhof B wieder verlassen, aber jetzt kann der dortige Reed-Kontakt nichts mehr bewirken, denn auch wenn er sich schließt, gelangt nur positive Ladung an den Eingang des Timers, und darauf reagiert er nicht.

Umgekehrt verhält sich die Sache bei Bahnhof A. Die beiden Flipflops sind mit ihren Eingängen über kreuz verbunden, d.h. wenn FF B gesetzt wurde, wurde gleichzeitig FF A zurückgesetzt und zeigt nun an seinem Q-Ausgang den Logikzustand L (Masse). Rollt die Lok über den SRK A, so gibt es ein negatives Signal für den Timer T_A; er wird angestoßen, und sein Ausgang geht auf positives Potential. Dadurch kippen aber beide Flipflops in gegensätzlicher Weise: FF A zeigt am Q-Ausgang Zustand H, FF B Zustand L, und nun kann nach Ablauf der Wartezeit die Lok den Bahnhof A wieder verlassen, die Strecke nach B zurücklegen, wo sie den Reed-Kontakt SRK B erneut in betriebsbereitem Zustand vorfindet. Das Spiel wiederholt sich.

Dieser Punkt muß besonders erwähnt werden

Ein Punkt muß allerdings erwähnt werden. Wenn die Lok über einen Reed-Kontakt fährt und programmgemäß stehenbleibt, kann es sein, daß sie mit ihrem Magneten noch so dicht am Kontakt hält, daß dieser sich nicht wieder öffnet. Dann wäre der Eingang des Timers dauernd auf negativem Potential, und das würde bedeuten, daß der Timer ebenfalls dauernd gesetzt bleibt und nicht in seinen Grundzustand zurückfallen kann. Man muß also dafür sorgen, daß vom SRK nur ein kurzer negativer Impuls an PIN 2 kommt, und das geschieht am besten mit einer Kondensatorschaltung, die Nadelimpulse erzeugt. Wie so etwas geht, wissen wir bereits (vgl. Kap. 6.1.8). Die Kapazität des Kondensators kann 10 nF betragen; parallel dazu liegt ein Widerstand 10 kΩ, über den sich der Kondensator entladen kann.

Für die beiden RS-Flipflops wählen wir die robusten Standard-IC's der Reihe SN 74. .; da es NOR-Kombinationen sein sollen, kommt der Typ 7402 in Frage. Die vollständige Schaltung für die Wartezeiten ergibt sich aus *Abb. 6.3/4.* Dabei sind noch einige Zusätze vorgesehen. Es ist beim Einschalten der Betriebsspannung von 5 Volt (mehr können die Standard-IC's nicht vertragen!) nicht ohne weiteres erkennbar, wie sich die Ausgänge der beiden Flipflops verhalten; um das von außen kontrollieren zu können, ist es ratsam, ihnen zwei über Transistoren angesteuerte Leuchtdioden zuzuordnen, die man am Schaltpult für die Anlage montieren kann. Passen die Flipflop-Zustände nicht zu der Anfangsposition der Lok (z.B. Lok soll den Bahnhof A verlassen, aber FF A zeigt am Ausgang Q negatives Potential), so sind noch zwei Drucktaster vorzusehen, mit denen man die richtigen Flipflop-Einstellungen von außen eingeben kann.

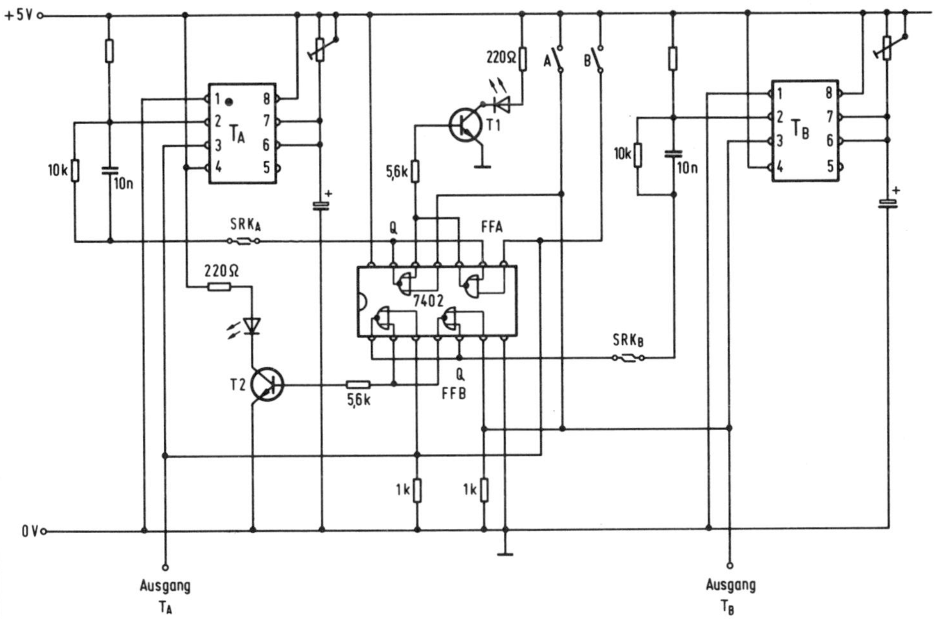

Abb. 6.3/4 Schaltplan zur Schema-Skizze von Abb. 6.3/3

In Abb. 6.3/4 sind nur noch die Bauteile mit Wertangaben versehen, die gegenüber den vorigen Skizzen neu hinzukommen; alle übrigen Angaben können von Abb. 6.3/2 übernommen werden. Die Transistoren T1 und T2 zur Ansteuerung der Leuchtdioden sind npn-Typen geringer Leistung, z.B. BC 107 o.ä. Der IC 7402 liefert die beiden RS-Flipflops FF A und FF B. Von den beiden Timern sind von PIN 3 aus jeweils zwei Leitungen aus der Schaltung herausgeführt; diese Ausgänge werden für den weiteren Aufbau der Automatik benötigt.

Bisher fehlen nämlich noch ein Schalter, mit dem der Fahrstrom ein- bzw. ausgeschaltet werden kann, sowie ein Polwender zum Wechseln der Fahrtrichtung. Natürlich sollen auch diese Schaltungsteile voll elektronisch arbeiten, und deshalb greifen wir nun auf den Polwender von 6.2 zurück.

Für den Fahrstrom gilt: er darf nur eingeschaltet sein, wenn keiner der beiden Timer *gesetzt* ist, d.h. wenn die Lok in einem der beiden Bahnhöfe warten soll, darf sie natürlich keine Fahrspannung erhalten. Diese Bedingung ist dadurch zu erfüllen, daß man die Ausgänge der beiden Timer (jeweils PIN 3) in einer UND-Schaltung zusammenführt, natürlich ohne daß sie sich

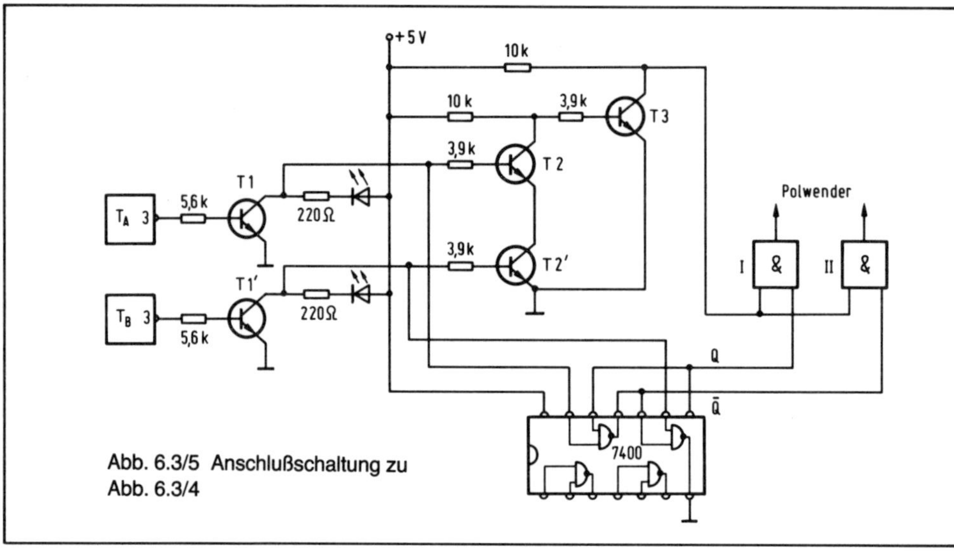

Abb. 6.3/5 Anschlußschaltung zu Abb. 6.3/4

gegenseitig beeinflussen. Es gibt dafür mehrere Wege; hier soll eine Kombination aus Transistoren benutzt werden, über die wir ein RS-Flipflop ansteuern.

Die zu dieser Schaltung gehörige *Abb. 6.3/5* ist als Fortsetzung von Abb. 6.3/4 zu verstehen. Sie beginnt mit den Ausgängen der beiden Timer; von ihnen geht es zunächst an zwei Transistoren T1 und T1'. Ist einer der Timer *gesetzt* (Wartezeit der Lok im Bahnhof A bzw. B), liegt der zugehörige PIN 3 auf positivem Potential; der entsprechende Transistor schaltet durch, so daß sein Kollektor negativ wird. Man kann das durch eine Leuchtdiode kontrollieren; unbedingt nötig ist sie nicht, aber wenn man sie wegläßt, sollte man doch den Widerstand beibehalten (eventuell auf 1 kΩ erhöhen), damit an den Basen von T2 bzw. T2' eindeutige Spannungszustände herrschen.

Ist nun also einer der beiden Transistoren T1 bzw. T1' durchgeschaltet, so wird die zugeordnete Basis von T2 bzw. T2' negativ angesteuert; daraufhin sperrt der entsprechende Transistor. T2 und T2' liegen in Reihe: Ganz gleich, welcher von beiden sperrt, immer erhält man am Kollektor von T2 positives Potential.

Die beiden Transistoren T2 und T2' erfüllen also die Funktion einer UND-Schaltung. Nur wenn beide Transistoren leiten – also außerhalb der Wartezeiten – ist der Kollektor von T2 negativ.

T3 dient als Inverter, d.h. wenn seine Basis negativ ist, wird sein Kollektor positiv – und umgekehrt. Für die Zeiten, in denen die Lok fahren soll, gibt also T3 ein positives Signal ab.

Von den Kollektoren bei T1 bzw. T1' gehen nun noch zwei weitere Leitungen zu den Eingängen eines RS-Flipflops. Es ist aus zwei NAND-Gattern gebildet, springt also bei negativen Impulsen um. Je nachdem, ob T1 oder T1' durchschaltet, wird dieses Flipflop gesetzt oder zurückgesetzt, und entsprechend erhält man entweder an seinem Ausgang Q oder an $\bar{Q}$ positives Potential (Logikzustand H). Von diesen Ausgängen geht es weiter zu zwei UND-Gattern (aus dem IC 7408); außerdem werden beide Gatter von dem Kollektor des Transistors T3 aus gemeinsam angesteuert. Daraus ergeben sich für die Ausgänge der beiden UND-Gatter drei mögliche Situationen: Erstens kann T3 leiten, dann zeigt jeweils ein Eingang der beiden UND-Gatter den Logikzustand L, folglich liegen auch die beiden Ausgänge auf L, und das bewirkt, daß der folgende Polwender den Stromdurchgang sperrt: Die Lok muß in einem Bahnhof warten. Zweitens kann T3 sperren, sein Kollektor ist positiv, und die linken Eingänge der UND-Gatter liegen auf H. Nun ist aber das RS-Flipflop entweder bei Q oder bei $\bar{Q}$ ebenfalls auf H, und so muß gemäß der UND-Funktion einer der Ausgänge bei den beiden UND-Gattern den Zustand H zeigen, d.h. positiv sein. Diese Ausgänge werden mit dem elektronischen Polwender verbunden, so daß sich dort zwei Möglichkeiten ergeben, die der Fahrtrichtung nach links bzw. nach rechts

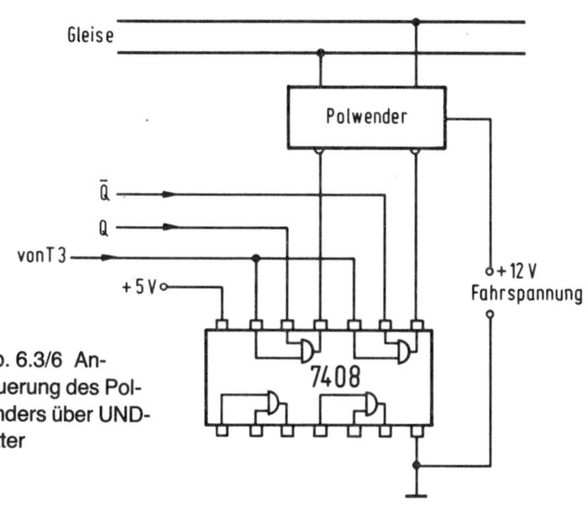

Abb. 6.3/6 Ansteuerung des Polwenders über UND-Gatter

entsprechen. Der Polwender kann also entweder stromlos sein (Halt) oder den Fahrstrom nach den Erfordernissen des Fahrbetriebes polen. Man muß nur darauf achten, daß die Gleisanschlüsse vom Polwender aus in der richtigen Weise angelegt sind, damit die Fahrtrichtungen auch zu den Situationen des Betriebsablaufes passen. In *Abb. 6.3/6* ist noch einmal der Anschluß des Polwenders an die UND-Gatter skizziert.

Die ganze Schaltung läßt sich auf eine Veroboardplatte löten; Experten können natürlich auch einen Entwurf ausklügeln, nach dem eine gedruckte Schaltung geätzt wird. Für die Transistoren kommen einfache Typen in Frage, z.B. BC 338 oder ähnlich. Nur beim Polwender muß man natürlich auf Leistungstypen zurückgreifen. Die beiden IC's werden nur jeweils zur Hälfte ausgenutzt, aber das muß kein Schaden sein; eventuell lassen sich die restlichen Gatter für andere Zwecke verwenden (Signalschaltungen). Wer andere als die Standard-Typen der Serie 74. . verwenden will (z.B. C-MOS-IC's), achte sorgfältig auf deren Eigenarten und PIN-Zählungen.

Man benötigt zwei Spannungsquellen

Auf einen Punkt wollen wir noch besonders hinweisen. Für die gesamte Automatik braucht man zwei Spannungsquellen. Erstens benötigen die IC's eine Betriebsspannung von + 5 V; zweitens ist natürlich die Fahrspannung für die Lok erforderlich. Sie wird während des ganzen Fahrbetriebes nicht verändert, bleibt also konstant auf z.B. + 12 V. Der Drehknopf am Fahrpult wird für die Automatik nicht benötigt, und das legt den Gedanken nahe, sich nach einer besonderen Spannungsquelle für Automatik-Betrieb umzusehen. Wir gehen auf diesen Punkt noch gesondert ein. Natürlich müssen die beiden Spannungen von + 5 V und + 12 V einen gemeinsamen Bezugspunkt erhalten; mit ihren negativen Polen werden sie daher zur *Masse* zusammengeschlossen.

6.3.1 Automatik bei Wechselstrombahnen

Die bisher geschilderte Automatik war für Gleichstrombetrieb gedacht. Für Wechselstrombahnen (Märklin HO) muß sie natürlich verändert werden. Dort braucht man keinen Polwender, sondern einen Überspannungsimpuls, der das Fahrtrichtungsrelais (Telex-Relais) der Lok umstellt. Außerdem muß der vom Fahrpult kommende Wechselstrom gleichgerichtet werden, damit er sich durch einen Transistor ein- bzw. ausschalten läßt. Für den Motor einer Wechselstromlok ist diese Umstellung auf Gleichstrombetrieb unerheblich; bekanntlich arbeiten solche Motoren als Allstrom-Typen (vgl. 2.1.1). Aber der Überspannungsimpuls muß trotzdem sein, es sei denn, man baut die Lok

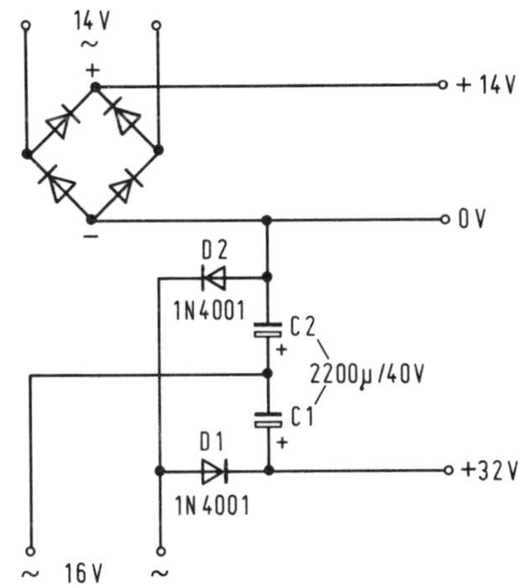

Abb. 6.3.1/1 Fahrspannung und Überspannung für Telex-Relais bei Wechselstrombahnen

um und ersetzt das Telex-Relais durch zwei Dioden. Davon wollen wir hier nicht ausgehen.

Zunächst muß also der Wechselstrom des Fahrpultes (z.B. 12–14 V ~) gleichgerichtet werden. Das geschieht in der üblichen Weise durch eine Graetzschaltung (Doppelweggleichrichtung; oberer Teil von *Abb. 6.3.1/1)*. Aber außerdem wird noch eine Überspannung für das Telex-Relais in der Lok benötigt, und für sie braucht man eine besondere Wechselspannungsquelle (z.B. Lichtspannungsausgang des Märklin-Pultes, 16 V ~). Sie soll verdoppelt werden, und wie das geschieht, zeigt der untere Teil von Abb. 6.3.1/1. Man kombiniert dabei zwei Dioden und zwei Kondensatoren (Elektrolytkondensatoren; Polung beachten!); wie diese Anordnung funktioniert, wollen wir in zwei Schritten erläutern.

Bekanntlich tauschen bei Wechselspannungen die Pole periodisch ihr Vorzeichen. Nehmen wir an, zu einem bestimmten Zeitpunkt sei der linke Pol der Wechselspannungsquelle gerade negativ, der rechte positiv. Dann kann sich der Kondensator C1 aufladen. Kurz darauf wechseln die Pole ihr Vorzeichen (zweiter Schritt). Jetzt lädt sich C2 auf; die Diode D1 verhindert, daß positive Ladungen von C1 abfließen; C1 bleibt also aufgeladen. Entsprechendes gilt nach abermaligem Polungswechsel der Wechselspannung für C2. Beide Kondensatoren zeigen nun eine Ladespannung von je 16 V, und da sie wie zwei Batterien in Reihe geschaltet sind, erhält man im ganzen 32 V, und zwar Gleichspannung. Das ist die Überspannung, auf die das Telex-Relais sicher anspricht; sie muß nur im richtigen Moment an die Schienen gelangen. Die negative Seite von C2 wird mit dem negativen Pol der

Graetzschaltung zusammengeschlossen; das ergibt die *Masse* für die gesamte Schaltung. Daß übrigens die Überspannung ca. 8 V mehr beträgt als beim Märklin-Fahrpult, braucht nicht zu stören.

Sehen wir uns nun die Schaltung für die Fahrstromversorgung an *(Abb. 6.3.1/2)*. Die Rolle der Timer T_A und T_B bleibt unverändert (vgl. Abb. 6.3/4 und auch den Anfangsteil der Fortsetzungsskizze aus Abb. 6.3/5 können wir bis T2 bzw. T2' übernehmen. Allerdings fällt der Widerstand zwischen dem Kollektor von T2 und + 5 V weg; stattdessen geht es nun über einen Vorwiderstand R1 an die Basis eines pnp-Transistors T3 (BC 177 o.ä.). Er gehört zu einer Darlingtonstufe, deren Leistungstransistor T4 die Fahrspannung an die entsprechende Schiene legt. Die andere Schiene (bzw. Mittelleiter) kommt direkt an Masse. Außerdem ist es unbedingt erforderlich, zwischen den beiden Schienen einen Kondensator C3 (ca. 10 nF oder mehr) einzufügen, denn beim Fahrbetrieb können immer Störimpulse auftreten (etwa an den Kollektoren des Lokmotors), die die Elektronik durcheinanderbringen würden; sie müssen durch C3 abgefangen werden.

Sind die beiden Timer nicht gesetzt, so leitet T2 bzw. T2'; negatives Potential an der Basis von T3 öffnet die Darlingtonstufe, und der Fahrstrom

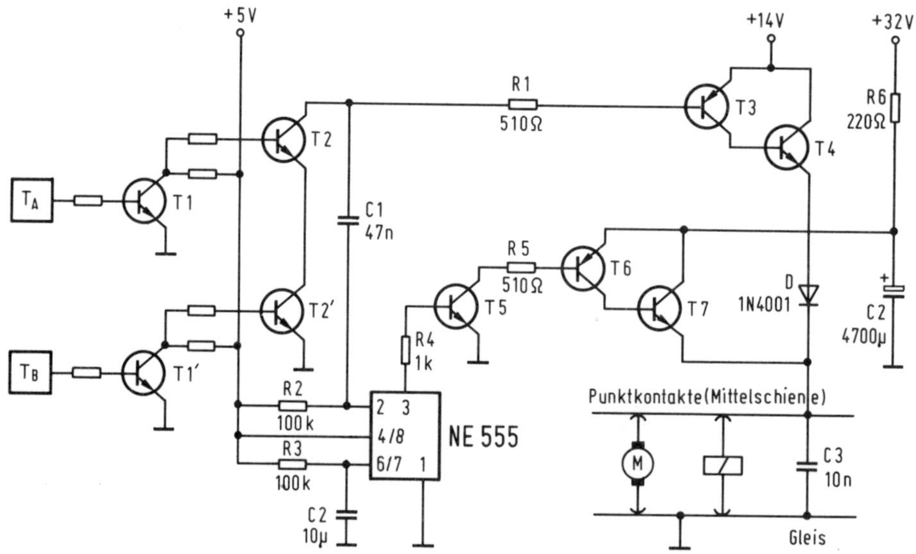

Abb. 6.3.1/2 Automatikschaltung für Wechselstrombahnen

kann fließen. Auf die Rolle der Diode D kommen wir sogleich noch zu sprechen. Unterbricht ein Timer während der Wartezeit die Verbindung zur Masse, so sperrt die Darlingtonstufe, und die Lok hält an.

Nun brauchen wir bloß noch dafür zu sorgen, daß sich die Fahrtrichtung der Lok im richtigen Augenblick umkehrt, und dazu soll ein kurzer Spannungsstoß mit der Überspannung von 32 V dienen. Um ihn zu erzeugen, brauchen wir einen weiteren Timer NE 555 als Monoflop. Er ist in der Abb. 6.3.1/2 nicht mit der originalgetreuen PIN-Anordnung gezeichnet, weil das eine zu unübersichtliche Leistungsführung mit sich bringen würde. Nur die Nummern der PIN-Anschlüsse sind angegeben.

Der Timer wird durch einen negativen Impuls an PIN 2 gesetzt. Dieser Impuls tritt auf, wenn nach Ablauf der Wartezeit die Lok wieder anfährt. Dann schalten nämlich T2 und T2' beide durch, und an dem Schaltungspunkt A (links vor R1) tritt negatives Potential auf. Bei dem Kondensator C1 gibt das einen kurzen Schub negativer Ladungen nach PIN 2 hin (Nadelimpuls); danach fließen diese Ladungen über R2 ab. Der Timer (Monoflop) ist nun gesetzt. Die Kippzeit hängt von der Kombination C2/R3 ab; sie ist so gewählt, daß ein deutlicher Spannungsstoß für das Telex-Relais in der Lok gebildet werden kann. Nimmt man R3 = 100 kΩ und C2 = 10 µF, so wird nach der Berechnungsformel von 6.3

$$T = 1{,}1 \cdot 100 \cdot 10^3 \cdot 10 \cdot 10^{-6} = 1{,}1 \cdot 10^0 \approx 1 \text{ sec.}$$

Das ist reichlich bemessen; eventuell kann man etwas heruntergehen und C2, R3 oder beide verkleinern. Am Ausgang des Timers (PIN 3) tritt für die Zeit T positives Potential auf und schaltet über T5 (Inverter!) die Darlingtonstufe der Transistoren T6 und T7 durch (T5 ist ein npn-Typ geringer Leistung, z.B. BC 107; T6 entspricht T3, T7 kann ein npn-Typ mittlerer Leistung sein, z.B. 2 N 1613).

Die Überspannung nehmen wir von einem Kondensator ab, der so geschaltet ist, wie das für Weichenschaltungen bereits dargestellt wurde (vgl. 2.3.1). Er lädt sich über den Widerstand R6 auf; R6 wird mit dem positiven Pol der Schaltung für Spannungsverdopplung verbunden. Öffnet T6, so fließt ein Entladestrom, der nur für den ersten Augenblick von den 32 V getrieben wird, doch diese Spannung bricht sehr schnell zusammen, so daß eine Schädigung des Telex-Relais nicht auftreten kann. Die Diode D (Leistungstyp!) soll dafür sorgen, daß die Darlingtongruppe T3/T4 gegen die Überspannung abgeblockt wird, denn die 32 V würden ein Gefälle gegenüber der Fahrspannung von ca. 14 V bilden, so daß ein falsch gerichteter Strom durch T4 fließen und diesen Transistor zerstören könnte.

Der Überspannungsimpuls sorgt dafür, daß jedesmal beim Anfahren der Lok ihre Fahrtrichtung so umgepolt wird, daß sie den Bahnhof, in den sie gerade eingelaufen war, wieder verläßt. Die ganze Schaltung ist zwar etwas kompliziert, aber sie erspart einen Eingriff in das Innenleben der Wechselstromlok. Wir haben einen solchen Eingriff zwar vorgeschlagen (vgl. 2.1.1), aber er ist vielleicht nicht jedermanns Sache, und es geht eben auch ohne ihn.

6.3.2 Ausbaustufen der Pendelzug-Automatik

Es gibt die verschiedensten Möglichkeiten, die Pendelzug-Automatik zu erweitern und auszubauen. Einige davon wollen wir hier betrachten, wobei die Gleisanlage unverändert bleiben soll.

Wenn die beiden Endbahnhöfe offen auf der Anlage sichtbar sind (also keine Schattenbahnhöfe), so liegt es nahe, für ein vorbildgemäßes Anfahren und Halten des Zuges (oder des Triebwagens) zu sorgen. Dazu muß die Automatik mit einer Verzögerungsschaltung nach Kap. 6.1 verbunden werden; welche man wählt, ist Geschmackssache. Die Frage ist nur, wo man sie anzuschließen hat.

Die Frage, wo schließt man sie an

Sehen wir uns noch einmal Abb. 6.3/5 an. Dort ging es zuletzt von zwei UND-Gattern zum Polwender, und er ist nichts anderes als eine Kombination aus Leistungstransistoren, die durch zwei Vortransistoren T3 und T3' (in Abb. 6.2/3) angesteuert wird. Das entspricht im Grunde der Art, wie wir gewöhnlich Darlington-Gruppen geschaltet haben, und wenn wir uns nun noch an die Leistungsverstärkung einer Verzögerungsautomatik erinnern (z.B. Abb. 6.1/4 oder Abb. 6.1.1/6), so ist eigentlich alles klar. Die Schaltung für ein allmähliches Anfahren und Bremsen muß zwischen die Ausgänge der beiden UND-Gatter und den folgenden Polwender *(Abb. 6.3.2/1)*. Allerdings kommen wir mit einer einzigen Verzögerungsschaltung nicht mehr aus. Da der Polwender von zwei Stellen aus angesteuert werden kann, müssen wir die Verzögerungsschaltung doppelt einsetzen. Dieser Aufwand ist leider nicht zu umgehen. Aber wenn man den Vorschlag nach Abb. 6.1.1/4 wählt, so ist der Baustein LM 324 (Abb. 6.1.1/5) gerade recht; er enthält gleich vier Operationsverstärker, so daß man sie voll für zwei Verzögerungsschaltungen ausnutzen kann. Nur ist daran zu denken, daß für Operationsverstärker eine doppelte, zur Masse symmetrische Spannungsversorgung (z.B. ± 9 V) nötig ist.

Übrigens kann man auch die Pendelautomatik für Wechselstrombahnen mit der Verzögerungsschaltung versehen. Dabei braucht man sogar nur eine

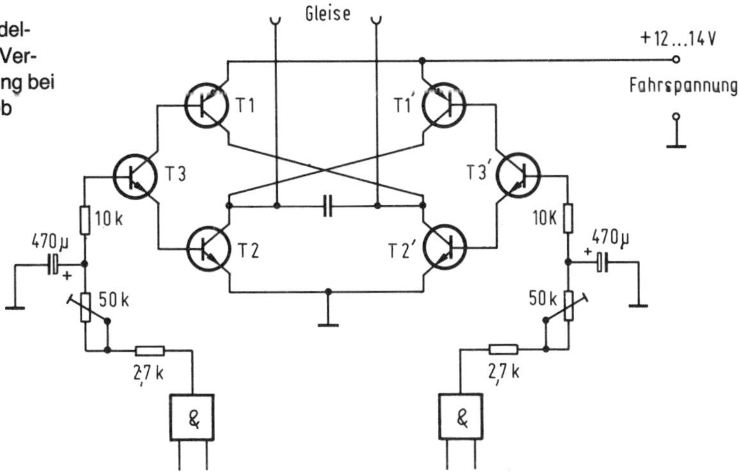

Abb. 6.3.2/1 Pendelzugautomatik mit Verzögerungsschaltung bei Gleichstrombetrieb

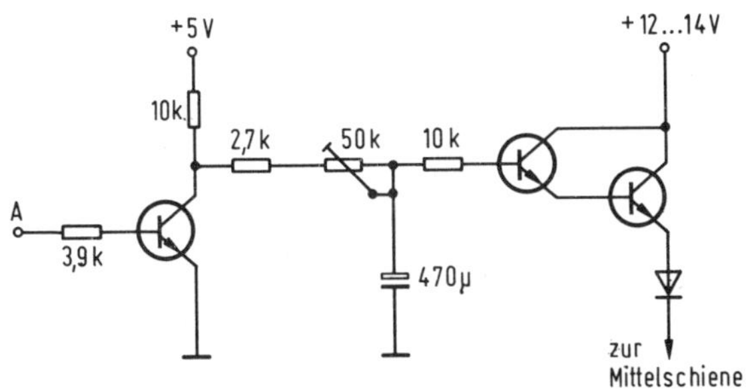

Abb. 6.3.2/2 Pendelzugautomatik mit Verzögerungsschaltung bei Wechselstromsystemen

solche Schaltung, denn die Wechselstromlok sollte ihre Fahrtrichtung durch einen Überspannungsimpuls ändern (vgl. *Abb. 6.3.1/2*). Ansonsten fährt sie hier mit pulsierendem Gleichstrom. Die Verzögerungsschaltung kommt hinter den Widerstand R1; dabei muß allerdings noch ein Transistor zur Inversion des vom Schaltungspunkt A kommenden Signals eingefügt werden. Denn die Verzögerungsschaltung arbeitet nur, wenn an ihrem Eingang positives Potential erscheint. Wie dann die komplette Schaltung – von Punkt A angefangen – aussehen kann, zeigt Abb. 6.3.2/2. Die Überspannungs-Erzeugung ist dabei weggelassen. Der Transistor T3 muß durch einen npn-Typ ersetzt werden.

Ist die (eingleisige) Strecke zwischen den Bahnhöfen A und B genügend lang, so läßt sich vielleicht noch ein Zwischenhalt irgendwo in ihrem Mittelteil vorsehen. Was dazu erforderlich ist, wurde in Kap. 6.1.5 geschildert.

Dort ging es um den Aufenthaltsschalter mit Hilfe eines Timers NE 555. Den behalten wir bei. Nur der Rest der Schaltung muß auf die veränderten Verhältnisse bei Automatikbetrieb abgestimmt werden, denn in der Abbildung zu 6.1.5 waren nur einfache manuell bediente Polwender bzw. Polwenderelais vorgesehen. Außerdem hatten wir die Gleisanlage durch Trennstellen unterbrochen; das ist jetzt nicht mehr nötig. In mancher Hinsicht wird die Schaltung von 6.1.5 sogar einfacher, denn sie kann mit derjenigen von Abb. 6.3.2/1 kombiniert werden, und dort sind die Fahrtrichtungsverhältnisse und die Verzögerungsmöglichkeiten schon vorgesehen. Was uns nur noch zu interessieren braucht, sind die Bedingungen an den beiden UND-Gattern.

Bei ihnen ging es um folgendes: Die Lok fährt, wenn jeweils beide Eingänge H-Potential (positiv) zeigen; nur dann wird auch der Ausgang positiv und steuert die nachfolgende Polwendeschaltung – entweder von rechts oder von links – an. Das soll auch so bleiben. Aber nun heißt es, die Lok solle auch bei der Zwischenstation anhalten, und dann muß entweder der eine oder der andere UND-Ausgang L werden. Vergleichen wir das mit Abb. 6.3/5. Der Transistor T3 entscheidet dort darüber, ob die Lok hält oder fährt. Jetzt reicht seine Entscheidung nicht aus. Sie muß ergänzt werden durch die Entscheidung des Aufenthalts-Timers von 6.1.5; soll die Lok halten, so mußte bei ihm der Kollektor von T1 negativ sein (der Timerausgang ist dann positiv, d.h. der Timer ist gesetzt); im umgekehrten Falle (die Lok soll fahren) wurde der Kollektor von T1 positiv. Wie diese Verhältnisse mit denen von Abb. 6.3/5 zu verbinden sind, ist höchst einfach. Wir brauchen nur ein weiteres UND-Gatter. Sind beide Kollektoren positiv, so wird auch der Ausgang des neuen UND-Gatters positiv (Logikzustand H). Wird das Signal entweder am einen oder am anderen Kollektor negativ, so geschieht dasselbe am Ausgang des UND-Gatters (Logikzustand L), und die Lok hält – verzögert – an. *Abb. 6.3.2/3* zeigt noch einmal das Prinzip dieser Schaltung.

Das neue UND-Gatter steht sogar schon zur Verfügung, nämlich in dem IC 7408. Wir brauchen also nur einige zusätzliche Verbindungen zu schaffen und haben damit den Zwischenhalt in unsere Schaltung einprogrammiert.

Für elektronische Schaltung typisch: Für mehrfache Anwendung nur erweiterte Logik-Schaltung voranstellen

Diese Erweiterung des Automatikbetriebes zeigt etwas für elektronische Schaltungen Typisches. Zur mehrfachen Anwendung bestimmter Grundfunktionen (hier: verzögertes Bremsen und Anfahren der Lok, Fahrtrichtungswechsel) ist es gar nicht erforderlich, die entsprechenden Funktionsbausteine mehrfach einzusetzen. Es kommt nur darauf an, ihnen eine entsprechend erweiterte Logik-Schaltung voranzustellen, von der aus sie angesteuert werden. Und diese Logikschaltung besteht zumeist aus Gattern

Abb. 6.3.2/3 Erweiterungsschaltung für eine Zwischenstation

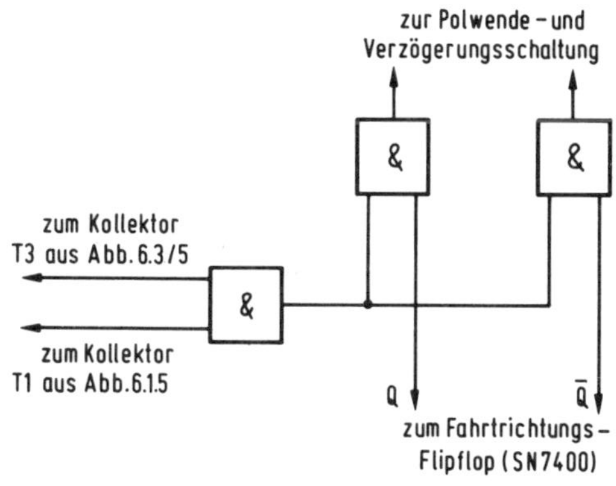

Abb. 6.3.2/4 Signalanordnung für Pendelverkehr

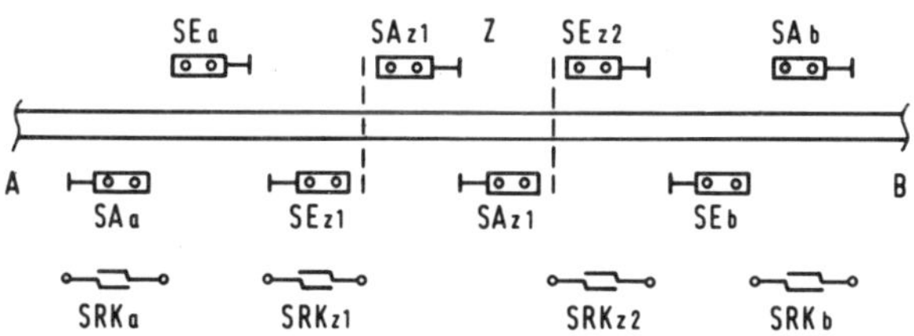

(UND, ODER usw.), so daß also seine Automatikplanung vor allem eine Logikplanung wird. Diese Bemerkung möge bereits einen Vorgeschmack auf Kapitel 9 geben, wo von Computern die Rede ist. Offenbar kann man am Ende das ganze Logik-Gerüst einer Automatikanlage einem Computer einprogrammieren, der dann die Steuerung der Schaltvorgänge übernimmt. Aber so weit sind wir noch nicht. Wir wollen stattdessen noch einen Blick auf die Möglichkeiten werfen, unsere Pendelzug-Automatik mit Signalen zu versehen.

Ein Vorgeschmack auf Kapitel 9

Die beiden Kopfbahnhöfe A und B brauchen – wenn sie nicht gerade als Schattenbahnhöfe ihr Leben fristen – je ein Einfahrts- und ein Ausfahrtssignal. Bei der Zwischenstation wären nach beiden Strecken hin solche Signalsätze nötig. Der Einfachheit halber beschränken wir uns auf Lichtsignale. Wie man mit solchen Signalen umgeht und wie man sie über Flipflops ansteuern kann, wurde bereits in Kap. 4.5 besprochen. Unsere Signale für die Automatik sollen nur die Bilder Hp0 und Hp1 zeigen können; Vorsignale können gegebenenfalls parallel geschaltet werden. Zu jedem Signal gehört im allgemeinen ein RS-Flipflop mit der entsprechenden Treiberstufe für die Signalbirnen.

Bei Planungen mit den Signalen anfangen

Die Anordnung der Signale zeigt *Abb. 6.3.2/4.* Dabei bedeutet SA ein Ausfahrts-, SE ein Einfahrtssignal. Der Kleinbuchstabe bezeichnet den jeweiligen Bahnhof (a, b, z). Natürlich müssen die Signalstellen mit den Fahrtbewegungen der Lok übereinstimmen. Normalerweise wird man bei Planungen mit den Signalen anfangen, so daß die Fahrvorgänge durch Signalbilder gesteuert werden, ganz wie beim großen Vorbild. Hier allerdings weichen wir insofern von diesem Prinzip ab, als die Steuerung aller Schaltvorgänge entweder über Reed-Kontakte oder über die von den Timern ausgehenden Impulse erfolgt. Am besten fahren wir in Gedanken einmal von A nach B und wieder zurück nach A und untersuchen alle Vorgänge, die dabei mit den Signalstellungen zu tun haben.

Zunächst möge die Lok in Bahnhof A stehen; SAa steht auf Hp0 (rote Signalbirne). Übrigens müssen auch alle übrigen Signale auf HALT stehen, vor allem, wenn nach Einschalten der Versorgungsspannung die Anlage in Betrieb genommen wird. Das kann man durch RS-Flipflops mit entsprechender Vorzugslage bewerkstelligen.

Der Timer für Bhf. A (also T_A in Abb. 6.3/5) ist gesetzt; sein Ausgang (PIN 3) ist positiv. Nach Ablauf der Wartezeit fällt er auf Null zurück, und diese fallende Flanke nutzen wir über ein Differenzierglied aus, d.h. der Umschwung auf Nullpotential, der dabei auftritt, bewirkt über einen Kondensator (0,1 μF) einen negativen Ladungsstoß an den Eingang des RS-Flipflops für SAa (Nadelimpuls). Dieses Flipflop möge aus zwei NAND-Gattern bestehen; sein Q-Ausgang wird nun positiv und kann die grüne Signalbirne in SAa ansteuern (Treiberstufe nicht vergessen!). Gleichzeitig lassen wir aber auch das Einfahrtssignal von Bhf. Z auf Hp1 gehen; es wird mit SAa parallel geschaltet. Denn wenn die Lok im Bahnhof A anfährt, kann ihr die Einfahrt in die Zwischenstation Z gleich mit freigeben werden.

Die Lok durchfährt nun die Strecke nach Z. Vor der dortigen Einfahrt betätigt sie den SRK Z 1; er gibt einen negativen Impuls an den Timer des Zwischenbahnhofs (T_Z) und setzt ihn. Dabei kann außerdem noch das Flipflop für SAa und SEz1 zurückgesetzt werden, so daß beide Signale wieder Hp0 zeigen (rote Signalbirne). Natürlich muß der SRK Z 1 so weit hinter SEz1 liegen, daß dieses Signal nicht schon auf rot umspringt, ehe die Lok daran vorbei ist.

Jetzt hält die Lok in Bhf. Z. Nach der Wartezeit kippt der Timer T_Z zurück, und sein Ausgang wird negativ. Das benutzen wir, um über ein weiteres Differenzierglied ein Flipflop Z (wieder aus zwei NAND-Gattern) zu setzen, aber es darf nicht direkt auf das Signal SAz1 wirken. Denn auf der Fahrt in Gegenrichtung (also von rechts nach links) müßten sich sinngemäß die gleichen Vorgänge wiederholen, aber die Signale SAz1 und Saz2 dürfen nicht dieselben Bilder zeigen. Sie sind nämlich fahrtrichtungsabhängig, und demnach muß man nun mit einer UND-Schaltung weitermachen. SAz1 darf nur Hp1 zeigen, wenn das Flipflop Z gesetzt ist *und* die Fahrt von links nach rechts geht. Das aber entscheidet sich in der Schaltung nach Abb. 6.3/5 an dem dortigen RS-Flipflop (vor dem Übergang zum Polwender). Also müssen wir darauf zurückgreifen. Wir nennen dieses Flipflop „FF W" (Flipflop für Wechsel der Fahrtrichtung); sein Ausgang Q möge die Fahrt von links nach rechts bestimmen, steht jetzt also auf H (positiv). An einem UND-Gatter wird sein Q-Ausgang mit dem Q-Ausgang des Flipflops Z zusammengeführt, und erst der Ausgang dieses UND-Gatters bestimmt das Signal SAz1 und setzt es auf Hp1.

Die Lok verläßt nun Bhf. Z und fährt weiter nach B. Wenn sie dort ankommt, schließt sich SRK B und gibt einen negativen Impuls an den Timer T_B ab. Dieser Impuls setzt aber nicht nur den Timer, sondern wird auch an den Rückstelleingang des Flipflops Z gegeben. Es kippt in seine Ruhelage und stellt dadurch die Signale SAz1 und SEb wieder auf Hp0.

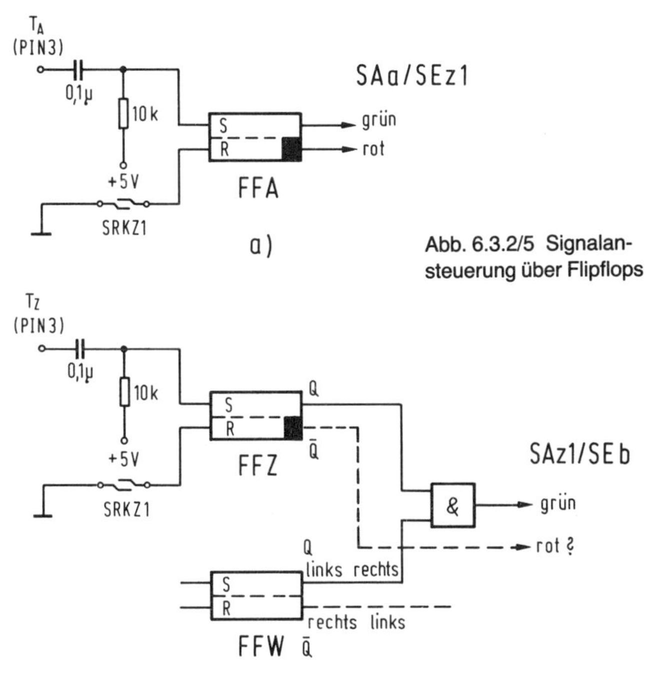

Abb. 6.3.2/5 Signalansteuerung über Flipflops

Bis dahin ist alles klar, so daß wir zunächst eine Skizze der bisherigen Schaltglieder geben können (vgl. *Abb. 6.3.2/5*). Auch der nächste Schritt macht keine Schwierigkeiten. Nach Ablauf der Wartezeit in Bhf B fällt der Timerausgang T_B wieder auf Nullpotential zurück, und das können wir genauso ausnutzen wie bei Bahnhof A. Über ein RS-Flipflop werden die Signale SAb und SEz2 auf *Freie Fahrt* gestellt (Hp1). Die Schaltung entspricht also genau der von Abb. 6.3.2/5, nur daß die Bezeichnungen jetzt sinngemäß geändert werden müssen. Die Lok verläßt Bhf. B und fährt nach Z, wo sie erst einmal den SRK Z 2 betätigt. Durch ihn wird das Flipflop von Bhf B zurückgesetzt; die Signale SAb und SEz2 gehen auf Hp0.

Aber einen Moment! Beim Verlassen von Bhf B fuhr die Lok auch über den SRK B und löste dort einen negativen Impuls aus. Aber er kann nichts anrichten, denn er trifft lediglich auf das schon zurückgesetzte Flipflop FFZ und setzt es noch einmal zurück. Das hat also auf die Signalbilder keinerlei Auswirkungen.

Nun hält die Lok im Zwischenbahnhof Z; nach ihrer Wartezeit kommt der differenzierte Impuls vom Timer T_Z und stellt FF Z um. Aber jetzt brauchen wir wieder ein UND-Gatter. Denn die parallel geschalteten Signale SAz2 und SEa dürfen nur grünes Licht zeigen, wenn FF Z gesetzt ist *und* die Fahrt von rechts nach links geht. Der Ausgang Q des FF W kommt mit dem Ausgang Q von FF Z an die Eingänge eines solchen weiteren UND-Gatters, und erst von ihm aus geht es weiter zu den Signalen.

Aber was macht währenddessen das Signal SAz1? Es zeigt überhaupt nichts an! Denn wenn FF Z gesetzt ist, liegt sein Ausgang $\overline{Q}$ auf L, und dann kann die rote Birne bei SAz1 (und die bei SEb) nicht brennen, obwohl sie es eigentlich tun müßte. Ein ähnlicher Fall war vorhin schon während der Fahrt von links nach rechts aufgetreten. Wenn FF Z gesetzt ist (Abfahrt der Lok aus Bhf. Z), kann auch die rote Lampe von SAz2 nicht leuchten. Das war bisher unserer Aufmerksamkeit entgangen.

Das war bisher unserer Aufmerksamkeit entgangen

Wie ist dieses Versäumnis zu beheben? Nur durch eine logische Überlegung! Wir stellen einmal für die Sinale SAz1 und SAz2 eine Tabelle auf, unter welchen Bedingungen ihre grünen bzw. roten Birnen zu leuchten haben (sinngemäß gilt diese Tabelle auch für SEb und SEa).

SAz1 grün, wenn FF Z gesetzt und FFW auf *Fahrt links-rechts;*

SAz1 rot, wenn FF Z nicht gesetzt oder wenn FF Z gesetzt und FF W auf *Fahrt rechts-links;*

SAz2 grün, wenn FF Z gesetzt und FF W auf *Fahrt rechts-links;*

SAz2 rot, wenn FF Z nicht gesetzt oder wenn FF Z gesetzt und FF W auf *Fahrt links-rechts.*

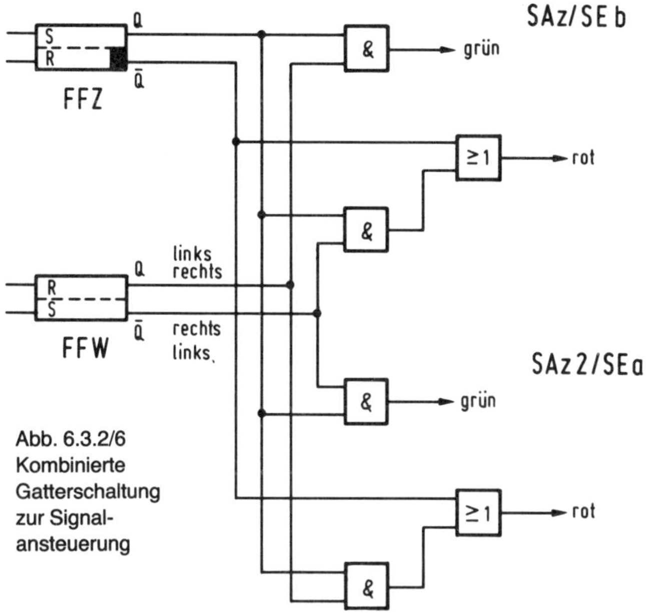

Abb. 6.3.2/6 Kombinierte Gatterschaltung zur Signalansteuerung

Wie wir sehen, ist hier sowohl von UND-Verknüpfungen als auch von ODER-Verknüpfungen die Rede. Um diese Beziehungen in die Schaltung zu übersetzen, sind also weitere UND-Gatter nötig, aber ebenfalls zwei ODER-Gatter, die man dem IC 7432 entnehmen kann. Man kommt also um eine entsprechende Erweiterung des Schaltplanes nicht herum, und wie dann die Verbindungen laufen müssen, zeigt *Abb. 6.3.2/6.* Nicht zu vergessen sind natürlich hinter den Gatterausgängen die Treiberstufen zu den Signalbirnen. Da wir im ganzen acht Signale zu bedienen haben, brauchen wir sechzehn Treiber, am besten aus einem entsprechenden IC, etwa aus dem SN 7407, und da er je sechs solche Treiberstufen enthält, muß man drei Stück einsetzen (vgl. auch Kap. 4.5). Das ist zwar ein ziemlicher Aufwand, aber dafür erhalten wir auch eine voll funktionsfähige Automatikschaltung auf rein elektronischer Grundlage. In Relaistechnik wäre die Sache wesentlich teurer geworden.

Ein ziemlicher Aufwand, dafür aber vollelektronische Automatikschaltung

Auf weitere Ausbaumöglichkeiten dieser Schaltung wollen wir nicht mehr eingehen, das würde hier zu weit führen. Man kann z.B. an den Bahnhöfen Gleisverzweigungen mit entsprechenden Weichen vorsehen, so daß auch mehrere Züge im Pendelbetrieb verkehren und einander ablösen können. Die Weichenstellungen müßten dann ebenfalls über Reed-Kontakte oder durch die Timer gesteuert werden, und es ist reizvoll, entsprechende Schaltpläne zu entwickeln. Ohnehin sollen hier keine fertigen Rezepte gegeben werden; ein Modellbahnelektroniker wird sein Hobby erst dann rein genießen können, wenn es darum geht, etwas auszuknobeln. Aber was er auf dem Papier entwirft, sollte er nicht sofort zusammenlöten, sondern erst auf einem Versuchsbrett durchprobieren. Das spart Zeit, Kosten und Ärger.

6.4 Netzgeräte

Die im vorigen Kapitel geschilderte Automatik-Schaltung läuft, wenn sie einmal in Betrieb genommen ist und richtig funktioniert, ohne Eingriffe von außen. Ein Fahrpult mit Drehknopf für die Geschwindigkeitseinstellung ist dabei grundsätzlich überflüssig; man braucht nur eine feste Fahrspannung für die Lok (z.B. 14 V) und eine Versorgungsspannung für die integrierten Schaltkreise (wenn es Typen der Serie SN 74. . sind, 5 V =). Und schließlich – falls man Operationsverstärker einsetzt – ist noch eine symmetrische Spannung von z.B. ± 9 V erforderlich. Aber gerade hier treten die Schwierigkeiten auf. Denn die üblichen Netzgeräte der Modellbahnfirmen lassen einen bei solchen Sonderwünschen im Stich, und das ist bedauerlich. Natürlich kann man sich sehr einfach helfen, wenn man auf Batterien ausweicht. Eine gewöhnliche Taschenlampenbatterie von 4,5 V reicht aus, um die Standard-IC's zu versorgen, und zwei in Reihe geschaltete 9 V-Transistorbatterien geben eine schöne Gleichspannung für Operationsverstärker her (Masse am Mittelabgriff der Reihenschaltung). Aber Batterien erschöpfen sich nach einiger Zeit, und deshalb haben Modelleisenbahner mit ihnen nicht viel im Sinn.

Bedauerlich: Netzgeräte der Modellbahnfirmen lassen einen bei Sonderwünschen im Stich

So muß also doch ein Netzgerät heran. Aber dazu eine Vorüberlegung. Wer viel an Schaltungen herumprobieren will und sich eine kleine Laborecke für elektronische Experimente eingerichtet hat, befindet sich in einer anderen Situation als der Modellbahner, der seine fertige Anlage betreiben will. Eventuell kommt auch beides zusammen, und dann braucht man mindestens zwei Netzgeräte – eins für's Labor und eins für die Anlage. Sie werden entsprechend verschieden ausfallen. Das Laborgerät sollte möglichst viele Ausgänge haben, also in seinem Aufbau alle Eventualitäten berücksichtigen; bei dem Versorgungsgerät für die Modellbahnanlage kann man sich dagegen auf das beschränken, was gerade für ihren Betrieb gebraucht wird. Und auch das äußere Erscheinungsbild der Geräte wird jeweils verschieden sein. Ein Labor-Netzteil gehört in ein festes Gehäuse; da gibt es im Fachhandel viele Formen und Größen. Man muß sich halt das heraussuchen, was den eigenen Vorstellungen am meisten entgegenkommt. Das Netzteil für die Modellbahnanlage kann zwar auch in einen Kasten gesteckt werden, aber schöner sieht es aus, wenn man sich ein zur Anlage passendes Stellpult baut und das Netzgerät mit seinen Bedienungselementen und Buchsen in dieses Pult einbezieht. Wir werden hier keine konkreten Vorschläge für das äußere Erscheinungsbild von Netzgeräten machen. Da wird jeder Leser ohnehin seine individuellen Vorstellungen entwickeln. Uns geht es nur um das Innenleben der Netzgeräte.

Kernstück für jedes Netzteil ist der Transformator. Auch da gibt es im Handel die vielfältigsten Typen, und man sollte vor dem Einkauf sorgfältig die Kataloge verschiedener Firmen studieren. Für die Primärseite gilt eigentlich immer dasselbe: Sie soll für eine Netzspannung von 220 V geeignet sein. Aber bei der Sekundärseite fängt die Qual der Wahl an. Zwei Gesichtspunkte sind besonders zu beachten. Erstens muß der Trafo genügend belastbar sein; für den sog. Nennstrom seiner Sekundärseite kommen in Frage mindestens 3 A, besser jedoch 5 A. Zweitens will man verschiedene Spannungen abgreifen können, und da ist es gut, wenn der Trafo sekundärseitig viele Anschlüsse zur Verfügung stellt. Es gibt spezielle Elektronik-Transformatoren, bei denen sekundär zwei galvanisch voneinander getrennte Spulen vorliegen und Spannungen von 2/3/4/5/6/7/8/10/12/13/15/17/18/20/25/27/30 Volt abgenommen werden können (VDE Schutzklasse 0550; Versand durch RIM, München). Das dürfte auch für anspruchsvolle Modellbahnelektroniker reichlich genug sein!

Besonders günstig, wenn galvanisch getrennt

Besonders günstig ist es, wenn der Trafo zwei völlig voneinander unabhängige Sekundärwicklungen hat (das bedeutet die Angabe: *galvanisch getrennt*). Denn dann kann man von der einen die verschiedenen Festspannungen für Fahrbetrieb, Schaltungen usw. abgreifen, von der anderen die spezielle Versorgungsspannung für Operationsverstärker, deren elektrische Mitte sich ohne weiteres mit der Masse der ersten Spannungsquelle verbinden läßt. Eventuell baut man überhaupt zwei Trafos in sein Netzgerät ein, aber dabei beachte man die Hinweise in Kap. 1.5.6.

Ein Trafo ist ein ziemlich schwerer Block und muß im Gehäuse fest verschraubt werden. Sein Anschlußkabel zum Netz wird durch eine Bohrung aus dem Gehäuse herausgeführt, und damit es nicht scheuert, sollte man eine Gummiumrandung in das Bohrloch einsetzen, die dem Kabel sicheren Halt gibt. Die Anschlüsse des Kabels an die 220 V-Klemmen des Trafos müssen besonders sorgfältig gelötet werden, aber es ist nicht ratsam, das direkt zu tun. Denn dann ließe sich der Trafo nur abstellen, indem man den Netzstecker zieht. Eine bessere Anschlußmöglichkeit zeigt *Abb. 6.4/1.* Ein solider Kippschalter kann den Trafo vom Netz trennen; dahinter liegt eine Sicherung (in einen Halter klemmen!), und zur Kontrolle, ob das Gerät eingeschaltet ist, kann man noch eine Glimmlampe (keine Glühbirne!) einfügen, die einen Vorwiderstand von ca. 680 kΩ, 1/2 W braucht. Alle diese Teile stehen mit der Spannung von 220 V in Kontakt, und deshalb ist es unbedingt erforderlich, sie gegen Berührungen abzusichern. Sie dürfen nie mit dem Gehäuse so zusammenkommen, daß dabei Metall gegen Metall stößt, und wer ein Netzgerät in sein Stellpult einbaut, muß den Teil, der unter 220 V Spannung steht, auf jeden Fall berührungssicher abdecken, z.B. durch ein Kunststoffgehäuse.

Wichtig: Berührungssicher abdecken!

Abb.6.4/1 Primärkreis eines Netztrafos. R und die Glimmlampe werden meist in einem Stück hergestellt

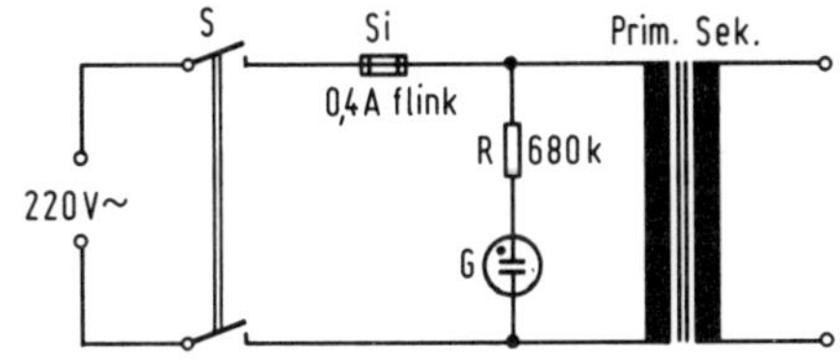

Was man mit der Sekundärseite tut

Soviel zur Primärseite. Was man nun mit der Sekundärseite tut, hängt davon ab, was man haben will. Braucht man nur einen Lichttrafo, so kann man unmittelbar an die geeigneten Spannungsabgriffe der Sekundärwicklung gehen und von dort aus Signale, Weichen, Entkuppler oder Beleuchtungseinrichtungen betreiben. Für einen Experimentier-Trafo ist es ohnehin ratsam, einige Buchsen für Wechselspannungsausgänge vorzusehen (z.B. 2/4/6/10/12/16/24 V). Richtig interessant wird ein Netzgerät erst, wenn es auch Gleichspannungen liefern soll.

Dazu benötigt man zunächst einen Brückengleichrichter (Graetzschaltung). Wie er funktioniert, haben wir in Kap. 2.1 erklärt. Aus der Wechselspannung macht er eine pulsierende Gleichspannung. Wenn man verschiedene Gleichspannungen von seinem Netzgerät haben will, muß man für jede einen besonderen Brückengleichrichter einplanen; dabei sind belastbare Typen günstig, die nicht gleich heiß werden, z.B. der B 80/C 5000/3300 oder gar der B 80 C 7000/4000. Sie gehören auch in jedes Gleichstromfahrpult, wobei wir daran erinnern wollen, daß es die Möglichkeit gibt, dabei allmählich von Halbwellen- zu Vollwellen-Betrieb überzugehen. Auch das wurde bereits in Kap. 2.1 erläutert. Natürlich muß dann der entsprechende Widerstand genügend belastbar sein, z.B. 500 Ω, 10 W (teuer!). Mit zwei solchen Widerständen kann man sogar eine über Abb. 2.1/9 hinausgehende Schaltung herstellen, bei der beide Halbwellen unabhängig voneinander beeinflußt werden, d.h. ihre Amplituden lassen sich getrennt variieren (*Abb. 6.4/2* und *Abb. 6.4/3*). Man erhält so alle Fahrspannungen zwischen O V, Halbwellen- und Vollwellenbetrieb. Natürlich geht das nur, wenn man keinen fertigen Brückengleichrichter nimmt, sondern vier einzelne Leistungsdioden kombiniert. Aber wegen der hohen Kosten bei den Einstellwiderständen (Potentiometerausführungen mit Drehknopf) ist die Schaltung eines Fahrpultes nach Abb. 6.4/2 nicht unbedingt empfehlenswert, und ein Fahrtrichtungswechsel bei Gleichstromfahrzeugen ist auf diese Weise ohnehin nicht zu bewirken. In Kap. 7 werden wir auf Fragen des Halb- und Vollwellenbetriebes zurückkommen.

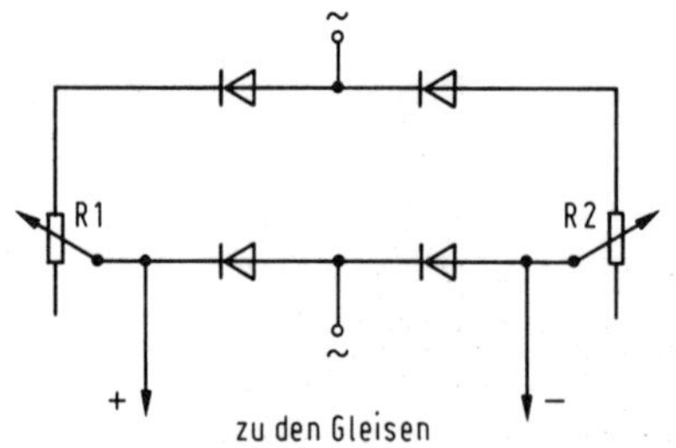

Abb. 6.4/2 Gleichrichter mit Einstellmöglichkeit für die Amplituden beider Halbwellen

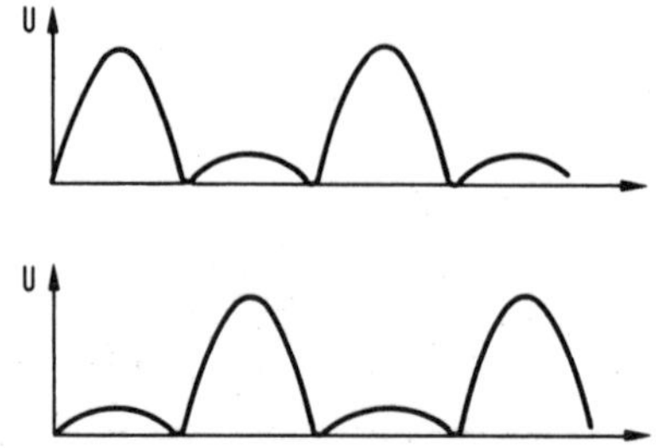

Abb. 6.4/4 Getrennte Beeinflussung der Halbwellen durch zwei Widerstände

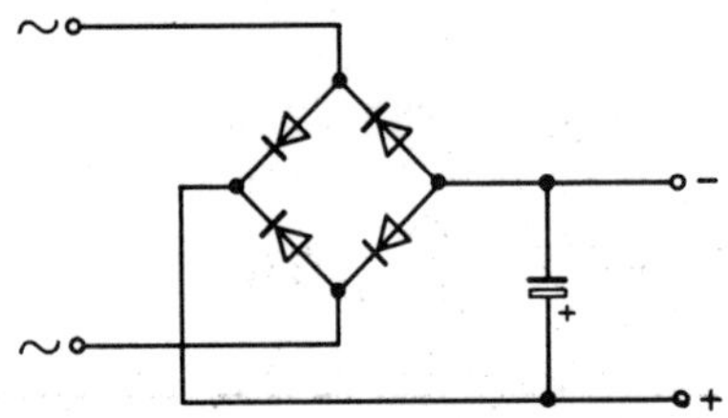

Abb. 6.4/3 Glättung der pulsierenden Gleichspannung durch einen Kondensator

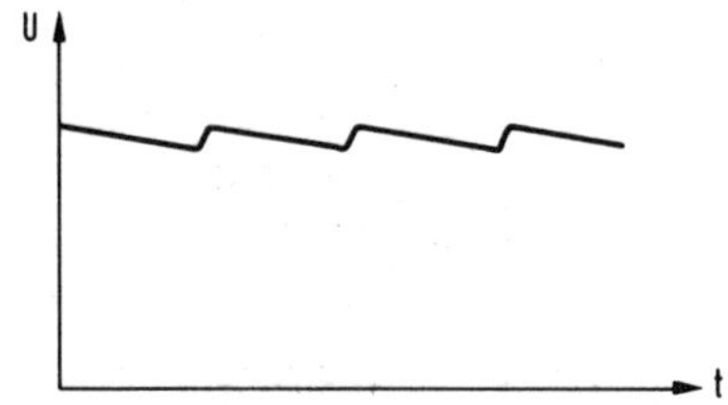

Abb. 6.4/5 Verlauf einer geglätteten Gleichspannung

Der nächste Schritt bei der Entwicklung eines Gleichstromfahrpultes wäre nun die Glättung der pulsierenden Gleichspannung. Auch darüber wurde in Kap. 2.1 etwas gesagt, und von *geglätteter* oder *gefilterter Gleichspannung* wird in der Elektronik sehr oft gesprochen. Was man dazu braucht, ist ein Kondensator. Er wirkt nach dem Speicherprinzip: bei den Spitzen der pulsierenden Gleichspannung lädt er sich auf, und wenn die Spannung absinkt, kann er seine Ladung an den Stromkreis zurückgeben und die entstandenen Lücken auffüllen. Allerdings wird dabei die Gleichspannung nicht völlig *glatt;* es bleiben kleine Restwellen erhalten, die aber nicht stören und weniger als 10% der Spannungsamplitude betragen *(Abb. 6.4/5).* Für den Glättungskondensator kommen nur Elektrolyttypen in Frage, und zwar rechnet man pro Ampere entnommener Stromstärke 4700 µF. Eventuell muß man also zwei solcher Elkos parallel schalten; Kondensatoren mit 10000 µF sind nur schwer zu bekommen.

Auf einen Punkt wollen wir besonders hinweisen. Bekanntlich rechnet man bei Wechselströmen mit sog. Effektivwerten der Spannung und der

Stromstärke. Wenn da tatsächlich beide Größen periodisch ihre Beträge ändern, wirkt sich für sie auf die Dauer eine Art Mittelwert aus. Ist U_0 die maximale Spannung, so ergibt sich ihr Effektivwert nach der Formel

$$U_{eff} = \frac{U_0}{\sqrt{2}} = 0{,}71 \cdot U_0.$$

Eine entsprechende Formel gilt für die effektive Stromstärke. Selbst wenn man Wechselspannungen gleichrichtet, muß man für die danach immer noch pulsierende Gleichspannung von Effektivwerten ausgehen. Aber sobald man einen Glättungskondensator eingefügt hat, wird die Sache anders. Denn dann bleibt praktisch die ganze Spannungsamplitude erhalten und liegt höher als die Effektivspannung. Hat man also z.B. eine pulsierende Gleichspannung von $U_{eff} = 12$ V geglättet, so muß man an den Kondensatoranschlüssen jetzt mit einer Spannung von

$$U = U_{eff} \cdot \sqrt{2} \approx 14 \text{ V}$$

rechnen.

Wer sein Netzgerät so einrichten will, daß er zwischen ungeglätteter und geglätteter Gleichspannung wählen kann, braucht nur einen Schalter vorzusehen, durch den er den Glättungskondensator abschalten kann. Wo dieser Schalter hingehört, zeigt *Abb. 6.4/6*. Eine solche Maßnahme ist bei Fahrpulten ganz nützlich, denn im allgemeinen fahren Lokomotiven im Bereich niederer Spannungen besser mit Impulsen als mit einer gefilterten Spannung. Das wirkt sich vor allem bei langsamen Rangierbewegungen aus.

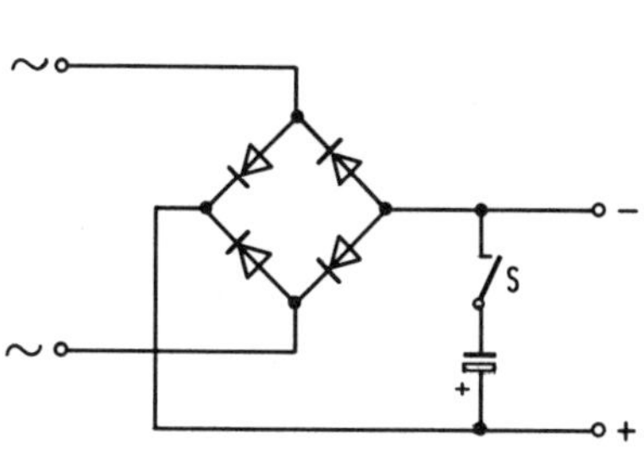

Abb. 6.4/6 Abschaltbare Glättung

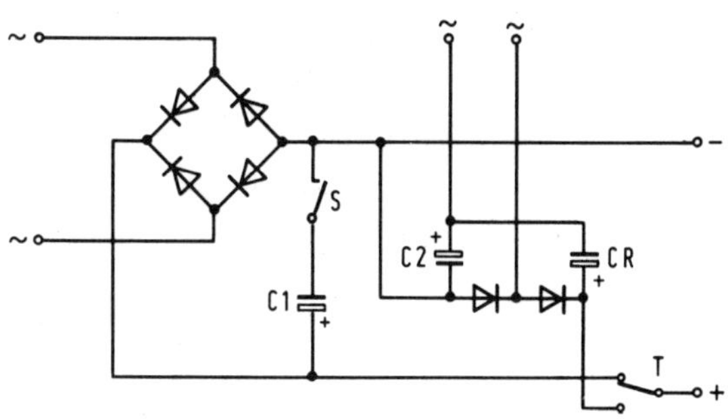

Abb. 6.4/7 Überspannungsimpuls für Märklinloks

Eigentlich müßten wir nun davon reden, wie man an seinem Netzgerät zu einer brauchbaren Einstellung für Fahrspannungen kommt, vor allem, wie sich die Fahrtrichtung einer Lok bestimmen läßt. Allerdings stoßen wir damit auf ziemliche Probleme, denn der theoretisch einfachste Weg, Drehwiderstände zu verwenden, ist für die Praxis der unwirtschaftlichste und teuerste. Natürlich kann man so vorgehen, wie wir das schon bei Abb. 6.4/2 besprochen haben, aber erstens läßt sich mit solch einer Schaltung kein Fahrtrichtungswechsel vornehmen, und zweitens setzen die Widerstände die Energie, die sie dem Fahrstromkreis entziehen, in Wärme um, und das ist wenig erfreulich.

Allerdings gibt es für Märklinisten wenigstens eine einfache Möglichkeit, den Fahrtrichtungswechsel vorzunehmen. Sie brauchen dazu nur einen Überspannungsimpuls, und den kann man sich aus dem Fahrpult holen, wenn man vom Trafo her eine entsprechende Spannung bereitstellt (z.B. 24 V ~). Dann genügt ein Drucktaster, der diese Spannung an die Lok gibt, und das Problem ist gelöst. Es geht aber auch so, daß man den Weg der Spannungsverdoppelung nimmt. Wie man dann vorgeht, steht in Kap. 6.3.1, und *Abb. 6.4/7* zeigt, wie man eine entsprechende Schaltung in sein Fahrpult eingliedern kann. Die beiden Kondensatoren sollten mindestens 2200 μF haben; die Dioden müssen Leistungstypen sein (z.B. 1 N 4001). Natürlich kann man die Überspannung nicht aus der pulsierenden Gleichspannung gewinnen. Man braucht auf jeden Fall einen besonderen Wechselspannungsanschluß, um die beiden Kondensatoren C2 und C3 aufzuladen. Der Drucktaster T ist so angelegt, daß er entweder die normale Fahrspannung an die Gleise gibt oder die Überspannung für den Telex-Impuls. Auch wenn man ohne Spannungsverdopplung arbeiten will, ist solch ein Umschalt-Taster erforderlich.

Es fehlt die Möglichkeit, den Fahrstrom auf rentable Weise zu regulieren

Aber wie gesagt: Damit haben zwar die Märklin-Fahrer ihren Fahrtrichtungswechsel, doch für Gleichstromsysteme ist diese Lösung unbrauchbar. Und außerdem fehlt immer noch eine Möglichkeit, den Fahrstrom auf rentable Weise zu regulieren. Machen wir es also wie die Politiker: Weichen wir einer unangenehmen Frage aus und wenden uns Dingen zu, die leichter zu behandeln sind. Gemeint sind damit die Festspannungen, die wir sowohl von einem Labor-Netzgerät als auch von einem Netzgerät im Stellpult brauchen.

6.4.1 Spannungsstabilisierung

Für das Arbeiten mit integrierten Schaltkreisen brauchen wir Spannungen, die exakt einen festen Wert haben und sich nicht ändern, wenn im Netz

Spannungsschwankungen auftreten oder die Belastung der Spannungsquelle unterschiedlich ist. Nehmen wir einmal eine (frische) Taschenlampenbatterie und messen nach, wieviel Spannung ihre Pole zeigen: Das mögen 4,5 V sein, wie es auch auf der Batterie aufgedruckt ist. Aber wenn wir nun eine Glühbirne anschließen – das wäre ein *Lastwiderstand* – ist es manchmal recht beträchtlich, um wieviel sich die Spannung vermindert. Bei Spannungsquellen für die IC-Versorgung ist so etwas absolut unerwünscht, und deshalb müssen entsprechende Spannungen im Netzgerät *stabilisiert* werden.

Eine einfache Möglichkeit dazu bietet die Z-Diode (vgl. Kap. 2.1.3). Sie hat eine bestimmte Durchbruchsspannung, bei deren Überschreitung sie auch in Sperrichtung leitfähig wird, und dabei fällt an ihr eine Spannung ab, die unabhängig von der Stromstärke ist. In solch einem Fall gilt also nicht mehr das Ohmsche Gesetz! Aber genau dieses Verhalten der Z-Diode macht sie zu einem geeigneten Bauelement für Spannungsstabilisierungen. Wie sie geschaltet wird, zeigt *Abb. 6.4.1/1.* Die Eingangsspannung ist U_E, z.B. eine Gleichspannung (geglättet) von 10 V. Um den Strom durch die Z-Diode zu begrenzen, brauchen wir einen Vorwiderstand Rv (z.B. 100 Ω); als Z-Diode wählen wir den Typ ZD 5,6, d.h. eine Diode, deren Durchbruchsspannung 5,6 V beträgt. Auf jeden Fall muß diese Durchbruchsspannung kleiner sein als die Eingangsspannung, sonst kann die Z-Diode nichts stabilisieren.

Schaltung hat einen Nachteil

Die Schaltung hat allerdings den Nachteil, daß der Strom durch den Lastwiderstand R_L auch über den Vorwiderstand Rv fließen muß; sie ist dadurch zwar kurzschlußfest, führt aber zu beträchtlichen Leistungsverlusten. Trotzdem erhält man als Ausgangsspannung immer 5,6 V, unabhängig von der Größe der *Last.* Man kann das gut mit dem obigen Beispiel der Taschenlampenbatterie vergleichen. Wird als Lastwiderstand eine Glühbirne an die Stabilisierungsschaltung angeschlossen, so bleibt die Spannung recht gut erhalten ($Rv = R_L = 30\ \Omega$; $U_E = 12$ V).

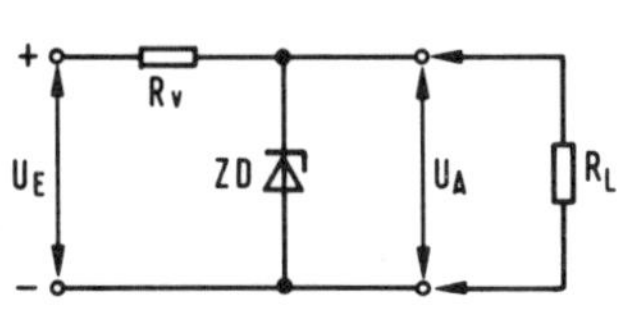

Abb. 6.4.1/1 Spannungsstabilisierung mit einer Z-Diode

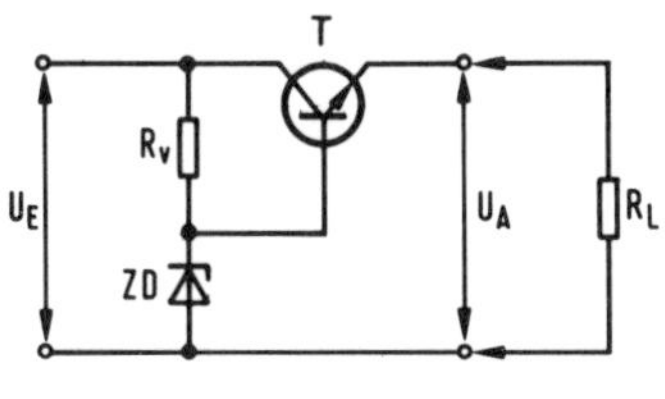

Abb. 6.4.1/2 Stabilisierungsschaltung mit Längstransistor

Allerdings ist diese Schaltung nur bedingt tauglich. Bei größeren Belastungen wird die Stabilisierung immer schlechter, vor allem, wenn die Eingangsspannung nicht sehr viel größer als die Durchbruchsspannung der Z-Diode ist. Besser bewährt sich eine Stabilisierung mit einem sog. *Längstransistor.* Dabei wird die Basis dieses Transistors von der Z-Diode angesteuert *(Abb. 6.4.1/2);* der Vorwiderstand Rv liegt nicht mehr im eigentlichen Stromweg für die Last und kann deshalb auch nicht mehr wesentliche Leistungsanteile wegschlucken. Die Spannung am Lastwiderstand R_L ist gleich der Summe der Spannungen an der Z-Diode und an der Basis-Emitterstrecke des Transistors. Und weil dabei die Z-Spannung wesentlich größer ist als die Spannung zwischen Basis und Emitter, bleibt auch die Ausgangsspannung U_A praktisch konstant.

Integrierte Schaltungen zur Spannungsstabilisierung

Wer sich nun in sein Netzgerät Stabilisierungsschaltungen für konstante Gleichspannungen einbauen will, braucht aber nicht immer auf Z-Dioden, Widerstände und Transistoren zurückzugreifen. Er kann es sich leicht machen, denn es gibt eine stattliche Reihe integrierter Schaltkreise extra für den Zweck der Spannungsstabilisierung. Einige der wichtigsten wollen wir hier vorstellen.

Da gibt es zunächst eine Reihe von IC's mit der Kennzeichnung 78XX (die beiden X stehen für verschiedene Ziffern, die Ausgangsspannungen angeben). Zumeist wird vor die Nummern noch eine Typenbezeichnung in Buchstaben gestellt, z.B. µA, aber sie ist je nach Lieferfirma verschieden. Das Innenleben dieser Spannungsregler enthält einen Längstransistor (Leistungstyp), der von einem Differenzverstärker (OV) angesteuert wird. Dieser Verstärker vergleicht die feste Durchbruchsspannung einer Z-Diode mit der Spannung an einem Potentiometerabgriff. Man nennt dabei die konstante Z-Diodenspannung *Referenzspannung* (was soviel heißt wie: Bezugsspannung), und dabei liegt tatsächlich eine echte *Regelung* vor. Die Referenzspannung liefert einen Sollwert (vgl. Kap. 1.2), am Spannungsteiler erscheint ein Istwert, und wenn dieser Istwert unter den Sollwert absinkt, steuert der Differenzverstärker die Basis des Transistors stärker an, so daß dieser einen erhöhten Ladungsfluß freigibt, um die Spannung am Ausgang des Regler-IC's konstant zu halten. Nach diesem Prinzip arbeiten auch die meisten anderen Spannungsregler-IC's.

Die Spannungsregler der Gruppe 78XX sitzen in einem Gehäuse mit drei Anschlußstiften, von denen der mittlere zur Masse gehört *(Abb. 6.4.1/4).* Die Beschaltung ist also äußerst einfach. In *Abb. 6.4.1/5* zeigen wir, wie sich von der Sekundärentwicklung eines Trafos aus im Netzgerät ein Anschluß für die Festspannung 5 V bilden läßt. Zuerst kommt der übliche Brückengleichrichter (vereinfachtes Schaltbild), dann der Glättungskonden-

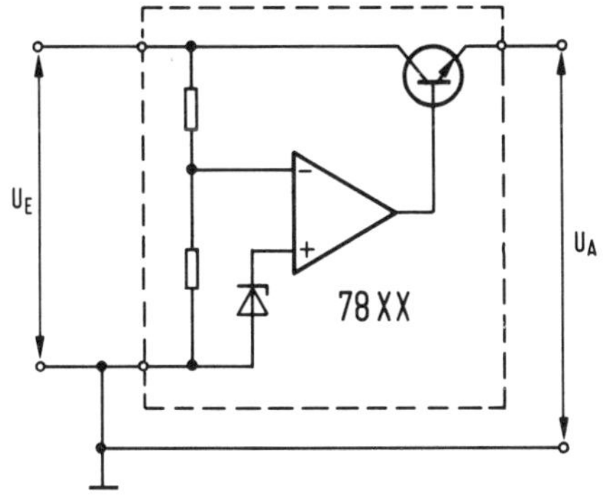

Abb. 6.4.1/3 Innenaufbau des Stabilisierungs-IC's 78XX

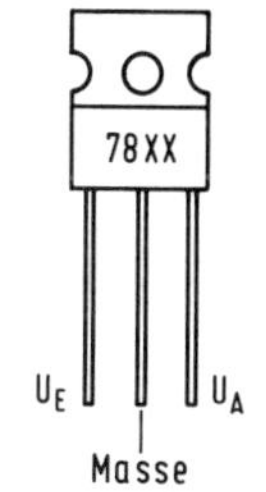

Abb. 6.4.1/4 Sockelbild für Stabilisierungs-IC's 78XX (Vorderansicht)

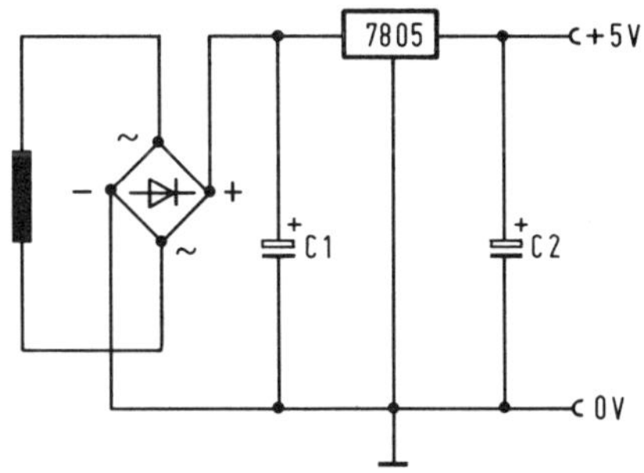

Abb. 6.4.1/5 Herstellung einer stabilisierten Gleichspannung von 5 V

sator C 1 (4700 μF). Der Regler-IC liegt in der Plus-Leitung, und seine Ausgangsspannung wird noch einer Nachglättung unterzogen (C 2 = 47 μF). Am Ausgang erscheint dann die stabilisierte Spannung von + 5 V. Sie kann gut zur Versorgung aller integrierten Schaltkreise der Standardserie SN 74. . benutzt werden.

Es gibt von derselben Sorte wie 7805 weitere Spannungsregler, und zwar für die Werte 6 V, 8 V, 12 V, 15 V, 18 V und 24 V (also 7806, 7808 usw.). Dabei ist zu beachten, daß die Eingangsspannung maximal 35 V betragen darf, und der Ausgangsstrom darf nicht höher werden als etwa 0,1 A. Für den Fahrstromkreis einer Modellbahnanlage sind also diese IC's nicht geeignet. Aber man kann sie gut für Elektronik-Schaltungen verwenden, die stabilisierte Gleichspannungen voraussetzen, und ein Labor-Netzgerät sollte entsprechende Ausgangsbuchsen haben (Vorschlag: 5 V, 8 V, 12 V). In *Abb. 6.4.1/6* ist sogar die Anschlußmöglichkeit für diverse Operationsverstärker vorgesehen. Der Trafo muß sekundärseitig zwei galvanisch voneinander getrennte Spulen I und II besitzen. Von Spule I werden zwei Spannungen abgegriffen (8 V ~und 16 V ~), gleichgerichtet, geglättet und auf

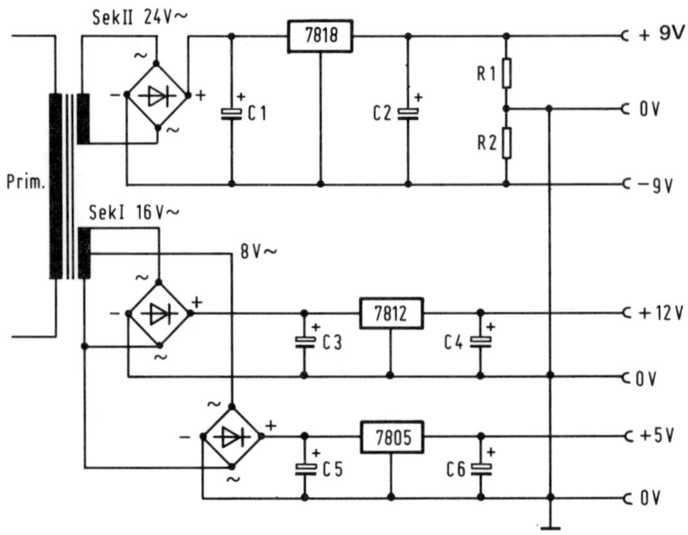

Abb. 6.4.1/6 Netzgerät für stabilisierte Gleichspannungen 5 V, 12 V, ± 9 V
C 1 = C 3 = C 5 = 4700μF; C 2 = C 4 = C 6 = 47μF
R 1 = R 2 = 1 MΩ

5 V bzw. 12 V stabilisiert. Von Spule II nehmen wir nun 24 V ~ ab, richten sie ebenfalls gleich, glätten und stabilisieren sie auf 18 V, aber dann teilen wir diese Spannung durch zwei Widerstände R1 = R2 = 1 MΩ auf, so daß ein Mittelabgriff entsteht. Dieser Mittelabgriff wird die gemeinsame Masse für alle Gleichspannungen (0 V). Dann bekommt man die symmetrische Spannung ± 9 V für Operationsverstärker und kann mit solch einem Netzgerät alle OV-Schaltungen betreiben, die wir bisher vorgestellt haben.

Übrigens läßt sich die symmetrische Spannung für Operationsverstärker auch anders als durch zwei Widerstände gewinnen. In Abb. 5.5.1/9 wurde eine Schaltung vorgestellt, die etwas anspruchsvoller ist; sie kann ebenfalls in einem Netzgerät verwendet werden.

Bei allen Stabilisierungs-IC's der Gruppe 78XX handelt es sich um Festspannungsregler, d.h. sie können nur eine unveränderliche Spannung abgeben. Dafür sind sie sehr billig (um 1,– DM). Es gibt auch etwas teurere Typen, die bis zu 1 A Dauerstrom vertragen und kurzschlußfest sind (von der Firma Signetics, UA 78XX). Wer umfangreichere Elektronik-Schaltungen betreiben will, sollte sie benutzen, vor allem, wenn er viele Standard-

IC's einsetzt. Kommen dann noch LED's oder Signalbirnchen hinzu, so summiert sich der Strombedarf eventuell auf stattliche Werte.

Nun gibt es aber auch einstellbare Spannungsregler, die den Vorteil bieten, daß man sich die Spannung, die man braucht, frei wählen kann. Aus der Typenvielfalt wollen wir zwei herausgreifen, den Typ 723 und den L 200. Sie kommen sogar für Fahrpulte in Frage, d.h. man kann ihre Spannungsabgabe über einen Einstellknopf steuern.

Der Typ 723 (im Handel als µA 723, TBA 281, MC 1723 o.ä. erhältlich) kommt in zwei Fassungen vor: im Tonnengehäuse und in der zweckmäßigen Dual-in-line-Form. Seine Anschlußbilder zeigt *Abb. 6.4.1/7.* Sein Innenleben sieht ähnlich aus wie bei den schon besprochenen Festspannungsreglern, nur reichlich komplizierter, aber darauf wollen wir nicht eingehen. Da er einstellbar ist, braucht man eine äußere Zusatzbeschaltung, und ihre grundsätzliche Ausführung zeigt *Abb. 6.4.1/8.*

Es ist nicht so schlimm wie es aussieht

Die Sache sieht zwar verwirrend aus, ist aber gar nicht so schlimm. Es gibt da einen Eingang für die Betriebsspannung (+ U_{CC} bzw. + U_C), die von dem üblichen Glättungskondensator kommt; sie wird gegenüber Masse (– U_{CC}) bestimmt. Im IC steckt eine Z-Diode für die Referenzspannung ($U_{ref.}$), außerdem ein Operationsverstärker mit einem invertierenden und einem nicht-invertierenden Eingang (I bzw. – E und N.I. bzw. + E). Zur Verhinderung interner Rückkopplungen wird eine Frequenzkompensation gebraucht (Komp.), und schließlich gibt es noch eine Stromüberwachung und eine Strombegrenzung. All diese Anschlüsse liegen bei den beiden

Abb. 6.4.1/7 Sockelbild für den Spannungsstabilisator 723
a) Tonnengehäuse, von unten gesehen
b) Dual-in-line-Form, von oben gesehen

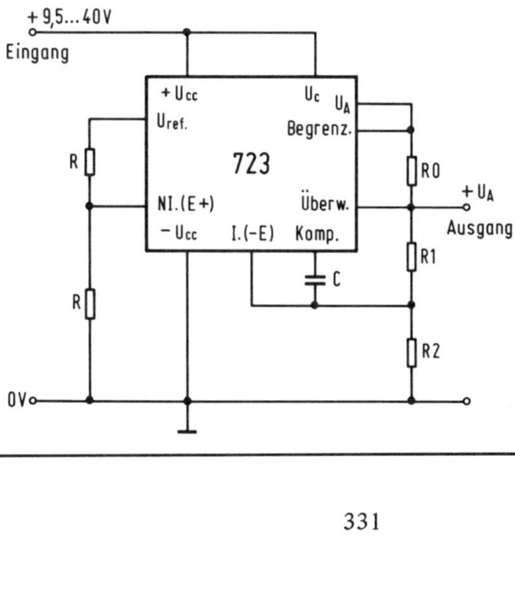

Abb. 6.4.1/8 Grundschaltung des Spannungsstabilisators 723

Sockelformen an verschiedenen PINs, und dazu brauchen wir eine Vergleichsübersicht:

	Tonnen-gehäuse	Dual-in-line-Form
+ U_{cc}	8	12
+ U_c	7	11
− U_{cc}	5	7
$U_{ref.}$	4	6
I. (− E)	2	4
N.I. (+ E)	3	5
Komp.	9	13
Stromüberw.	1	3
Strombegrenz.	10	2
+ U_A (Ausgang)	6	10

Die nicht aufgeführten PINs bei der Dual-in-line-Form bleiben frei.

Hier eine Schaltung für ein regelbares Netzteil

Wir wollen uns nicht in Details verlieren und gleich eine Anwendungsschaltung mitteilen, die für ein regelbares Netzteil gedacht ist. Da der IC normalerweise Ausgangsströme bis ca. 150 mA im Spannungsbereich U_A zwischen 7 und 37 V zuläßt, ein Netzgerät aber mehr Strom hergeben sollte, ist ein externer Leistungstransistor zugeschaltet (2 N 3055). Am Potentiometer P kann man die Ausgangsspannung einstellen, und zwar zwischen 4 und 35 V. Ganz auf Null läßt sie sich also nicht zurückdrehen. Der Leistungstransistor muß auf ein Kühlblech geschraubt werden (Gehäuse liegt auf Kollektorpotential); das Potentiometer (kein Trimmer!) bekommt einen Drehknopf und wird in die Frontplatte des Netzgerätes gesetzt.

Werfen wir nun aber noch einen Blick auf den Spannungsregler L 200. Sein Gehäuse hat fünf gegeneinander versetzte Anschlußstifte *(Abb. 6.4.1/10)*; die Grundschaltung ist denkbar einfach. Alles, was man zur externen Beschaltung braucht, sind zwei Kondensatoren und ein Drehwiderstand. Er bestimmt die vom Regler abgegebene Stromstärke nach der Formel

$$I = \frac{0{,}45\ (V)}{R\ (\Omega)},$$

d.h. wenn man eine Stromstärke von 0,5 A (konstant) haben will, muß R = 0,45/0,5 ≈ 1 Ω sein. Wird R = 0, so liefert der Regler seinen maximalen Ausgangsstrom von 2,5 A.

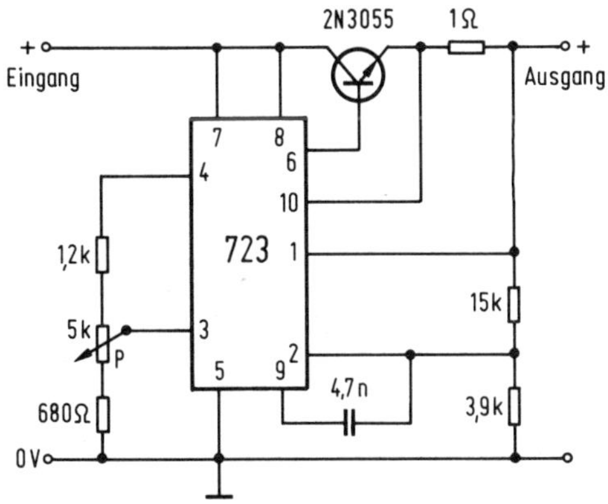

Abb. 6.4.1/9 Spannungsstabilisierung mit dem 723 für große Ausgangsleistung

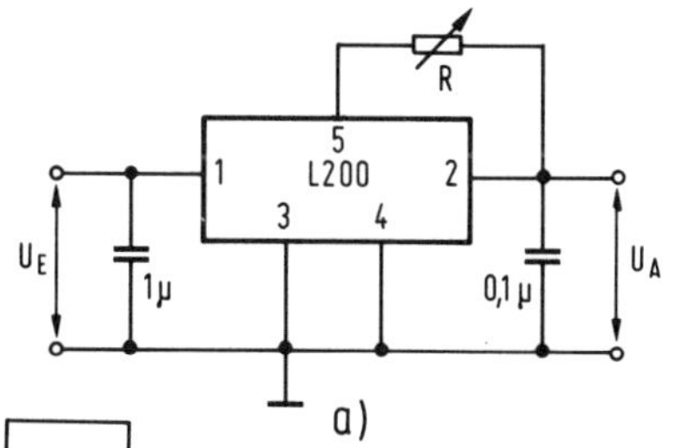

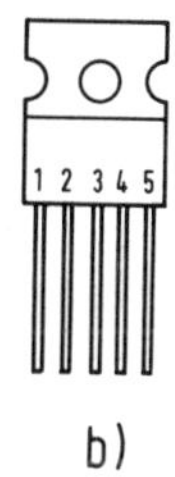

Abb. 6.4.1/10 Grundschaltung und Sockelbild des L 200

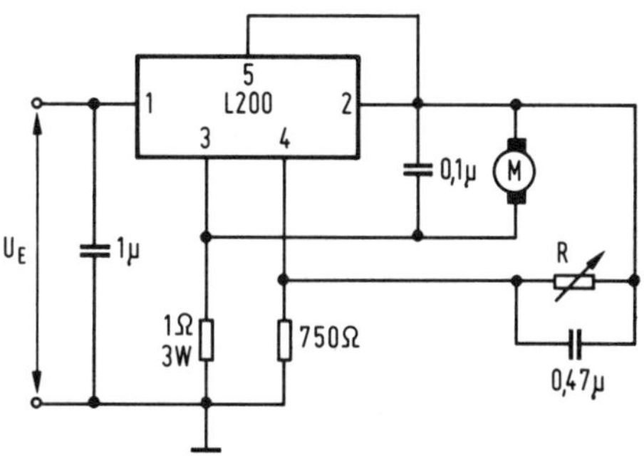

Abb. 6.4.1/11 L 200 als Drehzahlregler

Der IC arbeitet mit Eingangsspannungen bis zu 40 V. Die Ausgangsspannung läßt sich im Bereich von 3 bis 30 V, der Ausgangsstrom von 5 mA bis etwa 2 A einstellen. Also auch hier kann man Ausgangsspannung und Ausgangsstrom nicht völlig auf Null bringen. Für ein gewöhnliches Fahrpult ist das aber eventuell nicht einmal nötig, denn ein Lokmotor springt bei dem minimalen Reststrom des heruntergeregelten IC ohnehin nicht mehr an. Wie speziell eine Motorschaltung mit dem L 200 aussieht, zeigt *Abb. 6.4.1/11;* sie kann als Muster dienen, wenn man den L 200 in ein Fahrpult einbauen will.

Diese Schaltung hat einen besonderen Vorteil

Diese Schaltung hat sogar noch einen besonderen Vorteil, wenn man sie für Lokomotivmotoren verwendet. Es handelt sich nämlich eigentlich um einen Drehzahlregler. Die Drehzahl eines Motors (und damit die Geschwindigkeit einer Lok) hängt von dem Motorstrom ab. Fährt nun eine Modellbahnlok eine Steigung hinauf, so wird sie im allgemeinen langsamer (bei Gefällestrecken entsprechend schneller). Will man ihr Tempo aber immer schön gleichbleibend halten, so muß man entweder mehr oder weniger Strom geben. Genau das tut der L 200, wenn man ihn nach Abb. 6.4.1/11 einsetzt. Der Motorstrom fließt nämlich über den Widerstand 1 Ω; das macht für die Stromstärke kaum etwas aus, aber an dem Widerstand entsteht ein Spannungsabfall, der auf den Fußpunkt des Reglers einwirkt (PIN 3) und damit die vom IC abgegebene Stromstärke beeinflußt. Der Regler hält sie konstant, und damit bleibt auch die Geschwindigkeit der Lok erhalten.

Für ein Gleichstromfahrpult sind also Schaltungen mit dem IC 723 oder dem L 200 durchaus geeignet, auch wenn man die Spannung nicht bis auf 0 Volt herunterregeln kann. Daß das nicht geht, liegt an der Referenzspannung, die im IC erzeugt wird und für den eingebauten Operationsverstärker unerläßlich ist. Sie kann nicht geringer werden als die kleinste Durchbruchsspannung, die sich mit Z-Dioden erreichen läßt, und die liegt bei 2,7 V. Wer aber für Laborversuche ein Netzgerät braucht, das seine Ausgangsspannung exakt auf null Volt bringen kann, muß sich nach Schaltungen umsehen, die ohne Referenzspannung arbeiten. Wir können hier nicht eine solche Profi-Schaltung entwickeln; ein relativ einfacher Vorschlag findet sich bei Schiersching (Das große Bastelbuch: Elektronik für den Modellbahner). Außerdem wollen wir noch eines in Erinnerung bringen: Für einen Automatik-Betrieb auf der Modellbahnanlage braucht man ohnehin keine ständig veränderlichen Fahrspannungen, sondern geht von einem festen Spannungswert aus. Den können die genannten Stabilisierungsschaltungen vorzüglich liefern.

6.4.2 Einfaches Elektronik-Fahrpult für Gleichstrom

Fahrpulte sind Netzgeräte

Wir haben bisher eigentlich keinen klaren Unterschied zwischen einem Netzgerät und einem Fahrpult gemacht. Das liegt daran, daß es einen solchen Unterschied grundsätzlich gar nicht gibt: Fahrpulte sind Netzgeräte, denn sie beziehen ihren Fahrstrom letztlich aus dem elektrischen Leitungsnetz. Aber während ein Labor-Netzgerät vor allem bestimmte Festspannungswerte liefern soll, dazu vielleicht noch eine einstellbare Spannung, sind Fahrpulte speziell den Gegebenheiten des Modellbahnbetriebes angepaßt, und das heißt, sie müssen bei Gleichstromsystemen eine regelbare Spannung im Bereich zwischen 0 und 14 V hergeben, die sich für den Fahrtrichtungswechsel umpolen läßt. Bei Wechselstromsystemen benötigt man statt dessen eine Überspannung für das Telex-Relais.

Es gibt weitere Unterschiede. Die Gleichspannung eines Labor-Netzgerätes soll möglichst frei von jeder Welligkeit, d.h. gut geglättet sein. Für ein Fahrpult ist das gar nicht sonderlich wünschenswert, im Gegenteil. Triebfahrzeuge zeigen bei pulsierenden Strömen ein wesentlich besseres Fahrverhalten als bei geglätteten, vor allem bei niedrigen Geschwindigkeiten. Es ist also nicht nötig, in ein Gleichstromfahrpult einen Glättungskondensator einzubauen; diese Ausgabe kann man sich auf jeden Fall sparen. Höchstens bei Spezialfahrpulten sieht die Sache anders aus, doch darauf kommen wir noch zu sprechen.

Zunächst wollen wir einfache Fahrpulte behandeln, und da haben wir bereits einige Hinweise gegeben, etwa in 6.4 (Wechselstromfahrpult). Im vorigen Abschnitt war von einem Gleichstromfahrpult die Rede, das sich auf eine konstante Geschwindigkeit einstellen läßt und insofern die Drehzahl eines Lokmotors *regelt*. Aber was dabei fehlte, war die Möglichkeit des Fahrtrichtungswechsels; die Fahrspannung kam nur in einer festen Polung vor.

Natürlich kann man sich sehr leicht helfen, wenn man hinter den Fahrspannungsausgang einen Polwender (nach Abb. 6.2/1) setzt. Dann braucht man nur einen Umschalter, der dem Telex-Drucktaster im Märklinfahrpult grundsätzlich entspricht. Aber wer das althergebrachte Gleichstromfahrpult (Trix, Fleischmann) bedient hat, wird sich mit solch einer Idee kaum befreunden können. Denn da geht das Umpolen wesentlich eleganter vor sich. Der Drehknopf hat eine Mittelstellung für HALT; dreht man ihn nach links, so ergibt das eine Rückwärtsfahrt, dreht man ihn nach rechts, fährt die Lok vorwärts (entsprechende Gleisanschlüsse vorausgesetzt). Und dieses Prinzip wollen wir beibehalten, auch wenn unser nächstes Gleichstromfahrpult elektronisch funktioniert. Wir müssen also die im Eigenbau schwer nachzumachende Widerstandsschaltung eines herkömmlichen Gleichstromfahrpultes durch etwas *Elektronisches* ersetzen.

Widerstandsschaltung durch etwas Elektronisches ersetzen

Dazu brauchen wir zunächst wieder einen geeigneten Transformator, und zwar soll er möglichst zwei Sekundärspulen enthalten, die sich so in Reihe schalten lassen, daß zwischen ihnen ein Mittelabgriff entsteht. Er soll die Masse der Schaltung ergeben. Solche Trafos werden von verschiedenen Firmen angeboten; jede Spule für sich muß mindestens 12 (besser etwas mehr) Volt hergeben, und ob sie richtig in Reihe liegen, prüft man am besten mit einem Voltmeter. Über beide Spulen muß eine Gesamtspannung von 24 V ~ (bzw. mehr) entstehen. Kann man keinen Trafo mit zwei galvanisch getrennten Sekundärspulen auftreiben, so geht es natürlich auch mit einem anderen Typ, dessen Sekundärspule einen Mittelabgriff besitzt, der die Sekundärspannung genau halbiert.

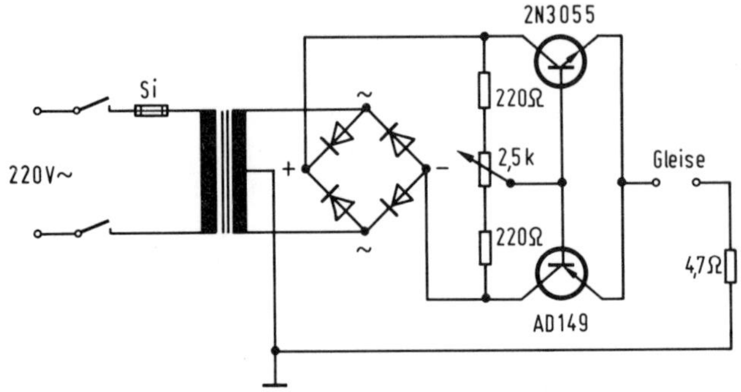

Abb. 6.4.2/1 Einfaches Elektronik-Gleichstrom-Fahrpult mit Umpolmöglichkeit

Hinter dem Sekundärteil kommt die übliche Graetzschaltung eines Brückengleichrichters *(Abb. 6.4.2/1)*, der natürlich genügend hoch belastbar sein muß (z.B. B 40 C 5000/3200). Die Gleichspannung an seinen Enden ist entweder positiv oder negativ gegenüber Masse. Diese Enden sind mit einem Spannungsteiler verbunden. Er besteht aus einem Drehpotentiometer (linear) und zwei gleichartigen Schutzwiderständen (z.B. 220 Ω), die verhindern sollen, daß man den Drehwiderstand ganz auf Null bringt. Steht das Potentiometer genau in Mittelstellung, so liegt sein Abgriff auf Massepotential. Von diesem Abgriff geht es an die Basen von zwei komplementären Leistungstransistoren (z.B. 2 N 3055 und AD 149). Man kann auch andere als die genannten Typen wählen, aber erstens müssen sie Ströme bis zu 5 A vertragen können, und zweitens muß der eine ein npn-, der andere ein pnp-Typ sein. Ihre Emitter werden zusammengeführt und ergeben den einen Gleisanschluß; das andere Gleis liegt an Masse. Je nach Einstellung des Potentiometers wird der eine oder der andere Transistor geöffnet, denn entweder wird die Basis des npn-Typs positiv gegen Masse oder die Basis des pnp-Typs negativ gegen Masse. Nur wenn das Potentiometer genau auf *Mitte* steht, sperren beide Transistoren. Damit haben wir, was wir brauchen: eine elektronische Umpolmöglichkeit des Fahrstromes.

Der zur Masse führende Gleisanschluß sollte noch einen Widerstand von 4,7 Ω (belastbar bis mindestens 6 W) enthalten. Denn damit ergibt sich eine gute Kurzschlußfestigkeit der Schaltung auch für den Fall, daß einmal ein Triebfahrzeug entgleist und die Schienen leitend überbrückt. Setzt man zum Widerstand 4,7 Ω noch ein Glühlämpchen (12 V) parallel, so leuchtet es in einem solchen Fall hell auf und kann als Alarmsignal dienen.

Die beiden Transistoren kommen natürlich auf Kühlbleche, wobei man darauf achten muß, daß die Metallgehäuse Kollektorpotential zeigen und demnach gegeneinander zu isolieren sind. Benutzt man ein gemeinsames Kühlblech, so braucht man unbedingt Isolierscheiben aus Glimmer, um Kurzschlüsse zu vermeiden.

Schaltung ist problemlos aufzubauen

Die Schaltung ist problemlos aufzubauen und ersetzt vollwertig die herkömmlichen Fahrpulte, die Geschwindigkeitsregulierungen nur über Drehwiderstände mit entsprechendem Heizeffekt zulassen. Hier wird jedoch keine Heizwärme unnötig verbraten, weil die Transistoren nur jeweils den Strom *ziehen,* der gerade benötigt wird.

6.4.3 Phasenanschnittssteuerungen

So schön die Schaltung des vorigen Kapitels ist – vor allem Anfängern sei sie empfohlen –, sie hat doch einen Nachteil, den jemand, der einmal *mit Rangiergang* gefahren ist, ungern in Kauf nehmen wird. Die Langsamfahreigenschaften einer Lok sind nicht sehr überzeugend, und so gibt es inzwischen etliche industrielle Fahrpulte, die durch den Einsatz fortschrittlicher Elektronik eine genauere Steuerung von Triebfahrzeugen auch in Bereichen niedriger Geschwindigkeit zulassen (so z.B. die Firma *Prager Electronic* und das inzwischen nicht mehr erhältliche *Rot-System*).

Worum es sich beim Phasenanschnitt handelt, wollen wir an einer Prinzipschaltung besprechen. Sie wird mit Wechselstrom betrieben (ca. 12 bis 14 V), und bekanntlich läßt sich der zeitliche Verlauf der Wechselspannung als wellenförmige Kurve darstellen. Ist diese Kurve vollständig ausgebildet, so spricht man von *Vollwellen.* In der Schaltung von *Abb. 6.4.3/1* führt aber der Wechselstromkreis über einen Thyristor, und wie wir wissen, wirkt er wie eine Diode. Also werden hier die Vollwellen zur Hälfte weggeschnitten, so daß nur noch *Halbwellen* übrigbleiben (vgl. auch Kap. 2.6). Das entspricht dem Prinzip einer Einweg-Gleichrichtung.

Aber der Thyristor muß auch *gezündet* werden, und zwar an seinem Gate: Er ist eine Diode, die sich in ihrem Durchlaßverhalten von außen

Abb. 6.4.3/1 Prinzipschaltung zur Phasenanschnittssteuerung

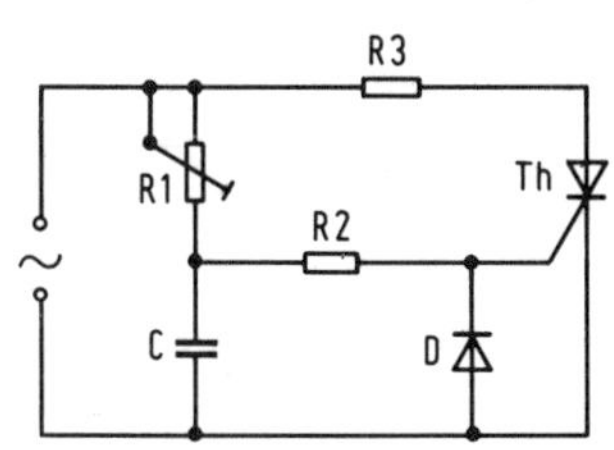

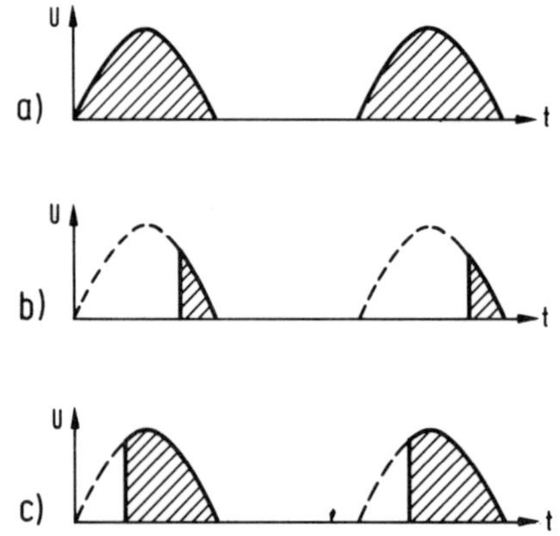

Abb. 6.4.3/2 Phasenanschnitt beim Thyristor im Wechselstrombetrieb
a) Der Thyristor formt eine Wechselspannung in pulsierende Gleichspannung um (positive Halbwellen)
b) Starker Phasenanschnitt (über 90°)
c) Geringer Phasenanschnitt (unter 90°)

steuern läßt. In Abb. 6.4.3/1 wird dazu ein RC-Glied verwendet, und das hat folgenden Sinn. Dadurch, daß der Kondensator C zu dem Widerstand R1 (Trimmer) in Reihe gelegt ist, muß sich C in jeder Periode aufladen; bei jeder *positiven Halbwelle* wird die dem Trimmer zugewandte Seite ebenfalls positiv. Doch dabei vergeht eine gewisse Zeit, und erst, wenn die Ladespannung am Kondensator genügend angewachsen ist, kann der Thyristor über R2 gezündet werden. Dann hat aber die positive Halbwelle sich schon zu einem Teil ausgebildet, die Spannung an der Thyristoranode ist bereits auf einen gewissen Betrag angewachsen, und wenn nun der Thyristor leitfähig wird, erfolgt der Stromdurchgang unter der Spannung, die gerade besteht. Auf diese Weise werden die Halbwellen *angeschnitten,* und es hängt ganz von den Verhältnissen bei R1 und C ab, wie weit der Anschnitt geht, d.h. wie groß die Verzögerung ist, nach der der Thyristor zündet. Deshalb wird R1 als Trimmer eingesetzt. Ist sein Widerstandswert gleich null, so erfolgt die Ansteuerung des Gates im gleichen Augenblick, in dem die Thyristoranode positiv gegenüber der Katode ist, und es findet gar kein Phasenanschnitt statt. Wird R1 aufgedreht, so entstehen Verhältnisse wie in *Abb. 6.4.3/2,* und bei vollem Widerstand R1 kommt es überhaupt nicht mehr zu einer Zündung des Thyristors: Er bleibt dauernd gesperrt.

Die Kurven aus Abb. 6.4.3/2 kann man natürlich nur sichtbar machen, wenn man die Spannung über R3 an ein Oszilloskop gibt. Aber R3 läßt sich auch durch den Widerstand eines Lokomotivmotors ersetzen; dann werden die Gleise dort angeschlossen, wo sich in der Abbildung R3 befindet. Die Lokomotive steht still, solange überhaupt kein Phasenanschnitt stattfindet und der Thyristor nicht zum Zünden kommt; dann ist der Stromkreis unterbrochen. Kommt es zu einer Zündung, sobald die positive Halbwelle sich fast ihrem Ende zuneigt, dann beginnt die Lok ganz langsam anzufahren, und man kann dabei vorzügliche Kriechbewegungen erzeugen. Wird der Phasenanschnitt vorverlegt, so wächst das Tempo der Lok, und wenn die volle Halbwelle durchkommt, erreicht sie ihre Höchstgeschwindigkeit.

Man kann die Schaltung einmal versuchsweise aufbauen und eine Lok damit steuern. Dabei sind folgende Daten empfehlenswert: R1 (Trimmpoti) = 10 kΩ, R2 = 1 kΩ, C = 4 μF (ungepolter Kondensator), D = 1 N 914. Die Diode soll das Gate nur vor negativem Ladungszufluß schützen; für die Funktion der Schaltung ist sie nebensächlich. Beim Thyristor muß man einen Typ wählen, der den Strom durch den Lokomotivmotor mühelos verträgt (also kein Kleinthyristor). Es kommen z.B. in Frage der BT 102/300 R oder BTY 79/100 R 05 bzw. vergleichbare Typen.

Ob Gleich- oder Wechselstromlok ist gleichgültig

Allerdings haben wir gar nicht gesagt, ob man für den Versuch eine Gleich- oder eine Wechselstromlok nehmen muß. Furchtbar einfach: das ist gleichgültig. Denn der Motor wird von pulsierendem Gleichstrom getrieben, und den kann auch eine Wechselstromlok verwerten. Nur die Fahrtrichtung läßt sich hier nicht beeinflussen, aber das gilt auch für Gleichstromfahrzeuge.

Übrigens kann man die Größe des Phasenanschnitts auch zahlenmäßig angeben. Eine volle Wechselstromperiode entspricht dem Umlauf um einen Kreis mit Einheitsradius, als 2π bzw. $360°$. Die halbe Periode beträgt dann π oder $180°$. Der Phasenanschnitt kann also zwischen 0 und $180°$ liegen; meistens wirkt er sich nicht über den ganzen Bereich aus, sondern nur bis maximal $170°$. Solche Angaben sind zum Verständnis der Schaltung unwichtig, aber weil sie in der Fachliteratur gelegentlich auftauchen, mögen sie hier erwähnt werden.

Auf diese Weise ist eine sehr feinfühlige Steuerung möglich

Damit haben wir das Prinzip der Phasenanschnittssteuerung bereits hinter uns. Die in Abb. 6.4.3/2 schraffierten Flächen stellen eigentlich ein Maß für die Leistungsaufnahme des Lokomotivmotors dar, und je kleiner diese Flächen sind, desto weniger leistet er. Auf diese Weise ist eine sehr feinfühlige Steuerung möglich, und da der Laststrom nur fließt, solange der Thyristor gezündet ist, fallen Leistungsverluste, wie sie bei Fahrpulten mit Widerstandsregelung auftreten, weg. Es gibt bei der Thyristorschaltung keine Widerstände, die sich nennenswert erwärmen. Nur der Thyristor könnte das tun, und deshalb muß man ihn eventuell auf ein Kühlblech setzen. Hat man aber einen Typ gewählt, der vier und mehr Ampere vertragen kann, so läßt sich auf teure Kühlbleche getrost verzichten.

Von W. Knobloch stammt ein Vorschlag, wie man sein konventionelles Fahrpult um einen elektronischen Rangiergang erweitern kann. Betrachte wir zunächst, wie die Sache für einen *Märklinisten* aussieht. Er hat zumeist ein Fahrpult zur Verfügung, das eine einstellbare Fahrspannung (4 bis 16 V ~) und eine zusätzliche Lichtspannung (16 V ~) liefert; außerdem bietet Märklin ein *Elektronik-Fahrgerät für extrem langsames Fahren* (Nr. 6699) an, das aber ca. 70,– DM kostet, und wenn man diese Ausgabe meiden will, kann man sich den Zusatz für Langsamfahrten mit geringen Mitteln selber bauen.

Elektronik-Fahrgerät für extrem langsames Fahren

Ein Umschalter (Drucktastenausführung, 4 x UM) ermöglicht die Wahl zwischen normalem und Langsamfahrbetrieb. Will man z.B. mit geringen Geschwindigkeiten rangieren, so wird durch den Umschalter die konstante Spannung, mit der man sonst Lichtstromkreise, Weichen usw. betreiben kann, zur eigentlichen Fahrspannung; die einstellbare Spannung 0 bis 14 V wird zur Steuerspannung für einen Thyristor. Man muß dabei darauf achten, daß die Phasenlagen von U1 und U2 übereinstimmen, sonst kann die Schaltung nicht funktionieren. Sollte das der Fall sein, so sind die Buchsenanschlüsse für U2 zu vertauschen. Die Diode D (Leistungstyp) richtet die steuernde Wechselspannung gleich; an der Katodenseite von D erhält man eine pulsierende Gleichspannung, deren Amplituden davon abhängen, wie hoch U2 am Fahrpult eingestellt ist. Mit diesen Impulsen wird die RC-Gruppe betrieben, die ihrerseits das Gate des Thyristors ansteuert. Durch den Lokmotor fließt also ein Halbwellen-Strom, der je nach Bedarf mehr oder weniger angeschnitten werden kann. Damit lassen sich verblüffende Kriechbewegungen hervorbringen bis hin zu einem vorbildgetreuen Rangierbetrieb. Will man wieder schnell fahren, so muß der Drucktaster entsprechend betätigt werden; er setzt dann die Phasenanschnittssteuerung außer Kraft und gibt U2 unmittelbar an die Gleise. U1 wird dabei für andere Zwecke frei. Der Fahrtrichtungswechsel erfolgt wie üblich durch Überspannungsimpulse vom Fahrpult.

Vorbildgetreuer Rangierbetrieb ist möglich

Für C_1 wählt man am besten einen Elektrolytkondensator mit 100 μF, R beträgt 220 Ω, 0,5 W. Der Kondensator C2 dient der Funkentstörung und hat auf die Steuerungsschaltung selbst keinen Einfluß; er beträgt ca. 0,1 μF. Eventuell kann man auch kleinere Werte für C1 wählen (z.B. 4 μF, ungepolt) R = 750 Ω. Die Langsamfahreigenschaften sind dann nicht ganz so gut, reichen aber für einen vorbildgetreuen Rangierbetrieb völlig aus.

Wer nun mit Gleichstrom fährt, kann die bisher geschilderte Schaltung nicht als Zusatz zu seinem Fahrpult verwenden, denn sie ließe nur immer eine Fahrtrichtung zu.

Der Thyristor wirkt eben als Einweg-Gleichrichter. Aber die Sache sieht schon anders aus, wenn man ihn durch einen Triac ersetzt (vgl. Kap. 2.6). Im Modellbahnbetrieb kommt er eigentlich kaum vor, doch hier ist er ein-

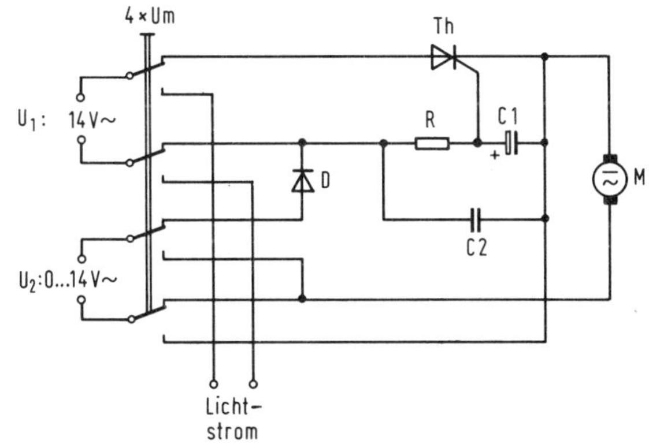

Abb. 6.4.3/3 Langsamfahrt-Zusatz für Wechselstrom-Fahrpulte

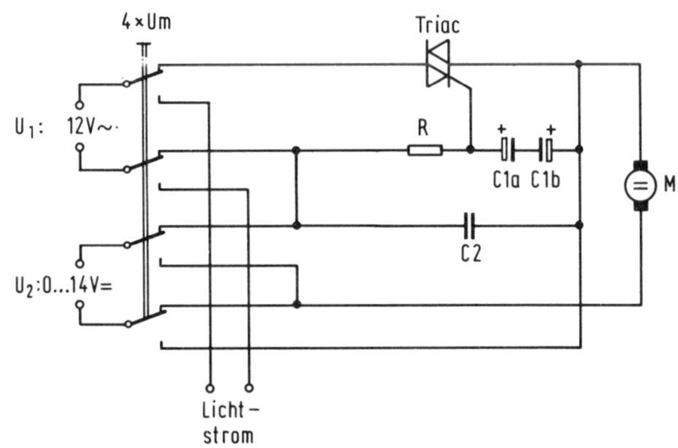

Abb. 6.4.3/4 Langsamfahrt-Zusatz für Gleichstrom-Fahrpulte
Triac-Typen:
Q 4006 L 4
TIC 206 E
TX C 03 A 10/5 L o. ä.

mal am Platze. *Abb. 6.4.3/4* zeigt, wie man ihn verwenden kann. Zur Spannungsversorgung braucht man ersten eine Gleich- und zweitens eine Wechselspannung. Beide werden einander überlagert. Wäre die Gleichspannung völlig geglättet, so würde sie die Wechselspannung im ganzen anheben oder senken, ohne deren zeitlichen Verlauf zu verändern. Nun ist aber die Gleichspannung eines konventionellen Fahrpultes (Fleischmann, Trix) ungeglättet, d.h. sie besteht aus gleichgerichteten Impulsen, und dann entsteht durch Überlagerung mit einer Wechselspannung ein Kurvenverlauf wie in *Abb. 6.4.3/5:* In jeder Periode wird eine Halbwelle verstärkt, die andere abgeschwächt. Im Extremfall ist die eine Halbwelle völlig unterdrückt, dagegen bei der anderen die Amplitude verdoppelt. Betreibt man so einen Gleichstrommotor, so wird er ruckartig bewegt. Jeder Impuls gibt ihm einen Stoß, und bei verdoppelter Spannung entsteht ein entsprechend kräftiges Drehmoment.

Der Triac hat nun die Aufgabe, die Halbwellen mit doppelter Amplitude anzuschneiden, ganz ähnlich, wie das bei einem Thyristor geschehen kann, aber während der Thyristor nur positive Halbwellen durchläßt, gehen durch den Triac auch negative Halbwellen durch, so daß damit die Umpolung bei Fahrtrichtungswechsel möglich bleibt. Angesteuert wird der Triac durch ein RC-Glied. Dabei sei noch einmal an Kap. 2.6.2 erinnert: Ein Triac zündet, wenn sein Gate dieselbe Polarität hat wie der Anschluß A2. Bei den üblichen Triac-Gehäusen ist das der mittlere Anschlußstift; rechts davon liegt das Gate (jeweils von vorne gesehen). A2 kommt in Abb. 6.4.3/4 an den oberen Wechselspannungsanschluß, A1 an den Gleisanschluß, der zum Lokmotor führt. Die Steuerspannung ist die pulsierende Gleichspannung des Fahrpultes; je größer sie ist, um so schneller lädt sich die Kondensatorgruppe

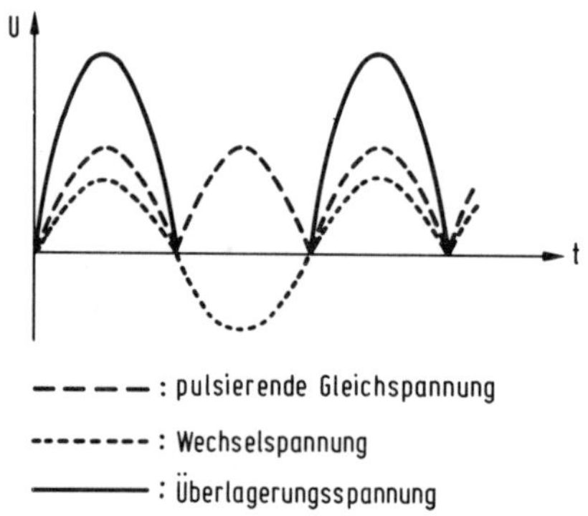

Abb. 6.4.3/5 Zusammensetzung einer pulsierenden Gleich- und einer Wechselspannung

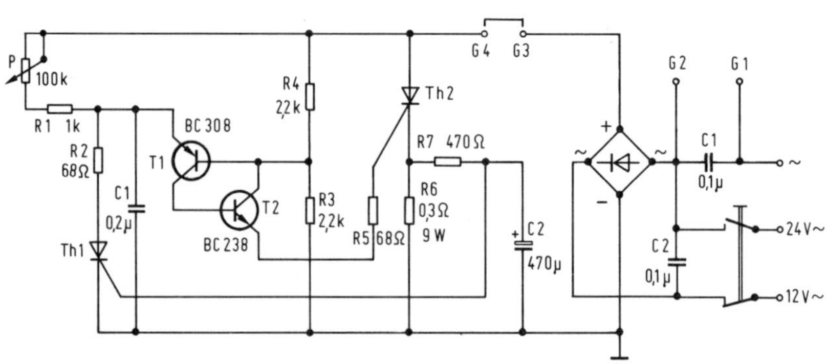

Abb. 6.4.3/6 Phasenanschnittssteuerung für Wechselstromsysteme

C1a/C1b auf. Da die Schaltung in beiden Stromrichtungen betrieben wird, kann man keinen einfachen Elektrolytkondensator nehmen, aber zwei gegeneinandergesetzte Elkos wirken wie ein einziger, bipolarer Kondensator; nur die Kapazität wird dabei halbiert. Sobald jetzt die Kondensatorspannung die Spannungsschwelle erreicht hat, bei der der Triac zündet, läßt er mehr oder weniger angeschnittene Impulse durch, deren Vorzeichen von der Polung der Fahrspannung abhängt. Doch nicht jeder Impuls der Fahrspannung (Steuerspannung) öffnet den Triac. Jeweils bei einer halben Periode des Wechselstromes sind die Polungsvorzeichen am Gate und am Anschluß A2 gegensätzlich, und dann bleibt der Triac gesperrt. Der Kondensator C2 hat mit der Schaltung direkt nichts zu tun; er dient nur der Funkentstörung. Übrigens kann ein zusätzlicher Widerstand 100 Ω, 1/4 W parallel zu C1 die Langsamfahreigenschaften etwas verbessern, aber der Effekt macht sich nur in der niedrigsten Fahrstufe bemerkbar.

Die hier vorgestellten Möglichkeiten der Phasenanschnittssteuerung ergeben zwar ein gutes Fahrverhalten beim Rangieren, aber für Streckenfahrten mit höheren Geschwindigkeiten sollte man den Fahrpultzusatz auf jeden Fall abschalten. Denn wegen der Überlagerung zweier Spannungen treten an den Schienen gelegentlich Spannungsspitzen von 20 bis 40 V auf, und die verträgt auf die Dauer kein Lokomotivmotor. Seine Spulenwicklungen werden überlastet, und die Kohlestifte an den Kollektoren werden schnell verschlissen. Also nochmals: die Langsamfahr-Zusätze sollten nur beim Rangieren eingeschaltet werden!

Bei Streckenfahrten den Fahrpultzusatz abschalten

Die Einschränkung, Phasenanschnittssteuerungen wie die zuletzt beschriebene nur bei niedrigen Geschwindigkeiten einsetzen zu können, legt natürlich den Gedanken nahe, ob man nicht ein Fahrpult bauen könnte, das ganz allgemein mit Phasenschnitt arbeitet, und in der Tat werden solche Fahrpulte auch angeboten. Sie bieten so gut wie alle Möglichkeiten – vom langsamsten Rangierbetrieb bis zu schnellen Streckenfahrten, und sie lassen sich sogar für Gleich- und Wechselstromsysteme einsetzen.

Dem Eigenbau solcher Fahrpulte steht grundsätzlich nichts im Wege, und W. Knobloch hat mehrere Möglichkeiten dazu vorgeschlagen. Im wesentlichen folgen wir hier einem Entwurf aus Bd. II seines Buches *Modelleisenbahnen – elektronisch gesteuert* (vgl. *Abb. 6.4.3/6*).

Der Hauptgedanke dieses Konzepts entspricht dem Prinzip einer Verzögerungsschaltung für Wechselstrombahnen nach Abb. 6.1.9/1. Dem Fahrstromkreis wird – wenn nicht mit vollem Tempo gefahren werden soll – ein Teil seiner Energie entzogen und über einen Brückengleichrichter nach Masse abgeführt. Dazu diente in Abb. 6.1.9/2 eine Darlington-Gruppe von zwei Transistoren; in der Abb. 6.4.3/6 besorgt dasselbe der Thyristor Th2. Es handelt sich bei ihm um einen stärkeren Typ, der einige Ampere vertragen kann, sofern er gezündet ist. Rechts im Bild liegt der Anschluß an eine Wechselspannung (konstant ca. 14 V ~), die von irgendeinem leistungsfähigen Trafo kommt. Außerdem ist ein Umschalter für Überspannungsstöße (24 V ~) vorgesehen; sie liefern die Impulse für den Fahrtrichtungswechsel von Märklinlokomotiven. Die beiden Kondensatoren mit je 0,1 μF fungieren als Störschutz und sind zum Verständnis der Schaltung unwichtig.

Zunächst wird die Wechselspannung gleichgerichtet und in eine pulsierende Gleichspannung umgewandelt; sie liegt an der eigentlichen Steuerschaltung. Dort ist das Drehpotentiometer P das Hauptbedienungselement und gehört demnach in die Frontplatte des Fahrpultes. Von ihm aus wird nämlich der Phasenanschnitt beim Thyristor Th2 bestimmt. Das geschieht wieder durch die uns schon bekannte RC-Kombination. Am Potentiometer (100 kΩ) wird die Aufladezeit für den Kondensator C1 eingestellt, wobei R1 nur dafür sorgen soll, daß auch bei völlig herausgedrehtem Poti immer noch ein Restwiderstand da ist. Hat sich der Kondensator bis zu einer bestimmten Schwelle aufgeladen, so schaltet die Transistorkombination T1/T2 durch. Bei ihr handelt es sich eigentlich um eine Thyristortetrode (vgl. Kap. 2.6), die zwei Gate-Anschlüsse besitzt, G_A und G_K. Sie zündet, wenn die Basis von T1 (also G_A) negativ gegenüber dem Emitter von T1 (der eigentlichen Anode) ist, und da diese Basis an einem Spannungsteiler (R3 und R4) liegt, ist sie positiv vorgespannt. Das ergibt die Schwelle, bis zu der C1 erst einmal aufgeladen sein muß, ehe die Tetrode zündet. Man könnte durchaus eine fertige Thyristortetrode verwenden; es gibt sie z.B. unter der Bezeichnung BR 101, aber erstens ist sie teurer als die Kombination aus den beiden Transistoren BC 308 (pnp-Typ) und BC 238 (npn-Typ), und zweitens ist sie nicht in jedem Elektronik-Geschäft zu haben. Ist die Tetrode leitfähig geworden, so gibt sie einen Zündimpuls an das Gate (G_K) des Thyristors Th2, und dieser zündet ebenfalls. Damit fließt ein kräftiger Strom durch ihn zur Masse ab, und da er dem Fahrstrom entzogen wird, fährt eine Lok um so langsamer, je kleiner der durch P und C1 bewirkte Phasenanschnitte ist.

Das Prinzip dieser Schaltung ist in den beiden Diagrammen der *Abb. 6.4.3/7* dargestellt. Die obere Kurve zeigt den Verlauf der Wechselspannung für den Lokmotor (abgegriffen an den Anschlüssen G1 und G2); die untere Kurve zeigt das entsprechende Bild am Thyristor (Spannung abgegriffen über R6). Beide Kurven ergänzen sich. Je größer der Phasenanschnittswinkel beim Transistor ist, desto kleiner wird er für die Wechselspannung der Lok.

Vorschlag für die Kurzschlußsicherung

Es gibt natürlich bei diesem Vorschlag auch eine Kurzschlußsicherung (Überstromschutz). Für ihr Ansprechen ist der Widerstand R6 maßgebend. Es handelt sich dabei um einen Hochlastwiderstand (Zementfassung), dessen

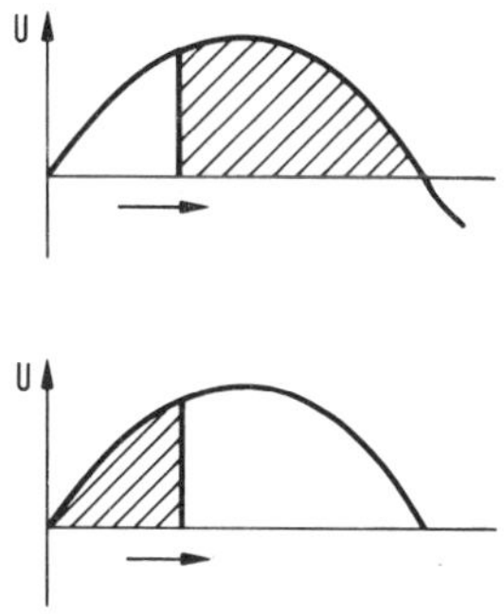

Abb. 6.4.3/7 Phasenanschnitt bei der Fahrspannung (obere Kurve) und am Widerstand R 6. Die schraffierten Flächen entsprechen den jeweiligen Leistungen

Ohmwert bei ca. 0,33 liegen kann. Wenn Th2 gezündet hat, fließt für eine Halbwelle ein kräftiger Strom durch R6 und erzeugt dort einen Spannungsabfall. Durch ihn lädt sich der Kondensator C2 auf, und wenn die Aufladespannung zu hoch wird, zündet der Thyristor Th1 (Kleinthyristor, z.B. 2 N 5064). Dann gelangt über R2 negatives Potential an den Kondensator C1 und entlädt ihn, so daß die Thyristortetrode T1/T2 und damit auch Th2 gesperrt wird. Erst wenn sich C2 entladen hat, setzt die Funktion der Phasenanschnittssteuerung wieder ein, aber das dürfte erst nach etlichen Halbwellen der Fall sein, so daß die erzwungene Pause ausreicht, um überlastete Bauteile sich abkühlen zu lassen.

Thyristor vorsorglich auf ein Kühlblech

Von besonderer Erwärmung ist vor allem der Thyristor Th2 betroffen; er sollte daher vorsorglich auf ein Kühlblech gesetzt werden. Welchen Typ man für ihn wählt, hängt davon ab, was man im Handel gerade bekommen kann. Bei W. Knobloch wird der T 2 N 100 genannt, aber es geht auch mit anderen Typen, die genügend belastbar sind (bis zu 3 A), z.B. mit dem CS 2.5–06 zo 7. Die Bezeichnungen für Thyristoren sind etwas kraus und können dem Laien wenig helfen; also muß man sich an den Angaben der Lieferfirmen orientieren.

Summendes Standgeräusch stört

Eine Märklinlok läßt sich mit dieser Steuerungsmethode sehr feinfühlig fahren, aber was stört, ist das summende Standgeräusch. Auch bei maximalem Phasenanschnitt der Fahrspannung bleibt immer ein Rest übrig, der geringe Stromstöße durch den Lokmotor treibt, obwohl ein Drehmoment dabei nicht auftritt. Für Diesel- oder E-Loks mag das gerade noch angehen; bei Dampflokmotiven wirkt es wenig vorbildgerecht.

Übrigens kann man mit dieser Phasenanschnittssteuerung auch Gleichstromlokomotiven betreiben. Dann müssen die Anschlüsse G1 und G2 überbrückt werden; die Fahrspannung wird statt dessen von G3 und G4 abgenommen. Dabei ist es ratsam, das Drehpoti P durch ein solches mit 250 kΩ zu ersetzen. Trotzdem sind die Fahreigenschaften im Rangiergang nicht sehr zufriedenstellend, da die Lok sich sehr ruckartig bewegt. Man braucht außerdem noch einen Polwender, um die Fahrtrichtung bestimmen zu können. Für Gleichstrom-Modellbahner empfiehlt es sich, lieber ein Fahrpult nach dem Prinzip der Impulsdauer-Steuerung zu bauen; darüber mehr im nächsten Kapitel.

Auf weitere Zusatzschaltungen, z.B. einen Beschleunigungs-Verzögerungsautomatik-Teil, können wir hier nicht mehr eingehen. Wer daran interessiert ist, müßte das bei W. Knobloch nachlesen (Modellbahnen – elektronisch gesteuert, Bd. II).

6.4.4 Fahrpult für Impulsdauer – Steuerung

In Kap. 6.1.8 haben wir bereits eine Steuerung für die Geschwindigkeit von Triebfahrzeugen kennengelernt, die mit verschieden langen Impulsen arbeitete (Impulsdauer-Steuerung). Es sind jetzt nur wenige Schritte erforderlich, um daraus das Konzept eines neuen Fahrpultes zu entwickeln.

So ganz neu ist es allerdings nicht. Es gibt bereits von verschiedenen Firmen Fahrpulte, die auf dieselbe Weise funktionieren (z.B. Roco, Hilektrouw, Uhlenbrock u.a.), und auch Bauanleitungen für solche Fahrpulte sind inzwischen veröffentlicht (z.B. Schiersching, Das große Bastelbuch).

Impulsdauer-Steuerung besteht aus vier Einheiten

Eine Impulsdauer-Steuerung besteht grundsätzlich aus vier Einheiten. Zunächst braucht man eine feste Spannung, die immer zur Verfügung steht; Fahrtgeschwindigkeiten werden also nicht mehr durch Spannungsänderungen gesteuert. Wir wollen den zugehörigen Baustein *Sp* nennen. Wie er im einzelnen ausgeführt wird, ist Geschmackssache. Am besten geht man von einem integrierten Schaltkreis für eine stabilisierte Festspannung aus (z.B. 7812, μA 723 oder L 200). Er muß natürlich genügend belastbar sein, vor allem, wenn man mehrere Lokomotiven bzw. Fahrstromkreise parallel betreiben will. Die Versorgungsspannung sollte höher als die Ausgangsspannung des Stabilisators liegen, damit genügend Reserven zur Verfügung stehen (z.B. 20 V ~; die gleichgerichtet und geglättet werden, am Eingang; 12 bis 14 V am Ausgang des IC). Die zweite Einheit muß Triggerimpulse liefern (vgl. 6.1.8), und auch dabei gibt es verschiedene Möglichkeiten. Man kann sie direkt von der Wechselspannung eines Netztrafos nehmen; dann haben sie eine Frequenz von 50 Hz. Damit kann man Fahrbewegungen im Gebiet niedriger Geschwindigkeiten gut steuern (Rangiergang), aber bei höherem Tempo ist es günstiger, mit größeren Frequenzen zu arbeiten. Als besonders geeignet für alle Geschwindigkeitsbereiche haben sich Triggerimpulse

Abb. 6.4.4/1 Schemaskizze für die Impulsdauer-Steuerung

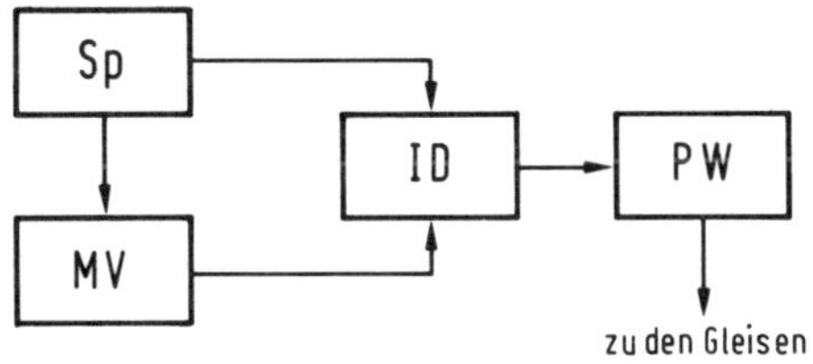

von ca. 60 Hz erwiesen, und sie werden durch einen astabilen (freilaufenden) Multivibrator (MV) erzeugt. In 6.1.8 haben wir ihn aus Einzelbauteilen zusammengesetzt, aber es geht auch anders (vgl. 6.1.2). Die Triggerimpulse gehen nun an ein Monoflop, dessen Rückstellzeit variabel sein muß, denn das ist der entscheidende Punkt. Die Zeitspanne, in der das Monoflop nach einem Triggerimpuls gesetzt ist, soll so einstellbar sein, daß sich je nach Wunsch längere oder kürzere Impulse am Ausgang des Monoflops ergeben. Das ist die eigentliche Impulsdauer-Steuerung (Baustein ID). Eine Leistungsstufe (Darlington-Verstärker) gibt dann die Impulse an die Schienen bzw. das Triebfahrzeug. Bei kürzeren Impulsen fährt es langsamer als bei längeren, und die Impulsdauer wird manuell an einem Potentiometerdrehknopf eingestellt.

Aber er ist nicht das einzige Bedienungselement dieser Steuerung. Man muß auch die Fahrtrichtung wechseln können, und dazu ist wieder einmal ein Polwender (PW) nötig. Im einfachsten Fall wird ein Umschalter eingesetzt; bei elektronischer Steuerung der Fahrtrichtung kann man auch nach Abb. 6.2./3 verfahren.

Wie eine komplette Impulsdauer-Steuerung aussehen kann, zeigt *Abb. 6.4.4/1.* Diese Zeichnung ist als Prinzipskizze anzusehen. Für die praktische Ausführung gibt es – wie schon gesagt – viele Wege, und wir wollen hier einen möglichst einfachen wählen. Er schließt sich im wesentlichen an einen Vorschlag Schierschings an.

Für die praktische Ausführung gibt es viele Wege

Von der Wechselspannungsquelle für ca. 20 V ~ geht es zunächst an den üblichen Brückengleichrichter und einen Glättungskondensator (2200 µF). Die hier erzeugte Gleichspannung kann man zwar schon direkt für die weitere Schaltung verwenden; besser ist es jedoch, sie zu stabilisieren, z.B. mit dem L 200 gemäß Abb. 6.4.1/10 oder mit einem ähnlichen Spannungsregler. An seinem Ausgang dürfen nicht mehr als 18 V erscheinen; das ist das Maximum für den nachfolgenden integrierten Schaltkreis NE 556.

Die Triggerfrequenz erzeugen wir jetzt durch einen astabilen Multivibrator, der aus der einen Hälfte (A) dieses Timers gebildet wird. Zu seiner Belegung vgl. Kap. 6.1.2. Die fallenden Flanken der Rechteckimpulse, die auf der Seite A des IC entstehen, triggern ein Monoflop, das aus der anderen Hälfte (B) aufgebaut ist. Der Übergang erfolgt von PIN 5 nach PIN 8. Die Widerstände und der Kondensator für den stabilen Multivibrator sind so bemessen, daß dieser etwa alle 15 msec einen kurzen negativen Impuls abgibt; er entspricht den Nadelimpulsen, durch die wir früher einen Monoflop getriggert haben. Zur Periodendauer von 15 msec gehört eine Frequenz von ungefähr 60 Hz. Bei geringeren Frequenzen pflegt eine Lok im Stand stoßartige Geräusche abzugeben, was zwar für Dieselfahrzeuge relativ *echt,* bei Dampflokmotiven jedoch unschön wirkt. Wählt man höhere Frequenzen, so lassen sich Langsamfahrten nicht mehr gut regulieren. Hier muß man also einen Kompromiß schließen.

Hier muß man einen Kompromiß schließen

Das Monoflop ist für die Impulsdehnung zuständig. Hier verfahren wir etwas anders als in Kap. 6.1.8. Die zeitbestimmenden Glieder sind der Kondensator 47 nF und die mit ihm in Reihe liegenden Widerstände. Der Festwiderstand 22 kΩ soll dafür sorgen, daß auch bei auf null gestellten Potentiometern immer noch ein genügend hoher Restwiderstand da ist, so daß das Monoflop nicht außer Betrieb gesetzt wird. Die beiden parallel geschalteten Potentiometer dienen der Abstimmung. Obwohl man hier eigentlich ein Oszilloskop brauchte, genügt doch eine Glühbirne (mindestens 12 V) zur Kontrolle der Schaltung. Sie kommt an die Gleisanschlüsse und wird später wieder entfernt. Mit einem Voltmeter prüft man zunächst, wie hoch die Spannung am Ausgang des Festspannungsreglers ist; am günstigsten ist ein Wert zwischen 12 und 14 V. Für weitere Kontrollzwecke ist das Voltmeter ungeeignet, da es bei impulsartigen Spannungen nur einen ungefähren Mittelwert angibt, der wenig besagt. Also beobachten wir die Glühbirne. Das eigentliche Bedienungselement ist das Potentiometer P; es wird erst einmal auf seinen Maximalwert gestellt. Den Trimmer Tr dreht man ganz auf null; das bewirkt die größte Impulslänge. Die Glühbirne wird dabei anfangen zu flackern. Nun wird der Trimmer so lange verstellt, bis das Flackern aufhört; ist das erreicht, so ist von da an nur noch das Drehpotentiometer P zu bedienen. Es regelt jetzt die Impulslänge, ohne daß sich die Einzelimpulse des Monoflops gegenseitig überlappen können, auch bei maximaler Länge nicht. Wird P ganz zurückgedreht, so erlischt die Glühbirne.

Diese Abgleicharbeiten sind relativ leicht zu bewerkstelligen. Ist bei ihnen alles erfolgreich verlaufen, so wird das Glühbirnchen durch die Gleisanschlüsse ersetzt, damit man das Fahrverhalten einer Lok prüfen kann. Sie muß sich bis zu Kriechbewegungen abbremsen lassen; hält sie, so fließen durch ihren Motor immer noch extrem kurze Stromstöße, die aber nicht ausreichen, ein merkliches Drehmoment hervorzubringen. Höchstens ein leises Summen ist zu hören.

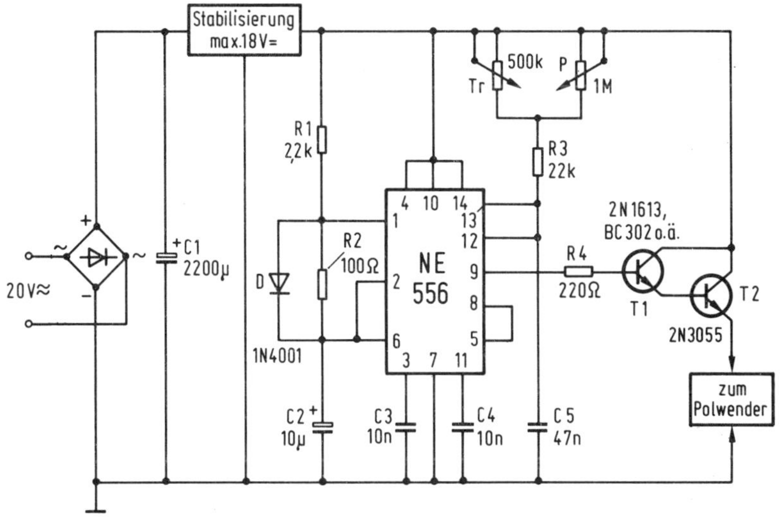

Abb. 6.4.4/2 Impulsdauer-Steuerung

Zum Fahrtrichtungswechsel kann nun der letzte Baustein eingesetzt werden: der Polwender. Er muß durch einen besonderen Schalter betätigt werden, und das ist nicht unbedingt erfreulich. Besser wäre es schon, wenn sich eine Lösung finden ließe, die der aus Kap. 6.4.2 entspricht, aber dort hatten wir nicht mit Impulsen gesteuert. Die Frage ist, ob sich nicht auch bei der Impulsdauer-Steuerung ein automatischer Fahrtrichtungswechsel einplanen läßt, der prinzipiell so vor sich geht wie bei einem herkömmlichen Fahrpult mit Drehwiderstand.

So etwas läßt sich machen!

Und in der Tat: so etwas läßt sich machen! Die Schaltung ist zwar etwas aufwendiger als bei der einfachen Impulsdauer-Steuerung, aber dafür brauchen wir am Ende nur einen einzigen Drehknopf (Potentiometer), um alle Bewegungen eines Triebfahrzeuges zu steuern.

Was wir zunächst brauchen, sind zwei stabilisierte Gleichspannungen, die eine für den Fahrbetrieb, die andere für die integrierten Schaltkreise der Steuerung. Man kann von einem einzigen Trafo ausgehen, dessen Sekundärwicklung dann zwei Abgriffe haben muß, z.B. 20 V ~ (Fahrstrom) und 8 V ~ (Steuerung). Beide Spannungen werden gleichgerichtet, geglättet und stabilisiert (vgl. *Abb. 6.4.4/3*). Für die Stabilisierung der Fahrspannung ist hier der L200 vorgeschlagen; es geht natürlich auch anders, nur muß der entsprechende IC genügend hoch belastbar sein (eventuell Kühlblech verwenden!).

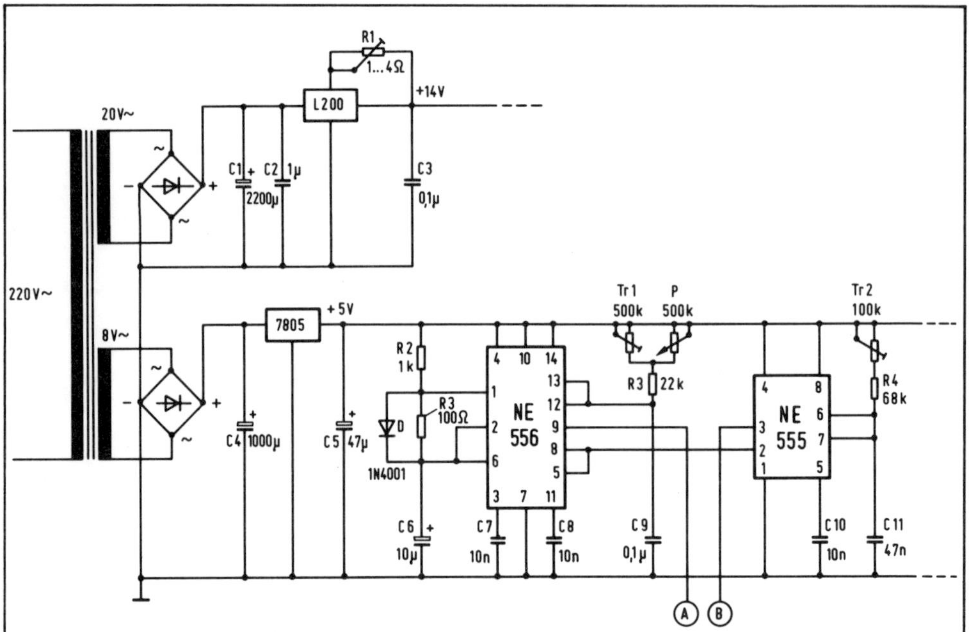

Abb. 6.4.4/3 Impulsdauer-Steuerung und Erzeugung von Referenzimpulsen

Bei der Steuerspannung von + 5 V genügt ein Festspannungsregler vom Typ 7805.

Dann geht es im wesentlichen weiter wie in Abb. 6.4.4/2. Ein Doppel-Timer NE 556 liefert erstens einen astabilen Multivibrator, der alle 15 bis 20 msec einen (negativen) Impuls abgibt. Mit diesem Impuls wird das Monoflop aus der zweiten Hälfte des NE 556 getriggert (Übergang von PIN 5 nach PIN 8). Seine Einstellung erfolgt mit dem Trimmer Tr1 und dem Potentiometer P, wobei man den Abgleich sofort vornehmen sollte, indem man wieder eine Glühbirne (6 V, 50 mA) an den Ausgang (PIN 9) legt und ihr Verhalten prüft. Sie darf nicht flackern und muß sich durch das Potentiometer P von Dunkelheit bis zu maximaler Helligkeit steuern lassen. Dann haben wir am Ausgang A die Impulse mit variabler Länge, wie wir sie schon von der vorigen Schaltung her kennen. Nach dem Abgleich wird diese Glühbirne entfernt.

Doch nun geht es anders weiter als bisher. In Abb. 6.4.4/3 ist noch ein weiterer Timer NE 555 vorgesehen, der abermals als Monoflop geschaltet ist. Er wird auch von dem astabilen Multivibrator getriggert (Verbindungsleitung von PIN 5 des NE 556 zu PIN 2 des NE 555), so daß an seinem Ausgang

(PIN 3 bzw. Schaltungspunkt B) Impulse im gleichen Takt wie an dem Ausgang A entstehen. Ihre Länge wird am Trimmer Tr 2 eingestellt, und hier liegt nun das eigentliche Problem. Diese Impulse sollen nämlich genau halb so lang sein wie die maximale Dauer der Steuerimpulse an Punkt A. Das läßt sich eigentlich nur mit Hilfe eines Oszilloskops einstellen; eine Glühbirne kann dabei wenig helfen. Aber wir werden nachher sehen, wie sich der Abgleich des Trimmers Tr 2 auch ohne Oszilloskop vornehmen läßt. Zuvor wollen wir uns klarmachen, wozu das neue Monoflop aus dem NE 555 überhaupt gut ist.

Seine Funktion besteht darin, sog. Referenzimpulse zu liefern. Was darunter zu verstehen ist, haben wir schon bei der Behandlung von Spannungsstabilisierungen gesagt: Es handelt sich um Vergleichsimpulse. Wir wollen nämlich die Steuerimpulse in Punkt A mit den Referenzimpulsen in B vergleichen, und zwar so, daß daraus eindeutige Kommandos für eine Lok entstehen. Sind die Steuerimpulse länger als die Referenzimpulse, so möge das bedeuten: *vorwärts;* sind sie kürzer: *rückwärts.* Die Größe des Impulsunterschiedes könnte die Fahrtgeschwindigkeit steuern, und wenn Steuer- und Referenzimpuls übereinstimmen, heißt das *Stop (Abb. 6.4.4/4).*

Eine solche Impulssteuerung stammt eigentlich aus der Fernsteuerungstechnik

Das Prinzip einer solchen Impulssteuerung stammt eigentlich aus der Fernsteuerungstechnik, aber es läßt sich auch bei Modelleisenbahnen verwenden. Wir wollen nun die weiteren Details betrachten, wobei abermals integrierte Schaltkreise eine nützliche Rolle spielen.

Bei Abb. 6.4.4/3 bezeichneten die Buchstaben A und B die Ausgänge für das Steuer- und für das Referenz-Monoflop. Mit diesen Punkten geht es in *Abb. 6.4.4/5* weiter, wobei natürlich die Versorgungsspannung auch für die Nachfolgeschaltung + 5 V gegenüber Masse (0 V) beträgt. Die beiden Transistoren T1 und T2 sollen als Negationsglieder wirken, d.h. sie kehren die von A und B kommenden Impulse um. Es genügen dafür leistungsschwache Typen wie z.B. BC 107 oder ähnlich. Es stehen uns jetzt der Steuer- und der Referenzimpuls beide sowohl in positiver als auch negativer Form zur Verfügung.

Abb. 6.4.4/4 Prinzip einer Fahrspannungssteuerung mit mittlerem Nullpunkt

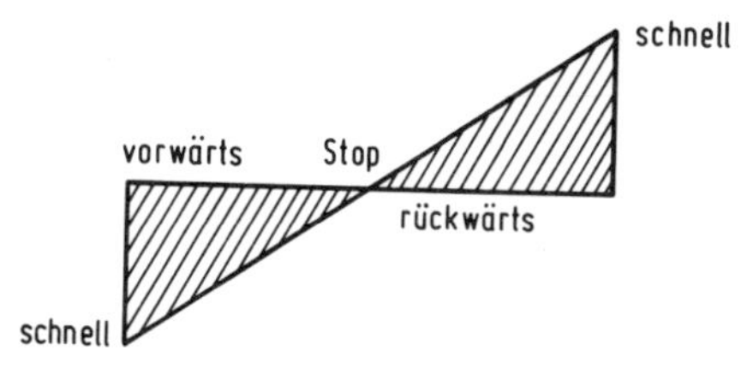

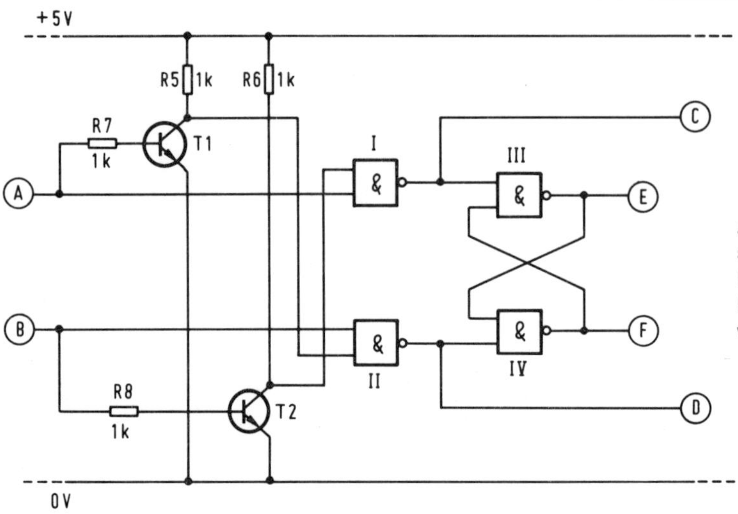

Abb. 6.4.4/5 Ansteuerung des Flipflops für den Fahrtrichtungswechsel

Damit können wir an die eigentliche Vergleichsschaltung gehen. Sie beginnt mit zwei NAND-Gattern I und II. Man kann sie aus dem SN 7400 nehmen oder – besser noch – aus dem C MOS-IC 4011. Über deren Beschaltung vgl. Kap. 4.2. Der Vergleich geht gewissermaßen über kreuz. Es kommen jeweils zusammen: der positive Steuerimpuls mit dem negativen Referenzimpuls (Gatter I) und der negative Steuerimpuls mit dem positiven Referenzimpuls (Gatter II). Was dabei passiert, zeigt *Abb. 6.4.4/6.*

Bei einem NAND-Gatter wird der Ausgang negativ (L), wenn beide Eingänge positiv (H) sind. Daraus ergeben sich folgende Situationen:

Gatter I:

a) Der positive Steuerimpuls ist länger als der negative Referenzimpuls; dann entsteht am Ausgang ein negativer Differenzimpuls, solange nämlich beide Eingänge des NAND-Gatters positiv sind.

b) Der positive Steuerimpuls ist kürzer als der negative Referenzimpuls. Es kommt kein Differenzimpuls zustande.

Gatter II:

a) Der negative Steuerimpuls ist kürzer als der positive Referenzimpuls; dann entsteht am Ausgang ein negativer Differenzimpuls, solange nämlich beide Eingänge des NAND-Gatters gleichzeitig auf positivem Potential liegen.

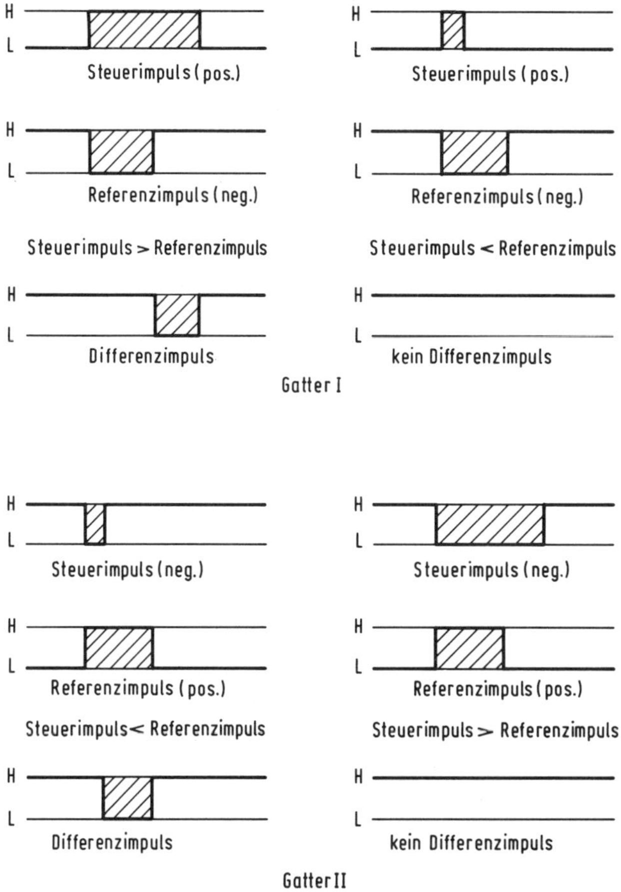

Abb. 6.4.4/6 Impulsdiagramme für den Vergleich verschieden langer Steuer-Impulse mit konstanten Referenzimpulsen

b) Der negative Steuerimpuls ist länger als der Referenzimpuls, dann kommt überhaupt kein Differenzimpuls zustande, weil niemals beide Eingänge des NAND-Gatters gleichzeitig auf positivem Potential liegen.

Auch wenn in irgendeinem der Fälle Steuer- und Referenzimpuls gleich lang sind, gibt es keinen Differenzimpuls. Allerdings tritt so etwas kaum ein, denn man kann mit einem manuell bedienten Drehpotentiometer die Steuerimpulse so gut wie nie auf die gleiche Länge wie die Referenzimpulse bringen; das wäre auch nicht einmal wünschenswert.

Zusammenfassend kann man sagen, daß immer eins der beiden Vergleichsgatter einen mehr oder weniger langen (negativen) Differenzimpuls liefert, je nach den Unterschieden zwischen Steuer- und Referenzimpulsen.

Damit ist das Problem des Fahrtrichtungswechsels seiner Lösung ein erhebliches Stück nähergerückt. Wir brauchen jetzt nur noch ein RS-Flipflop, dessen Eingänge von den beiden Vergleichsgattern angesteuert werden (vgl. Abb. 6.4.4/5). Es kann aus zwei weiteren NAND-Gattern gebildet werden; in dem IC *viermal NAND* stehen sie ohnehin zur Verfügung. Je nachdem, von welchem der Vergleichsgatter gerade negative Differenzimpulse kommen, wird das Flipflop gesetzt oder zurückgesetzt, und an seine Ausgänge kann man einen elektronischen Polwender anschließen *(Abb. 6.4.4/7)*. Seine Arbeitsweise wurde in Kap. 6.2 erklärt.

Doch nun müssen wir noch einmal auf die Ausgänge der beiden Vergleichsgatter in Abb. 6.4.4/5 zurückgreifen, denn noch ist offen, wie die

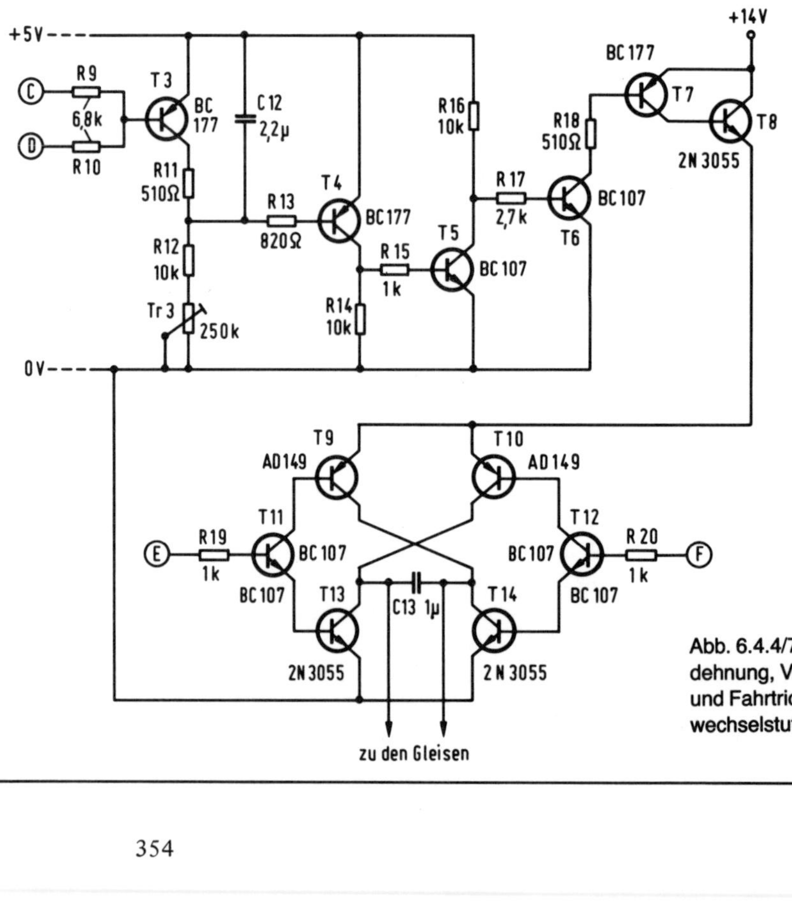

Abb. 6.4.4/7 Impulsdehnung, Verstärker- und Fahrtrichtungswechselstufen

Stärke des Fahrstromes sich stufenlos beeinflussen läßt; das hat mit dem Fahrtrichtungswechsel nichts zu tun. Nach Abb. 6.4.4/7 werden die von den Schaltungspunkten C und D kommenden Stromwege über einen Transistor zusammengeführt (T3). Er schaltet durch, wenn negative Impulse an seine Basis gelangen; die Durchschaltdauer hängt natürlich von der Impulslänge ab, ganz gleich, von welchem der beiden Vergleichsgatter diese Impulse kommen. Damit erhalten wir – unabhängig von der Fahrtrichtung – eine Impulsdauer-Steuerung, nur daß die steuernden Impulse nicht mehr direkt von einem Monoflop erzeugt werden, sondern sich indirekt aus der Differenz zwischen Steuer- und Referenzimpulsen ergeben.

Somit erhalten wir eine Impulsdauer-Steuerung

Allerdings wären auch in extremer Stellung des Fahrtregler-Drehknopfes diese Differenzimpulse am Kollektor von T3 viel zu kurz, als daß sie einen Lokmotor ordentlich ansteuern könnten. Erstens müßten diese Impulse gedehnt und zweitens verstärkt werden.

Dazu dient die Folgeschaltung. Zunächst geht es um die Rolle des Kondensators C12. Ohne Differenzimpuls an seiner Basis ist T3 gesperrt, und dann kann sich der Kondensator über R12 und das Trimmpotentiometer Tr3 (250 kΩ) aufladen; T4 leitet. Kommt nun ein negativer Impuls von einem der beiden Vergleichsgatter, so schaltet T3 für die Impulsdauer durch, und der Kondensator kann sich über R11 und T3 entladen. Infolgedessen sperrt T4. Allerdings erfolgt die Entladung des Kondensators nicht schlagartig bzw. vollständig. War der Differenzimpuls kurz, so wird C12 nur wenig entladen; bei längeren Impulsen geht die Entladung entsprechend weiter. Vom Maß der jeweiligen Entladung hängt es ab, wie lange der Kondensator braucht, um sich über R12 und den Trimmer Tr3 erneut aufzuladen. Ist dabei das negative Potential an der Basis von T4 genügend angewachsen, so schaltet dieser Transistor wieder durch. Mit Hilfe von Tr3 kann man die Aufladegeschwindigkeit je nach Bedarf abstimmen, z.B. so, daß die Aufladezeit nach dem längsten Differenzimpuls die ganze Spanne bis zum nächsten Impuls umfaßt; in diesem Fall schaltet T4 schließlich überhaupt nicht mehr durch. Sind die Differenzimpulse kürzer, so kann C12 schneller aufgeladen werden, T4 wird irgendwann leitend, und wenn die Differenzimpulse verschwinden, leitet T4 dauernd.

Auf diese Weise läßt sich eine Impulsdehnung erreichen, die proportional zur Betätigung des Drehpotentiometers P erfolgt, wobei alle Möglichkeiten von dauernden Sperren bis zum dauernden Durchschalten bei T4 umfaßt werden können. Die noch folgenden Transistorstufen dienen dazu, erst einmal das Kollektorpotential von T4 umzukehren und mit senkrechten Flanken zu versehen (T5 und T6; vgl. *Abb. 6.4.4/8*). Je länger die Differenzimpulse sind, desto länger werden die Zeiten, in denen am Kollektor von T6 negatives Potential liegt, und davon hängt ab, wie lange die folgende

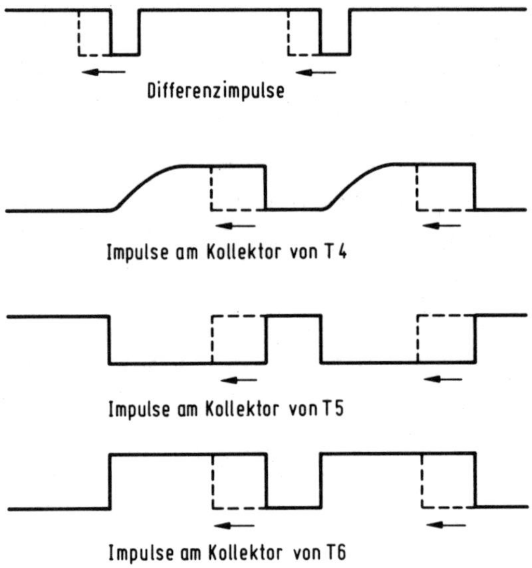

Abb. 6.4.4/8 Diagramme zu den Impulsformerstufen

Verstärkerschaltung (T7 und T8) durchschaltet. Sie bildet die eigentliche Leistungsstufe für diese Impulsdauer-Steuerung und wird demnach nicht mehr von den 5 Volt der bisherigen Impulsformerstufen gespeist, sondern von der Betriebsspannung für die Lok. Von dem Leistungsverstärker T8 geht es weiter zu dem elektronischen Polwender (T9 bis T14), dessen Eingänge E und F über das RS-Flipflop aus den beiden NAND-Gattern III und IV angesteuert werden. Damit ist dieses elektronische Fahrpult im wesentlichen fertig und kann für die Praxis erprobt werden. Dabei kommt es vor allem darauf an, die Trimmer richtig einzustellen; man sollte sich bemühen, die Schaltung so abzugleichen, daß bei nach rechts bzw. nach links voll aufgedrehtem Potentiometerdrehknopf (P) die Lok ihre maximale Geschwindigkeit erreicht und ungefähr bei der Mittelstellung des Potentiometers stehenbleibt bzw. ihre Fahrtrichtung wechselt.

Es kommt vor allem darauf an, die Trimmer richtig einzustellen

Was man sonst noch zur Ausstattung dieses Fahrpultes tun kann, erfahren wir im nächsten Kapitel.

6.4.5 Ausbaumöglichkeiten bei Fahrpulten

Weitere Verbesserungen und Erweiterungen

Wir haben im vorigen Kapitel ein schon sehr leistungsfähiges Fahrpult kennengelernt, aber es gibt immer noch Möglichkeiten zur Verbesserung oder Erweiterung. Ein Punkt verdient dabei besondere Aufmerksamkeit. Wenn auch die Leistungstransistoren der Verstärkerstufe Ströme von einigen Ampere vertragen können, ist es doch dringend geboten, für einen Überlastungsschutz zu sorgen. So etwas gibt es auch bei konventionellen Fahrpulten; da ist meistens ein Thermoschalter eingebaut, durch den der Fahrstrom geht und der bei zu großer Erwärmung sich so verformt, daß er den Fahrstromkreis unterbricht und statt dessen eine rote Warnlampe aufleuchten läßt. Aber solche Thermoschalter reagieren einigermaßen träge und sind für Elektronik-Fahrpulte ungeeignet. Denn ehe sie bei einem Kurzschluß im Fahrstromkreis (z.B. bei entgleister Lok) ansprechen, können Endstufentransistoren ihren Geist aufgegeben haben. Sogar eine Schmelzsicherung ist kaum empfehlenswert; am besten sichert man sein Elektronik-Fahrpult elektronisch, und dazu wollen wir eine Möglichkeit betrachten, die zwar speziell für die Schaltung des vorigen Kapitels (Impulsdauer-Steuerung) gedacht ist, sich aber sinngemäß auch bei anderen Fahrpulten einbauen läßt (*Abb. 6.4.5/1*).

Zunächst braucht man einen Sensor (Meßfühler), der feststellen kann, ob die zugelassenen Werte der Fahrstromstärke überschritten werden. Dieser Sensor ist ein einfacher Widerstand, der zwischen den Polwender und Masse gesetzt wird; in Abb. 6.4.4/7 wäre das die gemeinsame Emitterleitung von T13 und T14, die diesen Widerstand aufnehmen muß. Er darf natürlich nicht sehr groß sein, denn sonst würde er die Geschwindigkeit einer Lok

Abb. 6.4.5/1 Überstromschutz (Kurzschlußsicherung)

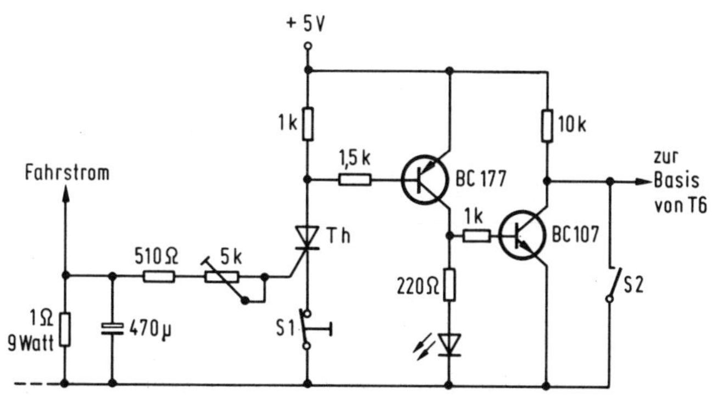

herabsetzen: Es genügt ein Wert von 1 Ω. Andererseits muß er hoch belastbar sein; durch normale Lokomotivmotore fließen Ströme von ca. 700 mA (bei Höchstgeschwindigkeit), eventuell etwas mehr, so daß wir sicherheitshalber mit 1 A rechnen wollen. Im allgemeinen reichen Widerstände von 9 Watt Belastbarkeit; sollten sie im Dauerbetrieb heiß werden, kann man auch zwei solche Widerstände parallel legen, müßte dann aber jeweils 2 Ω ansetzen. Außerdem sollte man noch für einen Kondensator sorgen (470 μF – Elko; Polung beachten!), der parallel zum Widerstand liegt und plötzlich auftretende Spannungsspitzen abfangen kann, ohne daß gleich die Überlastungssicherung anspricht. Solche Spannungsspitzen kommen im Fahrbetrieb leicht vor (Induktionswirkungen bei Unterbrechung des Motorstromes an Trennstellen usw.), ohne daß sie den Endstufentransistoren gleich gefährlich werden müssen. Bei Stromdurchgang entsteht an den Enden des Meßwiderstandes eine Spannung, die der Stromstärke proportional ist; bei 1 A an einem 1 Ω-Widerstand beträgt sie 1 V, bei 2 A entsprechend 2 V usw. Diese Spannung ist das eigentliche Meßresultat des Sensors und kann weiter ausgewertet werden.

Wichtigstes Schaltelement ist ein Thyristor

Das entscheidende Schaltelement des Überlastungsschutzes ist ein Thyristor (Th). Bekanntlich zündet er, wenn an seinem Gate eine genügend hohe Spannung anliegt, und wird er mit Gleichstrom betrieben, so bleibt er nach der Zündung leitend, es sei denn, man unterbricht den Stromweg, der durch seine Diodenstrecke führt; dazu dient der Drucktaster S1. Es muß ein Taster mit Ruhekontakt sein, d.h. normalerweise ist er geschlossen, und nur bei Betätigung öffnet er. Für den Thyristor ist ein kleiner Typ (2 N 5064) völlig ausreichend; über seine Beschaltung bzw. seine Anschlüsse vgl. Kap. 2.6.

Das Gate des Thyristors wird über einen Vorwiderstand (ca. 500 Ω) und einen Trimmer (ca. 5 kΩ) angesteuert. Mit diesem Trimmer läßt sich nämlich die Ansprechschwelle des Überlastungsschutzes einstellen. Er wird dazu zunächst auf seinen maximalen Ohmwert gebracht; in den Fahrstromkreis legt man statt der Lok einen geeigneten Lastwiderstand (also als Gleisüberbrückung). Ein normaler Lokomotivmotor hat einen Innenwiderstand von etwa 20 Ω; der an seine Stelle tretende Prüfwiderstand sollte 4,7 Ω (9 W) haben. Damit kommt man zu Bedingungen, unter denen es ratsam ist, die Kurzschlußsicherung ansprechen zu lassen. Fließt also der Fahrstrom durch den Prüfwiderstand, dreht man den Trimmer vorsichtig zurück, bis der Thyristor zündet. Das Zünden kann man mit Hilfe einer Leuchtdiode beobachten, die von einem pnp-Transistor geschaltet wird. Ist nämlich der Thyristor leitend geworden, so entsteht an seiner Anode negatives Potential, das erst wieder verschwindet, wenn S1 betätigt wird. Nach der Einstellung des Trimmers muß natürlich der Prüfwiderstand 4,7 Ω wieder entfernt werden.

Schaltet der pnp-Transistor durch, so wird sein Kollektor positiv. Dieses positive Potential wird durch den folgenden npn-Transistor (beides Kleinleistungstypen) invertiert, d.h. in ein negatives Signal umgewandelt. Und nun braucht man nur noch den Kollektor des npn-Transistors mit der Basis des Transistors T6 aus Abb. 6.4.4/7 zu verbinden (also zwischen R17 und Basis T6), und der Überlastungsschutz ist fertig. Spricht nämlich jetzt der Thyristor an, so wird schlagartig die Basis von T6 negativ, T6 sperrt, und dadurch wird auch die folgende Verstärkerstufe gesperrt. Diese Sperre bleibt bestehen, bis man den Kurzschluß im Fahrstromkreis beseitigt hat und S1 betätigt. Die Leuchtdiode sollte man als Warnlampe in das Fahrpult einbeziehen, um eine optische Kontrolle des Überlastungsschutzes zu haben.

Fertig ist der Überlastungsschutz

In Abb. 6.4.5/1 ist noch ein weiterer Schalter vorgesehen: S2. Bei ihm handelt es sich um einen Nothalt-Schalter, d.h. es kann immer einmal geschehen, daß im Fahrbetrieb eine bedrohliche Situation entsteht, bei der man den Fahrstrom schnell abschalten will. Dann braucht man nur S2 zu betätigen (am besten Drucktaster mit Arretierung), und er tut dasselbe wie vorhin der Transistor, der das negative Signal des Überlastungsschutzes an die Basis von T6 gab. Man kann also auch manuell den Fahrstrom schlagartig sperren.

Soviel zu den Sicherungsmaßnahmen. Bei einigen Beispielen elektronischer Fahrpulte mit Phasenanschnittssteuerung bzw. Impulsdauer-Steuerung waren sie bereits in die Schaltungen einbezogen. Wie man ansonsten sein Fahrpult ausstatten will, ist Geschmackssache. Sehr ratsam ist es, Meßgeräte vorzusehen, damit man z.B. weiß, welche Fahrspannung an den Schienen liegt bzw. wieviel Strom aus dem Fahrpult *gezogen* wird. Es gibt im Fachhandel spezielle Einbaugeräte für Volt und Ampere; sie sind nicht allzu teuer und können in die Frontplatte des Fahrpultes bzw. des Laborgerätes gesetzt werden. Dabei muß man allerdings etliche Bohrarbeit leisten, und wenn die Frontplatte aus Metall ist, kann das mühsam werden. Es gibt Modellbahner, die ihr Voltmeter zur Geschwindigkeitsanzeige ummodeln, indem sie eine neue Skala aufkleben. Das hat allerdings nur Sinn, wenn sich alle Lokomotiven einigermaßen gleichartig verhalten, und das dürfte kaum jemals der Fall sein. Bei Fahrpulten mit Phasenanschnitts- oder Impulsdauer-Steuerung geben Meßgeräte nur einen ungefähren Hinweis auf die zur Wirkung kommenden Spannungen und Stromstärken, denn ihre Zeiger können die ständigen Schwankungen zwischen Impulsen und Lücken nicht mitmachen: Sie zeigen bestenfalls Mittelwerte an.

Was muß man noch beachten?

Was ist sonst noch zu beachten? Im Abschnitt 6.4 wurde bereits einiges zu dem Einbau der Transformatoren gesagt, vor allem zu der Sicherung der Primärseite. Dort brauchen wir zwei Anschlüsse für die Netzspannung von 220 V ~. Das zugehörige Kabel muß jedoch dreiadrig sein – wie das auch sonst bei elektrischen Leitungen üblich ist. Die gelb/grün gekennzeichnete Leitung dient zur Erdung des Gerätes und wird mit seinem Metallkörper verbunden; dem entspricht der Erdungsanschluß im Schukostecker. Diese Erdung ist aber etwas ganz anderes als die *Masse* der sekundärseitigen Schaltung. Da muß man ein wenig aufpassen. Der Masseanschluß kommt nicht an das Gehäuse. Er kann durch eine isoliert angebrachte Buchse zugänglich gemacht werden, wie ohnehin alle Buchsen stets isoliert sein müssen. Bei vielen Schaltungen sind Kühlbleche für Leistungstransistoren, Thyristoren oder Stabilisierungs-IC's erforderlich. Sie werden im allgemeinen am Gehäuse eines Netzgerätes (Fahrpultes) angeschraubt, aber dann muß man aufpassen, daß die Metallkapseln der Bauteile nicht Kontakt mit den Kühlblechen bzw. dem Metallgehäuse haben. Am besten setzt man zwischen die Bauteile und ihre Kühlbleche dünne Glimmerplättchen zur Isolierung; es gibt sie im Elektronik-Fachhandel zu kaufen.

Und schließlich: Wenn man sein Fahrpult im Inneren verdrahtet, so ist darauf zu achten, daß die Verbindungsleitungen den durch sie fließenden Strömen angemessen sind. Für eine Fahrstromleitung, die eventuell mehrere Ampere aufzunehmen hat (z.B. bei Mehrzugbetrieb), braucht man ein dickeres Kabel als für kaum belastete Stromwege. Allgemeine Regeln lassen sich dafür kaum geben, aber im Zweifel gilt: lieber den Kabelquerschnitt etwas zu groß als zu klein wählen. Es wäre doch ärgerlich, wenn ausgerechnet im Fahrpult eine Leitung plötzlich durchschmort!

Damit ist das Thema *Netzgerät* bzw. *Fahrpult* noch nicht abgeschlossen. Im nächsten Kapitel werden wir sehen, wie sich ein Fahrpult auch für Mehrzugbetrieb einrichten läßt.

1D

7

Mehrzugbetrieb

7.1 Was ohne Elektronik geht

Eine Modellbahnanlage, auf der nur immer ein Zug zur Zeit seine *Strecke* befährt, kann auf die Dauer langweilig werden. So möchte wohl jeder Modellbahner gern dahin kommen, gelegentlich einmal zwei, sogar drei oder noch mehr Züge gleichzeitig auf seiner Anlage verkehren zu lassen. Möglichkeiten dazu gibt es, und wir haben etliche von ihnen schon am Anfang dieses Buches (Kap. 1.2) aufgezählt. Da kann man mit Oberleitung fahren, oder mit dem Drei-Schienen-Drei-Leiter-System von Trix (Trix-Express), oder man kann sogar beides kombinieren. Worauf es ankommt, ist, daß mehrere Lokomotiven zwar eine Stromzuführung (den Nulleiter) gemeinsam benutzen, aber die zweite jeder Lok individuell zugeordnet wird (*Abb. 7.1/1*). Dabei bedarf es natürlich entsprechend vieler Fahrpulte. Wie sie beim Trix-Express-System (mit Oberleitung) zu kombinieren sind, zeigt *Abb. 7.1/2*. Drei Lokomotiven lassen sich hier unabhängig voneinander steuern, und das ist schon sehr viel, aber was sollen all die Modellbahner tun, die nicht mit Trix fahren?

Nun, es gibt einen anderen Weg, zu einem brauchbaren Mehrzugbetrieb zu kommen. Man muß nur seine Anlage in verschiedene Bereiche einteilen

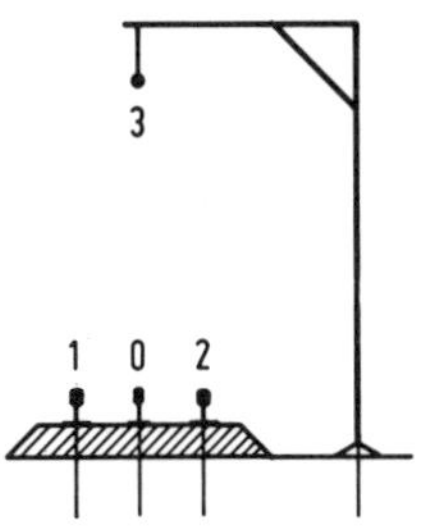

Abb. 7.1/1 Stromzuführungen bei Mehrzugbetrieb

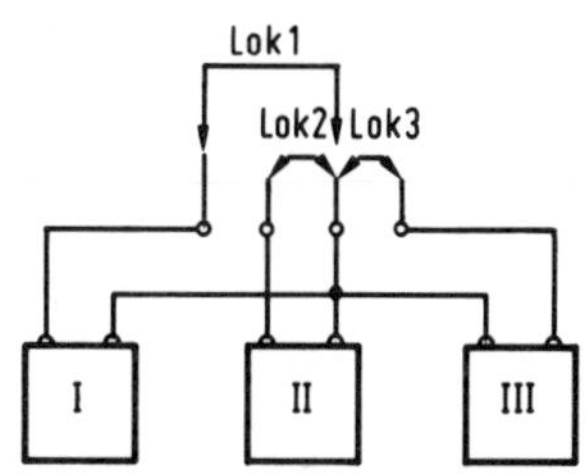

Abb. 7.1/2 Zuordnung von Triebfahrzeugen und Fahrpulten im Mehrzugbetrieb

und jedem Bereich ein eigenes Fahrpult zuordnen. Das bedeutet dann zwar einen erheblichen Aufwand an Trennstellen, aber so geht es auch. *Abb. 7.1/3* zeigt, wenngleich in schematisierter Form, wie sich eine solche Bereichseinteilung vornehmen läßt.

Damit sind die sozusagen *klassischen* Formen des Mehrzugbetriebes bereits erschöpft. Was darüber hinausgeht, setzt voraus, daß man über spezielle Fahrpulte verfügt – wir haben in Kap. 1.3 über sie berichtet –, aber mit den Fahrpulten allein ist es nicht getan. Was man außerdem braucht, sind Triebfahrzeuge, die in besonderer Weise für den Mehrzugbetrieb vorbereitet sind, und hier liegt das eigentliche Problem. Eine normale Lokomotive, wie man sie gerade im Laden gekauft hat, ist dem elektronischen Mehrzugbetrieb nicht angepaßt und verweigert dort ihren Dienst. Warum das so ist, wollen wir kurz erklären.

Prinzip von Sender und Empfänger

Elektronische Mehrzugsysteme arbeiten nach dem Prinzip von Sender und Empfänger. Um einen Vergleich zu geben: Da steht ein Lehrer vor seiner Schulklasse und fragt Vokabeln ab. Er ruft die einzelnen Schüler mit Namen auf, und wer *dran* ist, steht auf und sagt, was er weiß. In diesem Fall ist der Lehrer der Sender, der bestimmte *Signale* abgibt – nämlich die Namen der verschiedenen Schüler –, und die Schüler sind die Empfänger. Sie reagieren, sofern sie angesprochen werden. Wir können das in einem *Blockschaltbild* skizzieren: Sender und Empfänger werden als zwei Kästchen dargestellt, aber außerdem muß es zwischen ihnen auch eine Verbindung geben. Nachrichtentechniker nennen diesen Verbindungsweg einen *Kanal*; dieser Ausdruck hat sich im Rundfunk- und Fernsehbetrieb inzwischen eingebürgert, so daß er auch dem Laien vertraut sein dürfte.

Das elektronische Fahrpult für Mehrzugbetrieb ist also der Sender, die verschiedenen Triebfahrzeuge sind die Empfänger, aber das setzt voraus, daß sie vom Sender her individuell angesprochen werden können, daß man sie sozusagen durch ihren Namen aufrufen kann. Eine unpräparierte Lok ist buchstäblich *namenlos*, und so kann man sie im besten elektronischen

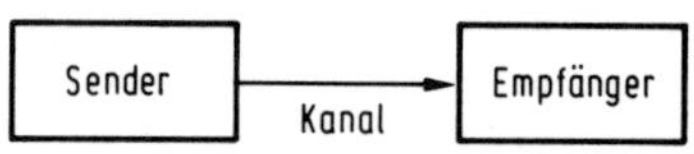

Abb. 7.1/4 Signalübertragung vom Sender zum Empfänger

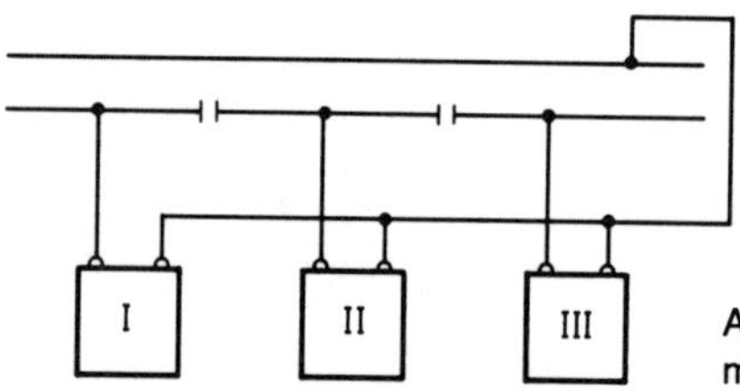

Abb. 7.1/3 Aufteilung einer Anlage in Bereiche mit verschiedenen Stromkreisen

Mehrzugbetrieb nicht einsetzen. Will man ihr jedoch einen *Namen* geben, so geht das nicht ohne einen Eingriff in ihr Innenleben, und das ist nicht jedermanns Sache. Sender für Mehrzugsysteme zu bauen, ist oft gar nicht so schwierig, aber wenn es darum geht, in die manchmal sehr kleinen Lokomotiven einen passenden Empfängerbaustein einzusetzen, fangen die Schwierigkeiten erst richtig an. Man muß dann ziemlich *herumpfriemeln*, vorhandene Leitungswege auftrennen, neue Wege schaffen, und wenn der Empfänger gar nicht in das Lok-Gehäuse hineinpassen will, hilft oft nur, ihm seinen Platz in dem Tender oder gar in einem Waggon zu geben, der dann nicht mehr von der Lok getrennt werden kann. Über solche Probleme muß sich also klar sein, wer an den Eigenbau elektronischer Mehrzugsysteme herangehen will, und für den Modellbahn-Anfänger wird es wohl doch bei den *klassischen* Betriebsformen bleiben müssen. Dennoch sollen hier einige grundsätzliche Möglichkeiten des elektronischen Mehrzug-Betriebes vorgestellt werden, wenigstens im Sinne von Hinweisen bzw. Anregungen; für ausführliche Schaltungen und ihre Beschreibungen gibt es Spezialliteratur (siehe Verzeichnis im Anhang).

Über Probleme klar sein, die der Eigenbau von Mehrzugsystemen mit sich bringt

7.2 Zwei Loks und zwei verschiedene Gleichstromarten

Was jetzt kommt, ist für die Praxis zwar wenig bedeutsam und bietet kaum große Anwendungsmöglichkeiten, aber es kann Aufschluß über manche technischen Prinzipien des Mehrzugbetriebes geben. Es zeigt, daß man nicht nur von verschiedenen Stromkreisen auszugehen braucht – wie bei den *klassischen* Arten des Mehrzugbetriebes –, sondern daß es auch mit verschiedenen Stromarten geht. In unserem Beispiel werden ungeglätteter und geglätteter Gleichstrom nebeneinander verwendet, um zwei Loks getrennt voneinander zu steuern.

Zwei Loks – geglätteter und ungeglätteter Gleichstrom

Dabei wollen wir folgende Situation voraussetzen. In einem Bahnhof ist gerade ein Zug eingelaufen, an dessen Ende sich ein Kurswagen befindet. Er wird abgekoppelt und steht nun allein hinter dem Zug. Dann kommt eine Rangierlok, fährt von hinten an den Zug heran und holt den Kurswagen ab, während vorn die Lok mit ihrem Zug stehenbleibt. Natürlich kann man das mit Trennstellen machen, aber es geht auch anders.

Benötigt wird ein gewöhnliches, handelsübliches Gleichstromfahrpult, dessen Drehknopf nur zur Geschwindigkeitsregelung, nicht aber zum Wech-

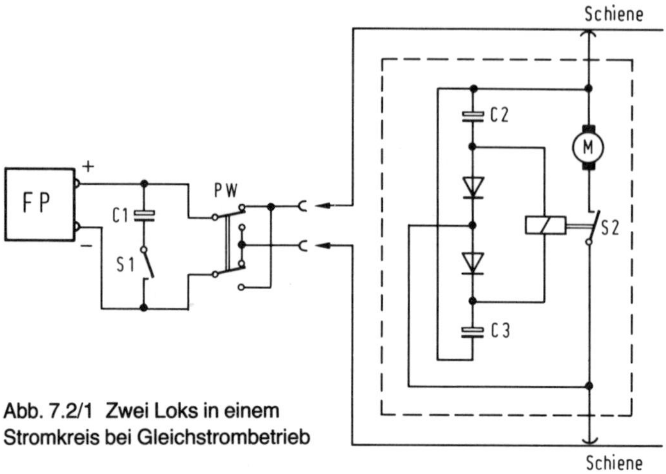

Abb. 7.2/1 Zwei Loks in einem Stromkreis bei Gleichstrombetrieb

sel der Fahrtrichtung benutzt werden darf, d.h. die Polung an den Ausgangsklemmen muß stets dieselbe bleiben. Ein solches Fahrpult liefert ungeglätteten (pulsierenden) Gleichstrom. An die Buchsen für die Fahrspannung wird ein Kondensator (Elko, ca. 1000 μF) angeschlossen; dazu kommt noch ein Schalter S1 (*Abb. 7.2/1*). Ist der Schalter geöffnet, so bleibt der Kondensator außer Funktion, aber wenn man ihn schließt, so glättet der Kondensator die Gleichspannung, so daß sie nicht mehr pulsiert. Die Fahrtrichtung wird durch einen zusätzlichen Polwender bestimmt (Schalter mit 2 x UM), denn die Spannung am Kondensator darf – wie gesagt – nicht umgepolt werden.

Das wäre bereits der fertige Sender

Das wäre bereits der fertige *Sender*. Auf der Empfängerseite muß die Lok, die den Zug in den Bahnhof gebracht hat und stehenbleiben soll, während der Kurswagen abgeholt wird, mit einer besonderen Schaltung ausgerüstet werden. Ihren Fahrstrom bekommt sie nicht unmittelbar, sondern über den Kontakt eines Relais, und dieses Relais wird von einer Schaltung angesteuert, die wir bereits kennen (vgl. 6.4/7). Es handelt sich um eine Spannungs-Verdoppelungs-Schaltung aus zwei Kondensatoren (Elkos, je 100 μF, 16 V) und zwei Dioden (1 N 4001), und wir wissen bereits, daß diese Schaltung aus einer Wechselspannung eine Gleichspannung macht, indem sich die beiden Kondensatoren je nach Polung der Wechselspannung über die Dioden aufladen, so daß sie wie zwei in Reihe geschaltete Batterien wirken. Nun haben wir zwar gar keine Wechselspannung zur Verfügung, aber wenn S1 geöffnet und demnach die Fahrspannung ungeglättet ist, kann man sie durchaus als Wechselspannung verstehen. Für die Gleisanschlüsse des Empfängers spielt es nämlich gar keine Rolle, daß vom Gleichrichter im Fahrpult die ursprüngliche Trafo-Wechselspannung nur im Bereich positiver Werte pulsiert; der Empfänger hat keine Bezugsmöglichkeit hinsichtlich der Wechselpotentiale am Fahrpult und nimmt die Schwankungen einer pulsierenden Gleichspannung wie eine normale Wechselspannung auf. Also laden sich die Kondensatoren im Empfänger auf, und wenn das geschieht, zieht das Relais an; S2 wird geschlossen. Praktisch heißt das, daß dann die Lok Fahrstrom erhält und fährt.

Wird jedoch S1 geschlossen, so sieht die Sache ganz anders aus. Dann fehlen die Spannungsschwankungen, durch die sich C2 und C3 aufladen: Das Relais fällt ab, S2 wird geöffnet, und die Lok vor dem Zug bleibt stehen. Die Rangierlok dagegen kann auch mit geglättetem Gleichstrom fahren und sich ihren Kurswagen abholen.

Diese Schaltung beruht also auf dem Unterschied zwischen geglättetem und pulsierendem Gleichstrom; eine Lok fährt nur mit der einen, die andere fährt mit beiden Stromarten. Die praktischen Mängel der Schaltung sind jedoch offensichtlich. Erstens handelt es sich nicht um einen echten Mehrzug-Betrieb, denn die beiden Lokomotiven können nicht unabhängig voneinander fahren. Die eine kann nur unabhängig von der anderen angehalten werden. Zweitens ist für das Relais eine Betriebsspannung erforderlich, die es zuverlässig schalten kann; dreht man den Reglerknopf am Fahrpult zu weit herunter, dann reagiert das Relais nicht mehr, d.h. seine Funktion wird bei niedrigen Fahrgeschwindigkeiten der Rangierlok außer Kraft gesetzt. Aber wir wollten aus dieser Schaltung nur etwas lernen, und insofern dürfte sie ihren Zweck bereits erfüllt haben. Wer sie trotzdem anwenden will, muß sich für die Empfängerseite nach sehr kleinen Bauteilen umsehen. Für das Relais genügen Miniaturtypen, die bei etwa 6 V anziehen und gerade noch Ströme bis zu 1 A an ihrem Arbeitskontakt vertragen. Aber auch kleine Relais brauchen Platz, und wenn dann noch die beiden Elkos mit je 100 μF dazukommen, dürfte es schwierig werden, alles auf einer kleinen Platine zusammenzukriegen, die dann in der Lok einzubauen ist. Notfalls muß man den Empfängerbaustein im Tender anbringen.

Für die Empfängerseite brauchen wir sehr kleine Bauteile

7.2.1 Was verbirgt sich hinter „e.m.s.“?

Nach dieser kleinen Einleitung zum Thema *zwei Loks mit zwei Stromarten* können wir uns nun an ein Mehrzug-System machen, das unter der Bezeichnung *e.m.s.* von Trix angeboten wird und bei Modellbahnern offenbar viel

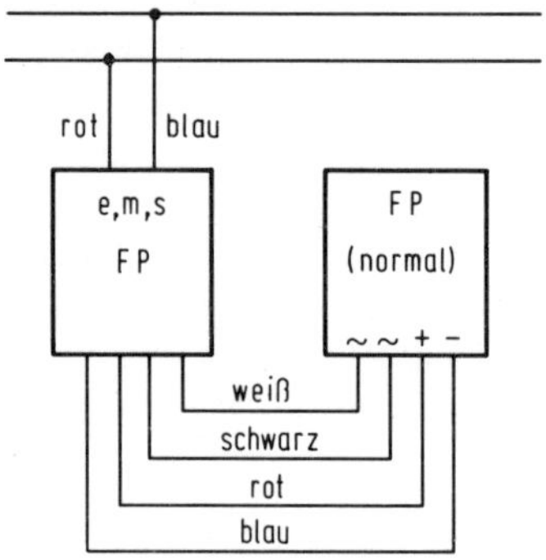

Abb. 7.2.1/1 Anschluß eines e.m.s.-Fahrpultes

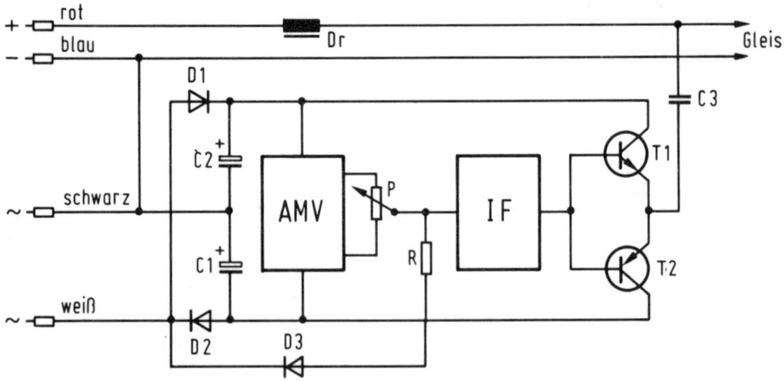

Abb. 7.2.1/2 Innerer Aufbau des e.m.s.-Fahrpultes

Man benötigt besonders präparierte Lokomotiven

Anklang gefunden hat. Es ist nicht an das Trix-Express-Gleis mit seinen drei Schienen gebunden, sondern kann auch bei normalen Zweischienen-Anlagen verwendet werden, aber es setzt – wie schon in dem Beispiel des vorigen Abschnitts – besonders präparierte Triebfahrzeuge voraus.

e.m.s. heißt: *Elektronisches Mehrzug-System*. Gemeint ist, daß auf ein und demselben Schienenstrang (ohne Trennstellen) zwei Lokomotiven völlig unabhängig voneinander gesteuert werden können, vorwärts und rückwärts und mit verschiedenen Geschwindigkeiten. Dazu braucht man ein normales Fahrpult, ein spezielles e.m.s-Fahrpult und Lokomotiven, die einen entsprechenden e.m.s.-Empfänger besitzen; bei manchen Trix-Fabrikaten ist er bereits eingebaut, andere lassen sich nachrüsten. Dann kann man eine normale und eine e.m.s.-Lok gleichzeitig steuern; außerdem ist es möglich, durch zusätzlichen Oberleitungsbetrieb zwei weitere E-Loks hinzuzu-

DB
218 359-8

01 220

DB
120 002-1
BBC

94 1730

DB
BBC
151 107-0

nehmen, und wer vier verschiedene Triebfahrzeuge gleichzeitig und unabhängig voneinander steuern will, hat bereits alle Hände voll zu tun.

Bis zu vier Loks können gleichzeitig fahren

Betrachten wir nun die Einzelheiten der e.m.s-Schaltung! Zunächst das Steuergerät (*Abb. 7.2.1/2*), das mit dem Normalfahrpult durch vier Leitungen verbunden ist. Zwei davon (bei Trix: schwarz und weiß) kommen von den Buchsen für Wechselspannung, die beiden anderen von den Gleichspannungsausgängen des Normalfahrpultes (rot = „+", blau = „–"). Die Gleichspannung geht direkt zum Gleis und ist für eine normale Lok gedacht. Die Wechselspannung jedoch wird *verarbeitet*. Sie wird einer Schaltung zugeführt, die wir schon kennen. Die beiden Dioden D1 und D2 sowie die Kondensatoren C1 und C2 dienen zur Gleichrichtung und zur Spannungsverdoppelung; dadurch erhält man für die folgenden Glieder eine Betriebsgleichspannung von ca. 25 V. Sowohl zwischen den beiden Dioden als auch zwischen den beiden Kondensatoren wird sie halbiert, so daß dort jeweils ein *Nullpunkt* zwischen Plus und Minus entsteht. Der eine ist mit dem blauen Kabel verbunden, der andere mit dem Mittelabgriff des Potentiometers P (über D3 und R). Blicken wir schon einmal voraus zu den Transistoren T1 und T2: Es handelt sich um Leistungstypen, die komplementär zueinander stehen, d.h. der eine schaltet bei positiven, der andere bei negativen Signalen durch (also ein npn- und ein pnp-Transistor), wobei sich *plus* und *minus* auf das Nullpotential in der Spannungsmitte beziehen. Demnach kann das rote Kabel positiv oder negativ gegenüber dem blauen werden (wobei wir die Rolle des Kondensators C3 übersehen und ihn überbrückt denken wollen). Das hat demnach etwas mit der Fahrtrichtungsänderung der e.m.s.-Lok zu tun. Aber man kann auf die Kabel *rot* und *blau* nicht einfach einen stetigen Gleichstrom geben, da er sich mit dem vom Normalfahrpult kommenden Gleichstrom vereinigen würde. Es muß also dafür gesorgt werden, daß der von T1 bzw. T2 kommende Strom sich deutlich von einem gewöhnlichen Gleichstrom unterscheidet.

Dazu dient nun die Zwischenstufe AMV. Es handelt sich um einen astabilen Multivibrator, der Rechteckschwingungen von 9,5 kHz erzeugt. Solche Frequenzen wären bei Luftschwingungen hörbar; deshalb spricht man auch gern von *Tonfrequenzen* (bzw. Niederfrequenzen: NF). Der AMV hat zwei Signalausgänge (vgl. auch Abb. 6.1.2/4), und das wären normalerweise die Kollektoren seiner beiden Transistoren. Dort würden Rechteckimpulse erscheinen, und zwar im Wechsel bzw. gegenphasig. Immer, wenn der eine AMV-Transistor durchschaltet, sperrt der andere und umgekehrt. Legt man diese Ausgänge an die Enden eines Potentiometers P, so wird je nach seiner Einstellung die eine oder die andere Phase hervorgehoben (Abb. 7.2.1/3), d.h. sie geht mehr oder weniger weit über das Nullpotential hinaus – nach oben oder nach unten. Dieses Potentiometer ist das eigentliche Bedienungselement des e.m.s.-Fahrpultes (Drehknopf). Es ändert übrigens auch das Impuls-Pausenverhältnis des AMV, und zwar von 2,5 : 1 bis 1 : 2,5. Die verschiedenen Impulshöhen (Amplituden) entsprechen verschiedenen Fahrgeschwindigkeiten, das Impuls-Pausenverhältnis entscheidet darüber, ob Vorwärts- oder Rückwärtsfahrt vorliegen soll. Steht das Poti genau in der Mittelstellung, so sind Impulse und Pausen gleich lang (d.h. es geht weder *vor* noch *zurück*), und auch die Amplituden der positiven bzw. negativen Impulse werden dann gleich.

Es bedarf noch einer weiteren Impulsformerstufe

Aber mit solchen Signalen kann man die Basen der Transistoren nicht gut ansteuern. Es bedarf noch einer weiteren Impulsformerstufe (IF), die nun dafür sorgt, daß je nach den Verhältnissen am Potentiometerabgriff die Basen von T1 bzw. T2 positiv oder negativ angesteuert werden, und zwar mehr oder weniger weit, wobei diese Ansteuerung Impulscharakter behält. Außerdem werden die Impulse etwas abgerundet, denn reine Rechteckimpulse könnten Funkstörungen verursachen. Was also zwischen den Emittern der beiden Transistoren abgegriffen wird, ist eine variable NF-Rechteckschwingung. Der Kondensator C3 trennt das Gleis von der Transistor-Endstufe des e.m.s.-Fahrpultes, so daß Kurzschlüsse an den Schienen (durch entgleisende Loks usw.) nicht gefährlich werden können, aber für die NF-Schwingungen ist dieser Kondensator genauso durchlässig wie für Wechselstrom. Die Drosselspule Dr in der *roten* Leitung soll ein Zurückfließen der Tonfrequenz in das Normalfahrpult verhindern. Sie tut das, weil Spulen durch den Effekt der Selbstinduktion Spannungschwankungen unterdrücken.

Der für die e.m.s.-Lok bestimmte Baustein (Empfänger) muß nun aus Tonfrequenz-Signalen die eigentliche Fahrspannung zurückgewinnen. Dazu dient wieder eine Schaltung aus zwei Kondensatoren und zwei Dioden, die ganz der Eingangsschaltung des Fahrpultes entspricht *(Abb. 7.2.1/4)*. Sie

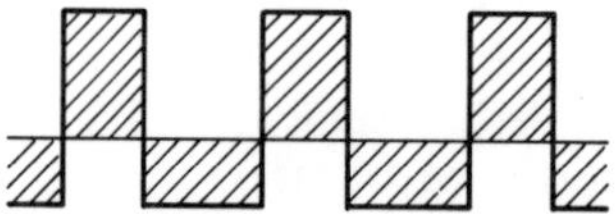

Abb. 7.2.1/3 Gegenphasige Signale am Potentiometer P

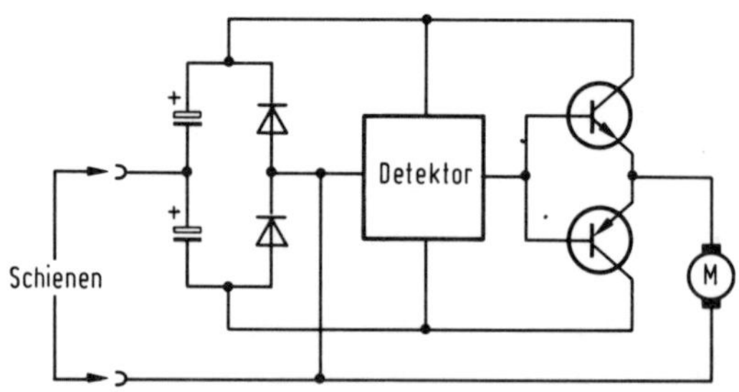

Abb. 7.2.1/4 Empfängerbaustein der e.m.s.-Lok

liefert eine Gleichspannung, die einem sog. Frequenzdetektor zugeführt wird, und er hat die Aufgabe, die Endstufe mit abermals zwei komplementären Leistungstransistoren anzusteuern. Je nach dem Tastverhältnis, das ursprünglich im Fahrpult bestimmt wurde, schaltet der eine oder der andere Transisitor durch und liefert so den Fahrstrom für Vorwärts- oder Rückwärtsfahrt. Die Impuls-Amplituden bestimmen dabei die Fahrtgeschwindigkeit.

Nicht zum Nachbau gedacht

Natürlich ist diese ganze Darstellung nicht als Anweisung zum Nachbau gedacht; sie soll nur einen Eindruck von der Funktionsweise der e.m.s.-Schaltung geben. Auf Details des Multivibrators, der Impulsformerstufe und des Frequenzdetektors mußte hier verzichtet werden. Der entscheidende Dreh des elektronischen Mehrzug-Systems von Trix liegt darin, daß einem Gleichstrom eine niederfrequente Impulsfolge überlagert wird, die die Steuerkommandos an die e.m.s.-Lok weitergibt. Eine normale Lok fährt dabei mit dem gewöhnlichen Gleichstrom vom Fahrpult (rotes und blaues Kabel).

7.3 Halbwellensteuerung bei Wechselstromsystemen

Wesentlich einfacher als die e.m.s.-Steuerung

Der Eigenbau eines Mehrzug-Betriebes bei Wechselstromsystemen ist wesentlich einfacher als die e.m.s.-Steuerung. Man kann da nämlich die Möglichkeit ausnutzen, eine Wechselspannungskurve in der Mitte durchzuschneiden, etwa so, wie es bei der Gleichrichtung geschieht, und erhält auf diese Weise zwei *Halbwellen.* Mit ihnen lassen sich zwei Wechselstrom-Triebfahrzeuge völlig unabhängig voneinander steuern, und mit solchen *Halbwellensteuerungen* wollen wir uns jetzt beschäftigen.

Am einfachsten wäre es, von zwei gleichartigen Transformatoren auszugehen, die in der Phasenlage überinstimmen und als *Regeltrafos* ausgelegt sein müßten, d.h. auf ihren Sekundärseiten müßte ein veränderlicher Spannungsabgriff möglich sein. Solche Trafos gibt es. Dann schließt man zwei Leistungsdioden an, die jeweils eine Einweg-Gleichrichtung bewirken und demnach jede für sich eine Halbwelle durchlassen; die andere wird gesperrt. Wir erhalten nach der Schaltung von *Abb. 7.3/2* eine positive und eine negative Halbwelle im Gleisstromkreis, wobei die jeweiligen Spannungsamplituden getrennt an den Regeltrafos eingestellt werden können. Die beiden Wechselstromloks müssen allerdings einen kleinen Eingriff über sich ergehen lassen. In die Zuleitung zu den beiden Motoren kommt je eine Diode (z.B.

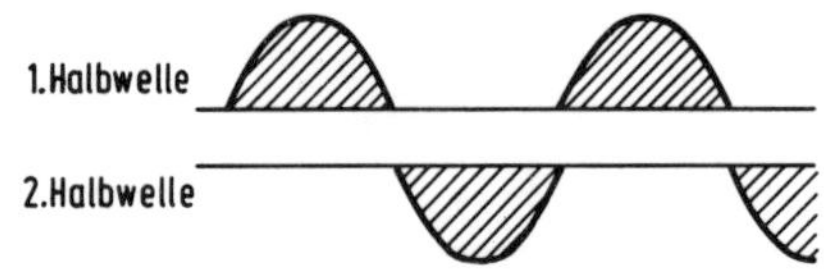

Abb. 7.3/1 Aufteilung einer Vollwelle in zwei Halbwellen

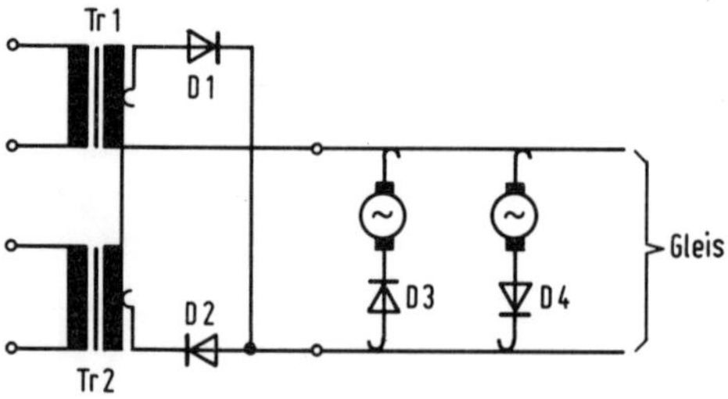

Abb. 7.3/2 Prinzipschaltung einer Halbwellensteuerung von zwei unabhängigen Triebfahrzeugen

1 N 4001), die gleichsam als *Empfänger* für die ihr zugedachte Halbwelle dient. In Abb. 7.3/2 führt ein Halbwellen-Stromkreis von Tr 1 über D1 und D3, der andere von Tr 2 über D2 und D4. Zusätzlich wären noch zwei Überspannungs-Taster vorzusehen, damit jede Lok unabhängig von der anderen ihre Fahrtrichtung wechseln kann. Dabei ist allerdings ratsam, das Fahrtrichtungs-Relais durch einen kleinen Kondensator (ca. 100μF/40V) zu überbrücken, denn sonst kann das Relais gelegentlich *flattern.*

Schaltung hat zwei Nachteile

So einfach diese Schaltung ist, sie hat doch zwei wesentliche Nachteile. Sind nämlich die Spannungen an den Transformatoren verschieden eingestellt, dann fließt über D1 und D2 ein Ausgleichs-Kurzschlußstrom, und deshalb sollte man die Schaltung nicht unbedingt nachbauen. Außerdem ist der Aufwand von zwei Regeltrafos ziemlich erheblich. Abb. 7.3/2 ist also nur als Prinzip-Schaltbild zu verstehen.

Aber es geht viel besser

Aber es geht viel besser. Wir haben schon mehrfach von Thyristoren gesprochen, und mit ihnen kann man eine geradezu ideale Doppel-Halbwellen-Steuerung aufbauen. Zwei Thyristoren sind erforderlich; jeder von ihnen bildet mit seinen Beschaltungsteilen einen Block (Th1 und Th 2). Sie werden an eine Trafo-Wechselspannung angeschlossen, und dabei geht es darum, daß jeder Block nur eine Halbwelle durchläßt. Nicht nur das: Die über Drehpotentiometer mögliche Phasenanschnittssteuerung läßt auch noch eine sehr genaue Geschwindigkeitsregelung zu, so daß man zwei Loks unabhängig voneinander *bedienen* kann. Die Thyristorenblöcke müssen nur antiparallel geschaltet werden.

Bei den beiden Lokomotiven sind zwei Dioden (in jeder Lok eine) als *Empfänger* nötig; auch sie liegen in gegensätzlicher Richtung. Damit sprechen die Loks auf die beiden Halbwellen unterschiedlich an, je nach Weite des Phasenanschnitts. Wie die Leitungsführungen zwischen Trafo und Märklingleis vorgenommen werden muß, geht aus Abb. 7.3./3 hervor. Nimmt man noch Oberleitungsbetrieb hinzu, so lassen sich von einem einzigen Trafo aus vier verschiedene Lokomotiven unabhängig voneinander steuern.

Das einzige Problem

Das einzige Problem ist der Fahrtrichtungswechsel. Doch auch dafür ist gesorgt. Die Drehpotentiometer sollten so gewählt werden, daß sie auch bei maximaler Geschwindigkeit nicht die vollen Halbwellen durchlassen, sondern noch ein wenig *Reserve* übrig haben. Durch zwei Taster können die Thyristoren überbrückt werden; das entspricht dann einem Überspannungsstoß, der die Telex-Relais in den Märklin-Triebfahrzeugen umstellt. Damit auch dieser Impuls auf zwei Loks getrennt wirkt, sitzen hinter den Thyristor-Blöcken die beiden Dioden D1 und D2. In den Loks sind ebenfalls je zwei Dioden erforderlich. Das liegt daran, daß den Relais Kondensatoren parallel geschaltet sind, um den Anzugsstrom zu glätten und ein Flattern der Relais zu vermeiden, aber dieser Anzugsstrom soll nur für sich geglättet werden, nicht der Motorstrom, dessen Halbwellencharakter gerade für Langsamfahrten unerläßlich ist. Also müssen Relais- und Motorstrom entkoppelt werden: dazu die beiden Dioden in der Lok!

Für die diversen Bauteile kann man sich an folgende Liste halten (kleine Abweichungen sind möglich).

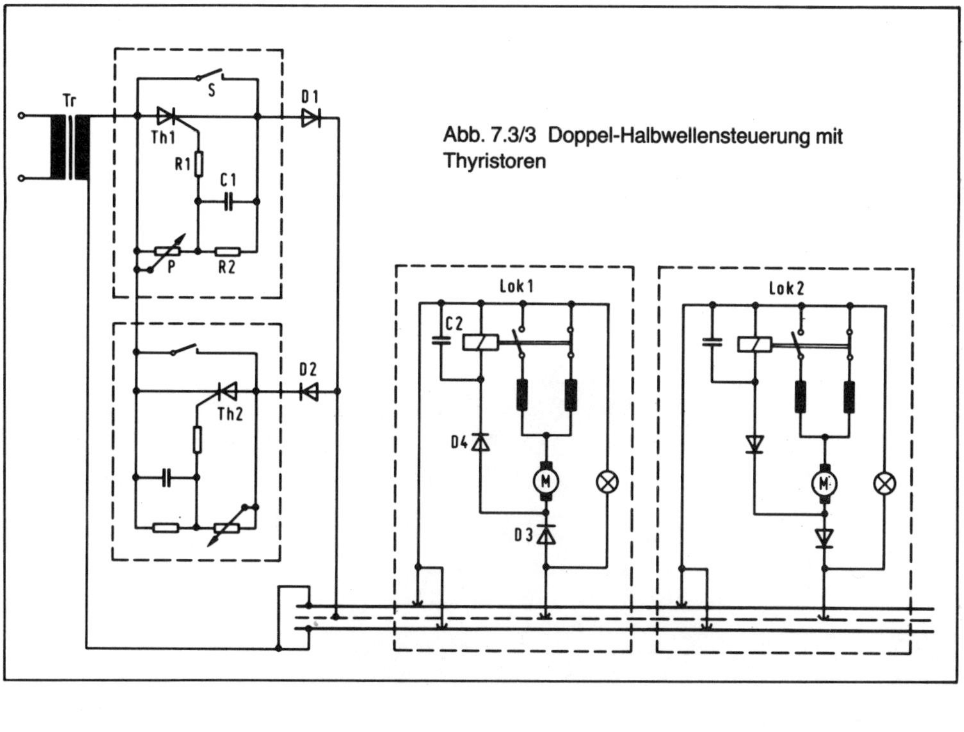

Abb. 7.3/3 Doppel-Halbwellensteuerung mit Thyristoren

Thyristoren: leistungsfähige Typen für mindestens 1 A

R1 = 100Ω, 1 W; R2 = 2,2 kΩ

C1 = 22 μF (bipolar); C2 = 50–100 μF (Elko)

D1, D2, D3 = 1 N 4001 (1 A); eventuell ist bei D1/2 eine höhere Stromstärke vorzusehen.

P: Drehpotentiometer zum Einbau in ein Fahrpult; 5 kΩ (1W), eventuell auch nur 2-3 kΩ.

Die Schaltung der Thyristorblöcke ist recht einfach, platzsparend und billig gegenüber normalen Wechselstromfahrpulten, wenn man bedenkt, daß man hier gleich *zwei in einem* erhält. Die Einsetzung der Dioden in Triebfahrzeuge dürfte nicht allzu schwierig sein; man muß nur die richtigen Stellen erwischen und auf die Polung der Dioden achten. Die Glättungskondensatoren für die Relais können schon eher Schwierigkeiten machen, weil sie relativ groß sind. Man kann sogar die Lokomotivlämpchen mit an die Halbwellenleiter anschließen, und wenn man das vor den Dioden tut, so können diese Lämpchen leuchten, ohne an die Gleichrichtung der Halbwellen gebunden zu sein. Steht z.B. eine Lok, dann kann die nicht zu ihr gehörige Halbwelle die Glühbirnen als *Standbeleuchtung* zum Brennen bringen, allerdings nur, wenn sie nicht gerade zum Antrieb einer zweiten Lok gebraucht wird.

Was dem Fahrpult nach dem Muster der Doppel-Halbwellen-Steuerung allerdings fehlt, ist eine Kurzschlußsicherung. Aber wenn die Thyristoren und die Dioden D1 bzw. D2 so ausgelegt werden, daß sie 2–3 A vertragen, wird ihnen ein kürzer währender Kurzschluß nichts schaden. Eventuell läßt sich in die Rückleitung von den Schienen zum Trafo eine Sicherung einbauen (2 A, flink), die anspricht, ehe die Thyristoren zu heiß werden.

7.4. Digitalelektronik für Mehrzugbetrieb

Ob es um e.m.s. geht oder um Doppel-Halbwellensteuerung –: abgesehen von der Möglichkeit, eine Oberleitung heranzuziehen, können immer nur zwei Triebfahrzeuge unabhängig voneinander gesteuert werden, und das ist manchen Modellbahnern zu wenig. Sie möchten den echten Mehrzugbetrieb, und da fingen einige Elektronikbastler schon vor einem guten Jahrzehnt an, sich geeignete Betriebssysteme auszudenken. Die Industrie hat dann nachgezogen, und um das Jahr 1980 gab es bei fast allen Modellbahnfirmen Überlegungen zum Thema *Digitalelektronik für Mehrzugbetrieb*. Inzwischen ist die Euphorie etwas verflogen, aber das Prinzip ist noch lange nicht tot. Wir können hier keine Bastelrezepte entwickeln, wie man sich ein digitalelektronisches Mehrzugsystem zusammenbauen kann: Das würde ein eigenes Buch füllen, und über den Rahmen einer Einleitung in die Modellbahnelektronik geht so etwas weit hinaus. Aber ein bißchen wollen wir doch erklären, worum es sich handelt.

Wer sich einmal für Fernsteuerungstechniken beim Flug- oder Schiffsmodellbau interessiert hat, weiß vielleicht, was da gemacht wird: Auf der einen Seite ist ein Sender, beim Modell ein Empfänger, und drahtlos werden dann irgendwelche Steueranweisungen vom Sender zum Modell *hingefunkt*, die Ruderbewegungen, Geschwindigkeitsänderungen usw. veranlassen. Natürlich muß auch beim drahtlosen Funkverkehr irgendetwas die Signale übermitteln, und deshalb wird im Sender zunächst eine sog. Trägerwelle erzeugt, der man dann die eigentlichen Funkbefehle aufprägt. Diese Trägerwelle ist eine hochfrequente elektrische Schwingung (Hochfrequenz rechnet man ab 20 kHz); die Steueranweisungen werden in niederfrequenten Schwingungen verpackt, und das Aufprägen der NF auf die HF nennt man *Modulation*. Es handelt sich also um eine Überlagerung von zwei verschiedenartigen Schwingungen, und beim Empfänger wird dann wieder getrennt, was der Sender zusammengesetzt hatte: Nur noch die niederfrequenten Signale werden ausgewertet. Zu jeder Steueranweisung gehört eine ganz bestimmte Form des NF-Signals, z.B. eine genau definierte Niederfrequenz; im Sender werden die Steueranweisungen entsprechend *codiert* und im Empfänger *decodiert*. Im Modellbahnbetrieb hat man es eigentlich leichter, denn dort sind keine Trägerwellen nötig. Die Schienen eines Gleissystems können die Funktion der Signalübertragung übernehmen und bilden gewissermaßen eine große *Ringleitung*, so daß man die Hochfrequenz vergessen kann. Erforderlich ist *nur* die Codierung der Steueranweisungen in niederfrequente Signale und die anschließende Decodierung dieser Signale an den Stellen, an denen sie ausgewertet werden sollen, aber genau da liegt das Problem.

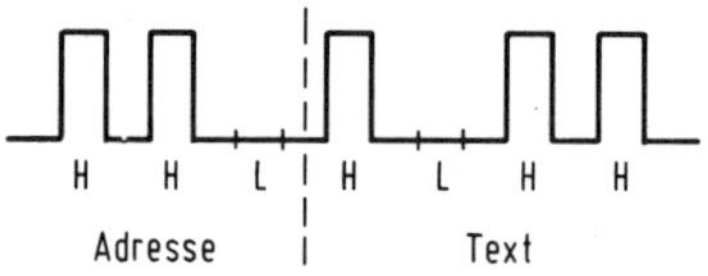

Abb. 7.4/1 Impulstelegramm aus Adresse und Text

Wer ein Flugzeug oder ein Modellschiff fernsteuert, hat es nur immer mit einem Adressaten zu tun, an den sich seine *Befehle* richten. Auf einer Modellbahnanlage gibt es aber viele Empfänger, z.B. diverse Lokomotiven, aber man kann auch Weichen, Entkuppler u.a. ansteuern. Also müssen sämtliche Anweisungen, die vom Sender – sprich: Fahrpult – ausgehen, zweiteilig sein. Sie müssen eine Adresse enthalten, so daß nur der Empfänger reagiert, der angesprochen wird, und sie müssen außerdem die besondere Funktion auslösen, die gewünscht wurde. Man kann so etwas mit Telegrammübermittlungen vergleichen: Auch da gibt es stets eine Adresse und einen Text. Beides muß im Sender codiert werden, und das geschieht dadurch, daß der Adresse und dem Text ganz bestimmte Impulsfolgen zugeordnet werden; in den jeweiligen Empfängern werden sie dann decodiert. Impulsfolgen aber sind nichts anderes als Ketten von verschiedenen Spannungszuständen. Wir haben solche Zustände schon kennengelernt: Es sind die beiden Potentiale L (Low) und H (High), und deshalb sind die Übermittlungen von NF-Signalen zwischen Sender und Empfänger grundsätzlich immer Betriebsformen der Digitalelektronik. *Abb. 7.4/1* zeigt, wie ein digitales NF-Signal aussehen kann (der Querstrich gehört eigentlich nicht zum Signal; er zeigt nur an, wo die Grenze zwischen Adresse und Text liegen soll).

Wieviel Empfänger kann man ansteuern?

Wieviele Empfänger man beim digitalelektronischen Mehrzugbetrieb ansteuern kann, hängt eigentlich nur davon ab, wie lang man die einzelnen Impulstelegramme machen will. Stellen wir uns einmal vor, wir wollten drei verschiedene Lokomotiven adressieren. Jede soll ihre Adresse durch eine bestimmte Folge von L- und H-Signalen erhalten. Da könnte man nun auf die Idee kommen, der ersten die Adresse „L" zu geben, der zweiten die Adresse „H" und der dritten „LH". Aber wenn man nun „LH" sendet, können die beiden anderen Lokomotiven nicht wissen, daß sie nicht gemeint sind; eventuell fühlen sie sich beide angesprochen. So geht es also nicht. Man muß sein Impulstelegramm so aufbauen, daß der Adressenteil immer eine ganz bestimmte Länge hat, damit jeder Empfänger erkennen kann, wann er *dran* ist. In unserem Beispiel würde eine Adressenlänge von zwei Schritten durchaus genügen; damit lassen sich sogar vier verschiedene *Anschriften* bzw. *Namen* bilden, nämlich:

00 0L L0 LL.

Dazu noch eine Erklärung. Jede Unterscheidung zwischen einem „L" und einem „H" entspricht einem logischen Schritt, und solche Schritte nennt man *binär* (von lat. „bis" = zweimal). Für digitale Binärschritte gibt es eine Abkürzung, die sich wohl inzwischen herumgesprochen hat: Sie heißen *bits*. Ein bit ist also eine Stelle in einem Impulstelegramm, weil diese Stelle entweder durch ein L oder durch ein H ausgefüllt werden kann. Unsere obigen vier Möglichkeitenn waren also jeweils 2-bit-Adressen. Bei 4-bit-Adressen gibt es natürlich entsprechend mehr Möglichkeiten; wir wollen sie einmal aufzählen:

0000	L000
000L	L00L
00L0	L0L0
00LL	L0LL
0L00	LL00
0L0L	LL0L
0LL0	LLL0
0LLL	LLLL

Damit könnte man also schon 16 Lokomotiven unterscheiden oder vier Lokomotiven und 12 Weichen usw. Übrigens: für jeweils 8 bit gibt es eine neue Abkürzung: BYTE, doch das nur nebenher.

Man könnte schon 16 Lokomotiven unterscheiden

Aber mit den Adressen allein ist es nicht getan; es müssen nun auch noch Steueranweisungen formuliert werden, wie ja schließlich auch ein Telegramm ohne Text ziemlich sinnlos wäre. Bei Weichen ist das Ansteuern durch Impulse gar nicht so schwer, denn sie verhalten sich selbst wie binäre Schaltelemente, weil sie nur zwei Zustände kennen: geradeaus oder abzweigend. Demnach könnte man ein reines Weichensystem dadurch dirigieren, daß man Impulsfolgen sendet, die hinter der Adresse nur noch ein ein-bit-Kommando haben. Aber was ist zu tun, wenn man in entsprechender Technik einer Lokomotive mitteilen will, wie schnell sie fahren soll?

Geschwindigkeiten haben wir bisher immer als analoge Größen behandelt, denn sie können stetig geändert werden. Bei einer konsequenten Digitalsteuerung wird das anders. Da zerlegt man einen Geschwindigkeitsbereich in lauter einzelne Stufen, die allerdings so eng beieinander liegen müssen, daß der Übergang von einer zur nächsten in einem gar nicht auffallenden Sprung erfolgt. Im allgemeinen genügt es, den Geschwindigkeitsbereich, in dem sich Modellbahnloks bewegen, in insgesamt 16 Fahrstufen aufzuteilen;

dann wirken auch Sprünge für den Betrachter noch wie kontinuierliche Übergänge. Jede Fahrstufe für sich ließe sich nach diesem Prinzip durch eine 4-bit-Steueranweisung darstellen. Nimmt man noch Anweisungen für Fahrtrichtungswechsel, für Weichenstellungen, Entkuppler usw. hinzu, so kommen schon erhebliche Längen für die Impulstelegramme heraus. Eine bekannte Modellbahnfirma arbeitet z.B. an einem System, das ein ganzes Kilo-Byte ausnützen will; damit sollen sich dann bis zu 64 Züge in 16 Fahrstufen und nebenher noch 512 verschiedene Magnetartikel ansteuern lassen (nach Angaben über die Nürnberger Messe von 1980).

Natürlich müssen dann alle Artikel, die in das digitale Steuersystem einbezogen werden sollen, entsprechende Empfängerbausteine besitzen, also nicht nur die Triebfahrzeuge, sondern auch Weichen, Entkuppler usw. Das bedeutet einen ziemlichen Aufwand. Zwar entfällt einerseits der ganze Drahtverhau, der sonst eine Modellbahnanlage (wenigsten unterseitig) zu begleiten pflegt, denn nun sind nur noch zwei Steuerleitungen vom Fahrpult zu den Schienen nötig, aber dafür braucht man eben sehr viele Empfängerbausteine, und wie das preismäßig aussehen würde, kann man sich denken. Außerdem sind bisher kaum digitalelektronische Mehrzugsysteme auf dem Markt (Ausnahme: Salota). Allerdings hat Trix neuerdings (1981) ein System herausgebracht, das sogar darauf verzichtet, die Schienen zur Signalübertragung zu benutzen. Es nimmt stattdessen Infrarot-Strahlen als Träger für Steueranweisungen und ist somit das erste drahtlose Fernsteuersystem für Modelleisenbahnen (Trix 2000). Damit hat man bis zu 4 Loks und 48 Weichen in der Hand.

Für den Bastler sind digitale Mehrzugsteuerungen nur sehr bedingt geeignet

Für den Bastler ist das alles weniger interessant. Er will nicht Fertiges kaufen, sondern selber bauen. Ob er es allerdings zu digitalen Mehrzugsystemen bringen kann, ist eine zweite Frage. Sie setzen sehr viele Spezialkenntnisse voraus, aber es gibt auch für dieses Gebiet Anleitungen. Wir wollen sie nicht kopieren, sondern nur eine kurze einführende Übersicht vermitteln.

7.4.1 Steuerung mit Tonfrequenzen

Wie gesagt: Es ist nicht unser Ehrgeiz, dem Leser Bastelanweisungen für digitale Mehrzugsysteme zu geben. Aber ein paar Hinweise zum Grundsätzlichen sollen doch noch folgen.

Häufig findet man in Fachaufsätzen und in der Literatur den Begriff der *NF-Steuerung* von Modellbahnen. Was damit gemeint ist, läßt sich nach dem Vorigen verhältnismäßig leicht verstehen. Die Steueranweisungen, die vom Sender (bzw. Fahrpult) kommen, werden in die Form niederfrequenter Schwingungen gebracht, an das Gleissystem gegeben und schließlich vom Empfänger in einer Lok – oder was es sonst sein mag – aufgenommen, *decodiert* und in irgendwelche Funktionen umgesetzt, z.B. Anfahren oder Bremsen. Man muß also zunächst die niederfreqeuenten Schwingungen erzeugen, und das kann auf sehr verschiedene Weise geschehen.

Man könnte z.B. an Schwingkreise denken, die aus einer Spule und einem Kondensator in Parallelschaltung bestehen, aber das ist heute überholt. Eher schon lassen sich astabile Multivibratoren einsetzen, die Rechteckimpulse abgeben, wobei deren Frequenz von dem Verhältnis zwischen den verwendeten Widerständen und Kondensatoren abhängt. Aber wo man mehr als eine Steuerfrequenz braucht, müßte man entsprechend viele Multivibratoren einsetzen, und das ist unwirtschaftlich. Besser ist es, bei einem AMV zu bleiben und nur dessen frequenzbestimmende Glieder je nach Bedarf umzuschalten. Wie das aussehen kann, zeigt *Abb. 7.4.1/1*. Die beiden Taster T1 und T2 können wechselweise (oder auch gemeinsam) betätigt werden, und das ergibt bereits drei verschiedene Frequenzen. Welche es sind, hängt von den Einstellungen der Trimmpotentiometer P1 und P2 ab. Wir erhalten auf diese Weise einen einfachen *Signalgeber*.

Wir erhalten einen einfachen Signalgeber

Grundsätzlich lassen sich auch integrierte Signalgeber verwenden, z.B. aus dem Baustein NE 555, der nach Abb. 6.1.2/10 als astabiler Multivibrator funktioniert. Soll er unterschiedliche NF-Signale erzeugen, so muß er ebenfalls auf verschieden dimensionierte äußere Beschaltungsglieder (Widerstände und Kondensatoren) umgetastet werden können.

Was nun folgt, entspricht im Prinzip der Abb. 7.2.1/2: Die vom AMV kommenden niederfrequenten Impulse werden auf die Schienen gegeben.

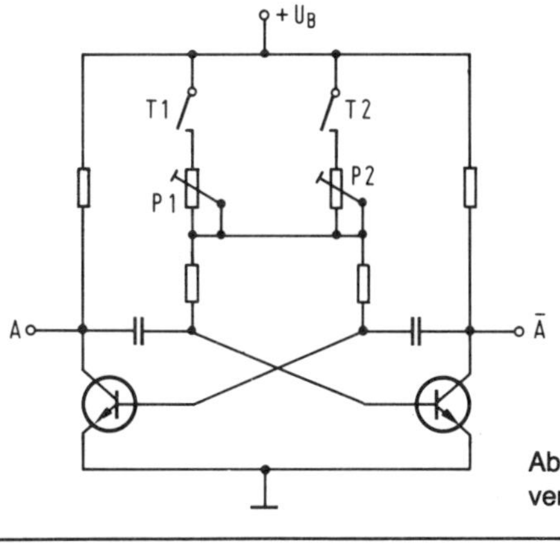

Abb. 7.4.1/1 Astabiler Multivibrator, für zwei verschiedene Frequenzen tastbar

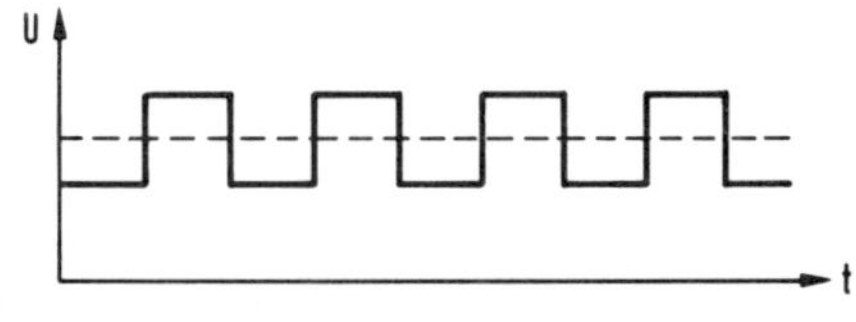

Abb. 7.4.1/2 NF-Impulse, die einer konstanten Gleichspannung (gestrichelte Linie) überlagert sind

Dabei ist zu beachten, daß so etwas nicht direkt geschehen kann, sondern nur über einen Kondensator, der die Schienen – an denen eine feste Gleichspannung liegen soll – gleichstrommäßig von dem Signalgeber trennt. Außerdem muß dafür gesorgt werden, daß die NF-Impulse nicht zur Quelle der Fahrspannung abfließen, und dazu verwendet man eine Drosselspule, die für solche Impulse bzw. Schwingungen einen sehr hohen Widerstand darstellt, Gleichstrom jedoch fast ungehindert durchläßt.

Der konstanten Fahrspannung werden also die Signalimpulse des AMV überlagert (*Abb. 7.4.1/2*). Durch die Schienen gelangen sie zu ihren Empfängern, z.B. zu einer Lokomotive. Wir wollen uns vorstellen, daß in ihr ein kleines Relais mit Umschaltkontakten sitzt. Über diese Kontakte soll der Motorstrom geschaltet werden, und zwar so, daß das Relais als Polwender wirkt. Dann möge ein Signal das Relais (Miniaturform mit zwei Spulen) auf Vorwärts-, ein anderes Signal auf Rückwärtsfahrt einstellen. Man kann natürlich auch weitere Funktionen vorsehen, vor allem für das Ein- bzw. Ausschalten des Motorstromes, aber hier soll es ja nur um das Prinzip und nicht um Details gehen. Die Frage ist allerdings, wie nun eigentlich das Relais von den NF-Impulsen geschaltet werden kann.

Auch dafür gibt es verschiedene Möglichkeiten

Auch dafür gibt es verschiedene Möglichkeiten. Die einfachste besteht darin, sog. Serienresonanzkreise zu verwenden. Was das ist, zeigt *Abb. 7.4.1/3*. Ein Kondensator und eine Spule sind in Reihe geschaltet. Beide wirken als Wechselstromwiderstände; auch die NF-Schwingungen können wir als Wechselstrom auffassen. Eigentlich müßten wir jetzt eine Menge Theorie heranziehen, um die Wirkungsweise von Kondensator und Spule im Serienresonanzkreis zu verstehen, aber wir wollen es kurz machen. An Widerständen fällt bei Stromdurchgang immer eine gewisse Spannung ab, und Spannungen sind gerichtet (z.B. von Plus nach Minus). Das gilt auch für Wechselstromwiderstände, aber die Spannungen an einem Kondensator und an einer Spule verhalten sich genau entgegengesetzt zueinander, und wenn sie gleich groß sind, heben sie sich sogar auf. In diesem Fall geht der Widerstand für eine Reihenschaltung Spule-Kondensator auf Null zurück, doch wann das passiert, hängt nicht von den Eigenschaften dieser Bauteile, sondern auch von der Frequenz der Schwingungen ab, die durch die Serie C/L hindurchgehen. Anders gesagt: Für eine bestimmte Frequenz wird eine aus Spule und Kondensator bestehende Serie besonders gut durchlässig, während sie für alle anderen Frequenzen praktisch Sperrwirkung hat. Den Fall, in dem die C/L-Serie Schwingungen durchläßt, bezeichnet man als „Resonanzfall", und deshalb sprachen wir oben von einem *Serienresonanzkreis.* Er hat eine Filterfunktion, und das bedeutet, daß er bestimmte NF-Schwingungen weiterleitet, z.B. an die Spulen eines Relais. Liegen vor diesen Spulen zwei verschiedene Resonanzkreise, so fließt für eine Frequenz

Abb. 7.4.1/3 Kondensator (C) und Spule (L) in der Schaltung als Serienresonanzkreis

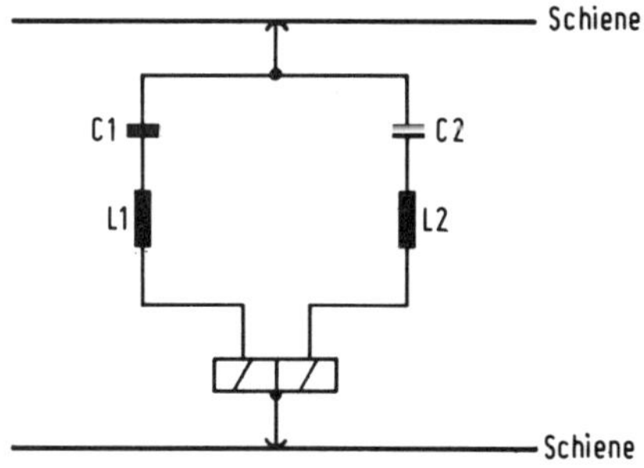

Abb. 7.4.1/4 Prinzipschaltbild für die Ansteuerung eines Doppelspulenrelais durch zwei Serienresonanzkreise

durch die eine Spule Strom, für eine andere Frequenz fließt der Strom durch die andere Spule. Es kommt nur darauf an, daß die Signalfrequenzen vom NF-Generator (AMV) zu den Resonanzfrequenzen passen, dann schaltet unser Relais in der Lok sich um, wenn entweder das eine oder das andere Signal vom Sender gegeben wurde (*Abb. 7.4.1/4*). Entsprechend ändert die Lok aus unserem Beispiel ihre Fahrtrichtung.

Der Aufbau von Resonanzkreisen ist nicht immer ganz einfach; man braucht dafür Spezialspulen, die in runde Metallkerne (sog. Schalenkerne) eingeschlossen sind und mit den Kondensatoren zusammen für ganz bestimmte Resonanzfrequenzen geliefert werden. Diese Frequenzen liegen im NF-Bereich und werden auch als *Tonfrequenzen* bezeichnet; von ihnen haben wir schon gesprochen. Am Sender müssen dann genau diese Tonfrequenzen produziert werden (deshalb auch: *Tonfrequenzgenerator*), und das verlangt einige Abstimmarbeit an den Trimmpotis des AMV. Im Bereich zwischen 500 und 5000 Hz lassen sich gut und gern an die zehn verschiedene Tonfrequenzen wählen (sie müssen immer einen gewissen Abstand voneinander haben), so daß man dann entsprechend viele Funktionen ansteuern kann, also auch verschiedene Loks für Mehrzugbetrieb. Statt der Kombinationen von Spulen und Kondensatoren lassen sich auch bestimmte IC's als Resonanzkreise verwenden (z.B. XR 567 bzw. LM 567), was Platz spart, denn der ist zum Einbau eines Tonfrequenzempfängers in eine Lok knapp bemessen. Doch wie gesagt: Wir wollen hier keine Bauanleitungen geben, sondern nur in die Grundlagen der Tonfrequenzsteuerung einführen. Wer mehr darüber wissen will, muß zu der entsprechenden Literatur greifen, z.B. zu W. Knobloch: *Modelleisenbahnen – elektronisch gesteuert*, Bd. 3 oder zu H. Jungmann: *Modelleisenbahn-Elektronik im Selbstbau*.

Wer mehr wissen will, muß zu der entsprechenden Literatur greifen

7.4.2 Echte Digitalsteuerungen

Dem aufmerksamen Leser dürfte kaum entgangen sein, daß die Schilderung der Tonfrequenzsteuerungen aus dem vorigen Kapitel nicht zu dem paßt, was in 7.4 über Digitalsteuerungen gesagt wurde. Das hat einen einfachen Grund. Das Arbeiten mit Tonfrequenzen geschieht nicht nach dem Muster der Impulstelegramme aus L-H-Schritten; es erfolgt eher analog als digital. Echte Digitalsteuerungen funktionieren anders. Wir sagten es schon: Da werden Impulsketten aus Adresse und Text gebildet, und das setzt besondere Techniken bei Sendern und Empfängern voraus. Wir können sie hier nicht schildern; ein digitales Elektronik-Fahrpult, das mit Rechteckimpulsen arbeitet, hat F. Schiersching in seinem *Großen Bastelbuch* vorgestellt. Aber auch dazu ein paar Hinweise.

Im Sender Impulsdiagramm formulieren

Was man im Sender tun muß, läuft darauf hinaus, zunächst einmal ein Impulstelegramm zu formulieren. Es hat immer eine bestimmte Länge (gemessen in *bits*), d.h. es besteht aus einer fest begrenzten Folge von L- und H-Schritten. Nehmen wir einmal an, es sollen fünf Schritte sein (ein sehr kurzes Telegramm!); dann könnte man diese fünf Schritte durch fünf Schalter realisieren, die entweder geöffnet oder geschlossen sind und dadurch jeweils positives oder negatives Potential bereitstellen *(Abb. 7.4.2/1)*. In dem angegebenen Beispiel entsteht der „Text“:
L H L L H
(auf den Unterschied zwischen Adresse und Steueranweisung wollen wir einmal verzichten). Die Schalterbetätigung erfolgt durch den *Fahrdienstleiter;* eventuell sogar durch einen Computer!

Was jetzt in den Sender *eingeschrieben* ist, steht still und stumm da, ist aber noch nicht das, was wir brauchen, nämlich eine Impulsfolge. Das Telegramm muß, um gesendet werden zu können, abgelesen werden, und zwar automatisch. Das kann nun durch einen Baustein geschehen, den wir noch gar nicht kennen: einen Zähler. Es gibt entsprechend IC's; wir werden alsbald Genaueres über sie erfahren. Für jetzt genügt zu wissen, daß sie Schritt für Schritt voranschreiten, und das heißt konkret: Sie haben eine Reihe von Ausgängen (für uns genügen fünf), die ohne Zählablauf immer auf „L“ liegen, aber wenn der Zähler eingeschaltet wird, geht erst der erste Ausgang auf H, fällt auf L zurück; dann geht der zweite Ausgang auf H, fällt zurück usw., bis alle Ausgänge *dran* waren; anschließend springt der Zähler zu seinem Anfang zurück und beginnt einen neuen Durchgang.

Nun verbinden wir einen solchen Zähler mit unserer Schaltergruppe von Abb. 7.4.2/1, und zwar so, daß der Reihe nach immer ein Schalter- und ein Zählerausgang an jeweils ein UND-Gatter gelangen *(Abb. 7.4.2/2)*. Dann werden sozusagen nacheinander die Schalterstellungen durch den Zähler abgefragt, und wenn H und H zusammentreffen, ergibt es auch am Ausgang des UND-Gatters H.

Was wir damit erreicht haben, ist, daß nun die binären Schalter-Werte aus einem gleichzeitigen (simultanen) Nebeneinander in ein zeitliches Nacheinander umgewandelt sind, nämlich in eine Impulsfolge, denn nun treten die abgelesenen H- und L-Werte als zeitliche Sequenz auf, die immerzu wiederholt wird, solange man nichts an den Schalterstellungen ändert. Diese Impulsfolge entspricht dem, was bereits Abb. 7.4/1 zeigte, und solche Sequenzen werden vom Sender aus auf die Reise geschickt, nämlich an die *Ringleitung* des Gleissystems mitgeteilt.

Alle hören mit, aber nur einer weiß: Ich bin gemeint

Doch nun zu den Empfängern! Grundsätzlich gilt: Alle hören mit, ganz gleich, ob sie in Lokomotiven, Weichenantrieben oder sonstwo sitzen. Aber nicht jeder Empfänger fühlt sich durch die Sendung angesprochen; das ist wie beim Fernsehen. Allerdings gibt es jetzt keine Resonanzkreise, wie wir sie vom Tonfrequenzempfang her kennen. Jeder Empfänger hat seine binäre Adresse, und sie ist ihm fest eingeschrieben. Sie hat überall die gleiche Länge und besteht aus H- und L-Werten in jeweils wechselnder Folge. Kommt nun

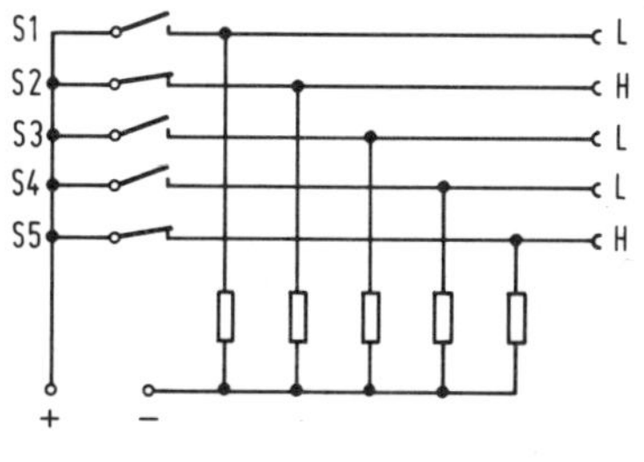

Abb. 7.4.2/1 Formulierung eines binären Telegramms durch Schalter

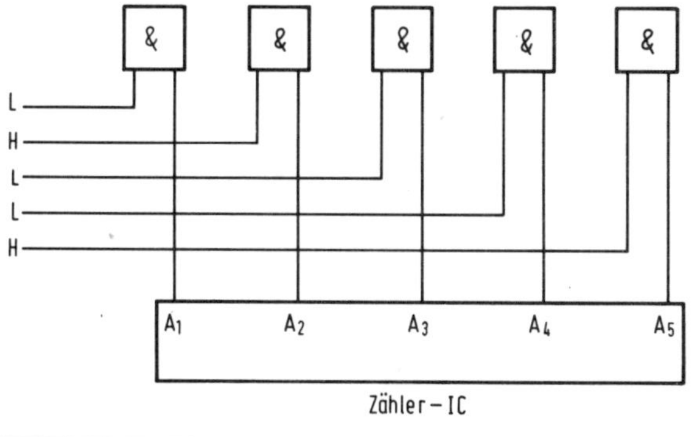

Abb. 7.4.2/2 Abfragen von Schalterstellungen durch einen Zähler

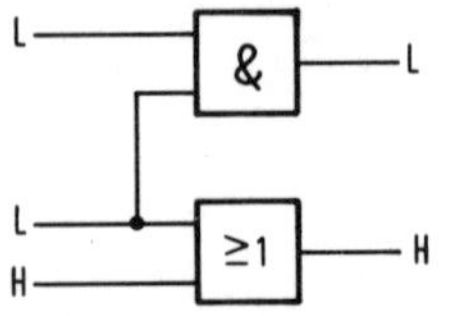

Abb. 7.4.2/3 Verarbeitung von Registerwerten durch eine Gatterschaltung

ein Impulstelegramm an, so vergleicht der Empfänger die ersten Impulse mit seiner eigenen Adresse; stimmen sie überein, so weiß er: Ich bin gemeint! Auch das Vergleichen geht natürlich elektronisch vor sich, etwa nach demselben Prinzip wie bei den obigen UND-Gattern, und wenn der Vergleich positiv ausfällt, ist das für den Empfänger ein Signal, den Telegrammtext weiterzulesen. Sonst läßt er ihn ruhig auf der Ringleitung an sich vorbeigleiten.

Die Steueranweisungen des Telegrammtextes werden vom Empfänger zunächst in einen Speicher aufgenommen, so daß sie dort wieder zu einer stationären Gruppe von L- und H-Werten werden. Solche Speicher kennen wir schon: es sind spezielle Flipflops, die nebeneinander stehen und ein sog. *Register* bilden. Dieses *Auffangregister* enthält nach dem Durchgang einer Sequenz den vollständigen Text der Steueranweisung, und er kann über nachgeschaltete Logik-Gatter weiter verarbeitet werden. Stehen da z.B. an den Registerausgängen die Werte

L L H,

so kann das für die in *Abb. 7.4.2/3* angegebene Gatterschaltung bedeuten, daß der Ausgang des UND-Gatters auf L, der des ODER-Gatters auf H geht. Diese Ausgänge steuern nun über Leistungsverstärker die Funktionen des Empfängers an, z.B. könnte ein Lokmotor eingeschaltet und auf Vorwärtsfahrt gestellt werden. Die entsprechende Fahrspannung steht ständig an den Schienen bereit.

Mehr als ein grober Überblick sollte es nicht sein

Mehr als einen solch groben Überblick wollen wir hier gar nicht geben. Aber bereits daran dürfte deutlich werden, daß es in der Digitalelektronik für Modellbahner eine ganze Reihe von Bausteinen gibt, die wir vorher noch nicht verwendet hatten, z.B. Zähler oder Register. Auf ihre Rolle in anspruchsvollen Steuerschaltungen für Mehrzugbetrieb gehen wir zwar nicht weiter ein, aber es gibt auch reizvolle andere Anwendungen für sie, die dem Anfänger eher zugänglich sind. Im nächsten Kapitel werden einige Beispiele vorgestellt, ohne Rücksicht auf eine tiefgehende Systematik oder gar auf Vollständigkeit.

Tonbandgeräte
GRUNDIG
Hi Fi Ste
19
20
21
22
23

8

Modellbahnzubehör – elektronisch gesteuert

8.1 Fahrstraßenunabhängige Zugbeleuchtung

Wenn es Nacht wird auf der Modellbahnanlage und überall die Lichter angehen, an Straßen und Plätzen, in Häusern und Bahnhofshallen, sollten natürlich auch die Züge beleuchtet verkehren, und sie sind dazu eingerichtet. Aber da gibt es einen unschönen Effekt: Ein Zug fährt mit hellen Abteilfenstern in den Bahnhof ein, doch in dem Maße, in dem er abbremst, werden seine Lichter dunkler, und wenn er steht, verlöschen sie ganz. Das ist nicht anders zu machen, sofern man die Glühbirnchen an Lokomotiven und in den Waggons mit der Fahrspannung speist: Wird sie weggenommen, kann nichts mehr leuchten. Modellbahner, die auch auf Standbeleuchtung wert legen, haben deshalb immer wieder nach Möglichkeiten gesucht, eine fahrspannungsunabhängige Beleuchtung der Zuggarnituren einzurichten, und tatsächlich gibt es mehrere Wege, die zu diesem Ziel führen.

Der erste und einfachste wäre, in die Züge kleine Batterien einzubauen, natürlich keine Trockenbatterien, die sehr bald erschöpft sind, sondern Akkus, die man wieder aufladen kann. Das müßte so ähnlich gehen wie das Aufladen einer Autobatterie während der Fahrt: Tatsächlich gibt es sog. NC-Akkus (Nickel-Cadmium), die extra für Modellfahrzeuge gedacht sind, meist mit einer Nennspannung von 12 V. Wie sich eine solche wiederaufladbare Batterie in einen Waggon einbauen läßt, zeigt *Abb. 8.1/1.* Sie wird von der Fahrspannung *gepuffert*, wie man das nennt; das Fahrpult wirkt in diesem Fall wie ein Aufladegerät. Aber wenn seine Spannung umgepolt wird oder wenn man mit Wechselstrom fährt, darf das die Polung der Ladespannung nicht verändern. Deshalb braucht man in der Zuleitung zur Batterie mindestens eine Diode, am besten einen kleinen Brückengleichrichter. Seine Wechselspannungsanschlüsse werden dann über die Räder mit den Schienen verbunden; an den Gleichspannungsanschlüssen liegen die Glühbirnchen.

Einen anderen Weg zur fahrspannungsunabhängigen Zugbeleuchtung haben wir schon erwähnt. Wer mit Halbwellen fährt, kann die eine Halbwelle

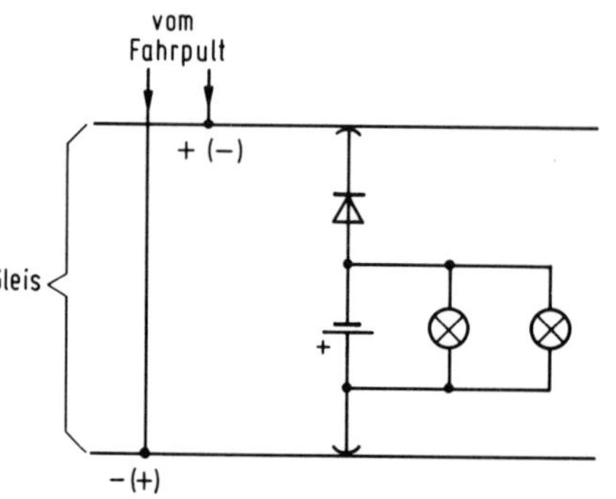

Abb. 8.1/1 Puffern einer Beleuchtungsbatterie durch die Fahrspannung

seiner Fahrspannung dem Motor der Lok zuleiten, die andere für die Versorgung der Glühbirnen verwenden (vgl. die Thyristorsteuerung von Kap. 7.3), aber dann muß er auf den Zweizugbetrieb verzichten, und das wird man im allgemeinen nicht tun wollen. Doch es gibt noch eine dritte Möglichkeit, und sie entspricht grundsätzlich der e.m.s.-Technik. Dort wird dem normalen Fahrstrom ein niederfrequenter Wechselstrom überlagert, und so ähnlich läßt sich auch verfahren, wenn man NF-Schwingungen für die Zugbeleuchtung einsetzt.

Im Prinzip sieht die Sache einfach aus

Im Prinzip sieht die Sache einfach aus, aber es gilt, sich vorweg einige Dinge zu überlegen. Erstens dürfen die Niederfrequenzschwingungen nicht Rechteckform haben. Warum nicht, läßt sich kaum mit wenigen Worten erklären. Wir wissen, daß Schwingungen sich überlagern können; dann entsteht eine neue Schwingung, die anders aussieht als ihre Komponenten. Umgekehrt läßt sich eine gegebene Schwingung in Komponenten zerlegen, und da wird es bei Rechteckschwingungen ganz schlimm. In ihnen stecken nämlich etliche Sinusfrequenzen (Schwingungen in Sinusform wie beim normalen Wechselstrom), die sich sogar selbständig machen und den Radio- bzw. Fernsehempfang stören können, d.h. ein Leitersystem, in dem NF-Rechteckschwingungen auftreten, wirkt wie ein Störsender. Im Trix-e.m.s.-Fahrpult werden deshalb die vom Multivibrator gelieferten Rechtecke durch eine Impulsformerstufe angerundet. So etwas könnte man nachahmen, aber besser ist es, gleich mit Schwingungen zu beginnen, die abgerundet sind, und deshalb werden wir uns mit einem NF-Generator befassen, der Sinusschwingungen hervorbringt.

Solch ein Generator ist aber verhältnismäßig leistungsschwach, und darin liegt das zweite Problem. Die Glühbirnen für Zugbeleuchtungen ziehen bei 12 V pro Stück 30 mA Strom, und wenn man mehrere Züge bei Nachtbetrieb nebeneinander *leuchten* läßt, kommt man gut und gern auf 1 bis 2 Ampere. Soviel gibt kein NF-Generator her, man muß also seine Schwingungen einem Verstärker zuführen. Es gibt heute zahlreiche NF-Verstärker in den verschiedensten Ausführungen und für die verschiedensten Zwecke, manche sogar als integrierte Schaltkreise, aber nicht alle sind für den Modellbahnbetrieb geeignet, und deshalb müssen wir uns etwas Passendes aussuchen.

Doch bleiben wir zunächst beim NF-Generator. Der Bereich der Niederfrequenz reicht eigentlich bis 20 kHz, doch so weit brauchen wir gar nicht zu gehen. Die Post läßt ohnehin nur Systeme zu, in denen die NF-Schwingungen unter 10 kHz bleiben. Das wollen wir nach Möglichkeit ausnutzen, denn weniger könnte dazu führen, daß solche Schwingungen komische Geräusche erzeugen. Sie durchlaufen nicht nur den Lichtstromkreis der Fahrzeugbeleuchtung, sondern gehen auch durch die Motoren der Lokomotiven, und obwohl sie keine Lok in Bewegung setzen, können sie doch Brumm- oder Pfeifgeräusche verursachen.

Die klassische Form, NF-Schwingungen zu produzieren, geht von Schwingkreisen aus, und wir sagten schon, daß sie aus einem Kondensator und einer Spule in Parallelschaltung bestehen. Nun ist das Arbeiten mit Spulen nicht jedermanns Sache, doch es geht auch anders. Eine beliebte Methode ist der Einsatz von sog. *Phasenschiebern,* bei denen man mit Widerständen und Kondensatoren auskommt. Wie so etwas funktioniert, wollen wir uns an einer Prinzipschaltung klarmachen.

Den Mittelpunkt der Schaltung von *Abb. 8.1/2* bildet ein Transistor. Sein Arbeitspunkt wird durch einen Spannungsteiler festgelegt, aber dann schließt sich eine seltsame Folge von Kondensatoren und weiteren Widerständen an, die schließlich zum Kollektor zurückführt. Immer ein Widerstand und ein Kondensator gehören zusammen (RC-Glied). Denken wir uns

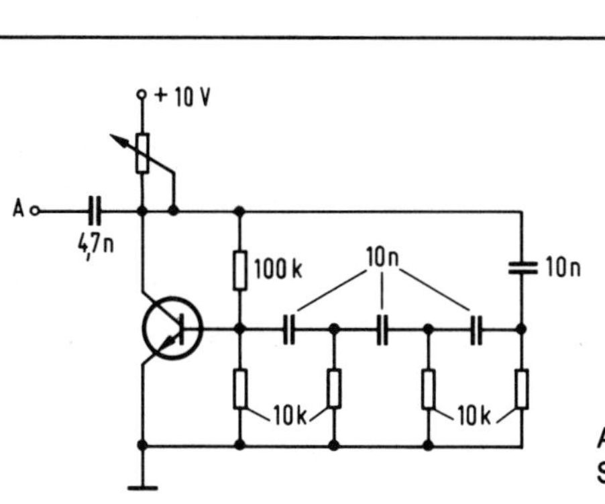

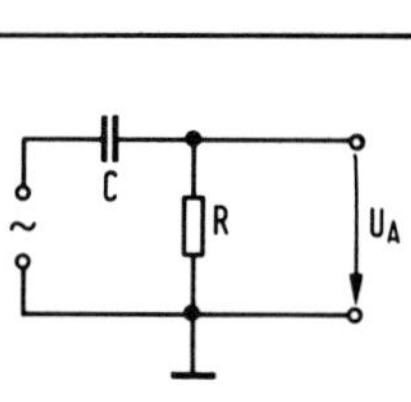

Abb. 8.1/3 Einzelnes RC-Glied

Abb. 8.1/2 Phasenschieber-Schaltung

einmal ein einzelnes RC-Glied an eine Wechselspannung gelegt, so muß sich bei einer bestimmten Polungslage erst der Kondensator aufladen. Kommen z.B. negative Ladungen von links, so stoßen sie rechts negative Ladungen ab, die sich kurzzeitig vor dem Widerstand aufstauen und dort einen Spannungsabfall hervorrufen *(Abb. 8.1/3)*. Erst allmählich fließen sie durch R ab, so daß ein einzelnes RC-Glied eine Verzögerung bewirkt. Das Maximum der Spannung an R tritt später ein als das Spannungsmaximum an der Wechselspannungsquelle. Wie groß diese Verzögerung ist, hängt von der Frequenz der gewählten Wechselspannung ab und natürlich von R und C selber. Schaltet man ein weiteres RC-Glied nach, so tritt eine weitere Verzögerung ein usf., d.h. die Phasenlage der Wechselspannungen an den einzelnen Gliedern verschiebt sich von Stufe zu Stufe: deshalb *„Phasenschieber"*.

Bei einer ganz bestimmten Frequenz bewirkt nun eine Kette von RC-Gliedern, daß die Phasenverschiebung insgesamt gerade soviel ausmacht, daß an der Basis des Transistors aus Abb. 8.1/2 die gleichen Potentialverhältnisse bestehen wie am Kollektor. Dann tritt der Fall der *Selbsterregung* ein. Der Transistor öffnet, sein Kollektor wird negativ, dieses Minus-Signal wird über die RC-Kette an die Basis rückgekoppelt, der Transistor schließt, der Kollektor wird positiv usw. Es entstehen Schwingungen, die sogar genau Sinusformen haben und am Ausgang A abgenommen werden können. Wir haben einen RC-Generator erhalten (manchmal auch: RC-Oszillator).

Schaltungsvorschläge in der ELO

Die in Abb. 8.1/2 angegebene Schaltung funktioniert zwar, kann aber noch besser ausgebaut werden, denn manchmal ist das Einsetzen der Selbsterregung problematisch. In *Abb. 8.1/4* zitieren wir einen Schaltungsvorschlag von W. Knobloch (veröffentlicht in *ELO*, 1975, Heft 5, und in *Modelleisenbahnen, elektronisch gesteuert*, Bd. 2). Dort wird aus der Eingangsspannung U_B zunächst eine stabilisierte Spannung gewonnen (mit Hilfe einer Z-Diode für 8,2 V), und außerdem ist an den Emitter des Transistors BC 238 eine einstellbare Stromgegenkopplung gelegt. Der Arbeitspunkt des Transistors wird nämlich durch die Widerstandskombination R4 – R5 – R7 festgelegt, aber da C5 für Sinusschwingungen durchlässig ist, entsteht über R8 ein zusätzlicher Stromweg, der die Potentialverhältnisse am Transistor und damit auch die Höhe der Ausgangsspannung beeinflußt. Setzten bei Anlegen der Betriebsspannungen die RC-Schwingungen nicht sofort ein, so kann man durch Verstellen von R8 die Selbsterregung begünstigen. Am Poti R3 läßt sich auch noch die Frequenz der RC-Schwingungen verändern, wenigstens in gewissen Grenzen. C_4 verhindert das Auftreten hochfrequenter Schwingungen.

Die Ausgangsspannung dieser Schaltung beträgt 2 V_{ss} (d.h. von Spitze zu Spitze der Sinus-Amplituden); die Frequenz liegt bei 10 kHz. also an der

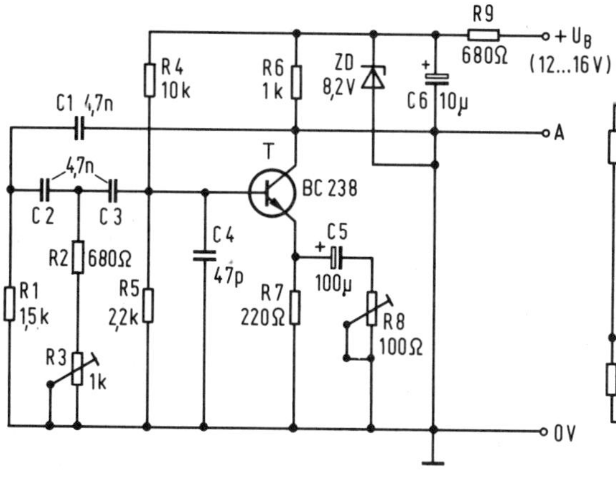

Abb. 8.1/4 RC-Generator nach W. Knobloch

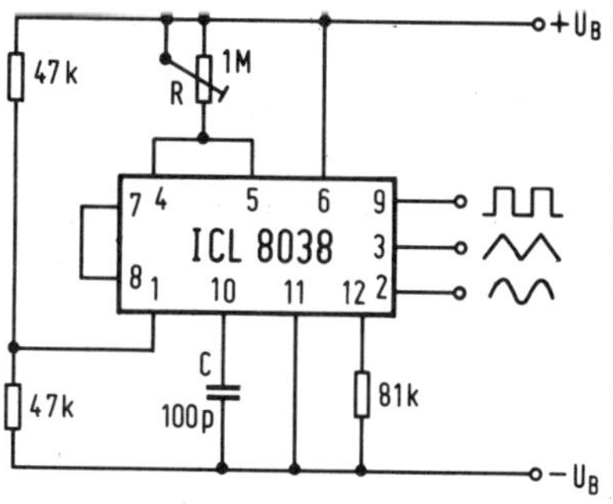

Abb. 8.1/5 Funktionsgenerator ICL 8038

Grenze dessen, was man bei entsprechenden Schallschwingungen noch hören könnte.

Wer es ganz fein haben will und auch den realtiv hohen Preis nicht scheut, kann aber seine Sinusschwingungen auch von einem integrierten Schaltkreis beziehen. Es ist der ICL 8038, ein sog. *Funktionsgenerator.* Dieser Baustein ist äußerst vielseitig; er liefert nicht nur Sinusschwingungen, sondern auch Rechteck und Sägezahn (Dreieck), aber die brauchen wir jetzt nicht. Der ICL 8038 ist leider nicht billig; ein Exemplar kostet um die 14,– DM, doch wir wollen ihn trotzdem vorstellen.

Es gibt diesen IC in der üblichen Dual-in-line-Form mit vierzehn Anschluß-PIN's. Wie es in seinem Inneren aussieht, braucht uns hier nicht zu interessieren; wir nehmen ihn einfach als *black box* und sehen zu, was er leistet. Da er nicht nur eine Frequenz liefert wie die vorhin beschriebene Phasenschieber-Schaltung, muß er durch externe Bauteile ergänzt werden, und wie das aussehen kann, zeigt *Abb. 8.1/5.* Wir wollen eine schön gleichmäßig geformte, unverzerrte Sinusschwingung bekommen; dazu werden die PIN's 4 und 5 zusammengeschlossen und an einen Trimmwiderstand von 1 MΩ gelegt; die Einstellung dieses Trimmers bestimmt die Frequenz, allerdings gemeinsam mit dem Kondensator an PIN 10, den wir mit 100 pF sehr klein halten. Die übrigen Widerstände sorgen für die exakte Kurvenform der Sinusschwingung. Die Versorgungsspannung des IC beträgt ± 5 V bis ± 15 V und soll gut geglättet sein. Die Frequenz, die am Trimmer eingestellt wird, ist von der Versorgungsspannung unabhängig.

Daß der IC so viele Anschlüsse hat, zeigt, daß man ihn noch zu mehr als nur zur Erzeugung von Sinusschwingungen brauchen kann. Was für den Modellbahner eine gewisse Schwierigkeit bietet, ist das Einstellen der richtigen Frequenz von ca. 10 kHz. Wer einen kleinen hochohmigen Kopfhörer hat, kann sich leicht eine Tonfrequenz herausholen und dann den Trimmer immer weiter zu höheren Tönen verstellen, bis er nichts mehr hört. Die Anschlüsse des Kopfhörers gehören dabei an $-U_B$ und PIN 2. Wer diese Möglichkeit nicht hat, braucht aber nur später das Verhalten einer Lok zu beobachten, durch deren Motor die NF-Schwingungen gehen. Auch da darf kein Pfeifen mehr zu hören sein, wenn er den Trimmer richtig einstellt. Am besten ist natürlich ein Oszilloskop als Prüfgerät, aber wer hat das schon!

Eine gewisse Schwierigkeit: Das Einstellen der richtigen Frequenz

Doch nun zum NF-Verstärker. Eine einfache Grundschaltung zeigt *Abb. 8.1/6*. Die Ankopplung an den NF-Generator erfolgt kapazitiv über einen Kondensator (z.B. 100 μF/40 V). Am Trimmer kann die Basisansteuerung des ersten Transistors reguliert werden, was zur Abstimmung der Lampenhelligkeit führt. Die Endstufe ist ein Leistungstransistor (z.B. 2 N 3055), der genügend Leistung erbringen muß, um auch mehrere Züge beleuchten zu können (mindestens 10 W). Er gehört auf ein Kühlblech, denn er kann im Betrieb recht heiß werden.

Auch bei W. Knobloch findet sich ein Vorschlag für den Eigenbau eines NF-Verstärkers, aber er setzt ziemlich viel voraus und dürfte einen Anfänger überfordern. Da ist es schon besser, man greift wieder einmal zu einem IC, und was da empfehlenswert ist, ist der NF-Verstärker ESM 231. Es ist ein *dicker Brocken*, der sogar Ausgangsströme bis zu 7 A verträgt; allerdings sorgt eine interne Strombegrenzung dafür, daß 3,5 A nicht überschritten werden. Er ist also praktisch kurzschlußfest. Aber man sollte sicherheitshalber einen Widerstand 2 Ω/8 W vor den Ausgang setzen, und außerdem gehört der IC auf ein Kühlblech (Platinengröße), das man auf das IC-Gehäuse aufschrauben kann.

Die Beschaltung des IC geht aus *Abb. 8.1/7* hervor. Nähere Erklärungen sind überflüssig, da uns das Innenleben und die Funktionsweise des IC doch verborgen sind. Wie er mit dem NF-Generator zusammengeschaltet wird, zeigt dann *Abb. 8.1/8*. Die Spannungsversorgung kommt von einem genügend leistungsfähigen Trafo; 12 V genügen. Die Wechselspannung des Trafos wird zunächst gleichgerichtet, geglättet und an den Generator sowie den Verstärker gelegt. Die Kopplung zwischen beiden erfolgt wieder über einen Kondensator; der folgende Trimmer dient dazu, die Helligkeit der Waggonbeleuchtung einzustellen. Dann geht es vom NF-Verstärker zu den Schienen. Dabei wird die Niederfrequenz der Fahrspannung überlagert, aber damit beide Kreise so voneinander getrennt bleiben, daß nicht die NF-Schwingungen in das Fahrpult abfließen oder die Fahrspannung an Frequenzgenerator bzw. Verstärker gelangen können, sind eine Drosselspule und ein Trennkondensator erforderlich. Die in Abb. 8.1/8 eingezeichneten Kondensatoren müssen bipolar sein (also keine Elkos!). Die Drosselspule soll ein 25 mH-Typ (Milli-Henry) sein, der Motorströme bis zu 1 A verträgt. Man wird sie nicht überall fertig kaufen können, aber sie läßt sich aus lieferbaren Einzelteilen zusammensetzen. Dazu braucht man 42 Eisenbleche M 42 x 0,35/0,5 DIN 41 302 A 2 (gleichschichtig), um die 245 Wicklungen Kupferlackdraht mit 0,65 mm Durchmesser gehören. Das sieht dann schon aus wie ein kleiner Trafo (aber eben nur eine Spule). Notfalls kann man auch Weichendrosseln für Lautsprecher im Handel bekommen; es gibt sie in Werten ab 3 mH.

Wie schließlich die Lämpchen in den Waggons und in der Lokomotive angeschlossen werden, zeigt *Abb. 8.1/9*. Da kein Fahrstrom durch die Waggonbeleuchtungen fließen darf, werden sie für ihn durch Kondensatoren

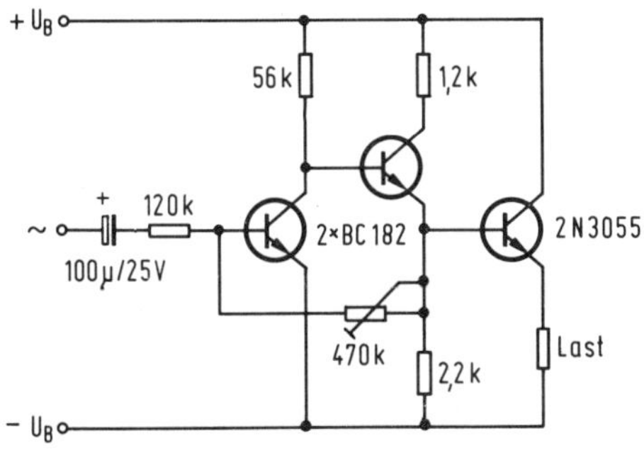

Abb. 8.1/6 Prinzipschaltbild eines einfachen NF-Verstärkers

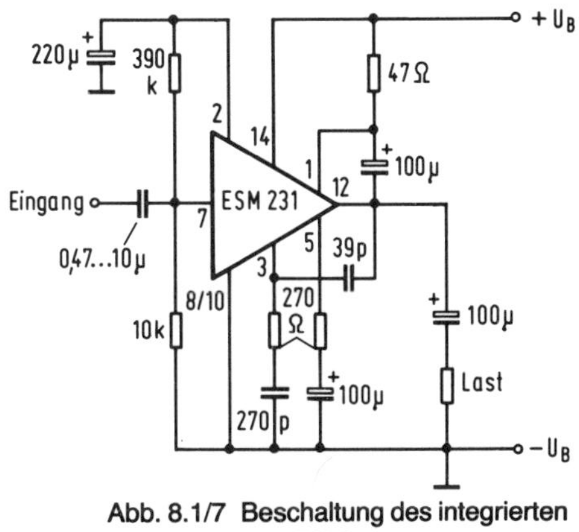

Abb. 8.1/7 Beschaltung des integrierten NF-Verstärkers ESM 231

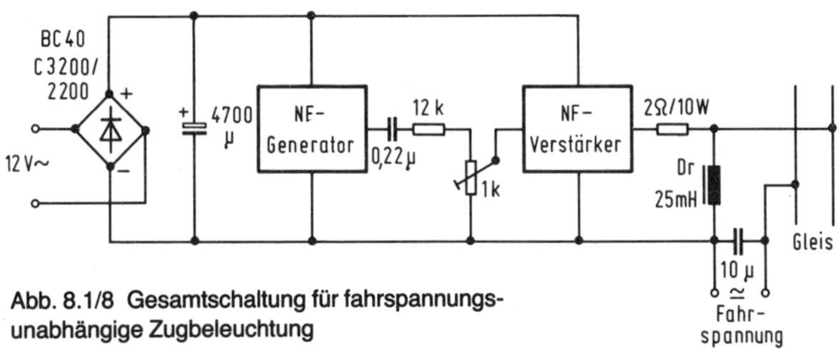

Abb. 8.1/8 Gesamtschaltung für fahrspannungsunabhängige Zugbeleuchtung

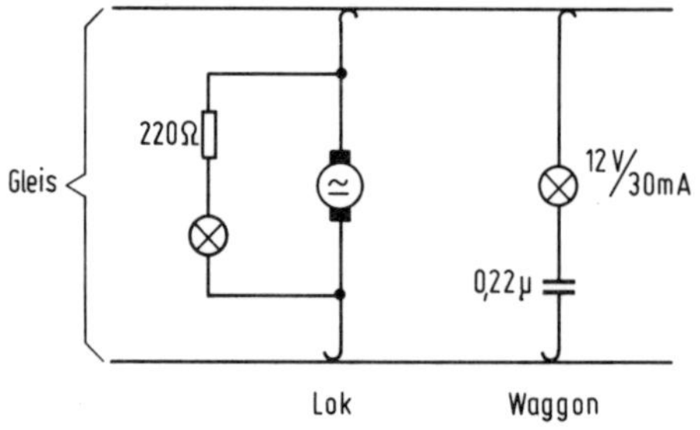

Abb. 8.1/9 Anschluß von Beleuchtungen in Lokomotiven und Waggons

gesperrt. Bei der Lok ist das anders. Aber dafür braucht man dort einen Vorwiderstand von 220 Ω pro Lämpchen. Leider kann man bei der NF-Beleuchtung keinen Lichtwechsel bei den Stirnlampen von Triebfahrzeugen je nach Fahrtrichtung vornehmen; die sonst dazu eingesetzten Dioden verlieren angesichts der NF-Schwingungen ihre sperrende Wirkung. Und noch etwas: Wenn ein beleuchteter Zug auf einem Trenngleis stehen soll, dessen Fahrspannung abgeschaltet ist, muß man für eine Überbrückung der Trennstellen durch einen Kondensator sorgen (10 µF).

Wer schließlich seine Anlage mit einer Dauerbeleuchtung für Zuggarnituren ausgerüstet hat, sollte beim ersten Ausprobieren nicht gleich alle Lämpchen voll aufleuchten lassen; das könnte den Verstärker zu sehr belasten. Am besten dreht man vor dem Einschalten den Helligkeitsregler zwischen NF-Generator und Verstärker so weit zurück, daß beim Einschalten die Lämpchen nur glimmen. Dann kann man allmählich zur vollen Helligkeit übergehen, ohne Schäden befürchten zu müssen.

8.2 Noch einmal: Bahnübergänge

Ergänzungen, die den Betrieb am Bahnübergang noch echter machen

In Kap. 6.1.3 wurde geschildert, wie man astabile Multivibratoren als Blinklichtgeber einsetzen kann, und dabei war auch von unbeschrankten Bahnübergängen die Rede. Weil das Thema sehr reizvoll ist, wollen wir es noch einmal aufgreifen und ein paar Ergänzungen vorschlagen, die den Betrieb an einem Bahnübergang noch echter machen können.

Die Aufgabe soll sein, einen Bahnübergang an einer in zwei Richtungen befahrenen Strecke zu sichern; ob das durch eine Schranke oder durch eine

Blinklichtanlage geschieht, wollen wir zunächst offen lassen. Zur Meldung durchfahrender Züge benutzen wir Lichtschranken und erinnern uns dabei an das, was in Kap. 2.4 über Fotowiderstände gesagt wurde. Da die Strecke in beiden Richtungen durchfahren werden soll, brauchen wir zwei solche Lichtschranken rechts und links möglichst dicht neben dem Bahnübergang. Man kann die erforderlichen Glühbirnen und Fotowiderstände irgendwie getarnt anbringen, z.B. in Bahnwärterhäuschen oder hinter Büschen. Für die Glühbirnen eignen sich besonders gut solche Typen, deren Glaskuppe Linsenform hat (3,8 V, Ausführung für Taschenlampen; dann braucht man bei Anschluß an höhere Spannungen einen Vorwiderstand, bei 12 V etwa 100 Ω, 1 W). Wer es besonders fein machen will, kann vor die Glühbirnen ein Filter setzen, das nur infrarotes Licht durchläßt (beim Optiker nachfragen!); Fotowiderstände reagieren darauf so gut wie auf sichtbares Licht. Sonst muß man überflüssiges Streulicht durch eine kleine Papphülse um die Lämpchen abblenden.

Trägheitslose Schaltung – für einen Bahnübergang nicht gut

Nun arbeiten Schaltungen nach Abb. 2.4/3 sehr rasch und fast trägheitslos, aber das ist für einen Bahnübergang gar nicht gut. Denn erstens wird der Lichtstrahl zwischen Glühbirne und Fotowiderstand nicht nur einmal unterbrochen, wenn der Zug durchfährt, sondern es gibt zwischen den einzelnen Waggons Lücken, die den Strahl immer mal wieder für einen Augenblick durchlassen, so daß eine ganze Serie von Lichtsignalen entsteht. Und zweitens pflegen Warnanlagen nicht schlagartig mit ihrer Funktion aufzuhören, wenn der letzte Waggon eines Zuges den Bahnübergang gerade passiert hat. Wir müssen also unsere Sicherungseinrichtung mit einer Zeitverzögerung versehen.

Dazu ist nun ein Monoflop hervorragend geeignet. Wie es arbeitet und realisiert werden kann, haben wir in Kap. 6.1.4 besprochen; für den folgenden Schaltungsvorschlag wählen wir den NE 555 in der Anordnung nach Abb. 6.1.4/5. Dabei soll die Einstellung der zeitbestimmenden Glieder so ausfallen, daß das Monoflop nach dem (negativen) Triggerimpuls etwa 5 Sekunden lang *gesetzt* ist und positives Potential an seinem Ausgang (PIN 3) zeigt. Diese Zeitspanne ist einigermaßen realistisch für die Funktionsweise der Warnanlage am Bahnübergang.

Abb. 8.2/1 zeigt die Schaltung für das Monoflop. Links liegen zwei Potentiometer mit Schutzwiderständen sowie die beiden Fotowiderstände. Bei voller Beleuchtung sind sie sehr gering, so daß die nachfolgenden Transistoren wegen des negativen Potentials an ihren Basen beide sperren. Dunkelt man die Fotowiderstände ab, müssen die Transistoren durchschalten (negatives Potential am Kollektor); an den Trimmpotis lassen sich die günstigsten Verhältnisse einstellen. Den Transistoren ist ein UND-Gatter nachgeschaltet. Damit es mit der Betriebsspannung von ca. 12 V

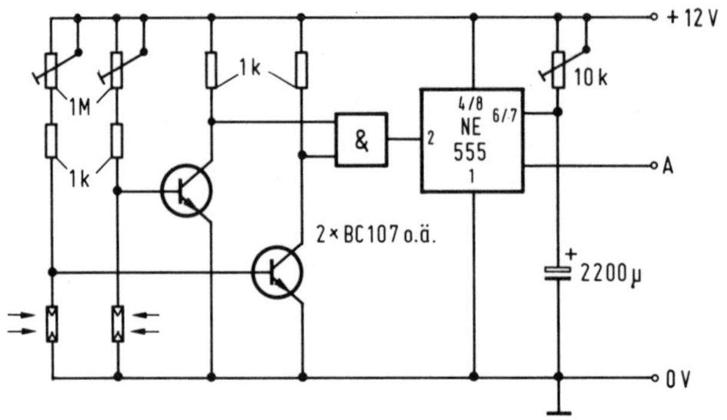

Abb. 8.2/1 Ansteuerung eines Monoflops durch zwei Lichtschranken (Fotowiderstände)

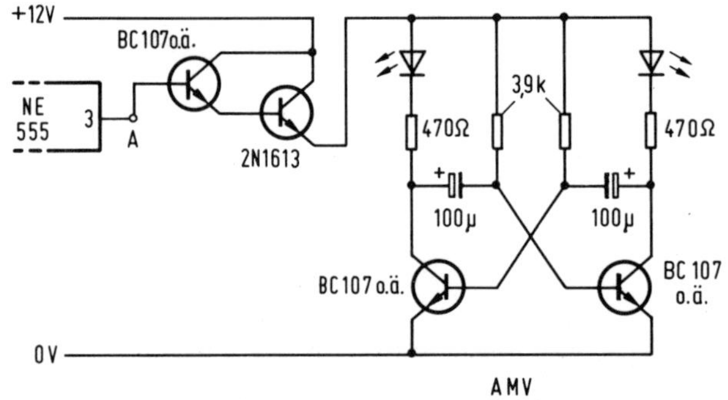

Abb. 8.2/2 Blinklichtgeber für Bahnübergänge

arbeiten kann, nimmt man es am besten aus einem C-MOS-Baustein (4081; vgl. Abb. 4.2.1/7); daß die übrigen Gatter nicht benutzt werden, ist zu verschmerzen. Aber man denke daran, daß nicht beschaltete Eingänge immer an negatives oder positives Potential gelegt werden müssen!

Ganz gleich, welcher Fotowiderstand angedunkelt wird (eventuell auch beide gemeinsam): immer schaltet der zugehörige Transistor durch und steuert das UND-Gatter negativ an. Dann wird auch dessen Ausgang negativ, und das ist der Triggerimpuls für das Monoflop. Da es nach einem solchen Impuls für einige Sekunden gesetzt bleibt, macht es nichts aus, ob zwischen einzelnen Wagen Lücken auftreten und kurzzeitig Licht auf die Fotowiderstände fallen kann. Erst nach geraumer Zeit geht das Monoflop in seinen Grundzustand zurück. Wie lange diese Zeit sein soll, läßt sich am 10 kΩ-Trimmer einstellen.

Was man aus dem positiven Potential am Ausgang des gesetzten Monoflops macht, hängt von der Anlagenplanung ab. Man kann z.B. über eine

Darlingtonstufe einen kleinen Motor antreiben, der eine Schranke senkt; auf die Mechanik solcher Antriebe können wir hier nicht weiter eingehen. Für den Modellbahnelektroniker ist es naheliegender, eine Blinklicht-Schaltung am Bahnübergang einzusetzen. Wie dabei die Blinklichter an die Strecke gesetzt werden müssen, hatten wir in Abb. 6.1.3/1 bereits gezeigt. Sie werden von einem astabilen Multivibrator angesteuert, nur verfahren wir jetzt anders als in der Schaltung nach Abb. 6.1.3/2. Vom Ausgang des Monoflops gehen wir direkt an eine Darlingtonstufe, die einen aus Einzelbauteilen zusammengesetzten AMV einschaltet, wenn das Monoflop gesetzt ist. Wie man hier verfahren kann, zeigt *Abb. 8.2/2*. Die Frequenz des AMV ist so gewählt, daß sie in einem sinnvollen Verhältnis zur Monoflop-Zeit steht. Die Blinksignale bestückt man am besten mit Leuchtdioden; Glühbirnen verbrauchen mehr Strom und können die Taktfrequenz des AMV verändern. Die Schaltung ist relativ einfach aufzubauen und sollte nicht allzu weit vom Bahnübergang entfernt installiert werden, damit man Kabel spart. Der Abstand zwischen den beiden Lichtschranken hängt davon ab, wie lange das Monoflop gesetzt bleibt. Ein Zug muß die Strecke zwischen den beiden Lichtschranken durchfahren haben, ehe das Monoflop zurückfällt.

Schaltung in der Nähe des Übergangs installieren

In der Zeichnung sind zwei Leuchtdioden direkt in den astabilen Multivibrator eingesetzt; damit spart man besondere Treiberstufen, die in Abb. 6.1.3/2 noch vorgesehen waren. Tatsächlich gehören zu jeder Seite des Bahnüberganges vier Signallampen (zwei rote und zwei weiße). Die weißen Signale für den Lokführer kann man notfalls sparen, weil es keine weißen LED's gibt; jeweils zwei rote LED's lassen sich parallel schalten, sofern sie vom gleichen Typ sind. Dann kann man den Vorwiderstand herabsetzen. Sollen aber doch die weißen Signale mit aufgestellt werden, so kann man entweder ein bißchen mogeln und gelbe LED's einsetzen, oder man nimmt weiße Signalbirnchen mit einem geringen Vorwiderstand (z.B. 47 Ω); sie können nicht direkt zu den LED's parallel geschaltet werden, da deren Vorwiderstand für sie zu groß ist. Man muß da ein bißchen herumexperimentieren, um eine optimale Lösung zu finden.

8.2.1 Modellbahn mit Pfiff

Wir haben zuletzt davon gesprochen, wie man seine Modellbahnanlage mit optischem Komfort ausstatten kann; jetzt soll die Akustik ihr Recht bekommen. Denn eine Bahnfahrt kann gelegentlich ein wahrer Ohrenschmaus sein: Da zischen und fauchen Lokomotiven, rattern Waggons, quietschen Bremsen, tönen Signalhörner und -pfeifen. Es kann den Modellbahner schon

Jetzt kommt die Akustik zu ihrem Recht

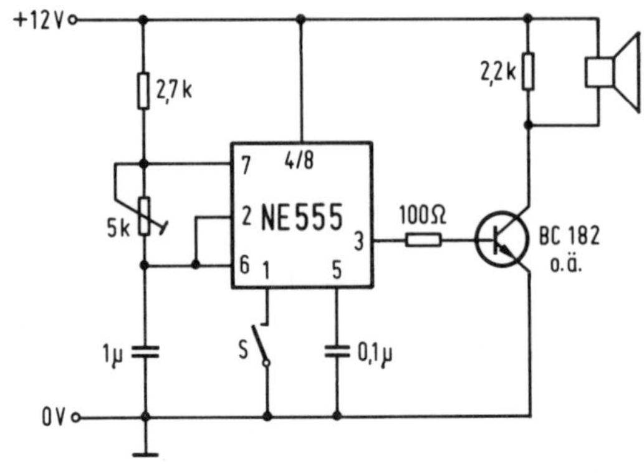

Abb. 8.2.1/1 AMV zur Erzeugung eines Pfeiftones (Diesellok)

reizen, so etwas auf seiner Anlage nachzuahmen, aber das ist nicht ganz einfach. Zwar gibt es Schallplatten mit Eisenbahngeräuschen zu kaufen, aber sie nehmen natürlich keine Rücksicht auf das, was just am Anlagentisch passiert, und man möchte doch, daß Zugbewegungen und Geräusche aufeinander abgestimmt sind.

Ein Diesellok-Pfiff läßt sich gut imitieren

Wenn z.B. ein Zug sich einer Tunnelfahrt nähert, gibt die Lokomotive zumeist einen Signalpfiff ab, und wenn es eine Diesellok ist, läßt sich dieser Pfiff recht gut imitieren. Wir brauchen dazu einen Tongenerator, und wie man ihn mit einfachen elektronischen Mitteln aufbauen kann, zeigt *Abb. 8.2.1/1*. Kernstück ist wieder der NE 555, der diesmal als astabiler Multivibrator geschaltet ist. Wird der Schalter S geschlossen, so entstehen Tonfrequenzschwingungen, die über einen Transistor an den Lautsprecher L weitergegeben werden. Am Trimmer (5 oder 10 kΩ) läßt sich die Tonhöhe einstellen, und da der AMV keine reinen Sinusschwingungen liefert, klingt der Ton sehr echt nach einem Signalhorn.

Wer den Schalter nicht im Handbetrieb bedienen will, kann ihn durch einen Reed-Kontakt ersetzen, der dann an das Gleis vor der Tunneleinfahrt kommt. Noch besser ist es, zwei solche Kontakte dicht nebeneinander zu legen; dann gibt es einen originalgetreuen Doppelpfiff. Allerdings wird die Sache problematisch, wenn der Pfiff von einer Dampflok kommen soll. Man kann zwar eine entsprechende Tonhöhe erhalten, wenn man den frequenzbestimmenden Kondensator von 1 µF durch einen kleineren Wert ersetzt, aber sehr echt wirkt der Ton nicht, denn ihm fehlt die typische Geräuschform einer Dampfpfeife. Um sie nachzuahmen, müßte man schon eine etwas aufwendigere Elektronik einsetzen.

Der Lautsprecher L kann klein sein (z.B. mit einem Durchmesser des *Korbes* von 2,8 oder 5,7 cm); ein Kopfhörer tut es nicht, weil er zu leise bleibt. Aber L darf keinen zu niedrigen Innenwiderstand haben, denn sonst wird der Transistor überlastet. Ein Wert von 500 Ω wäre angemessen, aber es kann schwierig werden, sich einen solchen Lautsprecher zu beschaffen. Natürlich läßt sich der einfache Transistor durch eine leistungsfähige Darlingtonstufe ersetzen, aber die meisten Lautsprecher haben Widerstände von ca. 8 Ω, und das ist reichlich wenig. Man muß eben im Fachhandel sehen, was sich auftreiben läßt.

Recht vorteilhaft ist, daß man den Lautsprecher bei dem Fall der Tunneleinfahrt neben dem Gleis montieren kann; da spielen Platzfragen keine so schwerwiegende Rolle. Das wird anders, wenn man akustische Effekte von einer fahrenden Lok selber ausgehen lassen will. Denn dann muß der Lautsprecher entweder in das Lokgehäuse oder wenigstens in einen der folgenden Wagen, und das setzt voraus, daß er hineinpaßt. Kleine Lautsprecher sind aber schwer zu bekommen. Außerdem tauchen dann die gleichen Probleme auf wie bei der Innenbeleuchtung von fahrenden Zügen. Die Tonfrequenz muß vom Generator über die Schienen an den Lautsprecher gegeben werden, und das kann man zwar nach dem Prinzip von Abb. 8.1/8 machen, aber dann wird die Angelegenheit doch sehr aufwendig.

Kleine Lautsprecher sind schwer zu bekommen

Das gilt erst recht, wenn man solche Geräusche wie das Fauchen einer Dampflok, das Tuckern eines Dieselmotors nachahmen will. Elektronisch ist das alles zu bewältigen, aber dazu braucht man Spezialschaltungen, die wir hier gar nicht besprechen können, weil sie den Rahmen eines in die Modellbahnelektronik einführenden Buches sprengen würden. Wir müssen uns daher auf Literaturhinweise beschränken. Sehr nützlich ist das Büchlein von F. Schiersching: *Elektronisch Pfeifen, Läuten, Bimmeln* aus dem Telekosmos-Verlag (Franckh'sche Verlagshandlung Stuttgart), und ein ausführlicher Aufsatz über das Puffen und Pfeifen von Dampfloks wurde von W. Knobloch in der Zeitschrift *ELO* veröffentlicht (1978, Heft 4). Wir wollen das Thema (mit einem gewissen Bedauern) beenden und uns wieder optischen Effekten auf der Modellbahnanlage zuwenden.

Mit Spezialschaltungen ist elektronisch alles zu bewältigen

8.3 Wandernde Lichter

Wie wird sowas gemacht?

Da steht ein großes Hochhaus in der Modellbahnstadt und sieht nach nichts Besonderem aus, aber wenn es dunkel wird, erwacht an seiner Fassade die Lichtreklame: zuerst ein „M", dann ein „A", dann ein „R", und schließlich strahlt der Name *MARTINI* auf die Straßen, erlischt, beginnt wieder schrittweise aufzuleuchten usw. Für den Betrachter eine schmucke Sache, und man fragt sich nur: Wie wird so etwas gemacht?

Früher, in vorelektronischen Zeiten, ging das mit rotierenden Kontaktscheiben bzw. Schrittschaltwerken, hinter denen ein Motor als Antrieb stand. Heute benutzt man Schalttransistoren und Verzögerungsglieder; wir kennen sie schon als RC-Kombinationen. In *Abb. 8.3/1* ist eine entsprechende Schaltung dargestellt. Die einzelnen Glieder sind unschwer zu erkennen: immer ein Widerstand, ein Kondensator und ein Transistor, wobei sich npn- und pnp-Typen abwechseln. Die Kette läßt sich beliebig erweitern oder verkürzen, je nachdem, was da als Leuchtschrift erscheinen soll.

Betrachten wir die Funktionsweise! Beim Einschalten der Betriebsspannung (ca. 9 V für Glühbirnen) kommt über R10 und R11 positives Potential an die Basis von T8; dieser npn-Transisitor schaltet durch, nachdem sich sein Basis-Kondensator aufgeladen hat. Genaugenommen erfolgt das Durchschalten bereits bei einer Basis-Emitter-Schwellspannung von etwa 0,6 V. Damit erhält T1 über R1 eine negative Steuerspannung an der Basis, C1 lädt sich auf, und wenn die Schwellspannung erreicht ist, schaltet T1 durch; L1 leuchtet. Nun kann sich C2 über R2 aufladen; nach einer gewissen Zeit schaltet T2 durch, L2 leuchtet, und so geht es weiter bis zu L7. Die gesamte Leuchtschrift ist fertig und strahlt von der Hochhausfassade ins Weite. Aber sie muß auch wieder ausgehen, und das erfolgt automatisch. Wenn L7 brennt, ist der Kollektor von T7 positiv; der Kondensator C_B lädt sich auf und bringt nach geraumer Zeit T9 zum Durchschalten. Damit wird sein Kollektor negativ, und über die Diode D9 kann sich der Anfangskondensator C_A schlagartig entladen. Jetzt ist zu sehen, wozu die vielen Dioden gut sind, denn überall in der Kette ermöglichen sie entsprechende Kondensatorentladungen. Sobald nämlich C_A entladen ist, sperrt T8, seine Kollektor wird wieder positiv, C1 entlädt sich über D1 und R9 usw.: Die ganze Leuchtschrift geht schrittweise wieder aus, wobei die Lämpchen als Entladewiderstände wirken. Ist die Leuchtschrift verschwunden, hebt das ganze Spiel von neuem an, und so kann es weitergehen, die ganze Nacht hindurch.

Wer die Sache nachbauen will, dem seien die Daten der einzelnen Bauteile mitgeteilt:

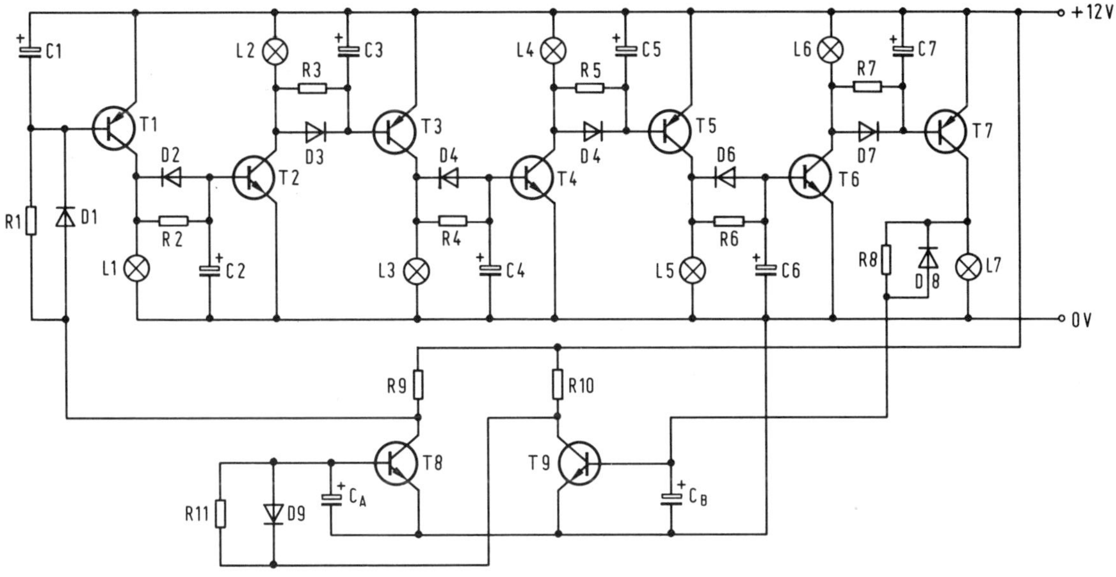

Abb. 8.3/1 Lauflicht-Schaltung

T1, T3, T5, T7: BC 177 o.ä. (pnp-Typen)
T2, T4, T6, T8, T9: BC 107 o.ä. (npn-Typen)
D1 bis D9: einfache Universaldioden, z.B. 1 N 914
R1 bis R7: je 3,3 kΩ
R8: 100 kΩ
R9: 1 kΩ
R10: 10 kΩ
R11: 22 kΩ
C_A, C_B, C1 bis C7: Elektrolytkondensatoren 470 μF/15 V

Die Lämpchen können kleine verschiedenfarbige Signalbirnchen sein, vor die man Fenster mit ausgeschnittenen Buchstaben setzt (eventuell mit farbigem Transparentpapier bekleben).

8.3.1 Dynamische Flipflops

Die Lauflicht-Schaltung des vorigen Abschnitts ist zwar sehr schön, aber bei dem großen Aufwand an Transistoren, Dioden, Widerständen und Kondensatoren kann man sich fragen, ob es nicht auch einfacher geht (und billiger!). Tatsächlich: es geht! Aber wenn wir nun versuchen wollen, etwas Entsprechendes in modernster Digitalelektronik mit integrierten Schaltkreisen zu entwickeln, müssen wir vorher ein wenig ausholen und *Grundlagenforschung* betreiben. Wer in Büchern zur Modellbahnelektronik blättert, wird dort auf eine Fülle von seltsamen Fachbegriffen stoßen; es ist von D-Flipflops, von J-K-M-S-Flipflops, von Registern, Schieberegistern, Ringschieberegistern und anderen Dingen die Rede, und die Autoren setzen fraglos voraus, der schlichte Leser werde schon wissen, was sie meinen. Zumeist weiß er es nicht, und deshalb ist ja dieses Buch geschrieben: Wir wollen ein bißchen sichten und vorstellen, was es an wichtigen Grundbausteinen der Digitalelektronik eigentlich gibt.

Vorstellung der wichtigsten Grundbausteine der Digitalelektronik

Fangen wir noch einmal dort an, wo wir schon waren: beim einfachen RS-Flipflop (Kap. 4.4). Uns ist dieses nützliche Gebilde schon fast ans Herz gewachsen, und wir haben mehrfach von seinen Eigenschaften Gebrauch gemacht. Es kann als prellfreier Schalter, als Speicher und noch zu vielem anderen dienen, aber es läßt sich auch noch ausbauen, und mit seinen Erweiterungen wollen wir uns jetzt beschäftigen. Wir gehen dabei vom NAND-Typ aus, weil der am häufigsten auftritt und eigentlich das Fundament aller höheren Flipfloparten bildet.

Betrachten wir *Abb. 8.3.1/1*. Die beiden oberen NAND-Gatter bilden ein ganz normales RS-Flipflop, aber nun sind zwei weitere NAND-Gatter davorgeschaltet: als *Vorbereitungseingänge*. Was soll das bewirken?

In Abb. 8.3.1/1 sind E1 und E2 die Eingänge des Vorbereitungsteils. Außerdem ist da aber noch der Eingang „C". Wie wir wissen, kann ein NAND-Flipflop nur zum Kippen gebracht werden, wenn man seine Eingänge R oder S mit Low-Potential, d.h. mit dem Minuspol der Betriebsspannung, in Verbindung bringt; ein kurzer negativer Impuls genügt. Jetzt sind aber die Eingänge R und S gar nicht mehr direkt erreichbar, sondern nur über den Vorbereitungsteil. Nehmen wir einmal an, E1 sei positiv, also logisch „H", E2 sei negativ, also „L", und auch C sei zunächst auf logisch „L". Dann müssen die Ausgänge der beiden Vorbereitungsgatter (also die Verbindungen zu R und S) beide auf H liegen. Am RS-Flipflop geschieht nichts, obwohl doch an E1 ein positives Signal liegt, d.h. ein Signal, das sich von dem Nullpotential der Masse bzw. deren Low-Pegel deutlich abhebt. Doch wenn wir nun auch den Eingang C positiv machen – und dazu genügt ein kurzer positiver Impuls –, dann macht das linke NAND-Gatter daraus den Logikzustand L, und er setzt das RS-Flipflop. Es kann auch wieder zurückgesetzt werden: Dann müssen E2 und C auf H stehen.

Der Sinn der Sache ist folgender. Ein positives Signal an einem der beiden Vorbereitungseingänge kann das RS-Flipflop nur kippen lassen, wenn auch der Eingang C positiv wird, und das macht man, weil C häufig an irgendwelche Impulsgeneratoren angeschlossen wird (z.B. den NE 555 als Generator von Impulsfolgen bzw. als astabilen Multivibrator). Ein Impuls positiver Spannung ist dann ein Taktsignal, und dieses Signal öffnet den obigen Vorbereitungsteil des erweiterten RS-Flipflops, so daß es Informationen, die an seinen Eingängen liegen, aufnimmt und in einen entsprechenden Zustand kippt. Was übrigens nicht passieren darf, ist, daß E1, E2 und C alle auf H-Potential liegen; dieser Fall ist *verboten* – warum wohl?

Unser Rs-Flipflop ist durch Ansetzen des Vorbereitungsteiles zu einem *getakteten* Flipflop geworden, und weil man im Angelsächsischen für *Takt Clock-pulse* sagt, wird der Takteingang mit dem Buchstaben C bezeichnet. Das getaktete RS-Flipflop reagiert auf angelegte Informationen erst, wenn es ein Taktsignal bekommt, und damit ist es vom Vorgang des Taktierens abhängig geworden: Mit seinem Vorbereitungsteil zusammen ist es ein „dynamisches Flipflop" (D-Flipflop). Es gibt solche D-Flipflops als integrierte Schaltkreise, der Standard-Baustein SN 7474 ist ein Beispiel.

Aber so, wie unser Flipflop jetzt vorliegt, ist es noch nicht der Weisheit letzter Schluß. Erstens ist unbefriedigend, daß seine drei Eingänge nicht gleichzeitig auf H liegen dürfen, und zweitens möchte man für manche Anwendungszwecke (auf die wir gleich zu sprechen kommen), daß es die

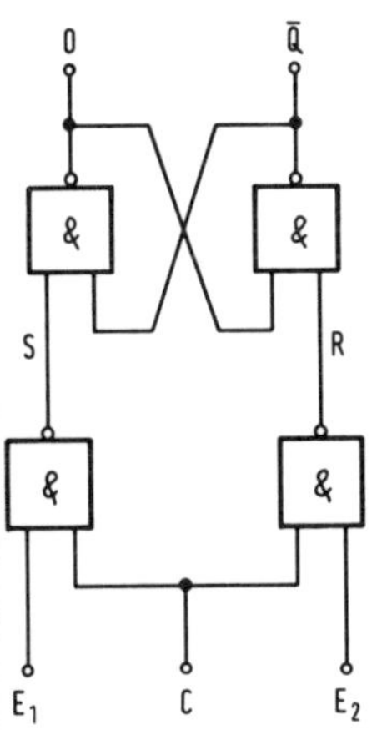

Abb. 8.3.1/1 Getaktetes RS-Flipflop

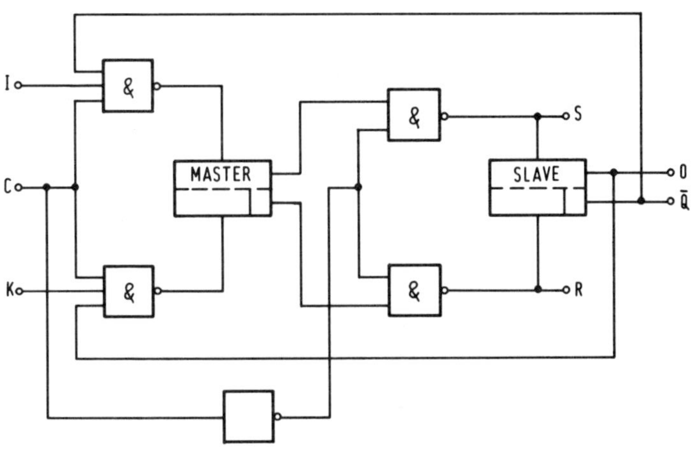

Abb. 8.3.1/2 Master-Slave-Flipflop (J-K-M-S)

an E1 und E2 liegenden Logikzustände nicht gleich auf ein Taktsignal hin zu seinen Ausgängen Q bzw. $\overline{Q}$ weitergibt. Es soll sie erst einmal speichern, ehe weitere Anweisungen erfolgen. Wie das zu machen ist, zeigt *Abb. 8.3.1/2.*

Um die Zeichnung nicht gar zu kompliziert zu machen, sind die beiden RS-Flipflops, die in ihr auftreten, zu zwei Blöcken zusammengefaßt; diese Darstellungsweise kennen wir schon. Auch eine Vorzugslage ist eingetragen, obwohl die nicht das Entscheidende an der jetzt vollzogenen Erweiterung ist. Wichtig ist vielmehr, daß nun zwei RS-Flipflops gemeinsam beteiligt sind, das erste ist der *Master,* das zweite der *Sklave*, d.h. das erste gibt Befehle, das zweite führt sie aus. Das klingt zwar ein bißchen brutal, aber Elektroniker haben nun einmal eine recht bilderreiche Sprache. Die Eingänge heißen jetzt J und K; C ist wieder der Takteingang.

Um zu verstehen, wie die Sache funktioniert, denken wir uns folgende Anfangssituation. Es liege der Eingang J auf H, der Eingang K auf L; die Ausgänge müssen auf jeden Fall gegensätzliche Logikzustände aufweisen, z.B. sei Q = L, $\overline{Q}$ = H, was dem Grundzustand des Flipflops entspricht. Liegt C auf L, so müssen beide NAND-Gatter links (bei J und K) an ihren Ausgängen H-Potential zeigen, und das bliebe auch so, wenn J = L und K = L wären, weil immer die gegensätzlichen Zustände von Q und $\overline{Q}$ *mitmischen.* Aber nun komme ein positiver Impuls an den Takteingang C, also Logikzustand H. Dann wird am oberen Gatter links aus H, H und H ein L, am unteren Gatter wird aus L, L und H ein H. Das Master-Flipflop wird also durch L an seiner oberen Seite gesetzt. Dadurch ändern sich zwar die Verhältnisse an den Eingängen des Sklaven-Flipflops, aber es kann noch nicht reagieren, solange der positive Taktimpuls andauert. Erst wenn er aufhört (fallende Flanke), sieht die Sache für den Sklaven anders aus, denn nun wird durch das Negationsgatter ganz unten das Taktsignal invertiert, d.h. wenn es bei C auf L fällt, geht es am Ausgang des Negationsgatters auf H, und das ist der Augenblick, in dem der Sklave die Informationen seines Meisters aufnimmt und zu den Ausgängen Q bzw. $\overline{Q}$ weiterträgt. Bei Q erscheint also der Zustand H, das ganze J-K-M-S-Flipflop ist gekippt.

Es sieht etwas umständlich aus, aber ...

Zugegeben: die ganze Angelegenheit sieht ein bißchen umständlich aus, aber wozu sie gut ist, werden wir gleich sehen. Für Schaltbilder verwendet man ein zusammenfassendes Symbol *(Abb. 8.3.1/3),* und in der Praxis tauchen J-K-M-S-Flipflops als integrierte Schaltkreise auf, so daß man ihr Innenleben gar nicht im einzelnen berücksichtigen muß. Angemerkt sei nur noch, daß sich ein solches dynamisches Master-Sklave-Flipflop auch wie ein ganz gewöhnliches RS-Flipflop bedienen läßt; dann benutzt man seine Eingänge S und R und verzichtet ansonsten auf seine vielen Möglichkeiten.

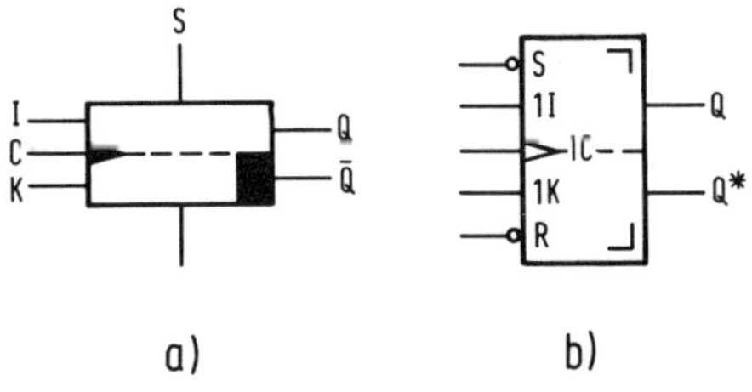

Abb. 8.3.1/3 Schaltsymbole für JK-MS-Flipflops
a) altes Symbol
b) neue Norm

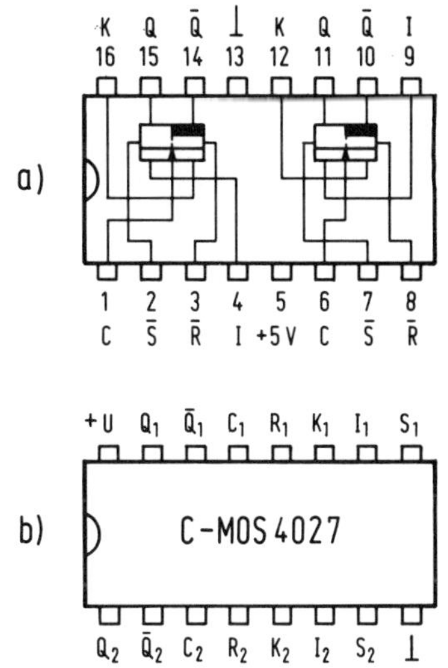

Abb. 8.3.1/4 Beispiele für zwei IC's mit je zwei JK-MS-Flipflops
a) Standard-TTL-Typ
b) C-MOS-Typ

8.3.2 Register

Mit unseren neu gewonnenen JK-MS-Flipflops bauen wir nun gleich eine kombinierte Schaltung auf, in der einfach mehrere FF's in Reihe gelegt werden. Wie das aussieht, zeigt *(Abb. 8.3.2/1.)* Immer geht es von den Ausgängen eines FF's zu den Eingängen des Nachfolgers; eine Ausnahme machen die C-Eingänge (Takt): Sie werden alle in einer gemeinsamen Leitung zusammengeschlossen. Die gestrichelt gezeichneten Verbindungen zwischen den Endausgängen Q und Q* (entspricht $\overline{Q}$) und den Eingängen J bzw. K lassen wir zunächst in Gedanken weg; auf sie kommen wir noch zurück.

Wer das einmal ausprobieren will, muß nun auch noch J, K und C beschalten. Am besten eignen sich dazu RS-Flipflops, die über Drucktaster gesetzt oder zurückgesetzt werden können; es müssen schon prellfreie Taster (eben die Flipflops) sein, weil sonst die Ergebnisse eines Experimentes leicht verfälscht werden können. Nehmen wir an, beim Start des Versuchs liege an J positives H-Potential, an K das Potential L (Masse = Minus); auch C befinde sich auf L. Alle Flipflops sollen die Vorzugslage aufweisen. Nun wird an C ein Taktsignal gegeben, d.h. C wird kurzzeitig auf H gesetzt. Das ist für das erste FF das Signal, die Informationen an seinen beiden Eingängen J und K aufzunehmen und in seinem Master-Teil zu speichern. Natürlich

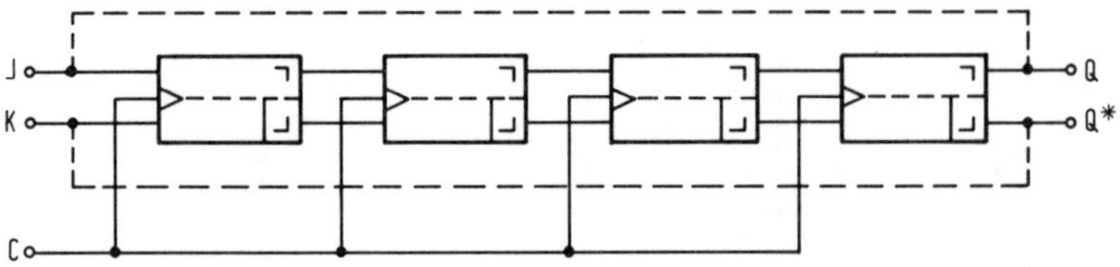

Abb. 8.3.2/1 Schieberegister; die gestrichelten Verbindungen zwischen Q und J bzw. Q* und K ergänzen es zu einem Ringschieberegister

	FF 1	FF 2	FF 3	FF 4
Anfang	0 H	0 H	0 H	0 H
1. Takt	H 0	0 H	0 H	0 H
2. Takt	H 0	H 0	0 H	0 H
3. Takt	H 0	H 0	H 0	0 H
4. Takt	H 0	H 0	H 0	H 0

Abb. 8.3.2/2 Übersicht über den Datentransport bei einem 4-bit-Schieberegister

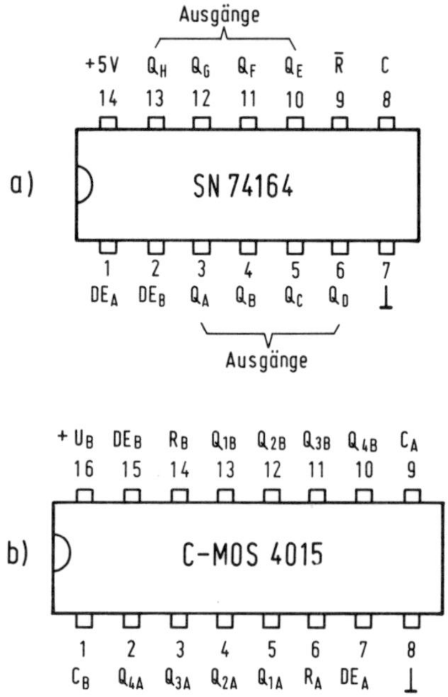

Abb. 8.3.2/3 Anschlußbilder für zwei Schieberegister-IC's
a) 8-bit-Schieberegister in Standard-TTL-Ausführung
b) zweimal 4-bit-Schieberegister in C-MOS-Ausführung

gilt das auch für die übrigen JK-MS-FF's, aber bei ihnen ist die Sache uninteressant, weil ihre Eingänge und Ausgänge in den Logikwerten übereinstimmen (oben L, unten H). Wird jetzt das Taktsignal zurückgenommen (C wieder auf L), dann bedeutet das: Der Slave-Teil des ersten Flipflops übernimmt die Logikwerte seines Masters und gibt sie an die Ausgänge. Das erste Flipflop ist also gekippt, die anderen sind unverändert geblieben. Übrigens wird jetzt deutlich, warum ein JK-MS-Flipflop zweiteilig aufgebaut ist und im Slave-Teil durch das negierte Taktsignal angesteuert wird. Wäre das nämlich nicht der Fall, dann hätten jetzt nach dem ersten Taktschritt bereits alle Flipflops die Logikwerte der linken Eingänge übernommen.

Nun kommt der zweite Schritt. Wieder wird C auf H-Potential gebracht und dann zurückgesetzt. Das erste Flipflop übernimmt abermals oben ein H, unten ein L, weil sich an seinen Eingängen nichts geändert hat. Aber nun ist das zweite Flipflop an der Reihe: Es reagiert genauso wie sein Vorgänger und kippt, so daß nach dem zweiten Takt nun auch an seinen Ausgängen oben H, unten L erscheint. Und in diesem Sinne geht es weiter: Nach vier Takten sind alle Flipflops gekippt (vgl. *Abb. 8.3.2/2*).

Nun kommt der zweite Schritt

Man kann das am besten verfolgen, wenn man die vier Q-Ausgänge mit Leuchtdioden bestückt. Sie müssen richtig gepolt werden: Katode an Masse, Anode an Q. Außerdem brauchen sie einen Vorwiderstand, der sich nach der Höhe der Betriebsspannung richtet. Arbeitet man mit dem IC der Standardserie (SN 7476), so beträgt sie 5 V, und dann genügen 220 Ω. Mit jedem Taktschritt leuchtet eine LED neu auf und zeigt, wie die Information „H" weiterrückt.

Was wir hier aufgebaut haben, ist ein sog. *Register.* Der Begriff bezeichnet eine Gruppe zusammengeschlossener Einheiten; hier handelt es sich um eine besondere Registerform, nämlich um ein *Schieberegister,* weil mit den einzelnen Taktschritten Logikzustände von links nach rechts durch alle Stufen weitergereicht werden.

Aber unser Experiment ist noch nicht zu Ende. Sind alle vier Flipflops gekippt, dann ändern wir erst einmal die Logikwerte an den linken Eingängen: An J kommt L, und an K kommt H (d.h. das RS-Flipflop an den Eingängen des Schieberegisters wird umgetastet). Und nun geht es weiter wie gehabt. Wir beginnen mit einem neuen Taktschritt, und dabei kippt das erste der vier JK-MS-Flipflops in seinen Grundzustand zurück, seine Anzeigen-LED erlischt. Beim zweiten Takt geschieht dasselbe bei seinem Nachfolger, und so kann man Schritt für Schritt alle Glieder des Schieberegisters zurücksetzen, bis überall der Grundzustand erreicht ist. Dieser Versuch entspricht schon sehr dem Verhalten der Lauflicht-Schaltung aus Kap. 8.3, obwohl noch nicht alles so automatisch erfolgt wie dort. Immerhin müssen wir noch die einzelnen Schiebeschritte per Hand auslösen, aber das wird sich ändern!

Das Experiment ist noch nicht zu Ende

Wir haben bisher den Versuch so ablaufen lassen, daß vom ersten bis zum vierten Takt die gekippten Register gekippt bleiben; erst vom fünften bis zum achten Takt wurden sie wieder zurückgesetzt. Man kann aber auch gleich nach dem ersten Taktschritt die Eingangsbelegungen links vertauschen. Dann leuchtet beim ersten Takt die LED des ersten Registers auf, beim zweiten Takt die des zweiten, während die erste gleich wieder erlischt, und so wird nur eine H-Information durch das Register geschoben. Man hat den Eindruck, ein einzelnes Lichtsignal wandere von Stufe zu Stufe bis zum Ende des Registers.

Aus einem Schieberegister ist ein Ringschieberegister geworden

Und nun machen wir dasselbe noch einmal, aber nach dem ersten Schritt werden die in Abb. 8.3.2/1 gestrichelt eingezeichneten Verbindungswege zwischen den letzten Ausgängen und den ersten Eingängen hergestellt. Dann kann man auch wieder ein einzelnes Lichtsignal durch das Register wandern lassen, aber beim fünften Takt verschwindet es nicht, sondern kehrt an den Anfang des Registers zurück. Aus einem Schieberegister ist ein *Ringschiebe-register* geworden! Selbstverständlich läßt sich der Versuch abwandeln. Man kann eine Zweiergruppe von H-Signalen durch das Ringschieberegister wandern lassen oder gar eine Dreiergruppe; im letzteren Fall sieht es so aus, als laufe eine Dunkelstelle durch die LED-Kette, weil immer drei LED's leuchten, eine nicht.

In Abb. 8.3.2/1 wurden vier Registerstufen angenommen (zwei Bausteine SN 7476). Man kann natürlich auch mehr nehmen und so das Register verlängern. Jedes einzelne Flipflop kann an seinem Q-Ausgang die Logikzustände L oder H zeigen, und wie wir früher gelernt haben, nennt man einen Entscheidungsschritt zwischen L und H „1 bit" (vgl. Kap. 7.4). Mit dieser Einheit der Information lassen sich verschiedene Register bezeichnen. Was wir bisher untersucht haben, war ein *4-bit-Schieberegister* (eventuell: ein 4-bit-Ringschieberegister), aber es lassen sich eben auch 6-bit-Register bilden oder Register mit 8 bit usw. Grundsätzlich kann man sie beliebig strecken.

Es wäre nun beinahe ein Wunder, wenn es solche Schieberegister nicht auch als integrierte Schaltkreise gäbe. Aus der reichen Typenvielfalt greifen wir nur zwei Beispiele heraus. Da gibt es in der Standard-TTL-Ausführung das 8-bit-Schieberegister SN 74164. Es hat zwei Dateneingänge DE_A und DE_B. An ihnen werden aber gar nicht zwei verschiedene Daten eingelesen, sondern DE_A ist eine Eingangssperre. Nur wenn dieser Eingang auf H liegt, können bei DE_B Daten eingegeben werden, d.h. das Register nimmt beim Taktimpuls ein H in seine erste Stufe auf, wenn an DE_A und DE_B positives Potential liegt. PIN 8 ist der Takteingang, PIN 9 ist ein Reset-Eingang, und zwar setzt er alle Registerausgänge auf L, wenn er selbst auf L liegt. Die Ausgänge Q zeigen die Logikzustände der einzelnen Flipflops an, dort lassen sich Leuchtdioden anschließen. Die einzelnen Registerstufen werden von links her nacheinander angesteuert; es handelt sich also um ein rechtsschiebendes Register mit Serieneingang. Die Ausgabe der Daten erfolgt dagegen an allen Flipflops gleichzeitig; dann spricht man von einer *Parallelausgabe*. Es gibt auch Schieberegister mit Linksbetrieb, d.h. dort werden die Daten von rechts nach links geschoben, aber so etwas tritt selten auf. Ferner kann man Register mit Paralleleingabe bekommen, wo also alle Flipflopstufen gleichzeitig auf ein Taktsignal hin ihre Information erhalten, und schließlich gibt es Register mit Serienausgang, wo man gar nicht an die Ausgänge der einzelnen Flipflops heran kann, sondern nur den Logikzu-

stand der letzten Stufe abliest. Die Zustände der vorhergehenden Stufen müssen also immer bis ans Ende durchgeschoben werden.

Außerdem zeigen wir noch ein Schieberegister-IC aus der C-MOS-Reihe. Es besteht aus zwei völlig voneinander getrennten 4-bit-Schieberegistern, die man aber bei Bedarf aneinanderschließen und zu einem 8-bit-Schieberegister vereinen kann. DE_A und DE_B sind die voneinander unabhängigen Dateneingänge der beiden Register, R_A und R_B die Reseteingänge, C_A und C_B die Takteingänge. Die Parallelausgänge erscheinen in zwei Gruppen, Q_A und Q_B (jeweils vier Stufen).

Auf eines wollen wir noch hinweisen. Man kann nicht unbedingt an jeden Schieberegister-IC gleich die Leuchtdioden anschließen. Bei dem SN 74164 ist das zwar möglich, wenn nicht mehr als 20 mA durch eine LED gehen. Aber sicherer ist es, Treiberstufen zwischenzuschalten, entweder aus Transistoren oder aus integrierten Treiberschaltkreisen. Dann kann nichts passieren, und der Baustein für das Schieberegister wird nicht überlastet, vor allem bei C-MOS-Typen nicht.

8.3.3 Lichtspiele

Für den Modellbahner: Miniatur-LED's

Mit Leuchtdioden, die durch Schieberegister angesteuert werden, kann man nun sehr schöne Lichtspiele veranstalten. Für den Betrieb auf Modellbahnanlagen sind besonders gut die Miniatur-LED's geeignet (3 mm ϕ), die sich zu irgendwelchen Mustern an Häuserwänden, zu Reklamebildern usw. anordnen lassen. Hier sind der Phantasie keine Grenzen gesetzt. Aber beginnen wir mit einem sehr einfachen Spiel.

Zunächst brauchen wir einen Taktgeber. Das kann der NE 555 sein, den wir schon oft eingesetzt haben. Er wird als astabiler Multivibrator geschaltet, etwa nach Abb. 6.1.2/10, wobei $C = 100\ \mu F$, $R_A = 2{,}2\ k\Omega$, $R_B = 10\ k\Omega$ sein kann. Diese Angaben stellen jedoch nur Richtwerte dar; in der Praxis lassen sie sich je nach Verwendungszweck abwandeln, denn nicht jedes Lichtspiel muß im gleichen Takt ablaufen, und auch das Impuls-Pausenverhältnis läßt sich variieren.

Ganz simpel wäre es, wollten wir bei einer Leuchtreklame nach dem Prinzip des Blinklichts am unbeschrankten Bahnübergang verfahren (Kap. 8.2). Da brauchten wir eigentlich nur einen astabilen Multivibrator mit zwei Lichtergruppen aufzubauen und hätten nicht einmal den Taktgeber nötig. Aber wo wir ihn nun schon verwenden wollen, kann man einen rhythmischen Lichtwechsel erhalten, wenn man mit dem Ausgang des NE 555 (PIN 3) ein JK-MS-Flipflop verbindet. Die Schaltung zeigt *Abb. 8.3.3/1.* Der J-Eingang des Flipflops wird an Plus gelegt (H), der Takteingang C mit dem

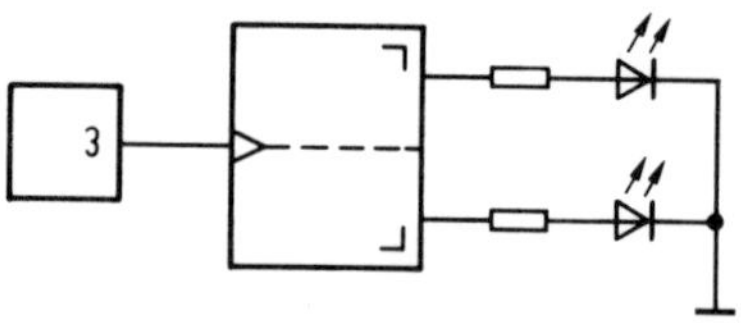

Abb. 8.3.3/1 Ansteuerung eines dynamischen Flipflops durch einen Taktgeber

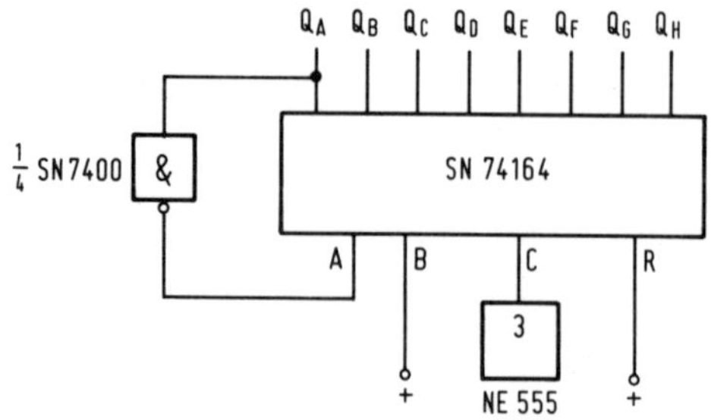

Abb. 8.3.3/2 Erzeugung einer wandernden Lichterkette

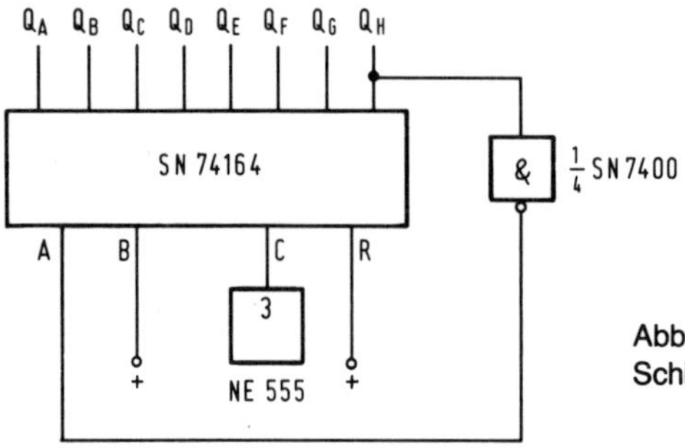

Abb. 8.3.3/3 Lauflicht-Schaltung mit Schieberegister

NE 555 verbunden, und an die Flipflopausgänge kommen zwei Gruppen von LED's (verschiedenfarbig). Was geschieht nach Anlegen der Betriebsspannung (z.B. 5 V)? Die LED-Gruppen leuchten im Gegentakt auf, mal die einen, mal die anderen. Wie das zu erklären ist, läßt sich Abb. 8.3.1/2 entnehmen. Durch die überkreuz geführten Rückleitungen werden mit jedem Takt die Zustände an den Ausgängen gewechselt. Wie gesagt: Die ganze Schaltung ist sehr simpel und könnte durch einen AMV ersetzt werden, aber daß wir sie dennoch nennen, hat seinen Grund. Wir werden ihr nämlich im nächsten Kapitel wiederbegegenen.

Doch nun zu den Schieberegistern! Wir gehen von dem 8-bit-Schieberegister SN 74164 aus, weil es relativ leicht zu beschaffen ist. Sein Takteingang C kommt an PIN 3 des NE 555; sein Dateneingang B an H-Potential (+ 5 V). An die Q-Ausgänge können wieder Leuchtdioden (mit Vorwiderständen!) angeschlossen werden. Interessant ist nun der Dateneingang A. Er wird nicht von außen gesteuert, sondern von dem ersten Ausgang Q_A des Schieberegisters, und das über ein NAND-Gatter, dessen Eingänge vereinigt sind (es wirkt also als einfaches Negationsglied). Im Grundzustand liegen alle Ausgänge des Schieberegisters auf L, keine LED brennt. Der L-Zustand des Ausganges Q_A wird aber durch das negierende NAND-Gatter umgedreht in H, so daß beim ersten positiven Taktimpuls A, B und C auf H liegen. Damit kann die erste Stufe des Schieberegisters gesetzt werden, Q_A geht auf H, die erste LED leuchtet auf. Durch das NAND-Glied wird nun jedoch der Dateneingang A mit L-Potential belegt, und wenn der zweite Taktimpuls kommt, wird dadurch Q_A auf L zurückgesetzt, die erste LED geht aus, aber da gleichzeitig Q_B den bisherigen Zustand von Q_A übernimmt, leuchtet die zweite LED. Und so geht es weiter; es ergibt sich eine wandernde Lichterkette, bei der nur immer jede zweite LED aufleuchtet. Eventuell kann man die Kette sogar zum Kreis schließen, und dann entsteht der Eindruck eines sich drehenden Lichterrades.

Aber es gibt noch eine gegensätzliche Möglichkeit *(Abb. 8.3.3/3)*. Wir verbinden die beiden Eingänge des NAND-Gatters mit dem Ausgang Q_H des Schieberegisters; alles übrige bleibt wie bisher. Wenn nun der erste positive Taktimpuls kommt, ist zwar Q_H auf Zustand L, aber durch das Negationsglied wird daraus H, und so kann Q_A auf H gehen. Die erste LED leuchtet auf. Bei den nächsten Takten bleiben die Verhältnisse dieselben, so daß der Reihe nach alle LED's aufleuchten. Erst wenn die Kette durchlaufen ist, also Q_H auf H geht, ändert sich die Sache. Denn nun wird über das NAND-Gatter A negativ angesteuert (L), und von da an setzt jeder weitere Takt – bei Q_A beginnend – eine Stufe zurück auf L. Die Leuchtdioden gehen nacheinander aus, und damit haben wir genau den Effekt, den wir in Kap. 8.3 mit wesentlich größerem Aufwand auch bereits erzielt hatten. Es lohnt sich also, mit digitalen IC's zu arbeiten; sie helfen einem, Mühe und Geld zu sparen!

Es gibt noch viele weitere Möglichkeiten

Auf die vielen weiteren Möglichkeiten, die Schieberegister für die Veranstaltung von Lichtspielen bieten, können wir hier nicht eingehen. Dem Interessenten sei das Büchlein von F. Schiersching empfohlen: *Lichterpracht in der Modellbahnstadt,* das sehr lohnende, aber auch äußerst anspruchsvolle Aufgaben für den Licht-Bastler bereithält.

Einen IC, der nicht zu den bisher besprochenen Registern gehört, wollen wir aber noch kurz nennen, weil auch er interessante Lichtspiele ermöglicht. Es ist der UAA 170 zur Ansteuerung von LED-Zeilen. Unter einer solchen Zeile versteht man im allgemeinen eine geradlinige Anordnung von LED's, aber es hindert nichts, aus der geraden Linie auch einen Kreis oder sonst irgendeine Figur zu bilden. Sinnvoll wird die Sache natürlich nur, wenn man genügend viele LED's einsetzt, und mit einem UAA 170 kann man bereits 16 Stücke ansteuern. Nimmt man einen weiteren UAA 170 hinzu, so werden es 30, und damit läßt sich viel machen.

Der UAA 170 ist ein spannungsgesteuerter IC. Das bedeutet, daß die angeschlossenen Leuchtdioden einer dem Baustein zugeführten veränderlichen Spannung entsprechend aufleuchten. Man kann ihn deshalb z.B. zur Geschwindigkeitsmessung bei Modellbahnen einsetzen. Die Geschwindigkeit einer Lok hängt von der ihr zugeführten Spannung ab; wird diese Spannung an den IC gegeben, so leuchtet je nach dem Spannungsbetrag eine bestimmte LED auf. Aber es gibt auch andere Möglichkeiten. Gibt man Spannungen an den IC, die sich periodisch ändern, so führt das zu einer entsprechenden rhythmischen Bewegung von Lichtpunkten. Auf Einzelheiten können wir hier nicht eingehen, aber es sei auf den Artikel *Elektronischer Wandschmuck* von M. Dorochevsky und M. Schwab in der Zeitschrift *ELO* verwiesen (1979, Heft 4). Was dort zum Wandschmuck deklariert wurde, kann für den Modellbahner eine lustige Leuchtreklame liefern, und insofern lohnt es sich, den UAA 170 näher zu beäugen.

Den UAA 170 näher betrachten

Er hat übrigens einen nahen Verwandten, den UAA 180. Er arbeitet nach demselben Prinzip, ist also auch ein IC, der Leuchtdioden entsprechend einer variablen Spannung ansteuert. Aber dabei ruft er nicht Bewegungen eines einzelnen Lichtpunktes hervor, sondern bringt ganze *Diodenbänder* zum Aufleuchten, wobei die Länge dieser Bänder ein Maß der Steuerspannung ist. Beschreibungen beider IC's finden sich in *ELO* 1976, Heft 4.

8.3.4 Zählbausteine

Kehren wir noch einmal zurück zu dem dynamischen JK-MS-Flipflop. Wir wollen es wieder *takten,* aber nicht über einen astabilen Multivibrator, sondern im Handbetrieb. Dazu brauchen wir einen prellfreien Schalter, also das altbekannte RS-Flipflop aus zwei NAND-Gattern (Abb. 4.4/3). Bei dem JK-MS-Flipflop benutzen wir nur den Takteingang C und verbinden ihn mit einem Ausgang des RS-Flipflops. Übrigens können wir, wenn wir vom Baustein SN 7476 ausgehen, gleich noch ein zweites JK-MS-Flipflop verwenden; auch bei ihm wird nur der Takteingang angeschlossen, und zwar an den Q-Ausgang des vorigen JK-MS-Flipflops. Alle Ausgänge verbinden wir mit Leuchtdioden (Vorwiderstand jeweils 220 Ω), so daß im ganzen die Schaltung nach *Abb. 8.3.4/1* entsteht.

Nun können wir das RS-Flipflop je nach Bedarf setzen oder zurücksetzen. Beim Setzen leuchtet L_O auf, beim Zurücksetzen geht L_O wieder aus. Aber L1 macht dieses Hin und Her nicht gleichermaßen mit. Das Flipflop FF1 überschlägt immer einen Takt und benimmt sich gewissermaßen wie ein Kugelschreiber: Erster Druck auf den Knopf: Die Mine kommt heraus. Zweiter Druck auf den Knopf: Die Mine springt wieder zurück. Dritter Druck auf den Knopf: Die Mine kommt heraus usw. Das haben wir schon im vorigen Kapitel ausgenutzt, aber jetzt machen wir ein Prinzip daraus. Denn FF2 benimmt sich gegenüber FF1 genauso, wie FF1 gegenüber dem

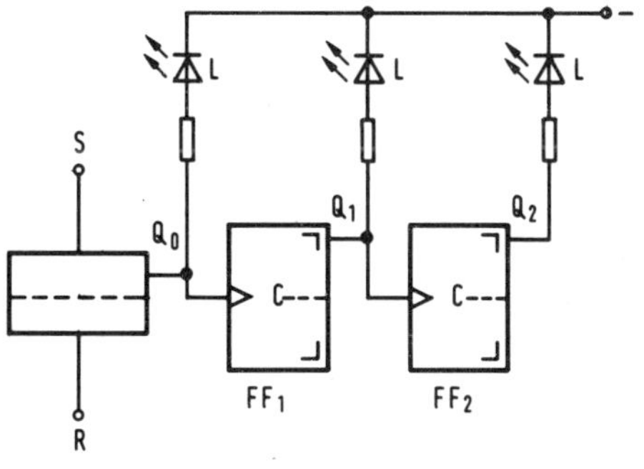

Abb. 8.3.4/1 Frequenzteilerschaltung

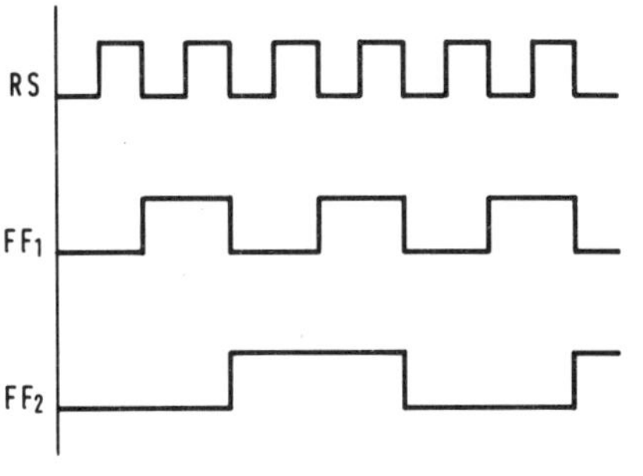

Abb. 8.3.4/2 Impulsdiagramm für eine Frequenzhalbierung

RS-Flipflop. Offenbar haben wir so etwas wie einen Teiler erhalten: Jedes Glied der Reihe halbiert die Frequenz seines Vorgängers. Das Ganze ist also eine Frequenzteiler-Schaltung.

In *Abb. 8.3.4/2* ist das Verhalten der Schaltung noch einmal in einem *Impulsdiagramm* festgehalten. Die obere Zeile betrifft die Takte des RS-Flipflops, die per Hand eingegeben wurden; darunter stehen die Pegelstände von FF1 und FF2. Wie zu sehen ist, erfolgt ein Sprung von L auf H immer mit der fallenden Flanke des vorhergehenden Taktsignals.

Und nun wird es mathematisch

Und nun wird es mathematisch! Wir betrachten die drei Impulsfolgen einmal in umgekehrter Anordnung, fangen also mit FF2 an und schreiben die L- und H-Werte untereinander. Das ergibt folgende Tabelle:

FF2	FF 1	RS-FF
L	L	L
L	L	H
L	H	L
L	H	H
H	L	L
H	L	H
H	H	L
H	H	H.

In der letzten Spalte wechseln die Werte von Zeile zu Zeile, in der mittleren wechseln sie in Zweierblöcken, und in der ersten Spalte sogar in Viererblöcken. Das sind aber die Potenzen von 2 (nämlich $2^0 = 1$; $2^1 = 2$, $2^2 = 4$). Und jeder Mathematiker wird uns sagen, daß wir „dual“ gezählt haben. Neben unserem gewöhnlichen Zahlensystem der Zahlen von 0 bis 9 – danach geht es zweistellig mit 10 weiter – gibt es auch ein Zahlensystem, das nur die 0 und die 1 kennt. Schon die Zwei muß in diesem System zweistellig geschrieben werden (1–0), die Vier wird sogar dreistellig (1–0–0) usw. Dieses Zweiersystem wird als System der Dualzahlen bezeichnet und ist die Grundlage der ganzen Computer-Mathematik. Dagegen heißt unser normales Zehnersystem *dekadisch.* Wenn wir nun unsere obige Tabelle betrachten, so können wir erkennen, daß wir nur die Zahlen durch logische Zustandszeichen ersetzt haben, aber ansonsten hat unsere Schaltung *dual* gezählt, und zwar von 0 bis 7. Wir haben Bekanntschaften mit einem elektronischen Zähler gemacht.

Allerdings war es noch ein sehr unvollkommener Zähler. Wenn er bei seiner letzten Position angekommen ist, fängt er wieder von vorne an; anzuhalten ist er nur, wenn man keine Impulse vom Taktgeber her nachliefert. Etwas besser ist schon eine Schaltung, bei der der Zähler auf ein bestimmtes Signal hin stopt, und man kann ihn sogar dazu bringen, sich selbst anzuhalten. Wie so etwas geht, zeigt *Abb. 8.3.4/3.* Dort werden die Takte nicht mehr per Handbetrieb, sondern durch den NE 555 als Taktgeber geliefert. Er erhält seine Versorgungsspannung über einen Transistor, und dieser Transistor ist durchgeschaltet, solange an seiner Basis positives Potential liegt. Der Zähler soll anhalten, wenn er an allen drei Ausgängen auf H steht, also gemäß der obigen Tabelle nach dem siebenten Zählschritt. Die Ausgänge werden an ein NAND-Gatter geführt, und das wandelt die drei H-Potentiale in L um. Dann aber wird die Basis des Transistors – bei richtig eingestelltem Arbeitspunkt – negativ, und er unterbricht die Stromzufuhr zum Taktgeber. Der Zähler hält an. Will man ihn auch noch in den Zustand „L – L – L" zurückbringen, so muß man das über die Reset-Eingänge der Flipflops tun.

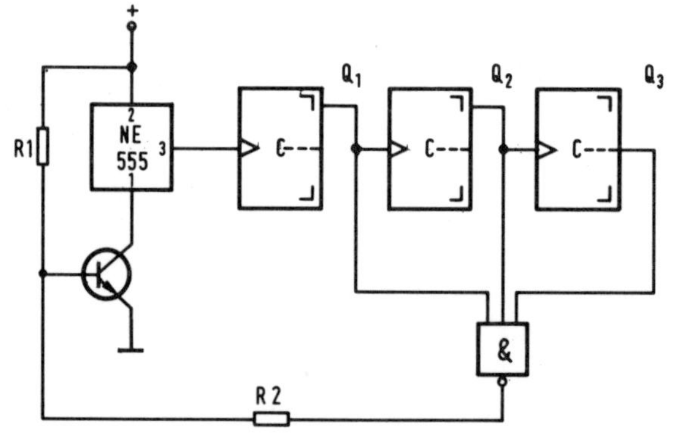

Abb. 8.3.4/3
Zähler mit Endabschaltung

Nun brauchen wir Zähler nicht immer eigens aus Flipflops zusammenzusetzen. Auch hier gibt es wieder integrierte Schaltkreise, und dabei ist die Typenvielfalt womöglich noch größer als bei den Schieberegistern. Recht oft taucht der SN 7490 auf; er hat vier Zählausgänge und ist demnach ein *4-bit-Binärzähler*. Zählen tut er bis 10, und deshalb kann man ihn auch als *Dezimalzähler* bezeichnen. Wenn er sich als solcher benehmen soll, muß man den Ausgang Q_1 mit B verbinden (vgl. *Abb. 8.3.4/4*); Zähleingang ist dann A. Außerdem legt man beim Zählen die vier Rücksetzeingänge R_{01}, R_{02}, R_{g1} und R_{g2} am besten an Masse (L-Potential). Das Verhalten dieses IC geht aus der folgenden Übersicht hervor:

	Zählfolge:	0	1	2	3	4	5	6	7	8	9
Ausgänge	Q_1:	L	H	L	H	L	H	L	H	L	H
	Q_2:	L	L	H	H	L	L	H	H	L	L
	Q_3:	L	L	L	L	H	H	H	H	L	L
	Q_4:	L	L	L	L	L	L	L	L	H	H

Ist der neunte Zählschritt (H L L H) erreicht, so sorgt die interne Schaltung des IC dafür, daß er wieder auf Null zurückspringt (L L L L) und von vorne anfängt.

Ganz ähnlich arbeitet der 4-bit-Binärzähler 7493. Aber er hört nicht auf, wenn er bei 9 angekommen ist, sondern nutzt aus, daß die obige Tabelle sich fortschreiben läßt, nämlich für sechs weitere H-Werte bei Q_4. Das Zählschema sieht dann so aus:

Zählfolge:	0	1	2	3	4	5	6	7	8	9	10	11	12	13	14	15
Q_1:	L	H	L	H	L	H	L	H	L	H	L	H	L	H	L	H
Q_2:	L	L	H	H	L	L	H	H	L	L	H	H	L	L	H	H
Q_3:	L	L	L	L	H	H	H	H	L	L	L	L	H	H	H	H
Q_4:	L	L	L	L	L	L	L	L	H	H	H	H	H	H	H	H

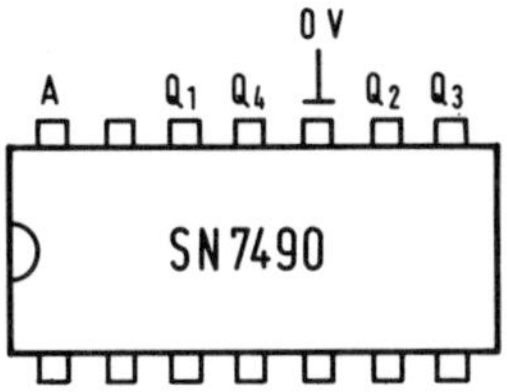

Abb. 8.3.4/4 4-bit-Binärzähler SN 7490

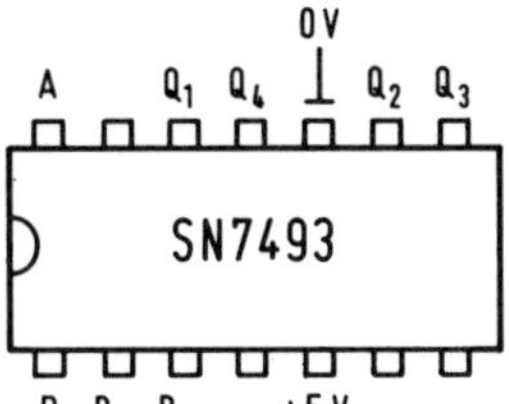

Abb. 8.3.4/5 4-bit-Binärzähler SN 7493

Auch hier muß Q_1 mit B verbunden werden, wenn bis 15 durchgezählt werden soll, und wenn man den Zähler zurücksetzen will, muß man die Reset-Eingänge R_{01} und R_{02} mit einem H-Signal ansteuern. Ansonsten ist die Stiftbelegung genauso wie beim SN 7490, nur die Rücksetzeingänge R_{g1} und R_{g2} fehlen bzw. bleiben frei.

Will man nun weiterzählen als nur bis neun (beim SN 7490) oder bis 15 (beim SN 7493), so muß man einen zweiten Zähler-IC anstücken. Beim Zähler bis 15 ist das besonders einfach. Er steht am Ende einer Zählperiode an seinen vier Ausgängen auf H-H-H-H, und da braucht man diese Ausgänge nur zu einem UND-Gatter mit entsprechend vielen Eingängen zu geben, dann wird der Ausgang des Gatters auf H gesetzt, sobald der erste Zähler-IC bei 15 ist. Das gibt dann für einen Nachfolger vom Typ SN 7493 den ersten Eingangsimpuls, und so würde dieser Nachfolger immer dann um eins weiterzählen, wenn sein Vorgänger eine abermalige Periode hinter sich hat. Allerdings ist das ein ziemlich unübersichtliches Zählverfahren. Arbeitet man mit dem Zähler 7490, so wird die Sache gleich viel einfacher. Er hört bei 9 auf und hat dann den Stand H-L-L-H erreicht. Auch hier werden seine vier Ausgänge einer Gatterkombination zugeführt *(Abb. 8.3.4/6),* und sie gibt dann, wenn die Neun erreicht ist, einen H-Impuls ab. Mit ihm wird ein zweiter SN 7490 angesteuert, der dann bei jeder abgeschlossenen Dekade um eins weiterzählt, und so kann man auch noch Zähler für Hunderter oder gar Tausender ansetzen, je nachdem, wie weit man überhaupt kommen will.

Eines ist bei solchen Zählern störend

Aber eines ist bei solchen Zählern störend, daß sie immer nur binär zählen, und wer hat schon die Dualzahlen so im Kopf, daß er z.B. sofort weiß, die Folge H-H-L-H-L bedeutet „26"? Es wäre doch sehr schön, wenn Zähler auch in unserem gewohnten Dezimalsystem zählen könnten. Sie können! Dazu brauchen sie aber einen sog. Decoder, und wie solch eine Einrichtung funktioniert, wollen wir uns an einem Beispiel ansehen.

Nehmen wir an, unser Zähler SN 7490 hat bis zu den Werten L-L-H-L gezählt; das wäre eine Vier. Am Dekoder müßte jetzt der entsprechende Vierer-Ausgang angesteuert werden, so daß er auf H geht. Dazu ist aber nur eine Gatterkombination nötig, die dasselbe tut wie die Gatter in Abb. 8.3.4/6. Für unser Beispiel könnte sie die in *Abb. 8.3.4/7* angegebene Form haben. Dann erscheint am Ende der Gatterkombination der Zustand H, und das könnte man benutzen, um eine LED anzusteuern. Wenn man nun für alle übrigen Wertanordnungen zwischen 0 und 9 entsprechende Gatterverknüpfungen bildet und außerdem eine Diodenkette mit zehn Einzeldioden vorsieht, so ist unser Problem gelöst: Für jede Zählerstufe leuchtet eine Diode auf, so daß man unmittelbar sehen kann, bis zu welcher Zahl der Zähler gekommen ist.

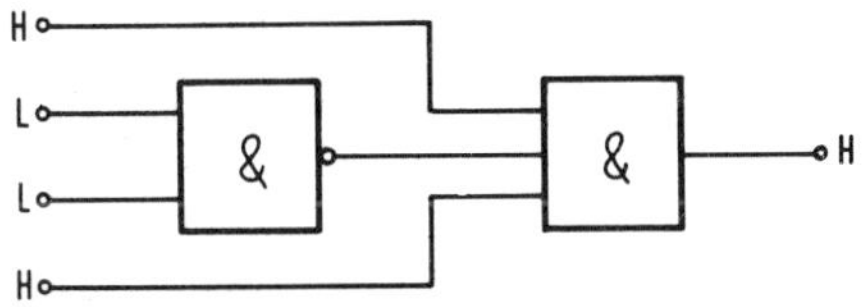

Abb. 8.3.4/6 Übergang zu einem Anschlußzähler

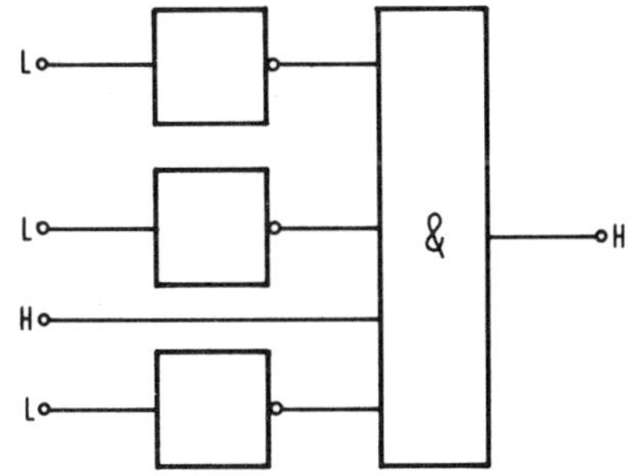

Abb. 8.3.4/7 Dekodierung einer binären Information

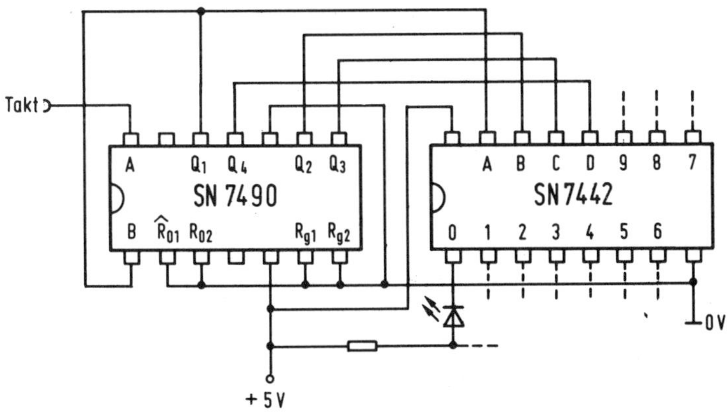

Abb. 8.3.4/8 Anschluß des Dekoder-IC's 7442 an den Zähler 7490

Tatsächlich gibt es nicht nur integrierte Dekoder, sondern sogar IC's, die gleich einen Zähler und einen Dekoder zusammen enthalten. Ein Dezimaldekoder in TTL-Technik ist der SN 7442. Er läßt sich unmittelbar an den SN 7490 anschließen (*Abb. 8.3.4/8*). Allerdings ist dabei zu beachten, daß ein angesteuerter Dekoder-Ausgang den Logikwert L annimmt; die eventuell anzuschließenden Dioden müssen dann richtig gepolt eingesetzt werden. In der Zeichnung ist das für eine LED eingetragen (Anschluß 0). Wenn der Zähler bis neun zählen soll, müssen bei ihm PIN 1 (B) und PIN 12 (Q_1) miteinander verbunden sein; außerdem müssen während des Zählens die Reset-Eingänge R_{01} und R_{02} an L-Potential liegen. Will man den Zähler auf L-L-L-L zurücksetzen, so ist die in Abb. 8.3.4/8 eingezeichnete Masseverbindung zu lösen und statt dessen eine Brücke zum Plus-Potential herzustellen.

Ein Dekadenzähler mit zehn eingebauten dekodierten Dezimalausgängen in C-MOS-Technik ist der Baustein 4017. Sein Anschlußbild zeigt *Abb. 8.3.4/9*. „R“ bedeutet *Reset*, d.h. Rücksetzeingang (durch H-Signale zu bedienen); C ist der Takteingang, SE ein Sperreingang, der das Zählen unterbindet, wenn er auf H liegt. Der Ausgang ÜA ist für den Anschluß weiterer Zähler gedacht, so daß besondere Übergangsschaltungen entfallen. Angesteuerte Ausgänge gehen auf H, nicht angesteuerte liegen auf L. Leuchtdioden können durch diesen Zähler nicht direkt, sondern nur über Treiberstufen angesteuert werden.

Der Modellbahner fragt: Wozu brauche ich Zähler?

Nun wird natürlich der Modellbahner fragen: Wozu brauche ich Zähler? Auf meiner Anlage gibt es nichts zu zählen, sondern dort will ich schalten und fahren. Aber so einfach ist es nicht. Auch Zähler-IC's können im Modellbahnbetrieb eine ganze Menge leisten, man muß nur wissen, wo und wie.

Zunächst wollen wir eine kleine Anwendung betrachten, die eigentlich zum Thema *Lichtspiele* gehört. Jeder kennt wohl die Baustellen an Straßen und Autobahnen, die durch Zäune mit wandernden gelben Blinklichtern gesichert sind. Man kann so etwas im Modellbahn-Zubehörhandel bekommen, sich aber auch mit einfachen Mitteln selbst basteln. Alles, was dazu gebraucht wird, ist ein Taktgeber, ein Zähler mit Dekoder, eine Reihe von Treiberstufen und gelbe LED's, möglichst die Miniaturformen, die man an die Planken einer Baustellensicherung ankleben kann. Als Taktgeber möge wieder der NE 555 dienen, und zwar in der üblichen Beschaltung nach Abb. 6.1.2/10. Dabei soll $R_A = 2{,}2\ k\Omega$, $R_B = 10\ k\Omega$, $C = 4{,}7\ \mu F$ sein; das gibt eine ziemlich echte Taktfrequenz, aber man kann bei Bedarf die Werte auch ändern. An PIN 3 (Ausgang) des NE 555 kommt der Eingang des Zählers 4017 (PIN 14); die Anschlüsse R und SE liegen an Nullpotential (Masse = Low), ÜA bleibt frei. Nun kann man bis zu zehn LED's anschließen, jeweils über Treiberstufen, z.B. npn-Transistoren mit Basiswiderstand 1 kΩ (*Abb. 8.3.4/10*). Bei den Leuchtdioden muß man auf die richtige Reihenfolge achten; leider liegen die Ausgänge des Zählers ziemlich unübersichtlich durcheinander. Wenn alles richtig angeschlossen ist (Betriebsspannung zwischen 5 und 14 V =), erhält man ein vorzügliches Lauflicht, das periodisch die Leitplanken entlanghuscht.

Bei dieser Anwendung haben wir den Zähler natürlich *zweckentfremdet*. Aber man kann ihn auch wirklich zählen lassen, und zwar Achsen. Das ist eine besondere Kunst und eigentlich nur etwas für Profis, aber wir wollen die Sache doch wenigstens erwähnen.

Von Gleisbesetztmeldungen war bereits die Rede (Kap. 5.4 u. folgende), auch vom Blockstreckenbetrieb. Meistens werden die entsprechenden Meldeschaltungen durch Triebfahrzeuge in Gang gesetzt, aber es kann passieren,

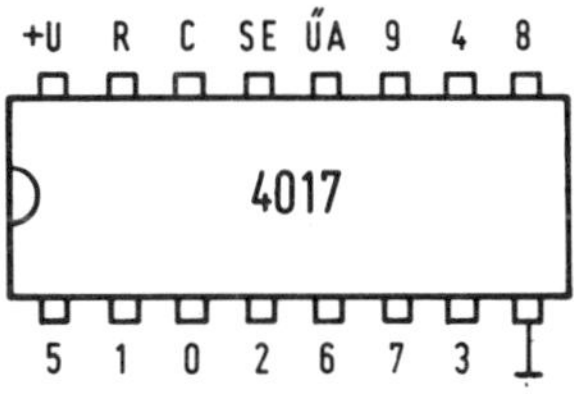

Abb. 8.3.4/9 Anschlußbild für den Dekadenzähler und Dekodierer 4017 (C-MOS)

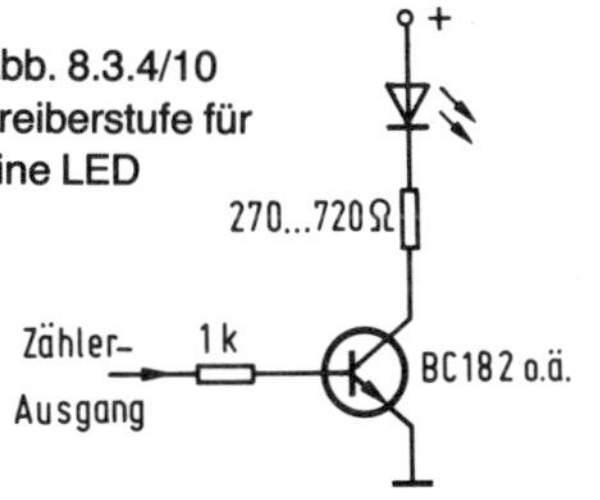

Abb. 8.3.4/10 Treiberstufe für eine LED

daß auf einem Überwachungsabschnitt ein abgehängter Wagen liegenbleibt und übersehen wird, weil die Besetzt-Anzeige ihn nicht mitgekriegt hat. Da sollte man also zählen, wieviele Waggons ein Zug in einen Abschnitt mitbringt und wieviele er wieder herauszieht; entsteht eine Differenz, so gibt es eine unliebsame Hinterlassenschaft, und das Meldesystem sollte Alarm schlagen. Doch wie kann man Triebfahrzeuge und Waggons zählen? Grundsätzlich nach dem Muster jenes Bauern, der auf die Frage eines Neugierigen, wie er seinen Viehbestand feststelle, antwortete: Ich zähle die Beine und teile durch vier!. Hier zählen wir die Räder; das Teilen sparen wir uns. Etwas anspruchsvoller sprechen Modellbahner von *Achszählern*.

Wie kann man Loks und Waggons zählen?

Am Anfang und am Ende der Überwachungsstrecke muß je ein Sensor liegen; am besten verwendet man Lichtschranken, die dicht über den Schienen angebracht werden, weil sie dann nicht so auffallen und alle vorbeirollenden Räder erfassen können. Der Einfachheit halber wollen wir davon ausgehen, daß der Streckenabschnitt nur in einer Richtung befahren wird. Jedes durchlaufende Rad unterbricht nun die Lichtschranke und erzeugt so einen Impuls, der über eine Transistorstufe an den Eingang des Zählers gegeben wird. Wenn der Zug den Streckenanfang durchfahren hat, *weiß* demnach der Zähler, wieviele Achsen gemeldet wurden. Am Ende der Strecke wird abermals gezählt, aber diesmal *rückwärts*. Es gibt nämlich Zählbausteine, die beides können, vorwärts- und rückwärtszählen. Dazu gehört z.B. der C-MOS-IC 4029. Wir wollen nicht im einzelnen auf ihn und die zugehörige Schaltung eingehen, nur soviel sei gesagt, daß er einen besonderen V/R-Eingang hat; liegt dieser Eingang auf H, so zählt der Zähler vorwärts, liegt V/R auf L, so zählt er rückwärts. Während der Zug auf der Strecke zwischen den beiden Lichtschranken ist, muß demnach der V/R-Eingang umgeschaltet werden, z.B. durch einen dritten Sensor kurz vor dem Streckenende. Wenn kein Waggon verlorengegangen ist, muß der zweite Zählablauf den Zähler wieder auf null zurückbringen; ist das nicht der Fall, so wird eine Alarmzeichen ausgelöst, das die Strecke für nachfolgende Züge

Die Schaltung ist nicht ganz einfach

sperrt. Die Schaltung ist nicht ganz einfach; Anleitungen finden sich in Schierschings *Großem Bastelbuch* und bei H. Jungmann *(Modelleisenbahn-Elektronik im Selbstbau* – : sehr anspruchsvoll!).

Für eine Einleitung in die Modellbahnelektronik wäre es zuviel, die vollständige Bauanleitung für einen Achszähler zu entwickeln, und das gilt auch für ein anderes Zähler-Thema: den Bau von Modellbahn-Uhren. In Modellstädten und auf Modell-Bahnsteigen sind immer Uhren zu finden, die mit ihrem festgeklebten Zifferblatt die Zeit zum Dauerstillstand verdammen, und da möchte mancher Modellbahner auch mal eine Uhr haben, die wirklich geht – wenigstens eine am Turm seines Hauptbahnhofs. Eine Zifferblattuhr läßt sich elektronisch nicht gut antreiben, aber günstiger sieht es schon bei sog. Digitaluhren aus, die keine Zeiger haben, sondern die Zeit durch Leuchtziffern angeben.

Uhren sind schließlich auch nichts anderes als Zähler, und so liegt es nahe, eine Digitaluhr über Zählbausteine zu steuern. Auch dazu braucht man erst einmal einen Taktgeber, dessen Frequenz auf Sekundenzählung eingestellt werden kann. Allerdings ist es nicht unbedingt erforderlich, echte Sekunden zu messen, denn die Zeit auf einer Modellbahnanlage läuft zumeist schneller als die wirkliche Zeit. Also kann man den Taktgeber auf eine Frequenz von zwei oder drei Takten pro Sekunde einstellen; das ergibt einen Zeitraffereffekt. Nur sollte die Zeit nicht zu sehr gerafft werden, da rasende Sekunden auf dem Anzeigefeld der Digitaluhr komisch wirken können.

Zähler IC's: Das Herz der Digitaluhr

Das Herz der Digitaluhr sind Zähler-IC's, die in Reihe geschaltet werden. Der erste IC zählt die Sekunden; das muß also ein Dezimalzähler sein, denn alle sechzig Sekunden ist eine Minute voll. Sechs Durchläufe des ersten Zählers werden von einem zweiten Zähler gezählt; wenn er das hinter sich hat, stellt er einen dritten Zähler um eine Stufe weiter; das ist der Minutenzähler. Danach wiederholt sich das Prinzip. Sind sechzig Minuten voll, bekommt der Stundenzähler einen Impuls, und er muß bis 24 zählen können (z.B. drei Oktalzähler hintereinander; es gibt sie als C-MOS-IC 4022). Und nach 24 Stunden springen alle Zähler wieder auf null zurück.

Selbst wenn die Sache mit den Zählern erledigt ist: Es gibt dann ein zweites Problem. Denn wir wollen nicht – wie bisher – einzelne Leuchtdioden ansteuern, sondern Ziffern auf einem Zifferblatt. Nun hat die Industrie schon unseren Wunsch geahnt und spezielle Bausteine mit sog. *sieben-Segment-Anzeigen* entwickelt. Das sind eigentlich auch Kombinationen aus LED's, aber sie haben die Form kleiner Striche, die nach dem Muster von *Abb. 8.3.4/11* angeordnet sind. Wenn alle Striche zugleich aufleuchten, entsteht das Bild einer Acht; die Striche a und b allein ergeben eine Eins usw. Von Taschenrechnern her sind diese Bilder heute allgemein

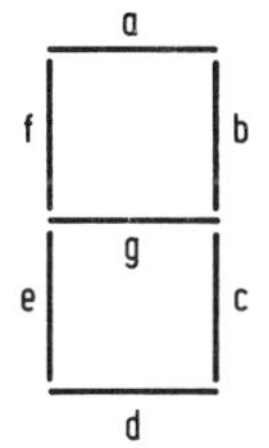

Abb. 8.3.4/11 7-Segment-Anzeige

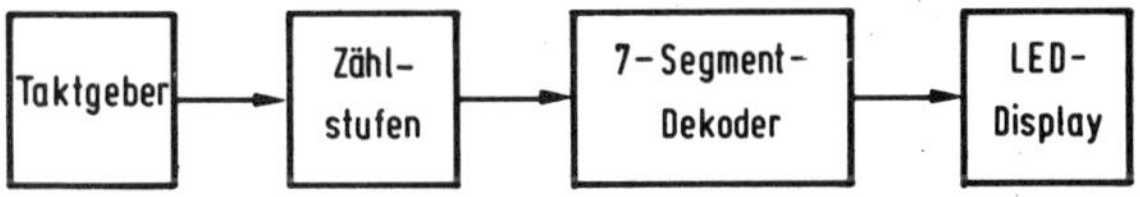

Abb. 8.3.4/12 Übersicht über den Aufbau einer Digitaluhr

bekannt. Die vom Fachhandel zumeist angebotenen Ziffernbausteine heißen *Lumineszenzdioden-Displays* und sind recht billig (der Typ DL 304 kostet z.B. um 2,60 DM); wenn man auf eine Sekundenanzeige verzichtet (und damit auch entsprechende Zähler spart), braucht man vier einstellige Ziffern-Displays (es gibt auch zweistellige, die aber schwerer zu bekommen sind). Die einzelnen Striche (Segmente) haben auf der Rückseite der Bausteine Anschlußstifte wie IC-Fassungen, wobei darauf zu achten ist, ob eine gemeinsame Katode oder Anode vorliegt. Und diese Anschlußstifte lassen sich nun über spezielle integrierte Schaltkreise, sog. *sieben-Segment-Dekoder*, von den Zähler-IC's aus ansteuern. Dazu gehört etwa der SN 7448 aus der Standard-Serie, der binär codierte Zahlen direkt in Segment-Ansteuerungen umsetzt; er läßt sich also an den Zähler SN 7490 anschließen. Es gibt auch einen C-MOS-sieben-Segment-Dekoder, den Baustein 4055, aber er ist nicht für Leuchtdioden-Displays gedacht, sondern für sog. LCD-Displays. Dabei handelt es sich um Anzeigen aus Flüssigkristallen. Was das ist, können wir hier nicht erörtern. Es handelt sich um bestimmte organische Verbindungen, die unter dem Einfluß elektrischer Felder ihre optischen Eigenschaften ändern. Sie werden heute gern statt der Leuchtziffern bei Taschenrechnern und Armbanduhren verwendet, und auch für den Modellbahnbetrieb wirken sie besser als Lumineszenzdioden-Displays. Aber es ist nicht immer einfach, sie zu beschaffen bzw. die aus ihnen gebildeten LCD-Displays. Bleiben wir also bei den LED-Anzeigen. In *Abb. 8.3.4/12* sind noch einmal die einzelnen Stufen für den Aufbau einer Digitaluhr im Blockschaltbild zusammengefaßt.

Auf Einzelheiten müssen wir verzichten, und mancher Leser wird vielleicht ein Anschlußbild für den 7-Segment-Dekoder vermissen. Dieses Bild müßten wir aber erst langwierig erklären, und deshalb verzichten wir darauf. Ohnehin ist hier eine grundsätzliche Bemerkung nötig. In einer Einführung kann nicht alles stehen, und was die Typenvielfalt bei integrierten Schaltkreisen betrifft, so ist sie derart groß, daß wir in dieser Hinsicht nichts

Vollständiges bieten können. Wer sich näher in die Materie einarbeiten will, dem sei dringend geraten, sich entsprechende Datenbücher anzuschaffen; das kostet zwar Geld, macht sich aber nützlich bemerkbar, wenn man einen bestimmten IC sucht. Notfalls helfen auch die Kataloge einiger größerer Versandfirmen (Rim in München, Dahms u.a.) Und was für IC's gilt, gilt natürlich auch für Transistoren, Dioden usw. Lieber mal einen Waggon weniger für die Modellbahn anschaffen, aber dafür ein wichtiges Nachschlagewerk für die Modellbahnwerkstatt.

9

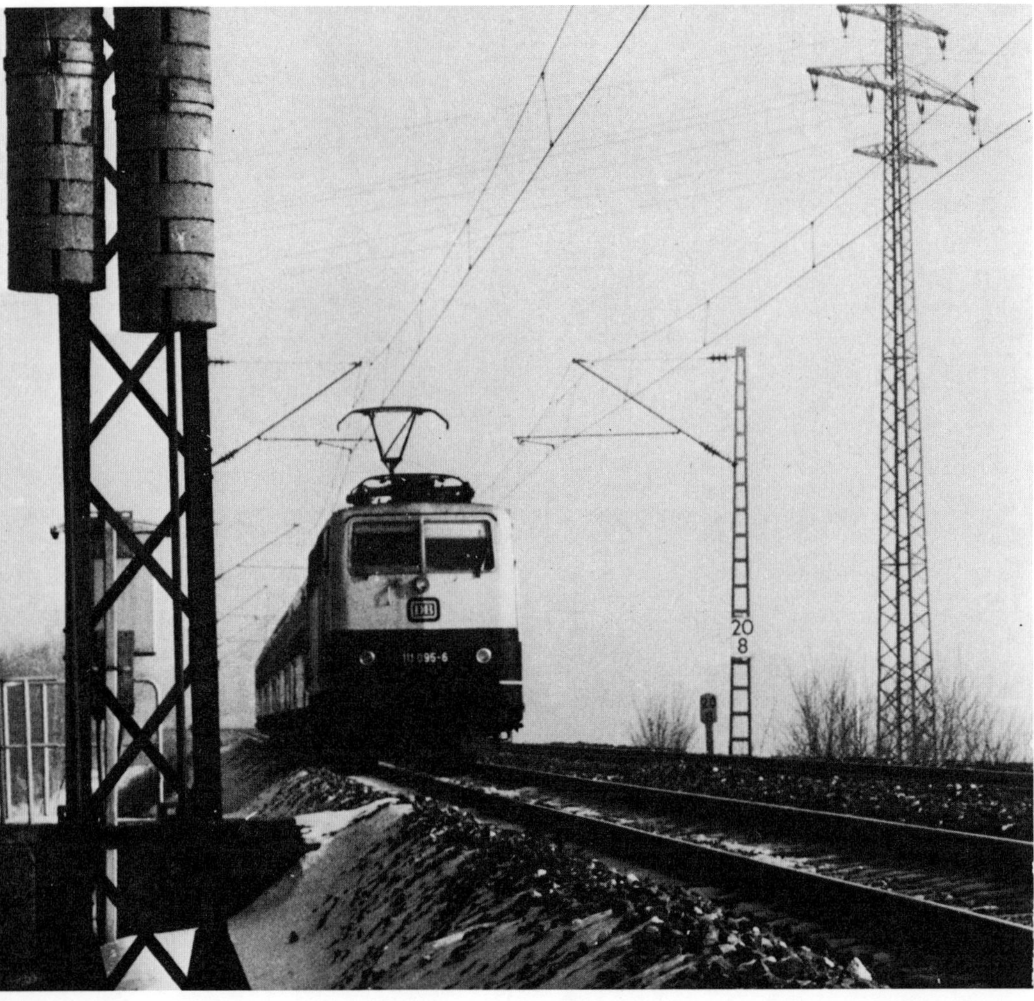

Computer im Modellbahnbetrieb

9.1 Vom Problem zum Programm

Wer heute von Elektronik hört, der denkt zumeist an die Welt der Computer, der Rechenmaschinen und *Elektronengehirne*, und manch einem erscheint diese Welt als unheimlich, gar bedrohlich. Sogar von Jobkillern ist die Rede. Freilich: das ficht Modellbahner wenig an. Sie denken in anderen Kategorien und fühlen sich eher versucht, mit Einsatzmöglichkeiten von Computern bei ihrem Hobby zu liebäugeln. Es gibt bereits Bücher dazu, und in Fachzeitschriften, sogar in der altehrwürdigen *MIBA*, wird das Thema *Computer im Modellbahnbetrieb* heiß diskutiert (vgl. die Artikel von M. Hutter in Jg. 1981, Heft 6 bis 8; Leserzuschriften dazu in den Folgeheften 1981/10, 12; 1982/2). Wir wollen diese Diskussion hier nicht aufgreifen, sondern nur versuchen, dem Anfänger (bzw. Laien) ein paar Informationen zu geben, die es ihm ermöglichen, mitzudenken und zu verstehen, wovon die Rede ist. Die ersten Ansätze dazu haben wir bereits hinter uns.

In Kap. 7.4 wurde über Mehrzugsysteme gesprochen, die von digitalelektronischen Fahrpulten gesteuert werden. Erinnern wir uns: Ein Sender (eben das Fahrpult) gibt Impulstelegramme in die Ringleitung der Gleise, und diese Telegramme erreichen Empfänger, die auf sie in irgendeiner Weise reagieren. In Kap. 7.4.2 wurde dann weiter geschildert, wie Impulstelegramme in binärer Form gespeichert, gelesen, gesendet und entziffert werden können. Und inzwischen kennen wir nun auch einige dazu erforderliche Grundbausteine, z.B. Register und Zähler. So sind wir für das Folgende bestens gerüstet.

Alles beginnt mit einem Programm

Alles Arbeiten mit einem Computer beginnt bei einem Programm. Was Programme sind, weiß natürlich jeder. Man bekommt sie im Kino, im Theater, im Konzert. In gewissem Sinne gleichen sie Fahrplänen. Und was nach einem Programm geschieht, ist *programmgesteuert.* Allerdings gleich ein Einwand: Nicht der Fahrplan steuert den Betriebsablauf bei der Eisenbahn, sondern dieser Betriebsablauf wird nach dem Fahrplan (dem Fahrplan gemäß) gesteuert. Der Fahrplan ist eben nur eine Sache auf weichem Papier, das Schalten von Signalen, von Weichen, das Fahren der Züge ist harte Wirklichkeit. Computerfachleute unterscheiden daher zwischen *software* und *hardware*. Die *weiche Ware* besteht aus Plänen, Skizzen und Ablaufdiagrammen; die *harte Ware* sind die Dinge, die da real vorhanden sind, die da tatsächlich schalten und fahren. Auch ein Computer ist *hardware*, genauso sein elektronisches Innenleben und das, was von ihm gesteuert wird. Software ist alles, was der Programmierer entwirft, ehe er seinen Computer bedient und ihm sagt, was er tun soll.

9.1.1 Ein Beispiel

Doch beginnen wir mit einem Beispiel –: Beispiele verdeutlichen mehr als lange Erklärungen. In Kap; 5.3 wurde ein Schattenbahnhof vorgestellt, der als Abstellmöglichkeit für überflüssige Zuggarnituren dienen sollte. Wir haben damals seine Fahrstraßenschaltung behandelt und stellen uns jetzt eine neue Aufgabe: Wenn sich ein Zug der Einfahrt des Schattenbahnhofs nähert, wollen wir nicht selbst ein freies Gleis wählen und die Weichen stellen, sondern das soll automatisch geschehen, ohne daß der Fahrdienstleiter hinzusehen braucht. Der Zug sucht ein freies Gleis und schaltet die erforderliche Weichenstraße von sich aus.

So etwas nennt man Systemanalyse

Natürlich muß das jetzt in entsprechender Weise programmiert werden, und zunächst überlegen wir, welche Bedingungen erfüllt sein müssen, um die gestellte Aufgabe lösen zu können. Fachleute nennen so etwas eine *Systemanalyse*. Deren erste Feststellung ist klar: Der Zug darf nur solche Gleise anlaufen, die frei sind, und dazu ist nötig, daß besetzte Gleise gemeldet wurden. Zweite Feststellung: Es muß ein Prinzip formuliert sein, nach dem der Zug sich unter mehreren freien Gleisen eines aussucht, das er anlaufen wird. Drittens: Ist eine entsprechende Entscheidung gefallen, muß die Fahrstraße hergestellt werden, die zum gewählten Gleis führt. Soweit unsere – freilich sehr einfache – *Systemanalyse*.

Das Nächste wäre, die erforderlichen Einzelschritte für den Vorgang *Einlaufen in den Schattenbahnhof* zusammenzustellen. Das führt zu einem ersten – noch sehr allgemeinen – Ablaufplan. Er beginnt mit dem Augenblick, in dem der ankommende Zug sich dem Schattenbahnhof bis zu einem bestimmten Punkt genähert hat und den ganzen Vorgang der Gleiswahl auslöst. Das spätere Programm erhält damit einen Startpunkt. Doch nun kann nicht gefragt werden: *Welches Gleis ist frei?* Eine solche Frage gibt es in der Computertechnik nicht, denn sie ist viel zu unbestimmt gestellt. Computer arbeiten schrittweise (Mathematiker sagen dazu: *algorithmisch*), und einzelne Frageschritte müssen so beschaffen sein, daß es für die Antwort nur zwei Möglichkeiten gibt: *ja* oder *nein*. Das entspricht der Computerlogik, die immer nur mit zwei Zuständen rechnen kann. Wir kennen sie schon: „H" und „L"; ein Zustand schließt den anderen aus bzw. ist dessen Negation. Also sollte die erste Frage lauten: *Ist Gleis 1 frei?* Natürlich könnte man auch mit einer anderen Gleisnummer beginnen, aber nach irgendeinem Prinzip müssen die Frageschritte angeordnet werden, und da bleiben wir einfach bei der steigenden Folge der Gleisnummern.

Lautet die Antwort: *nein*, so wird also weitergefragt: *Ist Gleis 2 frei?*, und wieder ergeben sich zwei Möglichkeiten. Entsprechend geht es fort bis Gleis 5, wenn nämlich alle vorherigen Gleise besetzt sind. Ist aber ein Gleis frei, so kann der Zug dort einlaufen. Dazu muß die richtige Fahrstraße gestellt werden, und das ist dann keine Frage mehr, sondern eine Anweisung an die Weichenschalter. Ist sie erfolgt, so ist das Programm schon beendet, denn der Rest erledigt sich von selbst: Der Zug läuft auf der fertigen Fahrstraße ein und bleibt bei der Stopstelle (Trennstelle) des angesteuerten Gleises stehen.

Es gibt aber noch eine Schwierigkeit. Wenn nämlich der ganze Schattenbahnhof bereits besetzt ist, kann der Zug nicht einlaufen. Er muß dann vor dem Bahnhof anhalten und warten, bis etwas frei wird. Und das muß ihm gemeldet werden, d.h. die Abfragen der Gleise wiederholen sich so lange, bis einmal eine positive Antwort kommt, weil nämlich ein anderer Zug den Schattenbahnhof verlassen hat. Sicherheitshalber möge noch eine kleine Pause eingefügt werden, ehe der wartende Zug in ein freigewordenes Gleis einläuft. Sonst könnte es Auffahrunfälle geben.

Wir wollen es noch besser machen

Jetzt haben wir schon einen guten Überblick über unser Programm, aber um ihn noch besser zu machen, zeichnen wir die Folge der Einzelschritte in einem sog. *Flußdiagramm* auf. So etwas gehört zum täglichen Rüstzeug der Programmierer, und es hat sich eingebürgert, dafür ganz bestimmte Normsymbole zu gebrauchen. So beginnt ein Flußdiagramm im allgemeinen mit einem Startzeichen *(Abb. 9.1.1/1)*, dem die Auslösung des Programms entspricht. Einer Entscheidungsfrage wird eine Programmverzweigung zugeordnet (Rauten-Symbol), von der aus es bei *ja* nach rechts weitergeht, bei *nein* geradeaus abwärts. Wenn vom Programm her Anweisungen an Schaltglieder außerhalb des Computers ergehen sollen, haben wir es mit *Datenausgaben* zu tun: dafür wird ein Parallelogramm-Symbol benutzt. In unserem Fall erfolgen solche Ausgaben immer nach positiven Entscheidungen (ja), und sie ergehen an die verschiedenen Fahrstraßenschalter (bzw. -taster). Ist eine Fahrstraße gewählt und eingestellt, so ist das Programm beendet. Hat sich jedoch ergeben, daß alle Gleise besetzt sind, so muß das ganze Programm

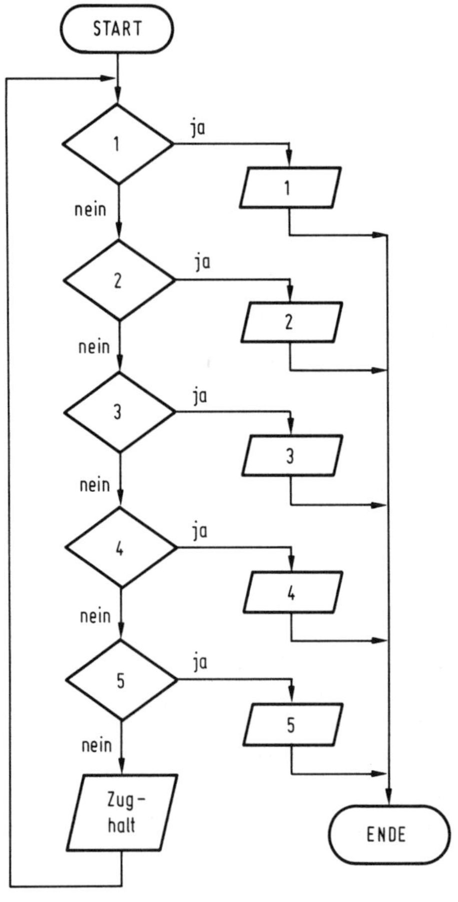

Abb. 9.1.1/1 Flußdiagramm für eine Fahrstraßenwahl (1. Fassung)

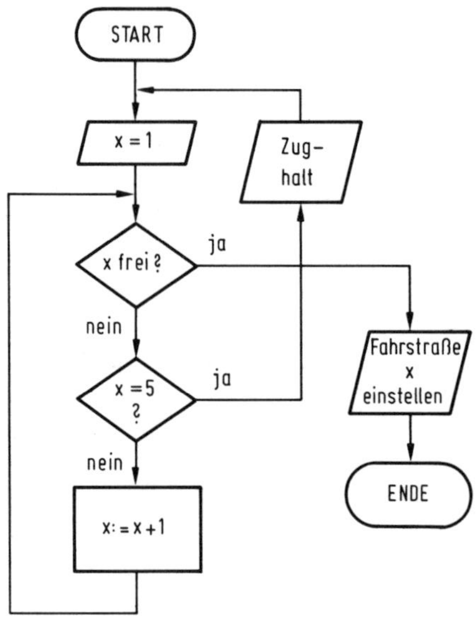

Abb. 9.1.1/2 Flußdiagramm für eine Fahrstraßenwahl (2. Fassung)

noch einmal durchlaufen werden, und das so lange, bis irgendwann einmal eine Freimeldung erfolgt. Wir erhalten eine Programmschleife.

Sieht man sich den in Abb. 9.1.1/1 dargestellten Ablaufplan an, so fällt auf, daß sich seine Einzelschritte fast alle wiederholen, und das läßt den Gedanken aufkommen, hier könnten Vereinfachungen möglich sein. Tatsächlich unterscheiden sich die Verzweigungen und Anweisungen an die Fahrstraßeneinstellungen nur durch die Gleisnummern, und so läßt sich vielleicht etwas einsparen, wenn man nur die Nummern von Schritt zu Schritt weiterlaufen läßt, nicht aber die Abfragefunktionen. Dann würde unser Flußdiagramm eine andere Form bekommen *(Abb. 9.1.1/2)*.

Es geht los wie gehabt. Der ankommende Zug löst das Programm aus. Aber dann kommt schon eine Neuerung. Wir wollen nicht mit fünf Entscheidungen arbeiten, sondern nur mit zwei. Doch dann müssen die Gleisnummern veränderlich sein: *variabel,* wie die Mathematiker sagen. Für eine Variable setzen wir das Zeichen „x". Und wir müssen festlegen, mit welchem Wert x begonnen werden soll. Das kann durch eine Eingabe erfolgen ($x = 1$; Eingaben werden mit dem gleichen Symbol wie Ausgaben bezeichnet). Man könnte auch den Anfangswert $x = 1$ fest im Programm einbauen, statt ihn von außen einzugeben. Mit dem Wert $x = 1$ wird die erste Abfrage vollzogen; fällt sie positiv aus, geht es zur Datenausgabe und damit zur Einstellung der Fahrstraße: Programmende. Ist jedoch Gleis 1 besetzt, so muß x um eins erhöht werden. Aber wenn wir das fortlaufend tun, könnte x über den Wert „5" hinauswachsen, und das ist sinnlos. Also schließen wir gleich eine weitere Frage an: *Ist $x = 5$?* Wird diese Frage bejaht, so ist offenbar der Bahnhof besetzt, der ankommende Zug muß warten, und das Programm beginnt, seine Schlaufe zu durchwandern (Weg über die HALT-Ausgabe).

Ist dagegen $x \neq 5$ (ungleich 5), so kommt wieder ein neuer Schritt (Rechteck). Der Betrag von x muß um eins erhöht werden, und das ist eine *arithmetische Anweisung.* Sie wird ein wenig seltsam geschrieben (Programmierer haben ihre eigene Schrift!): $x: = x + 1$. So etwas nennt man eine *Ergibt-Anweisung,* und sie bedeutet: Ein neuer x-Wert ergibt sich, indem der bisherige um eins erhöht wird. Mit dem neugewonnenen x-Wert geht es nun zurück zu der Entscheidungsstelle, in der abgefragt wird, ob das jetzt angesprochene Gleis besetzt ist oder nicht.

Dieses Entwerfen eines Flußdiagramms soll hier nur als Beispiel für die Überlegungen dienen, die man anstellen muß, ehe ein Computer überhaupt eingesetzt werden kann. Doch selbst wenn das Flußdiagramm vorliegt, ist die Arbeit an der software noch nicht beendet. Denn das Diagramm ist nur ein Bild; dieses Bild muß in Anweisungen für den Computer übersetzt werden, und das ist ein Kapitel für sich.

Das Diagramm muß in Anweisungen umgesetzt werden

9.2 Von der software zur hardware

Wir haben jetzt für ein und dieselbe Aufgabe zwei Lösungsvorschläge (d.h. zwei Ablaufpläne) gewonnen, und wir müssen uns entscheiden, nach welchem es weitergehen soll. Diese Entscheidung gehört nicht mehr zum Programm, sondern hängt von seinen Realisierungsmöglichkeiten ab. Diese wiederum sind nicht ohne Kenntnis der *hardware* zu überblicken, und deshalb müssen wir nun zurück zu dem Elektronik-System, mit dem wir die Schaltung des Schattenbahnhofs verbinden wollen. Auch hier gibt es zwei Wege. Der erste ist für den *einfachen* Modellbahner gedacht, der nicht bereits einen Computer im Hinterzimmer stehen hat. Der zweite ist der Weg des Computer-Fachmannes.

Auch hier gibt es zwei Wege

Wir gehen natürlich zunächst den ersten Weg. Er setzt das erste Flußdiagramm voraus (Abb. 9.1.1/1). Beginnen wir mit dem START. Der Zug, der sich dem Schattenbahnhof nähert, muß den Programmablauf auslösen, und dazu brauchen wir einen elektrischen Impuls. Er kann von einem SRK (Reed-Kontakt) oder einer Lichtschranke kommen. Der erste Programmschritt ist dann, Gleis 1 daraufhin zu befragen, ob es besetzt ist oder nicht. Nun haben wir eine Gleisbesetzt-Meldung für den Schattenbahnhof längst vorgesehen (Kap. 5.4), und ganz gleich, nach welcher Methode man sie aufbaut, immer läuft sie darauf hinaus, eine Leuchtdiode anzusteuern. Wir wollen annehmen, diese LED liege mit der Anode an der Plusleitung (logisch H); dann muß der Ausgang der Besetztmeldung L-Potential bei besetztem Gleis zeigen –: sonst würde die LED nicht leuchten. Dieses L-Potential ist uns jetzt wichtiger als die Anzeige am Gleisbildstellpult. Alle Gleise, die besetzt sind, zeigen L an, alle freien Gleise H. Bei fünf Gleisen bekommen wir also ein ganz bestimmtes Anzeigenmuster, z.B.:

Gleis	1	2	3	4	5
Signal	L	L	H	L	H.

Nach unserem Prinzip, bei Gleis 1 zu beginnen, wäre also Nr. 3 das erste freie Gleis. Was wir nur zu tun brauchen, ist, die Signale der Gleise durchzuzählen, und dazu benötigen wir einen Dezimalzähler, z.B. den integrierten Schaltkreis 4017 in C-MOS-Technik oder den Zählbaustein 7490 mit angeschlossenem Dekoder 7442 (vgl. Abb. 8.3.4/9 bzw. Abb. 8.3.4/8). Angetrieben wird der Zähler von einem Taktgeber, z.B. dem NE 555. Und jetzt wissen wir auch, wozu wir den Start-Impuls am Programmanfang brauchten: Er muß den Taktgeber in Betrieb setzen, z.B. über ein RS-Flipflop, das vom START-Impuls gesetzt wird und dann einen Treiber-Transistor öffnet, der seinerseits die Versorgungsspannung an den Taktgeber legt.

Der Zähler gebe an jeden Ausgang, den er ansteuert, ein H-Signal (beim SN 7442 ist es ein L-Signal; dann muß man die folgenden Überlegungen entsprechend abändern). Diese Zählersignale führen wir an fünf UND-Gatter, die außerdem mit den Besetztmeldungen verbunden sind (*Abb. 9.2/1*). Sobald der Zähler bis zur Drei gekommen ist, liegen an beiden UND-Eingängen H-Potentiale, und folglich geht der Ausgang des Gatters ebenfalls auf H. Das ist jetzt das Steuersignal für die folgende Fahrstraßen-

Abb. 9.2/1 Ansteuerung einer Fahrstraße

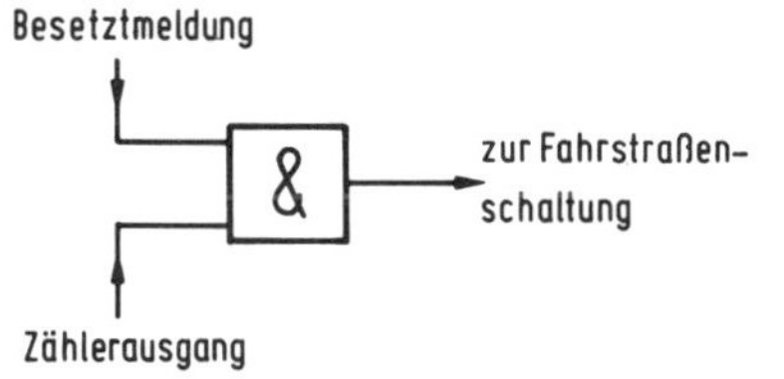

schaltung. Allerdings muß man bedenken, daß die Weichen der Fahrstrecke nur einen Schaltimpuls, nicht aber Dauerstrom brauchen und daß außerdem der Zähler wieder auf null zurückgestellt, der Taktgeber ausgeschaltet werden muß. Am besten setzt man also an den Ausgang des UND-Gatters ein Monoflop, das bei Ansteuerung einen kurzen Impuls an die Fahrstraßenschaltung abgibt und dann beim Rückfallen in seinen Grundzustand einen Nadelimpuls erzeugt. Dieser kann über den Reset-Eingang den Zähler auf null stellen und außerdem das RS-Flipflop zurücksetzen, so daß die Anfangszustände vor der Programmauslösung wiederhergestellt sind. Wie die Verbindung des Monoflop-Ausgangs mit der Fahrtstraßenschaltung aussehen müßte, ergibt sich aus Abb. 5.3/2. Die einzelnen Taster links in der Abbildung werden durch fünf Monoflops ersetzt. Das ist alles.

Eine Anmerkung noch

Eine Anmerkung noch: Die hier gemachten Angaben über H- und L-Zustände müssen je nach Schaltungsentwurf abgeändert werden, denn es kommt darauf an, welche Potentiale die Besetztmeldungen und der Zähler liefern, was für einen Monoflop-Typ man einsetzen will; eventuell sind NAND-Gatter günstiger als UND-Gatter usw. Man muß sich erst einmal alle Bedingungen eines Schaltungsentwurfs genau überlegen, ehe man die Einzelbausteine auf ihre Platine lötet.

Hier sollte nur im Prinzip dargestellt werden, wie sich das Flußdiagramm von Abb. 9.1.1/1 in die Tat umsetzen läßt. Schließlich wollen wir keine fertigen Rezepte, sondern Anregungen geben. Was bisher erreicht wurde, ist eine programmgesteuerte Fahrstraßenwahl in *fester Verdrahtung,* doch wovon jetzt gar nicht mehr die Rede war, das ist der Computer. Eine programmgesteuerte Schaltung ist noch keine Computerschaltung. Sie ist bestenfalls deren Vorstufe. Es gibt Programmierungsmöglichkeiten auch ohne Computereinsatz. Schließlich waren alle Automatikschaltungen, die wir in Kap. 6 vorgestellt hatten, programmiert – ganz ohne Computer. Was ein Computer ist und soll, müssen wir also noch erklären. Dabei denken wir daran daß wir das Flußdiagramm von Abb. 9.1.1/2 noch nicht ausgenutzt haben. Das soll nun geschehen, und dann tritt der Computer wie von selbst auf den Plan.

9.3 Grundbausteine eines Computers

In dem Flußdiagramm von Abb. 9.1.1/2 begannen wir mit einem START-Symbol, und es bedeutet in unserem Beispiel, daß vom ankommenden Zug ein Signalimpuls gegeben wird, der das Programm auslöst. Wenn wir uns nun einen Computer als in sich geschlossenen Block vorstellen, so muß dieser Block von außen zugänglich sein, z.B. einen Eingang für den Startimpuls haben. Außerdem muß der Computer wissen, bei welchem Gleis er beginnen soll; wenn das immer Gleis 1 ist, muß man dem Computer so etwas mitteilen. Also ist eine *Dateneingabe* nötig bzw. eine Anweisung an den Computer, sein Programm mit x = 1 zu beginnen. Für alles, was er sich merken soll, braucht der Computer ein *Gedächtnis,* und das heißt nichts anderes, als daß er über geeignete Speicherplätze verfügen muß, kurz: über *Speicher;* im Falle x = 1 sogar über einen *Konstantenspeicher,* in dem Zahlen zur Verfügung stehen. Jeder simple Taschenrechner hat ein Tastenfeld für die Zahlen von 0 bis 9; also sind diese Zahlen auch gespeichert und jederzeit aufrufbar. Die erste Anweisung an unseren Computer würde demnach lauten: *Hole aus deinem Zahlenvorrat die Zahl 1 und setze sie auf einen Speicherplatz, wo sie als Anfangswert für x zur Verfügung steht.* Nehmen wir an, der Computer befolgt diesen Befehl. Aber wie kann er das? Wenn jemand im Restaurant einen Schweinebraten bestellt, so muß da ein Kellner in Bewegung gesetzt werden, der die Bestellung aufnimmt und zur Küche weitergibt; dort wirkt ein emsiger Koch, läßt etliches brutzeln und schmoren; schließlich holt der Kellner das fertige Gericht am Tresen ab und bringt es dem hungrigen Gast. Die Bestellung hat demnach eine ganze Reihe von Prozessen ausgelöst, die sich z.T. hinter der Küchentür abspielen und vom Gast gar nicht beobachtet werden können. In einem Computer ist diese Küche der sog. *Mikroprozessor,* ein kleines Wunderding, von dem heute alle Welt redet, ohne sich etwas Rechtes darunter vorstellen zu können. Wir wollen vorerst darauf verzichten, einen Blick in sein *Kücheninneres* zu tun, und nur feststellen: kein Computer ohne Mikroprozessor. Er ist die Schaltzentrale jedes Computers.

Aber ein Computer geht nicht von selbst

Aber verfolgen wir zunächst unser Programm! Von der Eingabe *x = 1* ging es weiter zu einer Verzweigung. Das sagt sich so leicht: es geht weiter! Aber ein Computer geht nicht von selbst. So, wie er einen Startimpuls brauchte, braucht er nun eine Anweisung, den nächsten Schritt zu tun. Bei manchen Computern gibt es eine besondere Taste, auf der *NEXT* steht, und wenn man sie drückt, erhält der Computer ein Auslösesignal für den nächsten Programmschritt. Er muß sogar mitzählen und jeden Schritt mit einer Nummer versehen; dazu braucht er einen Zähler.

Unser zweiter Programmschritt verlangt die Abfrage: *Ist Gleis 1 besetzt oder nicht?* Das kann der Computer nicht von sich aus wissen; er muß sich also an die Besetztanzeige wenden und von dort den Zustand der ersten Anzeige erfragen. Wieder benötigen wir den Dateneingang sowie den Speicher, denn was der Computer von außen erfährt, muß er sich im allgemeinen merken. Bei einem Taschenrechner ist das ein wenig anders als hier; er bekommt seine Informationen über Tasten, die man drückt; aber unser Computer braucht eine Leitungsverbindung zu der *externen* Schaltung der Besetztanzeigen, und so etwas ist nicht bei jedem Computer vorgesehen. Für Modellbahner sind nur solche Computer geeignet, die Anschlußmöglichkeiten für äußere Schaltglieder besitzen.

Aber wir wollen nicht ins Detail gehen und erst einmal weitersehen, wie der Computer seine Entscheidung treffen kann. Hier kommt wieder der Mikroprozessor ins Spiel. Er muß sich als Umschalter betätigen. Ist das Gleis frei, so wählt er den Programmweg zur Fahrstraßenschaltung, d.h. er muß eine Ausgabe ansteuern, genauer: eine *Datenausgabe.* Die verschiedenen Fahrstraßen haben verschiedene Adressen, und der Computer darf natürlich nur die richtige ansteuern. Welche das ist, muß ihm vorher gesagt werden, nämlich in Form einer Anweisung für sein Programm: *Steuere die Fahrstraße an, die zur Nummer des gerade befragten Gleises gehört!* Und wenn der Computer diesem Programmbefehl gefolgt ist, bleibt ihm anschließend nur noch übrig, sich selbst stillzulegen und zum Programmanfang zurückzukehren.

Der Mikroprozessor muß rechnen

War aber Gleis 1 besetzt, so muß der Mikroprozessor prüfen, ob die Gleisnummer bereits „5" lautet. Wie er das tut, ist leicht zu verstehen. Er muß rechnen. Diese Rechnung geht so vor sich, daß er die Zahl 5 aus seinem Zahlenvorrat holt (auch das mußte vorprogrammiert werden!), sie in ein Rechenwerk gibt und dort von ihr die Nummer des Gleises abzieht. Er rechnet also: $5 - 1$ bzw. allgemein: $5 - x$. Ist das Ergebnis null, so sind alle Gleise besetzt, der Computer muß wieder einen Datenausgang ansteuern und den Zug vor dem Schattenbahnhof anhalten, d.h. ihm die Fahrspannung wegnehmen. Ist aber – nach unserem Beispiel $5 - 1$ – das Ergebnis ungleich null, so heißt das für den Computer, er solle abermals rechnen, nämlich x um eins erhöhen. Dazu holt er den Wert $x = 1$ von dessen Speicherplatz ins Rechenzentrum, addiert „1" und bringt das Ergebnis (also $x = 2$) wieder auf denselben Speicherplatz zurück, auf dem eben noch die „1" gestanden hatte. Dann kann er weitermachen, und zwar mit der nächsten Besetzt-Abfrage. Er muß also an einen Punkt im bisher abgearbeiteten Programm zurückspringen, und da zeigt sich, wie wichtig ein Programmschritt-Zähler ist. Durch ihn bekommt jeder Schritt im Programm eine Adresse, in unserem

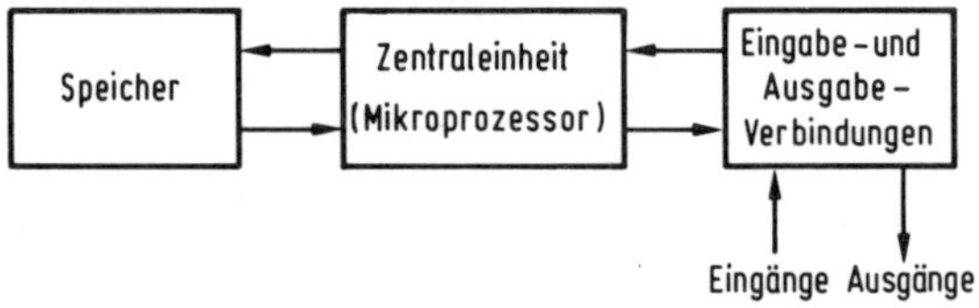

Abb. 9.3/1 Blockschaltbild für die Gesamtorganisation eines Computers

Fall eine *Rücksprungadresse,* und auch der Programmanfang wird mit adressiert.

Es würde zu weit führen, nun alle Einzelheiten des Programmablaufs zu verfolgen. Was wir festgestellt haben, reicht. Ein Computer muß eine ganz bestimmte *innere Organisation* haben, wenn in ihm alles der Ordnung gemäß ablaufen soll, und am besten machen wir uns diese Organisation in Bildern klar.

Zunächst ein allgemeines Grundschema *(Abb. 9.3/1).* Es zeigt eine Zentraleinheit, zu der unser Mikroprozessor gehört, sowie einen Speicherkomplex; wie sehr ein Computer so etwas braucht, dürfte aus dem Vorigen klargeworden sein. Und dann sind da noch Eingänge und Ausgänge für das, was man dem Computer zu sagen hat, und für das, was er *ausspuckt,* um einen zwar nicht sehr schönen, aber treffenden Ausdruck zu gebrauchen. Zwischen diesen Blöcken liegen Verbindungsleitungen zum Datentransport, und sie sind genauso wichtig wie die Grundbausteine selbst. Sehen wir uns ein paar Einzelheiten näher an!

9.4 Von ROM's und RAM's

Da sind zunächst einmal die Speicher. Von ihnen gibt es grundsätzlich zwei Sorten *(Abb. 9.4/1).* Die einen dienen dazu, den Computer auf ganz bestimmte Verhaltensweisen festzulegen, die sich nie ändern. Dazu gehört u.a., daß er auf eine NEXT-Anweisung hin einen Schritt in seinem Programm vorrückt, daß er wegen eines Sprungbefehls von einer Programmstelle zu einer vorgegebenen anderen springt, daß er auf Kommando Speicherinhalte ins Rechenwerk holt bzw. Rechenergebnisse in den Speicher zurückbringt usw. Solche Prozesse treten in jedem Programm fast ständig auf, und wie sie im einzelnen ablaufen müssen, *weiß* der Computer durch einen *Programmspeicher,* der ihm die Folge erforderlicher Schritte unveränderlich vorgibt.

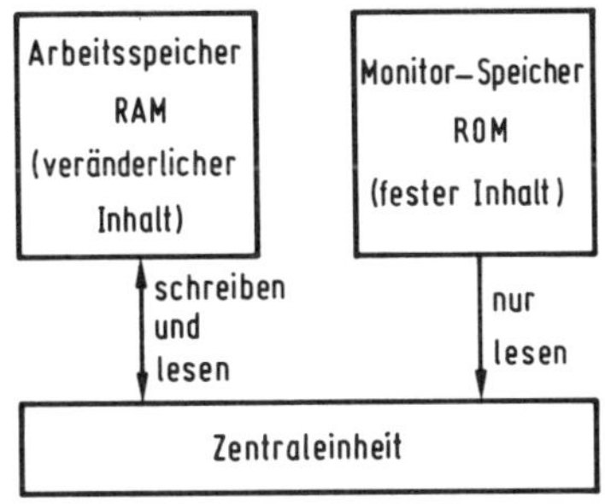

Abb. 9.4/1 Zusammenwirken von Speichern und Zentraleinheit (Mikroprozessor)

Dann gibt es aber auch die sog. *Arbeitsspeicher,* die nicht feste Anweisungen enthalten, sondern deren Inhalt veränderlich ist. Sie dienen dazu, je nach der Tätigkeit eines Computers Daten besonderer Art aufzunehmen, Zwischenergebnisse zu speichern oder sich zu merken, wie ein bestimmter Programmablauf aussehen soll, der nur einmal von außen eingegeben und später wieder gelöscht wird.

Unterschied der beiden Speicherarten

Den Unterschied der beiden Speicherarten kann man sich sehr leicht klarmachen, wenn man einmal darauf achtet, wie wir selbst *programmiert* sind. Auch wir haben in uns gewisse feste Programme, an denen wir nichts ändern können, wie das Atmen oder den Rhythmus des Herzschlages. Sie gehören zu den Grundfunktionen unseres Lebens. Stellen wir uns einen Postboten vor, der Briefe austrägt. Wenn er seine Tour abgeht, braucht er nicht darüber nachzudenken, wie er einen Fuß vor den anderen setzen muß, wie er seine Finger zu bewegen hat, um einen Brief festzuhalten. Das alles geschieht nach Grundprogrammen, die zum *Betriebssystem* dieses Menschen gehören und meist überhaupt nicht bewußt werden. Bei Computern spricht man auch von *Monitor-Programmen.*

Aber wenn unser Postbote sich die Anschriften auf den Briefen ansieht, entsteht für ihn ein ganz anderes Programm, das jeden Tag wechseln wird. Einmal muß er Post an die Empfänger Meier, Müller und Schulz austragen und bei Jansen eine Nachnahme kassieren; am nächsten Tag ist für Meier nichts dabei, aber dafür muß er noch zu Lehmanns und ihnen einen Lottogewinn bringen. Wie also die Tour des Briefträgers von Tag zu Tag aussieht, ergibt sich aus seinem *Arbeitsprogramm,* und das ist durchaus flexibel.

Die Speicher eines Computers haben grundsätzlich Registerstruktur, d.h. da sind nicht irgendwo einzeln stehende Speicherglieder (z.B. Flipflops), sondern immer gleich ganze integrierte Blöcke von Speichern, wobei jeder Speicherplatz durch eine individuelle Adresse angesteuert werden

kann. Wie solche Register aussehen, wissen wir bereits (Kap. 8.3.2). Aber jetzt kommt der Unterschied zwischen Monitor- und Arbeitsspeichern hinzu, und der verlangt verschieden angelegte Speicherbausteine. Wenn man sich einmal in entsprechenden Katalogen umsieht, wird man erstaunt sein, wieviele unterschiedliche Speicher-IC's es für die Computer-Anwendung gibt. Da tauchen Bezeichnungen wie *ROM* und *RAM*, *PROM* und *EPROM* auf, unter denen man sich zunächst gar nichts vorstellen kann. Es handelt sich immer um Abkürzungen aus dem Englischen, und sie haben damit zu tun, daß Speicher in Monitorregistern einen unveränderlichen Inhalt haben, d.h. man kann diesen Inhalt nur ablesen, aber nichts neu in die Speicher einschreiben (Ein-Weg-Speicher). Dazu sagen die Amerikaner: *Read Only Memory,* abgekürzt: ROM. Bei den Arbeitsregistern muß man dagegen Daten, Anweisungen usw. je nach Bedarf einschreiben und ablesen können. Es sind Schreib-Lese-Speicher (write and read; Doppel-Weg-Speicher), und da hat sich die Abkürzung RAM eingebürgert (aus: *Random Access Memory,* zu deutsch: *Speicher mit wahlfreiem Zugriff*). Also: Was in einem ROM steht, ist unveränderlich; ein RAM-Speicher ist ein Speicher auf Zeit und kann immer wieder neue Informationen aufnehmen, während alte gelöscht werden.

Wir wollen nicht in die Computer-Technologie einführen

Daß wir auf solche Details eingehen, hat seinen guten Grund. Natürlich wollen wir nicht in die Computer-Technologie einführen; dafür gibt es andere Bücher. Aber Computer-Bausteine tauchen gelegentlich auch außerhalb ihres unmittelbaren Anwendungsbereiches auf, und das sogar bei Modellbahn-Schaltungen. In welcher Weise, wollen wir uns an einem Beispiel klarmachen.

Da hat jemand eine hübsche Modellbahnanlage aufgebaut mit Weichen, Signalen, Entkupplern usw., und all diese Funktionseinheiten können durch binäre Signale angesteuert werden. Ein bestimmter Zustand der Anlage läßt sich dann dadurch beschreiben, daß man einfach die logischen Werte der einzelnen Einheiten aneinanderreiht. Z.B. soll die Weiche W1 auf *geradeaus* gestellt sein, wenn sie ein H-Signal empfängt, die Weiche W2 soll bei einem L-Signal auf *abzweigend* stehen; Signal S1 soll bei H-Signal das Bild Hp1 zeigen, S2 das Bild Hp0 bei L-Signal usw. Dann ergibt sich die folgende *Zustandsbeschreibung:*

W 1	W2	...	S1	S2	...
H	L		H	L	

Die Pünktchen deuten an, daß wir uns noch viele weitere Weichen und Signale in der Reihe denken können, eventuell auch noch Entkuppler oder Relais, die irgendwo den Fahrstrom ein- bzw. ausschalten (automatischer

Zugbetrieb!). Im ganzen kommen wir also auf ein langes „Wort" aus H- und L-Zeichen, dessen Länge der Zahl der Funktionseinheiten auf der Anlage entspricht, z.B.:

H L L H L H H H L L H L L L H L .

Dieses Wort drückt in 16 bits den augenblicklichen Zustand der Anlage aus bzw. formuliert die Signalkette, durch die dieser Zustand hergestellt wird. Natürlich gibt es andere Zustände, etwa:

L L L H H L L L L H L H L L L H .

Wieviele Möglichkeiten es im ganzen gibt, läßt sich ausrechnen. Es wären $2^{16} = 65536$. Allerdings werden davon die meisten sinnlos sein und gar nicht auftauchen, so daß sich die Zahl der möglichen Zustände reduziert. Wir wollen rigoros sein und mit nur 8 Möglichkeiten rechnen. Dafür müßten wir dann 8 Befehle zur Verfügung haben. Sie sollen binär codiert werden, wie sich das für fortgeschrittene Elektroniker gehört, und dann kann man mit Befehlslängen von 3 bit auskommen. Wie das konkret aussieht, haben wir in Kap. 8.3.4 durch eine Tabelle dargestellt, die sich dort allerdings auf Flipflops bezog.

Ein Übersetzungsproblem

Wir stehen jetzt also vor einem *Übersetzungsproblem:* Gegeben sind 8 Taster für 8 Zustandsbefehle. Jeder Befehl soll binär codiert werden (1. Übersetzungsstufe), und dann soll jeder Codierung ein bestimmter Zustand der Anlage zugeordnet werden (2. Übersetzungsstufe).

Wie man Stufe 1 erreicht, ist leicht zu verstehen. Wir zeichnen uns eine Diodenmatrix (so etwas kennen wir schon), bei der immer die Ausgänge aus

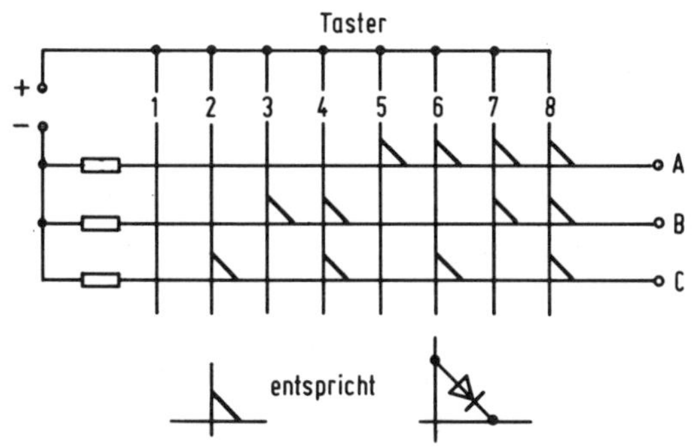

Abb. 9.4/2 Diodenmatrix als Programmspeicher (ROM)

der Grupe A, B, C auf H-Potential gehen, für die durch die angesteuerten Dioden eine leitende Verbindung zum Pluspotential hergestellt wurde *(Abb. 9.4/2)*. Natürlich wäre es ein wenig mühsam, solche Diodenmatrizen aus Einzelstücken zusammenzulöten. Mit integrierten Schaltkreisen ginge es sicherlich einfacher, womit wir wieder bei unseren Speichern wären. Stellen wir uns die ganze Diodenmatrix als einen Block vor, der 8 Eingänge und 3 Ausgänge hat. Dieser Speicher braucht für den Betrieb einer fertigen Modellbahnanlage nicht verändert zu werden und kann also ein ROM-Typ sein. Er enthält dann ein festes Programm in dem Sinne, daß bei H-Potential an einem Eingang ein bestimmtes 3-bit-Muster an den Ausgängen erscheint. Wir wollen ihn einen *Adressenkodierer* nennen. Übrigens sind ROM-Speicher tatsächlich nach dem Prinzip der Diodenmatrix aufgebaut und unterscheiden sich dadurch grundsätzlich von den Speichern, die wir früher kennengelernt hatten.

Nun kommt Übersetzungsstufe 2. Die durch 3-bit-Adressen formulierten *Steuerbefehle* sollen in 16-bit-Wörter verwandelt werden, die den möglichen und sinnvollen Anlagenzuständen entsprechen. Und da wiederholt sich, was wir soeben getan haben: Es werden neue ROM-Speicher eingesetzt, die abermals auf integrierten Diodenmatrizen beruhen und die erforderlichen Übersetzungsprogramme enthalten. Wie solche Speicher im Inneren aussehen, wollen wir nicht extra zeichnen; das würde zuviel Platz brauchen. Sie müßten insgesamt drei Eingänge und 16 Ausgänge haben, eventuell kann man zwei oder noch mehr ROMs kombinieren. Wird nun also einer von den 8 Tastern gedrückt, erscheint an den Ausgängen der zweiten Speichergruppe ein bestimmtes 16-bit-Wort.

Nun wäre es allerdings etwas riskant, direkt von den Speicherausgängen der zweiten Stufe an die Funktionsglieder der Modellbahnanlage (z.B. Weichenspulen) zu gehen. Erstens braucht man Treiber- bzw. Verstärker, die die nötigen Schaltströme liefern, und zweitens ist es zweckmäßig, die einzelnen Funktionsglieder nicht gleichzeitig, sondern nacheinander anzusteuern. Denn sonst könnten beim Übergang von einem zum nächsten Anlagenzustand beträchtliche Schaltströme auftreten, die ein Netzgerät überlasten.

Also werden die Ausgänge der zweiten Speicherstufe nacheinander abgefragt, und dazu benutzt man eine Zählschaltung. Ein Taktgeber erzeugt eine Impulsfolge (z.B. 10 Hz) und steuert einen Binärzähler an; das kann der SN 7493 sein. Er zählt bis 16 (vgl. Kap. 8.3.4). Seine vier Ausgänge kommen an einen Dekoder-Baustein (z.B. SN 74154), der vier Eingänge und 16 Ausgänge hat. Immer geht der Ausgang auf log. L, der durch eine 4-bit-Adresse angesteuert wurde. Gelegentlich spricht man hier auch von einem

Demultiplexer, d.h. einem Schaltkreis, der aus vielen Eingangssignalen, die parallel (gleichzeitig) eingegeben werden, ein Ausgangssignal macht. Aber das nur nebenher.

Nun werden die Ausgangswerte des Programmspeichers (ROM, zweite Stufe) mit denen des Demultiplexers verglichen, wobei man dessen Angaben invertieren muß (aus „L“ wird „H“). Der Vergleich kann durch UND-Gatter erfolgen, d.h. an jedem Gatter, dessen beide Eingänge auf H stehen, erscheint auch am Ausgang H. Auf diese Weise werden die 16-bit-Worte des ROM's schrittweise auf ihre Logikwerte hin abgefragt und – über Verstärkerstufen – an die Funktionsglieder der Modellbahnanlage weitergegeben.

So kann man es machen, aber der interessierte Modellbahner wird sich fragen: Wo kriege ich die geeigneten ROM-Speicher her? Da müssen wir ihn enttäuschen. Es ist ziemlich witzlos, nach ihnen auf Jagd zu gehen, denn selbst, wenn man sie sich irgendwo besorgt (manche Versandfirmen bieten ROMs an), kann man doch wenig mit ihnen anfangen. ROM-Speicher werden unprogrammiert geliefert, sozusagen im Rohzustand, und auch, wenn man weiß, welches feste Programm man ihnen einprägen will; um einen ROM zur Anwendung herzurichten, bedarf es besonderer Programmierungsgeräte. Wir sagten es schon: Im ROM steckt eine Diodenmatrix, die an allen Rasterpunkten Diodenstrecken vorsieht; beim Programmieren werden die Strecken, die später gebraucht werden, buchstäblich *eingebrannt,* d.h. durch Spannungsstöße aktiviert. Das kann ein Laie nicht tun, sondern es geschieht (auf Wunsch!) bereits beim Hersteller. Es gibt aber auch sog. PROMs, die vom Anwender programmiert werden können, doch dann muß eben der Anwender (sprich: Modellbahner) ein entsprechendes Programmierungsgerät haben, und dessen Anschaffung lohnt sich kaum.

Die Anschaffung eines Programmierungsgerätes lohnt sich nicht

Selbst wenn man einen PROM programmiert hätte: Sein Programm ist dann unauslöslich in ihn eingeschrieben und läßt sich nie wieder verändern. Das dürfte Modellbahner betrüben, die ihre Anlage umbauen wollen; sie können dann ihre PROMs wegwerfen. Allerdings gibt es auch EPROMs. Bei ihnen kann man eine einmal erfolgte Programmierung rückgängig machen, indem man sie UV-Licht aussetzt. Nach der Bestrahlung lassen sie sich neu programmieren. Zum Löschen bzw. Umprogrammieren muß man sie aus der Schaltung, in der sie Dienst tun, herausnehmen. Bei den EAPROMs ist das nicht nötig. Sie können innerhalb einer Schaltung programmiert und gelöscht werden. Und damit nähern sie sich in ihrer Gebrauchsweise bereits den RAMs, von denen wir schon gesprochen haben. Ein RAM ist ein Arbeitsspeicher, der sich immer wieder neu programmieren läßt und daher für Modellbahnerzwecke am ehesten geeignet wäre. Programmieren und löschen geht bei ihm allein mit elektrischen Impulsen, also ohne UV-Licht und Spezialgeräte. Aber RAMs haben einen wesentlichen Nachteil. Wird bei einer Schaltung mit RAMSs die Versorgungsspannung abgeschaltet (oder auch nur für einen winzigen Zeitraum unterbrochen), so vergessen sie alles, was sie gelernt haben, d.h. ihr gespeichertes Programm geht sofort verloren. Sie sind, wie man sagt, *flüchtig.* Wird eine Anlage neu in Betrieb genommen, müßte man alle RAMs erst wieder mit ihren Programmen *füttern,* und das ist umständlich und zeitraubend. Es gibt allerdings die Möglichkeit, die Versorgungsspannung durch eine Batterie zu *puffern,* d.h. wird die Netzspannung abgeschaltet, so muß vorher eine Transistorbatterie zur Sekundärseite des Trafos parallel gelegt werden; sie übernimmt dann die Versorgung der RAMSs, auch wenn der Fahrdienstleiter schlafen geht. Da die meisten RAMSs mit C-MOS-Technik arbeiten, kann eine solche Pufferung über viele Tage und Wochen vorhalten, denn die C-MOS-RAMs brauchen extrem wenig Strom.

Alles, was wir hier über ROMs, RAMs und Konsorten erzählt haben, ist keineswegs als komplette Nachbauanleitung gedacht. Es soll nur illustrieren, wie sich Computerbausteine ihren Platz auch in der modernen Modellbahnelektronik erobern. Wer Genaueres wissen will, den müssen wir allerdings auf einschlägige Fachliteratur verweisen (siehe Anhang).

9.5 Mikroprozessoren und Kleincomputer

Kehren wir nun zum Thema *Computer und Modellbahn* zurück. Natürlich liegt es nahe, eine Modellbahnanlage mit Hilfe eines fertigen Heimcomputers zu steuern, und das dürfte sogar sehr reizvoll sein. Aber es gibt dabei gewisse Schwierigkeiten. Die meisten im Handel üblichen Computer sind für andere Zwecke gedacht und entsprechend ausgerüstet. Da gibt es eine vornehme Tastatur (wie bei einer Schreibmaschine), ein Bildschirmgerät, Drucker, Zeichner usw. Das alles sind Dinge, die den Modellbahner weniger interessieren werden. Er möchte seine Anlage an den Computer anschließen können, aber wenn er sich nach den entsprechenden Steckbuchsen umsieht, erlebt er eine Enttäuschung: Sie fehlen! Zumindest sind sie nicht in der erforderlichen Anzahl vorhanden.

Nun haben sich zwar einige Firmen um dieses Problem gekümmert und bieten Lösungen an (Selectrix, Prager Electronik, Berg+Broman); da gibt es bereits fertige Interface-Systeme, die man zwischen seinen Computer und die Modellbahnanlage schalten kann. Aber sie sind verhältnismäßig teuer und lohnen sich in der Anschaffung nur, wenn man auch über die geeignete Software verfügt, d.h. über Programme, mit denen sich Modellbahn-Abläufe steuern lassen. Da hat sich bisher nicht viel getan. Der Interessierte sollte trotzdem aufmerksam den Büchermarkt verfolgen; vielleicht findet sich etwas.

Manchen Elektronik-Bastler dürfte es jedoch reizen, eigene Wege zu gehen und sich für die Modellbahn einen Computer nach Maß zu bauen. So etwas liegt heute durchaus im Bereich des Möglichen, denn das Thema „Computer im Eigenbau" ist längst aktuell. Da gibt es zum Beispiel ein Anleitungsbuch von R.-D. Klein (Mikrocomputer – selbstgebaut und programmiert), mit dem sich einiges anfangen läßt, aber speziell für Modellbahner ist bisher nichts auf dem Markt. Vielleicht bringt die Zukunft etwas Brauchbares – warten wir es ab! Wir können in diesem Buch das Thema „Modellbahncomputer im Eigenbau" nicht weiter verfolgen; es würde den vorgesehenen Rahmen sprengen.

Literaturhinweise

Es gibt zwar etliche Bücher zur Modellbahnelektronik, aber sie liegen auf sehr unterschiedlichem Niveau. Nicht jedes ist für den Anfänger geeignet; oft schreiben Profis für Profis und machen sich nicht die Mühe, Einzelheiten zu erklären. Außerdem legen sich manche Darstellungen auf ein ganz bestimmtes Betriebssystem fest, so daß Übertragungen auf andere Systeme kaum möglich sind. Deshalb sollte der Leser sich jedes Buch, für das er sich interessiert, sehr genau daraufhin ansehen, ob er es überhaupt verstehen und seine Schaltungsvorschläge anwenden kann.

Allgemeine Grundlagen

vom Heede/Löser: „Modellbahn Elektrotechnik" (Modellbahn-Praxis, Alba Publikation, Düsseldorf)

Siegfried Wirsum: „Elektronik-Selbstbau-Praktikum" (Franzis-Verlag, München, 5. Auflage)

Karlheinz Albrecht u. Max-Ulrich Farber: „Elektronik" für Schulen (Aulis Verlag, Köln) Köln)

Dieter Nührmann: „Der Hobby-Elektroniker greift zum IC" (Franzis-Verlag, München)

Dieter Nührmann: „Der Weg zum Hobby-Elektroniker" (Franzis-Verlag, München)

Grundlegende Bücher zur Modellbahn-Elektronik mit vielen Anwendungsbereichen

Winfried Knobloch: „Modelleisenbahnen – elektronisch gesteuert" (Richard Pflaum-Verlag, München)

Bd. I: Anfahr-, Brems- und Blockstreckenautomatiken

Bd. II: Impulssteuerungen, NF-Zugbeleuchtung und Peripherie-Elektroniken

Bd. III: Tonfrequenzsteuerungen für unabhängigen Mehrzugbetrieb *vom Heede/Kirberg/Löser/Sedlazeck:* Modellbahn Elektronik" (Modellbahn-Praxis; Alba Publikation, Düsseldorf)

Friedhelm Schiersching: „Das große Bastelbuch: Elektronik für den Modellbahner" (Telekosmos-Verlag, Franckh'sche Verlagshandlung, Stuttgart)

Bücher über spezielle Gebiete der Modellbahn-Elektronik

Herbert Hillebrand: „Elektronische Modul-Fahrstraßensteuerung für die Modellbahn-Planung, Schaltung und Betrieb" (Franzis-Verlag, München)

Andreas Jäger: „Elektronische Gleisbildstellwerke – Vom preiswerten IC zum vorbildgetreuen Drucktastenstellwerk" (Franzis-Verlag, München)

Harald Jungmann: „Modelleisenbahn-Elektronik im Selbstbau – Wie elektronische Fernsteuerungen den vorbildgetreuen Mehrzugbetrieb ermöglichen" (Franzis-Verlag, München)

Henning Kriebel: „Signale, Weichen, Lokomotiven – Wie die Elektronik die Modelleisenbahn automatisiert – und auch die Bundesbahn" (Franzis-Verlag, München)

Dipl.-Ing. Wilhelm Meyer: „Modellbahn – Mehrzugbetrieb – Erprobte Schaltungen mit selektiver Loksteuerung" (Franzis-Verlag, München)

Hans-Helmut Müller: „Das elektronische Stellwerk – Planen, Schalten und Betrieb eines vollelektronischen Modellbahn-Stellwerkes" (Franzis-Verlag, München)

Gerard J. Platerink: „Digitale Steuerung von Modelleisenbahnen –Elektronische Hilfsmittel, um möglichst viele Züge gleichzeitig fahren zu lassen" (Franzis-Verlag, München)

Gerard Platerink: „Die logisch gesteuerte Modelleisenbahn – Eine Großanlage wird mit neuartigen Bauelementen und Schaltungen sowie mit Mikroprozessoren durchautomatisiert" (Franzis-Verlag, München)

Friedhelm Schiersching: „Lichterpracht in der Modellbahnstadt computergesteuert" (Telekosmos-Verlag, Franckh'sche Verlagshandlung, Stuttgart)

Friedhelm Schiersching: „Elektronisch Pfeifen, Läuten, Bimmeln" (Telekosmos-Verlag, Franckh'sche Verlagshandlung, Stuttgart)

Friedhelm Schiersching: „Modelleisenbahn – computergesteuert" (Telekosmos-Verlag, Franckh'sche Verlagshandlung, Stuttgart)

Nützliche Tabellen- und Nachschlagewerke

TKT – Transistoren-Kurz-Tabelle (rund 9000 Transistoren mit ihren kennzeichnenden Daten und Gehäuseformen; von H.G. Steidle; Franzis-Verlag, München)

Dioden; Z-Dioden; Datentabelle Europa (ECA-Verlag, München)

Transistoren; Datentabelle Europa (ECA-Verlag, München)
Transistoren; Datentabelle USA (ECA-Verlag, München)
C-MOS, TTL, Linear-Datenbuch (Verlag Hofacker, München)
Die wichtigsten ICs der C-MOS-Reihe 40/45. . für den Hobby-Elektroniker (Franzis-Verlag, München)

Außerdem enthalten umfangreichere Kataloge größerer Versandfirmen (Rim, München; Dahms, Viernheim) Übersichten über Anschlußbilder der wichtigsten IC's (die dann zumeist auch lieferbar sind!)
der wichtigsten ICs (die dann zumeist auch lieferbar sind!)

Zeitschriften, in denen gelegentlich etwas über Modellbahnelektronik zu finden ist:

MIBA (Miba-Verlag, Nürnberg)
ELO (Franzis-Verlag, München)

Bezugsquellennachweis

In diesem Buch wurden bewußt nur solche Elektronik-Bauteile aufgeführt, die sich mit großer Wahrscheinlichkeit auch beschaffen lassen. Auf exotische Elektronikelemente, die zwar sehr raffiniert sein mögen, aber von keinem normalen Fachgeschäft geführt werden, haben wir lieber verzichtet. Im folgenden werden nur Versandgeschäfte aufgeführt; wer im eigenen Ort ein Elektronik-Fachgeschäft sucht, möge im Branchenverzeichnis des Fernsprechbuches nachsehen.

Völkner, Marienbergerstr., Postf. 5320, 3300 Braunschweig
Conrad Electronic, Postf. 121, 8452 Hirschau
Schuberth-Electronic-Versand, Postf. 260, 8660 Münchberg
Rim Elektronik, Bayerstr. 25, 8000 München 2
Arlt-Elektronik, Katharinenstr. 22, 7000 Stuttgart 1
Dahms-Elektronik, Postf. 1120, 6806 Viernheim

Ansonsten möge man sich einmal ein Heft einer Elektronik-Zeitschrift kaufen und dort die Firmeninserate studieren; es ist bestimmt etwas dabei!

Sachverzeichnis

A

B

C

D

E

F

G

H

I

J

K

L

M

N

O

P

R

S

T

U

V

W

Z